夢は人類をどう変えてきたのか

——夢の歴史と科学

O oráculo da noite: A história e a ciência do sonho

シダルタ・リベイロ
Sidarta Ribeiro
須貝秀平 監訳
北村京子 訳

作品社

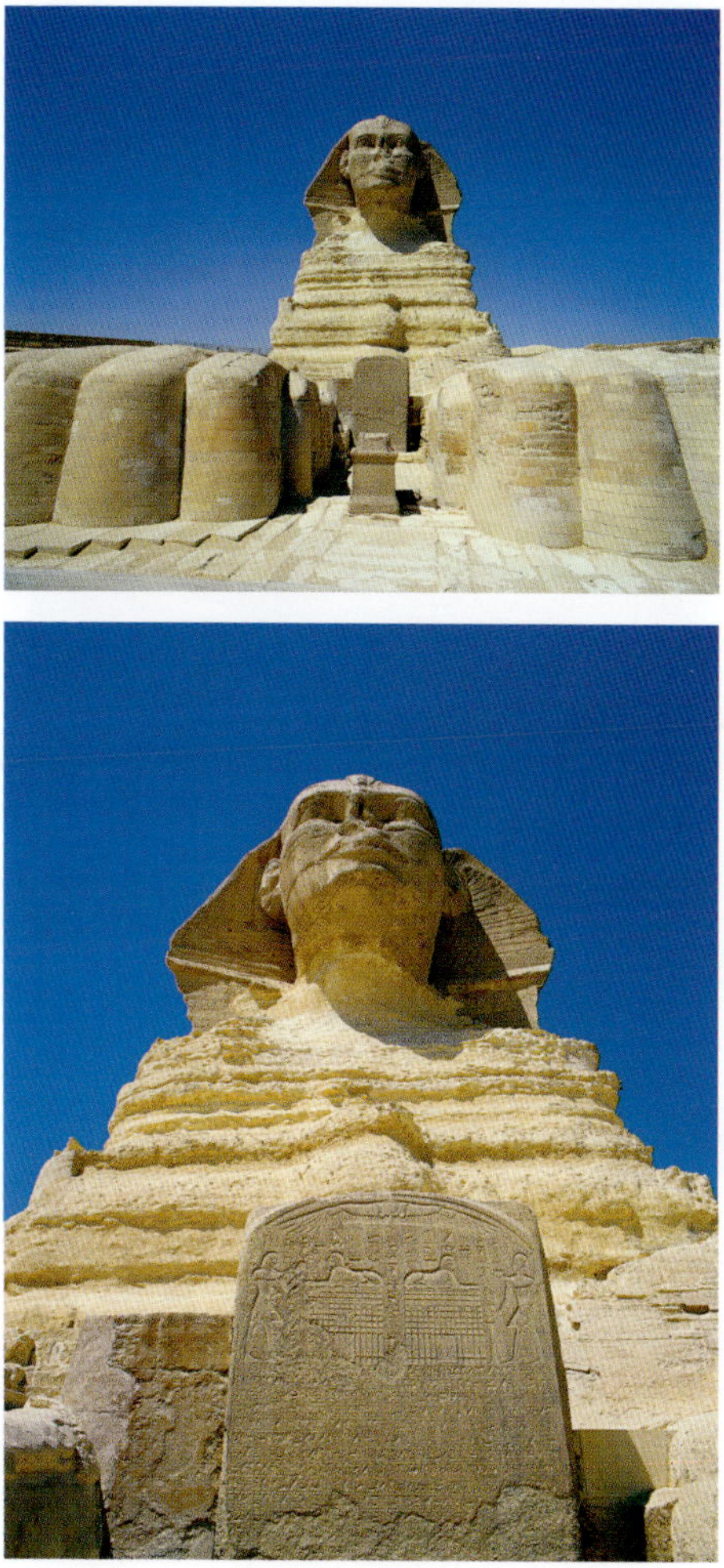

ギザの大スフィンクスの前脚の間に立つ「夢の碑文」。

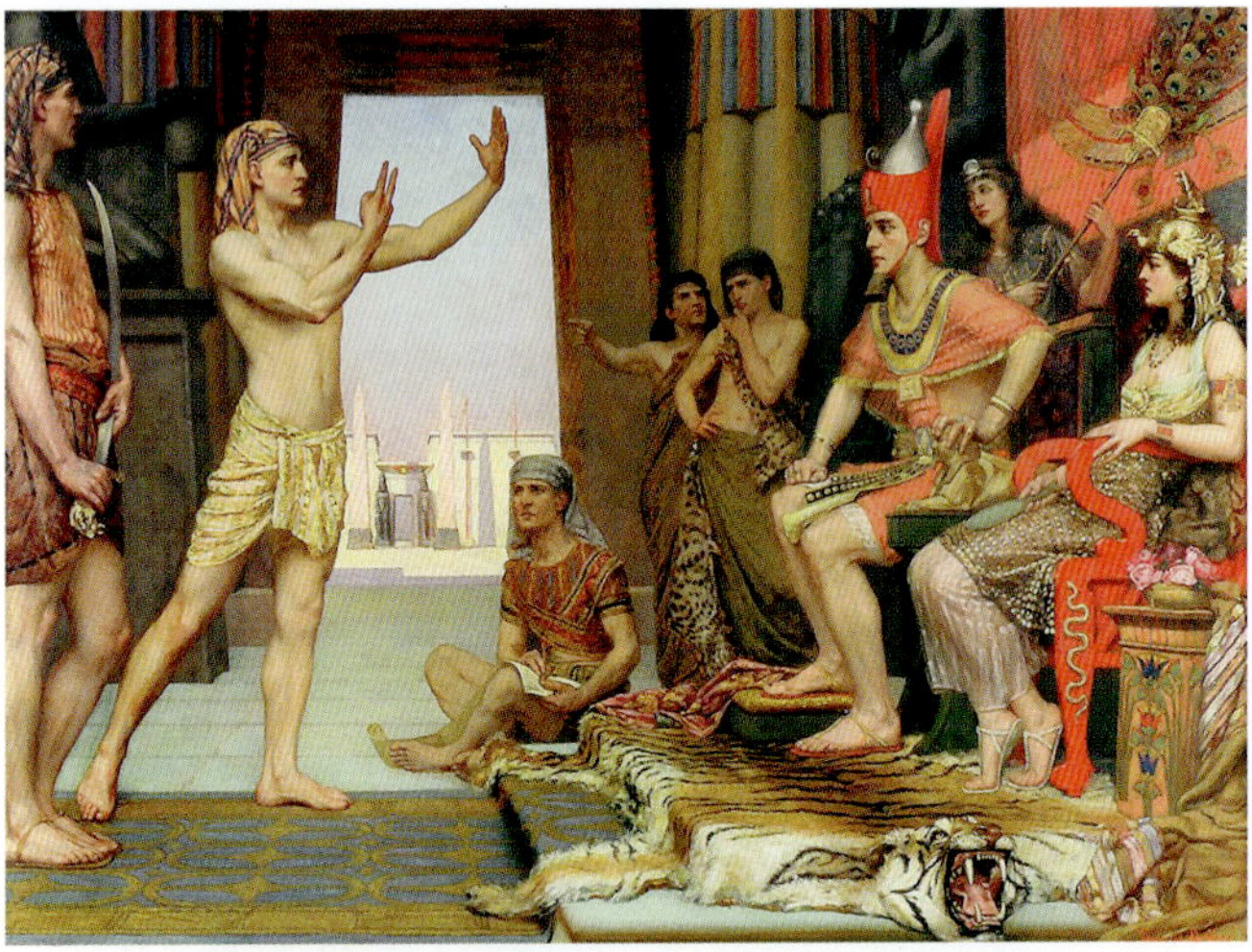

「ファラオの夢を占うヨセフ」(1894年)。レジナルド・アーサー作。

インド、デーオーガルのダシャヴァタラ寺院にある宇宙を夢見るヴィシュヌ神。

使徒パウロが見たマケドニア人の幻。ギリシアの街ベリアにあるモザイク。パウロが紀元51年に群衆に向かって説教をしたとされる場所に建てられた祭壇の左側にある。

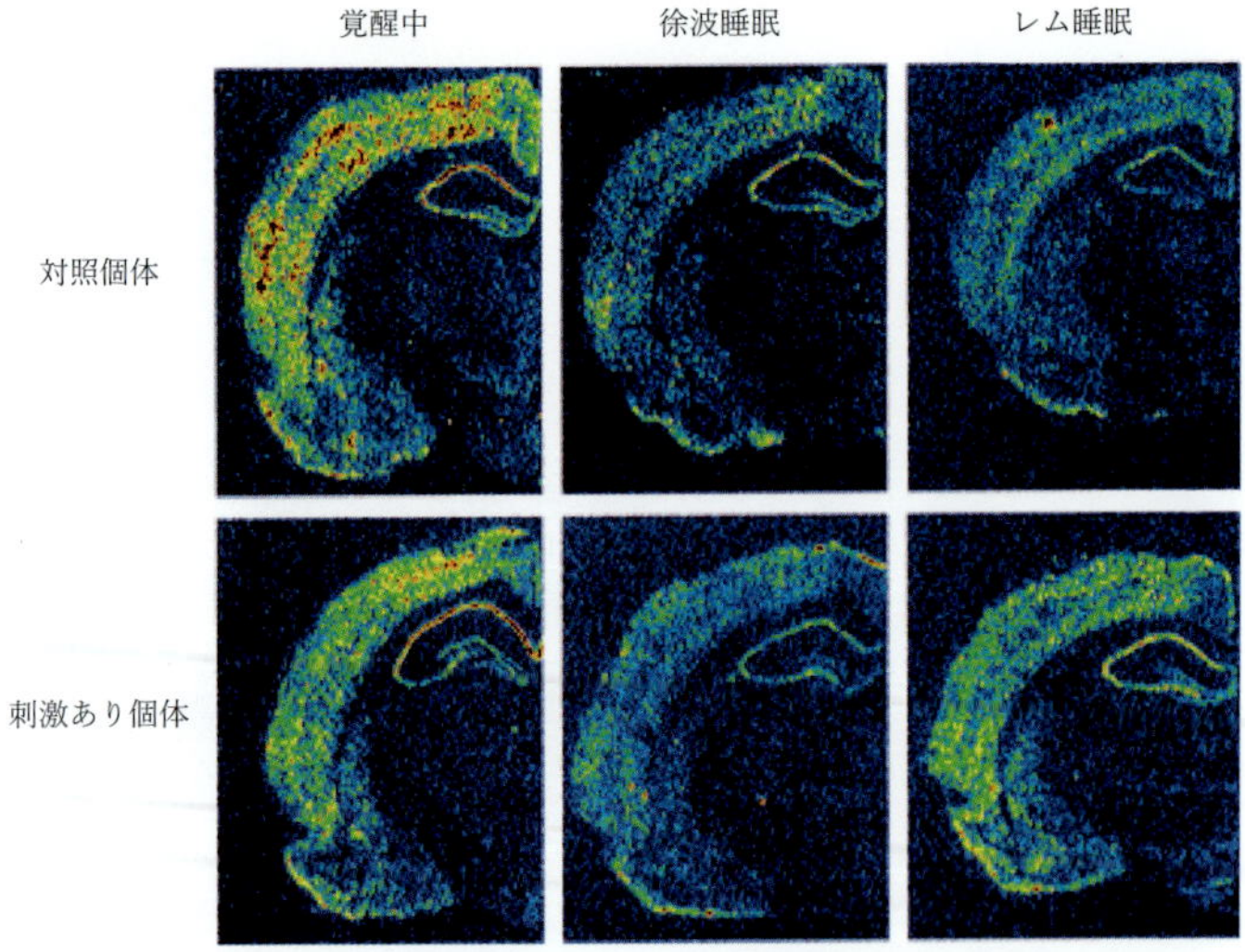

その日の印象：分子として見えている日中残滓。新しい刺激を受けていない対照個体では、最初期遺伝子 Zif-268 の発現は睡眠中に低下する。新しい刺激にさらされた個体では、同遺伝子の発現はレム睡眠中に再誘導される。画像は一方の大脳半球の前頭葉。赤から青までのカラースケールは、それぞれ遺伝子発現レベルの上昇と低下に対応している。

水彩で描かれたデューラーの豪雨の夢（1525 年）。視覚芸術の世界において、明確に夢によるインスピレーションを描いた最古の一例。

シャガール作「ヤコブの夢」（1966 年）。

ダリ作「目覚めの一瞬前に柘榴の周りを蜜蜂が飛びまわったことによって引き起こされた夢」（1944 年）。ダリはフロイト理論に着想を得た独自の「偏執狂的批判的方法」を通して、意味の多重性を追求した。

ラコタ族が描いた「リトルビッグホーンの戦い」。
（上）キッキング・ベア作（1898年）。左にいるバックスキンの服を着た人物はカスター。左上、兵士たちの死骸の後ろに薄く描かれた幽霊のような人影は、戦闘中に殺された人々の魂。中央の4人はシッティング・ブル、レイン・イン・ザ・フェイス、クレイジー・ホース、キッキング・ベア。
（下）エイモス・バッド・ハート・ブルによる作品（1890年頃）。戦いの中心にいるクレイジー・ホースは、体中に斑点を描いている。

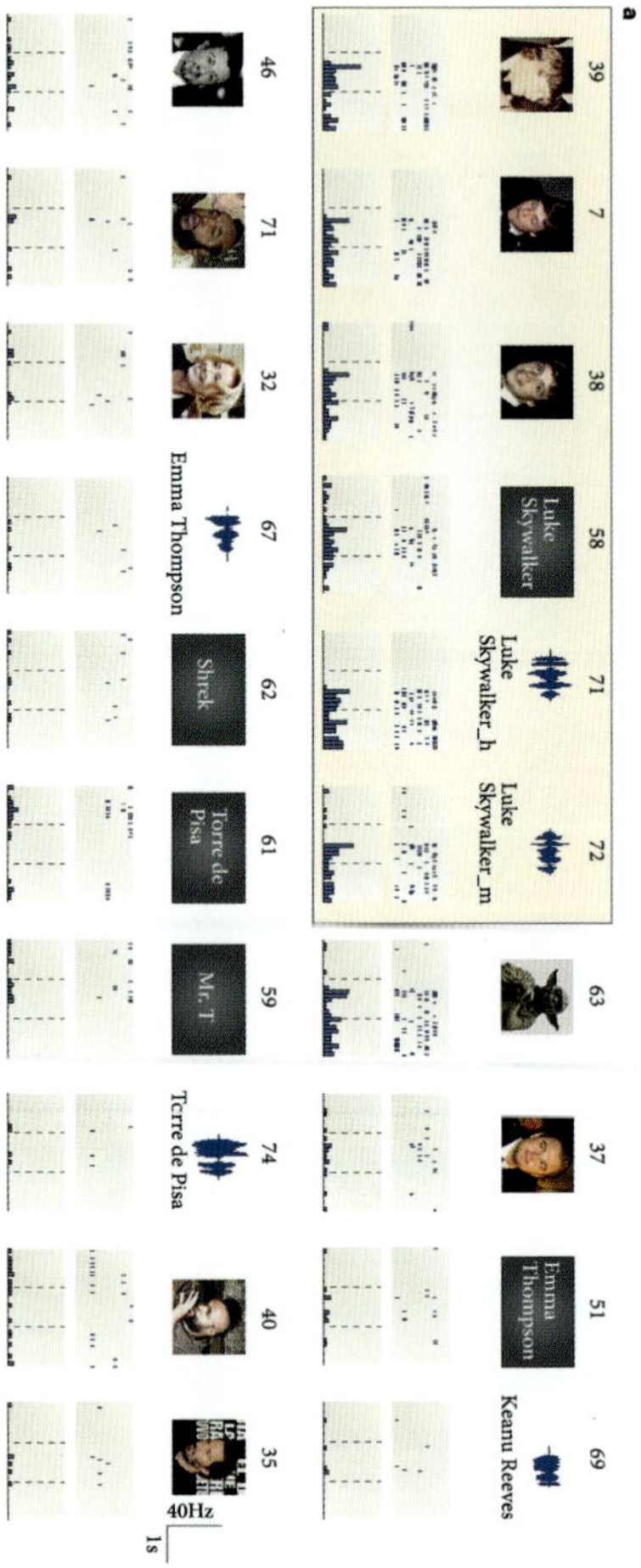

海馬ニューロンの活動によってコード化された心の創造物《クリーチャー》たち。「ルーク・スカイウォーカー」という概念——画像、文字で書かれた名前、音声によって示される——によって選択的に活性化される海馬ニューロンは、ルークの友人であり師であるジェダイ・マスター、ヨーダの画像が提示されたときにも活性化される。

夢は人類をどう変えてきたのか——夢の歴史と科学

ヴェラのために
ナタリア、エルネスト、セルジオのゆえに
われわれの祖先、そしてわれわれのあとの七番目の世代の名において
夢、記憶、そして運命

立ち上がるとすぐに
わたしたちはサバンナを横切って移動を始めた
バイソンの群れを追いかけて
地平線の向こうへ
新しい、遠くの土地へ。
子供たちを背負い、期待に満ちて、
目を光らせ、耳を澄ませ、
不穏な景色、新しくて未知の匂いをかぎながら。

わたしたちは旅する種族、
持ちものはなく、荷物だけ。
風に乗る花粉とともに行く。
動いているから生きている。
じっとしていることはない、わたしたちは遊牧の民、
移民の親、子供、孫、ひ孫。
わたしが夢見るものは、この手で触れるものよりもっとわたしのもの。
わたしはここで生まれたわけではないけれど、それはきみも同じ……

——ホルヘ・ドレクスレル「モビミエント（移動）」

しかし、夢見る人は前進する。凧を揚げ、自ら火を放ち、その中で死んでいく。子供や狂人のように。そしてあの賛歌を、翼について、燃えさかる光の筋についての歌を歌いながら――彼らの祖先たちの言葉、奇妙な人間の言葉で、バベルを建てた者たちのあの足場の上で。

――セシリア・メイレレス「リベルダージ（自由）」

読むことは、他者の手によって夢を見ること。

――フェルナンド・ペソア「不安の書」

夢は人類をどう変えてきたのか＊目次

第１章　人はなぜ夢を見るのか

五歳のころ、少年は一時期、精神的にひどく不安定になり、毎晩同じ夢を見た。夢の中の少年は、頼れる身寄りもないまま、寂しい街の雨空の下、独りぼっちで暮らしていた。その夢の大部分は、陰鬱な建物の周囲に迷路のように張り巡らされた薄汚い路地で展開された。有刺鉄線に囲まれ、絶え間なくひらめく稲妻に照らし出される街は、まるで強制収容所のように見えた。少年と、街にいるほかの子供たちは、最後には決まって、人食い魔女が住む恐ろしげな家にたどり着いた。一人の子供——必ず少年以外のだれか——がその三階建ての家に入っていき、残された少年たちはいくつも並んだ暗い窓を見上げながら、そのうちの一つにふいに明かりが灯って子供と魔女のシルエットが現れるのを待った。やがておぞましい叫び声が聞こえると、そこで夢は終わり、それが毎晩、細かい部分までまったく同じように繰り返されるのだった。

少年は眠るのを恐れるようになり、自分の母親に、怖い夢を見たくないから、もう二度と眠らないことにすると告げた。自室で一人、少年はベッドにじっと横たわって、懸命に眠気に抗いながら、絶対に油断してなるものかとがんばった。それでも、結局はいつも睡魔に負けて、数時間後にはまたすべてが最初から繰り返されることになった。あの家の中に入っていく子供に自分が選ばれるのではないかという恐怖はあまりに大きく、そのせいで少年は、何度でもあの筋書きに入り込み、同じ夢の罠にはまってしまうのだった。ひどく心配した母親は少年に、まぶたが重くなってきたら、花がいっぱいに咲いている庭を思い浮かべなさい、そうすれば安心して眠りにつけるからと言い聞かせた。それでも真夜中の暗い幕が下りると、やはり悪夢は戻ってきた。容赦のないその繰り返しは、まるで夜明けなど戻ってこさせてなるものかとでも告げているかのようだった。

しばらくののち、少年は優れた専門家による心理療法のセッションに通い始めた。この時期のことで少年の記憶に残っているのは、カウンセリングルームへ行くと置いてある、美しい木箱にしまわれたボードゲームのことだ。あるとき、心理学者は言葉巧みに、きみの夢はうまくコントロールすることができるかもしれないよとほのめかした。するとそれ以降は、魔女の悪夢に代わって別の夢が現れるようになった。

今度の夢も不穏な内容であることに変わりはなかったが、それはホラー作品というよりも、目を見張るような映像が散りばめられたヒッチコック風サスペンスであった。その陰鬱なスリラーは、第三者の視点で展開された。少年は自分の目を通してではなく、まるで自分自身が登場する映画を観ているかのように、外側から夢を眺めていた。どこかの空港が舞台となり、常に同じ終わり方をするその夢もまた、毎晩繰り返された。少年のかたわらには、暗い髪色をした大人の相棒が付き添っており、気の狂った犯罪者を探す少年の手助けをしてくれた。犯罪者はなかなか見つからず、少年は仕方なくその相棒とともに空港をあとにしようとする。ところがそのとき、少年の不安を煽るかのように「カメラ」が動いて、ずっと探していた獲物の姿があらわになる。犯人はターミナルロビーの天井から、まるで巨大なクモのように逆さまにぶら下がっていた。壁の隙間に身を隠しながら……。なによりも恐ろしかったのは、犯人はずっとそこにいたというのに、少年がもっと早くその存在に気づかなかったことだ。

遊戯療法をさらに継続し、夢をコントロールする方法についての会話を重ねると、やがて少年は三つ目の夢のナラティブを生み出した。今度のそれは悪夢ではなく、冒険の夢だった。危険に満ちていることに変わりはなかったが、恐怖や不安はずいぶんとやわらいでいた。夢の内容は、インドの密林でトラ狩りをするというもので、少年は明らかに主人公、すなわち英国植民地時代の服装をしたモウグリ〔ラドヤード・キップリングの小説『ジャングル・ブック』に登場するオオカミに育てられた少年〕として登場すると同時に、その様子を第三者視点で外側から眺めていた。夢の冒頭では、暗い髪色をしたあの大人の相棒がそばにおり、彼らが一緒に深い森を抜けていくと、やがて目の前に、崖と荒々しい波が立つ海が現れた。視界の右半分には、切り立った崖に囲まれた背の高い小島が浮かんでおり、遠く沈みゆく太陽は、灰色の空をバックに色鮮やかに輝いていた。夕闇がせまっているせいで、友人の顔はもうほとんど判別がつかなかった。少年は本土と島とを結ぶ土手道を見つけ、トラはきっとあの島に隠れているだろうから追い詰めてやろうと提案する。友人はその言葉にうなずくものの、ここから先はきみが一人で進まなければならないと告げるのだった。少年はライフルを手に足を踏み出し、土手道を歩き始める。バランスをとりながら進む彼の数メートル下では、緑色の海が、荒れ狂って泡を立てている。雲が切れ、沈みゆく太陽が顔を出し、水平線はオレンジ、赤、紫色に染まった。島に足を踏み入れると、目の前には緑の低木が生い茂る森が広がっており、少年はライフルを構えて、自分は今、この葉のすぐ向こうにいるトラに銃口を向けているのだと想像した。そのときふいに、トラが自分の背後の土手道にいることに、少年は気がついた。追い詰められていたのは自分の方だったのだ。

　怖いと思うまもなく、少年はとっさの判断で海に身を投げた。下へ下へと落ちていき、体が水面を打ったとき、夢は突如として一人称に切り替わり、その感覚の強烈さは、あたたかい体が冷たい水といきなり触れたことによっていっそう際立って感じられた。自分は夢を見ているのだなと少年は思い、周囲を取り囲む暗い海を自分自身の目で眺めた。一瞬、すべてが鉛のように感じられたが、少年はすぐに島の周りをと戻ってこなかった。悪夢は消え、眠ることへの恐怖は過ぎ去り、少年の家には平穏な夜が戻ってきた。

泳ぎ始めた。少年はおびえており、その恐怖が彼の注意を、自分のすぐそばを泳いでいる大きなサメに向けさせた。あまりの衝撃と緊張に、時間の流れが遅くなる——するとそのとき、ふいにすべてが穏やかさに包まれた。ますます暗さを増す海と空の間で、少年は安らかな気持ちで巨大なサメと一緒に泳ぎ続け、夜を徹してひたすら手足を動かしていると、悪いことは何も起こらないまま、やがて次の日の朝がやってきた……。トラとサメの夢を見始めてからまもなく、こうした夢のナラティブは少年のもとを去り、二度と戻ってこなかった。悪夢は消え、眠ることへの恐怖は過ぎ去り、少年の家には平穏な夜が戻ってきた。

明らかな暗号

これほどたくさんのシンボルや豊富なディテールを、いったいどのように解釈すればいいのだろうか。これほど明確に繰り返されるナラティブを、いったいどのように説明すればいいのだろうか。連続する夢が突然現れたり、消えたりすることについて、いったい何を語ることができるだろうか。眠るのが恐ろしくなるほどの強烈な悪夢の繰り返しを、いったいどのように扱えばいいのだろうか。これらの疑問に答えるには、われわれはまず夢の起源と機能を理解する必要がある。

起きている間——昼であれ夜であれ、しっかりと目を覚ましている間——、われわれは映像、音、味、におい、触感を立て続けに経験する。覚醒しているとき、われわれは主に外側を向いて生きている。なぜなら、われわれの行動や知覚が、自身の内なる世界を越えたところにある世界とつながっているからだ。われわれはまた、しばしばと言える頻度で——昼であれ夜であれ、しっかりと目が閉じられている間——、例の無意識状態に入り、その間、現実というスクリーンのスイッチはオフになる。われわれにとって馴染み深く、また心身を回復する働きを持つこの睡眠の間に起こることは、ほとんど記憶に残らず、だからこそ、睡眠には思考が存在しないのだと考える人も少なくない。睡眠は、一種の「生きていない」状態、あるいは日々の小さな死にたとえられることもあるが、これは真実ではない。ギリシア神話の眠りの神ヒュプノスは、死の神タナトスの双子の兄弟であり、どちらも夜を象徴する女神ニュクスの子供だ。ヒュプノスによって与えられるつかの間の、概して心地いいものである安らかな眠りは、あらゆる人の精神的・肉体的健康にとって決して欠かすことができない役割を担っている。

一方、一般に「夢を見ている」と呼ばれる、あの内的生活に訪れる独特の状態にわれわれがあるときには、それとはまったく異なる何かが起こっている。そこでは支配者たるモルペウスが、われわれの夢に形を与えている。ギリシアの詩人ヘシオドスによるとヒュプノスの兄弟、ローマの詩人オウィディウスによるとヒュプノスの息子にあたるこのモルペウスは、神々のメッセージを王に伝える役割を持ち、またオネイロスという大勢の兄弟を率いている。黒い翼を持つこの精霊たちは夜な夜な、二つある門をくぐって、まるでコウモリのように飛んでくる。門の一方は角《つの》、もう一方は象牙でできている。角の門を通って来たとき――この門は、磨けば真実を覆うベールのように透明になる――、オネイロスは予知的で神聖な起源を持つ夢を生み出す。象牙の門を通って来るときには――象牙の門は、いちばん細い部分でさえ常に不透明だ――、彼らは虚偽の、あるいは意味のない夢をもたらす。

古代の人々は自らの夢を導きとし、それに従うことを許容していたが、われわれ現代人とこの捉えどころのないビジョンとの関係は、決してそれほど近しいものとは言えない。ほぼすべての人が夢とは何かを知ってはいても、朝目覚めたときにその内容を覚えているのはわれわれのごく一部に過ぎない。一般に、われわれは夢というものを、上映時間が決まっていない映画のようなものとして捉えている。始まりは漠然としていることが多いものの、最後はたいてい何らかの終着点にたどり着く。ざっくりと言うならば、夢とは記憶の断片から構築される現実の似姿だ。われわれは主人公として夢に参加するが、必ずしもその夢のナラティブを構成する一連の出来事をコントロールする力を持っているわけではない。脚本も演出も知らない状態でナラティブを演じることによって、夢の展開に驚きや高揚を覚えることさえある。かと思えば、夢の中で大きな不満や失望のシチュエーションに見舞われることも少なくない。

夢を見ている本人が関心を向けている事柄が反映されているにもかかわらず、夢の成り行きはほぼ常に予測の範囲を超えている。そこで起こることのロジックは、現実と比べてより流動的かつ不規則だ。映像のつながりには連続性がなく、目覚めているときの生活では経験しないような、突然の切り替わりが発生する。夢の中では、ある人物や場所が、驚くほどするりと別の人物や場所に変化することがあり、そこには心の表象が持つ変容的な力が表れている。さまざまなシンボルの断続的な結びつきが、時の経過、断片化、凝縮、転移を特徴とする時間感覚を確立し、複数の――ときに矛盾した――意味が重なり合う層を作り出す。夢における可能性の範囲は果てしなく広く、非日常的、非現実的、混沌的な内容が展開されることも珍しくない。

夢の解釈には、前提として、夢を見る者の認知的・感情的な背景を深く理解することが必要となり、その解釈はときとして夢を見る当人に変容をもたらす。あの少年はなぜ魔女、犯罪者、トラ、サメの夢を繰り返し見たのだろうか。ああした夢はただ単純に、当時映画館でよくかかっていたウォルト・ディズニーの『白雪姫』やスティーブン・スピルバーグ監督の『ジョーズ』に登場する、邪悪な魔法使いのおばあさんやサメとの恐ろしい邂逅を連想させるものだったというだけで、それ以上の意味はないのだろうか。これらの悪夢に見られる、非常に明確かつさまざまな感情に満ちた要素や筋書きには、いったい何の意味があるのだろうか。実際のところ、そこに意味などあるのだろうか。夢の背後には、何らかの論理が存在するのだろうか。夢は人間存在における不可解な事実なのか、それとも果てしなく難解な謎なのだろうか。

夢を見ることは偶然なのか、それとも必然なのだろうか。

最初の悪夢が出現する数ヵ月前、ある日曜日の夕暮れどきに、少年の父親はこの世を去った。心臓発作で倒れたのだ。当初、母親は平静を保っていたが、二、三ヵ月が過ぎたころ、今や育ち盛りの子供を二人抱えた未亡人として、日々仕事に従事し、余暇には大学のコースを受講していた彼女は、激しいうつを患った。少年の弟が、お父さんはどこにいるのと尋ねたのは、それからさらに何ヵ月もたってからのことだった。

こうした家族の苦しみを背景として、何度も繰り返されるあの恐ろしい魔女の悪夢は現れた。夢には、親を亡くした子供の感情と、少年がふいに現実のものとして認識した死の恐怖の孤独感が、豊かなディテールを持って描き出されていた。それは不可逆かつ慢性的な状況であり、トンネルの先に光は見えなかった。繰り返される夢には、その行きづまりが表現されており、当時の少年には、それは明確で避けようのないものであると思われた。

専門家による介入は功を奏した。治療が始まってまもなく、魔女の夢は探偵と犯罪者の夢に取って代わられた。ホラーはサスペンスに道をゆずり、また魔女のいけにえという冷酷な運命は果たすべき使命に道をゆずり、そして少年は暗い髪色の大人という友人——まるで父親、あるいはセラピスト自身のような存在——を得た。夢の舞台はもはや孤児の強制収容所ではなく、空港という、どこか遠くへ旅立つための場所となった。

やがて第三の夢がやってきた。トラを狩り、サメと一緒に泳ぐ夢だ。サスペンスは冒険に置き換わり、父親役の人物との別れは必然として受け入れられ、夢の結末の明確さは、これから先もサメが少年を食べるようなことは起こらないという確信をもたらした。われわれの旅は孤独なものであるという理解は、オレンジ、赤、紫の色として記憶の中に記された。夢の中の黄昏は、わたしの父が倒れたあの瞬間、決して忘れることのできない、はるか昔のあの日曜日と同じ色に彩られていた。

ノイズ、ナラティブ、欲望

たとえ覚醒している間の生活で起こった特定の出来事によって説明がつくとしても、少年のころのわたしが経験した一連の夢は、幻想的かつ隠喩的な側面を含んでおり、それによって単なるトラウマ的な記憶以上のものとなっている。もし記憶の再活性化が、睡眠および夢を見ることの認知的機能の根底にあるのだとすれば、夢のナラティブを特徴づける象徴的な複雑さはどこから来るのだろうか。目覚めているときの体験を、そっくりそのまま繰り返す夢というのはほぼ存在しない。それどころか、大半の夢は、非論理的な要素や予期せぬ連想が入り込んでくることを特徴としている。夢は主観的なナラティブであり、しばしば断片化され、馴染み深い、もしくはよく知らない要素——存在、物、場所——から構成される。そうした要素は、たいていは物語の展開を外からただ眺めているだけの、夢を見ている本人の自己表象の中で、相互に影響をおよぼし合う。夢の鮮明度はさまざまで、かすかで混沌とした印象のものもあれば、鮮やかな映像と意外な展開を含む複雑な叙事詩もある。ときには徹頭徹尾愉快な、あるいは不快なものも存在するが、全体としては、さまざまな感情が入り混じっている。近い将来の出来事を先取りするという例もあり、特に夢を見る本人が極度の不安や期待を経験しているとき、たとえば難しい試験を翌日に控えた学生のような場合には、彼らが見る夢は文脈と内容が細かく描写されたものになることが少なくない。

ありとあらゆる夢のナラティブを検討し、体系的に整理することは叶わないにせよ、夢に典型的な要素が存在することは間違いない。古典的なプロットとしては、たとえば欠落を特徴とする夢が挙げられる。それはやや不愉快な夢であり、そこでは自分自身が、服を着ていなかったり、試験の準備ができていなかったり、会議にひどく遅れたり、歯をなくしたり、旅の途中で大切な人と離れ離れになったり、その人たちを探しても見つからなかったりする。登場人物については、身内、親しい友人、日常的に接している人が多い一方で、赤の他人を夢に見ることもないわけではなく、生涯における特定の時期にはそうした人が頻繁に出てくることもある。

自分が見た夢について、多少なりとも振り返ってみたことがある人であれば、夢には基本的に三つのタイプがあることに気づいているだろう。その三つとは、悪夢、愉快な夢、そして（たいていは実ることのない）目標を追い求める夢だ。一つ目の悪夢は、自分ではコントロールしたり、避けたりすることができない不快な状況の夢に相当する。恐怖は悪い夢を見る空気を生み出し、恐れている結果を先延ばしにすることが、悪夢を支える力となる。夢の中で自分の死を経験する人はほとんどいないが、その理由は主に、それが起こる前に目を覚ますためであり、また、日々の暮らしの中で自分自身が信じていることと相容れない脳内表象は、たとえ夢の中であっても活性化するのが非常に難しいためだと思われる。

愉快な夢は悪夢の対極であり、葛藤などひと欠片もない、満ち足りた状況を描き出す。この種の夢は、目を覚ましているときの生活ではとうてい叶わない望みを満たすものであることが多く、夢を見ている者に、非現実的ながらも完全な満足感を与えてくれる。しかし、快楽と恐怖という極端な二つの例は、われわれが見ている夢の大半についての説明には当てはまらない。そうした強い感情に関する夢を見るには、起きている間にそれを経験する必要がある。夢に実体を与えるのはわれわれの記憶であり、生きることなしに夢を見る人はいない。夢を見ることの神経生物学的研究の先駆者の一人であるジョナサン・ウィンソンの言葉を借りるなら、「夢は今まさにあなたに起こっていることを表現する」ものだからだ。

夢を見る方法を学び直す

目覚めてすぐに自分の夢を描写するというシンプルな習慣を続けると、夢にまつわる日々の体験はグッと豊かさを増す。ほんの数日試しただけでも、夢を覚えていたことなど一度もないという人でさえ、夢日記を何ページも埋められるようになる。夢日記は太古の昔から、夢の記憶を呼び覚ます方法として重宝されてきた。五世紀の学者マクロビウスは、夢の研究は本質的に、信頼できる夢の記録をとれるかどうかにかかっていると示唆している。二〇世紀には、精神科医のジークムント・フロイトとカール・ユングが、そうした記録を解釈することを心の新しい科学、すなわち「深層心理学」として確立させた。

ただし、夢の内容を語ってそれを解釈しようとする者が、必ずしも精神分析用のソファの上で長い時間を過ごさなければならないというわけではない。眠る前に軽く自己暗示をかけるだけでも大きな効果があり、また同時に、目を覚ましたらベッドから動かず、中身がぎっしりと詰まったパンドラの箱が開くのをじっと待つという訓練をするのがいいだろう。自己暗示をかけるには、たとえば眠る一分前にこんな言葉を繰り返す。「わたしは夢を見て、それを覚えておき、それを話す」。目が覚めたら、紙と鉛筆を手に取って、まずはどんな夢を見たのかを思い出すよう努める。最初はとうてい無理だと感じられても、じきに映像や場面がぼんやりと浮かび上がってくるようになる。それを逃さないようにしっかりと捉え、神経を集中させて、夢の記憶の反響を大きくしていく。この最初の記憶こそ、たとえもろく断片的ではあっても、ジグソーパズルの一つ目のピース、あるいは毛糸玉をほぐす糸端として機能してくれるものだ。これを蘇らせることによって、そこに関連する記憶が徐々に明らかになっていく。

訓練初日には、まとまりのない言葉がパラパラと出てくるだけかもしれないが、一週間もすれば、たいていは夢日記が何ページも埋まり、たった一度目覚めるだけで別個の夢をいくつも回収できるようになる。実のところ、人間はほぼ一晩中、さらには目を覚ましているときにさえ、夢を見ている――起きているときの夢には、想像力という別の名前が付けられているだけだ。

夢を見ることの重要性は、われわれが意識の隠された深層に潜り込むのを可能にしてくれる点にある。この状態にあるとき、われわれは感情の断片がさまざまに組み合わさったパッチワークを経験する。ささやかな挑戦や不安、日々のちょっとした敗北や勝利が、人生で最も重要な物事と反響しつつ、全体としては意味をなさないことの多い夢のパノラマを作り出す。日常生活がうまくいっているときには、夢に現れるごたごたとした象徴の意味についての解釈は困難さを増す。

たとえ大金持ちであろうとも、深い実存的な意味を持つ悪夢によって繰り返しさいなまれる権利あるいは運命を逃れることはできない。また、ギリギリの生活をしている人々、昼夜を問わず命の危険を感じている人々、明日食べるもの、着る服、住む場所があるかどうかわからない数十億人の人々にとって、夢は日々耐えがたい苦しみをもたらすものになりかねない。戦争を生き残った者、受刑者、物乞いの人生において、夢とは感情のジェットコースターのようなものであり、それは欲望の両極に位置する生と死、快楽と苦痛といった、強烈な色彩に彩られている。[*1]

イタリア人化学者で作家のプリーモ・レーヴィは、ナチスによるアウシュヴィッツ絶滅収容所の生還者であり、憔悴してトリノに帰り着いたのち、繰り返し見た悪夢について以下のように語っている。

> それは夢の中の夢であり、細部はさまざまに変化するものの、本質は一つだ。わたしは家族、あるいは友人たちと一緒にテーブルについていたり、職場にいたり、緑豊かな田園地帯にいたりする。要するにその場所は、一見したところ、のんびりとした平和な環境で、緊張や苦痛は存在しないように見えている。それでも、わたしには深くかすかな苦悩が感じられる。脅威がすぐそばに迫っているという確かな感覚だ。そして実際、夢が進むにつれて、徐々に、あるいは容赦なく、毎回違った形で、わたしの周囲にある景色も、壁も、人々も、何もかもが崩壊してバラバラになり、その間にも苦悩はより強烈に、より明確になっていく。すべてはもはや混沌と化している。わたしは灰色に淀んだ無の中心に独りぼっちでたたずみ、そして今や、これが何を意味するのかを理解しており、また自分はそれをずっと前から理解していたことを理解している。わたしは再び収容所《ラーゲル》の中にいるのであって、収容《ラーゲ》

所《ル》の外にはほんとうのことなど存在しないのだ。それ以外のすべてはつかの間の中断、感覚の欺瞞、もしくは夢であった。家族も、花が咲き乱れる野も、自分の家も。今やこの内なる夢、平和の夢は終わり、そしてまだ持続している外の夢では、氷のように冷たい、聞き覚えのある声が響いている。尊大さはないが、短く、抑制された、ただ一つの言葉。それはアウシュヴィッツの夜明けの号令、ビクビクと怯えながら待つ、外国の言葉だ。「起きろ《フスターヴァチ》[*2]」

手首に「174517」という数字のタトゥーを刻まれていたプリーモ・レーヴィは、一九八七年、住んでいた建物の階段の吹き抜けに落下して亡くなった。警察はこれを自殺として処理している。

世界の不眠に抗う

ポルトガル語で夢を意味する「sonho（ソーニョ）」――語源はラテン語の「somnium（ソムニウム）」――という言葉は、英語の「dream」と同じく、夢以外にもさまざまな概念を表現するために使われており、その対象はどれも眠っている間ではなく、覚醒している間に体験する出来事だ。英語でも、「一生の夢」や「アメリカンドリーム」といった表現は、人が何かを達成したいと願う、またはそれを達成したような場面において、日常的に使われている。将来の計画という意味においては、だれもが夢を持っている。今自分の手の中にはない何かを、だれもが望んでいる。ではなぜ、喜びと恐怖の両方を喚起する力を持つ夜の現象である「夢」とまったく同じ言葉が、われわれが手に入れたいと願うあらゆるものを表す際にも使われるのだろうか。

現代の多種多様な広告は、夢はわれわれの行動の背後にある原動力、すなわち、われわれの外的行動の内なる動機であるという確信のもとに作られている。広告における「夢」という言葉をより正確に表す同義語は「欲望」だ。ブラジルのラジオ局で流れるユニバーサルチャーチ〔献金を強く奨励する商業的なキリスト教団〕のＣＭの言葉は、その事実を明確に伝えている。「ここは信仰が夢を現実にする場所です」。夢と幸福とをつなぐ力は驚くほど強い。チリの首都サンティアゴに設置されたクレジットカードの広告には、まるで奇跡のようなこんな約束が記されている。「あなたの夢をすべて叶えます」。米国のとある空港の出発ラウンジに掲げられた巨大な写真には、ふりそそぐ太陽を浴びてカリブ海で船を走らせながら、幸せそうに微笑むカップルが写っている。写真の上部に記されているのは、こんな謎めいたフレーズだ。「あなたの夢は、あなたをどこへ連れて行くだろうか？」。そのすぐ下には、クレジットカード会社のロゴがあしらわれている。要するにこの広告は、夢は帆船のようなものであり、われわれをロマンチックな旅に連れ出し、どこかにある完璧な場所、これ以上ないほど「欲望」を掻き立てる場所へと連れて行ってくれる力を持っている、と言いたいのだろう。「夢＝欲望＝お金」という方程式には、隠された変数が存在する。その変数とは「行く」自由、「存在する」自由、そして何よりも「持つ」自由だ。その自由は、夜の夢というルールのあやふやな世界においては、どれだけ惨めな境遇にある者であっても経験することができるものである一方、昼間の夢においては、プラスチックでできた魔法のカードの所有者だけに許される特権なのだ。

日々の仕事、そして睡眠および夢を見る時間の欠如は、大半の労働者に影響をおよぼし、現代文明が抱える不定愁訴の重大要因となっている。新型コロナウイルス感染症のパンデミックへの対応として在宅勤務が行なわれるようになったことによって、睡眠をとって夢を見る機会はいくらか増えたものの、夢が人々の動機づけに与える影響と、グローバル化した産業世界におけるその矮小化の対比は依然として明らかであり、そうした状況の中、一般市民は、逃げ上手な獲物のように捕まえにくい睡眠を追い求め続けている。二一世紀になると、失われた睡眠を取り戻そうとの試みから、睡眠トラッカー、ハイテクマットレス、聴覚刺激デバイス、バイオセンサー付きパジャマ、リズミカルかつリラックスした呼吸をサポートするロボット、さらには多種多様な治療薬が登場した。パンデミック以前からすでに急成長を続けていた睡眠健康産業は、近年では推定三〇〇〜四〇〇億ドルの価値があるとされている。[*3] それでもなお、不眠症の勢いには衰えが見えない。時間が常に足りないこの時代——毎日しつこく鳴り響くアラームの音で目を覚ましても、まだ眠いうえに、果てしなく増え続ける約束を果たすには時すでに遅いという時代、自分の内的生活についてじっくりと考える機会が単純に不足しているという理由から、夢を覚えている人などほとんどいない時代、そして不眠症が猛威をふるい、あくびが蔓延する時代——において、われわれはついに、夢を見るという行為が今後も存続できるのかどうかが問われるところまで来ている。

それでもやはり、われわれは夢を見る。頻繁に、たくさんの夢を見る。街の明かりや騒音があろうとも、絶え間ない人生の辛苦に見舞われようとも、遠く地平線に悲しみが見えようとも、貪欲に夢を見る。疑り深いアリであれば、そんなふうに自由に夢を見る者のことを、イソップの童話に出てくるキリギリスのような怠け者の芸術家と呼ぶことだろう。一七世紀初頭、ウィリアム・シェイクスピアはこう書いている。「われわれの本体は夢に同じ」[*4]〔木下順二訳〕。その一世代後、スペインの劇作家ペドロ・カルデロン・デ・ラ・バルカは戯曲『人生は夢』の中で、自らの運命を創り上げる自由を描いた。[*5] 夢はブレーキも制御もない想像力であり、その中においては恐れることも、創造することも、失うことも、見つけることも自由に解き放たれる。

「わたしには夢がある」というあの有名な演説の中で、マーティン・ルーサー・キング牧師は、人種統合と正義の必要性を米国の政治的議論の中心に据えた。主にアフリカ系奴隷によって建造されたこの国で、彼らの子孫は「アメリカンドリーム」を築くことを強制される一方で、それを享受することは許されなかった。米国における公民権運動の、平和的かつ粘り強い闘いの指導者であったキング博士は、一九六四年にノーベル平和賞を受賞し、その四年後に射殺された。キングが他界しても、彼の夢は消えることなくさらに力を増し、同国における人種的不平等縮小の可能性を少しずつ広げていった。ドナルド・トランプ大統領の時代には、一六歳の誕生日を迎える前に米国にやってきて、オバマ時代の非合法移民合法化プログラムのもとで永住を許可されたおよそ七〇万人が、幼少期と青年期を過ごした国にとどまるために必死の闘いを強いられた。そうした人々の大半は、メキシコ、エルサルバドル、グアテマラ、ホンジュラスの出身であった。現在、宙ぶらりんな状態で暮らしている彼らは、一般に「ドリーマー」と呼ばれている。

これほど強力な力については、詳しい説明ができて然るべきだ。夢とは何なのか。いったい何の役に立つのだろうか。これらの疑問に答えるにはまず、夢を見ることがどのように始まり、どのように進化したのかを、ある程度理解する必要がある。われわれヒト科動物の祖先にとって、夢の世界は幻想であると気づくことは、毎朝新たに蘇る神秘だったに違いない。そこへ言語、宗教、芸術が出現すると、夢の謎めいたシンボルに新たな意味が与えられた。興味深いことに、異なる文化においても、そこに付与された意味は非常に似通っていた。これは、夢を解読しようというわれわれの試みにとって重要な手がかりとなる。

人間が夢を見たという事実についての歴史的証拠のうち最も古いものは、文明の始まりの時期にまでさかのぼる。古代の偉大な文明には、例外なく夢という現象への言及があり、それはカメの甲羅、粘土板、神殿の壁、パピルスなどに記されている。夢はしばしば神託とみなされ、未来を明らかにし、予感を与え、運命を告げ、神々の意図を占うことができると考えられた。古代ギリシアでは、夢を見ることは非常に重要視され、医療と政治の中心に据えられていた。エジプトやメソポタミアといったより古い文明においても、夢に対する扱いはやはりそれと似通ったものであった。

三〇〇〇年以上前に書かれた『トゥクルティ・ニヌルタ叙事詩』[*6]は、あるアッシリアの王——一説には聖書に登場するノアのひ孫、ニムロドとも言われる——がバビロニアのカシュティリアシュ四世と戦い、彼の地を征服した顚末を伝えている。楔形文字で記されたテキストには、バビロニアの支配下にあったさまざまな都市の神々が、カシュティリアシュ四世の破戒に憤懣を募らせ、罰として彼の神殿を去ったとある。バビロニアの守護神マルドゥクまでもが、アッシリアによる攻撃を正当なものとみなし、バベルの塔の神話のモデルとなったとも言われる広大なジッグラトの中にある白らの聖域を放棄した。侵略軍に包囲されたカシュティリアシュ四世は、何か良い報せをもたらしてくれる前兆を探したが、何一つ見つけることができなかった。やがていっさいの希望を失った彼はこう言った。「わたしの夢が何であれ、それは恐ろしいものだ」。恐ろしいものとはすなわち、バビロンの陥落を意味していた。

トゥクルティ＝ニヌルタとカシュティリアシュ四世は歴史上の人物であり、この戦争は現実に起こったものだ。紀元前一二二五年、バビロンは敗北して略奪を受け、城壁は破壊され、王は捕らえられ、屈辱を与えられた。襲撃の仕上げとして、トゥクルティ＝ニヌルタはマルドゥクの神殿から主要な礼拝像を撤去するよう命じ、神そのものをさらって、何年にもわたる長い旅へと連れ出した。こうした行為は当時、かなり一般的なものであった。というのも、彫像の中には神の物質的な存在が具現化していると信じられていたからだ。アッシリアによるプロパガンダの好例である『トゥクルティ・ニヌルタ叙事詩』を見ると、支配者に威信を与えるために夢がどのように利用されたかがよくわかる。結果としてこの物語は、夢の話に二次的に尾ひれをつけることの問題点を明確に示すものとなっている。その問題点とはすなわち、われわれは実際の夢そのもの、夢を見る者の心の中で起こった一次的な体験には、決してアクセスすることができないということ、そして触れられるのはただ、それを夢に見たと主張する者による主観的な説明だけである、という事実だ。トゥクルティ＝ニヌルタとカシュティリアシュ四世の争いにおいて、敗者が見たとされる夢は、勝者による征服を都合よく正当化するために利用された。

夢に関する話は、それが実際の夢か作り話かはともかくとして、エジプトの国家統治においても中心的な位置を占めていた。その具体例の一つに「夢の碑文」がある。この碑文が記された高さ三・六メートルを超える花崗岩のブロックは、ギザの大スフィンクスの前脚の間に置かれている。ヒエログリフが刻まれた、紀元前一四〇〇年頃のものとされる石碑には、若き王子トトメスがある日、砂漠の砂に埋もれかけている堂々たるスフィンクス像の陰で眠りについたとある。トトメスが見た夢にはスフィンクスが現れて、もしわたしを守れば王位を約束しようと告げたという。碑文によると、若きトトメスはスフィンクスの周囲に壁を築くよう命じ、その後トトメス四世として即位した。二〇一〇年には、夢の碑文で言及されている壁の痕跡が発見されている。

夜の神託

現実における行動の正当化を目的として、夢で神の承認を得るという習慣は、これまでの歴史を通じて幾度となく行なわれてきた。夢に備わっている予言的な性質は、エジプトの『死者の書』やシュメールの『ギルガメシュ叙事詩』など、現存する青銅器時代（五〇〇〇～三〇〇〇年前）の主要なテキストに見ることができる。[*7] さらには、『イーリアス』、『オデュッセイア』、聖書、そしてコーランにも、そうした例は豊富に存在する。伝承によれば、ブッダの生母マーヤーは彼を身ごもる前、六本の牙を持つ白いゾウが天から降りてきて自身の体内に入る夢を見たという。[*8] 白いゾウは神からの究極の好意のしるしであり、その子供に特別な性質が備わっていることを予言していた。同じく伝承によると、中国の哲学者孔子は、母親が戦士の神によって受胎させられる夢を見たあとで彼を身ごもったとされる。[*9] 古代末期には、アルテミドロス[*10]（紀元前二世紀）とマクロビウス[*11]（紀元前五世紀）によって、夢はその内容、原因、機能に応じて異なるカテゴリに属するという考え方が広められた。

アルテミドロスは、今日のトルコに位置するギリシアの植民地エフェソスに生まれた人物だが、学者、医師、夢の解釈者としてその名を知られるようになったのは、ローマで暮らしていたときのことであった。

彼は『夢判断の書』と題された古典的学術書を著している。そのベースとなったのは、広範な分野にわたる書物と、小アジア、ギリシア、イタリアを巡って行なわれた口頭での聞き取り調査であり、そのおかげで同書には、エーゲ海の島々や岩がちなパルナッソス山上に点在する町の住民たちの知識が取り入れられることになった。今日まで残っているこの全五巻の著作において、[*12] アルテミドロスは代表的な夢を記述し、その原因を広範に理論化している。彼によると、解釈者は夢を見る者について、その仕事、健康状態、社会的地位、習慣、年齢などの背景を知り、またその人が自身の夢の各構成要素についてどう感じているかを確認しなければならないという。夢に含まれる内容の信ぴょう性は必ず検討する必要があるが、これは夢を見る者自身に尋ねることによってのみ可能となる。

アルテミドロスはさらに、現在あるいは未来の状況を描写することができる夢（それぞれエニュプニオンとオネイロス）の存在に言及し、夢の意味を明確にするためには必ず正しく分類されなければならないと主張した。

> 二つのタイプ、すなわちエニュプニオンとオネイロスとははっきりと区別される。……オネイロスがエニュプニオンと異なる点は、前者が未来の出来事に関するものであり、後者は現在の出来事に関するものであるという点である。……予言的な夢（oneiroi）のカテゴリには、法則的なものと寓話的なものとがある。法則的な夢とは、夢に見たビジョンがそのまま現実と重なるものだ。たとえば、船で海に出た男が難破の夢を見たあと、実際にそうした状況に陥ったという例がある。眠りから覚めたあと、船は沈没して失われ、男はわずか数人の仲間とともに一命をとりとめた。……一方、寓話的な夢とは、何か別のものを通して意味を伝えるものを指す。こうした夢は、魂が謎めいた内容を介して語ることを特徴とする。[*13]

フロイトよりもおよそ二〇〇〇年早い時期に、アルテミドロスは夢の意味が多重であることの重要性を指摘していた。

胃を悪くし、医神アスクレピオスの処方薬が欲しいと願っていたある男が夢を見た。アスクレピオスの神殿に入ると、神が右手の五本指を差し出し、それを食べるよう促した。男がナツメヤシの実を五つ食べると、病は治った。最高級のナツメヤシの実は、「指」と呼ばれることもあるからだ。[*14]

アンブロシウス・テオドシウス・マクロビウスは、ローマ帝国が滅亡し、ビザンチン帝国がかろうじて生き延びていた時代の哲学者および文法学者だ。本人の生い立ちや経歴はよくわかっていないものの、その業績は、彼の死後も長い間、大きな影響力を発揮した。マクロビウスは、アルテミドロスのような夢の理論をまとめあげた編纂者というだけでなく、学者でもあった。夢についての研究において彼が題材として取り上げたのは、三〇〇年前にローマの執政官キケロによって書かれた物語『スキピオの夢』であった。自著『「スキピオの夢」注釈』の中で彼は、中世の神学思想において広く受け入れられていた夢の分類について記している。[*15] マクロビウスは、夢を見る人が、覚醒と睡眠の間の移行期に自分のそばに「幽霊」を見たと感じる場合、その幻影はヴィスム（ギリシア語でファンタズマ）と呼ばれるとし、これは「予言的な意味を持っていない」と述べた。インソムニウム（ギリシア語でエニープニオン）は悪夢を指し、これも予言的な意味を持っておらず、むしろ情動的あるいは身体的な問題を反映していると考えられた。ヴィシオ（ギリシア語でホラマ）は現実になる予言的な夢、オラクルム（ギリシア語でクリマティズモス）は尊敬を集める人物が未来を明かし助言を与える神託の夢、そしてソムニウム（ギリシア語でオネイロス）は奇妙なシンボルを含む謎めいた夢であり、理解するには解釈者の介入を必要とした。

マクロビウスが最初に挙げた二つのカテゴリに含まれるのは、現在と過去にのみ影響を受け、未来とは関係のない夢だ。後半の三つはどれも、その手段が未来の出来事の透視（ヴィシオ）であれ、予言（オラクルム）であれ、解釈を必要とする象徴的な夢（ソムニウム）であれ、今後起こることに焦点を当てている。興味深いことに、夢に予言的な性質を持たせるという行為は、今日のアメリカ、アジア、アフリカに無数に存在するいわゆる原始文化においても、繰り返し観察されているものだ。[*16] 互いにまったく異なる文化であっても、そうした社会では夢の予言的な可能性に関して、祖先からよく似た信仰を受け継いでいる。彼らは夢のことを、それを解釈できる者にとっての運命を開く鍵、予言の源、占いの手段、まだ存在していないが今後存在することになるものにアクセスするための入り口と考え、また一方では霊的な危険への警告であるとも捉えている。北米の多くの先住民文化では、今もアサビケシン（オジブウェー語でクモの意）と呼ばれるドリームキャッチャーが作られている。これはヤナギの枝で作った輪に網をくくりつけて、そこに羽や種子などの呪術的な品々をあしらったものだ。ドリームキャッチャーは、主に眠っている子供の上に吊り下げられて、ちょうどクモの巣のように、悪夢をもたらす有害な力を捕らえる役割を果たす。

民族全体を導く力を持つ予言的な夢というのは数々存在するが、アメリカ先住民の文化に伝わるいくつかの例では、とりわけ詳しい記録が残されている。そのうちの一つが、コマンチェ族の首長が一八四〇年に見た予兆的なビジョンだ。[*17] このビジョンを見た当時のバッファロー・ハンプは、一八世紀にスペイン人の進攻を食い止めた獰猛な先住民コマンチェ族内のペナテカ集団《バンド》を率いる、精力的ではあるが比較的地味な首長であった。何世紀にもわたり、同部族はコマンチェリアを支配していた。コマンチェリアとは、アメリカ南西部に広がる大草原の大半に相当する領土であり、テキサス、ニューメキシコ、オクラホマ、コロラド、カンザスの一部が含まれていた。この領土の最南部を居住地としていたペナテカは、コマンチェ族に所属する集団の中でも、白人たちととりわけ密に接触せざるを得ず、それは直接、南部の大草原からのバッファローの消失や、天然痘およびコレラの大流行へとつながった。当時のそのほかの先住民族がそうであったように、バッファロー・ハンプもまた当然の成り行きとして、白人との接触だけでなく、衣服や生活用品など、白人に関係するありとあらゆるものとのかかわりを避けていた。[*18]

緊張が高まったのは、一八四〇年三月、平和使節としてサンアントニオを訪れていたペナテカの首長たちが、まとめて殺害されたときのことだった。この虐殺からしばらくたったある夜、バッファロー・ハンプは血なまぐさい啓示を見た。先住民がテキサスの住民を攻撃して彼らを海に追い落とすという内容のその夢の中で、彼は神秘的で強大な力を感じていた。それから数週間のうちに、バッファロー・ハンプが見たこの啓示は、まるで大草原に燃え広がる炎のようにコマンチェリア全域に知れわたった。夏になると、バッファロー・ハンプは支持者を募り、最終的に戦士四〇〇人のほか、戦場で物資の補給などを担当する女性と子供六〇〇人を集めるに至った。八月の初め、バッファロー・ハンプの軍隊は大草原を南に下り、三日後には、白人入植者たちが暮らす、樹立後まもないテキサス共和国の領土へと侵入した。八月六日、軍隊はサンアントニオから一六〇キロ以上、海からはわずか四〇キロのビクトリアの街に奇襲を仕掛けた。彼らは倉庫を略奪し、家を焼き、大量の馬を盗み、一二人を殺害した。

勝利を収めはしたものの、夢の予言はまだ成就していなかった。自らが見たビジョンを現実のものとするために、バッファロー・ハンプは戦士たちを率いて海岸へと進軍し、そして八月八日、当時テキサスで二番目に大きな港だったリンビルを包囲した。武装して馬に乗った何百人もの戦士が、戦いの準備をすっかり整えて、堂々たる半月型の陣形を組んで接近してくるのを目にしたとき、この豊かな街の住民たちは絶望に打ちひしがれた。小競り合いが起こり、三人の市民が命を落としたところで、リンビルの人々は港に係留されていた小型船で海に逃れた。恐怖に震える逃走者たちは、バッファロー・ハンプが夢に見た通りに、街が破壊し尽くされるのを信じられない思いで見つめていた。それは、アメリカ合衆国の領土内で、先住民から白人に対して行なわれたものとしては最大規模の攻撃であった。リンビルはその後、一度も再建されることなく、今日に至るまでゴーストタウンのまま残されている。

神秘主義から精神生物学へ

なぜこれほど多様な民族が、夢に神託としての機能を見出したのだろうか。そしてなぜこれほど多くの人々が、今もなおそれを信じているのだろうか。こうした一見不合理で、理性そのものを否定するかのような考えは、いったいどこから来るのだろうか。そこには何か論理的な説明が存在するのか、それともこれは、無意味な偶然や迷信が大量に積み重なった上に築かれた思い違いに過ぎないのだろうか。夢という行為が未来の出来事を予知するという考えについて、科学的な説明を見つけることは可能だろうか。これらの疑問に対する答えには重要な意義があり、それはまた、相互に関連し合ういくつもの要因を考慮して初めて得られるものだ。そうした要因を統合する試みの起源には、精神分析の創始者ジークムント・フロイトの研究がある。

フロイトは一八五六年、現在のチェコ共和国にあるモラヴィアで生まれた。才気煥発な子供であった彼は、二五歳になるころには、新米の医師として、まだ自信はなくとも並々ならぬやる気をみなぎらせていた。一九世紀末の神経解剖学の世界は、オーストリア系ドイツ人の神経病理学者テオドール・マイネルトと、イタリア人病理学者カミッロ・ゴルジという、大きな権威を持つ二大保守勢力に支配されていた。そうした当時の潮流に従って、フロイトは当初、スペイン人のサンティアゴ・ラモン・イ・カハールと同じような方向を目指していた。ラモン・イ・カハールは、ニューロン（図1）の発見をはじめ、神経系の理解への多大なる貢献によって、一九〇六年にノーベル生理学賞を受賞することになる人物だ。

一八九五年に執筆された未完の『科学的心理学草稿[20]』の中でフロイトは、脳組織のことを、「活動」が起こるのを可能にする個々の細胞のネットワークとして描いている。今日では、電気インパルス、ニューロンの活動電位、ニューロンの発火など、この「活動」のことを表すための同義語は数多く存在する。ニューロンの発火とは、細胞膜の突然かつ一時的な脱分極を意味する科学用語だ（図1）。フロイトは、同じ経路で頻繁に活動が繰り返されることによってその経路が強化され、記憶が生成されると提唱した。この

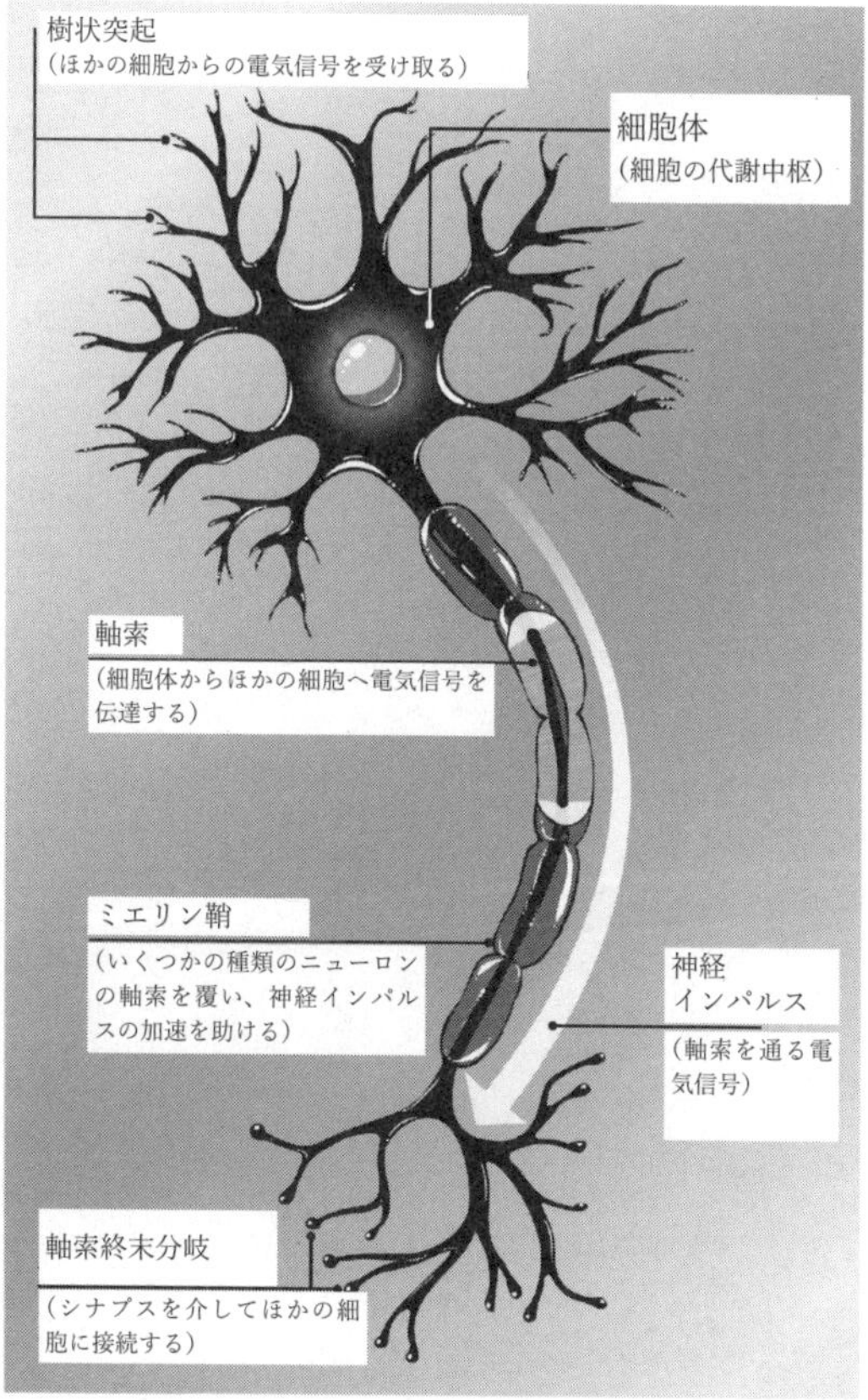

図1　神経細胞の主要部分。樹状突起、細胞体、軸索。ほかのニューロンからの電気的信号は樹状突起を通って入ってくる。信号は細胞体で統合され、軸索によって伝達され、最後には軸索終末を経由して別のニューロンへ移っていく。人間の脳には約860億個のニューロンがあり、それぞれが別のニューロンとの接触点（シナプス）を平均1万個持っている＊19。

長期増強のメカニズムは、たとえば大量の雨が降ったあとに川を流れる水の抵抗が減少するようなものであり、一九七〇年になって初めて実証的に示された。これについてはのちほど見ていく。[*21]

神経系についてこれほど深い見識を持っていたにもかかわらず、フロイトは神経科学の創始者の一人としてではなく、新しい心理学の創造者としてその名を知られるようになった。『科学的心理学草稿』を執筆する一〇年前、パリのサルペトリエール病院において、神経学者ジャン＝マルタン・シャルコーのもとで実習生として学んでいたフロイトは、ヒステリー症状が催眠によって一時的に改善するのを目撃していた。失語症として知られる言語障害の研究に深くかかわるようになると、彼は催眠から離れて、最終的には夢の内容を語ることと考えを自由に連想する方法とに基づいた治療法を開発するに至った。彼が無意識の概念を発見するきっかけとなったのは、自身の父親の死後、非常に鮮明かつ象徴的な夢を見るようになり、それ以前は意識していなかった記憶や概念が明らかになったことであった。こうしたアイデアを発展させることにより、彼は真の革命を引き起こした。

北米の認知科学者で、二〇世紀におけるコンピュータでの精神プロセス再現の先駆者であるマーヴィン・ミンスキーによると、フロイトは人工知能の分野における最初の優れた理論家であって、心的装置のことを、あらゆる精神現象を引き起こすことができる一枚岩のようなシステムではなく、さまざまな構成要素からなる機械として捉えていたという。[*22] 人工知能は独立した並列システムの集合であるべきだと提唱した際、ミンスキーは、自身の仕事が精神分析学から多大な影響を受けたことを認めている。人間の心は三つの主体――イド、自我《エゴ》、超自我《スーパーエゴ》――から構成されており、その働きは密接に関係しつつも、多くの場合、互いに相反するものであると、フロイトは考えていた。[*23] イド（ラテン語における「it」）は無意識であり、本能的な必要を満たすことに関連した原始的な衝動を生み出すが、そうした衝動は今では、視床下部や扁桃体といった、快楽原則を司る脳の皮質下部分に依存していることがわかっている。この概念は、われわれが願望を持つこと、とりわけ願望の充足を求めることを可能にする神経回路と対応している。[*24] フロイトにとって、イドは非合理的なものだ。それは生まれたときから、そして今この瞬間も存在し、必要という抗いがたい力で現実に挑みかかる。たとえば、水がなくなったからといって、人間が喉が乾いたと感じることをやめるわけではない。

自我《エゴ》（ラテン語における「I」）は、事実からの制約を受ける、つまり現実原則によって支配される知覚的・認知的・実行的機能を通して、イドと現実との接点を処理する意識的なプロセスに相当する。制約に直面したとき、自我は計画的な行動を通じてそれらを変容させようと試み、過去の経験に従って未来を形作ろうと努める。自我が身体的な限界、自己のイメージ、自伝的記憶の蓄積から構成されているとするならば、脳内においてこれは、海馬、側頭頭頂皮質、内側前頭前皮質に存在することになる。[*25]

前頭前皮質はまた、フロイト理論における第三の精神的主体である超自我にも直接関係している。現実原則に従って身体を統治することに加えて、自我には、イドの衝動と超自我によって行使される倫理観との衝突をうまく処理する役割がある。超自我には、両親や直接の保護者から伝えられる文化的規範の取り入れが反映されている。超自我とは、検閲、抑圧、困惑、批判、そしてイドの衝動との闘いの源だ。こうした機能は、意思決定、選択肢の評価、望ましくない行動の抑制に必要な、前頭前皮質のさまざまな領域の活動に関連している。[*26]

超自我とイドとの葛藤を緩和するために、自我は精神的苦痛を軽減する数多くの防衛プロセスを用いる。その手段としては、抑圧、抑制、否認、補償、置き換え、合理化、さらには情動の昇華などが挙げられる。イドが幼児的であるとするならば、超自我は内的な父親であり、習慣、模範的エピソードの記憶、言葉で述べることができる明確なルールの中に現れる。

自伝的記憶の貯蔵庫は累積的かつ組み合わせ的であるため、その量は時間の経過とともに極めて膨大になっていくが、任意の瞬間に意識の中に存在するのは、そうした記憶のごく一部だけだ。記憶は自我と超自我から絶えず要求を受け、選ばれたニューロン群の活動によって、その瞬間その瞬間に一時的に活性化される精神的集合体を構成する。しかし、ニューロン集団の大半が静止しているときも、人生すべての記憶とそのすべての組み合わせの思考が、潜在的ながら確かに保たれているのだ。フロイトはこの心的表象の海を無意識と名づけ、夢はその無意識にアクセスするための王道であるとした。

精神分析の手法は、夢を思い起こしつつ、さまざまな連想を巡らせて自分自身について自由に語るよう促された患者の話に注意深く耳を傾けるという、受容的な態度の上に構築された。その目指すところは、患者の潜在的な記憶をマッピングし、あらゆる種類の神経症症状と関連しているトラウマの起源にかかわる手がかりを見つけることであった。そうしたトラウマは通常、性的な性質を帯びており、幼児期に獲得された嫌悪的な記憶に関連があると、フロイトは主張した。それはほんとうにあった虐待的な状況である場合もあれば、親子間の矛盾した情動の影響から生じる場合もあるとされた。イドと超自我との葛藤の中から、病的な症状は現れる。分析を進めていく中で、自我がトラウマを認識し、それによってトラウマを乗り越え、なだめ、飼いならす可能性が開かれる。

ウィーンのベルクガッセ一九番地にある、あの有名なカウンセリングルームの快適なカウチに寝そべっていたフロイト博士の患者たちはおそらく、自分たちが、精神的な問題に対処するための新たな治療法をヨーロッパにもたらす手伝いをしていようとは、まるで思っていなかったことだろう。心の内側に目を向け、ただ自由に話したり、自身の人生を声に出して語ったりするという行為は、さまざまな文化でごく自然に行なわれてきたものである一方、一九世紀の家父長的なオーストリア＝ハンガリー帝国においては激しく抑圧されていた。二〇世紀には、この手法が世界を席巻することになる。魂の窓をこうして再び開くことは、科学的および社会的に重大な出来事であった。

フロイトの患者たちはまた、科学的権威から大いに称賛を受けているように思われた愛すべき精神分析医が、じきにその権威自体から罵られ、追放されることになるとは、想像もしていなかったに違いない。そもそもの始めから、フロイトは、神経学が支配する当時の医学界からの抵抗に直面していた。精神的および身体的な症状は単なる思考から生じるものであり、必ずしも脳の病変から来るものではないという考え方は、神経学者にとってとうてい受け入れられるものではなかったが、それ以上に衝撃を与えたのは、小さな子供にも性欲は存在するというフロイトの発言であった。個人的および専門的な欠点について、正当なものから不当なものまで数々の非難にさらされ、ジャーナリスト、学者、あらゆる種類の道徳家から攻撃され、ついには危険なユダヤ人知識人としてナチスに追われるようになったフロイトは、[27]一九三八年にロンドンに亡命し、第二次世界大戦開始の数日後にこの世を去った。

戦後、精神分析はアメリカ大陸の国々に広まり、米国の医科大学において非常に重要視されるようになったものの、最終的には精神薬理学にその座をほぼ完全に奪われた。精神分析の手法をあらゆる患者に適用することの難しさ、患者の話をいっさい聞くことなしに精神的不調を一時的に抑制できる薬の出現、精神分析の支持者が孤立・分裂しがちであったこと、さらにはイデオロギー的な迫害と不寛容の蔓延により、フロイトの貢献は、ついには科学界の主流から消し去られるに至った。反証可能な命題だけが科学的であるとしたオーストリアの著名な哲学者カール・ポパーは、一九六〇年にこう言い放っている。精神分析理論は「単純に検証不可能、反駁不可能である」[28]。精神分析は形而上学的な命題であり、経験的な内容を持たず、つまりは完全に恣意的なものであると、ポパーは考えていた。二〇世紀の科学にとって、フロイトはよく言えば詩人であり、悪く言えば詐欺師であった。神経心理学にとってのフロイトという存在は、[29]株式市場にとってのマルクス、新創造論者にとってのダーウィンのように、極めて異質なものであるとみなされていた。

科学の世界で敗北を喫した一方、文化の世界では、フロイトの思想は圧倒的な勝利を収めた。人間の心に関する彼の理論は、精神分析の実践、人間科学、芸術を通じて西欧文化に深く浸透し、「無意識」、「自我」、「抑圧」、「エディプスコンプレックス」といった言葉が、日常的に使われるようになっていった。ユング理論の用語はそこまで人口に膾炙しなかったものの、会話の中で「集合的無意識」という言葉を耳にしたとしても、さほど違和感を覚える者はいないだろう。米国、インド、韓国の学生を対象に実施された夢の性質についての調査プロジェクトからは、大多数の人間が、夢は隠された真実を明らかにし、抑圧された感情を出現させるという命題を支持していることがわかる。夢には精神分析的な側面があるという概念は、これら三ヵ国において調査対象となったすべての学問分野で圧倒的な支持を得、原理上、神経科学により近い関係にあるその他の理論への支持を大きく引き離した。*30

だからといって、調査に参加した集団が、心理学を専攻する学生やフロイトの著作の熱心な読者で占められていたのだろうと考えるのは間違いだ。こうした考え方は、それについて人々が何も知らないにもかかわらず——あるいは、むしろ知らないからこそ——大いに広まったのだと言える。大衆向けに陳腐化されたり、脚色されたりしたことにより、フロイトの思想はポップカルチャーにとって欠かせない要素へと変貌を遂げ、対立する陣営の間でいまだに議論が続けられている遺産を抱えたまま、一般の人々の間に容易に浸透していった。二〇世紀の科学からの信頼を得られなかったフロイトの思想は、本来の文脈から離れたところでは、ほぼ完全に受け入れられた。だれもかれもがフロイト派になり、フロイトへの支持をあえて公言する必要もなくなっていた。

そうした中、二〇世紀末以降には、医学界の主流に逆らって、フロイトの命題についての科学的な検証が行なわれるようになった。最も印象的な例の一つは、フロイトが先駆的な手法を用いて説明してみせた「思い出したくない記憶の意識的な抑制」について、それが脳内で起こっている定量化可能な事実であると証明されたことだ。米国の神経科学者ジョン・D・ガブリエリおよびマリー・テレーズ・バニッチが率いる二つの独立した研究グループにより、権威ある学術誌『サイエンス』に発表された機能的磁気共鳴画像法〔fMRI〕を用いた実験によると、思い出したくない記憶の意図的な抑制は、記憶と情動の処理を担う脳の二つの領域、すなわち海馬と扁桃体の活動低下に関連しているという。[*31] 興味深いことに、この不活性化は、前頭前皮質内の意図性に関連する領域の活性化と比例している。この事実からは、かつては意識されていた記憶が、忘れるというよりもむしろ埋没させるというプロセスを通じて、どのように無意識の広大な領域に可逆的に消えていくのかを説明できる神経生物学的メカニズムが見えてくる。

無意識に類似した考え方は、多くの先人たちの中にも見出すことができるが、フロイトとその弟子でありライバルであったカール・ユングによる研究において、ようやくその概念は心理学の中心的な位置を占めるようになった。動物行動学の創設者であり、ノーベル生理学・医学賞を受賞したオーストリアの動物学者コンラート・ローレンツは、一九四八年という早い時期から、精神分析を真剣に受け止める必要性についてこんな警告を発している。

> 医学的精神医学に起源を持つもう一つの、そしてはるかに重要な心理学研究の分野は、そのほかのどの分野よりも科学的であると呼ばれるにふさわしいものでありながら、驚くほど孤立し、分断されている。……ジークムント・フロイトとカール・ユングによって構築された理論体系をどれだけ拒絶しようとも……この二人の深層心理学者がどちらも観察者であること、真に才能ある観察者であるということに、異論を挟むことはできない。彼らは、人間の集合知における不可逆的で不可分な一部を成す特定の事実を、初めて明らかにしたのだ。[*32]

無意識に通じる王道

精神分析による貢献は、基本的に夢に依存しており、また夢の解釈における重要な転換点となった。夢の解釈についてフロイトは、夢を見る人の主観的な経験の調査に基づいて行なわれるべきであるとし、覚醒時の出来事の記憶を、その周囲に夢が構築される骨格として扱った。フロイト理論において日中残渣と呼ばれるそれらの記憶は、夢を見る者の感情がそこに集まって、大きな象徴的パワーを持つ精神的イメージを生み出す軸としての役割を果たす。夢の物語の詳細な分析を、覚醒時の状況と照らし合わせることによって、フロイトは、患者が自分自身の最も内なる動機に気づくことに基づく新たな治療法を開発した。フロイトは夢のことを、人間の精神を詳しく探るための特権的なチャネルであるとみなしていた。なぜなら、夢は覚醒時の思考を規制している道徳的な検閲の対象になりにくいからだ。幼少期および現在の葛藤は夢に現れ、ときとして、心の空想的な領域において願望を単純に満たすことによって解決される。夢の中であれば、起きているときにアクセスする実際の世界とつじつまを合わせる必要もない。

夢と現実のこうした不協和が極限に達したところに、夢と精神病の密接な関係が存在すると、フロイトは述べており、この意見には統合失調症研究の先駆者であった精神科医オイゲン・ブロイラーとエミール・クレペリンも同意していた。幾人かの患者の夢に加えて、自分自身の夢の記録を徹底的かつ広範に分析したのち、フロイトは、夢の活動は夢を見る者の願望と恐怖を反映していると主張した。そこから編み出された治療法は、主観的な自己報告、自由連想、夢と幻想の解釈、そして願望・抑圧されていた記憶・象徴的な関連性を意識的に認識することなどに基づいたものであった。

それまでほぼ一世紀にわたって神経科学界から無視され続けてきたフロイト理論が、脳と心に関する科学的議論に再び登場するようになったのは、日中残渣の電気生理学的相関が初めて確認された一九八九年以降のことであった。フロイトが登場するずっと前から、夢は未来について何かを伝えているのだと、人々は信じていた。そしてフロイト以降、夢は不正確ではあっても意味のある過去の反映とみなされるようになった。彼の死から八〇年以上がたち、これら二つの概念については、どちらもその正しさを示す証拠が徐々に蓄積されてきた。一歩ずつ、曲がりくねった道をたどりながら、睡眠と夢の一般的な理論は形成されてきた。それは過去と未来を調和させつつ、現在を生き抜くための重要なツールとなる夢の機能を説明する理論だ。

その理論が、本書の中核となる。これを提示するにあたり、われわれは睡眠の主要な段階、すなわち徐波睡眠とレム（急速眼球運動）睡眠を特定した先駆的な実験について振り返らなければならない。また、精神機能のオンとオフを、自分ではまったくそうと意識することなく切り替える脳の仕組みを解き明かさなければならない。夜の前半を支配する徐波睡眠の間、脳内では、断続的でかすかな電気エネルギーしか生成されず、その結果、脳は鮮明さをともなわない記憶を順不同にたどっていく。この状態においては、正常な思考と感覚的なイメージの欠如とが共存している。光も形状も乏しいこの睡眠とは対照的に、レム睡眠は、大脳の持続的な活性化を特徴とし、記憶が強烈に反響する。この反響こそが、夢が作られる素材となる。

それにしても、夢を見ることには何か利点があるのだろうか。夢を見るという贅沢は、単なる進化上の偶然に過ぎないのか、それともそこには何か深遠な理由があるのだろうか。フロイトは、夢の物語には、夢を見る者の主観的体験と結びついた隠された意味が存在することを示した。その流れに逆らうように、イギリス人生物学者で、DNAの二重らせんを発見してノーベル賞を受賞した科学者の一人フランシス・クリックは、一九八三年、スコットランド人数学者グレアム・ミチソンとともに、夢は奇妙で、過度に連想的で、明らかに何の意味も持っていないと主張した。夢とは大脳皮質にあるニューロンのランダムな活動から発生するものである、というのがその理由だ。この反フロイト的な説明モデルは、睡眠の神経メカニズムと夢の主観性の包括的な説明とが、一世紀にわたって深い溝で隔てられていたことが原因となって生まれた。同モデルにおいては、自分の夢について振り返る能力が多少なりともあればだれでも気づくはずのごく基本的な観察内容さえ、まるで考慮されていなかった。クリックにとって、夢とはただランダムに組み合わされた記憶の断片に過ぎなかった。夢を見るという行為は、無関係な記憶をただ消去し、それによって新しい記憶を仕舞う場所を作ることの結果として生じるものであった。言い換えるなら、夢は記憶するためではなく、忘れるために存在するということだ。皮質のランダムな活性化が、最近獲得した記憶の容赦ない消去を促し、これによって逆学習（反学習）が生じる。脳というシステムが持つ記憶形成の容量が満杯になるのを防ぐうえでは、この機能が不可欠であると、クリックは考えた。[*33] クリックの理論から導かれる一つの推論は、夢の内容は本質的に無意味であるというものであり、それは、夢を見る者は自分自身の夢との間に意味のある関連性をいっさい持たないとする考え方であった。この結論は、人間の意識を理解するうえでの夢の重要性を否定するものだ。

独創的ではあるものの、クリックの考えは、数晩にわたって同じ夢を見ることがあるという事実への反証とはなり得なかった。繰り返される悪夢は、嫌悪をもよおす状況を経験したあとにトラウマを発症する人々に最もよく見られる症状の一つだ。[*34] 大脳皮質には膨大な数のニューロンとシナプス結合が存在することを考えると、夢が繰り返される――すなわち、ほぼ同一パターンのニューロンが活性化される――理由を、純粋にランダムな皮質の活性化によって説明することはとうていできない。別の言い方をするならば、夢の起源が完全に偶然のものであるならば、それが同じように繰り返されることはあり得ないということだ。忘却というニーズは睡眠の重要な一部ではあるが、それだけでは夢という現象を全体として説明することはできない。

価値ある傷

ドイツ語で夢を意味する言葉「トラウム」が、まったく異なる語源から生じた、ギリシア語で傷を意味する「トラウマ」とよく似ているというのは不思議なことだ。記憶とは傷であり、睡眠中に夢という形でそれを活性化することには、原因と意味がある。夢の機能とその理由を徹底的に解明するために、われわれはこれから、分子生物学、神経生理学、医学から、心理学、人類学、文学へと続く長い道のりを旅することになる。その旅においては、人類は最新の進化形態においても、それまでのすべての履歴を隠し持っているという事実を見失ってはならない。

睡眠と夢に関するまっとうな理論とは、第一に、関連する現象について、その一部だけではなく、すべてを考慮したものでなければならない。第二に、睡眠と夢のさまざまな段階が担う多様な機能を、明確に区別したものでなければならない。第三に、そうした段階が、長い時間の中でどのように遺伝的・文化的な優位性をもたらし、一連の機能を確立したのかについて、説得力のあるナラティブを作り出すものでなければならない。一つずつ層を成すように蓄積されてきたこれらの機能は、それがどのような順序で発展してきたのかを考えることによって初めて、その意味を理解することができる。こうした概念的なツールをすべて統合することで、夢の明確な解読が可能になる。この旅の終着点となる港では、人間の意識におけるある特殊な状態、すなわち明晰夢の解明にたどり着く。明晰夢においては、夢を見ている本人が、毎晩上映される内的な映画において、半自発的な役者として主役あるいは脇役を務め、さらにはこの完全にプライベートでありながらも壮大な作品の脚本家、プロデューサー、監督にもなる。

しかし、そうした特殊な夢に取り組む前に、われわれが毎晩見ているにもかかわらずさほど注意を払わない、ありふれた夢を理解する必要がある。ありふれた夢とはすなわち、われわれの祖先が神託として育んだ夢であると同時に、現代人のほとんどが気にもかけていない夢のことだ。ユングは、未来を予想する夢の機能についてこう述べている。

〔それは〕未来に意識的に達成される何かを無意識的に予想しているものであり、予行演習やスケッチ、あるいは前もって作られる大まかな計画のようなものだ。……未来を予想する夢の発生を否定することはできない。それを予言的と呼ぶのは誤りであり、なぜならそれらは本質において、医学的診断や天気予報よりも予言的であるということはないからだ。未来を予想する夢は単に、物事の実際の振る舞いと一致する可能性はあっても、必ずしもすべての細部まで一致するとは限らない、確率の予測的な組み合わせに過ぎない。[*35]

したがってわれわれが目指すのは、夢がどのようにして「夢を見る者を翌日の出来事に備えさせる」[*36]のかについて、その基本的な仕組みを深く、詳細に理解することとなる。本書の主題は、それがどのように起こるのかということであり、言い換えるなら、夢を糸口とした人間の心の簡潔な歴史だ。この旅を実現するうえでは、われわれは世界中から集めたナラティブを検討する必要がある。たとえ、全世界のナラティブを網羅することは不可能であるとわかっているとしてもだ。不完全さ、ずれ、圧縮、登場人物の多様性、予期せぬ再来、説明の付かない細部、そして関連する詳細の欠如さえも、われわれの旅の友となるだろう。道に迷うことなく物語の横糸と推測とを織り交ぜながら進んでいくには、われわれは疑惑を抱くのをいったんやめることと、最後にはすべてに疑いを持つという決意とを組み合わせる必要がある。そして何より肝要なのは、理解を急がず、流れに身を任せて、集められたすべての証拠についてよく見極めることだ。そうした証拠は、必然的に不完全ではあっても、さまざまな示唆に富んでいる。

出発する前の最後の注意事項として、ここでもう一度、自分の内なる世界を顧みることを、皆さんに強くお勧めしておく。この本がきっかけとなり、皆さんが目を覚ましたとき、ベッドでもう何分か長く過ごして、心の奥深くへの旅を思い出しつつ、それを詳細に記録してくださることを願っている。夢の多元的な世界へ飛び込むことは、今日の世界ではほぼ完全に忘れ去られた技術だが、それは夢を見てそれについて語るという祖先たちの習慣を蘇らせることを可能にする力、また必然的にそれを実現させる力となるだろう。

第2章　祖先たちの夢

ほかの多くの動物たちとは対照的に、人間は過去の記憶に基づいて起こり得る未来をシミュレートする高度な能力を持っている。われわれは比較的複雑で正確な運動機能を実行し、その最中にさえ、多種多様なイメージや状況について、制限や制約を受けることなく心をさまよわせることができる――これはある意味、夢の中と同じようなことをやっているとも言えるが、どの程度のことまでが可能かという比較においては、夢にはとうていかなわない。もしかすると、白昼に空想にふけるわれわれの能力の起源は、覚醒時の生活に夢が侵入することにあるのだろうか。

この疑問に答えるには、非常に長く続いた石器時代の間に、われわれの祖先がどんな夢を見ていたのかを問う必要がある。さらには、文明が発達するにつれてそうした夢がどのように変容していったのか、また夢と覚醒時の生活との関係がどのように再定義されていったのかについて理解する必要がある。これは要するに、意識を今現在の時間に対してのみ向けていたわれわれが、どのようにして過去と未来に対して広く意識を向けるようになっていったのかを解明する、ということだ。

われわれと最古の祖先たち（たとえば、三二〇万年前に現在のエチオピアに暮らしていたアウストラロピテクス・アファレンシスの化石ルーシーなど）との間は、一一億六八〇〇万回の夜で隔てられている。太古の時代、夜に夢を見ることは、彼らにとってひどく心かき乱される経験だったに違いない。石器時代の夜はきっと、たくさんの神秘と魔法に満ちていたことだろう。地球が凍り、また解ける時期を繰り返す中で訪れる、恍惚と恐怖の夢に彩られた信じがたいほど長い夜。そして朝が来るたびに繰り返し蘇る、「あれはほんとうに現実だったのだろうか」という疑問。

われわれの祖先の夢について合理的な推測をするために、ここでは祖先たちの心とわれわれのそれとの間には、それなりの連続性があるものと仮定する。なぜなら、ホモ・サピエンスは少なくとも三一万五〇〇〇年間にわたって、解剖学的には何も変化していないからだ。[*1] また、ホモ・サピエンスが遺伝的に交配した主な人類の亜種、すなわちヨーロッパとのちの西アジアにいたネアンデルタール人や、シベリアのデニソワ人とわれわれとの間には、[*2] 文化的な重なりがあったこと[*3]を示す徴候が見つかっている。したがって、最も遠いヒト科の祖先はわれわれと同じように、眠るときには夢を見ていたと考えられる。

石と骨の夢

先史時代の夢がどのようなものだったかを想像してみてほしい。われわれの祖先の石に対するこだわりに鑑みるに、彼らはおそらく、素材となる石や鋭利な切断面を利用して、よく切れる刃を作ることについての夢ばかり見ていたのではないだろうか。それは反復的に繰り返される運動についての夢、すなわち、彼らが生活していた現実の土地の、洞窟の入り口付近で日常的に行なわれていた活動についての夢だ。石や骨で作られた物体が、着々と洗練の度合いを増していったという事実は、文化的ラチェットの出現を証明している。文化的ラチェットとは、米の心理学者マイケル・トマセロが提唱した概念であり、新しい技術や概念はほぼ継続的に進化し、人類という種の進化におけるある特定の瞬間以降は、大きな後退が起こ

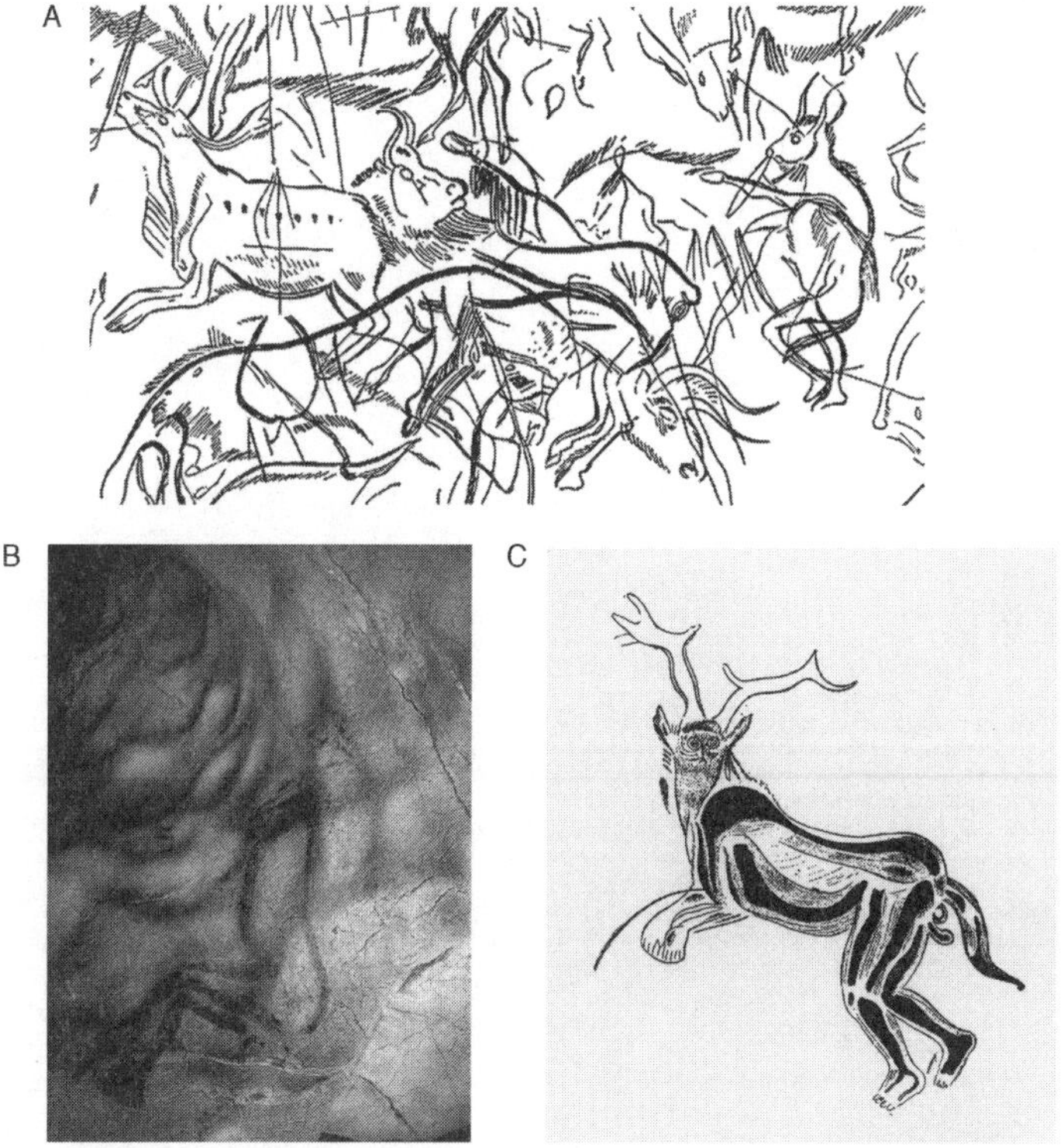

図2　仏ピレネー山脈のレ・トロワ・フレール洞窟で見つかった、動物の形態をした人間の絵。1万4000年前。

Ⓐ「小さな呪術師」として知られる動物形態の人物。絵の右側に位置しており、バイソンの頭部と人間の脚を持ち、笛を吹いているように見える[*4]。

Ⓑ「呪術師」として知られる動物形態の人物[*5]。

Ⓒ20世紀初頭にアンリ・ブルイユ司祭によって描かれた「呪術師」のスケッチ。岩を引っかいて付けた線によって、シカの角、フクロウの目、クマの前脚、ウマあるいはオオカミの尾、人間の脚、勃起したペニスを表現している[*6]。

らないことを説明するものだ。体をコンピュータにたとえるなら、過去三〇万年の間に、人類の生物学的ハードウェアはほとんど変わっていない一方で、文化的ソフトウェアは急速に進化してきた。それはまるで適応に役立つ知識の蓄積が、ラチェット、すなわち一方向にしか回らない歯車となって、進化を促してきたかのようだ。われわれを洞窟から連れ出したのは文化であった。特定の時代、特定の場所において、さまざまな革新が生まれては放棄され、再び発見されたが、特定の時点以降は、適応的な知識が急速に普及することによって、道具の生産だけでなく、新しい技術・材料・用途が次々に生み出されていった。

先史時代の夢はその大部分が石で占められていたが、より詳しい全体像を探るには、われわれは約五万〜一万年前の後期旧石器時代に描かれた見事な壁画を求めて、洞窟の奥深くへと入り込まなければならない。文字が出現する前の夢については、確かな記録が存在しない。そこで、われわれの祖先が生み出した洞窟の絵をもとに想像を膨らませて、これらの絵に描かれているのはおそらく覚醒時の生活において強い存在感を持っていたものであり、それは当然、夢の中にも現れたはずだと考えても、あながち的外れではないだろう。洞窟の壁と同じように、人々の心には、彼らの世界を構成していた多種多様な動物たち――バイソン、オーロックス、マンモス、ウマ、ライオン、クマ、シカ、サイ、アイベックス、そしてさまざまな種類の鳥たち――がすみついていたに違いない。

カナダからタンザニア、ニューギニアからインド、ピレネー山脈からモンゴルに至る広大な地域に点在する、オジブワ族、マサイ族、ビルホル族、ケルト族、ドゥカ族といった多様な文化圏に、トーテミズムの崇拝対象とされる獣の記録が存在するのは、決して偶然ではない。人間という種を表現している絵として特に古いものの中には、動物の形態をしているもの、すなわち人間とほかの動物とが混ざりあっているものがあり、その多くがシカの角やバイソンの頭部を有している。そうした例は、仏ピレネーのレ・トロワ・フレール洞窟で発見された、一万四〇〇〇年前の有名な壁画にも見られる（図2）。これらの図像について専門家は、後期旧石器時代におけるシャーマニズムの証拠と解釈している。仮面、毛皮、角の使用や、ほかの動物への変身という信仰は、多くの狩猟採集社会において今でもごく一般的に見られる。また別の解釈では、これらは「獣の王」あるいは「角のある神」への崇拝の証拠であるとも考えられている。よき狩猟の守り手とみなされていた彼らは、おそらくは人類にとって最古と言える神々であり、のちの時代に生まれる数多くの類似の神話（ケルト神話で「動物の王」と呼ばれるケルヌンノス神、ギリシア神話の神パーンなど）の先駆けとなった存在だ。こうした神話のいくつかは、今も北極圏の狩猟コミュニティに語り継がれている。

野生動物と人間とがこれほど親密であったというのは、さほど驚くべきことではない。一万七〇〇〇年前、フランスのラスコー洞窟やスペインのアルタミラ洞窟に、のちの時代にこれらの場所を広く知らしめることになる美しい壁画が描かれたとき、人類にとっての課題は、まだほかの動物たちのそれとほとんど変わらなかった。その課題とは要するに、食べること、食べられないこと、そして繁殖することの三つだ。栄養素、骨、歯、毛皮の供給源として不可欠なものであった一方、人間にとっての動物は、常に死をもたらす脅威でもあった。何千年もの間、人々の夢の内容としては石のほか、獲物や捕食者も一般的だったに違いなく、それらは飢え、追跡、怒り、パニック、血といった形でそこに登場したことだろう。

西ヨーロッパと東アジアの数多くの考古学遺跡には、旧石器時代のユーラシア大陸に存在した異なる文化の間に、驚くべき象徴的・文化的な連続性があることが見てとれる。洞窟の中からは、クマの骨が詰め込まれたくぼみが見つかることがあるが、そこには明らかに意図的に長骨や頭骨ばかりが集められており、これについて一部の学者は、栄養豊富な脳や骨髄が供物として使われていた痕跡であると解釈し、野生動物の生贄が数千年間にわたって「獣の王」に捧げられていた可能性があると述べている。儀式用に配置されたトナカイの骨は、シベリアやドイツでも見つかっており[*7]、またウクライナやロシア中央部では、マンモスの骨が家屋の建築と儀式の両方に使われていた。[*8] ベルギーで見つかった、黄土で彩色された二万六〇〇〇年前のクマの骨は、死骸の実用的な利用にとどまらない、動物を対象とした原始宗教という考えを裏打ちしている。[*9]

生まれ変わりを目的として、動物の骨や角を丁寧に並べて埋葬するという行為は、古代における狩猟の儀式であり、今も北極圏の人々の間に残っているほか、[*10] 北欧（神トールが所有する、夜食べられて朝蘇るヤギ）やセム族（聖書のエゼキエル書三七：一〜一四に記された、枯れた骨に満ちた谷）など、距離的に遠く離れた文化にもその影響が見られる。考古学的発見とは、どうしても不明な部分が多くなるものであり、たいていはそれが生み出されるに至ったさまざまな行動について、手がかりはほとんど得られないというのは確かだが、それでも最終間氷期の狩猟者たちが、呪術的・宗教的意図を持っていたことは否定しがたい。そうした意図が狩猟者たちの熱意を駆り立て、それが狩猟にも役立ったと考えるのは、理にかなった推測と言えるだろう。更新世の巨大な動物たちと対峙し、彼らを徐々に絶滅に追いやるという行為には、たいそうな気概が必要だったに違いない。われわれの祖先が洞窟の壁に描いた場面の多くはまるで、続々と数を増す組織化された人間の集団によって捕食される動物たちを描いた、壮大な寓話集のようだ。研ぎ澄まされた槍で武装した彼らの心には、自分たちは今まさに、夢の予言で告げられた運命を現実の世界で生きているのだという、神秘的な確信があったのかもしれない。

火、象徴、原型

宇宙創造にまつわる典型的な神話の中には、その起源を旧石器時代にまでさかのぼると思われるものもある。その神話とはたとえば、始原の水の深みから物質を持ち帰って世界を生み出す創造主、魔法を使った天空への飛翔、人間と動物の起源、世界の中心にかかる虹、といったものだ。後期旧石器時代には、陰茎や女性の外陰部のほか、多種多様な「ビーナス」像など、最初の豊穣のシンボルが登場した。少なくとも三五万年前から人間の日常生活の中に存在していた火も[*11]、間違いなく石器時代の夢のナラティブにおけるもう一つの重要な要素であった[*12]。食べものの調理や体を温める目的で使われていたほか、火は人々が集う場の中心となり、おそらくはそこから「輪になって会話をする」という行為が自然と生まれていったことだろう。火はまた、捕食者を遠ざけ、睡眠を守り、安全性を高め、夢を見るための時間を増やしてくれるものでもあった。

夢に見られる特定のシンボルの明らかな文化的一般性、たとえば火と変容の関連性などについてユングは、人間という種が本能的に理解するシンボルからなる普遍的なコードの表現であると解釈している。こうしたアーキタイプの継承についての生物学的証拠はまだ見つかっていないものの、過去一〇年間で、学習された行動の世代間伝達を促進する分子メカニズムの解明は大きく進歩した。その一方で、異なる文化圏で共有されているシンボル（超越的シンボル）は、人類のほぼ全員が一生の間に経験する重要な出来事と結びついている場合が多い。おそらく異なる文化に共通する夢の多くには、生得的な行動プログラムではなく、単に地球に暮らす人間の基本的な類似性が反映されているに過ぎないのだろう。母親、父親、老齢の賢者、天地創造、洪水などは、われわれの歴史において頻繁に登場する人物でありナラティブだ。われわれがどのように生きるかが、われわれの夢を規定する——そしてとりわけ重要な出来事というものは、そこがどんな場所であろうとも変わらない。それは誕生であり、また思春期、性愛、生殖、苦難、病気、そして死だ。この深遠な人生の真理には、人間にしか見られない要素は一つもない。それらはすべての霊長類だけでなく、あらゆる動物に等しく当てはまる。

一方、人間に特有のものとしては、言葉を使って、目を覚ましている間の出来事だけでなく、夢の内容について語ることが挙げられる。われわれの種が語彙の多様性、会話の複雑さ、記憶・想起・語りの能力を増すにつれ、ナラティブはますます複雑かつ興味深いものになっていった。人間の生活を物語る能力の成長において、夢はほぼ間違いなく顕著な役割を果たした。なぜなら、夜ごと新たに生み出されるイメージ、アイデア、憧れ、恐怖の源であるからだ。夢がもし、夢を見る者の人生において起こっていることを反映するのであれば、かつて洞窟で暮らしていた男女はきっと、果実や根の採集、武器や道具の製作、狩りの計画と実行、一族内外のほかの人間との同盟や対立、交配、育児、死といった、彼らの日常生活についての夢を見たことだろう。

　夢はわれわれの祖先にとっての映画館であり、それが現実かもしれないと思うからこそ、その魅力はいっそう大きなものとなった。人間の意識の極めて長い黎明の中、過去数百万年の間に果てしなく繰り返された夢とうつつの狭間で、先史時代の祖先たちは、夢が描く制限のない幻影の世界について、驚愕の思いにかられながら目を覚ましたに違いない。彼らの中には、夢の冒険においてあれほど鮮やかに追い詰めたはずの危険なマンモスが、夜明けとともに消え失せ、日の光に解けてしまったことにいらだちを感じた者もいただろう。その逆に、現実の世界でも大きなマンモスを狩ってやろうと、大いにやる気を出した者もいたはずだ。先史時代のわれわれの先人たちが、平和と愛を築き、戦争に赴き、情熱を持ってさまざまなことに取り組んでいたのは確実だ。その原動力となっていたのは、覚醒時のそれと同じくらいリアルに感じられた夢の経験だったのではないだろうか。夢はまやかしであるという発見は、日の出とともに無限に繰り返されただろうと思われるが、さまざまな証拠が示しているのは、この発見にはかなり早い時期から、もし夢が現実でないとしても、少なくとも現実のなりゆきに影響を与えることができるという確信がともなっていたということだ。

　夢が原因でちょっとした騒ぎが起こるのは、日常茶飯事だったに違いない。覚醒時に下される重要な決断はやがて、少なくとも部分的には、夜に夢見るイメージによって明かされる吉凶を頼りに行なわれるようになっていった。夢とそのあとに起こる出来事が頻繁に一致する人間がいた場合には、彼らは集団内で貴重な存在として扱われたことだろう。多くの文化に共通して見られる通り、洞窟で暮らしていたわれらの祖先は、すでに普通の夢と、助言的あるいは予兆的な性質を持つ「偉大な夢」とを区別していたと思われる。そうした夢は、夢を見る者とその同胞たちの暮らしの行く末に、決定的な影響を与えた可能性がある。夢という、この新しい宇宙をうまく操れる者は、やがて社会の中で専門的な地位を占めるようになった。それはシャーマニズムの萌芽であり、宗教、医学、哲学の遠い祖先であった。

後期旧石器時代のある時点で、「魂」や「精神」といった自己の分身的な概念が、おそらくは夢を見ることをきっかけとして初めて出現した。一九世紀ドイツの哲学者フリードリヒ・ニーチェは、その意識の飛躍についてこう書いている。

> 粗野で原初的な文化の時代には、人間は、自分たちは夢の中で第二の実在世界を知ることができると考えていた。これがあらゆる形而上学の起源だ。夢がなければ、人間は世界を分割する機会を見出せなかったことだろう。肉体と霊魂に分離することはまた、夢に関する最も古い見解とも関連しており、さらにそれは、霊魂や、またおそらくは神々を信じることとすべての起源である、霊的な存在の出現を受け入れることとも関連している。[*13]

社会学の創始者で、オーストラリア・アボリジニの宗教生活を研究したフランス人、エミール・デュルケームは、魂という概念は、夢を通してわれわれの祖先に示されたと考えていた。

もしその人が睡眠中に、遠くにいることがわかっている友人と自分とが会話を交わしているところを見たなら、彼はその相手もまた、自分と同じように二つの存在から成っていると結論づける。一方はどこか別の場所で眠っており、もう一方が夢の中に現れたというわけだ。こうした経験が繰り返されるうちに、われわれ一人ひとりの中に分身、すなわちもう一人の自分がいて、それが特定の条件下において住処である体を離れて、遠くまで巡り歩く能力を発揮するという観念が、徐々に発展していく。[*14]

火のまわりや洞窟の中で、自ら興奮状態に入ったシャーマンは、道を見つけ、空気よりも軽くなり、闇の中を覗き、夢を解読し、病気を治すことができた。彼らが解釈を提供した数々の夢の中でも、とりわけ大きな動揺をもたらしたのは、死んだ家族の夢だったに違いない。遠くへ行ってしまった愛する人にもう一度会えたなら、だれもが心乱さずにはいられないだろう。

祖先を懐かしむ

ホモ・エレクトスの頭蓋骨と顎骨は、少なくとも三〇万年前のものが中国の周口店で見つかっているが、一〇万年前以前のホモ・サピエンスによって意図的に墓が作られたかどうかについては、合意された見解が存在しない。[*15]モスクワから東へ約二〇〇キロ離れたスンギルには、マンモスの狩人たちのものとされる遺跡があり、そこには成人男性一人と若者二人が納められた非常に洗練された墓が残っている。墓の中には彼らの遺体と一緒に、槍、革製の服、ブーツ、帽子、狐の歯の首飾りのほか、マンモスの象牙で作られた腕輪、彫像、何千個もの小さなビーズなどが埋められていた。まるで目立たせようとでもするかのように赤い黄土で覆われたその墓は、さまざまな測定方法から約三万年前のものと断定されている。この時代以降、世界各地に広まった、血と生命の象徴として酸化鉄を用いて骨に彩色するという行為は、死後の世界への信仰を示唆している。食べものやさまざまな物品が墓の内部に納められるようになり、たとえば人工の目がはめ込まれた頭蓋骨、動物の角、貝殻、装飾品、そのほか社会的および魔法的権威の象徴などが、墓の中に持ち込まれた。墓は日の出の方角に向けて設置されるようになり、これはおそらく再生への期待を示している。狩猟採集民の間では、こうした習慣は今日も続けられている。ブラジル最北端のアマパー州では、一二月の至点の日に太陽が昇る方角に合わせて円状に配置された巨石群の内側から、アリステ文化の埋葬用の壺が見つかっている[*16]――アマゾン版ストーンヘンジとも言える見事な遺跡だ。

儀式的な埋葬によって、人間の文化とほかの動物の精神機能との間には明確な一線が引かれた。洞窟壁画についても同様であり、人間のほかにそのような行為をする動物は存在しない。洞窟壁画を描いた最初の人類はあるいは、ネアンデルタール人だったのかもしれない。われわれと近しい関係にある彼らが姿を消したのは、わずか三万七〇〇〇年前のことだ。これまでに発見された中で最古となるスペインの洞窟の壁画が描かれたのは、六万四〇〇〇年以上前にさかのぼり、これはホモ・サピエンスがアフリカを出発して地中海のヨーロッパ側に到達する二万年前にあたる[*17]。

もう一つ考慮すべき重要な事実として、後期旧石器時代の壮大な壁画が見つかる場所が、人間が暮らしていた洞窟の入り口付近ではなく、そこからかなり奥に入った場所であることが挙げられる。アクセスに困難をともなう場所というのは、それらの空間が特別な機会に、かなり意図的に使用されていたことを示しており、地底深くで描かれる先史時代の芸術に、重要な儀式的機能があったことを窺わせる。人類文化におけるこれらの要素は全体として、三万〜九〇〇〇年前までの間、多かれ少なかれ似たような形で維持され、おそらくは死後の世界への信仰と、死者と生者の間をつなぐ入り口としての夢への信仰とが混ざりあった、いわば「洞窟宗教」のようなものを形成していたものと思われる。一部の文化においては、この入り口を通過して時空を旅し、大半の人が見ることのできないものを見るための技術は、シャーマンによって担われてきた。この叡智の道に踏み込むには一般に、死と再生を象徴する夢の導きによるイニシエーションが必要とされる。肉体的な試練と苦行を通して、シャーマンは神秘的なビジョンを求め、そこで与えられるさまざまな知識を、歌、真の名前、守護者たるトーテム、家系に関する啓示といった形で受け取っていく。[*18]一方、また別の文化においては、シャーマンの助けを借りることなく、夢を見る者たちが直接自ら霊の世界との対話を行なうこともある。[*19]

飢餓終焉の夢

最後の氷河期の最中、おそらくは二万五〇〇〇年前に、大きな変化が起こった――新たな種の人為淘汰が開始されたのだ。[*20]野生動物を巧みに飼い慣らし、繁殖させることをきっかけとして、人間とそれ以外の自然との関係に、その根本的な変化は引き起こされた。これによって生み出された文化的革新によって、われわれの地球上での居場所、そしてわれわれと霊的世界との関係は永遠に変わってしまった。われわれはまず、オオカミの社交性を利用して彼らを犬に変えた。これは狩猟の支援と家の守りに最も適した遺伝的特徴を選択した結果であった。[*21]次に、われわれは豚、鶏、羊、山羊、馬、牛など、さまざまな草食および雑食動物を家畜化した――肉、乳、羊毛、労働力を提供してもらうためだ。[*22]この家畜化と並行して、牧羊および荷車引きに役立つ犬種の選択が進められた。動物が家庭内に入ってきたこの時期は、それまで九万年間継続していた最後の氷河期の終わりの始まりと重なっている。広大な面積の氷が解けると、動植物相が加速度的に発展し、採集・狩猟を行なう人間たちにとって、食用にできる動植物がたっぷりとある真の楽園が出現した。旧石器時代の終わりを生きるわれわれの祖先は、オオカミからガゼルまで、また魚から軟体動物まで、動くものなら何でも食べていた。ナッツや果物も、彼らの食生活を補完してくれた。

二万三〇〇〇～一万一〇〇〇年前、肥沃な三日月地帯で食べられる穀物や草が発見されたことが、人類の運命の変化を決定づけた。われわれは植物の新種や、発酵に利用できる菌類やバクテリアを、人為的に選択するようになった。それから数千年の間に、植物の成長を積極的に促進し、これを収穫する方法が発見された。こうしたさまざまな慣習が相まって、狩猟採集民の群居生活は少しずつ、羊飼いや農耕民のほぼ定住した生活へと移り変わっていった。居を定めない狩猟者の社会から、固定あるいは半固定の地理的空間を基盤とする農耕民社会への移行により、人間の時間認識は、まるで望遠鏡で遠くを覗くかのように長く引き延ばされた。旧石器時代を通じて、われわれの祖先の生活に欠かせなかったのは、月の満ち欠けとその位置を正確に推定する方法を知っていることであった。季節に応じて移動する群れの動きを予測するためだ。一方、新石器時代に入ると、彼らにはそれよりもはるかに複雑な、秩序だった一連の行動を遂行する能力が求められるようになった。それが可能な人間には、種を発芽させ、植物を成長させ、果実を実らせることによって飢餓をなくすという、革命的な変化が約束されるからだ。とはいえ、食料を生産する過程においては、時間の経過を以前よりもはるかに正確に意識することも必要とされ、また農業には、その大きな約束に見合うだけの労働が欠かせなかった——しかも、どの程度の成果が出るかは、蓋を開けてみるまでわからないのだった。

何ヵ月にもわたる努力を不測の事態のせいで無駄にすることなく、効率的に植え付けと収穫を進めるには、環境の変化を予測する能力、また何世代にもわたって知識を蓄積する能力に大いに磨きをかけて、文化的ラチェットを加速させる必要があった。たとえば、巨大なマンモスを狩っていた時代に重要視されていた夢が、気持ちを奮い立たせるような、勇敢さと集団戦術に関するものであったとするならば、農業の発明以降、その座は、繰り返される自然のパターンをパノラマ的に予測し、雨季と乾季、洪水と干潮、暑さと寒さの期間をより正確に認識するうえで役に立つ、啓示的な夢に取って代わられたことだろう。さらには、耕し、肥料を与え、種をまき、水をやり、収穫するために形成された、人々の社会的相互依存性についての夢もあったはずだ。当時はまた、定期的に結び直される同盟関係をテーマとした壮大な夢の時代でもあった。そうした同盟は、村に住むほかの農民たちのみならず、収穫の時期を迎えたときには、豊穣の神々とも結ばれた。

正しく保存することにより、穀物は何十年にもわたってその品質を保つ。穀物の栽培をきっかけとして、貯蔵庫が作られ、何世代にもわたって住み続けられる村への定住が増加した。農業の高い生産性は人口爆発を引き起こし、数十人だった氏族は数百人、数千人の都市へと拡大した。鋤、陶器、織機など、新しく複雑な農耕用具が発明された。種子や品種の人為的選択は栽培植物化を加速させ、数え切れないほどの新たな品種が生み出された。自然環境は、より人工的で、計画的で、構造的な空間に取って代わられた。庭、果樹園、建物、道路を作る者たちは、今や自分たちを取り巻く世界の創造者となっていた。

こうした変遷によって、より複雑で、夢からの影響を受けたことが明らかな、重要かつ象徴的な意義を持つ目新しい品々が登場した。新石器時代の彫刻、小立像、絵画には、女性の姿が題材となっているものが多いが、そのほか、男根のオブジェ、雄牛などの家畜化された動物、数多くの円形構造物も見られる。農耕社会においては、死者への崇拝の範囲が拡大し、豊穣崇拝と深く結びついた。それは死というものが、新しい命につながる円環の約束として理解されるようになったためだ。円環とはすなわち、豊かな子宮である土に埋められた種が、「死んだ」あとに生まれ変わって実を結び、人に食べられてもう一度死ぬことを指す。

円環的時間という概念が、農業と宇宙のサイクルに端を発するものであった一方、空間という概念——かつては移住に必要なだけの広さしかなかった——は、定住地とそれに付随する耕作地が固定された地理的参照点となることで明確さを増し、「世界の中心」という表現が使われるようになった。ここには、象徴的生活における主要な基本的対立関係の存在を示す、最初の考古学的証拠が見られる。そうした対立関係とはすなわち、われわれ対彼ら、女性対男性、母親対父親、昼対夜、夏対冬、生対死などだ。

死者の台頭

旧石器時代から新石器時代への移行期において、死者崇拝は地理的な広がりを見せ、その傾向はたとえば、レバント地域のナトゥーフ文化の墓に、遺体が黄土で覆われ、胎児の姿勢で埋葬されている例などに見てとることができる。旧石器時代から行なわれていた頭蓋骨の埋葬も、より頻繁に実施されるようになった。最初の神殿が建てられたのは新石器時代の初期のことであり、トルコのギョベクリ・テペの見事な石造建築などは、この宗教が農業よりも先に存在していたことを示す重要な証拠を提供している。広大なアナトリア高原に位置する一万一〇〇〇年前のこの遺跡には、高さ六メートル、重さ二〇トンもの堂々たる石柱が残っており、その表面にはクモ、サソリ、ヘビ、ライオンなどのモチーフが刻まれている。ギョベクリ・テペの遺跡はごく一部しか発掘が行なわれていないが、居住の形跡がないことと、捕食者のモチーフが比較的多いことからは、この場所が日常生活とはかかわりのない、何らかの宗教的機能を果たしていたことが窺われる。ドイツの考古学者クラウス・シュミットがこの場所について、「まず神殿ができ、それから都市ができた」[*23]と評したことはよく知られている。

同じくアナトリアにある考古学遺跡ハジュラルとチャタル・ヒュユクでは、九〇〇〇年前の墓から、土や石でできた小像のほかに、宝石、武器、家庭用品、布が見つかっている。彩色された壁には、女性、雄牛の頭部、乳房、角、半人半獣の悪魔のような生きものが描かれている。同時期、現在のイスラエルにあったエリコの街では、遺体は家の床下に埋められていたが、彼らはあとから頭蓋骨だけを取り出して石膏で塗り固め、まるで目があるかのようにそこに貝殻を付け、髪の毛や口ひげを描き足していた。これは明らかに死後の生命を模倣しようとする試みだ。パレスチナにある、約四万五〇〇〇年前のものとされる数々の遺跡では、女性の小像が人骨とともに見つかっており、死者と豊穣への崇拝が混ざり合っていたことが見てとれる。

この時代には、家畜の生贄のほか、太陽、蛇、波を表す曲線といった基本的なシンボルの使用も広く行なわれるようになっていた。農業によって食料に余剰が生まれたことで、社会における専門化が進み、集団に属する個人は、それぞれの役割、たとえば耕作、牧畜、狩猟、漁、料理、子供の世話、教育、戦闘、祈り、統治などに、さらに深く専念するようになった。こうした分業は、本質的な変化をもたらす二つの新しい技術、すなわち金属加工と陶器製造に依存しており、その影響は生活のあらゆる部分におよんだ。数多くの異なる文化において、新しく神秘的な神である「火の神」が誕生し、これは鉱夫や鍛冶屋だけでなく、呪術師たちの守護神にもなった。この時代から今日に至るまで、金属を使った物の生産は、経済的、軍事的、技術的活動の中心にあり続けている。紀元前六世紀にバビロニアの皇帝ネブカドネザル二世が見たと聖書に記されている夢には、金、銀、青銅、鉄が、異なる歴史的時代を示す名称として登場する。古代において、金属を用いたこの歴史区分はインドやヨーロッパまで広がり、多少のバリエーションが加わった形で今日まで残っている。

新たな生活様式は、新たな象徴的要素をもたらした。地下鉱山は、成形可能な鉱物の源であると同時に、死者の世界を表すものでもあった。巨大な墓や神殿が至るところに建造され、当初は墳丘の形をしていたものが、人々の熱狂が増すにつれて、エジプト、メキシコ、ペルーなどで、明らかに葬送の目的を持った、真の意味での人工の山となっていった。

ピラミッドと埋葬地

エジプトでは、死者に対する手厚い扱いは、「永遠の家」であるマスタバの建設をきっかけとして始まり、その後拡大していった。マスタバとは、ピラミッドよりも前の時代に、王族以外の人々のために建てられていたものであった。マスタバの造りには、死後における待遇が階層化され、大きく差別化が図られていたさまがよく表れている。というのも、この施設は最高位の役人から下級の農奴に至るまで、幅広い社会階層の人々に利用されていたからだ。とりわけ贅沢なマスタバには、死後の生活に必要なものが完璧に調えられた部屋があり、そこには葬儀の宴のための食卓、ゲーム、道具、武器、陶器、水差し、衣服やかつらを詰めた装飾箱、トイレ用具を備えた浴室、化粧品、洗顔用のたらいなどのほか、小さな人形、ジオラマ、さらには、それらがすべて描かれた壁画までが揃っていた。一部のマスタバには、ミイラの代わりと見られる石造りの頭部が残っており、これは墓が略奪に遭った場合に、霊魂が宿るための物質的な土台となる役割を担っていた。

ウルでは、五階建てのビルほどの高さがある、レンガとアスファルトでできた巨大ジッグラトの周辺から、四五〇〇年前の墓地が発掘され、そこには約二〇〇〇基の墓が残っている。そのうち一六基は貴族のものと見られ、豊富な食料、牛をつけた荷車、娯楽用のゲーム、楽器、化粧品など、贅沢な品々が納められていた。宝物としては、金、銀、ラピスラズリ、貝殻、アスファルトで作られた彫刻や指輪があり、その表面にはライオンやガゼルやヤギがまるで人間のような仕草をしている姿や、恐ろしげなサソリ人間などの半人半獣のハイブリッド生物が、モチーフとしてあしらわれていた。大規模な人間の生贄が行なわれた痕跡が残る大穴もあり、そこには武装した男性や豪華に着飾った女性を含む七三人の遺体が入っていた。こうした集団埋葬は、社会的に高い地位にあった者が死んだときには、死後の生活を送るうえで欠かせない兵士や下僕などの随行が必要だったことを示唆している。

新石器時代から青銅器時代にかけて、地理的に離れた集団同士の接触が増えるにつれて、死者崇拝は世界中で盛んに行なわれるようになった。エジプト南部においては、葬祭用のピラミッドの建設は、ナイル川に沿って現代のスーダンに位置するヌビアにまで伝わった。さらに北方に浮かぶマルタ島では、六〇〇

○年前に岩盤に穴をうがって作られた、互いに連結したいくつもの部屋からなる地下施設から、約七○○○体の骨格が見つかっている。ハル・サフリエニ地下墳墓と呼ばれるこの場所は、地中海の新石器文化によって築かれた共同墓地であり、巨大な墓石を特徴としている。そうした巨石は、クレタ島やトロイアにも見られ、またヨーロッパ北部の支石墓《ドルメン》や直立巨石《メンヒル》とも類似点がある。これらの巨石は、夜になると出てきてあたりを徘徊する魂の住処であった。フランスの街ラヴォーにほど近い埋葬塚の内部から見つかった紀元前五世紀の墓の豪華さは、ケルト青銅器時代末期に死者がどれほど重要視されていたかを物語っている。二輪戦車、宝石、王侯の衣服、ワインで流し込まれたごちそうの残骸のほか、この墓には、エトルリアの大鍋やディオニュソス神が描かれたギリシアの水差しなど、地中海に由来する品々も入っていた。

同様の状況はアメリカ大陸でも見られた。キリスト誕生の約八○○○年前から一四○○年前の間に、埋葬塚はアマゾンの河口からプラタ川の源流にかけて広がった。こうした塚は、高さが最大で約三○メートルあり、貝殻で作られたもの（サンバキ）や土で作られたもの（セヒト）が存在した。[*24] ブラジル、サンタカタリーナ州の遺跡ジャブチカベイラⅡには、高さ約二○メートル、奥行き約四○○メートル、幅約二四○メートルという巨大なサンバキがある。一帯にはかつて、一○○○年以上にわたって継続的に人々が居住し、その間、四万三○○○体以上の遺体が埋められたと推測されている。[*25] 埋葬塚がカナダからテネシー州にかけて広く普及していた一方、メキシコのユカタン半島では、生贄にされた人々は「セノーテ」と呼ばれる洞窟に投げ入れられていた。半水没状態の洞窟がいくつも連なる、非常に美しいと同時に恐ろしくもあるセノーテは、恐竜を絶滅させた小惑星の衝突によってもろくなった石灰岩に水が浸透して形成されたものであり、死の神々によって支配される冥界シバルバーの象徴とされている。マヤ文明の書物『ポポル・ヴフ』には、双子の英雄イシュバランケーとフンアフプーによるシバルバーへの旅の物語が記されている。二人は神々を倒し、勝者として地上世界に戻ることによって、太陽と月の創造をもたらした。ヨーロッパ人ではなく、マヤ人によって翻訳されたバージョンでは、イシュバランケーとフンアフプーは一人の英雄の二つの側面、あるいは英雄とその魂であるとされている。[*26]

魂のとまり木

魂という概念は、文化的な隔たりを超えて広く普及している。一七〜一八世紀のジャマイカでは、奴隷と白人のどちらも死亡率が非常に高かったことから、葬儀が人々の重大な関心事となっていた。[*27] 西アフリカや、黒人のディアスポラによる影響を受けたアメリカ大陸の一部地域、とりわけブラジル、キューバ、ハイチでは、死者の魂に対する思い入れが強く、ブラジル、バイーア州のカンドンブレ教、キューバのルクミ教、ハイチのブードゥー教には、驚くほど似通った信仰が見られる。多宗教の習合を特徴とするブラジルのウンバンダ教——キリスト教における魂の行く末に対する深い懸念をそもそものきっかけとして生まれた宗教——では、夢は神々や亡くなった人々の魂と交信するための入り口と考えられている。[*28]

一七世紀に中央アフリカを旅したキリスト教宣教師たちの話からは、ウンブンドゥ族は魂の転生を信じていたことがわかる。彼らにとって魂は不滅であり、亡くなった者の妻や子供に乗り移ることもできるものであった。[*29] 人々の生活は死者によって影響され、規制され、祝福され、しばしば呪われるという信仰があったことから、死んだ人の夢を見るためには、敬意を示す儀式を行なうほか、墓や「死者の家」(一般に家から遠く離れた場所にある寺院)に食べものを供えたり、家畜や人間を生贄に捧げたりする必要があった。死者の誕生日にも同様の儀式が行なわれ、複雑な葬儀が数日にわたって続けられた。[*30] 墓の上には多くの場合、小さな窓の付いた小型のピラミッドを置いて、魂が周囲を見渡せるようにしてあった。

地域によって多くのバリエーションがあるものの、西アフリカには、超自然的な二種類の存在に対する、普遍的な信仰が見られた。一つは、偏在する、または領域を持つ神々で、遠く力強い存在であり、特定の一族ではなく文化全体と結びついており、山や川、湖といった人目に付きやすい地理的特徴のある場所に住んでいる。もう一つは、特定の一族の親族の霊に相当し、彼らの住む場所はそれぞれの墓や、ときには祭壇、遺骨箱、お守りなどであった。

一九世紀末には、英国の民族誌学者メアリー・キングスリーが、中央アフリカのファング族の間には、人はだれでも四つの異なる霊を持つという信仰があると報告している。その四つとはすなわち、死後に存在する魂、肉体の影である魂、野生動物に宿る魂、そして毎晩肉体を出て、夢の中を旅してほかの魂と出会う魂だ。[*31] 目覚めたときに魂が戻ってくることは、その人の健康のために不可欠であると考えられ、肉体の外をうろついている魂を捕まえるためのフックが付いた魔法道具を使用すると、体に大きな害が生じるとされた。そうした状況に陥った場合には、魔術師の助けを借りて捕まえた夢の魂を解放し、病に陥った人の中へ吹き戻さなければならなかった。

ファング族は、木彫りのビエリ像を崇拝しており、これはその像が象徴する祖先への伝統的な信仰の表れであった。祖先が生者を守ることができるよう、ビエリ像は、祖先の頭蓋骨や指、薬草入りの容器、血と肉の供物などが入った遺骨箱の中に納められた。祈りと動物の生贄を捧げることを通して、各家族はそれぞれの先祖に、狩猟、戦争、移住など、地域社会にとってとりわけ重要な問題について助言を求めることができた。通常、先祖からの答えは夢、あるいは幻覚を誘発する植物によって引き起こされるビジョンを通してもたらされた。ビエリ像崇拝は二〇世紀に勢いを失い、別の祖先崇拝であるブウィティ教に取って代わられた。[*32] ブウィティ教は、ガボン南部に伝わるアフリカの信仰とキリスト教とが混ざり合ったもので、信者の間では、強力な幻覚作用を持つ植物イボガの根を摂取することによって、霊的なメッセージを受け取るなどの慣習が行なわれている。

どの大陸にも、多かれ少なかれ意図的に、遺体から臓器を抜き取ったのち、これを乾燥させて防腐処理を施すという手段によって死者を保存する習慣が存在した。[*33] 人間の文化における死者への顕著な固執には、飼育下にあるチンパンジー[*34]、さらにはアフリカのジャングルに生息する野生動物たち[*35]の間で見られる弔いの行動と、近いとまでは言えずとも確実なつながりを見ることができる。死の直後には、その動物の集団全体が大きくざわつき、特に近しい親戚たちは何時間にもわたって悲しみに暮れる。死んだ赤ん坊の母親が、乾いた死骸をまるでまだ生きているかのように持ち歩くケースも、数多く記録されている。こうした行動は、ときには赤ん坊の死後、何週間にもわたって続けられる。

その行動の裏に、消えずに残っている過去とのつながりが存在するのは明らかだ。メンフィスの共同墓地の神官や、火の熱を利用して遺体の乾燥時間を短縮したフィリピンのイバロイ族をはじめ、多種多様な人々によって実践された先祖のミイラ化という行為の間には、紛うことなき類似性がある。死者が予言的な性質を持つという信仰が古代において存在していた証拠は、メソポタミアやナイル川流域、サハラ以南のアフリカなど各地に見られる。これと非常によく似た現象は、のちの時代の中央アメリカのマヤ文明やアステカ文明でも起こっている。インカ族は、ミイラとなった支配者を、社会的にまるで生存しているかのように扱い、権威と過去の知識が詰め込まれた存在として丁重に遇した。祝祭の日や国外からの訪問者があった際には、ミイラは掘り起こされ、運ばれ、食事を供され、そして人々はその話に耳を傾けた。[*36]

インカ族よりも一〇〇〇年以上前、ペルー・アンデス山脈北部のモチェ族は、有力者をミイラにしたのち、仲間を犠牲として捧げたうえで、彼らの遺体を贅沢なしつらえの墓の中やその近くに配置した。このモチェ族よりも五〇〇〇年前、エジプト人よりも二〇〇〇年前に、チンチョーロ族は、アタカマ砂漠に死者を埋葬するという方法を編み出していた。死者の体を生きているかのように保つ試みは、人類の間に極めて広く浸透しており、そこにはわれわれ霊長類の思考が具体性を求めるさまが表れている。

死者崇拝の広がりとともに、農業への移行は、数多くの重要な神話を生み出した。その一つが、シュメール人やヘブライ人に伝わる伝説、さらには『ポポル・ヴフ』[*37]にも登場する大洪水の話だ。豪雨や稲妻は、洞穴で暮らす人々を怯えさせることによって雷神崇拝を生み出したが、嵐のあとにやってくる洪水は、あらゆる収穫物も、灌漑用の水路や貯蔵庫も破壊し、数ヵ月どころか数年にわたる努力を台無しにし、都市を丸ごと押し流してしまう存在であった。この主題は、人類最古のテキストの一つである『シュルッパクの教訓』に登場している。『シュルッパクの教訓』を生み出したのは、現在のイラクにあたる場所に存在したユーフラテス川沿いの都市に住むシュメール人筆記者たちだ。約四五〇〇年前に、粘土板に楔形文字で記されたこのテキストは、自らの名を冠した都市シュルッパクの最後の支配者である王が、息子ジウスドラに与えた助言と教えについて説明している。シュルッパク王はシュメール版のノアであり、いわば聖書の神話と歴史的人物の中間にいる存在だ。というのも、シュルッパクという都市は実在し、約五〇〇〇年前に洪水によって破壊されているからだ。『シュルッパクの教訓』において、夢を見るという行為が神との接触として扱われているのは驚くべきことではない。ジウスドラの夢に出てくる知恵の神エンキは、洪水について彼に警告し、ジウスドラの家族と各動物のつがい一組ずつを救う箱舟を作るよう指示を与える。

粘土板や石の塊に刻んだ記号を用いて物語や会話、規範などを永久的に残そうとする技術は、シュメールやエジプトの地に、突如として出現したように見える。文字の発明は、知識の蓄積プロセスをさらに加速させ、人間の意識が進化する方向性に影響を与えた。この瞬間から、新しい記号の増殖は止まらなくなり、それによって文化的ラチェットが強大な力で推し進められた結果、わずか五〇〇〇年のうちに、われわれはコンピュータやインターネットに到達することになった。

神の起源

技術が進歩したからといって、それによって夢や占い、降霊術《ネクロマンシー》が人類の歴史の成り行きに影響をおよぼさなくなったわけではない。そうした傾向が見られるようになったのは、ごく最近のことだ。古代エジプトから伝わるテキストの多くは、生きるためのものではなく死ぬためのものであった。その一例である『死者の書』、原文通りの呼称で言うところの『光の中に出現するための書』とは基本的に、祈り、まじない、そして限りある生と、正しい者のみに与えられる永遠の存在との間にある隔たりを、どのように安全に渡ったらよいかについての実践的な指針を記したパピルス集だ。ガイドブックとパスポートを併せたような役割を持つこの『死者の書』には、明らかに罪の概念を見てとることができる。というのも、死者はオシリスに対して否定告白、すなわち罪や悪行についての「記録は何もない」ことの宣言をしなければならないからだ。オシリスは殺害されたあと、冥界の王として生まれ変わった。こうしてオシリスが再生することと、ファラオによる王朝の継承とは直接的な対応関係にある。亡くなった支配者オシリスの魂は天に運ばれ、生ける神から死せる神へと変貌する。そのうえで彼は、継承者である王子ホルスに、エジプトの最高支配者としての権利を譲った。

潤沢な歴史的証拠が示す通り、神々は何千年にもわたって人間の行動を左右しており、その影響は今日に至るまで、何十億人もの人々の心と行動に残っている。あらゆる証拠に目をつむろうというのでもない限り、神々への信仰が注目すべき事実であるのは明らかであり、そこには何かしらの説明が必要となる。プリンストン大学の米国人心理学者ジュリアン・ジェインズは、歴史の始まり以降、現在から約三〇〇〇年前にかけて、神々から支配者に直接伝えられたビジョンや言葉による命令については、数多くの記録が残っていると指摘している。この期間には、ホメロスが作品に描いたトロイアを含む、いくつもの都市国家の形成、発展、崩壊が起こっている。そうした歴史的証拠に対して真摯に向き合うためには、われわれは祖先がなぜ神の声を聞いたり、幻覚を見たりしたのか、その理由を説明しなければならない。

歴史上最初の二〇〇〇年間、また間違いなくそれ以前から神々が偏在していたことの説明として、ジェインズは、最初の神々の起源は、人が心に思い描く先祖の姿にあると述べている。だれかが亡くなったあとも、その親類たちは相手の姿をいつまでも心に思い浮かべ、起きている時間はもちろんのこと、眠っているときには特に強く、彼らの存在を意識していた。四〇〇〇年前のエジプトのとある碑文には、「王たるアメンエムハト一世が啓示の夢の中で息子に語りかけたときに授けた指示」[*38]と記されている。こうした表現には、「群族の父はまだ不死ではなく、のちに神格化によってそうなった」[*39]と述べたフロイトによく似た発想が見てとれる。集団の長《おさ》――あるいはダーウィンが提唱し、フロイトが採用した用語で言うところの原始群族の父――が死んだ場合、必然として、その故人が、すでに死んでいるにもかかわらず、今もまだ生きていたときと同じように社会生活の中心的な登場人物として、夢を見る人々の前に現れることになる。長が出現するそうした夜のビジョンを見たとき、集団のほかのメンバーたちは、ときとしてあまりの驚きから、長がまだどこかの並行世界で生きていると思い込む。死後の生に対する信念は、故人が命令、警告、有用な助言を与えるたびに、人々に揺るぎない確信を与えていった。

バイキングのせん妄

旧石器時代から数万年、そして古代エジプト時代から約四〇〇〇年がたったころ、宿命論的な価値観を持つ北欧文化は、神々の運命が夢の中で視覚化されるという独自の概念を発展させた。そうした夢で提供されるのは信頼に足る前兆であって、不条理で何の意味も持たない幻想から構成される夢「ドラウムスクローク」に無秩序に登場する雑多な情報とは明確に異なるとされた。[*40]一一世紀以前に編纂された重要な詩集『詩のエッダ』に収録されている「スキールニルの歌」には、あらかじめ定められた未来という北欧の概念が明確に表れている。「わが運命は最後の半日まで決まっており、寿命は定められている」。北欧のサーガには何百にものぼる象徴的な夢が登場し、その多くが予言的な内容を含んでいる。[*41] とりわけ有名なものとしては、ラグンヒルドの夢が挙げられる。ラグンヒルドは九世紀に実在した人物であり、ノルウェー南部の王国を治めるハルヴダン黒髪王と夫婦関係にあった。ラグンヒルドは邸宅の庭におり、そのとき自分が着ている外套にトゲが引っかかったのに気がつく。夢の中でラグンヒルドは彼女はそれを手で引き抜くが、トゲはどんどん成長して巨木となり、その根は地中深く刺さり、枝は高く伸びて、生い茂る葉の間からほとんど何も見えないほどになった（図3）。木の根元は赤く、幹は緑色で、その枝は白かった。堂々たる上部の枝は果てしなく広がり、ノルウェー全土とその向こうまでを覆っていた。[*42]

図3『女王ラグンヒルドの夢』(1899年)。エリク・ヴェレンショル作。

それから数年がたったころ、ラグンヒルドはこの木について、自身の子孫が将来、スカンジナビアの歴史において重要な役割を果たすことを象徴する予兆であったと解釈するようになる。そして実際に、彼女の息子であるハーラル（美髪王）は八七二年、ノルウェー全土を統一する最初の王となる。赤は権力を獲得するために流された血を象徴し、緑は未来の王国の繁栄を示し、白い枝はノルウェーを何世代にもわたって支配することになるラグンヒルドの子孫たちを表していた。この物語は、「世界の偉大な指導者たちの母親や父親によって語られる夢」のパターンに当てはまっている。[*43] そうした夢の内容は一般に、子供が将来いかに偉大な人間になるかについて告げており、たとえば仏陀、孔子、イエスの生涯についての話も同じカテゴリに入る。

霊に助言を求める

死者の記憶が、今も生きていて、知恵があり、権威に満ちた存在の表象として保存されていった結果、短い期間に膨大な量の知識が蓄積されることになった。これにより、個人が直接アクセスできなくとも、ある種の精神プロセスを通じて個々の中で活性化される、ほかの動物には類を見ない記憶の貯蔵庫が形成された。その精神プロセスとはすなわち、精神の鼓舞や警告、癒やしの作用を持つ先祖との会話のことであり、それは活発な想像力によって生み出される夢やビジョンを通じてもたらされた。死者崇拝は今日もまだ、スパルタクスが生きていた二〇〇〇年前のローマと同様、イタパリカ島のエグングンの儀式に息づいている。チベットの場合、夢にかかわる慣習の根底には、夢を通じた精神的活動の長い歴史があり、そうした活動は仏教以前の俗信のほか、ボン教、そして仏教そのものの中にも存在している。霊に起因する困難に直面したとき、チベットの人々はしばしば、守護霊と接触して神託を求める目的で夢を活用する。

宗教の基礎を成したのは、死者崇拝および神々に対する敬意であり、そのため夢の主要な機能は、そうした存在とのコミュニケーションとなった。夢は最初期の偉大な文明——シュメール、エジプト、バビロニア、アッシリア、ペルシア、中国、インド——の神話において、中心的な役割を担っていた。夢を解釈するための最初の手引きが登場したのは、三〇〇〇年前のアッシリア帝国であり、彼らは夢の出来事と、その現実における影響と思われる出来事のつながりを記した『イスカル・ザキーク』などの予知夢集を編纂した。時代が進むにつれて、夢に基づいて予言を行なう占い師の数はますます増えていった。よい夢や悪い夢には神あるいは悪魔からの影響がある、また、特定の望ましい夢を生み出すために「心に種をまく」といった行為が可能であると信じる信仰が、広く受け入れられるようになった。中国の『周公解夢全書』[*44]からイスラムの伝統[*45]に至るまで、またメソポタミアの楔文字のテキスト[*46]からガンジス河畔で発展したヴェーダ哲学のウパニシャッド[*47]に至るまで、未来を予言する夢の力への信仰は世界中に広がった。そうした能力からさほど遠くないところには、あらかじめ定められた運命という考え方が存在し、その影響によって、夢占いの勢力はさらに強められていった。

たとえば、約四〇〇〇年前に書かれた『ギルガメシュ叙事詩』では、シュメールの都市ウルクの神話上の王が、夢を通してエンキドゥという好敵手の存在を知る。エンキドゥはいわば、古代の「獣の王」のメソポタミア版のような存在だ。王とエンキドゥは戦い、友人同士となり、ともに偉大な英雄的行為を行なう。そしてすっかり傲慢になった彼らは、アッカド人、バビロニア人、アッシリア人からイシュタル神として崇拝される豊穣の女神イナンナと対立する。その後まもなく、エンキドゥは、自分の死が神によって定められたという夢を見たあと、病に倒れて命を落とす。ギルガメシュは絶望し、自身の死に対する恐怖に取り憑かれ、ついには不死を獲得するために冥界へ行くことを決意する。冥界の川を渡ったところで、彼はジウスドラ（シュメール版のノア）に出会い、こう告げられる。「六日七晩、眠らずにいられるかやってみよ」。しかしギルガメシュは寝入ってしまい、不死を得るための通過儀礼に失敗する[*48]。

ヘレニズムの伝統においては、予知的な性質を持つ夢は、最も古い時代の物語にも見られる。ホメロスの叙事詩『イーリアス』では、ギリシアによるトロイアの破滅を描く筋書きを支える土台において、夢が重要な役割を果たしている[*49]。トロイアの王プリアモスの第三子を産んだとき、王妃ヘカベは、その子がトロイの街を破壊する松明であるという夢を見る。この子供こそがパリスであり、彼はのちにヘレネーを誘拐してトロイア戦争を引き起こす。ウェルギリウスの『アエネーイス』には、戦争末期、木馬に身を潜めたオデュッセウスの戦士が城門を開けさせてギリシア軍を攻め込ませた際、アイネイアースの夢に死んだヘクトールが現れて、襲い来る災厄について彼に警告をするという描写がある。アイネイアースはトロイアを逃れてイタリアへ向かい、やがてローマで血統をつなぐことになるが、その途上、彼は炎に包まれた故郷トロイアを眺めて、ヘカベの夢の成就を目撃する。

ただし、ホメロスが作品に描いた夢が、どれも未来を予言したものだったというわけではない。夢はときとして単なる失望に終わることもある。トロイア包囲戦の最中、ゼウスはギリシア軍を指揮するアガメムノン王に対し、即座の攻撃を仕掛ければ必ず大勝利を収めるという虚偽の夢を送る。アガメムノンは攻撃を実行に移し、その結果大敗を喫した。神のお告げを読み解くことは、かくも難しい。

夢に見た帝国

夢は、神話の中で登場人物がたどる運命の鍵として描かれるだけでなく、現実の支配者たちの歴史においても中心的な役割を担っている。紀元前三〇〇〇年紀、アッカドのサルゴンがメソポタミアを統一して人類史上最初の皇帝となった物語は、彼が見たキシュ王ウル＝ザババについての不穏な夢を軸として展開される。サルゴンは当時、酌をする役人としてウル＝ザババに仕えていた。その夢の中では、ウル＝ザババが女神イナンナによって血の川で溺死させられる。サルゴンの夢の内容を知って恐れおののいたウル＝ザババは、彼を殺害するよう命じるが、最終的にはサルゴンが勝利を収める。[*50]

シュメール人のあとに続いて登場したセム系民族のアッカド人は、シュメールの文明を大いに活用し、楔形文字とメソポタミアの神々の文化的ラチェットを回転させた。サルゴンの娘エンヘドゥアンナ▼は、ウルの街にある、月神ナンナに捧げられた帝国随一の神殿の上級神官であった。エンヘドゥアンナは賛歌、祈り、詩を作り、その創作活動によって、知られている限り歴史上初めての正式な「著述家」となった。つまり彼女は、自身の作品が特定の人間による創作であると認められた初めての人物というわけだ。一人称で書かれた詩「イナンナ、だれよりも心広き女性」において、エンヘドゥアンナは、自身が天の門を通って引き上げられる、魔法のような夢について描写し、金星であり愛の女神であるイナンナのことを最高の神と称え、「宇宙全体で偉大な運命」[*51]を持っていると書いている。

バビロニア人が、ヘブライ人をはじめとする西方の民族と密接な接触を持っていたおかげで、エンヘドゥアンナの作品は大いに広まり、聖書の詩篇やホメロスの讃歌にも影響を与えた。この文化的連続性は、トーラー、聖書、コーランに記されたナラティブにおいて、夢が非常に重要なものとして扱われていることと関係している。東西間の文化の伝達はまた、双方向に向けての戦争や移住によっても促された。メソポタミア神話に登場するユダヤの族長アブラハムはウルで生まれ、現在のトルコやイスラエルにあたる地方に移り住んだ。紀元前六世紀、ネブカドネザル二世がエルサレムを占領し、数千人のユダヤ人を強制的にバビロンに移住させた。故郷から約一〇〇〇キロ離れたこの古代の大都市において、ユダヤ人はほぼ六〇年間にわたって捕囚状態を耐え忍び、やがてペルシア帝国を興したキュロス大王がバビロンを占拠したことによって解放された。レバントに戻ったユダヤ人は、エンヘドゥアンナの言葉を通して、バビロニアの豊かな文化を広めていった。

文字による記録が始まると、支配層のエリートたちが見る夢は、政治的・宗教的な目的のために保存されるようになった。神と王との間のコミュニケーションに夢を用いることは、時代を超えて続けられ、有形の文化的遺産として残された。そうした目的で夢が使われた例についての記録は、シュメール王グデアによって紀元前二一二五年頃に作成された、これまで発見された中で最大の粘土製円筒に見ることができる。ここに刻まれた楔形文字の碑文は、既知最長のシュメール語テキストであり、また人類史上最古の文

▼エン＝神官、ヘドゥ＝飾り、アンナ＝天の。

字による記録の一つでもある。[52]高さ約六〇センチで、中央をくり抜くことで回転させながら読めるように作られているこの円筒に記されているのは、グデア王が見た驚くべき夢の内容だ。夢にはまず、神の頭部と鳥の翼を持ち、体の下の方には大きな波が立っている空ほど背の高い男が登場する。その巨人の両側には獅子がおり、グデアの目には何か言いたそうに見えたものの、相手が何を伝えようとしているのかはわからなかった。夢はさらに続き、朝になったから目が覚めたのだなとグデアが思ったとき、輝く尖筆を手にして、粘土板に描かれた星空をじっくりと調べている女性の姿が見えた。次に一人の戦士が現れ、手にしたラピスラズリの板に建物の設計図を描いた。戦士はグデアにレンガ用の型と新しいかごを手渡し、そばには純血のロバがいて、蹄で地面をかいていた。

翌日、今度はほんとうに目を覚ましたグデアは、この夢の意味するところは何だろうかと考えた。そこで彼は、シュメールの予言と夢解釈の女神ナンシェに助言を仰ぐことにした。女神の神殿に向かう途中、グデアは一連の儀式を行ない、神殿に到着したのち、自分が見た夢について語った。グデアが受けた説明は、あの巨人が表しているのはニヌルタ神であり、エニンヌ神を称える神殿の建築を命じている、というものであった。夢の女性は女神ニバダで、神殿を作るにあたっては、神聖な星々に従って天文学的によい並びにするよう勧めているのだという。あの戦士は建築の神ニンドゥブで、建物の設計のための具体的な指示を担っている。ロバはグデア自身であり、たった今明らかにされた神殿の建築にすぐにも取りかかりたいと感じて、落ち着かない様子を見せていたというのだ。建物の基礎と建築資材の詳細についてはその後、神々の機嫌をなだめるための儀式を通じて誘発された夢によって明らかにされた。神殿は実際にギルスの街に建設され、[53]その遺跡は今もイラクに存在する。そしてグデアの円筒は、その下から見つかったのだった。

長きにわたり、大規模な建造物を建てるというのは神聖な行ないであった。グデア王の時代から一五世紀以上がたった紀元前六世紀には、新バビロニアの王ナボニドゥスの夢の内容を伝える楔文字が刻まれた粘土製円筒が作られた。その夢にはマルドゥク神が現れ、月神シンの重要な神殿を再建するよう王を導いたという。神殿の再建は実際に行なわれ、その遺跡はトルコ南部の都市ハッラーンで見つかっている。ハッラーンという街は、聖書においては、族長アブラハムがウルを離れたあとに向かった都市に相当する。

　夢には予言を授ける力があるという考えは、ヘブライの預言者全員に共有されていたわけではないものの、ヤコブやソロモンの物語においては、ヘブライの神ヤハウェが登場する夢が、重要な役割を担っている。[*54] ユダヤ教、キリスト教、イスラム教の聖典にはまた、ファラオが二つの不穏な夢を見たとき、ヨセフという名のイスラエル人が、これを正しく解釈したことによってエジプトの宰相の地位を得たと記されている。

　一つ目の夢では、ファラオがナイル川のほとりにいたところ、最初は七頭の肉づきのいい牛が現れる。しかしその牛は、続いて現れた七頭の痩せた牛によって食べられてしまう。二つ目の夢では、七本の豊かに実った麦穂が生えているところに、あとから七本の小さくて焼け焦げた麦が伸びてきて、大きい方の穂を飲み込んでしまう。ヨセフは、これらの夢はどちらも同じメッセージを伝えていると解釈した。すなわち、七年間の豊作のあと、七年間の飢饉が来るのだ。ヨセフはファラオに、穀物を貯蔵する倉を作るよう助言した。この物語は、約四〇〇〇年前にナイル渓谷で起こった壊滅的な干ばつと、その影響を軽減するためにエジプトが行なった対策に関連したものであると考えられている。

　それから何世紀もたったころ、また別のファラオがある不穏な夢を見た。彼の賢明な顧問たちは、それは不吉な予言であると解釈した。夢の内容は、生まれたばかりの赤ん坊が成長したのち、捕囚になっているイスラエル人を解放して王座につく、というものであった。この夢への対処としてファラオは、最近生まれたヘブライ人の男児を一人残らずナイル川で溺死させるよう命じるが、かごに入れられてナイルに流されたある赤ん坊は、ファラオの娘に拾われて、モーセという名で育てられる。モーセは成人すると、夢の予言の一部を実現させ、自らの民ヘブライ人を率いてエジプトを脱出し、彼らをカナンへと導いた。

夢はまた、ペルシアの歴史においても重要な役割を果たした。ゾロアスター教の司祭《マギ》は、夢のシンボルと意味を解釈するのに長けているとされていた。紀元前五世紀ギリシアの歴史家ヘロドトス*55によると、メディアの王アステュアゲスは夢の中で、娘のマンダネが大量の尿を漏らしたせいで、アジア全土に洪水が起こるのを見たという。この夢はマギによって、マンダネの息子がアステュアゲスの王座を乗っ取るという不吉な前兆であると解釈されたため、アステュアゲス王は娘の結婚相手として、社会的地位がさほど高くないペルシア人男性を選んだ。マンダネがキュロスという名の健康な男児を産んだとき、アステュアゲスは二つ目の夢を見た。今度の夢の中では、巨大な蔓が娘の胎内から伸びてきて、アジア全土を覆い尽くすほどに広がった。この夢は、孫が祖父に対して反逆することを予言していると、マギは解釈した。アステュアゲスはキュロスを処刑するよう命じるが、彼は生き延びて成長し、アステュアゲスから王座を奪って、だれも見たことがないほどの大帝国を築いた。

それから三〇年ののち、マッサゲタイ人との戦いの最中に中央アジアの草原で命を落とす少し前、キュロスは夢の中で、ペルシアの行政官の息子ダレイオスが大きな翼を広げて、その影でアジアとヨーロッパ全土を覆い尽くすのを見た。この予言をきっかけとして反乱を恐れるようになったキュロスは、ダレイオスを捕らえさせるものの、それからほどなくして戦死してしまう。夢が予言した通り、若きダレイオスはやがて王座に登りつめ、ペルシア帝国をその最盛期へと導いた。それからの数十年間で、ダレイオスとその息子クセルクセス（キュロスの母方の孫）は伝説的なギリシア遠征を行ない、東西文化の融合に甚大な影響を与えた。ホメロスの作品においては、傲慢なアガメムノンが神々から偽りの予言の夢を受け取った。ヘロドトスによると、クセルクセスもまたこれと同様に、世界を支配する夢を繰り返し見たことをきっかけに、ギリシア諸民族の征服という破滅的な試みに乗り出した。クセルクセスが軍事大臣アルタバノスに夢の内容を伝えたところ、彼の答えは、わたしにはその夢が神託だとは思えない、それはただあなたの心がそういう風景を見させているに過ぎない、というものであった。するとクセルクセスはアルタバノスに向かって、ではわたしのベッドに寝て、同じ夢を見るかどうか確かめてみるがよいと告げる。翌朝、まったく同じ驚くべき夢を見て目を覚ましたアルタバノスは、それまでの意見を翻し、悲惨な結果を招く戦争を支持するようになる。何年も準備を重ねた末、ペルシアはギリシアに侵攻し、アテネを焼き払いはしたものの、最終的には撃退されてしまった。

クセルクセスの敗北から一世紀半後、マケドニア王アレクサンドロス三世は、ギリシアとは別の方角へと侵攻を開始し、短期間でシリア、エジプト、アッシリア、バビロン、そして大国ペルシアを征服し、ついにはインドまで到達した。アレクサンドロス大王による猛進は、極めて象徴的な予知夢の数々によって促されたものであった。今日のレバノンに位置する、戦略的に重要なフェニキアの港町テュロスでの血なまぐさい包囲戦の最中、アレクサンドロスは、ヘラクレスが登場する夢を見て、テュロス攻略のためにはヘラクレス級の超人的な努力が必要となるのだろうと考えた。激しい衝突が七ヵ月間続いたあと、アレクサンドロスは二番目の夢を見た。彼はその中でサテュロス〔ギリシア神話に登場する半人半獣の精霊〕を捕まえようとするがうまくいかず、何度も逃げられてしまう。しかし最終的には、自分の盾の上で踊っているサテュロスを捕らえることに成功する。アレクサンドロスが贔屓にしていた予言者はこれを、「satyr（ギリシア語のサテュロス）」は「sa」と「Tyros（テュロス）」に分けることができるため、「テュロスはあなたのものである」という意味だと解釈した。アレクサンドロスはさらに激しい攻勢をしかけ、ついにはテュロス攻略を果たした。*56

癒やしの夢

古代においては、夢の社会的影響力は治療的な用途とも密接に関係していた。人が健康を取り戻すことには、多くの場合、夢が直接かかわっていると考えられていた。たとえば、アッカド語で書かれた「義人の苦難の詩」では、タブ＝ウトゥル＝ベルという不幸な主人公が、数え切れないほどの体の奇形や病気に見舞われる。このバビロニア版ヨブにいよいよ死が迫ったとき、一連の夢によって、彼は自分がマルドゥク神によって救われることを知る。トランス状態にあるタブ＝ウトゥル＝ベルが、マルドゥク神が悪魔と戦う様子を眺めていると、じきに病はすっかりよくなった。

古典期における地中海の主要文明は、夢の影響を受けながら治療法を発展させていったと言っても過言ではない。[*57] ギリシアやのちのローマでは、医学の神アスクレピオスのために立派な神殿が建てられ、そこには診断や治療、神の導きを求めて多くの巡礼者が訪れた。病人はそれぞれ、夢の孵化《インキュベーション》（ギリシア語でエグコイメシス、ラテン語でインクバティオ）の儀式を受け、神からのビジョンを授かるために神殿で眠るよう指示された。[*58] 目を覚ましたとき、病人は自分が見た夢を神殿の神官に語り、神官は注意深く耳を傾けて、病気の正しい治療法を示唆する兆候を探る。特別な状況下においては、治療法は真実・治癒・予言の神アポロンの息子であるアスクレピオス自身によって決定されることもあった。アスクレピオスの神殿で見つかった、人体の一部を模したテラコッタあるいは粘土製の奉納品の数の多さは、治癒がこの神のおかげであるとされる例がいかに多かったかを示している。[*59] これと非常によく似た儀式は、古典期エジプトにおいても、セラピス神を中心として何世紀にもわたって続けられていた。同様の慣習は中世ビザンチン帝国でも行なわれ、さらには――一部改変された形で――イスラムにも存在した。

妄想のローマ

古代ローマにおいては、夢が社会生活に与える影響が、他に類を見ないほどのレベルにまで達した。夢を通した神々とのコミュニケーションに対する信仰が広まったせいで、夢に関する記述や報告は、政治的行為者の正当性を証明したり、逆に失わせたりするために、好き勝手に利用されるようになった。ローマの伝記作家スエトニウスは、初代ローマ皇帝アウグストゥスが神の子であることを示すために、何度も繰り返し夢に言及している。アウグストゥスの母で貴族のアティアはある晩、アポロ神殿へ行くが、自らが乗ってきた輿の中で眠ってしまう。彼女は夢の中で大蛇の姿をしたアポロの訪問を受け、彼によって受胎する。妊娠している間、アティアは自分の臓器が「星々まで届き、大地と海の向こうまで広がる」夢を見、また彼女の夫は、太陽が妻の腹から生まれる夢を見た。[*60] 同じ年、ローマの元老議員たちも共和国を救う王の誕生を夢に見、またユリウス・カエサルは、当時はオクタウィウスと呼ばれていた養子のアウグストゥスを、自身の政治的後継者とするよう促す夢を見た。数年後、アウグストゥスはフィリッピの戦いにおいて、自身の天幕への奇襲攻撃を受けるが、ある友人が夢で得た予知のおかげで無事これを逃れることができた。この戦いでは、ユリウス・カエサルの主だった暗殺者たちが戦死し、アウグストゥス台頭への道が開かれた。こうした経緯を踏まえれば、皇帝アウグストゥスが夢に非常に敏感であったのも無理はないだろう。彼は夢に触発されて、年に一度だけ物乞いに変装して施しを求めるという習慣を始め、さらには、予知夢を見た者は公共の広場でそれについて語るよう定める法律まで制定した。

夢の物語が、歴史的な運命と支配者の神格化とを重ね合わせる目的で用いられたものの中で最も劇的な例といえばおそらく、初代カエサルとその妻カルプルニアに関するものだろう。暗殺される数日前、ユリウス・カエサルは予言者から恐ろしい言葉を聞かされた。それは、三月一五日の宗教的な祝日に、自身の命が危険にさらされるという警告であった。この予言は、噂を通じてローマ中に広まり、やがてカエサルの野望に対する不満がくすぶっていた元老院にも伝わった。元老議員たちが強い危機感を抱いていたのは、ユリウス・カエサルに対する個人崇拝が拡大し、彫像や肖像画が作られたり、過度に派手な祝祭で称えられたり、宗教的な集団によって神格化されたりしていたためであった。事実、カエサル自身の一族が、自分たちはトロイアのアイネイアースの子孫であると主張していたこともあり、彼の輝かしい軍事的勝利は神々の寵愛のしるしであるとの言説が広まっていた。ユリウス・カエサルの攻撃的なまでの政治および宗教における台頭を懸念した元老院は、彼を暗殺するという陰謀を企てるに至った。

紀元前四四年三月一四日の夜、カエサルは、自分が雲の中を魔法のように運ばれ、天に昇って、そこで迎えてくれたユピテルに手を優しく握られる夢を見た。これは悪い夢どころか、むしろすばらしい夢だと感じられた。一方、カエサルの横で眠るカルプルニアが見ていたのは、恐ろしい悪夢であった。カルプルニアの夢は、家の前面が崩れ落ち、ユリウスが刃物で刺されて、自分自身が夫の血まみれの体を前にして嘆いているというものであった。[*61] 翌朝、カルプルニアは夫に、元老院へは行かないでほしいと懇願した。ユリウスは一度は計画を見合わせようと考えたものの、陰謀者の一人と予言者たちからの出席を促す言葉に説き伏せられて、そのまま出かけることにした。ポンペイウス劇場に到着すると、ユリウスは数十人の男たち――その多くは元老議員――に取り囲まれて、二三本のナイフで惨殺された。

葬儀では民衆の怒りが爆発した。処刑が複数行なわれ、生贄が捧げられ、ユリウスの遺体は都市の中心であるフォロ・ロマーノにおいて火葬され、群衆によって武器、お守り、宝石、衣服が火の中に投げ入れられた。騒動は収拾がつかなくなり、炎は大きく燃え広がり、危うくフォロ・ロマーノが破壊されそうになるほどであった。これほどまでに激しい民衆の反応を前にしたユリウス・カエサルの暗殺者たちは、彼が正式に神格化されるローマ最初の歴史的人物となっていくさまを、為すすべもなく見守った。彼は「ディウス・ユリウス（神君ユリウス）」と呼ばれるようになり、アウグストゥスは「ディウィ・フィリウス（神の息子）」を自称した。いったいわれわれの祖先はどのような心の旅を経験し、それによってこうした空想的な物語が、太古の昔から比較的最近に至るまで、至極当然のものとして人々に受け入れられてきたのだろうか。この疑問に答えるには、先史時代から今に至るまでのわれわれの道のりを、より詳しく調べる必要がある。

第3章　生ける神々から精神分析へ

始めに切望ありき。この場合の切望とはすなわち、古きを懐かしむ情念のことだ。死者を葬送するという、夢と深いつながりを持つ慣習は、数万年前の旧石器時代に生まれたのち、新石器時代が終わるまでの数千年の間にますます複雑さを増していった。石や貝殻を積み上げた小山から始まり、われわれの祖先は、青銅器時代にはピラミッドやジッグラトといった壮大な規模の建造物を作るようになった。死者崇拝は、精神的処理の手段の一つとして大きな成功を収め、何十万という数の人間の集団が、生ける神（エジプト）やその直接の代理人（メソポタミア）の直接的支配下で生活するという状態を可能にした。各世代の王朝によって、記憶がたどれる限りの遠い昔から蓄積されてきた知識のおかげで豊かな教養とインスピレーションを得た支配者たちは、始祖たる父や母について伝える創世の神話を受け継いでいった。そうした信仰のもと、当時存在していた世俗的な力をすべて備え、肉体的な労働からは解放されつつも、一方でとてつもなく重い精神的・行政的・軍事的な責任を背負わされていたファラオという存在はあるいは、恒久的なトランス状態の中で日々を送り、睡眠と覚醒の間を漂いながら、常に現実と架空の権力という熱に浮かされたような状態にあったのかもしれない。

何千年という時がたつうちに、この新たな意識の形はファラオだけでなく、おそらくは社会のより広い範囲の人々の心にも育っていったものと思われる。人々は指一本動かさずに、それどころか想像している場面とは無関係の動作をしながら、長時間にわたって空想の翼を広げることができるようになっていった。脳の特定の部分では夢を見て、そのほかの部分では見ないようにすることが可能になり、結果として、現実世界における自分の行動と、象徴的な世界での考えがもたらす結果とを、目を覚ましたままシミュレートすることができる、多目的かつほぼ常に利用できる精神的空間が生み出された。「白昼夢」とも形容されるこうした新しいタイプの意識は、戦争の計画のほか、食料生産においても有用であり、穀物の貯蔵や取引、建物や輸送手段の工学に加え、天文学、数学、さらには文字そのものなど、新しい知識領域を活発化する原動力となった。原始的な群れを作ることから、ナイル河畔でファラオを戴冠させることに至るまで、虚構を構築し、それを大きな集団に広めて実現することができる能力は、ピラミッド型社会の拡張を後押しした。

文字の発明によって、中央の権力がおよぶ範囲は時間的にも空間的にも拡大された。その象徴と言えるのが、巨大な石碑を建て、そこに支配者から臣民に対して伝えられる神々の戒めや法を刻み込むという習慣が急速に広まったことだ。石碑の使用により、非常に広範な文化的領土が獲得され、その地理的拡大は複数の神々に対する崇拝を促した。文学の興隆は、こうしたプロセスが起こっていたことを雄弁に物語っており、最も古いテキストには、神々や死者の魂が頻繁に登場する。

同時に文字は、逆説的ではあるが、神々や祖先への崇拝の終わりの始まりであり、また夢の力の衰退の始まりでもあった。もはや神々の幻覚めいた声を聞くためにトランス状態に入る必要も、睡眠・彫像・祈り・断食・生贄や品物によって神々の機嫌を取る必要もなくなった。今では、神やその直接の代理人の言葉を読むという行為は――あるいは、最も古い記録に記されている言葉で言えば、神の声を聞くという行為は――、手を使って記された奇妙なしるしをただ見つめるだけで成し得るようになったからだ。何千年も先まで残るようにと石に刻まれた権威者の言葉は、帝国中のさまざまな場所で、完全に正確な形で人々のもとに届けられた。神の命令を通して、数え切れないほどの世代にわたって蓄積され、口承の形で溜め込まれ、音の連続として脳内で体験されていた知識は、文字が進化するにつれて、ますます時代遅れになっていった。耳に聞こえる形で伝えられる神々の命令を、石や粘土に記録する方法を発明したとき、われわれの祖先は、そうした命令が次第に的外れになり、ついにはほとんどの人にとってその有効性が完全に失われるという状況を作り出していたわけだ。

エジプトやメソポタミアのテキストでは、神々の死の物語は、文字による記録の開始後、ごく初期の段階で登場しているが、「神々が沈黙した」という不満が広く共有されるようになったのは、紀元前一二〇〇年から前八〇〇年頃のことであった。それは大規模な社会的・経済的・環境的な危機に満ちた時代であり[*1]、人口爆発、移住、戦争、飢饉、干ばつ、疫病、自然災害などにより、クノッソス（紀元前一二五〇年頃）、ミケーネ（紀元前一二〇〇年頃）、ウガリット（紀元前一一九〇年頃）、メギド（紀元前一一五〇年頃）、エジプト（紀元前一一〇〇年頃）、アッシリア（紀元前一〇五五年頃）、バビロン（紀元前一〇二六年頃）、トロイア（紀元前九五〇年頃）といった都市や帝国の崩壊が引き起こされた。これらの都市や帝国はその後、ほぼ例外なく復興を遂げるか、新しい神々や再生された神々のもとで再編成された。しかし、復活した神々への信仰を持つ――いわば互いに似たような文化的ソフトウェアを共有する――人々の増加は、まったく新しい種類の矛盾を生み出した。

エジプトでは、下層階級の間で新たな意識が芽生え始め、彼らは自分自身の墓、さらには永遠の命を強く欲するようになった。そうした下層の人々が、死者の扱いにおける不平等への怒りをあらわにしたことにより、社会的な対立が引き起こされた。当時の文献には、あの世へ行くための安全な導きもないまま、迫りくる終焉の脅威に怯える人々の絶望が垣間見える。しかし、永遠の命という約束は、『死者の書』に記されている保護と導きの呪文を実行するための複雑な儀式に必要な費用を支払える者だけに許された特権であった。

地理的に広い範囲に知れ渡ったことにより、神々の言葉の矮小化が促された。神々の知識に触れようとする者は、もはや幻覚の中でその声を聞く必要はなかった。なぜなら、神の言葉は今や永続的で堅固な物体の中に具体化され、夢を見たり、トランス状態になったり、狂気に陥ったりすることなく、それをある人の心から別の人の心へと広めることができたからだ。それに加えて、前例のない大災害が発生したり、非常に大規模な社会を維持してきた供給網の脆弱さが明らかになったりしたことによって、今では神の叡智は時代遅れで、機能不全で、古臭く、新しい問題への解決策を見出すことができないものになり下がってしまった。この時期にはまた、青銅器時代を終わらせた大規模な文明崩壊が起こり、数多くの中央権力が消滅した。それはトロイア文明、ミケーネ文明、クレタ島のミノア文明が終焉を迎え、干ばつ、洪水、高波、欠乏、移住、戦争が頻発した時代であった。こうした混沌と予想不能な状況の中、神々はもはや答えを持たず、ただ沈黙した。かくして人間は、自分の問題を自分たちだけで解決しなければならなくなった。

数世紀にわたる厳しい転換の時代を経て、紀元前八〇〇年から前二〇〇年にかけて、驚くべき文化的変革が起こった。二〇世紀ドイツの哲学者で精神科医のカール・ヤスパースが「枢軸時代」と呼んだこの時期には、アテネ、ローマ、バビロン、ペルシア帝国、マケドニア帝国、マウリヤ帝国など、アフロ・ユーラシアの複数の地域で文明が花開いた。『イーリアス』、『オデュッセイア』、プラトンの『国家』、『創世記』、『アヴェスター』、『マハーバーラタ』をはじめ、古代文学の重要なテキストの多くはこの時期に誕生した。多文化的な発展と統合が加速した背後には、アルファベット筆記の確立、新しい文学の伝統、また紀元前四世紀のプラトンのアカデメイアや前三世紀のアレクサンドリア図書館のような、高等教育機関の登場があった。世界はますます神々のものではなく、人間のものとなっていった。

『イーリアス』と『オデュッセイア』には、こうした変化が明確に表れている。未来への計画を持たず、ほぼ神々の命令に従って行動するアキレウス〔『イーリアス』の主人公〕は、遠い昔の精神を体現する典型的な一例であり、一方、新しい精神性を持つオデュッセウス〔『オデュッセイア』の主人公〕は、覚醒時に考え抜いた策略を用いることによって、自らの目標を達成する〔『イーリアス』と『オデュッセイア』はいわば前後編の関係にある。前者はトロイア戦争を題材とし、後者はトロイア戦争後に英雄オデュッセウスがたどった運命を描く〕。そうした新しく内省的な精神性を持つ人々は、まだ神々の声を聞きつつも、その一方では未来を想像し、それによって未来を形作るために、実用的かつ功利的に、強力な内的対話を構築する。彼らはわれわれ自身と同じような人間であって、狡猾かつ効果的な計画、たとえば巨大な木馬を建設したり、連れ去られて久しい妻のもとに船で向かったり、仕事を早く切り上げて恋人をキャンドルディナーに誘って驚かせたりといった構想を、さまざまに思い描くことができる。要するに彼らは、神々の声にはもうほとんど耳を傾けることなく、自分自身と絶えず対話を続けている人間、ということになる。

意外に思えるかもしれないが、人間の内観は比較的新しい現象であるという理論は、IBMトーマス・J・ワトソン研究所のアルゼンチン人研究者チームによって実施されたユダヤ＝キリスト教、およびギリシア＝ローマのテキストの意味解析から、ある程度の裏づけが得られている。かつて心理学者ジュリアン・ジェインズが提唱した説によると、意識的自己への移行、すなわち神ではなく自分自身の声に耳を傾けることが習慣化されている心のありようへの移行は、かなり最近の出来事であるため、その変化は歴史的な記録、つまり書き文字の使用が始まって以来、人類によって生み出されてきたテキストに見てとることができるという。そうであるならば、内観的で、反省的で、自分自身を想像する自己は、三〇〇〇年程度の歴史しか持っていないことになる。

この仮説を検証するために、物理学者のギレルモ・チェッキとマリアーノ・シグマンは、コンピュータサイエンティストのカルロス・ディウク、ディエゴ・スレザクらとともに、数学的手法を用いて古代テキストを調査し、単語間の距離の客観的、量的、かつ自動的な測定を行なった。彼らの手法のベースとなっているのは、非常に多様なテキストを調査した場合、意味的に近い単語のペア（ネコとネズミ、母親と娘、愛と情熱）は同じテキストに出現する傾向にある一方、互いに意味が遠い単語（ネコとヘリコプター、米と詩、花と絶頂）では、そうした傾向は見られない、という観察結果だ。この手法を用いれば、すべての単語ペアの意味的距離が数値として表され、特定のキーワードと、テキストに含まれるすべての単語との平均距離を割り出すことが可能になる。自分たちの仮説を検証するための特定のキーワードとして、研究者らは「内観（introspection）」という言葉を選んだ。これは、古代の書物にはまったく登場しない言葉であり、だからこそ、各テキストにおいてこの言葉が薄く広く隠れているのを探るのに最適であった。彼らは分析した各テキストについて、テキスト内の各単語から「内観」という言葉までの距離を測定し、テキスト内のすべての単語を対象とした平均値を算出した。

分析の結果[*2]は、内観という概念が、ユダヤ゠キリスト教とギリシア゠ローマのどちらの文学的伝統においても、次第に広く使われるようになっており、しかも各文明の文化的拡大期において加速度的に増えていることを示していた（図4）。内観的な行動については、これと同じように広まったのかどうかを証明することは不可能だが、この結果から、ホメロスの時代（紀元前八世紀）の人々は、たとえばユリウス・カエサルの時代（紀元前一世紀）の人々よりも、はるかに内観的でなかったと想像することはできるだろう。後述の通り、古代テキストの構造に関するそのほかの最近の研究もまた、人間の精神性は過去三〇〇〇年間で劇的に変化したという考えを裏づけている。

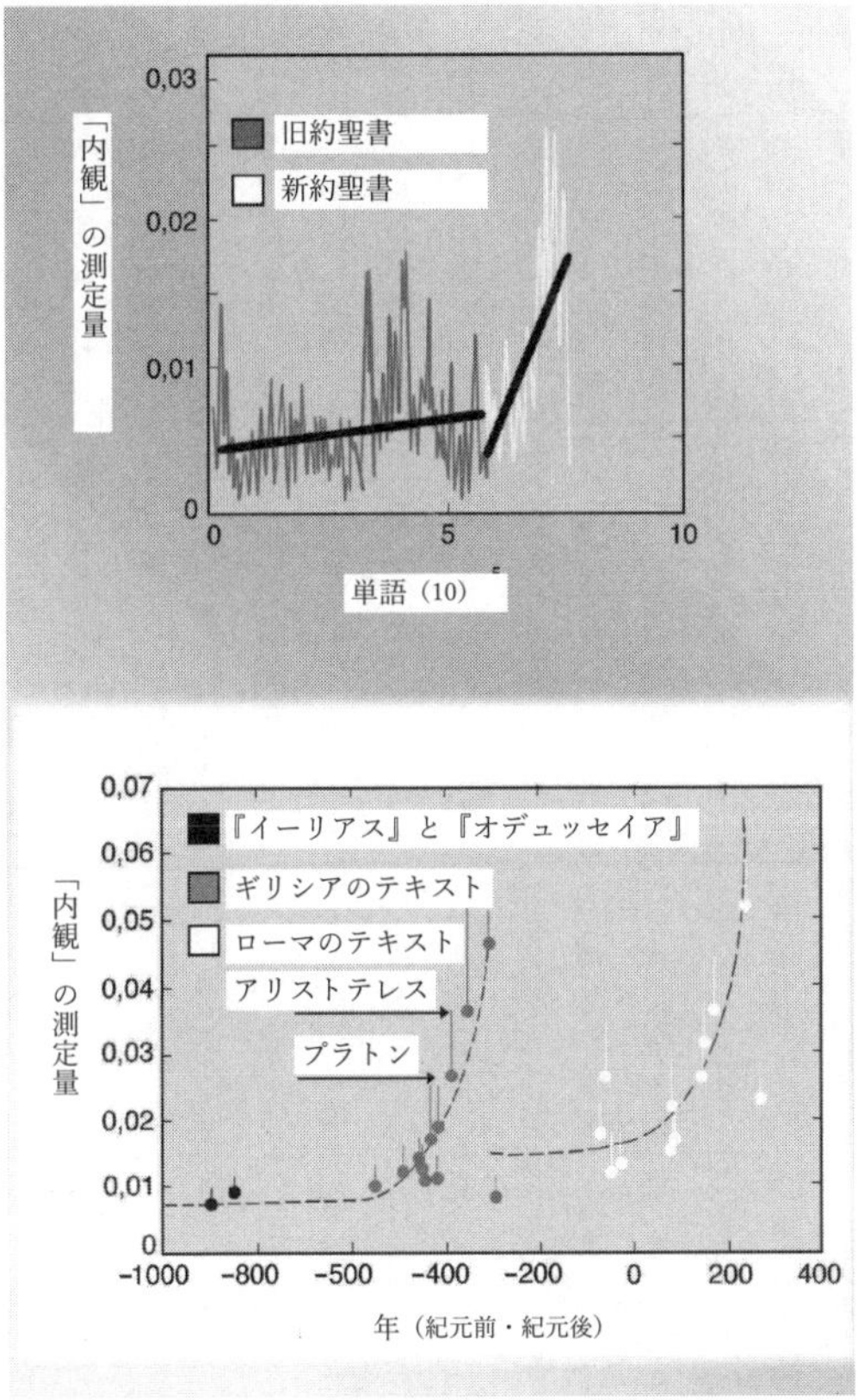

図 4　「内観」の意味的測定値は、ユダヤ＝キリスト教およびギリシア＝ローマ文化の記録において、時間の経過とともに増加している。

夢の栄光と衰退

夢の重要性がゆっくりと、しかし着実に失われていったことは、この変化を示すとりわけ明確な例の一つだ。夢の効力に対する信仰の断続的な衰退は、キリスト誕生前および誕生後の一〇〇〇年間を通じて進行していった。一方、ゴータマ・ブッダは紀元前五世紀、すべての命は夢であると主張することにより、夢に関する議論に極めて重大かつ実存的な広がりを与えた。現実そのものが夢であるという概念は、インドにおいては非常に古い起源を持っている。ヒンドゥー教の神ヴィシュヌの伝統的な表象の一つでは、彼は蛇のシェーシャの上に横たわって、「宇宙を夢に見ることで現実を生み出して」いる姿で描かれている。

しかし同時に、ブッダは夢の象徴的解釈も自身の文化に取り入れている。若き王子ゴータマ・シッダールタが、厳格な禁欲主義を追求するために、特権的なクシャトリヤの生活を捨てる直前、妻ゴパは予知的な悪夢を見る。シッダールタはこの夢について、文字通りとは真逆の解釈をしてみせる。

伝承によると、[*3]のちにブッダとなるこの王子は当時妻を避けており、妻は深い苦悩の中にいた。なんとか眠りについた彼女は、山が激しい風に震え、木々が根こそぎ引き裂かれて吹き飛ばされる夢を見る。地平線には空から星が降り注いでいた。ゴパは自分が裸で、服も、装飾品も、宝冠も剝ぎ取られているのに気がついた。髪は短く切られ、婚礼の寝床は壊れ、貴重な宝石で覆われた王子の服は床一面に散らばっていた。流星が暗い街の上に落ちていった。

恐れおののいたゴパは夫を起こした。「ああ、ご主人様」とゴパは叫んだ。「いったい何が起こるのでしょう。ひどく恐ろしい夢を見たのです！　わたしの目は涙で、心は恐怖でいっぱいです」。「どんな夢を見たのか教えてくれ」と王子は答えた。ゴパは、自分が眠っている間に見たことをすべて話した。王子は微笑んだ。「喜びなさい、ゴパよ」と王子は言った。

「喜びなさい。あなたは大地が揺れるのを見たのですね。ならば、いつか神々自身があなたの前にひれ伏すでしょう。あなたは月と太陽が空から落ちるのを見たのですね。ならば、あなたはじきに悪を打ち負かし、無限の賛美を受けるでしょう。あなたは木が根こそぎ引き抜かれるのを見たのですね。ならば、あなたは欲望の森から抜け出す道を見つけるでしょう。あなたの髪が短く切られたのですね。ならば、あなたは自身を捕らえている情念の網から解放されるでしょう。わたしの衣や宝石があたりに散らばったのですね。ならば、わたしは解放への道の途上にいるということです。流星が暗い街の上を横切ったのですね。ならば、無知な世界、盲目の世界に、わたしは知恵の光をもたらし、そしてわたしの言葉を信じる者は、喜びと幸福を知るでしょう。喜びなさい、ゴパよ。憂鬱を追い払いなさい。あなたはじきに特別な名誉を受けるでしょう。眠りなさい、ゴパよ、眠りなさい。あなたはすばらしい夢を見たのです[*4]」

数日後、シッダールタは夜中にそっと家を抜け出した。

それからの六年間、急勾配の川岸で雨風にさらされながら、若きシッダールタは、野生動物に囲まれて、瞑想、孤独、断食の生活を送った。彼のもとには弟子たちが集まったが、シッダールタが禁欲の放棄を決断すると、彼らはシッダールタを見捨てて去っていった。シッダールタはその後、自らの悟りを告げる一連の夢を見た。

夜が来た。彼は眠りに落ち、五つの夢を見た。

最初、彼は自分が大きな寝床に横たわっているのを見たが、その寝床は地球全体だった。頭の下には枕があり、それはヒマラヤ山脈だった。右腕は西の海に、左腕は東の海に置かれ、足は南の海に触れていた。

次に、臍から葦が生えてくるのが見え、それはぐんぐん伸びてあっという間に空に届いた。

次に、たくさんのうじ虫が脚を這い上がってきて、両脚をすっかり覆ってしまうのが見えた。

次に、地平線のあらゆる方角から鳥がこちらに向かってくるのが見え、頭の近くまで来た鳥たちは、まるで金でできているかのように見えた。

最後に、彼は自分が汚物と排泄物でできた山のふもとにいるのを見た。彼は山に登った。彼は頂上にたどり着いた。彼は下山したが、汚物も排泄物も彼を汚してはいなかった。

彼は目覚め、そしてこれらの夢から、至高の知識を得て仏陀になる日が来たことを悟った。[*5]

ここで一つ指摘しておきたいのは、仏教が夢に対して与える解釈は象徴的なものであり、古代バラモン教において一般的だった文字通りの解釈とはまったく異なるということだ。たとえば排泄物の山の夢は、これを文字通りに解釈するならば、複雑な清めの儀式が必要ということになる。しかし、仏教のレンズを通して見ると、この夢はシッダールタが捨て去った衣服や物、特に人間関係を象徴しており、霊的な経験の妨げとなる欲望や期待を脱ぎ捨てることを意味している。

深く根付いた夢占いの伝統の発祥地、[*6]中国では、紀元前四世紀、荘子として知られる哲学者が、夢という問題を新たな形で提示してみせた。


昔、わたくし荘周は自分が蝶である夢を見た。わたしはひらひらと飛びまわり、まぎれもなく蝶そのものであった。思う存分楽しむ蝶は、自分が荘周であることに気づいていなかった。突然、目を覚ましてわれに返ると、わたしはまぎれもなく荘周であった。今となってはわからない。果たしてわたしは、自分が蝶になった夢を見たのか、それとも今のわたしは蝶で、自分が人間である夢を見ているのだろうか。[*7]

この見事な哲学的疑問は、プラトンからは決して出てこない発想だ。プラトンは、国家の運営に夢と狂気が入り込む余地はないと結論づけていた。[*8] この偉大なアテナイの哲学者にとって、真理は論理的な思考の実践からのみ見出されるものであった。その際に優先されるべきは、現実の完全な形態を推測することであり、そうすることによって、幻惑的な外見のベールの向こう側を見通すことが可能になる。プラトン的真理は覚醒時における厳密な思考の産物であり、睡眠、病気、酩酊によって引き起こされる夢の幻覚ではなかった。

アリストテレスもまた、一〇〇〇年にわたる夢占いの伝統に感化されることなく、驚異的であると同時にありふれたものでもある夢の生物学的性質の重要性を理解していた。[*9] プラトンの一番弟子である彼は、理論よりも観察可能な事実に価値がある、つまり演繹法よりも帰納法の方が優れていると指摘した。古代のその他の哲学者たちと同じく、アリストテレスは、夢の内容の説明における決定要因は覚醒時の経験にあるとした。それはすなわち、二〇〇〇年以上のちに、フロイトが「日中残渣」と呼ぶものだ。そうであるとするならば、夢とは現実の不正確なコピー、過去の出来事の記憶、鮮やかかつ意図しない回想ということになる。

ギリシアのロゴス思想から、理性を重んじる啓蒙思想までの間には、長い過渡期が存在しており、その間、歴史に対する夢の影響力は大きく変動し、拡大することもあれば、縮小することもあった。夢はキリスト教の成立と発展において重要な役割を果たし、神の意志を啓示する強力な手段となった。マタイは自身の福音書の中で、神は幼子イエスを守るために繰り返し夢を用いたと述べている。たとえば、三博士に対しては、ヘロデ王のところへは戻らずにそれぞれの国へ帰れという警告が夢を通じて与えられ、またヨセフに対しても、彼の眠りの中に天使が遣わされ、導きが与えられた。[*10]この天使たちが、結婚前に身ごもったマリヤを妻として受け入れるよう、ヨセフを説得したのだった。マリヤの受胎は聖霊――鳩に姿を変えていた――によってなされたものであるから、その赤子を受け入れなさい、その子はいつか人々を罪から救うだろうと、天使は彼に告げた。主の御使いについての夢はまた、ヨセフの決断を導いて、エジプトから逃れてイスラエルへ戻り、そして最終的にはガリラヤへと向かわせた。この移動は、男児を皆殺しにせよとの命令を出したヘロデ王の怒りから、生まれたばかりの子を守るうえで不可欠なことであった。

イエス自身が見た夢についての記録は存在しないものの、福音書には、イエスの生涯、ひいては歴史の成り行きを変えた可能性がある、ある夢についての記述が見られる。「ユダヤの王」であるとして告発されたイエスは、総督ポンテオ・ピラトの前に引き出された。マタイによれば、ピラトが裁判の席についていたとき、その妻からこんな伝言があったという。「あの正しい人に関わらないでください。その方のためにわたしは今日、夢で非常に苦しみました」（日本聖書協会共同訳）。しかし、群衆はイエスを有罪として十字架にかけることを決定し、そこでピラトは手を洗うという行動によって、この件について自分には責任がないことを示した。[*11]

「使徒言行録」には、それから約二〇年ののち、パウロとその仲間たちが小アジアを巡ってキリスト教を宣べ伝えていたとき、ある夢によって彼の旅路が大きく変わったと記されている。パウロは眠りの中で、マケドニア人の男が助けを求めている幻を見た。目覚めたあと、パウロはこれを神からの召しであると考え、マケドニアに向けて出発した。その結果、パウロの伝道活動は成功を収め、キリスト教の信仰をユダヤ人以外にも大いに広めた。[*12]

イスラム教においては、夢の解釈は常に重んじられてきた。預言者ムハンマド自身も、夢の解釈はアッラーとの真の意思疎通を可能にする霊的な行ないであると認めていた。ある有名な物語に、ムハンマドが夢の中で、最初は黒い羊の群れを追いかけ、次に白い羊の群れを追いかける、というものがある。しばらくすると、二つの群れは完全に混ざり合い、もとのように分けることができなくなる。この黒い羊はアラブ人を、白い羊は非アラブ人を象徴すると解釈され、そこからは——明らかに政治的な意図を持って——イスラムが民族的な違いを超えて世界に広がるだろうという結論が導かれた。

夢はイスラムの歴史の中で、予言や占いの文脈において登場し、しばしば支配者の正当性を主張するために利用され、また、特定の問題についての解決策を知るためにこれを誘発する礼拝（イスティハーラの礼拝）が行なわれることもある。夢をとりわけ重要視する一派としては、イスラム教の中でも内観的な傾向が強いスーフィズムが挙げられる。スーフィズムの実践者は、あえて神秘的なトランス状態に到達することを試み、預言者やその他の霊的な助言者の夢を追い求めて、それを覚醒時の行動の指針とする。一二世紀の学者ナジュムッディーン・クブラーは、自らの夢見の幻視体験に基づいてスーフィー教団を設立し、この主題についての重要な論文を執筆した。また別のスーフィー思想家で、やはりスーフィー教団を設立したケルマーン出身のニーマトゥッラー・ヴァリーは、スンニ派の信徒から聖人として崇められている。ニーマトゥッラーは夢に着想を得た詩を残しており、その内容は、一四世紀のトルコ系侵略者ティムールの台頭から、一九世紀のサイイド・アフマドによる聖戦、一九二四年のオスマン帝国カリフ制の解体、二〇一〇年のパキスタンにおける宗教紛争に至るまで、さまざまな歴史的瞬間における予言とみなされている。[*13]

イスラム教において夢が今日に至るまで重視されている一方で、キリスト教では、その重要性は中世を通じて徐々に薄れていった。これは組織化された教会として発展するキリスト教が、いつしか夢占いに異教の痕跡を見てとるようになっていったためだ。中世は転換の時代であり、ソムニウム・コエレステ（神によって啓示された未来の夢）と、ソムニウム・ナチュラーレあるいはソムニウム・アニマーレ（生理的または心理的原因を持つ夢）との根本的な対立関係が認識されるようになった。神学者で哲学者の聖アウグスティヌスは、三五四年、地中海からほど近い現在のアルジェリア北東部にあたる地域に生まれ、教会による新プラトン主義の採用に多大な影響を与えた。彼の膨大な著作は、記憶、夢、欲望、苦悩、罪悪感の起源など、多くの心理学的主題に触れている。聖アウグスティヌスが関心を抱いていたテーマの一つに、エロティックな夢がある。禁欲を実践し、覚醒時には性的な思考を抑えつけていたにもかかわらず――あるいはおそらくはそれが原因で――、彼はどうしてもエロティックな夢を排除することができなかった。聖アウグスティヌスは神に向かって、夢の自律的な性質に対する驚きを述べている。

この睡眠の間、わたしはきっとほんとうの自分自身ではないのでしょう。主よ、わが神よ。それにしても、眠っているときの自分自身と、目を覚ました状態に戻ったときの自分との間には、なんと大きな違いがあることか……。目を閉じようとも、理性は閉じたりはしないはずだ。肉体の感覚とともに眠りに落ちることなどほとんどない。もし理性が眠ってしまうのであれば、なぜわれわれは睡眠中にしばしば抵抗し、自ら公言した誓いを思い出し、厳格な貞節を守りつつ、そのような誘惑に同意しないということが起こるのだろうか。また、自分の望みに沿わないことが起こってしまったときと、目覚めて良心の平穏が戻ったときの間には、非常に大きな隔たりがある。出来事と意志の間にある広い溝からは、残念なことに、自分自身の中でなぜか行なわれはしたものの、われわれが積極的に行なったわけではないものが見つかる。[*14]

夢の中でのエロティシズムという問題に関して、聖アウグスティヌスが見出した解決策は、夢のことを、意志の力によって制御できる人間の行動としてではなく、個人には責任も罪もない無意識の事象とみなすことであった。そう考えれば、罪の夢を見ることは罪にはならないからだ。

修道士と悪魔

われわれの曾祖父母の世代までは、大半の人間は太陽が沈むとすぐ床に入っていた。太古の昔から、夜とは常に恐れるべきものであり、特に月明かりがないとき、ましてや冬の間などは、闇は果てしなく続くように感じられたはずだ。古代や中世においては、夜は酔っ払い、泥棒、追いはぎ、殺人者、ときおり侵入してくる軍隊、そしてもちろん、野生動物たちのものであった。そのため、夜になると人々は火の周りや壁の内側に集まり、家、農場、城、宿屋、酒場、売春宿の中で時を過ごした。中世を通じて、インクブスやスクブスと呼ばれる悪魔が、人々の夢に入り込んでその人と性的関係を持つという信仰が広まった。夜は危険に満ち、夢は幻想的な性質を持っているとなれば、暗闇に包まれた時間が恐ろしい幻想と結びつけられ、瞑想、祈り、まじないが身を守るために用いられたのも、驚くには当たらないだろう。*15

一般に、大人たちは夜を「第一の眠り」と「第二の眠り」という二つの部分に分けて、真夜中前後にしばらくの間、目を覚ましている時間を設け、それを祈り、食事、糸つむぎ、性交などに利用していた。一方、キリスト教の修道士の場合、夜の習慣は厳格に定められており、第一の眠りは午前二時に終了して朝の祈りが行なわれた。つまり、ベネディクト会の修道士たちは、レム睡眠を剝奪されていたことになる。レム睡眠とは、夜の後半に多く出現する睡眠フェーズであり、人はその間、多くの夢を見る。興味深いことに、レム睡眠が完全に剝奪されると、激しい代償的睡眠のリバウンドが引き起こされ、睡眠時間が増加して強烈な夢を見るようになる。最古のカトリック修道会である聖ベネディクト修道会では、第二の睡眠が禁じられていた一方、夕方の仮眠は容認されていた。一一世紀、迷信深く、常に眠気に苛まれていたフランスのベネディクト会修道士ラウール・グラベルは、悪魔に襲われたときの記録を残している。その悪魔による誘惑とは、彼の耳元で、鐘を無視して第二の眠りの「甘い安息」に身を委ねよと囁く、というものだったという。しかし、性的な誘惑の力を持つ夜の悪魔による活動を恐れる人が多かった一方で、夢は同時に、天使や聖人の出現によって神の意志を明らかにするものであるとも信じられていた。

一二世紀以降、フランスにおいて、異端を迫害するためのカトリックの機関が登場した。その大半がドミニコ会とつながりのあるこれらの機関は、やがて異端審問として知られるようになった。その後の数世紀にわたり、迫害の熱狂はドイツ、スペイン、ポルトガルに広がり、やがて南北アメリカ、アジア、アフリカの植民地にも伝播した。何千人もの人々が異端審問で罪を問われ、魔女として告発され、拷問を受け、限りなく慈悲深い神の名のもとに処刑された。一二世紀はまた、個人の告解が教会内で制度化され、司祭がコミュニティ全体の私的な秘密を知るようになった時期でもあった。[*16] 罪を赦す者と告発する者という二つの役割を同時に担うことになったカトリック司祭は、夢の解釈のジレンマに、これまで以上に正面から向き合う必要に迫られた。異端の夢は罪とみなされるべきなのだろうか。眠っている間に経験した思考のせいで、起きているときに告発や罰を受けるというのは、あっていいことなのだろうか。

この恐ろしい問いに直面した聖トマス・アクィナスは、断固として「否」であると答えている。トマス・アクィナスは、一三世紀の教会における偉大な理性の擁護者であり、一〇〇〇年近く続いた新プラトン主義ののち、中心となってアリストテレス的帰納法を復活させた人物であった。結局のところ、夢はすべてが「真実」というわけではない。トマス・アクィナスはその著作の中で夢の重要性を強調し、とりわけ影響力の大きなテキストである『神学大全』には、「夢」という言葉を七三回も登場させている。ラツィオ生まれのこの神学者は、同書において次のように述べている。

人間の一般的な経験を否定するのは不合理である。夢が未来を暗示するものであるというのは、すべての人が経験していることだ。したがって、占いを目的とした夢の効力を否定することは無意味であり、夢に耳を傾けることは合法である……。前述したように、占いが誤った見解に基づいている場合、それは迷信的であり、不法である。したがって、夢から未来を予知することについては、何が真実であるかを考慮しなければならない。夢はときに未来の出来事の原因となることがある。たとえば、夢で見たことによって心が不安になり、それによって何かをするよう、あるいは何かを避けるよう導かれることがある。一方で、夢はときとして未来に起こることの兆候ともなるが、これはたとえば、夢と未来の出来事の両方に共通の原因がある場合に限られる……。「あなたがたの間に預言者がいるなら　主なる私は幻によって自らを示し　夢によって彼と語る」〔日本聖書協会共同訳〕。しかしときとして、人々が眠っている間に特定のイメージが表れるのは悪魔の働きによるものであり、この手段によって、彼らが特定の未来の出来事を明らかにすることがある……。[*17]

この文章においてトマス・アクィナスは、夢の解釈問題に新たな側面を加えている。彼は、夢の予言が正確であることは、それが神に起源を持つものであることの証拠にはならないとしたのだ。教会は徐々に、夢を自らの導きとする可能性に対して懐疑的な態度を強めるようになったが、その一方で、夢が持つ予言的な性質については引き続き認めていた。一四世紀にイタリアのドミニコ会修道士ヤコポ・パッサヴァンティによって書かれた徳と罪に関する説教集『真の改悛の鑑』は、「夢についての論考」で締めくくられており、そこには「夜明けのころに見る夢は……すべての夢の中で最も真実に近く、その意味が最もよく解釈される[*18]」とある。こうした見解は、ダンテ・アリギエーリの『神曲』にも見ることができ、そこには、予言的な夢は朝のものであると記されている。[*19]

鷲の抵抗

キリスト教の偉大な改革者であるドイツの神学者マルティン・ルターもまた、夢に対しては肯定とも否定ともとれない考えを持っていた。修道士としてのキャリアを歩み始めたころ、若きルターはヤン・フスの説教を見出した。ヤン・フスとは、その一〇〇年前、カトリックの贖宥状を拒否するよう説教をしたことにより、異端者として火刑に処されたボヘミアの宗教指導者であった。青年ルターは、この改革者の死の物語に衝撃を受けた。フスの処刑人は、彼に近づいて火をつける際こう言った。「さて、ガチョウを焼くとしよう」――「フス」はボヘミアの方言でガチョウを意味している。すると死刑囚であるフスは、こんな謎めいた予言を呟いた。「いいだろう。しかし一〇〇年後には、あなた方には手の届かない鷲が現れるであろう」[*20]

フスはルターにとって、自己の立ち位置を確認する重要な存在となった。フスと同じく、ルターもまた、贖宥状を販売する聖職者制度に嫌悪を抱いていた。一五一七年一〇月三一日、教会の腐敗に対する強い批判を含む論題をヴィッテンベルク城の教会の扉に釘で打ちつけたとき、ルターは、自身が危険な道を歩んでいることをよく理解していた。なにしろ、ルター以前にも大勢が火刑に処されており、おそらくは彼のあとにも多くの人が同じ運命をたどると思われたからだ。ローマ教皇レオ一〇世は論題の撤回を命じたが、それに対するルターの反応は、彼が反逆の心を持っていることをさらに明確に示すものであった。彼は、教皇が発行した破門威嚇の教書を焼き捨てたのだ。ルターは教皇によって破門され、神聖ローマ皇帝カール五世から死刑を宣告された。ルターを勾留していたザクセン選帝侯フリードリヒ三世に期待される行動は、当然ながら、報復の怒りに燃える敵の手に彼を引き渡すことであった。ところが、フリードリヒが大方の予想に反してルターを守ったことにより、この神学者の思想は生き残り、プロテスタント改革はヨーロッパ全土に広まった。この出来事の驚くべき成り行きには、ある重要な夢がかかわっている。

当時の年代記作家たちによれば、ルターが教会の扉に「九五箇条の論題」を釘で打ちつける前夜、フリードリヒは夢の中で啓示を受けたという。フリードリヒはこう述べている。


わたしは再び眠りにつき、全能の神が一人の修道士をわたしに遣わされる夢を見た。彼は使徒パウロの真の息子であった。すべての聖人たちが、神の命によって彼に同行していた。その目的はわたしの前で証を述べること、そして彼が陰謀を企てるために来たのではなく、彼が行なったことはすべて神の御心にかなったものであると告げることであった。彼らはわたしに、善良で慈悲深い心を持って、彼がヴィッテンベルクの城の教会の扉に何かを書き記すことを許可するよう求めた。わたしは宰相を通じてこれを許可した。すると修道士は教会へ行き、わたしがシュヴァイニッツからでも読めるほど大きな文字で書き始めた。修道士が使っていたペンはとても大きく、その先端はローマにまで達し、そこにうずくまっていたライオンの耳を貫き、教皇の頭に載っている三重の冠を震わせた。枢機卿も王子もみな急いで駆け寄り、冠が落ちるのを防ごうとした。兄弟〔ザクセン選帝侯ヨハネ〕よ、あなたもわたしもこれに手を貸したいと思い、わたしは腕を伸ばした――しかしその瞬間、目が覚めた。わたしは腕を高く掲げたまま、非常に驚き、ペンをうまく扱えなかったあの修道士に大いに腹を立てていた。やや落ち着きを取り戻すと、あれはただの夢だったのだと悟った。

　まだ半分寝ていたわたしは、もう一度目を閉じた。夢が戻ってきた。ライオンはまだペンに憤っており、力いっぱい咆哮を始めた。その声はあまりに大きく、ローマ全体と神聖ローマ帝国のすべての国が、何ごとかと駆け寄ってきたほどであった。教皇は彼らに、この修道士に反対するよう告げ、わたしに対して特に強く迫った。彼がいるのはわたしの国であるからというのが、その理由だった。わたしは再び目を覚まして主の祈りを唱え、教皇の神聖さを保つよう神に願い、そして再び眠りについた。
それからわたしの夢の中では、帝国のすべての君主たちが、われわれと一緒に大急ぎでローマに向かい、みなが次々にペンを折ろうと試みたものの、力を込めれば込めるほどペンは固くなり、まるで鉄でできているかのような音を立てた。われわれはついに断念した。そしてわたしは修道士に（わたしはときとしてローマにいたり、ヴィッテンベルクにいたりした）、そのペンをどこで手に入れたのか、なぜそれほど頑丈なのかと尋ねた。彼は答えた。「このペンは、ボヘミアにいる一〇〇歳の老ガチョウのものでした。昔通っていた学校の先生からもらったのです。これほど頑丈なのは、中から芯や髄を取り除くことができないためです。わたし自身、これには大変驚いています」。突然、大きな音が聞こえた――修道士の長いペンから、たくさんのペンが飛び出してきたのだ。わたしは三度目となる起床をした。日が差していた。[*21]
この夢がフリードリヒに大きな影響を与えたことにより、彼が教皇や皇帝に勇敢に立ち向かってルターを守ったという可能性はある。一方で、この物語は完全に政治的な理由から、フリードリヒによるルターの支持を正当化するためにでっちあげられたものだとも考えられる。いずれにせよ、ルター自身は夢の真実性に対しては常に極めて懐疑的で、真に神聖と考えられるごく限られた数の示現にのみ、信仰を置いていた。

無関係な夢

ヨーロッパで民族国家が形成され、重商主義の初期段階が始まると、夢の解釈の役割は公共の場から永久に消え去った。一六世紀には、キリスト教はすでに夢の啓示のことを、最悪の場合は神への冒瀆や天罰の元凶、よくてもせいぜい神とは何の関係もないものとみなし始めていた。神学者ジョルダーノ・ブルーノ〔一五四八～一六〇〇年。科学的観察からではなく神学・哲学的な考察に基づいてコペルニクスの地動説を擁護し、宇宙無限論を唱えた〕が裁判にかけられ、投獄されたのち、一六〇〇年に処刑された例に如実に表れている通り〔本書三四ページ参照〕、夢の啓示は異端の影響の兆候とみなされるようになっていった。一八世紀になると、科学と資本主義と、その両方の根底にある合理主義によって、夢に対する不信はさらに深まった。重要な貿易の判断を下すにあたり、夢に頼ることは合理的ではなく、また商業的に正当化することもできなくなったことから、王や女王たちの宮廷において、あらゆる種類の予言者は重要性を失った。プロテスタント主義の多くの潮流——特に、聖なる繁栄を追求することにおいて極めて実用主義的なカルヴァン主義——が、夢から大きく距離を置いたのは偶然ではない。数世紀のうちに、夢が何であるか、それが何を意味するかについての理解には、大きな変化が生じていた。

　超越的なインスピレーションであったはずの夢は、その高い地位から転落し、本能的な興奮、すなわち受動的に眠っている体に残留する感情が反映されたものに過ぎないとみなされるようになった。人が夢を見るのは、刺激の欠如、あるいは飢えや乾きなど、なんであれその瞬間に体が感じているニーズを、ただそのまま反映するものであるとされた。悪い夢は消化不良による必然的な産物であると解釈した一六世紀フランスの作家フランソワ・ラブレーによる糞尿趣味、また啓蒙思想の哲学者であり、数学者でもあったルネ・デカルトの懐疑的な客観性には、どちらも同じように夢の予知能力に対する軽視が見てとれる。デカルトは、若いころに自身が重要な夢の啓示を経験したと述べているにもかかわらず——ドナウ川のほとりで見たその力強い夢は、本人の弁によると、解析幾何学と体系的懐疑のメソッドに関するインスピレーションを与えてくれたという——、年を重ねてからは、夢とは覚醒時の印象に由来する、単なる幻想の状態に過ぎないと定義するようになった。*22

一方でこの時期には、一般市民による夢の解釈についての論説が大幅に増加した。そうした論説の多くは、夢の構成部分に関する、あらかじめ定められた解釈を重視したものであった。印刷の発明によって、今日に至るまでどこの新聞売り場にも置かれているある定番商品が、市場に売り出される条件が整えられた。その商品とはすなわち、象徴を解読するための固定の手がかりに基づいた、夢解釈のマニュアルだ――それらはある意味、はるか遠い時代にアッシリアで作られた予知夢集『ザキーク』の遠い子孫のようなものと言える。

無意識からのメッセージ

ジークムント・フロイトが自身の理論を展開し、それによって夢を合理的な研究の対象、すなわち人間の心を理解するうえで最も重要な生物学的現象として新たに生まれ変わらせたのは、まさにこうした、夢という現象が安っぽい連載小説のような存在に貶められていたときのことであった。精神分析学の登場によって、古代における夢にまつわるさまざまな実践が再び評価され、夢の解釈は、象徴的なネットワークとそのゴルディアスの結び目を探求するうえでの不可欠なツールとみなされるようになった。

夢を改めて人間生活の中心に位置づけることにおけるフロイトの計り知れない貢献の一つとして、まず挙げられるのは、夢には夢を見る者の心の構造が非常に明確に表れる、という観察だ。夢は象徴的な関係についての非常に豊かな情報源だ。深く傾聴し、治療上関連のある言葉の連想をマッピングするというプロセスによって、精神生活を理解することが可能になる。一九〇〇年に出版された『夢判断』は、覚醒時の記憶を解読する手段としての夜間の経験に焦点を当て、精神分析の基礎を築いた。[*23]

この本の中でフロイトは、夢は「無意識への王道」であると述べている。フロイトはまた、夢には起きている時間の日中残渣が含まれており、それが夢の内容を説明するのに一定の役割を果たすと断定した。

ただし、より深い動機は抑圧された願望によって生成される。抑圧された願望とはすなわち、すでに起こったことではなく、望んではいるがまだ起こっていない、あるいは決して起こらないかもしれないことを指す。夢の中に存在する日中残渣を詳細に分析する中で、フロイトは、夢解釈に固定の手がかりを採用する可能性を断固として否定し、夢解釈が可能となるのは、夢を見た本人、あるいは本人の精神的背景を非常によく理解している人間によって行なわれる場合に限られると主張した。同時に、ユダヤ人として生まれたフロイトは、夢を些細なものとして扱うことを拒否し、夢を見る者にとって夢が持つ深遠な意義を認め、その価値を回復させた。ユダヤ教の中心的テキストであるタルムードと同様、精神分析においては、「解釈がされていない夢は、まだ読まれていない手紙のようなもの[*24]」であると理解される。過去のイメージから構成され、現在の願望によって導かれる手紙は、注意深く読み解かれれば、未来を変える可能性さえ持っている。

一歩引いた視点から俯瞰することにより、本章では、夢が人間の意識の礎石として確立されてきた歴史的背景を紹介してきた。この問題にさらに一歩踏み込むために、次の章では、われわれが今日、どのように夢を見ているのかを見ていこう。

第4章　独特な夢と典型的な夢

一九世紀末に電灯が発明され、広く使われるようになるまでは、夕闇が落ちてからの数時間を、通常日中に行なわれるような活動のために費やすというのは、一般的な習慣ではなかった。米国の場合、人々の平均睡眠時間は、一九一〇年には九時間だったものが、それからわずか六五年後には七時間半に減少したと推定されている。[*1] 人工の光は、明暗サイクルによってもたらされる効果と重なることによって悪影響を生じさせ、概日リズム、すなわち二三時間五六分四秒の周期で自転する地球と同期する生体リズムのズレを引き起こす。覚醒時の生活が、夜の時間を貪欲に侵食するようになるにつれ、従来のように夜の睡眠を明確に二回に分けることが難しくなり、その結果、今では地球上の大半の地域で常識となっている、六〜八時間継続する一回の睡眠という形が生まれた。非常に私的で、控えめで、コンパクトなこうした精神空間において、われわれの夢を見る能力は育まれている。

現代の夢では一般に、人や物の単純なイメージから、まるで現実であるかのように体験される非常に鮮明かつ具体的な場面に至るまで、さまざまな体験の断片が呼び起こされ、組み合わされる。それは単一の主題を有することもあれば、何らかの意外な関連性を持つ複数の主題から構成されることもある。トラウマに関連する夢はあまり比喩的でない傾向にあり、現実的かつ侵入的なやり方で単独の記憶を反響させる——一方、強烈な恐怖をともなわない日常的な夢では、数多くの些細な出来事がごちゃ混ぜになっている。

夢のこうした特性を体系的な方法で測定した最初の人物は、米国の心理学者カルヴィン・S・ホールであり、彼は生涯にわたって五万件以上の夢の報告を収集した。ホールは一九三三年にカリフォルニア大学バークレー校で心理学の博士号を取得した。彼を指導したエドワード・トールマンは先見の明がある科学者で、ラットに観察される複雑な認知スキルを説明するために、彼らにはある程度の意図性がある（「目的論的行動主義」）と提唱した。ラットの行動遺伝学の研究でキャリアを順調にスタートさせたホールはその後、ケース・ウェスタン・リザーブ大学の心理学部長となり、そこで研究対象を人間の夢の内容へと転換させた。テーマのあるパターンを探る過程において、ホールはシナリオ、登場人物、物、相互作用、フラストレーション、情動など、いくつもの要素を記録・数値化するための夢のコード化システムを開発した。そこからさらに発展を続けた彼の研究は、カリフォルニア大学サンタクルーズ校において今も継続されている。研究を引き継いだのは、一九六二年に彼の指導のもとで博士号を取得した心理学者ウィリアム・ドムホフだ。ドムホフとその同僚であるアダム・シュナイダーは、二万件以上の夢の報告を含む、だれでもアクセス可能なデータベース「ドリームバンク」を立ち上げ、夢の科学に計り知れない貢献を果たした（www.dreambank.net）[*2]。

ここ数十年の間に、夢のナラティブを大規模に収集する取り組みには大勢の研究者が参加しており、たとえばボストン大学の米国人神経科学者パトリック・マクナマラは、二五万件以上の夢のナラティブを収録したプラットフォーム「ドリームボード」を監督している（www.dreamboard.com）。大規模なデータセットを用いて行なわれた同研究の主要な結論は、文化が大きく異なっている場合でさえ、人々の夢は、互いに異なる部分よりも似ている部分の方が多いということだ[*3]。覚醒している状態と眠っている状態の間には、しばしばテーマに関する連続性が見られ、これはフロイトが提唱した日中残渣の概念を裏づけている。しかし同時に、夢は反事実的な状況をシミュレートするための特権的な空間でもある。[*4] そうした状況とはすなわち、実際には起こらなかったけれども起こり得た、または今後起こる可能性がある状況のことだ。[*5]

夢を見ている者を取り巻く状況が、快適で、大きな問題よりも日常生活で無数に生じる些細な障害を特徴とするようなものである場合、夢は一見何の意味も成していないように見え、その解釈は困難を極める。そうした夢はいわば人生のパッチワークキルトのようなものであり、一つひとつの四角い布には独自のパターンと内部論理が存在する一方で、全体的にはまとまりを欠く。しかし、たとえば深刻な病気や暴力的な争いのように、夢を見ている者の背景が大きな困難をともなうものである場合、夢はときとして、実際に経験したことについて、あるいは差し迫った脅威に対抗するために必要な指示について、明確で生き生きとした表現を提供する。だからこそ、夢を正しく解釈することは極めて重要となる。

先述の通り、トラウマ的な夢は主題が単独で、比喩的でない傾向にあり、確実に恐ろしいやり方でたった一つの記憶を反響させる。一方で、壮大な夢においては、幼少期から思春期、成人期、老年期への移行や、社会的地位の重要な変化――それが下降であれ上昇であれ――を象徴する力強い比喩が用いられる。そうした「大きな夢《ビッグドリーム》」の特徴は、非常に多岐にわたる一連の表象が含まれていること、そして、それらの表象が深い意味を持つつながりを形成しているために、すべてのシンボルが互いに完璧に組み合わさっているように見えることだ。

わたしは以前、現代の文脈における「大きな夢」の見事な実例を、わたしの息子たちの母親となった女性から聞いたことがある。それは、われわれの次男セルジオの出産における最初の夜のことだった。規則的な陣痛が始まったあと、ハンモックに横たわったナターリアは眠りに落ち、一度も会ったことのなかった母方の祖母の夢を見た。それは鮮明な夢で、ある驚くようなディテールが含まれていたにもかかわらず

――あるいはそれが原因で――、強い情動を帯びていた。その意外なディテールとは、ナターリアの祖母が、彼女を優しく揺らすハンモックとして具現化していたこと、つまり、祖母がハンモックそのものになっていたことだった。そして、ハンモックとしてそこにいながらも、祖母は孫娘の髪をなで、年を重ねた女性らしい柔らかく優しい声で、愛情を込めてこう告げた。あなたに会いたかった、わたしとあなたは性格が似ている、あなたは穏やかな母親、いい母親になるだろう、すべてはうまくいく、なぜならあなたはこの生涯でも、また別の生涯でも、すでに出産を経験しており、何もかもうまくいったのだから。祖母と出会えた幸せに涙しながら目を覚ましたナターリアは、自分が祝福を受け、前向きな気持ちで未来に立ち向かう勇気に満たされたと感じていた――その感情は、このときの彼女がまさに必要としていたものであった。というのも、次男の出産は四三時間という驚異的な長さにおよんだからだ。陣痛がますます強く、ますます頻繁になっていっても、子宮口はまったく広がらず、最後には帝王切開を決断せざるを得なかった。

この特定の冒険が持つ壮大な側面は、神話的な夢と呼応している。たとえばこれは、第2章で紹介したバイキングの女王ラグンヒルドの夢を思い起こさせる。ラグンヒルドの外套に引っかかったトゲは、成長して巨大な木になり、その根は地中深く刺さり、枝は高く伸びて、スカンジナビアとさらにその向こうまでを覆い尽くした。それは、彼女の息子とその子孫が肥沃なノルウェー王国に築く王朝の象徴であった。この解釈は、ラグンヒルドの家族の利害とぴったり一致していたはずであり、権力を求める彼らの主張を強化し、予言そのものを実現させるテコとして機能した。こうした理由から、夢の主観的な経験は――もしそれがほんとうにあったことだとするならば――、ラグンヒルド自身にとって、情動を大いに高ぶらせるものだったに違いない。いつも歩いている庭において、彼女は強力かつ神秘的な象徴に取り囲まれて、自分自身の運命がもたらす地政学的な成り行きのパノラマを見たのだ。

ラグンヒルドの夢の話との比較として、ここでペルシア帝国初期の王女マンダネの夢にも言及しておきたい。マンダネの夢では、彼女の性器から実がたくさんなっているブドウの木が生え、それがアジア全体を覆い尽くすほどに広がった。ほぼ一五〇〇年という時間と、世界の半分にあたる距離を隔ててはいるが、マンダネとラグンヒルドはどちらもよく似た夢の象徴を経験し、地球規模の広がりを持つ実り豊かな木々と、彼女らが起点となって始まる高貴な王朝とを関連づけている。これから見ていく通り、夢のナラティブの政治利用は、歴史的な記録全体を通じて行なわれており、その信ぴょう性に疑問を抱かせる要因となっている。

典型的な夢の多様性

神話や歴史には、同盟と対立、勝利と無力さ、喜びと失望、成功と失敗の夢のナラティブがたっぷりと詰め込まれている。今日われわれが見る夢の筋書きを、そうした過去の驚くべき例の数々と比較することは可能だろうか。現代の夢のロジックを理解しようとする際には、その大いなる多様性、文化的特異性、夢とそれが生じた背景との密接なつながりについて考慮する必要がある。たとえばアフリカでは、一人の人間が自分の夢の中で、ほかのだれかに向けられたメッセージを受け取るという三角関係的な現象が知られている。[*6] 文化的な違いを意識する以上に重要なのは、夢を見る人自身の不安や期待を特定することだ。なぜなら、そうした感情は差し迫った現実の先を見据えており、現在の問題に対する実現可能な解決策や代替案をシミュレートすることができるからだ。以下に紹介する夢は、ドリームバンクから、あるいはわたしが親戚や友人たちから収集したものであり、そこには先ほど説明したような夢の実例が示されている。

生活スタイルに大きな変化があったときには、これらの例のように、解釈が容易な夢を見る傾向にある。

ある二八歳の女性が、自分が暮らしている街の外で行なわれた研修コースで数ヵ月間を過ごし、発想においても行動においても大いに自由を満喫したあと、通常の仕事に戻る準備に取りかかった。もとの職場では、大量の作業、規律、同じことの繰り返しが待っている。仕事を再開する数日前、彼女は自分が中学校の生徒に戻り、制服を着て退屈な授業を受けさせられる夢を見た。彼女は何度か授業をさぼり、金色のスニーカーを履くことを禁じられていらだちを覚えた。夢によって彼女に示されたのは、子供たちに課される行動制限が、再び自分に押しつけられているという明確な感覚であった。そうした制限は、輝きたいという人々の欲求を抑えつけ、反抗心を掻き立てる。

試験に関する夢もまた、ごく一般的なものであり、そこでは特定の知識やスキルの復習、悪い結果への恐怖、合格の喜びなどが描き出される。本や記事、作文、学位論文の執筆に取り組んでいる人たちはよく、解決すべき問題や潜在的な解決方法が視覚化される強烈な夢を集中的に見る時期を経験し、またそうした夢は、約束した文章を本人が実際に書き上げたときにようやく消える傾向にある。学位論文の発表や採用面接でのプレゼンテーションの前夜に、コンピュータが壊れたり、プロジェクタが動かなくなったりといった技術的な問題によって、プレゼンが台無しにされる夢を見るというのも、非常によくあるパターンだ。こうした種類の夢は、事故や基本的な過失に対する警告を与えるものであり、過去に犯した失敗を翌日繰り返さないよう、夢を見る人に心構えを促す夢とよく似ている。

愛してる、愛してない

一部の夢は、問題解決のためのほんとうの手がかりとして解釈することが可能だが、たいていの場合、夢はわれわれを支配している情動が比喩的に反映されたものに過ぎない。夢を生じさせる力として、情熱に匹敵する強さを持つものはそうはなく、特に思春期の人々においてはその傾向が強い。この時期に収集された夢は、社会的不安、感情の曖昧さ、矛盾する欲望、潜在的な交際相手たちの間での逡巡、どう行動すべきかという内的葛藤、そして人間関係における受動的役割と能動的役割の変更などを明確に示しており、恋愛の満たされない思いや、好きと嫌いを行ったり来たりするゲームの予感に満ちている。一例として、ある一三歳の少女のナラティヴを見てみよう。

わたしは美人で人気者だったから、Pからプロムに誘われて、もちろんイエス!!って言ったの。そうしたら次の日、JCっていう名前のすごくキュートな男の子が学校にやってきて、それでわたしをプロムに誘ったから、わたしはイエス!!って答えたの。そのとき、自分が二人にイエスって言っちゃったことに気がついたんだけど、二人はどっちもすごくキュートで優しくて、どっちもわたしが大好きな歌を歌ってるわけ。わたしすごく悩んじゃって……どっちを選べばいいのかわからなくって……だから友達に電話して、どっちがいいか聞いたんだけど、友達はそのまま電話を切っちゃって、そこで目が覚めたの!!……いちばんすごいのは、わたしがあるパーティでジェレミーっていう男の子に会って、彼に恋をしたんだけど、そうしたら相手もわたしを好きだってわかったこと。まるで夢がこれを予言していたみたい。いい夢だったなあ!

恋愛をスタートさせた若者は通常、あまりよく知らない人々との非常に興味深い関係を発見することになり、するとそこに、そうした人々を既存の社会的関係の中に組み込む必要性が生じる。そして既存の社会的関係の中には、数多くの生者と死者から構成される家族も含まれる。ある一九歳の女性は、自分が大学の寮にいて、別の大学へ行くボーイフレンドにさよならを言っている夢を見た。

彼がさよならのキスをしようとしたんですけど、わたしは気が進まなくて。友達が大勢乗っている車からの視線を感じたし、みんなはわたしたちの関係をよく思っていなかったから。ボーイフレンドは歩き出して、わたしが部屋に戻ると、部屋は突然、たくさんの物であふれかえりました。気づくとそこに新しいルームメイトがいて、見知らぬ男がシャワーから出てきて体に巻いていたタオルを取ったので、見たくもないものが目に入りました。それからわたしが母の家へいくと、そこにはわたしの犬がいました。ただしその子、現実では死んでいるんですけど。

若者が大人になる時期に特有のこうした感情は、過去のイメージと混ざり合い、心をざわつかせる夢のナラティブを作り出す。テーマとしては、セックスの強力な魅力とそれがもたらす妊娠・出産や仕事への影響、集団による承認の必要性、さらには、夢の中での両親の表象による道徳的ジャッジの可能性、社会的不適合感、拒絶への恐れなどが含まれる。選択を迫られること、ふられること、愛されないこと――これらはすべて普遍的なテーマであり、突然の展開、説明もなく姿を現す登場人物、ふいに変化する場所、知っている人たちと知らない人たちの融合などと結びつきながら、唐突に夢の中に表れる。

ハートを盗む

恋愛における三人での関係、四人での関係、また最近特に認知度の上がってきた、複数の相手と関係を結ぶポリアモリーは、ますます一般的になってきている。それでも、欲望に取り憑かれた人間が嫉妬、後悔、過去の切ない思いによって苦しみ、精神の安定を崩すのが主に、互いに排他的な二つの愛に挟まれたときであることには変わりがない。新しい愛を見つけたことで、古い愛の構造が揺るがされるという状況は、どんなギリシア悲劇の筋書きも敵わないほどの難解さに満ちている。夢には、情熱の兆候をいち早く捉えるという驚くべき能力がある。夢は最も深い内面の変革を察知し、その感情的な反響は多くの場合、数日、数ヵ月をかけて培養され、やがて時が来ると爆発し、大々的な愛情の獲得、別れ、そして新たな関係の確立へと展開していく。これまでにバカげたラブレターを一通も書いたことがないという方がいれば、以下の部分は読み飛ばした方がいいだろう。

事実として、夢は人の感情の変化に対する極めて繊細なセンサーであり、たとえ肉眼で見えていないときでも、また、実際に夢を見ている人が自身の感情に気づいていないときでも、それを感知することができる。子供のいないある既婚男性が、同じく子供がいない年下の既婚女性にひそかに恋をした。以下で説明する夢を見た時点では、彼は件の若い女性にはまだ数回しか会ったことがなく、いつも数人の人たちが一緒にいて、そのときの状況も仕事にかかわるものであった。この二人がいつかカップルになると考える理由は一つも存在しなかった――彼にしてみれば、それは明らかに単なる空想であり、彼女に魅力を感じていることを素直に認め、自慰をする以上の展開にはなり得ない、性的な気持ちを含む友情でしかなかった。しかし、彼女に会ってから数週間のうちに、彼は棒や石を手にした暴徒が自分の家にやってくる夢を見た。恐ろしげな形相の暴徒は、不気味でうす暗い、固く踏み固められた未舗装の道路を歩きながら、彼の皮膚を引き裂こうと迫ってきた。暴徒を率いている人物は、その若い女性の当時の夫であった。それから一年後、彼女は夫と別れ、この夢を見た男性と情熱的かつ不安定な恋愛関係を持つようになり、やがて事態が落ち着いたあとで、男性との間に複数の子供をもうけた。

愛の喪失の諸段階

恋愛の破局にまつわる夢は、それ自体が一つのカテゴリを形成する。なぜなら、別れの過程における夢の報告の展開には典型的なパターンが存在するからだ。そこには、喪失の悪夢だけでなく、関係を修復する、あるいはパートナーを別の人と取り替えるという手段によって純粋に願望が満たされる夢も含まれる。

ラッシュ大学医療センターに所属する米国人心理学者ロザリンド・カートライトは、最近別離を経験したばかりの人たちを対象とした研究を実施した。参加者には睡眠ポリグラフ検査のセッションを複数回受けてもらい、レム睡眠の途中で起床を促して、見た夢の内容の収集を行なった。これにより得られたデータからは、元交際相手に対する関心の度合いは、件の人物が登場する夢の割合に比例していることがわかった。抑うつ症状が軽快しつつある参加者は、調和した感情と関係性に富む、まとまりのある夢を多く報告したのに対し、依然として抑うつ状態にある人々が報告する夢は、内容に乏しい貧弱なものであった。また、元交際相手の夢を頻繁に見る人たちは、そうした夢をどこか他人事のような、あるいはたまたま見ただけであるという受け止め方をしており、これは、元交際相手の夢を見ることはほとんどないものの、実際に見たときにはネガティブな情動に圧倒されてしまう人たちと比較して、彼らがうまく立ち直っていることを示していた。以下に挙げる例には、夢のプロセスにおいて使用される、喪失を受け入れることの困難さを説明し、またそれを乗り越えるための比喩やイメージがよく表れている。

燃えるような情熱に身を焦がし、ロマンチックな経験を求めて冒険や国外旅行に出かけていたあるカップルが、外国で一緒に暮らすことにしようと、その具体的な日取りを決めた。約束した日まであと数週間となったころ、男性は冷蔵庫から毒ヘビが出てくる恐ろしい夢を見るようになった。それからしばらくたったある悲しい晩、男性は電話で決定的な別れを告げられた。女性の言い分は、親族や友人たちから、彼の人格を激しく攻撃された、というものであった。こうしてあっけなく捨てられた数時間後、男性は、自分が夜の海を漂流している夢を見た。そこは巨大な湾で、海岸の明かりが遠くに見えていた。音もなく通り過ぎる大きな船から流れ出る油によって真っ黒に染まった海を、男性は泳ぎ続けた――しかし、サメがいるのではないかとの恐れから、体はほとんど麻痺したようになっていた。やがて廃墟と化した埠頭にたどり着くと、男性は歩いて通りに出た。黄色い街灯の下、水泳用のトランクスを身に着け、びしょ濡れで、泥に汚れ、これ以上ないほどみすぼらしい姿で、彼は愛する人に会いに行こうとしていた。夢の終わりが近づいたころ——そのころには、すでに半分目覚めていた——、彼はその結末をねじ曲げて、相手の若い女性が自ら自分とよりを戻すよう仕向けた。自身の願望を押し通すことによって、夢は大団円に終わったものの、目覚めたときの気分は苦々しいものであった。あとから振り返ってみれば、夢に出てきたあのヘビは、自身の評判が損なわれることへの警告であったように思われ、また、海と埠頭の夢には、二人の関係の突然の終わりを象徴する、放棄、恐れ、無力感、急激な転落が、細部まで豊かに描き出されていた。

愛情の喪失への適応が非常によく表れている夢としては、別れてはよりを戻すことを数回繰り返した夫婦が別離に至るまでの、激動の期間に収集されたものが挙げられる。長い年月の間に、二人は何度もケンカをした。その原因は、互いに愛し合っているにもかかわらず、どちらも別の人を好きになってしまったことであった。不倫関係を始めた直後、夫は新しいガールフレンドと一緒にテロ行為におよぶ夢、具体的には、かつて夫婦で使っていた車を爆破するという夢を見た。次に見た夢は、別れた妻が非常に美しい姿で目の前に現れるが、次第に今のガールフレンドに変貌していくというものだった。彼はまた、自分の人生にとって大切な多くの人たちとの交流が失われていく夢も見た。その夢の中で彼は、元妻が新しいボーイフレンドと一緒にいる寝室の前まで行き、いったんはドアを開けようとするものの、部屋の中で起こっていることは、もう自分には関係がないと考えて自制する。また別の夢の中では、元妻を抱きしめている自分が見えた。二人とも旅の荷物を詰めたバックパックを背負っており、体が震えるほど泣きながら別れの言葉を交わしていた。さらに別の夢では、ガールフレンドが姿を見せるが、彼は最終的に元妻と手をつないでその場を去り、心の中では、妻との間の問題をどう解決したらいいのだろうかと考えていた。大勢の人が集まる社交の場に、元妻と一緒に出席している夢もあった。彼は妻の姿を見失い、探しても見つけることができないため、電話をかけてみるのだが、自分が手に持っている携帯電話は実のところ彼女のものであり、もう連絡の取りようがないと気づくのだった。

離婚から一年後、男性は新しい妻が妊娠したことを知った。その直後、彼は元妻と、正体不明の人物が二人出てくる夢を見た。ある瞬間、彼らは全員、自分たちの体に毒を皮下注射しようと決断する。男性は元妻に注射をするが自分にはせず、彼女はスイミングプールの脇で静かに息を引き取った。それからまもなく、現実の世界において、仕事上の都合から男性と元妻は偶然顔を合わせ、互いに強い反感を抱いた。そのあとで彼が見た夢では、自分がいったん死ぬものの、その後生き返ってもう一度姿を現したため、それを見た元妻をひどく怒らせた。

同じテーマに対するバリエーションがこのように非常に多いという事実は、夫が新しい妻の表象、そして元妻の新しい夫の表象を、自分の象徴的な風景の中に受け入れられずに苦しんでいることを示している。過去への忠誠と新しい未来へと進む決意の間で引き裂かれ、二つの相反する運命の間で苦しみ、揺れ動きながら、男性は別離をさまざまな形で経験した。その過程におけるすべての出来事には、象徴的な死が実際の死とは異なり、不可逆ではないという事実が反映されている。

お別れの夢

大切な人が物理的にいなくなったあとに見る夢は、恋愛関係の別離のナラティブとは大きく異なり、それ自体で独自のカテゴリを形成している。ごく親しい親戚を亡くした最初の夜、ある男性が見た夢には、海岸沿いの暗い道を走る小さな車が出てきた。その夜は新月で、男性は夢を第三者の視点で上空から眺めていた。しかし次の瞬間、男性は小さな車の中で、一人称の視点から、巨大な波が押し寄せてきて海岸を舐めるのを見た。車は波に耐えて先へ進み、さらに似たような波が二回やってきて、また同じことが繰り返された。車はさらに走り続けた。

愛する人の死後に見る夢には、道徳的に非難されるようなものも含めて、強い情動的な反応が表れる。そうした情動としてはたとえば、「死んだのが自分ではなかったという安堵」、「死ぬのは自分なのではないかというパニック」、「愛する人が死んでしまったというパニック」のほか、失われた人を実際に恋しく思う気持ち、罪悪感、不在を否定する気持ちなどが挙げられる。これらの夢は、強力であるがゆえに、重大な情動的問題を複雑にしたり、逆に解決したりすることがある。

子供のころに、父親を殺人事件で亡くした男性がいた。父親の遺体に防腐処理が施されていたと聞かされたとき、彼は強い衝撃とともに、あの生気のない体を思い浮かべた。彼はその後、非常に幸せで社交好きな青年に成長し、結婚して、長い間妻と仲睦まじく暮らした。あの殺人事件のことは、すっかり乗り越えたかのように思われた。ところが、じきに四〇歳になろうというとき、妻が突然彼の元を去った。男性は生まれて初めてうつ状態に陥り、髪まで抜け始めたところで、集中的な心理療法に取り組むことにした。やがて彼は、セラピストと一緒に父親の墓の前に立っている夢を見た。それは実際のものと同じ簡素な墓ではなく、大きな石造りの霊廟であった。セラピストは、石を斧で割って霊廟の中に入るよう彼に勧めた。男性は霊廟を壊す作業に取りかかり、少しずつ石を削っていった。何度かもうやめたいと思ったが、セラピストはさらに促し続け、やがて霊廟の中に入った彼らの目の前には、ただ一組の骨格だけがあった。死んでいた。父はほんとうに死んでいた。安らかに。その夢が、うつ病の終わりの始まりとなった。

新しい命がやってくるとき

子供に関する夢は、妊娠・出産前後の期間における典型的なものだ。ジョンズ・ホプキンズ大学の研究者らは、一〇四人の妊婦を対象に、俗説、夢、勘、お腹の形など、それぞれ自由な方法でお腹の子供の性別を推測するよう依頼した。未来の母親たちは、平均五五パーセントの確率で正確な性別を当てることに成功したが、これは純粋な偶然から期待される数値、すなわち五〇パーセントと、さほど大きな差があるわけではなかった。しかし、データを特定の推測方法ごとに分けて分析したところ、興味深い結果が出た。有効性がランダムだった多くの方法とは異なり――「腹部内での胎児の位置」(五二パーセント)、「ただなんとなく」(五六パーセント)、「以前の妊娠との比較から」(五九パーセント)――、夢に基づく直感は、赤ちゃんの性別を七五パーセントの確率で正確に言い当てていた。一二年以上の教育を受けた女性では、夢は一〇〇パーセントの的中率を達成した。[*7] サンプル数が少ないという条件付きではあるものの、これは面白い結果ではある。

妊娠時の典型的な夢には、期待や不安、喜びが顕著に表れる。妊娠七ヵ月のある母親は、子供の名前がまだ決まっていないことに頭を悩ませていた。そんな折、彼女が見た夢では、赤ん坊はすでに生まれて自分の腕の中で眠っており、彼女は夫に向かって、子供の名前はどうしようかと尋ねていた。この非常に具体的な問題を解決することへの期待が、こうした夢の筋書きを呼び起こしたのは明らかだ。新しい家族の誕生にともなう不安はまた、父親の夢にも影響を与える。子供の誕生が間近に迫ったあるカップルが、ようやくベビーベッドを買うことを決めた。新しい家具を組み立てた日の夜、父親は夢にうなされて目を覚まし、まだ赤ん坊が生まれてもいないというのに、妻は今すぐ起き上がって赤ん坊にミルクをやるべきだとつぶやいた。

妊娠期間中にカップルが見る夢では、豊富なイメージを通して、そうした状況に特有の懸念が明らかにされる。一人目の子供を切望するあるカップルがいた。妊娠六週目、母親は自分が寝室の中へ入っていく夢を見た。そこに自分の赤ちゃんがいるのだと、彼女にはわかっていた。レースのカーテンを引いた向こうには、小さな女の子が眠っていた。見ていると、赤ん坊の顔がだんだんと形を成し、鼻が変わり、口が変わり、目は何度も変化してぼやけて見えたので、女性は娘が結膜炎なのではないかと心配になった。腕に抱き上げると、赤ん坊はウインクをして、目が病気であるというイメージを拭い去った。この夢は、母親が心に抱く子供の健康に対する持続的な懸念を明らかにしている。こうした不安は、出産が近づくにつれて増していく傾向にある。妊娠八ヵ月のとき、この母親の夢の中では、いよいよ出産に臨もうとしている自分のことを、周りを取り囲む友人たちが大声で笑っていた。しばらくすると赤ん坊が生まれてくるが、その直後にあやうく床に落ちそうになる。赤ん坊はまるで大人のように、彼女の目を見てこう言った。「まったく、ママったら！」この世にまだ生まれていないときから、母親の頭の中では、赤ん坊の主観的な表象が形を取り始めていたのだ。

初めて父親になる人の夢のプロセスは、開始までにもう少し長い時間がかかるものの、最終的には非常に明確な形で表れる。先述した出産の一週間後、父親は初めて自分の息子に関する夢を見た。夢の中の息子は三歳くらいで、特定の言葉を覚えている最中だった。それはまるで、父親がすでに母親のそれとは別の、象徴的な関係を築いた息子をシミュレートしているかのような夢であった。一方で、この息子の登場は、父親の立場の変化も象徴している。出産から二ヵ月後、赤ん坊は夫婦のベッドで寝るようになった。三人が初めて一緒に過ごした夜、夫が見た夢は、自分の両親が声を上げて笑いながら、妻とは別れなさいと告げ、自身も説得されてしまうというものであった。彼女は流砂に投げ込まれて姿を消した。夫は自責の念に駆られ、いつまでも妻を探し続けるが、やがて彼女は巨大なホテルにいるのではないかという考えが浮かんだ。彼はドアを一つひとつノックして妻を探した。長い廊下を進み、数え切れないほどの神秘的なドアを叩いても、彼女はどこにもいなかった。すべてが失われたと思ったとき、夫の母親が再び現れ、妻がその向こうにいるはずのドアを指さした。ノックをして待っていると、やがて妻が狭い隙間から姿を見せるが、別の男性が一緒だから中には入れられないと告げた。この場面は、その時点以降の家族の姿を正確に表している。別の男が家族の中に出現したために、妻はもはやその男にしか時間を割けなくなったのだ。

父親としての成熟が進むにつれ、その変化もまた夢の筋書きに痕跡を残す。妻が再び妊娠したことを知った最初の夜、先ほどの夫は、自分が高速道路で車を飛ばしている夢を見た。動いている映像は実に鮮明だった。カーブに差しかかると、遠心力が増していくのを感じた。車が横滑りするかもしれないと気づいた彼は怖くなり、家族のことを考えて、ようやくアクセルから足を離した。子供の到来は、責任感と事故への恐れを劇的に高め、非常に勇敢な冒険家さえも、慎重で計算高い親に変える傾向にある。

母親が見る赤ちゃんの夢は、密度が高く、さまざまな意味を含んでいる。出産は夢を見ることに近い意識の変容状態をともなうことがあり、そこでは過去の出来事が、怒り、恐れ、孤独、痛みへの逆説的な愛着、そしてトンネルの先にある光と混ざり合う。非常に古い記憶に触れることも少なくないが、一方で「ホワイトドリーム」と呼ばれる、本人が夢を見たことを知ってはいても、その詳細をまったく覚えていないものも存在する。

多くの母親が、子供が生まれてからは、その子が必ず夢に登場するようになったと報告している。そうした夢においては極端な状況がシミュレートされるが、多くの場合、それらは単に育児がうまくいっていないのではないかという不安の表現に過ぎない。子供を対象とした作業療法士として大きな成功を収めていたある女性が双子を出産した。出産後、彼女は数晩にわたって、赤ん坊を床に落としてしまうという恐ろしいイメージが出てくる悪夢を見た。そのほかの夢は、単に今の状況についての喜びが表現されているものばかりだった。また別の若い女性は、自分がいちばん下の子供を満足げに舐めている夢を見た。その子はバニラでできていた。柔軟な連想が許される夢の空間においては、「食べてしまいたい」と思うほどかわいい子供は、実際においしい味がするものなのかもしれない。

恐れと力

人生における基本的な二項対立は、滅びへの恐怖と適応する力の間で発生し、それは夢の中でも変わらない。次に紹介する夢で繰り広げられる非常に豊かな内容を見れば、その長いナラティブを分析するだけの価値が十分にあることがわかるだろう。

妊娠七ヵ月目のある母親が、夜中に不安を感じて目を覚ました。彼女は夢の中でも妊娠しており、孤独を感じつつショッピングモールに入っていきながら、自分と一緒にいるはずのだれかのことを思い出そうとする。彼女は自分の母親のことも、夫のことも、第一子のことも思い出せずにいた。親戚にはどんな人がいたかを思い出そうとしたが、それもできなかった。コーヒーを飲もうと腰を下ろしたところで「コマドレ（非常に親しい友人のこと）」と出くわすが、二人の間に親密さは感じられなかった。女性はあたりをさまよう人々を眺め、家族のことを思い出そうと努力した。大好きなおばによく似た人を見つけたが、それはおばではなく、おばのような外見をした他人だった。おばとそっくりなその人物の振る舞いは、おばのそれとはまるで異なり、こちらのことなどまったく知らないかのように、そのままほかの人たちと一緒に歩き続け、自分自身以外のことには興味がなさそうに見えた。そのとき、彼女のコマドレが、現実で会うときとはまったく違った口調で、ある託児サービスがあって、うちの息子は生まれたときからずっと彼らに預けっぱなしなのだと言ってきた。コマドレの息子はまだとても小さいはずなので、それは奇妙だと感じたものの、なんとなくそれが普通のことなのかなという気もした。そのとき彼女はふいに、陣痛が始まる感覚を覚えた。場面が変わり、突然そこは病院になっており、彼女は赤ん坊を産んだ。医療処置が行なわれ、彼女は授乳をしたいと思ったが、看護師から、赤ちゃんは新生児病棟にいますよと告げられた。「心配はいりません。すぐに超能力が使えるようになりますし、そうしたら赤ちゃんの声が聞こえるでしょう」と看護師は言った。

その瞬間、彼女は自分が夢を見ているのだと気づきそうになった。なぜならこのとき、こんなのまるで意味がわからないと、独り言が口をついたからだ。これはもしかすると夢なのではと彼女は考えたが、すぐにそのことを忘れてしまった。彼女の記憶はぼんやりとしていた。自分と子供が一緒にいないことはおかしいとわかっていたし、家族に会いたいとも思ったが、ここにいない人たちがだれなのかを、彼女は思い出すことができなかった。回復室で一人、生理食塩水の点滴やさまざまな医療器具につながれていると、やがて彼女の耳に自分の子の泣いている声が聞こえてきて、ふいに母乳があふれ出し、胸が痛み始めた。授乳をする必要があると思った彼女は、「状況はわかっているから、わたしはそこに行きます」と告げた。「息子が泣いている声が聞こえるんです」と言いながら、彼女は歩き出した。看護師たちは、彼女が立ち上がるのをよしとせず、まだ医療処置の途中なのだから、横になっていなければいけないと言った。しかし、彼女は考えた。息子の声が聞こえるということは、わたしはすでにさっき看護師が言っていたあの超能力を身につけたということであり、それならばもう大丈夫に違いない。「ここから息子の声が聞こえます。あの子がどこにいるのかを見つけなければなりません。わたしはそこへ行きます。もう母乳が出ているんですから」

最初のうちは急がずに、案内表示に従って進んでいったが、病院の廊下はどんどん混雑がひどくなり、ついにはまったく進めなくなった。エレベータや階段には長い列ができており、別の階へはとうてい移動できそうになかった。人々は彼女に目もくれずに急ぎ足で通り過ぎ、言葉を交わそうともしなかった。無限に続く案内板が、一つひとつ後ろへと去っていく。彼女は下の階、下の階へと降りていき、その間にも胸は母乳をあふれさせ、ズキズキと痛み、脈打っていたが、案内板はさらに下へ行くよう促しており、そのうちに奇妙な感覚が増していき、彼女は傷ついた心でこう考えた。「世間は出産したばかりの人間をこんなふうに扱うべきじゃない」

そのとき、若い母親は絶望を感じ始めた。子供の泣き声には今や、大きな痛みを感じていることが表れていた。パニックに陥った彼女の心に、もしかしたら赤ん坊は虐待されているのではないか、誘拐されたのではないかという思いが浮かんだ。彼女は走り出し、人にぶつかり、ついさっき手術を受けたばかりなのが気になったが、それでも走って、植物にぶら下がり、階段を飛び降り、障害物を乗り越え、まるでほんもののパルクール選手のように駆けていった。植物が体重に負けてポキリと折れたが、彼女は自分の超能力を信じてそのまま落下した。遠くで泣き声が聞こえ、乳房からはまだ母乳が吹き出していた。狂乱はさらに高まり、めまいがするほどの速さでさまざまなイメージが通り過ぎ、彼女は走りに走ったが、終着点にはどうしてもたどり着くことができなかった。

彼女はそこで、はっと目を覚ました。

この母親の苦悩に満ちた夢に明確に示されているのは、生物学的に最も重大なタスク——生まれたばかりの赤ん坊に母乳を与える——を完遂することの難しさだ。そのプロセスにおいては、母親の記憶のあいまいさが、夢の展開にとって重要な役割を果たす。夢の中で一つのシーンが中断され、まるでビデオ編集のように別のシーンが始まるとき、その移行によって時間の経過の感覚が生み出される。夢の中で描かれる世界は断片的であり、そこには本来あるべきものの一部しか含まれておらず、そして夢を見ている本人は、夢の間ずっと、そのことに気づいている。筋書きは二つの相反する感情によって支配されている。一つは、育児という義務に失敗するのではないかという恐れ、もう一つは、その義務を果たす自身の力に対する自信だ。この夢にはまた、夢が持つ重要な性質も十分に描き出されている。それは、登場人物の描写の程度は各々異なり、ときには単なる外見、つまり実際に存在する人々の表面的なイメージに過ぎないように見える場合もある、というものだ。シェイクスピアの戯曲に登場するハムレットの「夢そのものが影にすぎない」[*8]という言葉には、それがよく表れている。ユングの深層心理学ではイマーゴという名称が与えられているこの概念は、あるときは大きな力と知恵を持つかのように、またあるときはそうではないかのように見える、人や存在のことを指す。

避けられない不完全さ

文学が短い詩から非常に長い小説までさまざまなジャンルにわたるように、また、写真の静止した画像と映画の動く映像との間に基本的なつながりがあるように、夢もまた、視覚的イメージを想起させる俳句から壮大なサーガまで、多様な経験を表現する。一部の人たちは、ある種の夢はときとして一生を凝縮したものとなり、まるで多義的な織物のように、たった一つのナラティブだけで、人生の旅が持つすべての意味を伝えることができるとさえ述べている。一つひとつの夢のエピソードは、夢を見ている人の脳内で起こる電気的活動が特定の形で表れたものであり、もろく、不安定で、いつ途切れるかわからない象徴が織りなす網のようなものだ。それでも、そのもろい網が持続して、幅広い可能性へと発展することもある。そうした例においては、冒頭は非論理的な影から構成される、色褪せた悲しいナラティブであったものが、長く継続し、養分を与えられ、さらに先へ進んで深みを増す急流となり、やがてそれ自体が、夢を見ている人にとって重要な美と洞察に満ちた複雑な体験という芸術作品に変貌していく。

特定の記憶の電気的反響は、それに結びついた情動や欲望によって増幅されるため、恐怖に支配されている人々は悪夢に襲われる。そのとき生み出されるのは、傷、瘢痕、トラウマ、負の感情の引力源、そして悲しく醜い形で互いに重なり合う有毒な思考同士をつなぐ、強いシナプス接続の深淵だ。反響はそこで収束し、負の感情を醸成させる。このプロセスが一定の閾値を超えると、夢はもはやその象徴的な網の目から抜け出すことができなくなる。夢は捕らえられ、閉じ込められ、反芻され、傷つき、トラウマを深める。こういった場合には、反響を遮って出口を探す必要がある。電気的な活動を、生きるための解決策を提供するほかの神経細胞ネットワークへと流すのだ。

幸いなことに、絶望に突破口が開く可能性は常に存在する。そうした力を持つ夢とはたとえば、問題の解決に効果のある作業を行なうことを通じて、願望が前向きな形で満たされる解放的かつ変革的な夢であったり、あるいは、夢を見ている本人が困難を克服するための作業を何も行なわないまま、説明のつかない魔法のような方法で願望の成就が提示される夢であったりする――そうした夢には、現実生活の問題に対する解決策は備わっていなくとも、希望を持続させる力がある。

夢においてはしばしば、目的を達成することなどとうていできないという感覚が扱われるが、ときにはそのプロットがあまりにも突飛なせいで、夢の中のイメージがあからさまにコミカルな様相を呈することもある。その好例として、ある男性がバスを降りると、そこに白くて毛むくじゃらの巨大なブタがいて、バスの横を歩いていた、という夢を紹介する。このブタは、別の街にいる友人のものに違いないと、男性は考える。男性はブタを車で家に戻してやることにするが、途中で道を間違え、どのバスに乗ったらいいのかもわからなくなってしまう。突如として、ブタは溝に転がり込み、その体は汚れて赤くなり、男性はほんとうにこのブタを返していいのだろうかと不安を覚え始める。男性がブタと格闘しながら通り沿いに進み、その重たい体を押したり引いたりして、やがて潟湖にたどり着くと、ブタは大いに興奮しながらその中へ飛び込んだ。男性は思った。「ブタは水が好きだから、特に問題はないだろう」。ところが、ブタは水に沈み始めた。大声で助けを求めつつ、男性は水に入っていき、ブタを潟湖から引き上げようと奮闘して、どうにかそれを成し遂げる。男性は考えた。「今すぐブタに人工呼吸をしなければ」。この滑稽な夢のナラティブの中でさえ――あるいは滑稽な夢だからこそ――、ここで特に際立つのは、夢を見ている人の主観的体験の不完全さだ。もともとのミッションが完遂されることは決してない。筋書きは予期せぬ複雑な展開を見せ、それによって、男性が目的を達成するチャンスはますます遠のいていく。

行き止まりの路地、未来への扉

最悪のケースにおいては、夢は極めて不快な反響であり、避けられる可能性のあるリスクに対する警告として役立つこともあれば、恐怖を与えることもある。現実の危険を恐れ、起こり得る負の結果をシミュレートすることとは、生存と適応の根底にある健全な行動だ。不幸な人々、奴隷にされた人々、投獄された人々、拷問を受けた人々、死刑を宣告された人々の夢のパレットは、まさに映画のような悪夢から、不安や欲求不満が散りばめられた退屈な夢までを含む幅広い事例によって構成されている。これは現実として苦しんでいる人にとってだけでなく、比喩的な苦しみを経験している人にも当てはまる。なぜなら、恋愛関係で不幸を感じている人や仕事で悩んでいる人も、実際に虐待を受けている人や真に最下層にいる人々と同じ象徴的な手がかり《キュー》に基づいた反応をするからだ——感情の強度が比較的軽微だとしても、影響やイメージの質は同程度という場合もある。

最良のケースでは、夢はわれわれの未来を想像する真の源泉となる。無意識とは、われわれのすべての記憶と、その可能な組み合わせすべてを合わせたものだ。したがってそれは、われわれが過去に何であったかということよりもずっと大きなもの——すなわち、われわれがこれからなり得るものすべてを包含している。アルゼンチンの作家ホルヘ・ルイス・ボルヘスによる「バベルの図書館」という小説には、存在可能性のある全書籍のコレクションが描写されている。それらの書籍は、可能な限りすべての綴りの組み合わせ、すべてのアルファベットの果てしないシャッフルによって、まだ存在していないすべての組み合わせを形成することによって生み出される。[*9] これと同じように、夢とは潜在的な未来を想像する可能性そのものであり、それは過去の経験を探索しながら新しい精神的な集合体を形成する能力を持つメカニズムが、古いアイデアを新しいやり方で組み合わせることによって生み出される。すばらしいアイデアで世界を変えた人々や、自己実現を成し遂げた人々。そのだれもが当然ながら、一人の例外もなく、まだそうしたものを何一つ実現していない昼や夜を経験している。そして彼らは夢を見た。

最悪と最良の中間地点で、人生がどちらの極端にも振れていないときの夢は、たとえて言うなら、一見何の関係もないイメージや、数え切れないほどの未完成の願望の反響から構成される、できの悪いコラージュのようなものだ。労働者階級の大半の人々が送っている日々の生活は、朝早く起きて仕事へ行き、自分が見た夢について考えたり、それについてだれかに話をしたりすることもないまま、翌日の具体的な計画を立てずに眠りにつくというものであり、そこには古代ギリシア人がかつてやっていたような、また狩猟採集民が今でも実践しているような、夢にインスピレーションを求める習慣は存在しない。そのため、現代の肉体労働者の場合、通常は将来の可能性を描き出すというよりも、今この瞬間を映し出す精神的なスケッチが混ざり合った夢を見るのが一般的だ。

しかし、人生が大いに複雑さを増してくると、こうした傾向は一変する。夢は差し迫った病気について、最初の臨床症状よりも数週間、数ヵ月、あるいは数年先立って警告することがある。米国の神経生理学者ウィリアム・デメントは、レム睡眠中の夢活動の増加について厳密にその特徴を描写した最初の人物であり、彼は自身の経験を以下のように語っている。

わたしは相当なヘビースモーカーだった。軍隊時代のたまの贅沢として始めた習慣だったが、一九六〇年代にはひっきりなしに吸うようになっていた。……一九六四年のある日、咳が出たのをハンカチで押さえたとき、その白い布についた小さな痰の斑点が、赤みがかったピンク色をしているのを見て、わたしは寒気を覚えた。……放射線技師の友人を探し出し、胸のレントゲンをとるよう頼んだ。翌日、彼の診療所を再訪したとき、わたしは恐怖に震えていた。机の奥にあるライトボックスの方へ来るよう手招きで促したときの彼の険しい表情を、わたしは決して忘れないだろう。無言のまま、彼は向こうを向き、わたしの胸部を撮影したフィルムをライトボックスの上にクリップでとめた。すぐに目に飛び込んできたのは、自分の肺にある十数個の白い斑点だった——がんだ。苦悩と絶望の波がわたしを圧倒した。息をするのもやっとだった。わたしの人生は終わった。子供たちが成長する姿も見ることができないだろう。すべては自分がタバコをやめなかったせいだ。喫煙とがんの関係については、よくわかっていたというのに。「おまえはなんて馬鹿なんだ」とわたしは思った。「自分で自分の人生を台無しにした！」

そこでわたしは目を覚ました。

血の混じった痰も、レントゲンも、がんも夢——信じがたいほど鮮明でリアルな夢だったのだ。わたしは大いに胸をなでおろした。わたしは生まれ変わった。手術もできないほどの肺がんを、実際にそれを患うことなく、体験する機会を与えられたのだ。わたしはすぐにタバコをやめ、それからは一本も吸っていない。

……起こってもいないことの結果として、人が思い切った行動をとることについて、奇妙だと感じる人もいるかもしれない。しかし、夢が情動に与える影響は非常に強烈であり、ときにはそれが実際に起こったかのように感じられることもある。

……覚醒している脳の論理的な部分は、夢が現実ではないことを知っているが、脳の情動的な部分は、それを無関係だと切り捨てることができない。脳にとっては、夢で見たことは実際に自分に起こったことなのだ。[*10]

生と死の間で

夢に力を与えるのは、知覚的な意味でも、関連する情動や象徴的な連想という意味でも、願望の集中であると言える。つながりのないいくつかの記憶がただ並べられているよりも、内面的な一貫性とまとまりがある心的形成物の集合体の方が、はるかに深い意味と強いインパクトを持つ。古代の人々が夢を積極的に求めたのはこのためであり、狩猟採集文化においては、それは今も変わっておらず、彼らは夢を見るために心を準備する儀式によってこれを実践している。しかし、心に何の備えをしていない場合でも、生死にかかわる状況下においては、心は非常に印象的な夢を引き起こす。以下に紹介する一連の夢には、夢の内容と覚醒時の現実との間にある並行性が示されている。

ある大学教授は四〇歳のとき、自身が所属する学部の劣悪な労働環境にストレスを感じ、一〇代のころから続けていた運動の習慣を継続することができなくなった。その一年前に父親を突然亡くしたことにより、彼の人生の展望はすっかり暗くなっていた。一人っ子である彼は、母親から何百キロも離れたところに住んでいた。年初に全身の精密検査を受けたときには、特に問題は見つからなかった。そして彼は、アルゼンチンのカトリック巡礼の中心地、ルハン近郊の牧場で開催された科学学会へと出発した。大会初日の昼食後まもなく、深刻な心臓発作が彼を襲った。左冠状動脈の側枝が完全に閉塞していた。あまりの痛みに、彼は吠えるようなうめき声を上げ、体を震わせ、汗を流し、全身を痙攣させた。不規則に鼓動する心臓はいつ止まってもおかしくない状態で、周囲にいた人たちに絶望を感じさせた。救急車の到着を待つ間の苦痛に満ちた三〇分のあとには、最寄りの病院に到着するまでの、果てしなく感じられる三〇分が続いた。カテーテルが無事挿入されると、彼は集中治療室に運ばれた。

最初の夜、彼は自宅のリビングルームにいる夢を見た。部屋は人々でいっぱいだった。突如として彼の目に、部屋の向こうの端に座っている父親の姿が飛び込んできた。父親が微笑んでいたので、彼は驚きながらも喜んだが、その瞬間、父親はすでに亡くなっていることを思い出した。絶望的な気分で、彼は父親に近づき、そして相手に手を触れた瞬間、すべてが消え去った。気がつくとそこは、最初に診てもらった医師のいる、老朽化した暗いエレベータがある古い病院の廊下だった。彼がすっかり途方にくれていると、そこで目が覚めた。二日目の夜、彼は自分が看護師と性交している夢を見た。すっかり興奮した彼は、彼女が「愛してる《テ・キエロ》」と口にしながら微笑むのを見た。彼は思った。「おいおい、わたしは心臓発作を起こしているんだぞ！　このままでは死んでしまう。もうやめなくては」。それでも彼女は微笑み、男性も自分が死ぬかもしれないと知りながら行為をやめようとはしなかった。三日目の夜、彼は自分がどこかの乾燥した土地、灌漑されていないせいで地面にシワのような筋が走っている砂漠にいる夢を見た。彼は背の高い優美な女性とカポエイラをしていた。三人の人物が、ベリンバウというアフロ・ブラジリアンの楽器を演奏していた。一人は心臓発作を起こしたときに彼の救命に手を貸してくれた友人であり、あとの二人は自分の父親と、洗練されたアフロ・ブラジリアンの武術兼舞踏であるカポエイラ・デ・アンゴーラの達人メストレ・パスティーニャだったが、彼らはどちらもすでに亡くなっている人物だった。長身の女性との試合は、リングの中でエネルギッシュに進行しており、やがて彼女が完璧なメイア・ルーア・ジ・コンパッソ〔キックの一種〕を放った。彼はかろうじてこれを避け、くるりと身をよじって逃れた。メストレ・パスティーニャが、彼の有名な決まり文句を叫んだ。「カポエイラは口から食べられるすべてのものだ」。夢を見ている本人の友人が、彼の方を向いて言った。「それが人生だ」。彼の父親は身をかがめて言った。「試合はそのくらいにして、輪の中へ戻りなさい」。彼らが伝統的な歌「アルアンダの小石」を歌い始めたところで、彼は目覚めた。

　教授は心臓発作から徐々に回復した。最初の夢を見た夜には、容態はまだ安心できるものではなく、彼は死という考えに押しつぶされそうになっていた。二つ目の夢を見た夜、彼のバイタルはすでにかなり回復していた。性的衝動に満ちた状態から始まり、やがて死の恐怖と葛藤する夢を見たのは、まさにこのときであった。三つ目の夢を見た夜、彼の健康状態は向上していた。夢の筋書きは複雑で、彼の心に近いイメージを使って描写されていた。死との舞踏、致命的な一撃、挫折を受け入れて前進するための優れた助言、そして最後は強烈で詩的なインパクトを持つサウンドトラックで締めくくられる。その音楽は、先祖が住まう霊的な次元《スピリチュアル・プレーン》であるアルアンダ〔アフロ・ブラジリアンの宗教における、霊的世界の中にある場所〕の前では、謙虚にならなければならないことを示していた。

　この一連の夢は、生物学的であると同時に心理学的な意味を持っている。夢を見る人の直接的な背景が、夢の要素を明らかにする力を持っているのと同じように、夢のナラティブは、その人の人生で何が起こっているのかを理解する助けとなる。一九二〇年代、ドイツの人類学者フランツ・ボアズは、カナダ太平洋岸の先住民クワキウトル族から、狩猟、魚とり、果物採集というテーマが繰り返し現れる夢を収集している。[*11] そうした夢は、異なる文化の人類学的な研究において何度も確認されているため、旧石器時代の祖先の夢には——これまでの章で見てきた通り——、非常に直接的な表現が含まれていただろうことは容易に想像がつく。たとえばそれは、狩ること、狩られること、性的な関係を持つこと、征服と性行為、妊娠、出産、育児、愛すること、苦しむこと、死ぬことといった要素だ。

　フロイトが特に詳しく研究した夢の数々は、明らかにこのような夢を見ることの生態学的な基礎の上に構築されたものであったが、そこにはまた、ウィーンのブルジョア社会におけるリビドーの抑制から派生する、新しい問題も数多く提示されていた。一方、カール・ユングが好んで研究した夢は、それとは異なる性質を持っていた。非常に重要な出来事が起こる極端な状況において表れる夢は、印象的で、感動的で、細かいディテールに富んでいる。初診の段階では、そうした夢は、夢を見ている人の直接的な関心事から派生しているようには見えない。なぜなら、夢はそれらの関心事を広く、より哲学的あるいは詩的に、たっぷりとした空間的・時間的広がりを持って象徴しているからだ。殺す、逃げる、交配するといったイメージ――それ自体が教訓的・模範的な性質を持つ――の理論的次元を超えて、そうした夢はそれらのイメージが持つ深く象徴的な反響、すなわち生と死の神秘的かつ霊的《ヌミノース》な元型を表現している。

偉大な夢

古代ギリシア人とローマ人によって最も高い価値があるとされたのは、そのような「偉大な夢」であり、自分自身の内面を巡る壮大な旅は、存在そのものの限界を拡大し、出来事の成り行きに重要な変化をもたらす力を持っている。このタイプの夢の典型例としては、一九〇九年にカール・ユングが体験したものが挙げられる。このとき彼は、歴史に残るあのフロイトによるアメリカ訪問に同行していた。当時のユングは、フロイトと、人間の精神構造について激しい議論を交わしている最中であった。ユングは、自分がある家の中にいて、その家には見覚えがないにもかかわらず、そこは「自分のもの」であるという夢を見た。彼は下の階を見てみようと考え、そこに中世の部屋がいくつもあるのを見つけて驚きを覚える。さらに階下へ進むと、ローマ時代の建築物にたどり着き、大いに興味をそそられた。跳ね上げ戸を通ってもっと家の深いところへ降りていき、トンネルを抜けると、埃っぽい小さな洞窟に出た。その中でユングは、骨のかけら、陶器、人間の頭蓋骨二つという原始的な遺物を見つける。目を覚ましたとき、あの家が人間の意識の層化のメタファであったことに、ユングは気がついた。最も古く深い階層が、われわれの心の中の、古代までさかのぼる部分を表していた。この夢は、系統発生的な記憶（本能）と超文化的な記憶（元型）の源泉としての集団的無意識という考え方を発展させるうえで、決定的な役割を果たした。

現代の都市生活においてさえ、環境との関係が大きく変化する瞬間に、偉大な夢は引き起こされる。その瞬間とはたとえば、子供が言語や大人の世界に適応した精神性を身につけるときや、思春期の若者が家族集団の外で人間関係を見つける必要性を実感するとき、性に目覚め、母親・父親としての役割を初めて、あるいは再度経験するとき、死のリスクと偶然遭遇するとき、更年期または老年期へ移行するときなどだ。そうした機会には、夢はしばしば時間の非可逆性に対する驚きを描写する——それは日常的な問題を扱うというよりも、万物の避けがたい変化に驚く夢だ。それは特別で、神話的で、特定の年齢層において見やすい傾向にある一方、人生のどの時期であっても、物事が有限であることをまざまざと意識させられる瞬間に見る可能性がある夢だ。それは元型的なサイクルから古代の記憶を呼び起こし、たとえ夢を見た当日の印象をまとっていたとしても、人によっては子孫を残して、最終的には消えていくわれわれの存在という不確かな道のりにおける、大きくかつ象徴的な遷移を示す夢だ。

ここまでわれわれは、夢という現象の広大なフロンティアを詳しく描き出すために、さまざまな夢の報告について考察してきた。次なるステップでは、夢が夢を見る人の問題を反映し、それらを解決するための手がかりを提供するメカニズムの理解へと進もう。

第5章　最初のイメージ

人間の心が——過去を記憶し、未来を想像する存在として——どのように生まれ、発展するのかを理解するには、夢のナラティブが赤ん坊から老人に至るまで、幼少期、思春期、そして成人期のさまざまな段階を通じて、どのように変化していくのかを理解する必要がある。大人は一生のうちに何千回も夢を見るが、一般に、初めて夢を見たときのことを覚えている人はほとんどいない。あなたが最初に見た夢を思い出してみてほしい。それはほぼ間違いなく三歳以降、ちょうど文法と構文を使い始めたころのことだったはずだ。[*1] たとえそれ以前に夢が存在するのだとしても、人がそれを覚えていることはめったにない。夢についてわたしが持っている最も古い記憶は、四歳のころのもので、それは典型的な願望充足の夢だった。現実の世界において、わたしはある特定のタイプの三輪車が欲しかったのだが、夢の中ではまさしくその品を両親がプレゼントしてくれたのだった。その夢はたいそううれしいものだったが、目を覚ましてそれが幻だったと気づいたときにひどくがっかりしたことを、わたしは今でも覚えている。それはだれにでも共通する経験であり、たとえばスペインの詩人アントニオ・マチャードによる詩には、ノスタルジアを感じさせるこんな一節がある。「ある少年が夢を見た／ダンボールでできた馬の夢／けれど目を開けたとき

／小さな馬はどこにも見えなかった」[*2]

夢のナラティブは時間がたつにつれて、知覚、運動能力、言語、社会性の成熟とともに発展していく。具体的には、われわれはいつから夢を見始めるのだろうか。

最初のシナプス

この一見単純な疑問は、脳は一生の間に大きく変化するという事実を踏まえると、もっと複雑なものであることがわかってくる。胎児の脳は妊娠三〇週目にはほぼ形ができあがっているが、大々的な変化は生まれたあとも継続する。この発達の初期段階では、一般に成人の脳に見られるよりも多くのニューロンとシナプス結合が形成される。これが起こる理由は、脳の成熟が、ニューロン死とシナプス刈り込みの広範かつ複雑なプロセスに関連しているためであり、ニューロンとシナプス結合の増加のあとには、出生から思春期の終わりにかけて、大脳皮質の厚さが減少する。

子宮外での生活の始まりを特徴づけるシナプスの過多は、人が成長し、感覚、運動、理性を通して世界について学習するにつれ、幾度にもわたって間引かれていく。この過程はまるで彫刻のように展開され、形のない石の塊――大量のニューロンに相当する――から始まり、最後にはある特定の形をとる。そのころには、石の量は大幅に減っており、そしてまさしくそれゆえに、以前よりもはるかに多くの情報を持つようになる。つまり脳は、経験によって形づくられた特定のつながりを有する、数少ないニューロンの集団になっているわけだ。シナプス結合の除去は成人期まで継続し、それと並行して、これから見ていく通り、毎晩眠るたびに少数の新しいシナプスが形成される。

この理論をさらに先へ進めるうえでは、シナプスとは具体的に何であるかを、より詳細に検討することが肝要だ。ニューロン間における特定のタイプの結合は、その膜同士が直接接触することによって起こり、電気的シナプスを介して隣接する細胞間でイオンが流れることを可能にする。ただし、ニューロン結合の大半は化学シナプス、すなわち、決して直接触れ合うことのない二つのニューロンの膜同士の不完全な接近を介して起こる。このタイプのシナプスを隔てているごく小さな隙間では、神経伝達物質分子の放出によってニューロン同士の結合が生まれ、電気的なインパルスをグルタミン酸やドーパミンなどの化学物質に一時的に置き換えることによって、一つの細胞から別の細胞へと信号が伝達されている（図5）。大まかに言えば、成功した行動の実行にかかわったシナプスは強められ、成功しなかった行動によって活性化されたシナプスは弱められる。このプロセスの大半は睡眠中に起こり、それこそが子供たちが大人よりもは

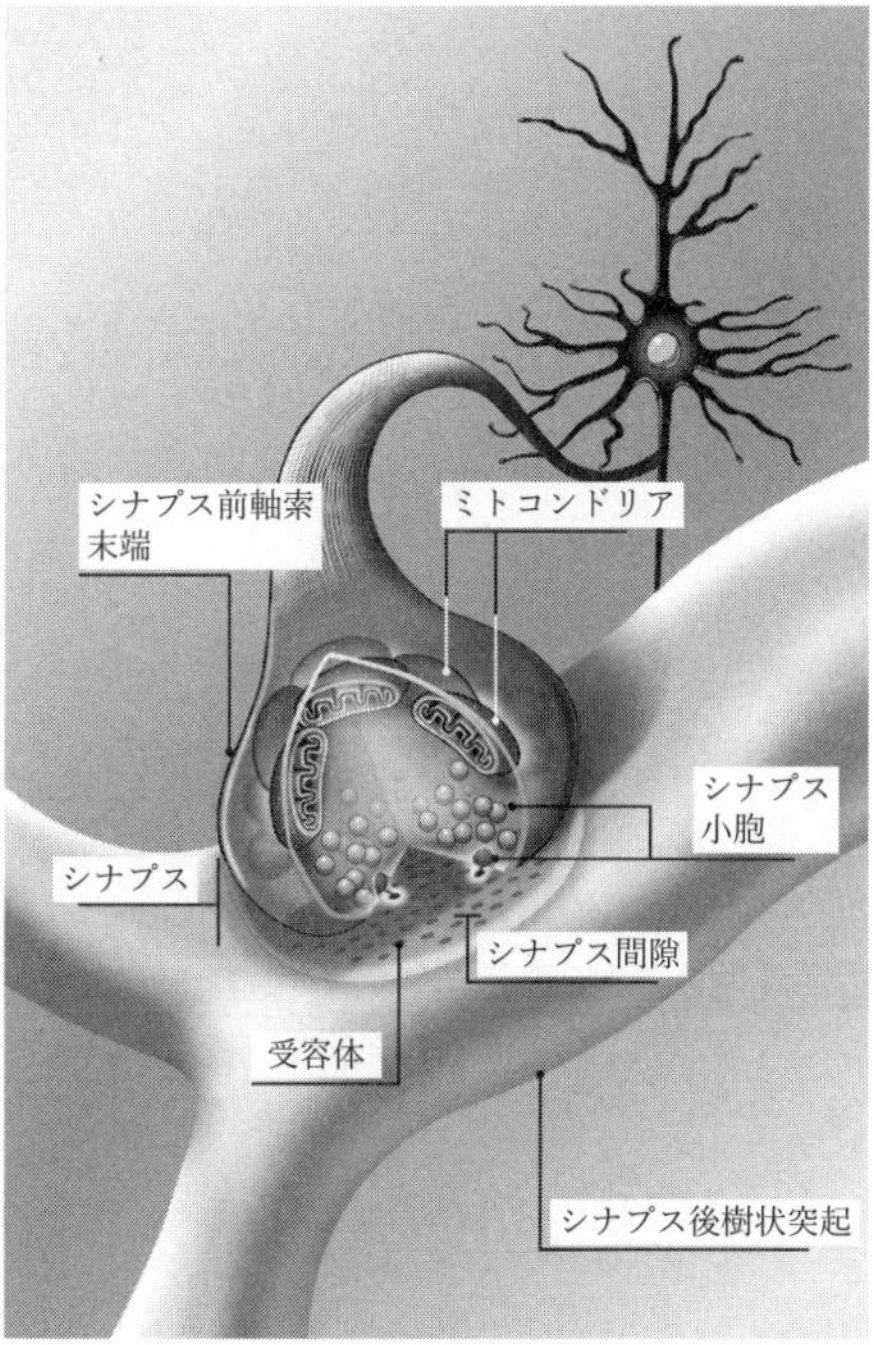

図5　化学シナプスでは、電気的インパルスが発生した際、シナプス間隙に放出される神経伝達物質の詰まった小胞が現れる。

るかに長く眠る理由の一つだ。赤ん坊はほとんどの時間を眠って過ごす傾向にあり、人生のほかのどの段階よりもレム睡眠に多くの時間を費やす。

夢見る赤ん坊

赤ん坊の母親や父親へのインタビューでは、新生児も夢を見ているという意見が聞かれることが多い。寝ている赤ん坊の顔の表情や体の動きを注意深く観察すれば、夢を見ているときにはそれとわかるだけでなく、どんな感情がその精神活動を支配しているのかを特定できることも少なくない。微笑んだり、舌をチュッチュと鳴らしたり、しかめ面をしたりといったことは頻繁に観察され、情動の存在を示唆している。妊娠中の女性は、胎児の動きが活発な時期には、胎児がお腹の中で夢を見ている瞬間を推測できることさえある。

母親や父親が、赤ん坊は夢を見ると確信しているとしても、科学はもっと懐疑的だ。子供の夢の内容を調査するうえでの主な障害は、言葉を獲得する前の段階においては、夢の研究に固有の困難さ、すなわち、二次的に作られたものにしかアクセスできないという状況がさらに強化されることにある。こうしたタイプの研究の対象となる素材が例外なく、目を覚ましている人間によって後づけで作られたナラティブを用いて、欠けている部分を埋めたり、内部の整合性を高めたりするために多かれ少なかれ意識的に編集されたものにならざるを得ないのだとすれば、夢を見ている人自身が心の奥底で実際に経験したことを知るうえでは、いったいどんな方法があるだろうか。

夢の真のナラティブにアクセスすることができるのは、実際に夢を見ている最中だけだ。その時点ではまだ、目を覚ましたときの意識的な心による連想はいっさい付け加えられていない。そして、夢を記憶する技術を習得していない人ならだれでも知っている通り、覚醒には忘却がともなう。夢を見ていた本人にとってさえ、夢の中で何を経験したかを忠実に覚えているのは難しく、他人の夢を研究することはそれに輪をかけて困難な作業となる。なぜなら、夢の研究は言語を通じてしかアクセスできない、二次的なナラティブの検証に依存しているからだ。

言語を持たない赤ん坊に、自分の夢を説明することはできるのだろうか。眠っている赤ん坊が主体的な現実を経験しているという、説得力のある証明は可能だろうか。これらの問いは抽象的に思えるかもしれないが、真剣に向き合うだけの価値がある。なぜなら、夢の起源を理解することは、われわれ自身の自己認識がどのように生まれ、発達するのかを解き明かすための重要な一歩になり得るからだ。

活動的な睡眠、秘密の夢

赤ん坊の夢の内容やそのダイナミクスを想像しようとするのであれば、レム睡眠が何歳で確立されるのかを知っておく必要がある。妊娠最後の一〇週間では、すでに穏やかな睡眠と活動的な睡眠、すなわち徐波睡眠とレム睡眠の、前駆となる段階が区別されている。また、赤ん坊は大人よりもずっと多く眠ることがわかっており、特にレム睡眠に関してはその傾向が強い。大人の場合、レム睡眠の発生は、眠っている人が経験する夢の発生とほぼ完全に一致している。ただしこれらを根拠として、大人の夢が赤ん坊のそれと似ていると推測することはできない。

レム睡眠に費やされる時間は、新生児では全体の三三パーセントに達するが、徐々に減少し、三歳を過ぎると一〇パーセント程度で安定する。これは若年成人と大差ないレベルだ。この年齢になると、徐波睡眠とレム睡眠とが規則的に交替し、年齢とともに長くなっていく完全な睡眠／覚醒サイクルが形成される。こうした類似性があるにもかかわらず、子供の場合、夢を見ることとレム睡眠との相関性は必ずしも高くない。

三歳に満たない子供たちによる、見た夢の内容についての言葉を介しての報告は存在しないものの、それは赤ん坊が夢を見ないことを意味するわけではない。赤ん坊に直接、どんな夢を見るのかと尋ねることはできなくとも、彼らの睡眠を注意深く観察することはできる。赤ん坊がレム睡眠中にかなり激しく動くという事実は、彼らの夢が豊かな主観的体験で構成されているという示唆を与えてくれる。赤ん坊の夢を想像するためには、彼らの体験と親和性のあるイメージを想起する必要がある。たとえばそれは、暑さや寒さ、乾燥や湿り気、味、匂い、音、色、動き、質感、形状などであり、いずれ彼らが人間や物体を認識できるようになるまでは、そうしたものが中心となると思われる。

最初の行動と物

子宮外での生活における最初の一八ヵ月間、赤ん坊は極めて重要な認知の道を進む――実際のところ、彼らの生涯においてこれ以上に大切な時期はないだろう。彼らは自分の五感や筋肉を使うことを学ぶ。彼らは見ること、聞くこと、触ること、味わうこと、動くこと、コミュニケートすることを学ぶ。彼らは学ぶことを学び始める。少しずつ、世界にある物体が形を取り始める。幼児期というのは、生まれたあとの一生の中でも特に神経可塑性が高い、つまりシナプスの柔軟性が高い段階だ。ただしその期間中ずっと、赤ん坊は母親によるケアに依存して生き延びている。母親こそが、この世界で赤ん坊に示される最初の物体の源、最初の物質的かつ精神的な栄養の源、最初の報酬の具現化、リビドーを引き起こす原初的なきっかけだ。ここでいう母親とはすなわち、母乳で満たされた乳房を指している。*3

人間の赤ん坊はひどく脆弱だ。相当な高齢にならない限り、人間がそれほどの脆弱さと依存性を経験することは二度とない。しかしそれだけ弱い存在であるからこそ、健康で、愛情を受け、十分に世話をされている場合には、人間は最も神経可塑性が高い時期である幼児期を、現実の無邪気かつ無垢な発見だけに費やすことができる。誕生の瞬間、胎盤から切り離されて現実と初めて接触したときから、新しい経験が次々に押し寄せるカーニバルが幕を開ける。大脳の知覚装置が未熟なため、そうした経験には最初のうち、形というものは存在しない。したがって、新生児の夢において支配的な感覚は、空腹感や満腹感、湿気・温度・コントラストの強いイメージ・音などの知覚、皮膚への触感の位置の特定、重力の感覚、手足や頭の位置の認識など、原初的なものに限られる。

夢のナラティブの発達

特定の年齢ごとに特徴的な夢というのは存在するだろうか。子供の夢は、大人のそれよりも恐ろしかったり、楽しかったり、平凡だったりするだろうか。女児と男児では、経験する夢に大きな違いがあるだろうか。夢を見る能力は、知的および感情的発達とどの程度の関係があるのだろうか。米国の心理学者デヴィッド・フォルケスは、数十人の子供たちを対象に、数年間にわたって詳しい調査を行なう先駆的な研究を実施し、三歳から一五歳までの子供たち一人ひとりの夢のダイナミクスを調べた。[*4] 子供たちはそれぞれ、一年間に九回、夜の時間を使って、心理検査のほか、脳活動、筋肉活動、目の活動を調べる睡眠ポリグラフ検査を受けた。子供たちが目を覚ましたあとには、レム睡眠中と徐波睡眠中の両方における夢の話が系統的に収集された。この方法のおかげで、覚醒時の心からの干渉を最小限に抑えつつ、夢の内容にかなり直接的にアクセスすることが叶った。

子供の知的・情緒的発達については、心理テストを連続的に実施することによって観察が行なわれた。研究室、学校、家庭において同じ子供たちを体系的に観察し、特に子供たちから自発的に発信される遊びや物語に焦点を当てることにより、結果を広くかつ深い理解のもとに解釈することが可能となった。四〇年以上前に行なわれたものではあるが、フォルケスによるこの研究は今も、人間の夢の発達に関する最も包括的な縦断的研究と位置づけられている。

観察の結果は多くの示唆に富んでいた。三歳から五歳までの子供の夢は、発生頻度が低く、たいていは内容に乏しく、具体的なイメージが少なく、強い情動や動きをともなわない。これを踏まえると、この年代の子供の多くが口にする、恐ろしい悪夢を見たという話には、目を覚ました直後に生じる主体的な体験が反映されている場合が多いと言える。つまりその恐怖は、夢そのものではなく、暗い部屋で目を覚ましたという心乱される――だからこそ恐ろしい――経験に起因するものである、ということだ。この年齢層の夢には、認知システムの未熟さが反映されている。彼らの表現力はまだ非常に限られており、複雑だったり、特殊だったり、空想的だったりする象徴をうまく扱うことができない。彼らの夢には、その後の年齢層では夢のナラティブの中心を占めるようになる社会的表象――両親、兄弟姉妹、おじやおば、いとこなど――が著しく欠如している。フォルケスの研究では、三歳から五歳の子供たちにおける自分の体に関係する連想は、新生児の肉体的・心理的健康に不可欠な母親の乳房にも、フロイトが自己の体におけるリビドー発達段階の目安として挙げた領域、すなわち口、肛門、膣、陰茎にも支配されているようには見えなかったという。そうした夢で最も明確に表れたものはむしろ、睡眠や食事といった基本的な身体的ニーズであった。

始まりはミニマリスト

フォルケスが調査した就学前児童の夢の報告は、かなり限定された思考の構造を示しており、それは覚醒時に見られる彼らの思考ともよく似ていた。子供たちの夢の話がこれほどまでに貧弱であるのは、実際に彼らの夢が単純だからなのか、それともその見かけの貧弱さが、夢を思い出したり、記憶を表現したりする能力が限られているためであるのかははっきりしない。言語的な制限が夢の説明に直接的な影響を与える以上、幼児自身の報告のみに基づいた結論については、疑問を拭い去ることはできないだろう。

フォルケスの調査対象となった子供たちの場合、レム睡眠から目覚めたあとでも、夢を一つも思い出せないケースが少なくなかった。たとえ思い出したとしても、たいていはシンプルで静的な場面を描写するのみで、また夢を見ている本人の自己表象は、ぼんやりとした曖昧なものであった。ディーンという四歳の少年が語ったある夢には、こうした種類の夢の内容がよく表れている。

ディーン：ぼくはバスタブの中で眠ってた。
研究者：それは自分の家のバスタブだった？
ディーン：うん。
研究者：夢の中には、きみのほかにだれかいたかな？
ディーン：ううん。
研究者：自分のことは見えた？
ディーン：えーっと……見えなかった。
研究者：きみはどんな気持ちだった？
ディーン：うれしい。[*5]

この会話からある程度想像がつくかもしれないが、フォルケスが記録をとっていた数年間、ディーンは昼間の出来事について話すときにも、ごく簡単な内容しか口にしなかった。先ほどの夢の話との比較として、ディーンが自分の絵について語った内容を読んでみてほしい。その絵には、頭のない人形を抱いて泣いている子供を、大人の女性が叱る姿が描かれていた。

ディーン：頭が落ちた。
研究者：そのほかには何が起こっているのか、教えてくれる？
ディーン：それだけ。[*6]

ナラティブとシミュレーション

フォルケスによって記録された夢の内容に最も大きな変化が見られたのは、五歳から七歳の間であった。この時期の子供たちは、もはやシンプルなイメージではなく、まるで映画のように、つながりのある場面の連続を報告するようになる。夢を見ることの重要な特徴の多くが確立されるのはまだ先のことだが、夢が「ナラティブ」としての基本的な構造を形成するのはこの時期だ。五歳から七歳ではまた、この世界にある物体を心の中で表現する能力の向上にともない、夢の幻想的な性質が表れる。大人の夢に典型的な歪みのいくつかは、この段階から見られるようになる。たとえばそれは、夢の舞台が時間的にも空間的にもふいに移動したり、夢の登場人物が複合的な意味を持つイメージに凝縮されたりといったことだ。それはわれわれのだれもが経験したことのある夢であり、たとえば「わたしはAという場所にいたのだが、同時にBという場所にもいた」、あるいは「わたしが一緒にいたのは、あの人とこの人とを混ぜ合わせた人だった」といった形で表れる。第3章で紹介したフリードリヒ王子の夢——「わたしはときとしてローマにいたり、ヴィッテンベルクにいたりした」——は、この現象の明示的な例だ。

現実世界の特定の側面を仮想的に模倣した夢の空間が描き出されるようになるにつれ、行動したり、目標を追求したり、さらには夢の中で行なった行動の結果について考えたりする能力を持つ登場人物たちが暮らす、ミニチュアの世界が作り上げられていく。夢と覚醒との連続性が高まることで、覚醒しているときに経験した行動や状況が頻繁に再現される。この年齢層から得られる夢の報告には、現実世界の人々、物、人間関係の多様性に対する純粋な好奇心の出現が見られる一方で、夢を見ている人自身の生理的状態にはさほど焦点が当てられなくなる。

しかし、五歳から七歳の間に報告された夢が、構造的には大人のそれと同等のものであったとしても、子供の場合、夢の筋書きと、夢を見ている自分自身——その夢の中において、自発的な行動、情動、理性を有する支配的かつ想像上の存在——の表象とが、完全に統合されているわけではない。フォルケスによると、そうした夢は子供の発達の過渡期を反映しており、その特徴は、焦点が素早く自分自身から外界へと移動することだ。大人の夢とは異なり、この年齢層の子供の夢は、動物や家族が主人公となることが多い。夢が成熟する過程にあたるこの特定の時期には、夢を見ている自分自身の表象は、さほど重要視されていないように見える。

一般的には、夢の内容は男児と女児でよく似ているが、この時期にはいくつか具体的な違いが表れる。五歳から七歳の女児は、男児に比べて、対立が解決されて幸せな結末を迎えるといった、社会的な交流にかかわる夢を多く報告している。一方、男児は女児よりも、未知の男性が登場する夢を多く見る。男児はまた、動物が出てくる夢を多く報告している。異なる文化圏で収集された夢の性差を比較する包括的な調査の例はまだないが、これまでの研究は、フォルケスが指摘した男女間の違いが広範に存在する可能性を示唆している。[*7] とはいえ、こうした違いは、さまざまな文化圏に共通して見られる男児と女児の経験における差異の類似性を反映しているのであって、生物学的かつ絶対的な区別ではない可能性が高い。[*8]

七歳から九歳の子供たちは、夢を見る能力を完全に獲得するプロセスの大部分をすでに終えている。この時期には一般に、夢を見ている自己の能動的な表象が確立され、一人称の夢が多くなる。レム睡眠から目覚めたあとに得られる夢の報告の割合は大幅に増加するが、興味深いことに、この年齢の子供たちは、徐波睡眠の間にも夢を見ることができる。ナラティブの構造は複雑さを増し、特定の感情が呼び起こされるようになり、楽しい夢の数がわずかに優勢になる。四歳の時点では、レム睡眠から目覚めたあとに報告した夢の数がたったの二つだった少年ディーンは、九歳のときには一一件の夢について語った。以前と比べると、その複雑さには目を見張るものがある。

ディーン：ぼくらは木を植える人たちで……それで、ある場所へ行って木を一本植えたんだ。次の日に戻ってみると、木はもう大きくなってた。だからもっとたくさん木を植えたら、全部大きくなった……それから森で火事があったんだけど、木は燃えなかった。だからぼくらはこの木から森を作って……そしたら男の人たちが何人か、薪を作るために木を切り倒していて、切り倒したんだけど、火はつかなかった。だからその人たちは州警察に言ってた。自分たちが木を植えたけど、それが燃えないんだ、って。[*9]

広がるレパートリー

九歳から一一歳にかけて、夢の要素に質的な変化はほとんど起こらないが、量的にはたくさんの変化があり、象徴的な表現の幅が広がり、夢を記憶する能力が向上し、ナラティブ内における夢を見ている本人の役割が強化される。女児と男児の夢は少しずつ違いが大きくなり、男児のナラティブでは運動行動が増加する。夢は、前思春期が始まるころに独自性を増し、その年齢層の一般的な特性よりも、夢を見る人それぞれの個性をより強く反映するようになる。夢を見る人自身の情動や期待もまた、より重要になっていく。

そして前思春期の終わり、一一歳から一三歳の間に、夢は第二の大きな成熟期を迎える。夢を記憶する能力とレム睡眠中の夢の発生頻度は、大人と同じレベルで安定する。また、性格、知的能力の範囲、社会スキルの個人差が明確になっていく。夢の中で生じる情動はよりバランスが取れるようになり、ポジティブな感情とネガティブな感情が同じレベルで表れる。夢の筋書きは、その多様性と繊細さにおいて豊かさを増し、それと並行して、夢を見ている自己の表象と、夢の世界のさまざまな登場人物や物との間で、よりバランスの取れた夢の文脈が構築されるようになる。一般に、夢の焦点は血縁者よりも、学校の友人や近隣の人たちなど、子供の社会環境に存在するほかの参加者に当てられることが多くなる。女児と男児の夢の差はさらに明確になり、それぞれのジェンダーに典型的な社会的役割に応じて、夢のナラティブに大きな違いが見られるようになる。女児は女性の登場人物の夢を見ることが多く、男児は男性の登場人物の夢を見ることが多い。男児の夢には、女児の夢よりも感覚を働かせる活動が多く表れる。男児の夢にはまた、ほかの男児からの攻撃といった、好ましくない結果をともなう対立がしばしば含まれる。

思春期と成熟

フォルケスの調査対象となった人々において、思春期の夢の内容に最も大きな影響を与えたのは、夢を見る人それぞれの知的・情動的発達であった。そこには、ホルモンが急速に変化する時期における、各人の特異性と特徴が反映されている。この年齢では通常、恋愛関係が非常に重要になるが、思春期に報告される夢が、性的な要素に完全に支配されているわけではないというのは、実際のところかなり印象的ではある――ただしそこには、自分の体や男女の違いに対する好奇心の高まり、性的役割のより明確な分化、生殖システムの成熟などは確かに反映されている。

夢を見る脳は、覚醒時の体験を生きている脳と同じものであり、精神を織りなす構造が複雑になるほど夢も複雑になる。一五歳では、夢を見る人は、夢の現実における能動的な登場人物となって、多面的で多くのニュアンスに満ちた仮想の設定の中で、願望を抱き、選択し、行動する。以下に紹介する一六歳の女子生徒の夢には、思春期における社会的関係、とりわけ恋愛関係の重要性がよく表れている。

最初は、ジョンがよく開いてるパーティにカイリーとわたしが行く夢を見て、このときは高校の友達がたくさん来てた。人がすごく多かったから二列に並ばされて、一列は男子用、もう一列は女子用だった。自分の隣に並んだ人が、その夜限りの相手になるっていうことだったんだけど、わたしの相手はキモかったから、カイリーとわたしは家に帰って映画を観た。次の日は運動をしに外出したんだけど……ジムには男の子がたくさんいたから、ちょっと気後れしちゃって。最後は、自分がきれいなプリンセスになって、ビーチにいる夢を見た。わたしはノルウェーのプリンスに会って、お互いにひと目で恋に落ちたの。

フォルケスの実験を総合的に見るに、幼児期から成人期に至るまでの間に、夢の表現が深い変容を遂げているのは明らかだ。夢の心理的成熟は、覚醒時に経験する精神的発達と並行して進む。三歳児の受動的かつ静的な夢と、一五歳の少女の映画のようなドラマチックな夢の間には、長い認知的距離があり、それらは互いに、そこに介在する期間の四〇〇〇回以上の夜の間に経験され、夢に見られた無数の経験によってつながれている。最近の研究でも、夢の発達におけるこの一般的なパターンが確認されているが、実験室以外の場所、たとえば実験参加者の自宅などでの観察からは、周囲の環境がより馴染み深いものである場合、幼い子供たちにも、動き、社会的な交流、情動、多様な登場人物、積極的な自己の表現などに富んだ夢の報告を提供する能力があることが示されている。[*10]

フォルケスの研究が非常に広範なものだったことは確かだが、そこにはある重大な制約があった。それは、調査対象となった子供たちがほぼ全員、米国の中流家庭の出身だったことだ。彼らはそれなりの教育を受けており、物質的なニーズは十分に満たされ、平穏な社会的背景の中で暮らしていた。おそらくはこうした偏りが、フォルケスが収集した夢に悪夢の割合が少なかったことの理由だろう。ある研究からは、一九九〇年代にガザ地区およびクルディスタンの子供たちが報告した夢には、数多くの悪夢が含まれていたことがわかっている。フィンランド、トゥルク大学の心理学者アンティ・レヴォンスオとカティア・ヴァッリが調査対象とした子供たちは、戦争経験の特徴である高いレベルのストレスに日常的にさらされていた。彼らは覚醒時と夢の間に顕著な連続性を示し、悪夢は頻繁で、激しく、暴力的で、戦争によく似ていた。これと強烈なコントラストを成していたのが、ヨルダンやフィンランドの子供たちが見た夢であり、彼らは戦争のない国にとっての日常である安全な環境において、平和なナラティブの夢を見ていた。[*11]

紛争、情動、自律性

身体的な暴力だけでなく、経済的な暴力もまた、睡眠の質に多大な影響をおよぼす傾向にある。多くの研究が、低所得層のコミュニティにおける睡眠障害の存在を指摘している。こうした問題を引き起こす有害な条件としては、ストレス、不安、安全でない環境、過密な部屋のほか、騒音・温度・湿気が生み出す不快な状態などがある。一〇歳から一八歳までの若者一万一〇〇〇人以上を対象とした調査では、暴力への暴露が、特に女児の睡眠に悪影響をおよぼすことが示されている。[*12] 低所得の家庭は、皆が同じベッドで寝る狭い家に住んでいる傾向にあり、一人ひとりの仕事や勉強のスケジュールが異なるために、睡眠は常に妨げられている。三〇〇〇人以上の三歳児を対象とした研究では、睡眠不足は、家庭の過密状態や貧困だけでなく、母親の就学レベルの低さとも関係していることがわかっている。[*13] フィンランドの成人一四〇〇人を対象としたまた別の調査によると、一九九〇年代の深刻な経済危機の際、睡眠の質はさほど影響を受けなかったものの、低所得の個人は例外であり、彼らの間では睡眠の質の低下、不眠症の増加、睡眠を促す薬の使用量の増加が見られたという。[*14] 睡眠時間の減少は、一般に社会経済的地位が低い人においてより顕著であり、職業によっては一日三・八時間という信じがたいほどの短さとなっている。[*15]

ガーナ、タンザニア、南アフリカ、インド、バングラデシュ、ベトナム、インドネシア、ケニアの四万三〇〇〇人以上を対象に行なわれた、低開発国の睡眠障害についての大規模調査[*16]では、参加者の一七パーセント近くが深刻な、あるいは極度の問題を抱えていることが明らかになった。この数字は国によってかなりのばらつきがあり、ケニアは四パーセントだった一方、バングラデシュでは四〇パーセントに達した。この研究では、睡眠障害の広がりと、教育レベルの低さおよび生活の質の低さとの間に、一貫した関連性があることが判明している。社会的要素は睡眠に直接的な影響を与え得る。なぜなら、貧困家庭の子供たちは、家庭の収入を補うために働かなければならない場合が多いからだ。一四歳から一八歳までの生徒の睡眠に仕事がおよぼす影響を調査したところ、働きながら勉強をしている若者は、勉強だけしている学生よりも平日に早起きせざるを得ず、その結果、夜間の総睡眠時間が大幅に削られていることがわかった。[*17] 睡眠の質と学業成績の相関関係は、医学生にも見られる。[*18] 仕事や勉強のし過ぎによるものであれ、何か別の緊張を引き起こす原因によるものであれ、ストレスは睡眠に有害な影響をおよぼす。米国の大学生五万五〇〇〇人以上を対象とした睡眠の習慣についての最近の研究では、睡眠不足は、アルコールやマリファナの過剰摂取、不安、抑うつ以上に学業成績を低下させることが示唆されている。一週間のうちよく眠れなかった夜が一回増えるごとに、コースをドロップアウトする確率は一〇パーセント高くなり、成績の平均は〇・〇二点低下した。[*19]

睡眠の乱れと旅　152

小児期の睡眠の乱れは、快適で安全な環境下で起こる場合、一般にはさほど深刻なものとはならず、容易に解決される。寝つきが悪かったり、夜中に目を覚ましてしまったりといった現象はよく見られるが、これは一過性のものだ。悪夢を多く見るのは三歳から一〇歳くらいまでであり、[20] この年齢層を過ぎると徐々に減少する傾向にある。子供が見る悪夢の中で最も一般的なナラティブとしては、身内の死、危険な転落、既知あるいは未知の人物による追跡などがある。子供の場合、睡眠不足と、癇癪を起こしたり急に不機嫌になったりといった易刺激性の間には大きな関連がある。加えて、心配性の子供は、当然ながら悪夢をより多く見る傾向にある。

現実生活が非常にストレスの多い状況にあると、子供は悪夢を繰り返し見るようになりがちで、悲しく恐ろしいナラティブが、場合によっては毎晩ほぼ同じ内容で戻ってくるせいで、就寝の時間が近づくと恐怖を感じるようになる。一方、不安のレベルが低く、世話と保護を受けながらストレスの要因が存在しない環境で育てられた子供は、自分の望みの充足を追求して、多くの場合それが叶えられるという、ポジティブな夢を報告する傾向にある。ただし、たとえ家庭が幸せであっても、悪夢や、不安から来る不眠症が起こることがないわけではない。なぜなら、ある人にとってはどうでもいいことが、別の人にとっては恐怖や苦痛になり得るからだ。極めて良好な環境から極めて劣悪な環境に至るまで、運命のすべての可能性にわたって、子供たちの夢は本人が経験した状況を、感情的な面でも象徴的な面でも反映する傾向にある。

夢を見ることは、ゆっくりと段階的に進行していく学習プロセスであり、おそらくその始まりは、母親の子宮の中で、体が外の世界と接する境界において最初の感覚的な表象が形成されることにある。まだぼんやりとしてまとまりのないそうした印象は、想像上の外界の反映であり、洞窟の奥底でちらつく影のようなものだ。その洞窟の中でわれわれは少しずつ、自分が生きているということに気づいていく。子供時代と思春期を通じて、夢は目新しさと期待に満ちた青春の経験を反映する。大人になると、人は日常に慣れ、ときとして自分自身を顧みることを忘れてしまうが、年を重ねてもなお、心を遠くへ運ぶ能力は維持されている。最初の経験、最初の願望、最初の夢が、この能力の土台となる。だからこそ、高齢者は夢を見て、儚く、まるで永遠のように感じられる自らの幼少期を思って深い感慨を覚えるのだ。

人生の終わりにはどのような精神的体験がともなうものなのか、確かなことはわからないが、多くの宗教に死後の世界への信仰があるという事実は注目に値する。リチャード・リンクレイター監督の映画『ウェイキング・ライフ』は、夢、人生、その終わりについてのモノローグと対話から構成される卓越した哲学的ナラティブだが、そこで示唆されているのは、死に向かう過程で起こる神経細胞のプロセスは、脳活動が変容して時間が伸び縮みする状態の中で、ひたすら抽象性を増していく夢のシークエンスを生み出す、ということだ。その瞬間は、人生を通じて経験した情動や記憶に支配され、わずか数秒のうちに、夢を見ている人自身が個人的な旅路において構築した地獄、煉獄、または天国において、永遠の時を過ごしているという感覚を作り出す。この大胆かつ芸術的な死生観は、二〇一三年に予想外の科学的裏づけを得た。ミシガン大学の研究者らが、心停止を起こしたラットの脳において、心拍が停止した約三〇秒後に、高レベルの神経活動が見られたと報告したのだ。[*21]

終着点がどのようなものになるにせよ、夢の成熟は、明確に定義された個人的アイデンティティの発達と重要な関連性を持っている。子供の夢はしばしば情動やイメージに乏しく、静的で、瞑想的でさえある。大人になるまで夢は成熟し続け、豊かさを増していく。その過程において、夢を見る者は内界の仮想環境に没入し、それをどうこうするというよりはただ住み着き、そこで起こる出来事の主役となっていく。主役とはすなわち、自身の内的な仮想環境に没入した活動的なオペレーターのことだ――本人は通常、そうした環境の制御を行なわず、ただそこに存在する。そうした精神状態がどのように進化してきたのかが、次の章の主題となる。

第6章　夢見ることの進化

睡眠は太古の昔から存在し、多種多様な心理生物学的機能を持つよう進化した。夢の生成はその一つに過ぎない。睡眠の特性は、さまざまに異なる時代において、さまざまに異なる進化圧力のもとで発展してきた。睡眠発生の起源を特定するには、四五億年前にさかのぼり、最初の自己複製分子が出現したときの状況を想像する必要がある。当時の地球は火山活動が活発で、大量の水と、まだ酸素を含んでいない大気があった。四二億八〇〇〇万年前から三七億七〇〇〇万年前に現れた最初の単細胞生物は、熱水噴出孔で鉄の酸化反応からエネルギーを得るバクテリアによく似たものであった。[*1]

空に太陽があるときには気温は上昇し、分子の拡散が促進され、化学反応が加速した。すべての始まりの時以来、地平線の向こうに太陽が沈めば、地球の温度は必ず下降した。そして温度が下がれば、化学反応も遅くなる。一兆六〇〇〇億回以上の昼と夜が過ぎる間、ほとんど変わることのなかったこの繰り返しを土台として、過去地球上に存在したほぼすべての生命体の行動サイクルと、地球の自転との結びつきは成り立っている。地中深くの環境を除いて、地球のすべての生物は、約一二時間ごとに暗さと明るさが交互に入れ替わるという条件のもとで進化してきた。こうした理由から、地球上の生命体は、そのほぼすべてが非常によく似た概日リズムを持っている。

一五億年近くが経過したところで、最初の多細胞生物が登場した。それは、光合成と細胞コロニー形成の能力を持つバクテリアであった。現在のシアノバクテリアの祖先であるこの生物は、海洋に広く拡散して大気中の酸素濃度を大幅に上昇させ、その結果、二四億年前に存在した生命の大半を絶滅へと追いやった。シアノバクテリアは嫌気性生物をほぼ駆逐し、藻類や植物が光合成能力を獲得する道を開き、地球を太陽エネルギーを介して大量のバイオマスを産出する場所へと変貌させた。これによって、草食動物の進化、ひいては肉食動物の進化の基盤が形成された。

神秘のリズム

最初は化学反応の促進剤、のちには食物連鎖のエネルギーの基盤となった太陽光は、ある時点から、生物が環境の変化を感知し、それに応じて行動するために利用されるようになった。繊毛と鞭毛の進化は、それらの生物が水面に向かって移動することを可能にした。水面近くであれば、彼らは光合成を行なうことができる。[*2] やがて、光の利用可能性に応じて行動を「オン」あるいは「オフ」にする能力を持つ生物学的メカニズムが出現し、それらは分子レベルと細胞レベルの両方において、数多くの派生的メカニズムへと分化していった。数え切れないほどの単細胞生物が、活動と休息から成る概日リズムを持つようになった。[*3]

二〇一七年、ロックフェラー大学のマイケル・ヤング、ブランダイス大学のジェフリー・ホールとマイケル・ロスバッシュら米国の生物学者が、約二四時間の周期である概日リズムを決定する分子時計に関する発見によって、ノーベル生理学・医学賞を受賞した。キイロショウジョウバエを用いた研究により、彼らは、概日時計には特定の遺伝子群によってコードされた分子レベルにおける周期的な変動が関与していることを明らかにした。これらの遺伝子が変異すると、概日周期が短縮、拡大、さらには消失して、行動、生理、分子のリズムに影響を与えることがある。

クラゲにさえ周期的な無活動状態が起こることが実証されたという事実は、睡眠にとって脳は必須ではなく、この現象が非常に原始的な神経系でさえ起こり得ることを示している。[*4] メラトニンは、ヒトの松果体から夜の前半に分泌される睡眠誘発ホルモンであり、その起源はおそらく七億年前、海生ワーム類に似た生物が、日中は光を取り込んで繊毛を振ることによって動き回る一方、夜間は静止する細胞を進化させたことにある。[*5] 二つの状態から構成されるこのメカニズムは、夜間にメラトニンが生成され、そのメラト

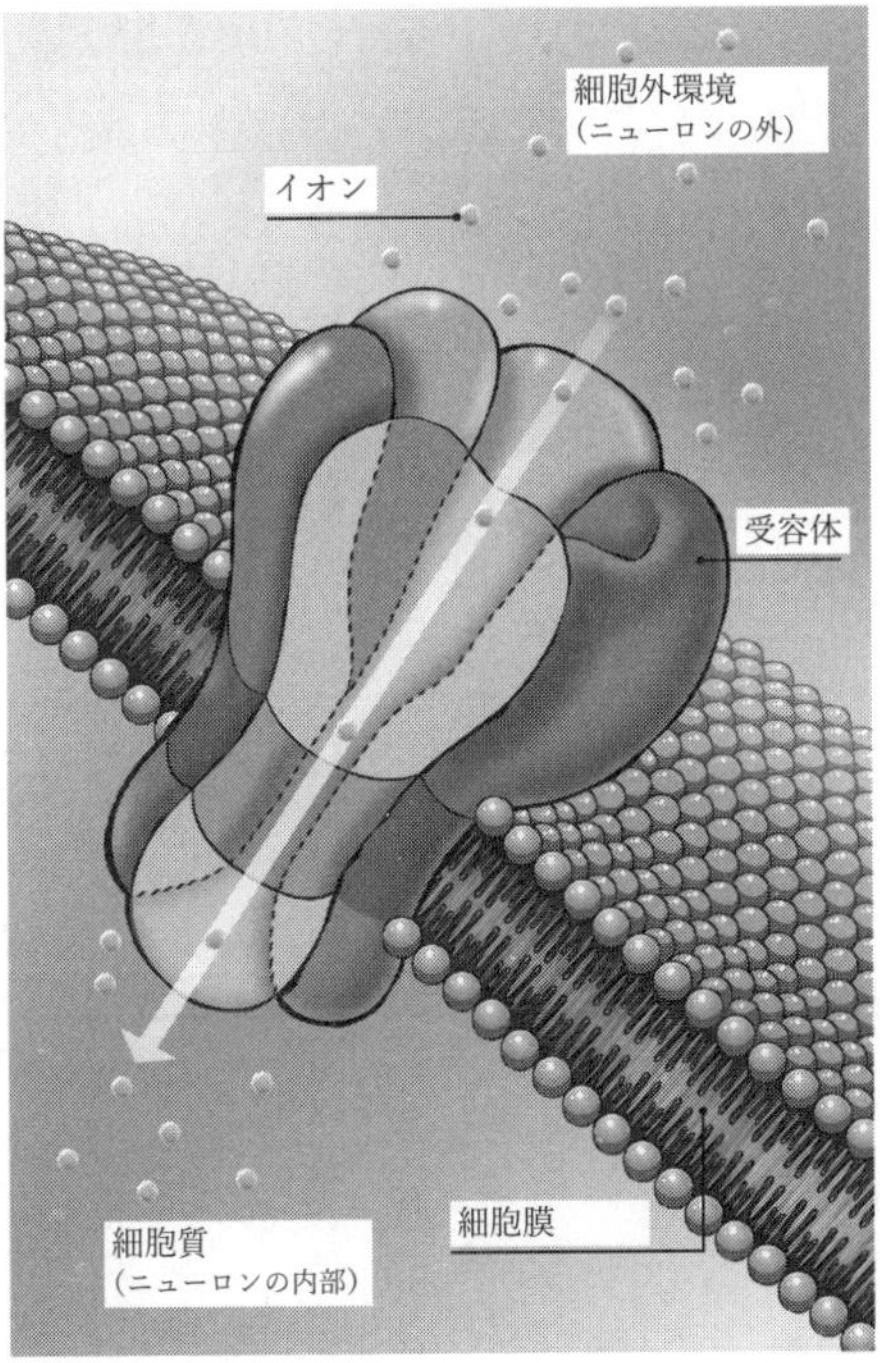

図6 細胞膜に固定され、イオンチャネルとして機能する受容体。イオンチャネルが開くと、ナトリウム、カリウム、塩素、カルシウムなどのイオンが細胞外空間から細胞内空間へ、あるいはその逆へと移動することが可能となる。

ニンが、光のない状態においてニューロンを刺激して繊毛の動きを止める、というものであった。夜間の静止時にはゆっくりと沈み、活動の激しい昼間には上を目指して泳ぐことにより、この神秘に満ちたわれわれの祖先は、今日われわれが自身の体にとっての二つの基本的な状態とみなしているもの、すなわち睡眠と覚醒の中に、太陽周期の陰と陽を体現していた。

およそ五億四〇〇〇年前になると、目に似た最初の構造が出現した。今日では、体が左右対称で、頭と尾、背面と前面を持つあらゆる動物が目を有している。これらすべての動物において、胚に目が形成される過程は、同じ遺伝子によって制御されている。その遺伝子は、概日時計を制御する遺伝子によく似ている。脊椎動物の場合、概日時計には、視交叉上核と呼ばれる重要なニューロン群が関与している。このわずか二万個ほどの細胞からなる小さな神経クラスターは、光に敏感な網膜細胞とメラトニンを生成する細胞の間のやりとりを担当している。

光の存在あるいは不在の信号は、複数回にわたって変換される。光子《フォトン》は大小さまざまな分子の構造的変化を引き起こし、それがニューロンの膜に固定されたチャネルを開閉させる（図6）。これらのチャネルが開くと、イオンが流れるようになり、化学物質の放出が促され、それがまたほかの細胞内の分子の構造的変化を活性化し、その結果、神経系全体に短期的、中期的、長期的な影響をおよぼす。われわれとワームとの間には、進化という意味では大きな隔たりがあるものの、多くの分子メカニズムに古くから備わっている機能は変わらず保持されており、睡眠の調節におけるメラトニンの役割もそのうちの一つだ。

睡眠は単なる休息にあらず

休息が、状況に応じてとるものであり、必要な場合や可能な場合にしか起こらない一方、睡眠には開始と終了の時間があり、不足しているときには必ず補充する必要が出てくる。昼と夜の自然な繰り返しにさらされているとき、人は通常、一回の睡眠／覚醒サイクルを二三時間五六分で完了し、このペースメーカーは日々、光によって再起動させられる。しかし、実験的に洞窟などの閉ざされた環境に入り、明暗のサイクルから隔離された場合、人は平均で二四時間一一分のサイクルを示す。

　時間の経過を示す物理的な手がかりがないときに観察される、通常よりもわずかに長いこのサイクルが示唆しているのは、あるメカニズムの進化だ。その進化のおかげで、朝日が差し込むのが普段よりも遅れたときには、捕食の危険を減らすために睡眠状態が少しだけ長く保たれるようになった[*6]〔なお、二四時間よりも周期が短い動物も多いためこの説明は疑問である（須）〕。太陽が昇るのに時間がかかっているのであれば、巣穴の中で大人しく待っているのが最善だからだ。

　進化においては、うまく目的を果たせた新機能は残り、広まり、やがて非常に古いものとなっていく傾向にある。脊椎・無脊椎動物の両方に一般的に見られるという事実から判断すると、睡眠は非常に古くから、おそらくは大半の動物群が誕生したカンブリア爆発よりも前から存在していたと思われる。今日、生物の起源は、魚では五億年前、昆虫では四億年前、爬虫類では三億四〇〇〇万年前、哺乳類では二億二五〇〇万年前、そして鳥類では一億五〇〇〇万年前であると考えられている。ちなみにホモ・サピエンスという人類の種が登場したのは、わずか三一万五〇〇〇年前のことだ[*7]。

　どの動物が睡眠をとるかに関する科学的見解は、ここ数十年で大きく変化した。コンピュータや精密な微小スケールの運動センサーが登場したことで、良質かつ信頼性の高い定量的・行動学的研究が行なわれるようになり、そのおかげで、ハチ、サソリ、ゴキブリは、感覚刺激に対する感受性が低下する休止期間を定期的に示すことが明らかになった[*8]。遺伝学的研究に不可欠なショウジョウバエは、これまでに何度も、睡眠の発生に関する疑問を解明するための調査の対象となってきた。詳細に記された行動記録には、行動と休止の明確なサイクルが示されている。ショウジョウバエが睡眠をとることを示すもう一つの証拠は、一定期間強制的に睡眠を剥奪したあとに、哺乳類に見られるような特徴的な反動、すなわち、睡眠時間の代償的な増加が見られることだ。[*9] ショウジョウバエが睡眠をとるという事実は明確に証明されているものの、彼らの睡眠に必要な神経系の部位と、人間の脳の睡眠生成に関与する領域との間には、解剖学的な対応関係は存在しないように思われる。[*10] いずれにせよ、ショウジョウバエと哺乳類とは、睡眠がもたらすいくつかの重要な認知的恩恵を共有しており、それについてはここから詳しく見ていくことにする。

魚類と両生類の単純な睡眠

長年にわたり、魚類と両生類には睡眠というものが存在しないのではないかと言われてきた。それはつまり、昼夜が繰り返すサイクルの中で、何らかの固定されたフェーズに対応する行動的・生理的休止状態が存在しない、という意味だ。魚類と両生類がとる休息は確かに、満腹感や捕食のリスクに応じたものであり、一時的で、また定められた周期性もないように思われる。予測不可能でごく短時間のそうした休息は、魚類や両生類にとってのそれが場当たり的であることを意味している。魚はしばしば、水の深いところや、濁っているところに生息しており、そうした環境にはそもそも昼と夜の明るさの違いが存在しない。光がない状況で捕食者を避けたり、食物や性的パートナーを見つけたりするうえで、魚は視覚をほとんど使わず、代わりに嗅覚と電磁場を利用したナビゲーションに大きく依存している。

これまでに実験室内で詳しい研究が行なわれた少数の種に睡眠行動が存在することは、周期的な休止、カフェイン投与後の活動増加、睡眠剝奪後の行動障害を通じて確認されている。[*11] とはいえ、睡眠剝奪はさほど大きなストレスとはならず、その反動もあまり大きくない。サンゴ礁やその周辺に生息する魚では、昼夜を問わず泳ぎ続けている様子が見られるが、彼らは睡眠中も泳ぐことができるのではないかと考えられている。

両生類の場合、魚類よりもさらに科学的な情報が乏しい。昼行性の大型両生類であるウシガエルは、行動に概日周期の変動が認められるが、感覚刺激に対する反応性は、活動が活発な時期よりも休止期の方が高い。この情報が示唆しているのは、両生類においては、身体的な脆弱性が増加することを防ぐために、睡眠が抑制されているという可能性だ。一方、その後行なわれたアマガエルの一種ヒラ・セプテントリオナリスの研究では、この種に睡眠が存在することが証明されている――これはおそらく、ヒラ・セプテントリオナリスがより危険の少ない生態学的ニッチに属しているためだと思われる。[*12] 魚類でも両生類でも、レム睡眠の兆候が記録された例はまだ存在しない〔原著の刊行から現在までに、レム睡眠に似たものが魚類で見つかっている（須）〕。

陸生脊椎動物の複雑な睡眠

魚類や両生類とは異なり、爬虫類、鳥類、哺乳類は、水を通さない乾燥した体表を有している。彼らにはまた、発育途中の胎児を包む羊膜嚢があり、これによって胎児は、温かく、湿っていて、体を安全に守ってくれるパッドを当てた状態に保たれる。こうした適応のおかげで、陸生脊椎動物は、川、湖、沼、海といった水域から遠く離れた場所で暮らすことができる。

三億一五〇〇万年前、地球の陸地はパンゲアと呼ばれる単一の巨大大陸を形成していた。水中環境には恐ろしい肉食の脊椎および無脊椎動物がはびこっていた一方で、最初の爬虫類が闊歩していた、今日の南極大陸を形成する土地を含む広大な陸上環境は、植物と昆虫という食物に満たされたエデンの園であった。カナダのノバスコシア州で発見された歯の化石から判断するに、その最初の爬虫類は虫を食料とし、姿は現在のトカゲによく似ていた。当初は天敵が存在せず、食物もたっぷりとあったため、彼らはまたたく間に多様な種に分化し、それぞれに大きく異なる一方で、全員が昼夜サイクルを特徴とする生態学的ニッチを占めるようになった。

大気の透明性と、周期的に降り注ぐ光のおかげで、陸生脊椎動物は強力かつ洗練された視覚システムを進化させることができた。視覚の主な利点は、ほかの生物や物体を遠くから認識できることだ。一方、主な欠点は光が周期的に不足することであり、これによって食物の摂取が困難になり、夜間の捕食リスクは大幅に増加する。今日に至るまで、ほぼすべての草食陸生脊椎動物にとって、夜間は身を隠して集団で眠るというのが標準的な行動になっている。したがって、魚類や両生類においてはすでに原始的な形で存在していた、代謝率を低下させる徐波睡眠は、陸生脊椎動物においては、捕食から身を守る必要性の副次的効果として発展した可能性がある。巣穴の中で食物を探すことは不可能であるため、じっと動かずにいて体温とエネルギーの消費を下げ、さらには休眠状態にまで到達することが、より適応性に優れていたわけだ。

睡眠が進行すると、やがて脳波の周波数は最大五〇パーセント減少する。これは脳波が減速している状態であり、それにともなってその「大きさ」、すなわち振幅が増加する。こうした状態を、われわれは徐波睡眠と呼ぶ。睡眠という全身の休止状態は、一サイクルごとに細胞の機能を一時的に抑制する、ゆっくりとした脳波とともに進化してきた。

鮮明な夢の大半が起こるレム睡眠の進化をもたらしたのがなんであったのかについては、推測するのが非常に難しい。かつては、徐波睡眠とレム睡眠との違いの起源は、二億二五〇〇万年前の三畳紀にあると考えられていた。それはすべての哺乳類に共通する祖先が進化した時代であり、その祖先とは、小型のげっ歯類によく似た体を持つ夜行性の食虫類であった。[*13] この説の基盤には、爬虫類と鳥類にはレム睡眠が存在しないという、数十年にわたって専門家の間で主流となっていた見解があった。

しかし、つい最近までは哺乳類に特有とされていた、脳の活動が活発で体の活動は最小限に抑えられるレム睡眠という状態は、今日では数種の鳥類や爬虫類でも確認されている。[*14] ハリモグラにレム睡眠は存在するか否かを巡り、さまざまな議論が交わされたこともあった。ハリモグラとは、オーストラリアとニューギニアに生息する一風変わった食虫哺乳類で、体を守るトゲと、アリ、シロアリ、ミミズ、幼虫を摂取するための特殊な口吻を有している。この種にレム睡眠が存在しないという仮説は、ハリモグラが単孔目の動物であるという事実がなければ、単なる興味深い意見で終わっていたことだろう。単孔目とは、胎盤の欠如や卵生での繁殖など、ある程度爬虫類的な性格を有する原始的な哺乳動物のことを指す。もし、哺乳動物の共通の祖先に最も近いとされるこの動物にレム睡眠が存在していないのであれば、レム睡眠は哺乳類、鳥類、爬虫類においてそれぞれ独自に進化した可能性が高いということになる。しかし、より最近の電気生理学的研究では、ハリモグラ[*15]にも、また別の単孔類であるカモノハシ[*16]にも、レム睡眠が存在することが証明されている。カモノハシはレム睡眠状態を維持したまま、これまで確認されたすべての種の中で最も長い、一日最大八時間を過ごすことができる。あらゆる鳥類に共通の祖先に最も近いとされるダチョウは、カモノハシと非常によく似た睡眠パターンを示す[*17]。この結果は、陸生脊椎動物に共通するレム睡眠の起源は単一であるという仮説を裏づけるものだ。したがって、徐波睡眠とレム睡眠の分離は、三畳紀よりもさらに七五〇〇万年さかのぼる石炭紀、すなわち両生類と爬虫類の祖先が陸地に侵入した時期に起源を持つ可能性がある。

眠れる竜の終焉

上記の内容が正しいとするならば、二億三〇〇〇万年前から地球を支配するようになった大小さまざまな爬虫類、すなわち恐竜[*18]は、現在地球上に存在する彼らの最も近い親戚である鳥類が採用しているものと非常によく似た方法で眠り、夢を見ていた可能性が高い。その眠りは周期的なパターンを持ち、徐波睡眠とレム睡眠が素早く、不規則に交替することを特徴としていたと考えられる。この仮説を裏づける化石は当然ながら存在しないものの、中国西部では、トロオドン科の恐竜二体の非常に興味深い化石が発見されている。トロオドンは白亜紀初頭に生息していた羽毛を有する恐竜で、系統発生学的に鳥類に近い。[19] 発見時、その化石は鳥が眠っているときのような姿勢をとっており、首を下方に曲げて頭部を前肢の下に押し込んでいた。突然の死に襲われたとき、彼らはおそらく眠っていたのだろう。恐竜が地球を支配するうえでレム睡眠が重要な役割を果たしていたかもしれないというのは、魅力的な仮説だ。これほど多様な種にレム睡眠が存在するという事実は、それが生理学的に非常に重要な意味を持つ特徴であることを示唆している。レム睡眠はいったいどのような重要な機能を果たし、どのような選択圧がそれを形成したのだろうか。

一つの興味深い仮説として、レム睡眠は目覚めの準備として表れた、というものがある。つまり、徐波睡眠の特徴である長い低活動状態のあとで、大脳皮質のニューロンの活動を覚醒に近いレベルまで高めるわけだ。この仮説を支持する主な論拠としては、徐波睡眠から目覚めた人は、感覚、運動、認知の機能に障害を示し、それが消え去るまでに数分を要する、という事実がある。また、覚醒は通常、レム睡眠のあとに起こるが、これはレム睡眠が徐波睡眠と覚醒との間の移行を促すものとして機能していることを示唆している。警戒した状態で目覚めることのできる能力が、レム睡眠を有する脊椎動物に重要な競争上の優位をもたらすだろうことは想像にかたくない。もう一つの可能性は、発達過程にある子供の筋細胞とニューロンの間の適切な対応関係の確立に、レム睡眠が重要な役割を果たしているのではないか、というものだ。レム睡眠中に脳の運動領域が活性化すると、全身の筋肉が刺激を受けて一瞬収縮する。これにより、新生児であっても、現実世界で行動が行なわれるよりもずっと前に、動きや動作の調整を行なうことが可能になる。[20]

レム睡眠は、いったいどんな利点を恐竜に与えたのだろうか。この大型爬虫類が生態系の覇権を一億七〇〇〇万年もの間握っていたことに、レム睡眠は寄与しているのだろうか。長く続いた彼らの支配と、生存をかけた厳しい闘いの中で、レム睡眠はどんな役割を果たしたのだろうか。このテーマはさまざまな想像を掻き立てるが、必然的に憶測の域を出ない。レム睡眠の有無にかかわらず、事実として、六六〇〇万年前に偶然が介入したことにより、恐竜は地図上から姿を消した。極めてまれな事象が重なった結果、現在のメキシコ・ユカタン半島に小惑星が落下し、地球上の生命の進行方向が完全に変えられてしまったのだ。[*21] 幅一〇〜一五キロ、重さ一兆〜一〇〇〇兆トンの岩石が、時速七万二〇〇〇キロというスピードで、硫黄を豊富に含む鉱物である石膏が大量に埋まっている浅い海域に落下すると、衝突と同時に有毒なガスが大量に放出された。異常な地震と火山活動の増加に続いて、気候に著しい変化が起こった。放出されたガスの量は膨大で、分厚い雲の層が数ヵ月から数年にわたって太陽の光を遮った。[*22] 広島に投下された原爆の一〇〇億倍に匹敵する爆発による猛烈な熱が去ったあとは、長く厳しい冬が訪れた。陸上でも水中でも、光合成の働きは妨げられた。こうしたさまざまな変化により、動植物の七五パーセントが短期間のうちに絶滅した。恐竜は、鳥の祖先となったものを除いてすべて消え去った。無数の哺乳類、魚類、軟体動物、植物、さらにはプランクトンまでが姿を消した。もし小惑星がもう少しだけ早く、あるいは遅く落下していたなら、衝突地点は深い海になり、衝撃の影響ははるかに小さなものとなったことだろう。ここでもやはり、地球の自転から生じるダイナミクスが、惑星表面の生物の進化に決定的な影響をもたらしたわけだ。

ピンチはチャンス

白亜紀末期大量絶滅は、大規模な種の分化を促し、大災害を生き延びた動物群に形態的特徴の加速度的な多様化をもたらした。以前は厳しい競争と捕食の世界においてそれぞれの生態学的ニッチにとどまっていた種が、食物連鎖のさまざまなレベルで突如として空席になったニッチ、とりわけ上位のそれへと適応し始めた。なぜなら、大型の捕食者はすべて消え去っていたからだ。この新たな進化的圧力のもと、絶滅後に利用可能になったニッチに動物たちが徐々に適応していくにつれ、哺乳類だけでなく、鳥類、トカゲ類、魚類にも数多くの新種が出現した。認知的能力に最も優れているとされる霊長類とクジラ類という二つの哺乳類群もまた、恐竜が絶滅した世界に広まっていった。

日が沈むと気温が下がるということは、体を温めて代謝を活性化させるうえで外部の熱源に依存している爬虫類にとって、夜の活動がほぼ不可能になることを意味している。自ら体温を生成する能力があったからこそ、哺乳類は、一年のうちのどんな季節にも、たとえ気温が大きく変動する環境であっても、夜間においてその生態学的地位を維持することができた。また、およそ二五〇〇種の哺乳類の行動を比較したある研究は、哺乳類が持つ厳格な昼行性の習慣が出現したのは、恐竜が絶滅したあとの五〇〇〇万〜三〇〇〇万年前、類人猿が出現したころであることを示唆している。[*23] 睡眠中にエネルギーを節約する必要性が、夜は複数の個体が集まって眠るという行動の進化を促した。これは特に寒冷な環境において、哺乳類や鳥類に多く見られる習慣だ。

体内での熱生成を制御する能力の出現は、レム睡眠にとって有利に働いた。なぜなら、体温を適切なレベルに維持することは、このタイプの睡眠が発生するうえで不可欠だからだ。たとえばハリモグラの場合、周囲の温度が約二五℃に保たれていないとレム睡眠は起こらない。[*24] また、レム睡眠が筋肉のほぼ完全な弛緩とあわせて進化したことにより、大脳皮質の強力な活性化を維持しつつ、運動にはさほど影響がおよばないという状態が可能になった。レム睡眠中の体がほぼ完全に弛緩していることによって、動物は目を覚ましたり、捕食者を引きつけるような危険な行動を起こしたりすることなく、非常に鮮明な夢を見ることができる。

哺乳類の長いレム睡眠

さまざまな脊椎動物種におけるレム睡眠パターンの大きな違いの一つは、その持続時間に関係している。爬虫類や鳥類は睡眠サイクルが短く、レム睡眠のエピソードはわずか数秒であるのに対し、哺乳類のレム睡眠は数十分間続く場合が多く、種によっては一時間以上に達する。一般に、レム睡眠の量は体重に反比例しており、小さな動物ほどレム睡眠が多い傾向にある。しかしながら、体重の影響を差し引いて分析した場合、そこには出生時における体の未熟度との強い相関が見られる。ヒツジやキリンなど、出生時に比較的成熟していて、生まれてすぐにかなりの自律性を示す動物には、レム睡眠の量が少ないという特徴がある（合計で一日一時間程度）。一方、ヒトやカモノハシなど、出生時に比較的未成熟な哺乳類の場合、レム睡眠の量は膨大で、特に生涯の早い段階ではその傾向が顕著に表れる。

ヒトの赤ん坊は自分でものを食べたり、動き回ったり、身を守ったり、体を清潔に保ったりすることができない。カモノハシの赤ちゃんもまた、そうしたことはいっさいせず、母親との接触なしには体温の調節すらままならない。興味深いことに、ヒトとカモノハシはどちらも一日八時間をレム睡眠に費やしている。生まれたばかりでまだ目の開いていない哺乳類の場合、大量のレム睡眠によって引き起こされる高いレベルの電気的活動が、刺激の欠如による萎縮から脳を守る役割を果たす。胎児の発育と子宮から出たあとの学習の過程においてレム睡眠は重要な役割を果たすが、これはニューロンがその接続を維持・修正するために使用する遺伝子の調節におけるレム睡眠の役割と関係している。

大ざっぱにまとめると、レム睡眠は胎児や新生児の発達において中心的な役割を担っており、未熟な状態で生まれて、成体期に達するまでに多くの改良を必要とする動物の場合には、その重要性はさらに大きなものとなる、ということになる。生涯の始まりにおいては、未熟な状態というのは不利に働く。なぜなら、生まれたばかりの子供が脆弱であれば、親によるケアが常に必要となるからだ。一方で、この特性は長期的には大きな利点となる。幼少期にあらゆる致命的な危険を逃れ、よき保護者のケアのもとで成体になる機会に恵まれた幸運な個体は、その過程で獲得した広範な記憶とスキルの結果として、自身の生態学的ニッチでの生活を最適化する方法を学ぶことができるからだ。[*25] 以下で見ていく通り、レム睡眠は長期的な学習の定着において重要な役割を果たす。たくさんのことを学ぶ必要があるすべての生き物にとって、レム睡眠はなくてはならないものだ。

泳ぐ、飛ぶ、移動する

哺乳類や鳥類、爬虫類による、水中および空中の生態的ニッチへの適応と移動は、睡眠パターンの大きな変化と関連している。アラスカとカリフォルニアの間を移動しながら暮らすゾウアザラシは、最長八ヵ月を海で過ごし、その間は地上での休息を一度もとらない。移動中、ゾウアザラシは定期的に水深二七〇メートルを超える深さまで潜る。そうした潜水の最中、彼らがときおり泳ぐのをやめてただ体が沈むのに任せ、おそらくは眠ったまま、ゆったりと旋回しながら落ちていくことがある。この円を描くような動きが、ゾウアザラシが太平洋の底に向かって沈んでいくスピードを大幅に低下させる。[*26]

そこから一万三〇〇〇キロ離れたセイシェル諸島沖では、時間と水深を記録する機器を装着したウミガメの追跡実験によって、深さ約二〇メートル、時間にして五〇分間に達する、息継ぎ休憩なしの長時間潜水が確認されている。顎に取りつけられたセンサーが示すところによると、こうした深い潜水を行なっている最中、ウミガメには、口を動かして水を出し入れする動作すら見られない。口を動かすという行動は、周囲の環境を臭覚で感じとるうえで欠かせないものだ。この結果は、ウミガメがインド洋の真ん中で、水に潜ったまま眠っていることを示唆している。[*27] 水面から離れた深いところで眠るという戦略は、環境に適応したものだ。水面近くを泳いでいると、そのシルエットは下から近づいてくる捕食者から丸見えになり、また、逃亡の可能性も制限される。

進化は誘導されるものではなく、偶然の産物であるため、同じ問題に対してまったく異なる解決策が生まれることも少なくない。ゾウアザラシやセイシェルのウミガメとは異なり、クジラやイルカの仲間は水中に潜って眠る代わりに、半球睡眠を行なう。すなわち、彼らは脳を半分ずつ使いながら眠ることができるのだ。[*28] この方法のおかげで、彼らは定期的に水面に顔を出して呼吸しながら、絶えず動き続けることができる。クジラやイルカにおけるレム睡眠の欠如は、脳の一部の電気的活動を高レベルで維持して運動活動を継続することによって、レム睡眠の欠如から生じる要求が満たされている証拠と解釈されている。

クジラ類にとって眠る方法といえば半球睡眠のみだが、鳥類の場合は、半球睡眠のエピソードと、レム睡眠を含む全球睡眠のエピソードが混在している。[*29] 長距離移動にともなう高いリスクとエネルギーコストは、ときに驚くべき適応をもたらす。アラスカからカリフォルニアまで、毎年約四〇〇〇キロの距離を移動するミヤマシトドは、渡りの期間中は睡眠時間が七〇パーセント近く減少する。こうした現象は、たとえ彼らがケージに閉じ込められていて外を飛べない状況であっても維持される。興味深いことに、この期間中、睡眠不足に典型的な行動の障害はいっさい見られない。[*30] 遺伝子とホルモンの働きにより、驚異的な距離の移動を毎年行なうようプログラムされているミヤマシトドは、渡りの期間中は自然と睡眠時間を削り、しかもその事実を示す兆候をまったく示さない。

数日どころか何週間も休息なしで飛び続けることが可能な理由は、飛行中の半球睡眠であるという仮説が提唱されたのは、数十年前のことだ。そして二〇一六年、マックス・プランク鳥類学研究所の動物行動学者ニールス・ラッテンボルク率いる研究チームによって、飛行中の半球睡眠に関する最初の証拠が示された。スイス連邦工科大学およびチューリッヒ大学の研究者と協力し、ラッテンボルクは、ガラパゴス諸島に巣を作るグンカンドリの頭蓋骨に、小型の電子機器を埋め込んだ。この極小のセンサーは、頭の動きだけでなく、頭蓋骨の下の電気活動によって生じる脳波（ＥＥＧ）も記録することができた。グンカンドリはすべての鳥の中で体重に対する翼の表面積が最も大きく、一度も休むことなく何週間も海の上を飛び続けることができる。研究者らが装置を回収してデータを分析したところ、グンカンドリは一〇日にわたって、着陸することなく約三二〇〇キロを飛翔し、その間、長い活動期間と短い睡眠を交互に繰り返していることが確認された。日中、彼らは常に警戒を解かず、積極的に餌を探していたが、日が沈むとより高い位置を飛び始め、数分間の半球睡眠に入った。上昇気流に乗って旋回する間、片方の目は開いたまま、自分が目指している方向に向けられていた。[*31]

睡眠の危険

動き続ける必要性だけでなく、半球睡眠はおそらく、捕食のリスクを減少させる高レベルの警戒を維持することにも関連していると思われる。この現象について調べるために、ラッテンボルク率いる研究者グループは、アヒルを四羽ずつ集めたグループを同時に眠らせ、その間の脳波を記録した。アヒルは横並びに配置して、中央の二羽が両側を挟まれた安全性の高いポジションに、両端の二羽が片側しか守られない安全性の低いポジションになるようにした。その結果判明したのは、捕食者に遭遇する可能性が高い両端の個体において、半球睡眠の量が大幅に増加したということであった。各睡眠エピソードの間、両方の目のうち開いた状態が維持されるのは、無防備な側を向いている方の目である傾向が高かった。[*32]中央に配置された個体では、両方の脳半球での正常な睡眠が示された。

サハラ以南アフリカの動物たちは、高い捕食のリスクにさらされているうえ、長距離を移動しなければならないため、サバンナで暮らす哺乳類の睡眠もまた、厳しく制限されている。長く寝過ぎればその代償として、子供や自分自身の命を失うことになる。南アフリカの動物行動学者らは、ゾウの鼻に動きを連続的に記録できるアクティメーターという小型機器を取り付けることによって、彼らが立ったまま睡眠をとり、夜通し積極的に子供たちを守っていることを実証してみせた。成体のゾウは、断片的な睡眠エピソードを繰り返しながら、一晩に二時間しか眠らない。[*33] ヒヒの場合、社会的に優位な個体ほど警戒心が強く、リラックスした睡眠エピソードの数が少なくなる。これは、社会的ストレスによって睡眠が減少していることを示唆している。[*34]

古代や中世の記録からは、人間の夜の睡眠が二回の連続するフェーズに分けられていたことがわかるが、これと同じ現象は、電気照明を使用していない現代の農耕民にも見られる。[*35] では、狩猟採集民の集団の場合はどうだろうか。この疑問を解明するため、カリフォルニア大学ロサンゼルス校の研究者らは、タンザニア、ナミビア、ボリビアの狩猟採集民にアクティメーターを装備してもらった。驚いたことに、そのデータが示していたのは、彼らの睡眠は夜間に一回のフェーズで発生し、その持続時間は世界の大都市で暮らす成人が経験するものと非常に近い、ということであった。[*36] 一方、タンザニアの狩猟採集民を対象とした別の研究では、集団内の成人が全員同時に眠ることは非常にまれであったことがわかっている。最年長者は早い時間に床について早く起床する一方、若者たちはより遅い時間に寝起きしていた。その結果として、常に集団の少なくとも三分の一が目を覚ましている状態が保たれていた。[*37] 高齢者は一般に睡眠時間が短いため、この研究結果は、われわれの祖先の集団に属していた高齢者たちが、捕食のリスクを減らすうえで欠かせない夜間の見張りという、重要な役割を果たしていた可能性を示唆している。より短く、より浅く、より柔軟な睡眠のおかげで、狩猟採集民は、環境の変化やリスク、利益を得られる機会などに、細かく対応することができる。タイムカードを押したり、決まった時間に収穫や耕作をしたりする必要がない一方で、彼らは自然の不規則なリズムを敏感に察知しなければならない。

数百万年前、最初のヒト科動物がアフリカに広がったとき、彼らにはほかの哺乳類と同じように、眠ったり夢を見たりする能力が備わっていた。それは危険な逃走や狩猟の夢であり、われわれの祖先は移住を重ねることによって、そうした夢を幾度となくアフリカ大陸の外へと運び出した。そして約七万年前、一〇〇〇人ほどの集団が東アフリカを離れると、彼らの子孫はそれから数千年の間に、アジア、オセアニア、ヨーロッパ、そして最終的にはアメリカ大陸に広がっていった。[*38] それ以降、祖先たちが地球全体を渡り歩いた長い軌跡は、われわれを徐々に自然界から文化的な世界へと向かわせ、われわれの睡眠の仕方を変えるとともに、[*39] すべての生き物や物事にとどまらず、単なる想像上のものまでを表すシンボルで満たされた夢の空間を生み出した。この変遷を理解するためには、われわれの想像の産物を制御している生化学を深く掘り下げる必要がある。

第7章　夢の生化学

夜がやってきた。何時間にもわたって激しい運動や気を張り詰めた思考を続けたあと、われわれは水平な姿勢を取り、意識の変容という驚きに満ちた旅に出る。頭を枕にのせ、目を閉じて眠りにつくとき、われわれの脳波には深い変化が起こり、神経系から化学物質がさまざまに異なる形で放出される。まぶたを閉じて暗闇に身を委ねると、まずは体と外界との可逆的な断絶が始まる。次に、睡眠が始まるときの一時的な夢が訪れ、やがて夢のない（あるいはほぼ夢のない）眠りへと移行する。これは深い休眠の状態であり、感覚の反応性が大幅に低下する。そして二時間ほどたったころ、ようやく強烈かつ鮮明な夢が始まる。これこそが、目が覚めたときにわれわれが思い出すことのある夢だ。

二〇世紀半ば、古くから信じられてきた睡眠の概念、すなわち、刺激の欠如によって引き起こされる均質な静寂の状態という考え方に、決定的な衝撃が加えられた。睡眠は受動的なプロセスであるという理論を否定する最初の発見は、シカゴ大学の米国人生理学者ナサニエル・クライトマンと彼の博士課程学生であったユージン・アゼリンスキーによって行なわれた、睡眠／覚醒サイクルに関する画期的な研究から生まれた。成人ボランティア二〇人の睡眠中の眼球運動を注意深く観察することにより、彼らは、休眠の段階と、より活動的な眠りであるレム睡眠とが、交互に表れることを発見した[*1]（図7）。レム睡眠には、両目の急速な動き、やや乱れた呼吸、不規則な心拍、速い脳波がともなう――ただしその間、体は全体的にリラックスした状態を保っている。この信じがたい発見が一九五三年に『サイエンス』誌に発表されたことにより、睡眠／覚醒サイクルの異なるフェーズを特定する研究に、大きく弾みがつくこととなった。

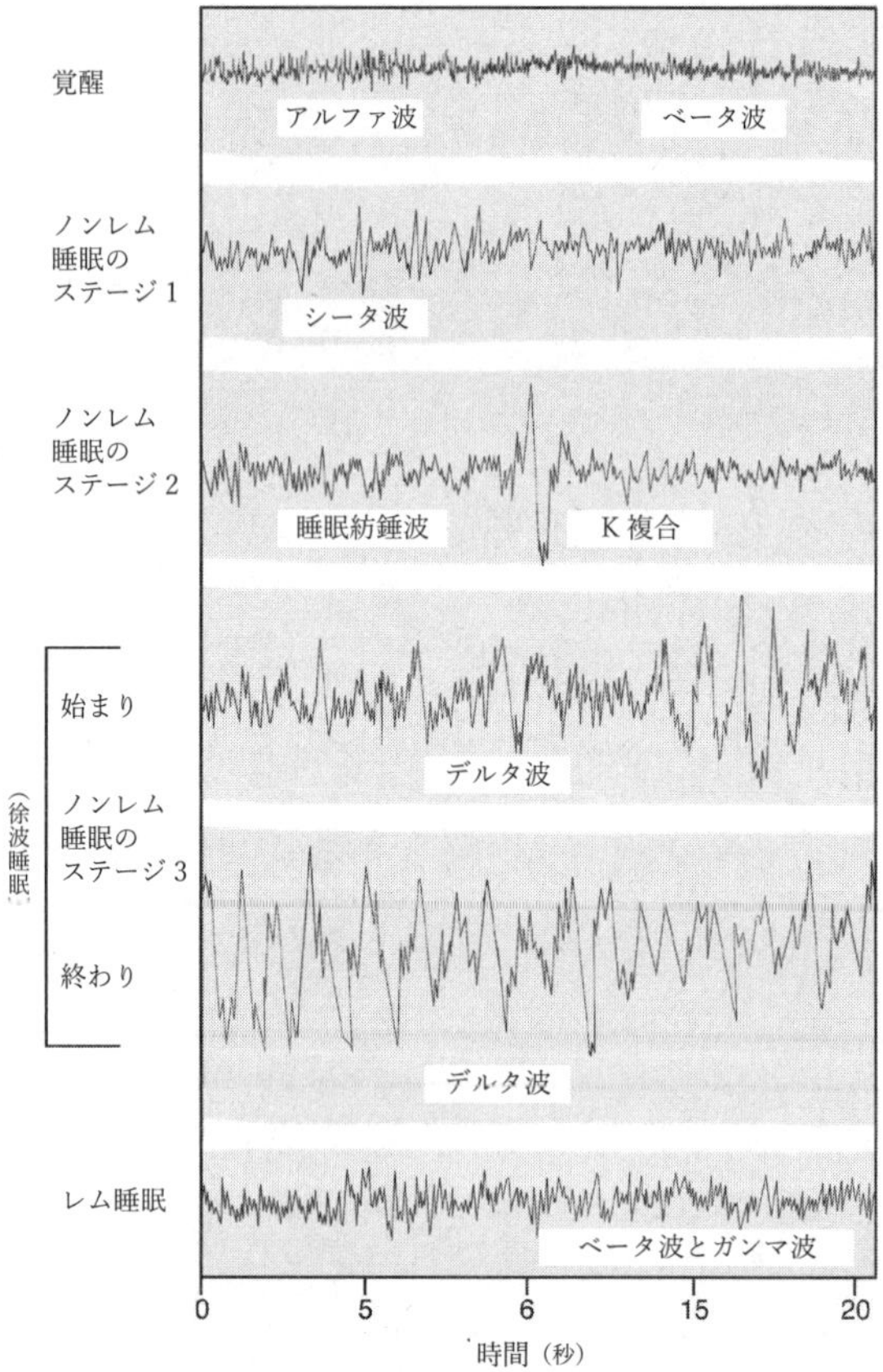

図7 脳波は睡眠／覚醒サイクルのフェーズによって大きく異なる。各フェーズは、異なる速度（周波数）と大きさ（振幅）を特徴とする独特の脳波によって示される。1回分のサイクルは、この図に示されたすべてのフェーズを上から下へ順番に通過する。睡眠への移行時には、いくつかの特定の脳波が表れる。まずはK複合と呼ばれる、大きくて非常にゆっくりとした電気振動が起こる。これは持続時間が通常1秒未満の単一の波として現れ、多くの場合、そのあとに睡眠紡錘波と呼ばれる速い周波数（約10ヘルツ）の振動バーストが続く。睡眠が深まると、デルタ波と呼ばれる、周波数4ヘルツ以下のゆっくりとした波が連続して表れ、これは睡眠が進むにつれてより遅く、大きくなっていく[*2]。

レム睡眠のパラドックス

クライトマンの研究室でレム睡眠が確認されたあと、当時博士課程の学生だったウィリアム・デメントは、レム睡眠中に夢を見る頻度が増す可能性に関して、クライトマンとアゼリンスキーが観察した内容をさらに深く追求することにした。一九五七年にデメントとクライトマンが発表した研究結果によると、実験のボランティア参加者をレム睡眠中に目覚めさせたところ、レム睡眠エピソードの約八〇パーセントは夢と同時に起こっていたという——この数字は、夢の発生がエピソード全体の一〇パーセントに満たなかったノンレム睡眠をはるかに超えるものだ。[*3]

それから二年がたったころ、リヨンにあるクロード・ベルナール大学のフランス人神経科学者ミッシェル・ジュヴェは、レム睡眠の生理学的特性に関する重要な研究の数々を発表し始めた——レム睡眠のことを、ジュヴェは「逆説睡眠」と呼んだ。その理由は、皮質活動が亢進している一方で、身体はほぼ完全に休眠しているためだ。この休眠状態は、ある小規模なニューロン群によって引き起こされており、その活性化は、特にレム睡眠中に、姿勢の筋制御に直接かかわっている運動ニューロンを抑制する神経伝達物質の分泌を促す。ジュヴェによる数々の発見の一つは、このニューロン群に損傷を与えられたネコが、レム睡眠中に激しく動き出し、眠っているにもかかわらず、攻撃する、探索する、鳴くといった、ネコに特有の多様な行動を行なうことを示したことであった。[*4]

こうした行動についてジュヴェは、ネコがレム睡眠中に夢を見ている証拠であると解釈した。この状態にあるネコは、視覚や動作の準備に関連する脳領域が相当に活性化しているにもかかわらず、眠りは中断されていない。これが可能なのは、ジュヴェが発見した通り、レム睡眠が運動反応をほぼ完全に抑制した状態で起こるからにほかならない。夢の筋書きがどれほど波乱に満ちたものであっても、夢を見ている人の行動反応はほぼ完璧に抑えられている。

クライトマン、アゼリンスキー、デメント、ジュヴェらによって積み重ねられた実験は、睡眠は脳の不活性状態であるとの考えを一掃し、それは実際のところ活動的な状態であって、その間、脳は覚醒時と同じくらい活発に情報を処理しているという概念が、議論の俎上に載せられることとなった。夢の活動は、ほかのフェーズとは明確に区別される神経生理学的状態——レム睡眠——の間に起こるという発見によって、それまではあいまいで捉えにくかった夢という現象の輪郭が見えてきた。今や、人がどの瞬間に夢を見ているのかを正確に判断することが可能になった。これによって、睡眠と夢の機能の理解へとつながる道が開かれた。

多大な影響力を持っていたのは確かだが、クライトマンと彼のチームによる最初の観察結果は、後続の研究によって完全に実証されたわけではなかった。早くも一九六〇年代初頭には、デヴィッド・フォルケスが、「夢を見ること」の定義を広げて、睡眠中に起こり得る心的内容全体を包含するものとしたうえで、レム睡眠以外のときに目覚めた場合の少なくとも五〇パーセントが、何らかの夢の活動をともなっていることを示してみせた。[*5] 入眠とともに表れる場面から、徐波睡眠中に起こる思考や感情の断片を経て、やがてしっかりとした構成のナラティブを持つレム睡眠の鮮明で強烈な夢に至るまで、夢は非常に多種多様な、しかし互いに関連性のある経験から構成されている。

睡眠の構造

今日では、哺乳類の睡眠には一般に二つの段階が存在し、それぞれ脳の活動レベルに顕著な違いがあることがわかっている。第一の段階は、主に夜の前半に起こるものであり、これはさらに、徐々に眠りが深くなっていく三つのステージに分けられる。これらのステージはまとめてノンレム睡眠（NREM）と呼ばれる。第二の主要段階であるレム睡眠は、主に夜の後半に発生する。人間の睡眠の完全な一サイクルはおよそ九〇分間であり、N1→N2→N3→レム睡眠のように、決まった順序で起こる複数の状態から構成される。このサイクルは毎晩四～五回、その人が目を覚ますまで繰り返される。

ここでいったん、睡眠の最初の段階に戻って、そのダイナミクスをより深く理解していくことにしよう。入眠のプロセスは、覚醒状態で目を閉じているときの特徴であるアルファ波が消失し、シータ波と呼ばれる、N1状態に特徴的な波の出現から始まる。夢の最初のイメージはこの初期段階で出現し、次のN2ステージまで継続するが、K複合と呼ばれる脳波が起こっているときだけは例外となる（図7）。N2に特徴的な、これらのスピードが非常に遅く孤立した波は、精神的なシャットダウンを誘発し、ふいに意識が喪失すると、そこでN3が表れる。N3は、速度はK複合と同じくらいゆっくりである一方、連続して発生するデルタ波に支配されている。

N1とN2は非常に短く、ほとんどの場合、その継続時間は五～二〇分間だ。N3の状態はより長く続くが、そのエピソードは夜が深まるにつれて短くなる。一方、レム睡眠は夜の始めに短いエピソードとして発生し、次第に長くなって、朝の訪れとともに最も長いエピソードが表れる。夜の最初のレム睡眠エピソードは数分しか継続しないが、最後のエピソードは一時間を超えることもある。

レム睡眠のエピソードは、夜が進むにつれて長くなるだけでなく、より激しさを増していく。眼球運動、局所的な筋肉のけいれん、夢の報告の鮮明さのほか、膣の血流[*6]や陰茎の勃起[*7]も増加する。レム睡眠は、体温が最低レベルに達したときに長さが最大になる。レム睡眠中は体温調節が機能しないにもかかわらず、脳の特定の領域では温度の上昇が見られる[*8]。熱的不快感がある場合には、それが体温の正常な範囲より高いか低いかにかかわらず、レム睡眠は大幅に減少する一方、ノンレム睡眠は影響を受けない。

神経伝達物質と精神状態

睡眠のフェーズによってこのように心的内容が大きく異なるという事実は、神経伝達物質のレベルの変動に関連している。目覚めているとき、人の脳はノルアドレナリン、セロトニン、ドーパミン、アセチルコリンといった神経伝達物質を大量に分泌する。五億年以上前に登場した最初の動物に起源を持つこれらの神経伝達物質は、注意、情動、運動性、動機づけられた行動全般の調節において重要な役割を担っている。

眠るために目を閉じて体をリラックスさせると、感覚的な刺激が減少し、さまざまな神経伝達物質のバランスが変化する。徐波睡眠中には、ドーパミンレベルがわずかに下がり、アセチルコリンのレベルが激しく変動し始める。同時に、脳機能にとって非常に重要な三つの神経伝達物質、ノルアドレナリン、セロトニン、ヒスタミンのレベルが低下する。これが起こる理由は、徐波睡眠が徐々に深まるにつれて、これらの神経伝達物質が生成される場所が、アセチルコリンの断続的な放出によって抑制されるためだ。レム睡眠への移行時においては最終的に、アセチルコリンのレベルが急激に上昇し、ドーパミンのレベルがわずかに増加し、そしてノルアドレナリンとセロトニンのレベルが急激に下がって実質的にゼロになる。こうした化学的な変化は、夢の体験とどのように関係しているのだろうか。

一九七七年、ハーバード大学の精神科医J・アラン・ホブソンとロバート・マッカリーは、レム睡眠への移行における主観的経験の顕著な変化は、アセチルコリンを生成する細胞の活性化と、セロトニンとノルアドレナリンを生成する細胞の不活性化によって説明できるという理論を提唱した。こうした神経伝達物質のレベルの変動を踏まえれば、以下のように、夢の五つの基本的な特徴を十分に説明することができる。すなわち、(一)強烈な情動と、(二)強い感覚的印象は高いアセチルコリンレベルに由来し、一方、(三)非論理的な内容、(四)夢の出来事の無批判な受容、(五)目を覚ましたときにそれらを覚えていることの困難さは、ノルアドレナリンとセロトニンがほぼ存在しないために起こる、ということだ。最初に発表されて以来、ホブソンとマッカリーの理論は数世代にわたる神経科学者たちに影響を与え、夢に対する薬理学的・解剖学的説明の探求へと彼らを駆り立てた。彼らが目指すのは、心理学的な現象を生物学的なものに単純化して解明することではなく、完全に無意識な細胞の化学的相互作用が、いったいどのようにして夢を見るというある程度意識的な体験を生み出すのかを理解しようと試みることだ。

老廃物の排除と回復

ホブソンとマッカリーがその理論を初めて提唱して以来、睡眠に関してはさらに多くの事実が発見され、この現象の説明はますます複雑さを増してきた。進化的に非常に古い行動状態である睡眠は、異なる時期に進化し、それぞれに明確に異なる相乗効果を持つ複数のメカニズムに基づいて、数多くの生物学的機能を果たしている。ここ五年ほどでようやく明らかになってきたのは、睡眠の最も重要な機能の一つは脳の老廃物の排除である、ということだ。目を覚ましている間の神経機能は、ベータアミロイドと呼ばれるタンパク質をはじめとする、望ましくない分子副産物を生成する。ベータアミロイドの蓄積は、アルツハイマー病に関連があるとされている。色素や放射性タグをつけたベータアミロイドを用いた実験では、睡眠に入ると細胞間の微細な空間が大幅に広がり、その結果、脳脊髄液を通じて老廃物が拡散されやすくなることが示されている。脳脊髄液というのは、脳から分泌される透明な液体であり、血液循環と連携して、体内のほかの部位との物質交換を可能にする役割を持つ。[*9] この効果は、睡眠そのものよりもむしろ体の姿勢に起因しているという可能性もあるが、[*10] 人間の睡眠はほとんどの場合、体を水平に寝かせているときに起こるため、睡眠は実質上、覚醒時に脳に蓄積された分子のゴミを素早く効率的に掃除する手段となっている。これを踏まえると、短い昼寝で集中力が大幅に回復したり、睡眠不足がアルツハイマー病のリスク因子であったりするというのは驚くに当たらない。フランスの若者一七七人を対象とした研究では、睡眠時間の減少は、学業成績の低下および大脳皮質のさまざまな領域での灰白質の体積の減少と相関関係にあることが示されている。[*11]

睡眠にまつわる病と睡眠薬

複雑かつ生命にとって不可欠な生物学的機能である睡眠はまた、多種多様な生理学的・心理学的障害による影響を受けやすい。睡眠と直接的・間接的に関連する主な病状としては、夜間無呼吸、ウエスト症候群、てんかん、夜驚症、夢遊病、レストレスレッグス症候群、ナルコレプシー、カタプレキシー、そして以下で取り上げる、心的外傷後ストレス障害に特有の反復する悪夢などがある。夢遊病や夜驚症のエピソードは夜の始めの徐波睡眠中に起こるが、レム睡眠に典型的な高レベルの不安をともなう明確かつ詳細に構築された悪夢は、夜の後半に表れる。どちらの睡眠フェーズで起こるにせよ、そうした障害は不安、抑うつ、精神病〔精神疾患すべてのことではなく、精神科領域で「幻覚や妄想をともない、現実認識が著しく障害された状態」を指す（須）〕と関連している。ミッシェル・ジュヴェの夢見るネコたちと似たような神経障害を持つ患者は、レム睡眠中の行動障害を発症する場合があり、彼らは夢の内容を実際の行動として演じるようになる。

睡眠の訪れを妨げる物質にはさまざまなものが存在し、たとえばその一つが、脳で自然に生成されるオレキシンだ。オレキシンが不足すると、過度な眠気、突然のレム睡眠の開始のほか、筋緊張を急激に喪失するカタプレキシーを特徴とするナルコレプシーが引き起こされることも少なくない。睡眠を阻害する物質としては、カフェイン、アンフェタミン、メチルフェニデート（製品名リタリン）、コカインなどがあり、これらは植物から抽出されるか、医薬品工場で合成される。一方、眠気を誘発する物質には、体内で生成されるもの（アデノシン、メラトニン、レプチン〔レプチンは食欲抑制ホルモンであり、その分泌レベルは「睡眠時間が短いほど高くなる」と言われているが、レプチンが眠気を誘うという情報は確認できなかった（須）〕）と、アルコール、バルビツール剤、ベンゾジアゼピン類（製品名ジアゼパム、リボトリールなど）、Z薬（製品名ゾルピデムなど）など、工業的に作られるものがある。後者の物質を使用した場合、睡眠はその質が低下して、自然な休眠と記憶処理の時間というよりもむしろ、一時的な脳のシャットダウンに近い状態になることがある。

もし睡眠が、神経伝達物質の特徴的なプロファイルを有するさまざまな生理的状態から構成されているとするならば、そうした物質自体やその類似物、さらにはその生化学的前駆体（神経伝達物質を生成するために使われる原材料）によって、睡眠に変化が起こるのは当然と言える。ドーパミンの生成が低下しているパーキンソン病の患者は通常、ドーパミン合成の基礎となる分子、L‐ドーパの処方を受ける。この治療は、患者がほんものの幻覚と表現する強烈な夢の体験をもたらすことがある。[*12]

睡眠とスポーツ

睡眠科学が最も広く活用されている分野の一つは、高レベルのアスリートが競い合うハイパフォーマンススポーツだ。集中的な運動は、体液の喪失、筋繊維へのダメージのほか、グリコーゲンなどの生化学的エネルギー源の消耗を引き起こす。睡眠によって細胞と組織を適切に回復させることは、アスリートが力、精度、持久力、速度を維持するうえで不可欠だ。[*13] 一般に、一八歳のアスリートは四〇歳のアスリートよりも刺激に対する反応時間がはるかに短いが、もし若いアスリートが睡眠不足で、年上の方はしっかりと睡眠をとっていた場合、この差は相殺される可能性がある。睡眠不足はまた、テストステロンの生成にもマイナスの影響をおよぼす。男女を問わず筋肉量を増加させるこの物質は、主に睡眠中に分泌される。[*14]

ハイパフォーマンススポーツのトレーナーは、ほとんどの場合、競技前だけでなく、競技後のアスリートの調整の一環として、特別な睡眠プログラムを用意する。その目的は、反応時間を短縮し、運動協調性を高め、代謝に必要な物質を補充することだ。[*15] カーレースのF1で三度ワールドチャンピオンに輝いたアイルトン・セナが優れたパフォーマンスを発揮できた最大の要因は、トレーナーであるヌーノ・コブラが、彼に早寝の習慣を厳格に守らせていたからだと言われている。アメリカンフットボールの世界では積極的仮眠《パワーナップ》が一般的になっており、またトム・ブレイディのようなスター選手は、午後九時にはすべての活動を終え、九時間の連続した睡眠を確保している。

神経発生とホルモン調節

睡眠が最初期から有する機能の一つは、神経発生、すなわち新しいニューロンの生成に寄与することだ。ヒトの場合、思春期に入るまで続く神経発生は、[*16] 歯状回と呼ばれる領域で起こっている。歯状回とは、さまざまな種類の感覚情報が海馬に入る入り口として機能するニューロンの層だ。睡眠不足は、歯状回における神経炎症と神経発生の減少を引き起こし、これらはいずれもうつ病に関連している。

睡眠のもう一つの重要な役割は、細胞の再生と発達に必要な成長ホルモンや、ストレスへの対応に不可欠なコルチゾールといった、われわれの体にとってとりわけ重要な代謝制御因子のレベルをコントロールすることだ。主に徐波睡眠で占められている夜の前半には、成長ホルモンのレベルがピークに達する一方、コルチゾールレベルは最も低くなる。その大半がレム睡眠に費やされる夜の後半には、ホルモンのプロファイルが逆転し、成長ホルモンの分泌が止まり、コルチゾールは増加して覚醒が始まるころにピークを迎える。正常な状態においては、コルチゾールレベルはその後、一日中低いまま維持されるが、[*17] ストレスの多い状況になれば、このホルモンのレベルはいつでも上昇する可能性がある。コルチゾールの増加によるさまざまな影響の一つは、海馬のシナプスを弱めることであり、[*18] それによって学習能力が損なわれ、すでに獲得した記憶にも悪影響がおよぶ。

睡眠は食欲の調節とも密接なかかわりがある。睡眠時間が少ない人たちは、グレリンというホルモンのレベルが上昇し、レプチンが減少することによって食事の摂取量が増え、肥満の傾向が高まる。慢性的な睡眠不足は、代謝、ホルモン、情動、認知が同時にダメージを受けるという壊滅的な状態を引き起こし、また脳卒中、多発性硬化症、頭痛、てんかん、夢遊病、アルツハイマー病、精神病など、多様な疾患の危険因子となる。

微生物叢、睡眠、気分

睡眠が化学物質によって大きく変化することを踏まえれば、われわれの微生物叢を構成する膨大な数の細菌、ウイルス、酵母、原生動物が睡眠に影響を与えるのもまた当然と言えるだろう。この関係性の発見は一九〇七年にさかのぼる。きっかけは、フランス人精神生理学者ルネ・ルジャンドルとアンリ・ピエロンが、二四の犬の間で、一方の脳脊髄液を他方に注入するという画期的な実験に着手したことであった。二四のうち一四——「ドナー側」の犬——は、実験前に最大一〇日間にわたって睡眠を剥奪されていた。その結果、睡眠を剥奪されていなかった方の個体、すなわち脳脊髄液の注入を「受けた側」が、注入から約一時間後に深い眠りに落ちたことが確認された。ルジャンドルとピエロンはこの結果を、覚醒している脳の中に、睡眠を誘発する物質が蓄積されている証拠であると解釈した。[19] 同じころ、日本人生理学者の石森國臣もまた類似の研究を行ない、同じ結論にたどり着いている。この物質は一九六七年に単離され、一九八二年にムラミルジペプチドとして特定された。ムラミルジペプチドはバクテリアの細胞壁に由来し、遅い脳波を誘発する作用を持つ——何らかの感染症にかかっているときに徐波睡眠が増え、レム睡眠が減るのはそのためだ。[20]

一般的な成人の正常な細菌叢には、自身の体にある細胞の数よりも五〇パーセント多くの微生物が存在すると言われている。腸内微生物は、消化管の壁にある約五億個のニューロンが生成するセロトニンの量を変化させる。この腸管神経系が脳へ送り出している軸索の数は、この場所が脳から受け取るものの数をはるかに超える。消化管神経系は、意思決定や行動の計画に直接かかわってはいないものの、場合によってはそうしたプロセスに少なからぬ影響を与える。セロトニンは消化において重要な役割を果たすだけでなく、心にも強烈な作用をおよぼし、気分を変化させる。体内で生成されるセロトニンの大半は消化管に存在し、これは強い情動と胃腸障害との関連性を示している。事実、うつ病は睡眠パターンの変化を含むさまざまなメカニズムを通じて、腸内細菌叢からの影響を受ける。

興味深いことに、断食はキリスト教、イスラム教、ヒンドゥー教、仏教、ユダヤ教といった世界の主要宗教において、精神的変容をともなうビジョンを得る手段として用いられてきた。アメリカ先住民は、重要な意味を持つ夢の啓示を受けるために断食を利用していることが知られており、またこれは古代エジプト、ギリシア、ローマでも頻繁に行なわれていた。[*21] 食事と夢の関係についての現代の研究において、カナダで四〇〇〇人近い人々を対象に調査を行なったところ、長期間の断食はより鮮明な夢と関連していることが確認されている。[*22]

妄想の化学的性質

睡眠を誘発する物質にはさまざまなものがあるが、夢の体験をリアルに再現できるものはそう多くない。これに最も近い薬物は幻覚剤であり、知覚や情動の微妙な変化から、ほんものの夢のような幻覚体験まで、幅広い効果を引き起こす。脳を薬が作られる調剤所だとするならば、妄想を引き起こす化学物質の働きを理解すれば、そこで起こっている自然なプロセスを模倣することが可能になるだろう。特定の植物、菌類、動物の抽出物を用いることで、夢を生み出す調剤所を訪れることが叶うかもしれない。神経伝達物質のエンドカンナビノイド〔体内で生成される内因性カンナビノイド〕によく似た物質は、植物の中にも存在する。たとえばそれはデルタ-

9‐テトラヒドロカンナビノール分子（ＴＨＣ）やカンナビジオール分子（ＣＢＤ）であり、これらは大麻（カンナビス）に含まれる一〇〇種類以上のカンナビノイド分子の仲間だ。[*23] セロトニンの類縁物質としては、アヤワスカ〔アマゾン地方の伝統的な幻覚剤〕の材料となるサイコトリア・ヴィリディスの葉に含まれるN,N‐ジメチルトリプタミン（N,N-DMT）、ビロラ・テイオドラの樹皮を材料とするアマゾン地域の嗅ぎタバコやソノラ砂漠に住むコロラドヒキガエルの分泌物に含まれる5‐メトキシ‐Ｎ,Ｎ‐ジメチルトリプタミン（5-MeO-DMT）、ペヨーテ（学名：*Lophophora williamsii*）というサボテンに含まれるメスカリン、ミナミシビレタケのシロシビン、麦角菌のアルカロイドから合成されるリゼルグ酸ジエチルアミド（ＬＳＤ）などがある。[*24] ブウィティ教で使用されるアフリカのイボガという植物の根には、イボガインと呼ばれる強力な幻覚性アルカロイドが含まれている。メキシコ産のサルビア・ディビノラムの葉にはサルビノリンが含有されており、この物質は急速かつ強烈な解離性のトランス状態を引き起こす。これらの強力な菌類、動物、植物の薬理学的特性が発見されるまでの極めて長いプロセスを想像するのは魅力的な作業だ。何千年にもわたる大胆な自己実験を通じて、人間は毒と治療薬とを隔てる使用方法と用量を探し求めてきた。[*25] 要するに、人体が実験室として使われてきたわけだ。

上述した分子はすべて、ニューロンの細胞膜に固定された受容体（特定の分子との結合により、その形状を変えることができるタンパク質）を介して作用する。形状を変える際、これらの受容体はしばしばチャネルとして開口し、ナトリウムやカルシウムなどのイオンを細胞内へと通過させる（図6）。あるいは、受容体が形状を変えて酵素になり、細胞内の化学反応を促すこともある。ＬＳＤや5-MeO-DMTの場合、活性化される主な受容体はセロトニン受容体だ。カンナビノイドであれば、脳内で活性化される主な受容体はＣＢ１と呼ばれるものとなる。

大麻、睡眠、エクスタシー

脳自体の内部から見つかった最初のカンナビノイドは、アナンダミドと名づけられた。化学構造のアミドと、サンスクリット語で幸福を意味するアーナンダとを組み合わせた言葉だ。アナンダミドは、徐波睡眠とレム睡眠を強力に誘発し、覚醒時間の短縮を促す。2‐アラキドノイルグリセロールなど、そのほかの重要なエンドカンナビノイドもまた睡眠を誘発する。

夢と大麻(カンナビス)による効果の間には、部分的ではあるが明確な類似性がある。特に、短期記憶を低下させつつ創造性を向上させるような、認知における広範な変化がこれに該当する。カンナビノイドの効果に関するいくつかの研究では、大麻が引き起こす変化の複雑さが証明されている。THC(テトラヒドロカンナビノール)というカンナビノイドには興奮作用があり、思考を加速させ、想像力を刺激する。少量であれば徐波睡眠の持続時間を延ばすことができるが、大量に摂取した場合は不安惹起作用を発揮し、覚醒時間の増加とレム睡眠の減少を引き起こす。カンナビノイドのCBD(カンナビジオール)には抗不安効果があり、短期記憶の障害に対して保護的に働き、覚醒時間を増加させ、レム睡眠の時間を減少させる。過度な高容量を摂取した場合、THCとCBDはどちらも睡眠を誘発する。

大麻を使用したあとは夢を思い出しにくいという報告があるのは、おそらくは上記のような効果のためであり、また睡眠前に摂取した大麻の健忘作用が残っていることもその一因であると思われる。結果として、大麻とその成分は、心的外傷後ストレス障害の典型的な症状である反復する悪夢の治療に効果を発揮することがある。[*26]

大麻によって引き起こされるレム睡眠の減少は、夢を見る可能性と夢を覚えている可能性を効果的に減少させるが、その一方で、覚醒している間に摂取された大麻の効果は、それ自体が夢を見ることとよく似ている。知覚が豊かさを増し、物事の境界が確かさを失い、論理的なつながりが緩められ、互いにかけ離れているアイデアが結びつき、より興味深い思考が行なわれるようになる。その様子はまるで、大麻が昼間の空想（白昼夢）を生み出すことを優先するために、夜に見る夢を減らしているかのようだ。

セロトニンと幻覚剤

夢を見ている状態と、N,N-DMT および 5-MeO-DMT などのジメチルトリプタミン（DMT）や、LSDのような、セロトニンに似た幻覚剤によってもたらされる効果の間には、顕著な類似性がある。[*27] 精神機能に対してこれらの分子が発揮する強力な作用は当初、一九五〇年代の精神医学によって、精神病のモデルとして提唱された。二〇一七年には、スイス、チューリッヒ大学の精神科医フランツ・フォーレンヴァイダー率いるチームが行なった薬理学的研究において、LSDが夢に似た主観的効果を引き起こすうえでは、脳内に存在する分子であるセロトニン受容体5-HT2Aの活性化が必要であることが示された。夢に似た効果とはたとえば、認知の奇妙な歪みが増加したり、自分の体の境界が融解したりといった現象のことを指す。強力な精神作用があるにもかかわらず、これらの物質には依存性がなく〔確かにLSDは身体依存は引き起こさないと言われているが、タバコ・アルコールより低い程度の精神依存がある（須）〕、毒性も低い。[*28]

DMTを経口摂取または吸引すると、目を閉じた状態で強力な視覚的イメージが引き起こされ、それは多くの場合、明確に異なる二つのフェーズに分かれている。最初のフェーズでは、視野が鮮やかな色彩のパターンで埋め尽くされる。それはまるでほんものの万華鏡のように、無限に繰り返される色と幾何学的パターンから構成されている。やがて動物、植物、物体などの複雑な形状が視野全体を占めるようになり、さまざまな形が動きながら目まぐるしく重なり合う。この最初のフェーズは、夢とも、また普段体験されるそのほかの意識状態ともまったく似ていない。その抽象的な内容はあるいは、N,N-DMTが実際の網膜におよぼす影響なのかもしれない。視細胞のネットワークそのものが持つ特有の幾何学的パターンが活性化されているわけだ。一方、二つ目のフェーズは鮮やかな色と動きを持つ複雑なオブジェクトにあふれ、夢に特徴的な強度、形、質感を有している。ただし、この第二のフェーズに筋書きやナラティブが存在することは滅多にない。例外は非常に高用量を摂取した場合であり、これはときとして複雑な社会的相互作用、幻想的な場面設定、さらには大洋的感情をともなう、夢によく似た長く深い体験を引き起こす。一九八八年には、米国の研究者J・C・キャラウェイによって、脳で実際に生成されるN,N-DMTは、レム睡眠中の視覚イメージの発生に直接関与しているという説が提唱されたが、現状、これを証明する説得力のある証拠は見つかっていない。

N,N-DMTの調合薬として、科学的な観点から最もよく研究されているものはアヤワスカだ。アヤワスカとはケチュア語で「精霊のつる」、あるいは「死者のつる」を意味する。N,N-DMT以外にも、アヤワスカには神経伝達物質を分解する酵素の阻害物質が含まれており、これがセロトニン、ドーパミン、ノルアドレナリンのレベルを上昇させる。別名ヤスカ、ダイミ、ヤヘ、あるいは単にヴェジェタル（植物）とも呼ばれるアヤワスカは、アマゾンやオリノコ盆地の先住民グループや、この薬によってもたらされる啓示的体験の儀式を世界中に広めている混交宗教によって、治療や占いの目的で使用されている。

アヤワスカの効果の中でも特に典型的なものの一つ（ただし一般的なものではない）に、視覚と行動をともなう状態である「ミラサォン」がある。ミラサォンは強力な視覚体験に支配されており、本人は目を閉じたまま、見ているものを能動的に探求する。この状態で見えるイメージは、現実と同じくらい鮮明でありながらも幻想的で、象徴性にあふれ、動物、植物、動物の特徴を持つ神話的クリーチャー、祖先の霊、助言や治癒を与えてくれる神々の存在が、深淵さと鮮やかさを持って色彩豊かに描き出される。

たとえ鮮明なビジョンが起こらない場合でも、アヤワスカの摂取は精神的あるいは霊的な浄化を引き起こす。この過程には、過去の行動を振り返ったり、厳しく自己批判をしたりすることが含まれる。精神的な浄化は、しばしば嘔吐や下痢といった生理的な浄化と並行して起こり（またはそれによって引き起こされ）、その後、恍惚とした贖罪の感覚が訪れる。ほぼすべてのセロトニン受容体が消化管にあることを考えれば、こうした効果は驚くには当たらないだろう。アヤワスカの摂取およびそれに続く浄化のダイナミクスは、先住民やアフリカの信仰とキリスト教との宗教的混交と組み合わさることで、この薬物を用いる宗教を強力な文化的空間、すなわち、人類が常に渇望してきた死と再生のサイクルを、この二一世紀の世界において表現するための場として成り立たせている。

目を閉じて見るビジョン

夢を見ることと、アヤワスカによって誘発される視覚とが驚くほど似ていることに発想を得て、当時はバルセロナのサンパウ生物医学研究所に所属し、のちにマーストリヒト大学に移ったカタルーニャ人薬理学者ジョルディ・リーバは、アヤワスカが誘発するトランス状態についての先駆的な研究を行なっている。アヤワスカを摂取する前後の脳波を記録することにより、リーバの研究チームは、速い脳波のパワーが増加し、それと並行して遅い脳波のパワーが減少することを示した。[*29] これを睡眠の段階と比較してみると、アヤワスカによって引き起こされる脳の状態は、徐波睡眠よりもむしろレム睡眠に近いものであった。夢とミラサォンとに類似性があることにも通ずるこの事実からは、いくつかの根本的な疑問が浮かび上がる。アヤワスカを摂取したあとには、脳のどの領域が活性化されるのだろうか。目を開けているか閉じているかによって違いはあるだろうか。アヤワスカは想像力を高めるだろうか。

こうした疑問を解明するために、ブラジル人神経科学者で、リオグランデ・ド・ノルテ連邦大学におけるわたしの同僚であるドラウリオ・デ・アラウージョは、アヤワスカの影響下にある脳の活動について、視覚的なオブジェクトを想像する能力に焦点を当てた研究を行なった。脳の活動の測定は、二つの連続するタスクを遂行している最中に、機能的磁気共鳴画像法を用いて行なわれた。タスクの一つ目は、目を開けた状態での視覚認知、そしてもう一つは、目を閉じた状態での視覚的想像だ。このプロトコルのヒントとなったのは、米国人神経科学者スティーヴン・コスリンがハーバード在学中に行なった古典的な研究であり、これにおいてコスリンは、視覚的なオブジェクトを想像することが、精神的な努力に比例して一次視覚野を活性化させることを示した。[*30]

アラウージョの研究の結果について説明する前に、一つ言及しておきたいことがある。わたしはこの実験の設計と、アラウージョが当時教授を務めていたサンパウロ大学リベイラン・プレト校の病院での最初のデータ収集作業に参加している。わたしがこのとき痛感したのは、病院内に設置された磁気共鳴スキャナーの中にアヤワスカの体験を持ち込むことの難しさだ。これが困難な理由としては、上述した生理的変化のほか、ボランティア参加者たちの信仰が挙げられる。彼らにとって、スキャニングを受けている状態で精神世界に入り込むというのは容易なことではなかった。ボランティアたちは、サント・ダイミ教を信仰していた。サント・ダイミは、ウニオン・ド・ベジェタルやバルキーニャといった教団と並んで、アヤワスカを聖餐として用いる主要な混交宗教の一つだ。アマゾンの熱帯雨林のシンボルに根ざしたこの混交宗派を実践する人たちにとって、魂が苦悩して頻繁に肉体を離れると信じられている病院という環境にいることは、とりわけ大きな負担となる。

アヤワスカを摂取する前後のデータを比較したところ、視覚、エピソード記憶の回復、意図的・予想的な想像に関連する脳皮質のさまざまな領域において、脳活動の増加が見られた。その視覚領域は、夢や精神病性の幻覚を見ている最中に活性化される領域と一致しており、さらには、解剖学的に網膜に最も近い皮質領域である一次視覚野の活動は、アヤワスカ摂取後に体験される精神病のような症状と強い相関を示していた。加えて、脳の異なる部位の間の関係にも有意な変化が見られ、脳活動の大々的な機能的再編成が起こっていることが明らかになった[31]。この結果は、目を閉じた状態で見ようとする――すなわち想像しようとする――活動が、アヤワスカの影響下においては、想像上の光景をかなりはっきり見ているという感覚を実際に生み出していることを示唆している。この四年後には、インペリアル・カレッジ・ロンドンの英国人薬理学者デビッド・ナット率いるグループが、LSDを用いて同様の結果を得ている。同研究では、目を閉じている状態でも視覚系が強力に活性化することが示された[32]。

アヤワスカの研究をもとに、アラウージョは、インドの物理学者ガンジー・ヴィスワナタンや、当時博士課程の学生だったアリーネ・ヴィオールらリオグランデ・ド・ノルテ連邦大学の研究者と共同で、アヤワスカの摂取が脳の接続性を高めることを証明した[33]。このエントロピーの増大により、心は実質上、より「開かれた」状態になることができる。柔軟な状態になった心の中では、未来や過去についての思考が、それらが表している現実と同一視されることなく、自由に関連づけられる。同様の現象は、シロシビンやLSDといったそのほかの幻覚性物質でも観察されている[34]。これを踏まえると、新石器時代のシャーマンたちが、占いの性質を持つビジョンを呼び起こすために幻覚剤を使った理由は容易に理解できる。そうした物質は「エンセオジェン（entheogen）」、すなわち神の内的な顕現と呼ばれており、この言葉は神を内に取り込むことを意味する「enthusiasm（熱狂）」と同じくギリシア語のルーツを持つ。

夢とエンセオジェンとの関係は親密かつ複雑なものだ。ブラジルの人類学者ベアトリス・ラバテはこう言っている。「伝統的な社会においては、覚醒している状態は、世界に存在したり、現実を知ったりするための「正常な」あるいは「優れた」方法とはみなされていない。夢やその他の変性意識状態は、学びと啓示のための完全に正当な手段として捉えられている」。このような社会では、現実は二つ以上の次元に分けられる。一つは目に見える次元、もう一つは目に見えない次元だ。「向こう側」、すなわち魂や神々が属する目に見えない次元にアクセスするには、夢を見るか、エンセオジェンを儀式的に用いて、存在の霊的な次元を知覚できるようにする必要がある。そうした境界状態においてのみ、この世界の人々、動物、植物、物事の表層の向こうを見通すことができ、単なる外見を超えた親交を深めることができると、彼らは信じている。非人間的な存在として経験するこの不可視の次元は、少なくとも部分的には、こちら側の世界、すなわち目に見える次元において起こる事象の理由とされている。

ブラジルとペルーの間のアマゾン熱帯雨林で暮らすカシナワ族は、ビジョンを得たり、霊的世界にアクセスしたりするためにアヤワスカの煎じ薬を飲む。[*35] この意識の変容は、夢や熱による妄想、さらには昏睡状態とも直接的に関連している。それらはいずれも、存在の極限にいる状態であると考えられている。そして存在の極限であるからこそ、霊魂が住まう場所の目には見えない現実を伝える、真の啓示を生み出す力を持っているとされる。夢の作用は、アヤワスカのそれと同じく、カシナワ族の人々の間で、世界の隠された側面を明らかにする機能を果たしている。覚醒した状態で目を閉じて行なう想像の鮮明さを高め、それを夢で達成されるレベル、さらには目を開けているときに知覚される現実のレベルまで到達させることによって、エンセオジェンは、ビジョンに具体性と現実感を与え、自分自身の記憶との遭遇を、勇敢かつ感動的な発見へと変貌させる。これは果たして制御された狂気なのだろうか。狂気とは、いったい何だろうか。

第8章　狂気は一人で見る夢

C・Sは妄想型統合失調症に苦しんでいた。若いうちにこの病気を発症した彼は、二一歳で公立病院に入院した。彼には自分を侮辱し、殺してやると脅す絶え間ない女性の声の幻聴が聞こえており、やがて不気味な人影を見る幻視が始まった。精神科医は、ドーパミンおよびセロトニン受容体の強力な遮断薬であるリスペリドンを処方した。妄想のある精神病に対して優先的に使用される薬だ。しかし、一日の最大量を処方しても、患者は自分の妄想や幻覚を信じ続けた。彼は毎日声を聞き、低木に覆われた荒野に踏み入って野生動物のように消え去りたいという衝動を感じていた。

数ヵ月後、退院して自宅での投薬を行なうことになっても、C・Sの苦しみは終わらず、想像上の誹謗中傷や攻撃的な脅迫といった耐えがたい迫害の妄想が続いた。低木の荒野に逃げ去りたいという衝動も変わらなかったが、それが実行に移されることはなかった。彼の衝動は抑制されており、存在はしていたが無力だった。この脆い正常さが保たれている期間に、彼はある夢についての話をした。その夢の中でも声は、覚醒しているときと同じように、彼を殺してやると脅していた。彼が家の外へ出ると、自分の母親が男に襲われているのが見えた。彼はその男を殺し、逮捕され、自分は病気だと主張し、刑務所から釈放された。釈放されると、彼はとても気分がよくなり、そこで夢は終わった。同じ夢が何度か繰り返された。患者はこの夢を楽しいものと捉えていた。なぜならそれは「怒りを発散させてくれ、最後にはすべてがうまくいくから」だ。リスペリドンによってドーパミンの効果が減少すると、患者が覚醒している間は声に従おうとする衝動が抑制されるが、患者が夢を見ているときにはそうした抑制は起こらなかった。夢の中では、それを見ている本人にとってネガティブな結果をともなうことなく、すべてを解決することが可能になる。夢というパラレルワールドでは、彼は自身の精神病的症状を表出させる完全な自由を有しており、そのため睡眠は、覚醒時の生活を縛る社会的制約からの完璧な逃避となった。リスペリドンの副作用が眠気であるのも当然と言えるだろう。この薬は、われわれが眠りに落ちるときに自然に起こるドーパミンおよびセロトニンレベルの低下を模倣するからだ。

統合失調症と小児期の作り話

科学が進歩しているとはいえ、C・Sのような症例の予後には依然として困難がつきまとう。統合失調症は、複雑な遺伝的かつ環境的な原因を持つ、患者の生涯に壊滅的な影響を与える可能性がある疾患だ。まず、この病気には明確だが散発的な遺伝的兆候があり、特定の家系において有病率が高く、また数多くの遺伝子がこの症状と何らかの形で関係している。ただし、母親や父親からのケアの欠如、さらに悪い場合には、子供を徹底的に否定するような親子関係による長期にわたる心身へのダメージも、この病気の発展に寄与しているように思われる。統合失調症にはさまざまな症状があり、中でも思春期や成人初期における幻覚や妄想的な信念の出現、さらには感情の平板化、論理の弛緩、思考の混乱を、大きな特徴とする。パラノイアもこうした症状の一つとして表れることが多く、社会的関係を徐々に悪化させる原因となる。

興味深いことに、幻覚、妄想、論理の弛緩は、健康な成人および子供の夢の中や、子供の覚醒時の生活において、ごく一般的に見られる作り話の中でも起こり得る。たとえば、先ほど例に挙げた患者を実際に担当した精神科医がある少女から収集したという、スティーブン・キングも嫉妬するほどのプロットを持つ悪夢の内容を読んでみてほしい。長い話ではあるが、悪夢に典型的な不安を呼び起こす筋書きが詳細に描写され、サスペンスは高まり、そしてどんなホラー映画よりも強力に感覚を総動員させる。

夢に登場するのは、夢を見ている本人の家族と親戚、舞台は家族が所有する夏の別荘で、そこは周囲を現実の世界では存在しない鬱蒼とした森に囲まれていた。さまざまな年齢層の女性たちがやってきて、だれもが休暇に浮足立っていた一方、少女の父親は不満げな表情を浮かべていた。彼はだれとも言葉を交わすことなく、ナイフやライフルの手入れにいそしんでいた。そして大口径の弾薬を買い込み、バックパックを取り出すと、狩りに出かけてしまった。最初のうち、女性たちは皆休暇を楽しんでいたが、やがて一人ずつ姿を消し始めた。だれかがトイレに行ったきり戻ってこない。別の人が最初の人を探しに行くと、その女性も戻ってこない。少女は大声で父親を呼ぶが、彼は姿を現さなかった。少女は父親のことを怪しいと感じたものの、そんなことを考えているのは自分一人のようだった。女性たちの失踪は頻度を増していくが、それでも少女の母親は心配はいらないと言い続けた。

夢が最初のクライマックスに達したのは、恐ろしい光景が生々しいディテールをともなって目に飛び込んできたときのことだ。少女がある部屋の前を通り過ぎると、自分のおばが天井から吊るされているのが見えた。首吊り状態になっているおばの目は、ぎょろりと飛び出していた。少女は母親を呼びに走ったが、二人が戻ってきたとき、そこには死体もロープの痕跡もいっさいなかった。少女が自分たちは危険にさらされていると主張すると、母親はしぶしぶながらも、ようやくここを離れることに同意した。母親が「あなたの妹はどこ」と尋ねた。そのときようやく、二人は妹も姿を消してしまっていることに気がついた。さらこの超写実的なサスペンスは、少女が床に血の跡を見つけたことによっていっそう緊迫感を増した。さらに、バスルームからは強い腐臭がした。血の跡は点々と洗濯かごまで続いていた。

第二のクライマックスは、少女が洗濯かごを開けた瞬間に訪れた。そこにあったのは、半分だけになった妹の体だった。むごたらしい娘の姿を見て絶望した母親は逃げようとするが、半分死んでいる妹は泣きながら洗濯かごから飛び出してきて、自分の体を引きずりつつ二人に懇願するのだった。「ここに置いていかないで、ここに置いていかないで！」二人が妹を抱き上げると、彼女の切断された体の中身が、内蔵から筋肉、骨まですっかり見えた。その光景はあまりに強烈で、明晰夢の視点が逆転し、少女が「これは夢じゃない、現実だ！」と思ったほどであった。母親と少女と妹は家から逃げ出したが、いくら走っても周囲の様子は変わらず、いつまでも家の中にいるかのように思われた。そのとき第三の、とてつもなく悲惨なクライマックスがやってきた。振り返った少女の目には、映画のエンドクレジットのように動いている文字列が見え、そして彼女は、自分たちはこの状況に永遠に囚われたままなのだと、絶望のうちに悟るのだった。

その瞬間、将来精神科医となる少女は目を覚ました。これは果たして、ごく普通の子供が見るごく普通の夢なのだろうか。少女は典型的な家庭で育ったのだろうか。その職業を選ぶことに必然性はあったのだろうか。この夢は何らかの現実的なトラウマ、あるいはテレビの見すぎによってもたらされたものだったのだろうか。幼い子供がこれほど詳細な恐怖を体験し、それでも正気を保って、精神的苦痛を体験している人々を専門的にケアする道を選ぶことが可能だというのはなぜなのだろうか。医学、生物学、歴史といった学問は、広い文脈で考えた場合、夢の機能および機能不全が人間の心の重要な部分に関係していることを示唆している。質的な観点から言えば、精神病性の幻覚や妄想は、大半の人々が報告する夢とさほど変わるものではない。

実際のところ、外の世界——世界についての正確な認識が「正常な人々」によって共有されている場所

——との病的な断絶としての狂気の概念は、ごく最近登場したものだ。本書の冒頭で見た通り、古代のさまざまな文化においては、今日われわれが精神病と結びつけて考えるような妄想や幻覚は、生者の世界と死者のそれとが接触する機会、あるいは神々に語りかける能力とみなされ、これによって未来を予言し、人の夢を解釈し、前兆を明らかにし、予言を告げることが可能になると考えられていた。古代ギリシア、デルポイの謎めいた女神官ピューティアーや、山や大群衆を動かすことができた誇大妄想狂のファラオといった存在を通じて、狂気は人間と神々とのつながりにおいて比類なき重要性を担ってきた。ところが、キリスト教文明の発展により、異教徒の狂人たちは徐々に社会から隔離され、予言の力を奪われていった。そうした力は今や、教会に所属する聖別・列福された者たちだけの特権となったのだ。

　中世の終わりには、狂気にさいなまれる人々の社会的排除は醜悪なレベルにまで達していた。異端審問の火に焼かれた人々の中には精神病患者が含まれていた可能性が高いが、だとするならば、その残虐行為を命じた方の人間たちは、残忍な精神病質者《サイコパス》であったと言えるだろう。一五世紀に書かれた魔女狩りのための手引き『魔女に与える鉄槌』は、今日で言うところの妄想や幻覚に悩まされる女性たちに対し、暴力的な死を与えよと命じている。ドイツ、フランス、そして特にスペインでは、精神病の症状を示す個人や貧困にあえぐ人々は、悪魔に取り憑かれているとして拷問や処刑を受けることで、社会への不適応がもたらす結果をその肉体で味わわされることとなった。

愚者の船から精神科病棟へ

　異端審問が下火になったこと、また人口が街に移動したことにより、社会から隔離されていた精神病を患う人々の集団は、より広い地域へと分散していった。彼らは体を休める場所も行くあてもないまま放浪し、ヨーロッパの大河を粗末ないかだで渡り、街から街へと施しを求めながら、どの土地でも住民として受け入れられることなく流れ続けた。この現象はまさしく、オランダの画家ヒエロニムス・ボスによって描かれ、フランス人哲学者ミシェル・フーコーが研究対象としてとりあげた「愚者の船」であった。愚者の船は正常性の岸からは離れているものの、ごく近いところに浮かんでおり、社会から攻撃を受けるでもなく黙認されていた。この種の排除は何世紀にもわたって続き、今日に至るまで、狂人として扱われる物乞いという姿で残っている。彼らは生産活動からは完全に切り離され、自らの状態がもたらす喜びと恐怖を存分に味わいながら生きるに任されている。

ルネサンスの終焉とともに、狂人に対するそれまでとは異なる見方が徐々に支配的になっていき、その傾向は最初の公立精神病院の設立にも見てとることができる。精神異常者の治療を専門とする最初の機関は九世紀、アラブ世界に登場したが、特定の行動症状によって定義される病気を持つ精神医学の患者を受け入れる専門施設が広く作られたのは、一七世紀のキリスト教ヨーロッパにおいてであった。

たとえその動機が、狂気とみなされた人々を封じ込め、排除し、罰するという国家の必要性にあったのだとしても、精神病院の設立は、狂気の研究とその治療法の探求に想定外の利益をもたらした。精神を病んだ人々を集めて医師の管理下にある環境に置くことによって、いまだかつてない臨床検査の空間が生まれ、精神疾患を対象とする医学分野の実証的基盤が築かれたのだ。狂人は今や古代の予言者でも中世の怪物でもなく、自然現象の宿主であり、狂っていない「正常」な人間によって研究される対象となった。

一九世紀後半、精神医学の発展はまず、さまざまな種類の精神疾患を特定・分類するところから始まった。神経学のような、すでに脳の損傷と知覚・運動・認知障害との密接な対応関係の分類に成功していた分野とは異なり、精神医学が扱っていたのは――今日と同じように――、それよりもはるかに捉えがたい、単なる神経解剖学的検査では原因が明らかにならない障害であった。この時代以降、精神疾患には少なくとも一般的なタイプが二種類あるという理解が広まった。「精神病（psychosis）」は、その起源が「器質性」

で、生理学的および／または解剖学的な原因にアクセスして治療するのが難しいために予後が悪いもの、もう一方の「神経症（neurosis）」は、文化的な起源を持ち、精神病と比べると、さまざまな種類の治療法を通じた対策がはるかに容易な障害を引き起こすものであるとされた。

神経症の精神療法においてとりわけ有用であるとフロイトがみなしていた「夢」は、一九世紀末には、病的なものではないが、精神病と似た現象であると広く考えられていた。精神医学の創始者であり、統合失調症を最初期に記述した科学者であるエミール・クレペリンやオイゲン・ブロイラーもまた、そうした見解を共有していた。精神病的な発作を経験している人々の振る舞いは、目覚めているにもかかわらず強烈な夢の中にいるかのようであり、まるで社会的な現実そのものよりもリアルな、自分にしかわからない現実に浸っているかのように見えたからだ。そしてそこから自然と導かれる帰結の一つは、夢はすべての人々、目覚めているときに精神病的症状を経験しない人においても観察される、正常な精神病的状態である、ということだ。クレペリンとブロイラーは多くの点でフロイトと意見を異にしたが、夢が明らかに精神病に似ており、おそらくは共通のメカニズムと大きな治癒力を持つという考えは一致していた。

こうした見解は二〇世紀前半に医学的思考に広く浸透し、欧米でかなりの影響力を持つようになったものの、一九五〇年代に最初の抗精神病薬（程度の差こそあれ、そのすべてがドーパミンD2受容体拮抗薬であった）が開発されたことにより、精神病と夢の関係性に対する関心は薄れていった。もはや精神病患者の夢を調査する理由も、夢の幻想と統合失調症の妄想との関係を理解しようと努める理由もなくなった。精神病の治療において患者の主観性が占めていた位置は、より具体的で、単純で、客観的なものに取って代わられた。すなわち、脳内のドーパミンの作用を抑えることができる薬物だ。

患者の家族から見れば、薬物療法はまさに奇跡であった。なぜなら薬は、精神病において大きな憂慮の種である患者の反社会的行動を根本から断ち切ってくれたからだ。患者本人の側から見れば、この成功には異論があった。投薬量の管理が徹底されておらず、情動が麻痺したり、動きが緩慢になったりすることが少なくなかったためだ。それから数十年がたった今、最新の抗精神病薬はもはやドーパミン受容体のみではなく、セロトニン受容体、ノルアドレナリン受容体、グルタミン酸受容体なども標的とするようになっている。精神科の薬は、多くの受容体に対する幅広い化学親和性を持ち、気分、認知、社会的交流など、心のさまざまな側面を調節する複雑な薬理効果をもたらす。

夢と精神病の関係が精神薬理学の関心事ではなくなった一方で、神経画像検査の研究においては、レム睡眠と精神病の間に驚くほどの類似性があることが示された。どちらの状態においても、背外側前頭前野が不活性化され、それによって生じる負のフィードバックが、この領域が持ついくつもの重要な機能をさらに抑圧する。その機能とは、作業記憶、運動行動の計画・抑制・自発的な制御、意思決定、論理的および抽象的な推理、微妙な社会的調整などだ。この皮質の不活性化は、情動に関係する皮質下構造の脱抑制につながる。そうした構造とはたとえば側坐核や扁桃体であり、これらはそれぞれ刺激に対する正または負の評価に関連している。背外側前頭前野の不活性化と、こうした皮質下構造の活性化との組み合わせは、精神病と夢を見ることとの両方の特徴である奇妙な思考、感情障害、幻覚、妄想の出現を説明できる可能性を持っている。興味深いことに、統合失調症の患者は健常者よりも悪夢を見る頻度が高く[*1]、その中では敵対的な内容や登場人物における見知らぬ人の割合が多い一方、一人称の夢を見る頻度は低くなっている。[*2]

ドーパミンなくしてレム睡眠なし

精神薬理学の分野において精神病と夢とが再び接近するきっかけとなったのは、ネズミに対するドーパミンの電気生理学的効果に関する調査であり、実のところこれは、わたしが米国人精神科医カフイ・ジラサとポルトガル人神経科学者ルイ・コスタとともに、デューク大学のブラジル人神経科学者ミゲル・ニコ

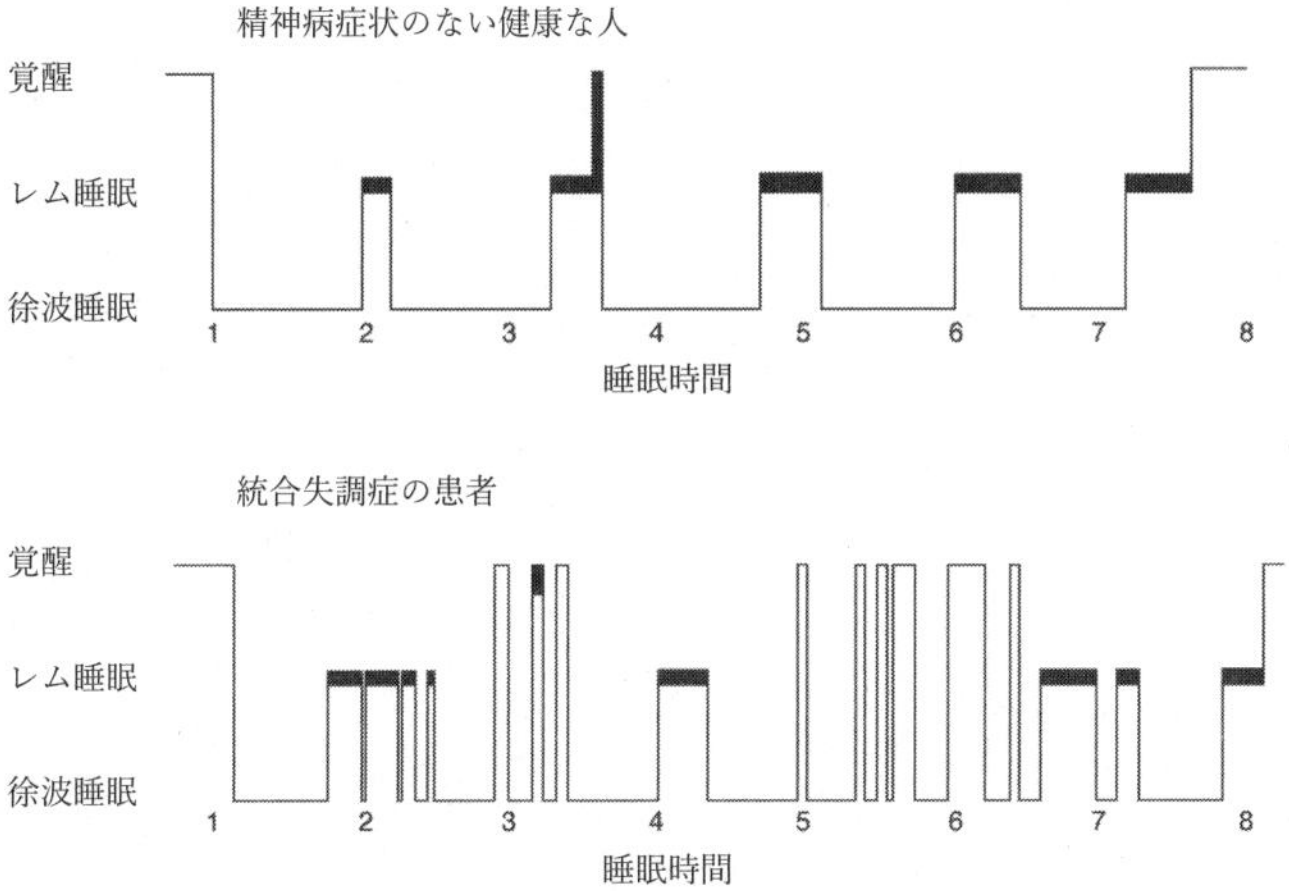

図8 1960年代に収集された睡眠ポリグラフの記録は、統合失調症の患者がレム睡眠の過剰な侵入に悩まされていることを示唆している。一晩の間のエピソード数が増加すると同時に、各エピソードの持続時間は減少していた。

レリスの研究室で行なった研究の一環として実施されたものであった。調査にあたっては、タフツ大学のオーストリア人精神科医エルネスト・ハルトマンがある特定の患者に対して行なった睡眠ポリグラフ検査を参考にした。ハルトマンは一九六七年、薬物療法を受けていない統合失調症患者のケースを記録している。この患者は精神病の発作を起こす前、断片的な睡眠を経験しており、そこにはレム睡眠の短いエピソードが数多く含まれていた（図8）。このデータが示唆しているのは、精神病が覚醒時の生活へのレム睡眠の侵入と関係している、ということだ。

興味深い発見であったにもかかわらず、ハルトマンが観察した内容はそれから数十年の間、一度も再現されることはなかった。彼は何かミスを犯したのだろうか。それともこの特定のケースが、十分な数の患者サンプルで定期的に観察される現象を代表するものではなかったのだろうか。ハルトマンの発見に対するこうした反応の理由として最も可能性が高いのは、一九七〇年代以降、研究の倫理的手続きが厳格化され、薬物療法を受けていない患者を対象とした研究ができなくなった、というものだ。

いずれにせよ、このテーマに対する世間の興味はすっかり冷めていたわけだが、ある晴れた秋の午後、われわれは期待を胸に、ハルトマンが提唱した仮説のマウスでの検証に取りかかった。生物学者のマーク・キャロンとラウル・ガイネトデノフは当時、デューク大学医療センター神経生物学部門の隣にある建物で遺伝子改変マウスを多数飼育しており、その中にシナプスのドーパミンレベルを人工的に高くしてある系統が含まれていた。さまざまな行動学的、電気生理学的、薬理学的実験を通して、われわれはこの動物の覚醒時の神経振動が、レム睡眠中に見られるものと奇妙なほど似ていることを発見した。[*3] 不規則な行動を見せるこの種のマウスは、精神病のモデル動物であると考えられている。

ところが、一九五〇年代に登場した最初の抗精神病薬と同じような、ドーパミンD2受容体を阻害する拮抗薬を投与したところ、覚醒時へのレム睡眠の異常な侵入は減少した。ドーパミンの生成を完全に中断することができる酵素をマウスに投与すると、レム睡眠はすべて消失した。その後はドーパミンD2作動薬を使用することによって、レム睡眠を回復させることができた。総合的にこれらの実験は、レム睡眠にとってドーパミンは絶対的に必要なものであるという最初の直接的な証拠を提供し、また、「精神病は覚醒状態とレム睡眠を混在させる」という考えを裏づけるものとなった。もしこの発見のことを知ったなら、クレペリンもブロイラーもフロイトも、彼らの口ひげをたくわえたいかにも厳格そうな顔を輝かせたに違いない。

これを踏まえると、精神病の障害によって幻想と現実との区別が難しくなるのは、それが睡眠による覚醒への侵入の結果であるからだとも考えられる。妄想や幻覚には、視覚、触覚、さらには嗅覚や味覚など、ありとあらゆる感覚様相の組み合わせが含まれるが、特に重要なのは、境界の侵害が主に言語の領域において起こることだ。神経病症状の大半は聴覚的なものであり、典型的には皮肉、軽蔑、非難、命令を告げる声という形をとり、ときにはひっきりなしに、また説得力を持って「頭の中」に聞こえ、それは完全に現実であるかのように感じられる。リラックスしている時間はこの症状の発現を容易にし、そうした状況はカポエイラ・デ・アンゴーラの伝統的な歌にも歌われている。その歌の歌詞は、まるでマントラのように「わたしは眠っている、わたしは夢を見ている、彼らはわたしの悪口を言っている……」と繰り返す。

この状況において混乱と恐怖を生み出すのは、それらが「他人」の声であるという鮮明な感覚だ。一方、自分が心の中で行なう内的対話であれば、内省的なモノローグであれ、その時々に適した決まり文句や表現を思い起こす形であれ、それは日々の生活における健康的な心理的事実でしかない。フランスの精神分析家ジャック・ラカンは、フロイトの意見に同意し、自己内対話の基礎は両親の声であるとした。両親の声は、社会的世界における最初の、そして最も重要な聴覚的表現であり、非常に強力に体系化されているため、生涯を通じて繰り返し活性化され、反響し、超自我として表現される社会的規範の基礎を形成する。[*4] 非常に具体的な方法で、われわれは直接の祖先によって、言葉を通じて形成されている。彼らの表象はわれわれの中で語り、またわれわれに代わって語ることもある——その持ち主が消え去ったあとまで、声は残り続ける。それはまるで、アイルランドの劇作家サミュエル・ベケットの戯曲『ゴドーを待ちながら』に登場する、話をやめようとしない死者のようだ。

エストラゴン：あの死んだ声を。
ウラディミール：あれは翼のような音を立てる。
エストラゴン：まるで木の葉のような。
ウラディミール：砂のような。

エストラゴン：木の葉のような。

（沈黙）

ウラディミール：あれは、みんないっせいに話す。
エストラゴン：みんなが、勝手に。

（沈黙）

ウラディミール：どちらかというと、ひそひそとささやく。
エストラゴン：ざわめく。
ウラディミール：ささやく。
エストラゴン：ざわめく。

（沈黙）

ウラディミール：何を言っているのかな、あれは。
エストラゴン：自分たちの一生について話している。
ウラディミール：生きたというだけじゃ満足できないんだ。
エストラゴン：それについて話さなけりゃならない。

ウラディミール：あれは、死んでるだけじゃ足りないんだ。
エストラゴン：そう、足りない。[*5]

この会話は、ジュリアン・ジェインズによる死んだ祖先の夢に関する仮説を思い起こさせる。彼の大胆な推測によれば、今日の精神病患者には、古代人のメンタリティ、すなわち声を聞くことが当たり前だった時代の記憶が残っていることによる、社会的不適応を見てとることができるという。つまり精神病患者は、旧石器時代に生まれ、新石器時代に栄え、青銅器時代に拡大し、そして約三〇〇〇年前の鉄器時代に劇的に崩壊した、ある種の人間意識の生きた化石である、というわけだ。

この理論を構築するうえで、ジェインズは数多くの考古学的発見を直接のよりどころとしているが、同時に彼は、ユング派[*6]やフロイト派[*7]の考えも間接的な柱としている。それは、精神疾患は子供や現代の狩猟採集民、あるいはわれわれの祖先の精神機能に似ている場合がある、という考え方だ。フロイトは言っている。「原始人や神経症患者は……心的行動に高い価値を――われわれの目には過大と見えるほどの価値を――置いている。このような態度は、ナルシシズムともっともらしく関連づけられ、ナルシシズムの本質的要素とみなされることがある」[*8]。彼の考えでは、宗教は本能的な願望に従い、現実を支配しようとする幻想であり[*9]、「一種の小児期の神経症に比されるもの」であるとされる[*10]。子供の精神分析研究の先駆者であるオーストリアのメラニー・クラインは、これに関連するある概念を提唱している。クラインによれば、人生の最初の一〇年における倒錯と空想には、一時的な精神病との一致が見出されるという[*11]。精神世界は物体を内面化することから構築されると、クラインは主張した。その物体とは、人間の一部（乳房）、人々、動物、そのほかさまざまなオブジェクトのことだ[*12]。正常な発達の過程において、子供は不安を掻き立てられる夢を頻繁に見る。そうした夢の中では、自分にとって親しみ深い対象である両親が、信頼できる保護者であることをやめ、脅威をもたらす、見知らぬ、次に何をするのか予想がつかない大人になってしまう。このように歪められた父親や母親から発せられる、頭に響き渡る声はいわば、アルフレッド・ヒッチコック監督の映画『サイコ』の主人公ノーマン・ベイツの、精神を病んだ母親の声のようなものだ。それは子供時代に自分を哀れに思ったり、不穏な静けさに包まれたりしている瞬間に聞こえてくる、あの邪悪で冷笑的な声だ。それが象徴しているのは、覚醒時の想像や睡眠中の夢として表れる、若い哺乳動物にとっての最悪の悪夢、すなわち、親による保護という元型そのものから生じる捕食――父親や母親による子殺しだ。

こうした幻想が人々の心に根強く残っているのは、われわれの祖先からの影響に一因がある。聖書の創世記二二章には、神の命によって息子イサクを殺そうとしたアブラハムの物語が綴られている。家長であるアブラハムがイサクを祭壇の上で縛り、処刑を実行に移そうとしていたそのとき、主の御使いが現れて彼を制し、子供の代わりに生贄とすべき雄羊を指し示す。この同じ物語のコーランに記されたバージョンでは、わが子を殺せという神の命令は、夢の中において家長に下される。メディアからヘロデ王に至るまで、古代のテキストは幼児殺しで満ちている。典型的な妄想型統合失調症においては、自己言及的かつ迫害的な妄想が頻繁に発生し、それらは命令・誘惑・脅迫する声を聞くことを特徴とし、その声はまた、冷笑的、辛辣、皮肉的である場合が多い。統合失調症の患者が報告する夢のナラティブには、通常よりも高い割合で見知らぬ男性が集団で現れる。[*13] 社会から逃れたい、森の中へ消えてしまいたい、山の中へ姿を消したいという願望は、統合失調症患者に典型的に見られるものだ。彼らは、文化がもたらす害にさいなまれるよりも、自然の中で放っておいてもらえることを望んでいるのだろう。

精神病の言語の定量化

もし精神病が古代から存在する心の状態であり、また歴史上ごく一般的に存在し、さらには今日でも発達の初期段階に類似の症状が見られるのだとするなら、子供、精神病者、ファラオの時代に書かれたテキストの三つに、共通する言語的痕跡を見つけることができるはずだ。この興味深く、やや奇抜なミッションに好奇心を刺激されたわたしは、ペルナンブコ連邦大学の物理学者マウロ・コペリとチームを組んで、健常者および精神病者の成人と子供の言語構造を数学的に分析し、それを青銅器時代のテキストの構造と比較してみることにした。

この研究は二〇〇六年に着手され、当時は若い医学生で、のちに精神科医となってこのテーマで修士号と博士号を取得することになるナターリア・モータが、精神病を患う人々の夢のナラティブの記録を開始した。そこに収められている話の構造的な違いを定量化するために、われわれは一つひとつの話を単語から構成されるグラフに変換することにした（図9A）。グラフはシンプルな数学的構造物であり、都市のバス路線、細胞内の代謝経路、インターネット上のソーシャルネットワークなど、任意の要素からなるネットワークを表現することに長けている。このグラフという表現を利用して、さまざまな年齢の患者から寄せられた報告を分析したところ、夢の話の構造からは、本人の精神状態について非常に多くの有益な情報が得られることがわかった。[*14] 図9に示されているのは、精神病を患っている二種類の患者、すなわち統合失調症の患者と双極性障害の患者によって作成された夢の報告の代表的な例と、健康な個人の夢の報告との比較だ。グラフには顕著な違いが見られ、統合失調症の患者のグラフは短く単純化されているのに対し、躁状態にある双極性障害の患者のそれは長く複雑で、多くの逸脱やループが見られる。健康な人のグラフは、これら二種類の患者の中間的なパターンを示す。その様子はまるで、「普通」の人々が、統合失調症の言語の乏しさと、躁状態におけるとりとめのない話の豊かさの、ちょうど間に位置しているかのように見える。不思議なことに、日中に目を覚ましているときの体験についての報告では、このような現象はま

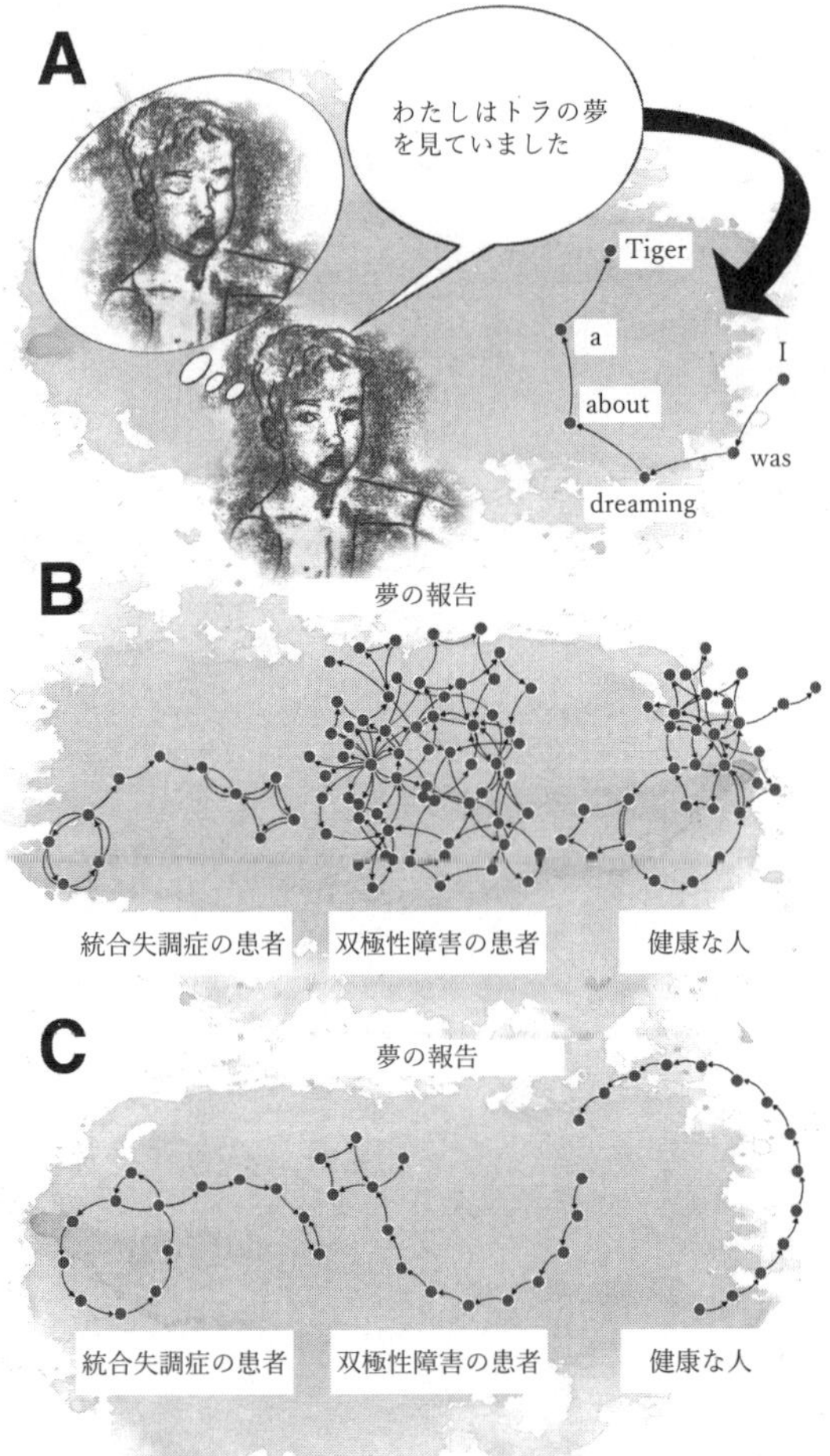

図 9　グラフとして表現された夢は、統合失調症の診断の助けとなる。Ⓐ各単語はノード（点）に対応し、二つの連続する単語の時間的順序はエッジ（矢印）で示される。夢の報告Ⓑでは、統合失調症の患者、双極性障害の患者、健康な個人を区別することが可能である一方、起きている間の報告Ⓒではそれができない。

ったく見られず、すべてのグループにおいて報告は時系列的かつ直接的で、ループはごく少数のみという図が示される（図9C）。

これらの言語現象を総合的に考慮することで、夢の報告を利用して統合失調症を定量化し、迅速かつ安価に、非侵襲的な方法で早期に診断を下すことが可能となる。だからこそ、夢は臨床的に有用であり、なぜなら、それは夢を見ている人の心の構造を、日中の問診よりも鮮明に描き出してくれるからだ。精神分析学の観点から言うならば、これは夢が心の最も深い構造にアクセスするための王道である、という考えを裏づけている。

子供や精神病者の夢の報告と、古代、特にシュメール、バビロン、エジプトのテキストの構造的な比較を行なった結果、そこには明らかな類似性が見られた――語彙の多様性が低く、単語のネットワークが小さく、範囲の短いループが多い一方で、範囲の長いループは少なかったのだ。言語構造の成熟は、個人の発達および歴史の進行において類似した経路をたどり、その過程では語彙の多様性、単語ネットワークの大きさ、範囲の長いループが増加していく。興味深いことに、この成熟のプロセスは紀元前一〇〇〇年から前八〇〇年の間に急激な転換期を迎える。これは、トロイア戦争が起こった青銅器時代末期の文明崩壊と、『イーリアス』や『オデュッセイア』が口承の記録から文字形式へと転換された枢軸時代初頭の文化ルネサンスとの間の時期にあたる。青銅器時代に書かれたテキストと、現代を生きる健康な子供や精神病の成人が報告する夢との間の構造的な類似性が、心理学と歴史の間をつないでいる。それは、人々が覚醒した状態で夢を見ていながらも自身はその事実に気づいていなかった、そう遠くない過去への架け橋だ。

当然ながら、こうしたすべての考え方の根底にあるのは、匿名のものも特定の筆者によるものも含めた、人間の精神体験についての主観的な報告に関する詳しい調査だ。次の章では、覚醒時および睡眠時の脳内で、そうした報告がどのように構築されるのかを見ていこう。

第9章　眠ることと記憶すること

人間には、意識的に陳述することができる記憶とそうでない記憶とを明確に区別することができる。いったん心が訓練され、成熟すれば、前者のような記憶は通常、迅速かつ容易に獲得することが可能だ。ボブ・ディランのほんとうの名字は？　アンゴラのンジンガ女王が闘い、国を統治したのは何世紀？　ブラジルの逃亡奴隷集落キロンボ・ドス・パルマーレスを、アメリカ大陸にかつて存在した同種のコミュニティとして最大規模にまで発展させたのはだれ？　おいしいリゾットを作るための水と米の最適な割合は？　こうしたトリビアの答え――ジマーマン、一七世紀、アクアルツネ（コンゴの王の娘）、米1に対して水3、ワイン0・5、味見をして調整――は、いわゆる陳述記憶に依存している。陳述記憶は、自転車に乗ったり、サーフボードを乗りこなしたり、カポエイラをやったりするために必要とされる記憶とは大きく異なる。この後者のタイプの記憶は、学習に長い時間がかかる傾向にある。なぜなら、非常に複雑な感覚運動行動を表現する役割を担う広範な神経回路を再構成するために、数え切れないほどの反復を必要とするからだ。単に動きを言葉に置き換えるだけでは、だれかにサーフィンを教えることはできない。自転車に乗ることと、それについて口頭で説明することとは異なる。カポエイラを演じることは体を使った学習であり、その事実は、たとえこのアフロ・ブラジルの芸術についての本を読むことで多少は理解が深まったとしても、変わるものではない。

睡眠、記憶すること、忘れること

新しい記憶の獲得は目を覚ましている間に行なわれるが、そうした記憶が反響・変容するのは主にわれわれが眠っている間だ。記憶の反響は、精神分析における日中残渣という概念に暗黙的に含まれてはいるものの、フロイトの著作には、学習における睡眠の役割についての言及は見られない。この発想に近いのはむしろ、カール・ユングによる、夢は来たるべき日のために夢を見る人を備えさせる、という言葉だろう。しかし、睡眠と学習の関係に対する最初の実験的なアプローチが実践に移された場所は、一九世紀における科学的知見の揺るぎない中心地であったヨーロッパではなく、大学という伝統がまだ非常に浅かったアメリカ合衆国であった。

一九二〇年代初頭、コーネル大学の研究者ジョン・ジェンキンズとカール・ダレンバックは、近代心理学創始者の一人であるドイツのヘルマン・エビングハウスが数十年前に行なった古典的実験の再現を試みた。その実験の内容は、ボランティア参加者に本人の母国語には存在しない音節のリストを教え、その後、時間の経過とともにそれらの音節がどのように保持されるかを測定する、というものであった。エビングハウスはこうした単純な方法を用いて、その四〇年前に、一度獲得された記憶は時間がたつにつれて指数関数的に減衰するということを発見し、「忘却曲線」を定義していた。忘却曲線には、数え切れないほど多様な種に共通する、記憶のダイナミクスの特徴が捉えられている。ジェンキンズとダレンバックがこの実験に追加した革新的なアプローチは、参加者に対して、音節を覚えた直後に眠るよう指示する、というものであった。[*1] 比較のために、彼らは同じ実験を、ボランティアにずっと眠らずにいてもらった状態でも繰り返した。驚いたことに、インターバルの時間はまったく同じだったにもかかわらず、睡眠後の記憶保持率は、ずっと眠らずにいた場合をはるかに上回った。目を覚ましていたグループの参加者は学部生であったため、彼らは訓練後の時間を通常の授業に費やしていた。この事実からは一つのジョーク――「ジェンキンズとダレンバックは、学習のためには学校へ行くよりも眠る方がいいことを証明した」――が生まれ、同分野の研究者の間で今も語り継がれている。

冗談はさておき、われわれは今日、目を覚ましていたグループの低い記憶保持率には、感覚的および認知的干渉が関係していることを知っている。起きている間、脳は絶えずさまざまな刺激にさらされ、それが記憶プロセスを大いに妨げる。この現象を理解しやすい例としては、ある曲を聞きながら別の曲を鼻歌で歌おうとする、というものがある。このシンプルなタスクを行なうために必要とされる労力は、干渉してくる音楽の音量に比例して大きくなり、そこには覚醒している脳が現実との接触を遮断することの難しさが表れている。

ジェンキンズとダレンバックによる発見は、なぜだかよくわからない理由から、同時代の研究者たちによる再現が行なわれず、それどころか何十年もの間無視され、何の反応もないまま放置された。一九四〇年代に行なわれたほんの数件の小規模研究を除けば、この発見は、第二次世界大戦が過ぎ去り、冷戦が始まっても注目を浴びることはなかった。それはまだインターネットが普及していない時代であり、情報は非常に緩慢かつ気まぐれに拡散され、必ずしも多くの人の目に触れるわけではなかった。一九五〇年代には、米国はレム睡眠と夢との関係の研究における中心地となったが、最初のうちは、夢の認知的な側面についての追跡研究を行なおうという人はだれもいなかった。一九二四年に発表されたジェンキンズとダレンバックの研究結果が再度人々の関心を集め、さらに深い検討がなされるころには、すでに四〇年という歳月がたっていた。

ジュヴェと植木鉢

一九六〇年代の終わりが近づくころ、フランスと米国では、このテーマに対する関心が大いに高まりを見せた。ミッシェル・ジュヴェの影響を受けた新しい世代の研究者たちが、睡眠が認知に与える重要性に注目するようになったのだ。そうした研究の実験デザインに共通して見られた要素として、ラットを訓練したのち、睡眠剥奪を行なうというものが挙げられる。ジュヴェが考案したプラットホーム法は、非常にシンプルで効率的かつ低コストであったため、睡眠不足の生物学的な影響の研究に関心を寄せる多くの研究者の間に急速に広まった。この手法はプラットホーム、すなわち逆さまにした植木鉢の上にラットを乗せ、その周囲に水を張るというだけのシンプルなもので、徐波睡眠は筋緊張の低下をともない、レム睡眠の開始とともにその傾向はさらに強まる、という事実に基づいて設計されていた。プラットホームが適度に小さければ、ラットは筋緊張の低下とともに水に落ち、直ちに目を覚ます。プラットホームの大きさを調節することにより、ラットの睡眠を完全に剥奪することも、レム睡眠だけを剥奪することもできる。この方法を用いた初期の実験では、さまざまなタスク——空間学習、獲得された恐怖、オペラント条件づけ——を課されたラットは、完全に睡眠を剥奪されたあと、あるいはレム睡眠だけを剥奪されたあとに、記憶の喚起において欠損を示すことが明らかになった。

剥奪された睡眠は、その分の代わりとなる睡眠を取るか、何らかの形で補われる必要がある。このニーズは特にレム睡眠において重要であり、なぜならレム睡眠が奪われると、失われた睡眠の量に比例して増加方向へのリバウンドが必ず起こるからだ。興味深いことに、その逆は真ではなく、単純に睡眠時間全体を増やすことによってレム睡眠の長さを大幅に延ばすことは可能だが、その翌日に減少方向へのリバウンドが起こることはない。つまり、レム睡眠の時間は短くはならないのだ。情動はこうしたダイナミクスに大きな影響を与える。中程度の不安がある状況は、レム睡眠に費やされる合計時間の減少につながるが、生死にかかわる緊急事態などの極度のストレスがある場合には、危険が去ると同時にレム睡眠が大幅に増加し得る。これらの事実は、レム睡眠が個人の認知的健康にとって重大な役割を担っていることを示唆している。

一九七〇年代を通じて、多くの研究者により、睡眠剥奪は学習に悪影響をおよぼすことが明確に示されていった。[*2] このテーマに対する関心は、国際的な競争と協力という背景の中で大きな盛り上がりを見せ、とりわけレム睡眠への注目が高まった。夢を見ることと密接に関係しているという理由から、レム睡眠は睡眠の中でも最も興味深い段階であるとみなされたのだ。ところが、時がたつにつれ、レム睡眠が認知に関して何らかの価値を持っているという考えに抵抗する動きが見られるようになっていった。

ストレスか睡眠不足か

懐疑派から最も厳しい批判を浴びたのは、この実験の弱点、すなわち睡眠不足を生じさせるために用いられたメソッドであった。ミッシェル・ジュヴェが睡眠を剥奪するために考案し、普及させたプラットホーム法の内容は、そもそもがストレスをともなうものだ。植木鉢が非常に小さい場合、ラットは眠りに落ちる最初の兆候で周囲を囲む水の中に落ちてしまう。それよりもやや大きい植木鉢なら、ラットはもう少し深く眠ることができるが、筋緊張が大きく低下すれば台から水の中に転げ落ちる。筋緊張がある閾値を超えて低下すると強制的に水に浸されるというのは、この方法における避けようのない要素であり、例外なく大きなショックを引き起こす。こうした種類の実験においてラットが直面する状況が、ストレスフルかつ不自然であることは明白だ。

プラットホーム法の実験に使われるラットは、冷たい水の中に落とされるという乱暴なやり方で睡眠を妨げられるだけでなく、動きは厳しく制限され、体を自然に動かすことがほとんどできない。ラットは動き回らずにはいられない動物であり、睡眠剝奪が数時間続くと、最終的には水浸しのケージの中を自由に歩き回って、体が乾いた状態を維持することができなくなる。その結果、彼らはいらだちと全般的な代謝の変化を示し、たとえば海馬では、記憶に有害な影響をおよぼすストレスホルモンのグルココルチコイドが放出される。これだけ多くの副次的な影響がある以上、記憶障害を睡眠不足だけのせいだとするのは、少なくとも恣意的であるとは言えるだろう。

こうした主張には正当性があったことから、睡眠剝奪を引き起こすにあたって、よりストレスの少ないやり方を採用する新たな実験の考案が促された。ストレス問題を回避するため、当時博士課程学生であったウィリアム・フィッシュバインと彼の指導教官ウィリアム・デメントは、げっ歯類の種の間に見られる重要な行動の差を利用した。成体の体重が二三〇グラム程度になるラットとは異なり、小型のマウスは体重がわずか二八グラムほどで、ケージの屋根を構成しているバーに長い間ぶら下がっていることができる。彼らは何時間も逆さまになったまま、自発的にケージのバーにしがみついて自由に動き回り、その状態で水を飲んだり餌を食べたりすることもできる。プラットホーム法によって睡眠を剝奪してみたところ、マウスが示したストレスレベルは、ラットのそれよりもはるかに低かった。というのも、彼らが台の上に乗るのは、ほんとうに眠りたいときだけで済んだからだ。それでも、学習後のマウスの睡眠剝奪についての実験では、以前と同じように記憶の喚起に障害が引き起こされ、睡眠が記憶の定着を助けるという理論が強化されることとなった。

いずれにせよ、この方法に内在するストレスについての議論はまだ終わらなかった。もう一つ別の代替案として、実験動物が眠りそうになるたびに、研究者が優しく、かつ効果的なやり方で介入する、という手法が取られることもあった。この方法ではしかし、研究者がどの程度介入するかによって差異が生じることが明らかであり、実験データの正確さが保たれず、その解釈も曖昧になる。この時点で、異論の嵐はすでに激しさを増しつつあった。カリフォルニア大学ロサンゼルス校の精神科医ジェローム・シーゲルとフロリダ・アトランティック大学の神経解剖学者ロバート・ヴァーテスという二人の米国人研究者が、睡眠が認知において果たす役割についての仮説に対し、とりわけ強硬な反論を展開した。

懐疑論者VS一匹狼

彼らは数々の疑問を投げかけた。もしレム睡眠が認知にとってそれほど重要であるのなら、なぜ爬虫類、鳥類、さらにはハリモグラのような哺乳類にはレム睡眠が存在しないのか。もしレム睡眠が学習に使われているのなら、なぜイルカほど知能の高い動物にはレム睡眠がないのに、アルマジロのようなそれほど賢くない動物にはレム睡眠がたっぷりあるのか。抗うつ薬による治療の結果としてレム睡眠が減少した人は、なぜ学習障害を呈さないのか。

この理論の擁護者たちは反論として、以下のように主張した。イルカがレム睡眠を経験しないとは言い切れない。レム睡眠のエピソードが短すぎて記録できないだけなのかもしれない。またイルカは陸生哺乳類の子孫であり、水中の環境に入るのが遅かったということもある。クジラの仲間においてレム睡眠が減少あるいは消失したのはおそらく、溺死につながりかねない水中での完全な筋緊張の喪失を防ぐためである可能性が高い。新しく異質な環境に居場所を確保するための特殊化という文脈から考えると、レム睡眠の認知機能は、代謝的に同等の何らかのプロセスによって置き換えられたのかもしれない。一方、アルマジロは地下の巣穴で長い時間を過ごす。過去二〇年間に得られた証拠は、かつて信じられていたこととは対照的に、レム睡眠はハリモグラや鳥類、さらには爬虫類でも起こることを示している。そして、抗うつ薬による治療は、ノルアドレナリン、ドーパミン、セロトニンといった記憶の形成に重要な神経伝達物質のレベルを上昇させる。そのため、覚醒時の記憶の定着が高まり、レム睡眠に費やされる時間の減少による影響を補っていると考えられる。

一九八〇年代には議論が激化し、その論調も厳しさを増した。戦線が引かれ、睡眠の認知機能に対する影響を巡ってどのような立場をとるかによって、人々は明確に分断されていった。互いに相手陣営の話をまるで聞かないといった態度が常態化した。険悪な雰囲気が漂うようになった睡眠研究の学会や、投稿された論文に対して匿名で修正が加えられ、それがますます攻撃性を増していくといった事態に落胆したベテラン研究者たちは、だんだんとこの分野から遠ざかっていった。睡眠と学習の関係に対する科学的関心は、一〇年以上にわたって大幅に減衰した。

この騒然とした時期、カナダ、トレント大学で独自に研究を続けていた破天荒な性格の心理学者カーライル・スミスは、ほぼ孤立無援状態で認知機能におけるレム睡眠の役割を擁護していた。げっ歯類を使った複数の実験で、彼は学習後の特定の時間帯においてレム睡眠が肯定的な効果をもたらすことを示した。睡眠剥奪に対する記憶の脆弱性が特に高まる時間帯が存在したことが、その証明となった。[*3] しかし、スミス一人だけでは睡眠の認知理論に対する批判者の考えを変えることは叶わず、一九九〇年代初頭までは手詰まり状態が続いた。そのとき、予想外の新たな人物が登場し、人間を直接対象にした実験によって、議論の局面に変化をもたらした。

スティックゴールドの数奇な人生

米国の心理学者ロバート・スティックゴールドは、科学に関連する、それぞれに独立した三つのキャリアを歩んだ。最初に強く興味を引かれたのは、六年生のときの先生が行なった簡単な実験だった。先生は芝生の上をずっと向こうまで歩いていき、シンバルをジャーンと打ち鳴らした。先生の位置からかなり離れたところにいたスティックゴールドには、自分が目で見たものと耳で聞いたものとの差を知覚することができた。光は音よりも速いんだ！　そう気づいた瞬間、彼は科学者になろうと決意した。

月日は流れ、医学部の一年生になった彼は、『サイエンティフィック・アメリカン』誌に掲載されたフランシス・クリックの論文に魅了された。その内容は、発見されたばかりの遺伝コードに関するものであった。一晩かけてじっくりとそのテキストを読み解いたスティックゴールドは、生化学者になることを決めた。翌年の夏、彼はノースウェスタン大学のフランシス・ノイハウスの研究室で助手としての仕事を得、五ガロン〔約二〇リットル〕のガラス容器でバクテリアを培養した。この研究所で過ごした四ヵ月間の経験をもとに、彼は最初の論文を『ジャーナル・オブ・バイオロジカル・ケミストリー』に発表した。内容はバクテリアの細胞壁の生合成に関するもので、それは彼の卒業論文にもなった。

スティックゴールドはハーバード大学を卒業し、ウィスコンシン大学マディソン校で生化学の博士号を取得した。院生時代、彼は心と脳の関係に興味を抱き始めていたものの、生理心理学のコースを受講した際、これはまだ科学とは呼べないと判断し、そちらの方面への興味を追求するのはもう少し先にしようと考えた。それは一九六五年のことであり、のちに認知神経科学と呼ばれるようになる研究分野は、まだハイハイし始めたばかりの赤子のような状態であった。

それからしばらくの間、スティックゴールドは脳とは距離を置いていた。一九七〇年代に彼はＳＦ小説を書き始め、その分野で一定の成功を収めた。その後、また脳の研究に戻り、今度は本格的にこれに取り組んだ。方向転換のきっかけとなったのは、一九七七年、ポスドクとして研究を続けていた際、人から勧められて英国人神経科学者デビッド・マーの論文を読んだことであった。マーはまだ非常に若いにもかかわらず、小脳、大脳新皮質、海馬の機能について、広く受け入れられている理論を構築していた。影響力の大きなマーの理論は、コネクショニズムの仮定に基づくものであり、これによると、行動や思考は相互に接続された基本的な単位からなるネットワークの創発的特性であるという。このシステムは局所的には単純である一方、膨大な種類の集合的パターンを形成するため、全体として複雑性を発揮することができる。神経細胞ネットワークとの類似性は単なる偶然ではない。さまざまな可能性を秘めたマーのアイデアは、スティックゴールドを厳格なコネクショニズム信望者に変えこそしなかったものの、脳に対する彼の考え方を決定的に変えた。

しかし、真の意味でスティックゴールドを睡眠と夢の研究へと導いたのは、J・アラン・ホブソンとロバート・マッカリーによる活性化‐合成仮説であった。一九九〇年代、すでに中年に差しかかっていたこの生化学者兼作家は、ハーバードのホブソンの研究室で技術者としての職を得、そこで心理学および神経科学分野の学者としてのキャリアをゼロからスタートさせた。そこからの彼の活躍は目覚ましいものであった。スティックゴールドは従来の枠に収まらない経歴をたどり、すぐにアシスタント・プロフェッサーに昇進したのち、最終的にはハーバード大学医学部睡眠認知センターの教授およびセンター長に就任した。

スティックゴールドによる数々の重要な発見の中でも、とりわけ興味深いのは、コンピュータゲームの画像が夢に反響として表れることを初めて実証したことだろう。その効果が検出されたのは、睡眠の最初の二つの段階を含む、入眠時睡眠と呼ばれる移行段階においてであった[*4]（図7）。実験で使用されたのはテトリスという古典的なゲームで、プレイヤは画面上部から落ちてくるさまざまな形状のブロックを操作する必要がある。落ちてくるブロックを回転させ、それらを床の形状にピタリとはめ込んでいくのだ。床の高さは、ゲームが進むにつれて上昇していく。はめ込まれたブロックが積み重なるほど、このタスクの難易度は増し、プレイヤは集中力を削がれることなく、情動的にもゲームにのめり込んでいく。スティックゴールドのチームが検出したテトリスの夢への反響は非常に強力であり、海馬領域の広範な両側性損傷による健忘症に悩まされている患者にも発生した。ゲームをプレイしたことさえ覚えていなくとも、患者たちは幾何学的な形状が絶え間なく落ちてくる印象的な夢を見たことを報告している。二〇〇〇年に発表されたこれらの実験により、人間の夢には覚醒時の経験とつながりのある要素、すなわちフロイトが言うところの「日中残渣」が確かに含まれていることが示された。この研究は、一九六八年以来初めて、夢が『サイエンス』誌のページに戻ってくるきっかけとなった。

シカゴの大決闘

この夢のルネサンス期においてとりわけエキサイティングな瞬間は、二〇〇三年、睡眠専門家協会（APSS）の年次総会の場で訪れた。それはレム睡眠の発見から五〇周年となる記念の年であった。世界中から熱心な研究者がシカゴに集い、六日間にわたって熱い議論を繰り広げた。夢に対する関心は、科学の領域においても一般の人々の間でも、力強い復活を遂げていた。この集会が行なわれた場所は、レム睡眠が発見されたのと同じ街であり、また偶然にも、当時この分野で最も大きな影響力を持っていた研究者、スティックゴールドの出身地でもあった。

APSSの記念プログラムの一つには、睡眠と学習の関係についてのディベートが含まれており、これは大いに物議を醸すことが予想された。三〇年間にわたり、この理論に反対する者たちは、数多くの状況証拠や間接的な証拠を揃えて、油断ない牽制を続けていた。数十年の間、この理論は新たな発展もないまま、ただ現状を維持するだけにとどまっていた。しかし、カーライル・スミスが一九八〇年代に発表した一連の研究結果は、一九九〇年代末、ついにスティックゴールドによる強力な後ろ盾を得るに至った。それでも、主要な科学雑誌のページをめくれば、睡眠が認知において果たす役割に関する理論の横には例外なく、なぜそれが誤りであるかという進化論的、神経学的、精神医学的な理由を列挙する意見記事が掲載されていた。そうした根強い抵抗を表明する記事の執筆者は主に、ロバート・ヴァーテスとジェローム・

シーゲルであった。

あの六月の日、一〇〇席の講堂は定員の二倍の人々で埋め尽くされ、大勢の学生だけでなく、世界の主要な睡眠研究者たちも顔を揃えていた。有名無名を問わず、多くの科学者が床にも、通路にも、さらには部屋の外にまで腰を下ろしていた。スミスとスティックゴールドがステージの片側に座り、もう一方の端にいる攻撃側のヴァーテスとシーゲルに対峙した。観衆の緊張と高揚が手に取るように感じられた。漠然と漂っている不満げな空気は、睡眠の認知理論に強硬に反対する二人に向けられたものであった。博士課程やポスドクという立場で研究に取り組んでいる、わたし自身を含む多くの若い科学者たちが、この理論を説明できる可能性のあるメカニズムについて詳しい調査を行ない、議論を前進させたいと願っていた。しかし現実として、この研究分野を取り巻く雰囲気はいまだに重苦しく、過去数十年間の激しい激突による余波が消え去ってはいなかった。

それは、真っ向から対立する二つの意見がぶつかり合う壮絶な決闘であった。この有名な対決は、これを直に目撃する興奮をわたしとわかち合った人々の記憶にはっきりと残っている。そこには、同研究分野そのものの命運がかかっていた。カーライル・スミスは、彼がそれまでに積み上げてきたこの説を支持する数多くの証拠について、十全なプレゼンテーションを行なった。学習後の特定の時間帯における睡眠剝奪が、ほかの時間帯におけるそれよりも有害であるという証拠が（間接的ながらも）示しているのは、その剝奪によって引き起こされたストレスは、記憶障害を説明する根拠にはなり得ない、ということであった。なぜなら、睡眠が剝奪される時間の長さは、すべてのグループにおいて同じだったからだ。ヴァーテスの態度は辛辣で、レム睡眠と記憶の処理を結びつける証拠にはあまり興味を示さなかった。彼はむしろ、ハリモグラにはレム睡眠が存在しないというような、仮説を否定する材料となる古臭いお題目にこだわっていた。シーゲルも同じ作戦をとり、スミスの立場には何の正当性も認められないと言い切った。

スティックゴールドが反撃した。イルカのようにかなり知能の高い動物であればレム睡眠が多いはずだという主張は単純に過ぎると彼は述べ、こんなたとえ話で会場を沸かせた。「いいですか、脚が移動に使われているのが事実だからといって、ムカデが世界最速の動物だということにはなりませんよね」。そしてスティックゴールドは、こうした間接的な議論はいったん脇において、研究室で経験的に得られた直接的な証拠に焦点を当てるのがベストだと述べた。次に彼は、今や古典的となった自身の研究結果を提示し、視覚パターンの学習は、学習後最初の夜の睡眠を確保することに大きく依存していることを示した。睡眠剝奪は非常にストレスフルであり、パフォーマンスに悪影響をおよぼすものの、それは睡眠自体には関係がないという反対派の主張に対処するため、スティックゴールドは、学習後最初の日ではなく、その四日後に測定を行なった。この研究の参加者は、学習後二日目の夜以降は十分な睡眠をとり、テストの時点では疲労感や眠気を感じていなかったが、それでもあまりいい成績を残すことができなかった。[*5]

シーゲルはすぐに負けじと反撃し、スティックゴールドがたった今示したすべてを無視して、まだ理論を証明するものは何もない、なぜなら理論上の障壁がいくつも存在するからだと主張した――そして、新たな実証分析の結果には耳を貸さないといった態度で、先ほどとまったく同じ内容をもう一度繰り返した。そこでスティックゴールドは眉を上げた。だれの発言であろうと、くだらない戯言を聞き入れるつもりはない、といった表情だった。遠くからでも、彼の青い目がいらだちからキラリと光るのがわかった。彼の息遣いが荒くなり、緊張感が高まったところで、ついにスティックゴールドがちょっとした科学の専門用語をぶつけると、会場はやんやの喝采に包まれた。「ボンフェローニ法で補正した〇・〇五未満のp値の、いったいどこが理解できないというのですか」

イタリアの数学者カルロ・ボンフェローニに言及したこのセリフは、睡眠による記憶の固定を示す経験的データが、ボンフェローニの確率論研究に基づいて参照基準とされている手法を用いて調整された、非常に厳密な統計的検定に裏づけられていることを意味していた。専門用語を用いて、スティックゴールドはこの結果が偶然の産物である可能性は極めて低いことを示したわけだ。これは決定的な反撃であり、権威主義的な意見に対する経験的証拠の優位性を主張する巧妙な一撃であった。

その言葉によって緊張がほぐれた瞬間は、カタルシスに満ちていた。講堂は拍手と口笛に包まれた。ヴァーテスは、舞台から立ち去る態度を見せつつも、自分は事の成り行きに幻滅した、このテーマに関する議論にはもう参加しないと述べた。会合の出席者たちは、いっそう大きな拍手、歓声、笑い声で応えた。多くの人が立ち上がり、もはやこれ以上の議論は続けようがなく、またその必要もなかった。ヴァーテスとシーゲルはすでに勝負を投げていた。大多数の人間が、スティックゴールドとスミスによって局面が変わったことを歓迎していた。

睡眠の認知的役割の再発見

二〇〇〇年代の始まりは、認知機能における睡眠の役割に対する科学的関心が大きく高まった時期であった。スティックゴールドが先鞭をつけた睡眠と記憶の関係を実証しようという機運が盛り上がっていたことから、当時彼の研究室の博士課程に在籍し、現在はカリフォルニア大学リバーサイド校の心理学教授になっているサラ・メドニックは、研究課題として、日中に経験される短い睡眠エピソードである昼寝が認知機能におよぼす効果を選んだ。

昼寝の強力な回復効果は古くから知られており、たとえばスペインやメキシコには、シエスタという伝統的な慣習として昼寝が今も残っている。歴史的記録によると、ルネサンス期の偉大な画家であり学者でもあったレオナルド・ダ・ヴィンチ――その明晰さと同時に独特の個性でも知られる――は、一日のうちに何度も三〇分間の睡眠をとり、時間をより有効に活用して作業や創造活動に取り組んでいたという。その回復効果から、米国ではこのような昼寝は「パワーナップ」と呼ばれるようになった。サラ・メドニックによる実験の内容は、視覚的にテクスチャを区別するタスクを行なう人々のパフォーマンスを昼寝の前後で比較する、というものであった。このタスクでは参加者に対し、水平なラインが何本も引かれた背景の上にある、三本の斜線のパターンを見つけることを求める。一般に、このタスクを行なう最初のセッションの間にパフォーマンスは向上するが、同じ日にセッションを二回、三回と繰り返すと、刺激を処理する脳の領域が疲労することによって、パフォーマンスは低下する。

一度目の研究では、三〇～六〇分間の昼寝はパフォーマンスを疲労前のレベルまで回復させることが示された。この昼寝の最中には、初期段階であるN1とN2、そして徐波睡眠が出現する一方、レム睡眠は表れなかった。二度目の研究では、メドニック、スティックゴールド、そして心理学者のケン・ナカヤマが、徐波睡眠とレム睡眠の両方を含む六〇～九〇分という長めの昼寝は、疲労を補うだけでなく、タスクのパフォーマンスを有意に向上させられることを証明した。短い昼寝は知覚処理能力を回復させるのに十分ではあったものの、[*6]実際に学習能力を向上させたのは長めの昼寝のみであった。[*7]長めの昼寝の効果は絶大であり、一晩分の睡眠と同等の恩恵をもたらした。スティックゴールドのグループに所属していた別の米国人心理学者で、現在はカリフォルニア大学バークレー校の教授であるマシュー・ウォーカーは、学習前の睡眠が記憶の獲得にとっていかに重要であるかを実証している。[*8]以前にも見てきた通り、睡眠剝奪は脳内での老廃物の蓄積を引き起こす。こうした研究結果の理由は、おそらくそこにあると考えられる。

一九九〇年代末に同分野で注目を集めるようになったもう一人の科学者が、ドイツの神経科学者ヤン・ボルンであり、彼はスティックゴールドの発見を大きく発展させた。両者がたどった経歴を見ると、科学者が回り道をすると、根本的な発見につながる可能性が生まれることがよくわかる。ヤン・ボルンはドイツ北部の街ツェレで生まれた。伝説によると、数世紀前、霧深いツェレの高潔な住民は、街の娘たちの貞操を守るために、ここに大学ではなく刑務所を建てることを選んだと言われている。

ボルンが高校を卒業すると、裁判官であった父親は彼に軍への入隊を勧めた。自分の息子が法律家になれるほど優秀ではないと、父は考えていたのだろう。ボルンの反応は、父親の予想とはまるで違っていた。彼は心理学を学ぶことを選んだのだ。もう少しで心理学の学位を取得できるというところまで来たころ、ボルンは行動神経科学（当時は生物心理学と呼ばれていた）へと方向転換することを決めた。この選択の理由は、ボルンが精神分析学を非常に刺激的だと感じながらも、自分が心理学研究において学んだことの大半は、実験に基づいた確かな証拠を欠いていると考えたためであった。

博士号取得後、ボルンは自分の進路に最終的かつ決定的な調整を加えた。彼の背中を押したのは、自身の興味と、ウルム大学にあった自分の小さな研究室を有効活用したいという思いだった。というのも、夜の間、研究室は空っぽで、何の役にも立っていなかったからだ。こうして彼は、睡眠についての研究を始めることにした。睡眠という課題は当時、急速に成長する神経科学という魅力的な領域の中にあって、まだ明確に定義されていない、ぼんやりとしたシミ程度の存在であった。ボルンは、睡眠の前半と後半でコルチゾールの分泌量が異なること、さらには徐波睡眠とレム睡眠でもその量が異なることを知っていた。徐波睡眠中にコルチゾールの分泌が抑えられるのは、陳述記憶を固定するというこの段階の役割にとって必要なことなのだろうか。また、手続き記憶とも呼ばれる非陳述記憶——自転車に乗ったり、サッカーをしたりといった協調的な運動を行なううえで必要とされる記憶——に、睡眠はどのように影響するのだろうか。異なる種類の記憶には、異なる睡眠の段階が必要なのだろうか。

ボルンと、当時博士課程の学生だったヴェルナー・プリーハルは、こうした疑問を解明するため、睡眠ポリグラフ検査、心理テスト、薬物投与を用いた研究を行なった。その結果、陳述記憶の固定には徐波睡眠が必須であり、手続き記憶にはレム睡眠の方がより重要であることがわかった。[*9] また、徐波睡眠中にコルチゾール類似物質を投与したところ、陳述記憶の固定は阻害された一方、手続き記憶の固定は影響を受けなかった。ここ一〇年ほどの間に、ノースウェスタン大学の米国人心理学者ケン・パラーは、この研究領域をさらに広げ、新しい語彙の習得のようにより困難で、より高度な大脳皮質の統合作用を要求するタスクにおいては、レム睡眠もまた陳述記憶の固定において重要な役割を果たすことを示している。[*10]

学校での睡眠

過去二〇年間で、上記で言及した人々をはじめとする多くの科学者が、記憶の固定と再構築、さらには特定の内容の選択的忘却において睡眠が果たす役割を実証してきた。こうした発見は、日常生活および純粋科学の進歩の両方に影響を与えている。同様の効果は、サル、ラット、ハエにおいても証明されている。実用的な観点から言えば、この研究の主な社会的有用性は、教育的または治療的な目的を念頭に置いて、認知的または代謝的な目標に基づいて睡眠のとり方を最適化することにある。選択肢は色々とあるが、とりわけ有望なのはシエスタだろう。すなわち、学業のパフォーマンスを向上させるために、学校環境に昼寝を取り入れるのだ。

この分野における最初期の研究が近年、いくつか発表されている。二〇一三年には、マサチューセッツ州立大学アマースト校のレベッカ・スペンサーの研究チームが、訓練後の昼寝が睡眠紡錘波の量に比例して、幼稚園の子供たちの記憶ゲームを通じた学習を増加させることを示した。二〇一四年、わたしは、当時修士課程の学生だったナタリア・レモス、言語学者ジャナイナ・ワイスハイマーと共同で研究を行ない(当時は全員がリオグランデ・ド・ノルテ連邦大学に在籍していた)、学習後の昼寝は、六年生の生徒たちが授業中に獲得した陳述記憶の持続時間を延ばすことを証明した。[*11] 生物学者のチアゴ・カブラルは、わたしの指導のもとで修士課程の研究を行ない、通常の授業のあとに三〇~六〇分間の睡眠をとると、陳述記憶の学習が増加することを示した。[*12] そしてわたしは現在、博士課程の学生アナ・ラケル・トーレスとエクス＝マルセイユ大学のブラジル人神経科学者フェリペ・ペガドとともに、読み書きを学んでいる最中の五～七歳の子供たちにおいて、訓練後に睡眠をとることが、文字の識別を持続的に固定するうえでどの程度効果的であるのかについての研究を進めている。この調査の結果は、訓練後の昼寝は時間が経過したあとも文字識別の学習を完全に維持し、読書スピードを二倍にする効果がある一方、この昼寝をとらない場合、四ヵ月後にはパフォーマンスが著しく低下することを示している。

学校での学習を最適化するための睡眠の活用はまだ初期段階にあるが、今後積極的に導入が進められることは間違いないだろう。仮眠室やシエスタ用の施設を設けたり、個人用の睡眠ポッドを採りいれたりすることは、生物学的により賢い教育に近づけるための提案と言える。[*13] 授業の開始時間を遅くすることも、特に青少年には効果がある。思春期の始まりとともに生じる生理的変化により、就寝と起床の時刻は後ろ倒しになり、若者は以前よりもさらに眠気が増した状態で登校することになる。[*14] 二〇一六年と二〇一七年、シアトルでは、高校の授業をほぼ一時間遅れで開始するという実験が行なわれた。この変更は睡眠時間の大幅な増加と、生徒たちの成績が四・五パーセント上昇するという結果に関連していた。[*15]

一方、基礎科学の分野では、睡眠が認知機能に与える影響が明確に示されたことにより、過去の確執が解消されないうちは議題の俎上に上がらなかったより深い層の問題に、自由に取り組むことが可能となった。その問題とはたとえば以下のようなものだ。この非常に有益な心理的作用は、どのような生物学的メカニズムによってもたらされるのだろうか。ニューロンの電気的活動に起こるどのような変化が、記憶の形成にかかわっているのだろうか。どのような分子や細胞の変化に注目すれば、生涯にわたる記憶の保存について理解できるのだろうか。ここからの三章では、これらの疑問について詳しく考察し、遺伝子、タンパク質、電気的振動、睡眠中に活性化される神経回路が記憶の反響に果たす役割を取り上げる。第13章からは、また本書の核となる主要なテーマに戻ってくる。みなさんが夢日記を書き始める、あるいは再開するなら、今がふさわしいタイミングかもしれない。

第10章　記憶の反響

睡眠中の記憶の反響を引き起こすメカニズムについての研究は、生物学と心理学の間の架け橋を、それがまだ想像の産物でしかなかった時代にあえて渡ろうとした、理想主義者たちの無謀かつ愚直な冒険物語だ。それはまた、すばらしい才能だけでなく、それに匹敵するほどの頑固さを持ち合わせていた科学界の重鎮たちの物語でもある。この物語の始まりは、一九三〇年代にスペイン人のラファエル・ロレンテ・デ・ノによって行なわれた、リカレント神経回路内の電気的活性化についての先駆的研究にさかのぼる。この若くて優秀なサンティアゴ・ラモン・イ・カハールの弟子は、一九三一年に合衆国に移住し、その五年後にニューヨークに居を定めて重要な生物医学研究所に職を得た。この施設は数年のうちに、ロックフェラー大学と呼ばれるようになる。

その早熟な才能をもって数々の重大な発見を自身の経歴に加えていた天才ロレンテ・デ・ノは、当時すでに科学界で広く名を知られた存在であった。大脳皮質の細胞構造を最初に説明したのは彼であり、ニューロンが円柱の束のように縦方向に並んでおり、それが基本的な処理モジュールとして機能するというその特徴を明らかにした。ロレンテ・デ・ノはまた、海馬の内部構造を詳細に説明した先駆者でもあった。

海馬は、哺乳類だけでなく鳥類や爬虫類にも見られることから、進化上、非常に古い起源を持つ脳内の領域だが、当時はその機能についてはまだわかっていなかった。

神経解剖学で確固たる実績を示したことにより、ロレンテ・デ・ノの名声は大いに高まり、十分なリソースと自由が手に入る新たな学術的地位を確保することができた。そこで彼は、ある技術――当時まだ登場したばかりではあったが、大きな可能性を秘めていた――を用いて、ニューロンの電気的活動を測定するうえでの方法論的な飛躍を試みた。その技術とはすなわち、電気生理学だ。天井が非常に高く、電気的ノイズを遮断するために内側が完全に銅で覆われているその広々とした研究所の中で、ロレンテ・デ・ノは、特定のニューロンにおいて誘発された活動が、ほかの細胞にどのように伝搬して、リカレント接続を介して一定時間後にもとの細胞に戻るのかを理解しようと試みた最初の人物となった。

閉回路と繰り返される活性化

特定の大脳回路は、電気的活動を刺激の発生源へフィードバックすることができる閉回路を形成するという解剖学的観察に基づき、ロレンテ・デ・ノは、海馬のようなループ回路に周期的な電気的活動パルスを与えたあとに生じる軌跡を調べることにした。多くの解剖学的知識といくらかの電気生理学的知識に基づき、彼は、閉ループを含む神経回路は、刺激が中断されたあともしばらくの間、電気的活動を反響させ続けることができ、数回繰り返されたあとに初めて消滅する活性化のサイクルを作り出す、という考えを打ち出した。

ロレンテ・デ・ノによって提唱された閉じた神経回路の再活性化というアイデアは、二〇世紀を通じて神経科学者たちを魅了し続けた。なぜなら、こうした反復的プロセスは、さまざまな種類の体内のリズム、発振器、時計、生理学的ペースメーカーの基礎となり得るからであり、また実際にそうであるからだ。ロレンテ・デ・ノの先駆的な研究以降、脳内では特殊な神経接続が多数発見されており、それらはいくつもの脳構造を介して活動の再帰的な波を生成している。閉ループの脳構造、電気的活動を一時的に排除することができる抑制性ニューロン、そしてさまざまな神経伝達物質（アセチルコリンなど）の放出が組み合わさることにより、持続時間がさまざまに調整されたリズムが生まれ、それが覚醒、徐波睡眠、およびレム睡眠といった脳の全体的な状態を特徴づけている（図7）。

振動、リズム、記憶

主要な各状態の中には、さまざまなサブ状態が存在し、それは特定の脳領域における電気振動の長いエピソードという形を取る。後述する通り、これらの振動は時間的・空間的に同時に存在し、特定の瞬間に成立する調和を生み出すことで、脳の領域間のコミュニケーションを最適化している。しかし、カナダの心理学者ドナルド・ヘッブの豊かな想像力が反響回路というアイデアに魅了された時点では、神経振動の複雑なパターンや構造は、まだまったく知られていなかった。一九四四年二月、ロレンテ・デ・ノが最近発見した内容を知ったヘッブは、あるひらめきを得た。突如として彼は、電気的活動の反響の中に、自然に記憶を保存する方法を思いついた。

もしかすると反響回路は、われわれの記憶を構築し、組み立てるためのブロック、すなわち、出来事や対象物の心的表象を構築するための基本的要素なのではないだろうか。電気的反響が、われわれの膨大な神経細胞の網の中において累積的な学習を維持できる基本的プロセスだということはあり得るだろうか。神経の反響は実のところ、以前に保存された表象を（さほど多くは）失うことなく、自身を取り巻く世界の新しい表象を獲得するための驚異的な能力を解き放つ鍵なのかもしれない。

ヘッブ、インターンシップを申し出る

こうしたアイデアが持つ可能性に興奮し、偉大なるスペインの学者と一緒に研究することを熱望したヘッブは、一九四四年四月二八日、ロレンテ・デ・ノに手紙を書き、そちらの研究室に一ヵ月、インターンとして在籍できないかと尋ねた。無償で働くことを申し出たヘッブだが、彼は実のところ、かなりの経験を積んだ研究者であった。カール・ラシュレーの指導のもと、最初はシカゴ大学、その後はハーバード大学において博士号を取得したヘッブは、当時最高の生理学者および心理学者たちから学んでいた。一九三六年、ヘッブは学位論文を提出し、モントリオール神経学研究所で研究助手の職を得た。ここで彼の上司となったのは、神経外科医のワイルダー・ペンフィールドであった。のちに、脳波記録と人間の脳への電気刺激の実験を初めて行なったことで知られるようになる人物だ。ペンフィールドが残したある報告には、彼が考案した方法によって可能となった驚くべき発見が綴られている。その中で彼は、自分が治療を施している患者において、電気刺激が「どういうわけか過去の体験を呼び起こした」ときのことを描写している。

ある患者が……発作を訴えており、ときどきてんかんによる痙攣で気を失って地面に倒れてしまうのだという。しかし、そうしたエピソードが起こる直前には幻覚のようなものが見えることに、彼女は気づいていた。内容はいつも同じで、彼女の子供時代の経験が蘇るのだ。

もとの体験は次のようなものだった。彼女は草原を歩いていた。兄弟たちは、彼女よりも先に道を向こうの方まで走って行ってしまった。彼女の後ろをついてきていた男が、自分の持っている袋の中には蛇がいると言った。彼女は怖くなり、兄弟たちのあとを追って走った。これは、彼女が実際に経験したことだった。彼女の兄弟も、母親もその話を聞いたことを覚えていた。

それから数年間にわたり、その経験は彼女が眠っている間に何度も表れ、周囲の人間からは、あなたは悪夢を見たのだと言われた。やがて、そのささやかな夢は、昼夜を問わずいつでも起こり得るてんかん発作の前兆であることが認識された。またときには、発作といっても夢を見るだけで、物理的な症状をともなわないこともあった。

手術の最中、患者に局所麻酔をかけた状態で、わたしは位置確認のために体性感覚野および運動野をマッピングしてから、側頭皮質に刺激装置を当てた。「ちょっと待ってください」と彼女は言った。「話しますから」。わたしは電極を皮質から外した。少しためらったあと、彼女はこう言った。「だれかがこっちに近づいてくるのが見えました。まるでわたしを殴ろうとしているみたいに」。同時に、彼女が突然怯え出したのがはっきりとわかった。

より前方のポイントに刺激を与えたときには、「大勢の人たちがわたしに向かって叫んでいるのが聞こえるような気がします」と彼女は言った。この二番目のポイントには、彼女にはそうと教えず、時間の間隔を開けながら、三回にわたって刺激が加えられた。そのたびに、彼女はわたしたちとの会話を中断して、自分の兄弟や母親の声を聞いていた。そしてそのたびに、彼女は怯えていた。本人によると、てんかん発作の際にそうした声が聞こえたことはなかったという。

つまり、電極による刺激は、いつもの発作の始まりに表れる、馴染みのある体験を再現した。一方で、別のポイントへの刺激は、過去にあった別の体験を彼女に思い起こさせ、やはり恐れという情動を生み出した。これには大いに驚かされた。というのも、われわれは運動的でも感覚的でもない現象を引き起こし、しかもその反応はてんかん性のものではなく、生理的なものであるように思われたからだ。

ペンフィールドの実験が示しているのは、単なる皮質の活性化が夢のような体験を引き起こすことができるということ、また、それは何度か活性化を繰り返したあとでも、統一性と一貫性を保っていられる記憶の連鎖という形で表れるということだ。この記録の先を見てみよう。

ある若い女性（N・C）は、左側頭葉の前方……に刺激を受けたとき、こう言った。「夢を見ました。わたしは腕に一冊の本を抱えていました。わたしは男の人と話していました。その人は、本のことは心配しなくていいと、わたしを安心させようとしていました」。一センチ離れたポイントに刺激を与えると……彼女は言った。「母がわたしに話しかけています」。一五分後に同じポイントを刺激すると、患者は電極がそこに当てられている間、声を上げて笑っていた。電極を離したあと、説明を求められた彼女は言った。「ええ、ちょっと長くなりますが、お話ししましょう……」[*1]

ヘッブはペンフィールドの研究チームの中でもとりわけ優秀なメンバーであり、ペンフィールドは彼とともに脳損傷の心理的影響についての重要な発見を成し遂げた。つまり、ヘッブがロレンテ・デ・ノのところへ無償のインターンにやってくるということは、彼が有する心とその生物学的基盤に関する豊富な経験的・理論的知識が提供されることを意味していた。にもかかわらず、ロレンテ・デ・ノは興味を示さず、一九四四年五月一日付の手紙で、インターンシップの申し出をきっぱりと断っている。「現在、わたしの研究は神経インパルスの生成と神経の代謝との関係にかかわるものであり、このテーマには、心理学者にとって直接的な益はほとんどありません」

失望はしても、そこで研究を投げ出すヘッブではなかった。実証的な研究と並行して、彼は心理学の神経基盤に関する理解を永遠に変えることになる理論の構築に打ち込んだ。記憶形成の生物学的メカニズムとしてどんなものがあり得るかについて、縦横無尽に発想を巡らせつつ、ヘッブは現在も最先端の神経科学実験の現場で活用されている一連の現象を特定した。一九四九年に出版された彼の著書『行動の機構――脳メカニズムから心理学へ』は、今日までに登場したあらゆる神経心理学理論の中でも、特に影響力のあるものとして位置づけられることになる。[*2] 記憶の獲得には――個々のニューロンレベルで――上流にあるさまざまなニューロンからやってくる複数の活性が累積されることが必要とされ、それがニューロン間の結合強化につながることを、ヘッブは正しく予測した。ヘッブによる仮説を表す言葉の中でもよく知られているのが、「ともに発火するニューロンは互いに結びつく」というものだ。ヘッブは、記憶の固定化の「始まり」は、その電気的な反響がリカレント神経回路を通ることであり、「次に」それが原因となって、複数のニューロン群が同期して一緒に働き始めると提唱した。これによってそのニューロン群の興奮性が高まり、最終的には、記憶された場所、物、出来事の生理学的な表象に相当するものになる。

学習するとはどういう意味であるのかを神経細胞的に示すこの概念に象徴される多大な進歩を理解するためには、一九四〇年代の終わりまで、心理学のさまざまな分野における発展を取り巻く状況は、一九世紀のころとまるで変わっていなかったことを考慮する必要がある。すなわち、統一された理論は存在せず、相容れない陣営同士が激しく対立し、神経生物学との接点もまるでなかったということだ。当時の心理学において最も成功していた分野である行動主義は、制御された実験室内の条件下における動物の行動を非常に詳細に数値化していたが、心を生み出す脳の「ブラックボックス」を開ける準備は、まだ整っていなかった。一方、神経系の比較的単純な側面の理解に到達しつつあった神経生理学は、精神的な現象にはいっさいかかわろうとしなかった。勇気を持ってそちらの道へ足を踏み出した数少ない人々は、思考のメカニズムに対する知識があまりにも不足しており、ロジャー・スペリーのような、ノーベル賞を受賞した著名な神経生理学者でさえ、意識はニューロンの発火ではなく、電磁場によって引き起こされるのではないかという、今日では完全に否定されている可能性についての研究に数年を費やしている。そう考えると、ヘッブがロレンテ・デ・ノに対して再度、今度は自身の研究内容を伝えるための手紙を送ったのは、かなり大胆な行動であったと言える。当時四四歳だったヘッブはこう予言した。「わたしの本がいずれ、神経生理学における現代の概念、とりわけあなたが開発したいくつかの概念が、心理学理論にとって革命的な意義を持っていると示すことができるだろうと、わたしは信じています」[*3]

ウィンソン、インターンシップを申し出る

ヘッブの言葉に嘘はなかった。それから一五年がたったころ、もう一人の風変わりな科学者がこの分野に登場した。ニューヨーカーのジョナサン・ウィンソンは、予想外の経歴を持つ古風な紳士であった。物語は、彼が工学でのキャリアを早々に切り上げたことから始まる。カリフォルニア工科大学で航空工学の修士課程を修了し、コロンビア大学で数学の博士号を取得したあと、ウィンソンは結婚してプエルトリコに居を移し、大きな成功を収めていた家業の靴製造会社を継いだ。科学にも、劇場にも、おしゃれなレストランにも別れを告げて、ヤシの木と青い海のそばで暮らすことを選んだのだ。

それから二〇年近くがたったころ、父親が他界し、事業をかなりの高値で売却したウィンソンは、妻のジュディスとともに、そろそろニューヨークへ戻って、その濃密なカルチャーに浸る生活を満喫しようと考えた。文化的で洗練されたこの夫婦は、コンサート、展覧会、講演会に飢えており、それらはニューヨークにはたっぷりとある一方、サンファンではお目にかかることができないものだった。二人が特に興味を抱いていたのは、一九六〇年代のニューヨークで大きな盛り上がりを見せていた精神分析関連の人脈であった。人文主義者かつフロイト主義者のウィンソンは、一方では技術や科学の素養も大いに持ち合わせていた。すでに安定した生活を確立し、また四四歳という、実験科学の分野でのキャリアをスタートさせ

るには理想的とは言いがたい年齢で、ウィンソンは、ロックフェラー大学のニール・ミラー教授の研究室のドアを叩き、見習いとして無償で働くことを申し出た。

これは少なからず思い切った行動であった。一九六七年にはすでに、アッパーイーストサイドの一区画を占めるその小さな大学は、一平方メートルあたりのノーベル賞受賞者が世界で最も多い場所の一つとなっていた。同時にそこは、型にはまらない、独特の生き方をする者たちが集うところでもあった。ウィンソンは研究者として受け入れられたのみならず、やがて技術者からアシスタント・プロフェッサー、准教授、名誉教授へと次々に昇進し、さらにはロレンテ・デ・ノの銅張りの研究室を使って、自身の研究を遂行するという栄誉まで与えられた。

シータリズムの機能を解明する

ウィンソンによる最初の大きな貢献は、シータリズムに関するものであった。シータリズムは非常に規則的な脳波から形成され、ある特定の状態のときに、数分間にわたって海馬を完全に席巻する。一九五〇年代にウサギで発見され、その後ラット、ネコ、サル、人間でも観察されたが、一九七〇年代半ばにウィンソンによって解読が始まるまでは、大きな謎に包まれていた。つじつまが合わないとみなされていたのは、研究対象とする種によって、同じリズムがまったく異なる状況で表れることであった（図10）。ラットのシータリズムは個体が動く速度にほぼ比例しているが、ウサギの場合は個体が静止しているときにしか発生しない。さらに複雑なことに、ネコのシータリズムは個体が静止しているときと動いているときの両方で発生する。この謎において何より奇妙なのは、レム睡眠だった。レム睡眠は、これらすべての種において、海馬のシータリズムと同時に発生するのだ。

ウィンソンは、シータリズムを理解する鍵は、それぞれの種の生態学的ニッチに応じて、どのような行動が環境への高度な注意を必要とするかを特定することであると考えた。ラットはネコのような種から見れば獲物だが、マウスのような種から見れば捕食者だ。彼らは周囲の環境の優れた探索者であることを特徴とし、餌を探すために俊敏さと高い注意力を持って移動する。ラットにおいてシータリズムが最も強く出現するのは、新しい環境の空間を探索しているときだ。一方、ウサギは極めて典型的な被食者であり、新しい環境に置かれると体が固まってしまう。二本脚で立ち上がった姿勢をとり、耳をピンと立てて、恐怖に怯えながら捕食者を探す。ウサギでは、シータリズムはじっと動かずに警戒しているときに発生し、環境に慣れてきて、四本脚でのんびりと餌を探し始めると消失する。一方、ネコは明確な捕食本能を持つ動物だ。したがって、シータリズムが表れるのが、狩猟行動をとっているときであるというのは当然だろう。マウスや毛糸玉を相手に狩りをしているときであれ、攻撃を前にじっと待ち構えているときであれ、獲物に向かって走りながら飛びかかろうとしているときであれ、シータリズムが表れることに変わりはない。

総合的な見解として、ウィンソンは、覚醒時のシータリズムはそれぞれの種に典型的な注意行動によって説明されると提唱した（図10）。そこからの類推により、レム睡眠中におけるシータリズムの発生は、覚醒時に獲得した記憶を、睡眠という最も厳重に保護された感覚的隔離状態において、かつ覚醒中の経験の際に用いられるのと同等の高い注意力をもって処理することが可能な生理的状態を示唆していると、ウィンソンは考えた。したがってレム睡眠は、脳が自分自身と、自らが知っている世界の脳内表象に注意を払う、内省的な状態であるということになる。

ウィンソンの解釈は、海馬の神経生理学に取り組む、小さいながらも成長しつつあるコミュニティに所属する人々を大いに納得させた。一九七〇年代末、彼は内側中隔という脳の別の部分の損傷によって海馬のシータリズムが乱されると、ラットの空間記憶が大幅に失われることを発見した。学術誌『サイエン

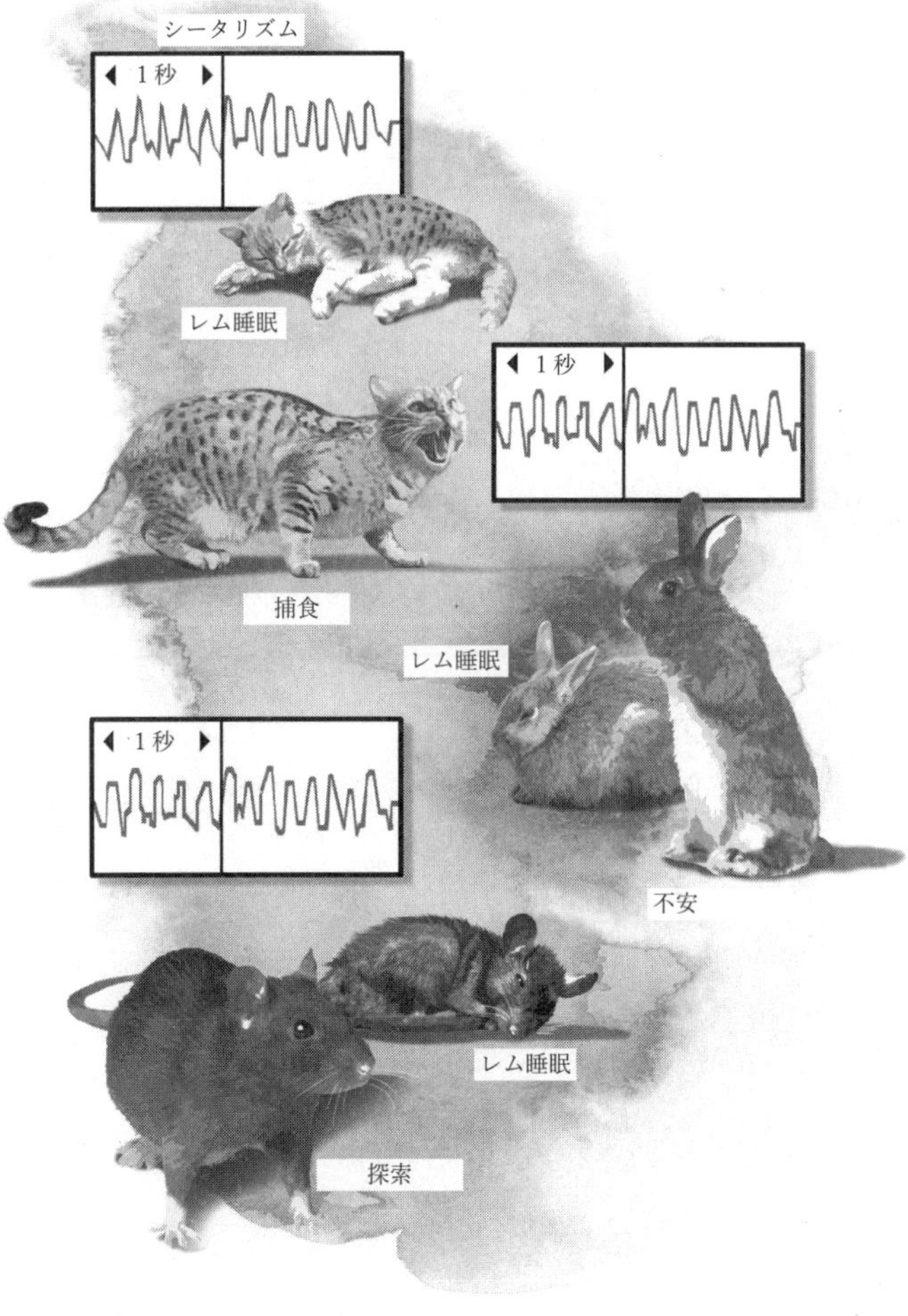

図10　哺乳類では、海馬のシータリズムは覚醒・警戒しているときに発生し、また、レム睡眠中にはさらに強いシータリズムが現れる。シータリズムは多様な種において、それぞれの種にとって生存に不可欠な行動をとるときに発生し、1秒間に4〜9回の波が表れる。

ス』に発表されたこの内容は、認知においてシータリズムが果たす重要な役割についての初めての直接的な証明となった。今日われわれは、海馬のシータリズムが陳述記憶、すなわち去年の夏休みや親友の結婚パーティ、最近の夢など、口頭で語ることができる記憶の獲得、処理、喚起にとって極めて重要であることを知っている。

電気生理学と日中残渣

フロイトの「日中残渣」という概念に触発されたウィンソンと、当時彼の下で博士課程を過ごしていたギリシア人神経科学者コンスタンティン・パブリデスは、覚醒中に最も多く刺激を受けたニューロンが、睡眠中に最も活性化されるのかどうかを確かめてみることにした。この仮説を検証するため、彼らは海馬内に存在する特定のニューロンが有する、ある特殊な性質を利用した。細胞体が円錐形をしていることから、それらは錐体ニューロンと呼ばれている。このニューロンは、動物が空間内の特定の位置を通過するときにのみ、選択的に活性化される。つまり、各ニューロンは限られた空間領域に対応しており、対応空間内では活性化される一方、その外では活性化されない。空間マッピングのメカニズムにこうした場所ニューロンがかかわっていることを発見したアメリカ人のジョン・オキーフとノルウェー人のエドバルド・モーセル、マイブリット・モーセル——研究内容的に言えば、彼らはヘッブの孫・ひ孫にあたる——は、二〇一四年にノーベル生理学・医学賞を受賞している。

パブリデスとウィンソンは、錐体ニューロンの活性化が特定の空間領域に限定されるよう実験を設計し、それによって、よく活性化されたニューロンと、ほぼ沈黙を保っていたニューロンとの比較ができるようにした。海馬に外科的に電極を埋め込んだあと、研究者らは、互いの空間領域が重ならない錐体ニューロン同士のペアを特定・記録した——つまり、各ニューロンはそれぞれが別の場所に対応している、ということだ。次に、透明なアクリル製ドームを用いて、ラットの位置を一方のニューロンに対応する領域内に制限し、空間的な位置づけを可能にする視覚的手がかりを取り除かないよう気をつけながら、このニューロンを繰り返し活性化させつつ、もう一方のニューロンは活性化させずにおいたまま、記録を取り続けた。

これを二〇分間続けたあと、彼らは、両ニューロンの空間領域の外にある記録ケージにラットを移して、数時間にわたって自然に眠るに任せた。一九八九年に発表されたその結果は、重要な事実を明らかにしていた。覚醒時により多く活性化されたニューロンは、その後の睡眠中、徐波睡眠とレム睡眠のどちらにおいても、特異的に再活性化されたのだ[*4]（図11）。この研究は、睡眠中のニューロン活動は、覚醒時の心が経験したことを反響させるという考えを実証的に支持するものであった。これはすなわち、フロイトによって提唱された「日中残渣」の、最初の電気生理学的証拠にほかならなかった。

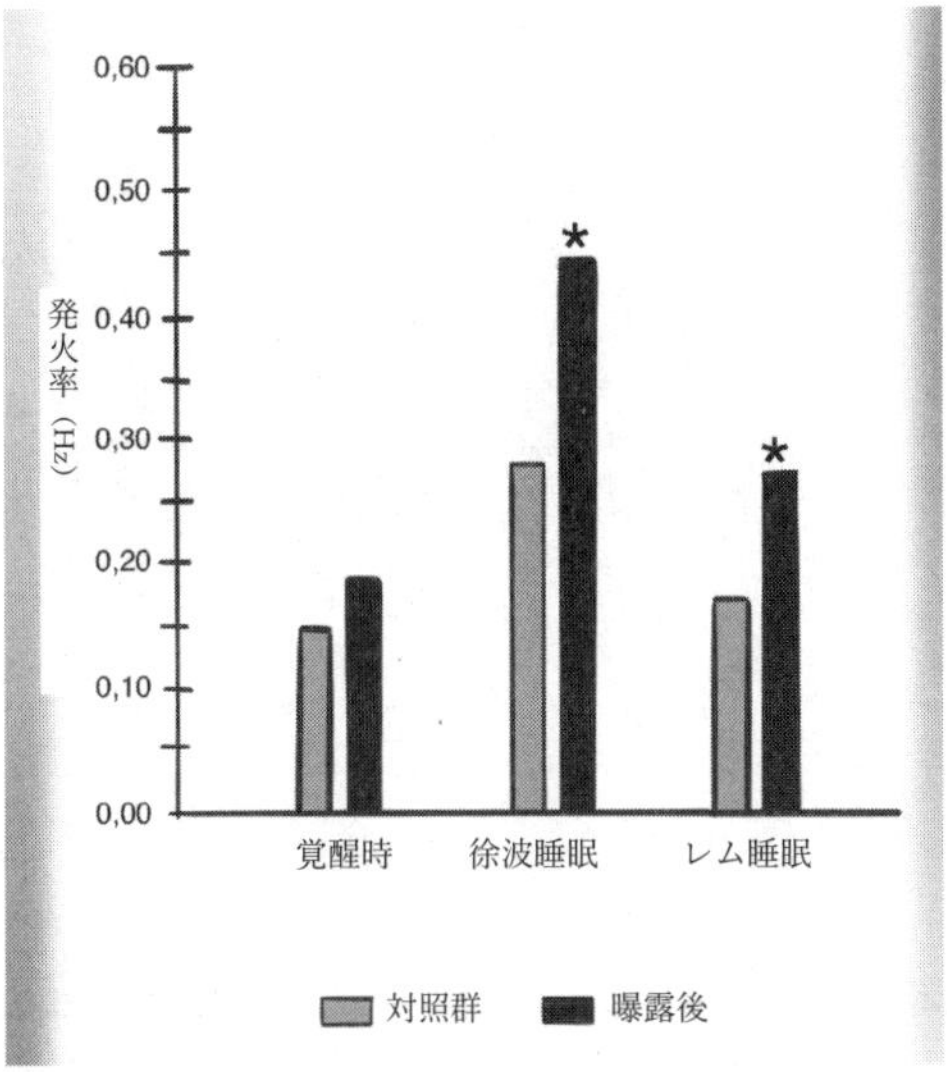

図11　その日の印象：電気生理学的な日中残渣。対応する空間領域への持続的な暴露によって覚醒中に活性化された海馬ニューロンは、睡眠中、暴露されなかったニューロン（対照群）よりも多くのニューロン発火を示す。

数年後、この発見をさらに深く追求したのが、アリゾナ大学でポスドク研究を行なっていた米国の神経科学者マシュー・ウィルソンであった。ウィルソンは、海馬のニューロンの活動率の変化だけでなく、異なるニューロンが

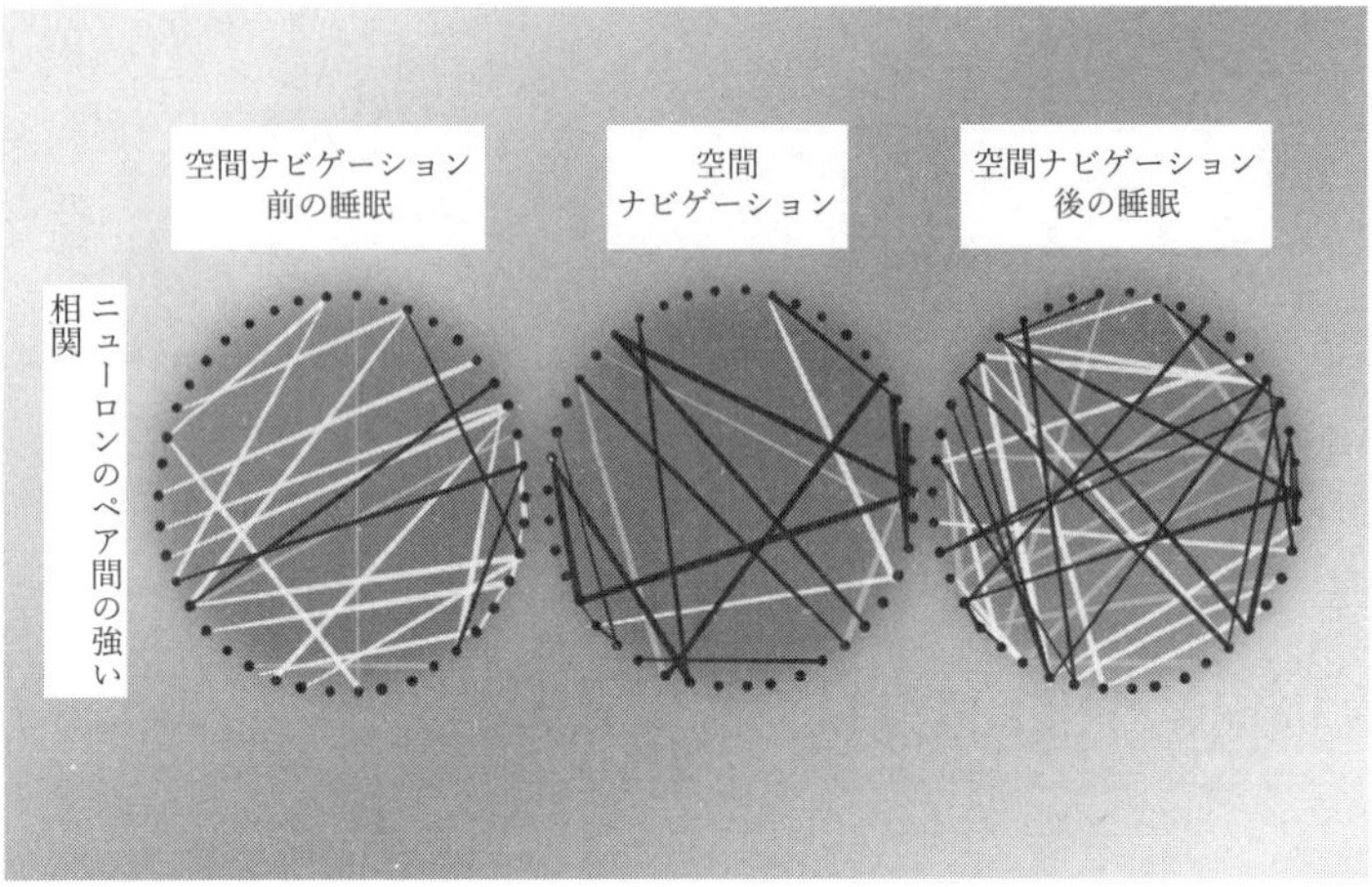

図12　海馬ニューロンのペア間の同期した活動パターンは、空間ナビゲーション中に発生し、その後の睡眠中も保持される。特に強い相関関係——同期性の高いもの——のみが示されている。42ヵ所のポイントはそれぞれ一つの海馬ニューロンに対応しており、線が濃いほど相関が強い。

活性化する瞬間の同期性の変化についても量的な分析を行なった。言い換えるなら、彼は各ニューロンが活動をどれだけ増減させたかだけでなく、任意の二つのニューロンが一緒に、同期して活性化される割合も測定した、ということだ。

ウィルソンがカナダの神経生理学者ブルース・マクノートンの下で学んでいたのは偶然ではない。マクノートンは一九七〇年代末、ドナルド・ヘッブと親しく付き合い、ニューロン同期の研究に傾ける情熱を共有していた。一九九四年にウィルソンとマクノートンが発表した結果は、優れた研究として瞬く間に広く知られるようになった（図12）。彼らはまず、覚醒時のラットが特定の軌道沿いに移動し、海馬でシータリズムが優勢になっているときには、海馬ニューロンのペアの間に新たな同期パターンが表れることを示した。次に彼らは、その後の徐波睡眠中にも、ある程度の背景ノイズをともなって同じパターンが反響することを明らかにした。

そして二〇〇一年、マサチューセッツ工科大学の教授になっていたウィルソンは、博士課程の学生ケンウェイ・ルイとともに、レム睡眠中にも同様の効果が表れることを実証した。

パブリデスとウィンソンによる最初の発見と、ウィルソンによるその後の発見の違いを理解するには、各ニューロンの活動電位を、楽譜の上の音符であると想像してみるといい。パブリデスとウィンソンの基本的な発見はいわば、覚醒中に最もよく演奏された音符が、睡眠中に再び聞こえる、と言っているようなものだ。ウィルソンによる研究結果は、睡眠中には、覚醒時に観察される音符だけでなく、それらが組み合わさった和音やメロディも繰り返されることを示している。記憶を音符に置き換えることで、これらの発見を通して、昼間に記憶された内容が夢の中でどのように再び浮かび上がってくるのかを想像することができるだろう。

反響か、再活性化か

これらの発見については、わたし自身のものも含め、その後さまざまなグループによって研究が重ねられた結果、過去二〇年間で、記憶の電気的反響は徐波睡眠中に最も強まり、レム睡眠中には変動し、覚醒時には著しく減少することが明らかになっている。[*5]ノンレム睡眠中にはニューロン再活性化が一貫して増加すること、レム睡眠中には変動が大きくなること、レム睡眠はノンレム睡眠よりも持続時間が短いこと（ラットと人間においては約一対四）を踏まえると、ニューロンの反響においてはノンレム睡眠が主要な役割を果たし、レム睡眠は二次的な役割を果たしていると結論づけられる。わかりやすく言うなら、ノンレム睡眠が優勢な夜の前半は、覚醒中に獲得した記憶の残響にとって不可欠であるということだ。

六〇年以上前にドナルド・ヘッブが提唱した「反響（reverberation）」という用語は、ここ数十年のうちに「再活性化（reactivation）」という用語に置き換えられたが、この言葉は件の現象を完全には説明していない。ニューロンネットワークの活動の反響は確かに、覚醒中に大幅に減少はするものの、完全に消えるわけではない。覚醒時の記憶の反響の強さは、干渉してくる感覚刺激の度合いと反比例する。記憶の痕跡は、すべての行動状態において、獲得後の期間にも継続的に検出されるため、正確に言うならば、記憶に関連する感覚体験は、断続的な再活性化ではなく、持続的な反響を引き起こす、ということになる。覚醒している間、その背景に夢が存在することにわれわれが気づかないのはなぜだろうか。その原因は、われわれの五感によってもたらされる刺激の奔流にある。科学用語で言うなら、過去の経験に関連する神経活動の反響パターンは、すべてではないにせよ、その大部分が、覚醒している間に受け取る感覚刺激によって覆い隠されている、ということになる。フロイトの提唱した考えを比喩的に表現すると、以下のようになるだろう。「夢は星のようなものだ。常にそこにあるが、われわれがそれを見ることができるのは夜だけだ」

ただし一部の人たちは、覚醒しているときにも夢を知覚することができる。その実例は、オーストリアの作曲家ヴォルフガング・アマデウス・モーツァルトの最初の伝記作家によって記録された、創造的な白昼夢に見ることができる。

忠実度の高さ、低さ

モーツァルトは何であろうと簡単に、さっさと書いてしまう。それは一見、不注意や性急さのように見えることもある。曲を書くとき、彼はピアノのところへ行きさえしなかった。彼の想像力は作品全体を、彼に対してくっきりと鮮やかに提示した。……夜の静寂の中、魂を妨げるものが何もないときには、彼の想像のパワーはさらにギラギラと燃え盛った……。[*6]

「反響」という言葉に関連して広まったもう一つの用語に「記憶再生」があり、これは過去の神経細胞活動のパターンを高い忠実度で繰り返すことを指す。ただし、睡眠中の記憶の再活性化は、録音を再生するのと同じように記憶を完璧に呼び起こして、昼間経験した内容を繰り返すわけではない。それはむしろ、楽団が記憶に基づいてライブ演奏をするようなものだ。こうした理由から、その音はより「汚れたもの」になる。なぜなら、睡眠中に生じる神経活動を、反響が互いに奪い合う雑音が混ざるからだ。最終的に出来上がるのは、正確なコピーというよりもジャムセッションのようなもの、MP3というよりもレコードのようなものになる。

この汚れた反響はおそらく、哺乳類の脳の大部分が、さまざまな知覚や行動を同時に表象するために費やされているという事実に関連している。結果として、個々のニューロンは、互いに同期しているさまざまなニューロン群に加わるよう動員される。その過程で複数の情報が組み合わされるため、研究者が特定の記憶を単独で検出することが困難になる。同じ一つの音符は、異なる楽譜において数え切れないほどの回数使用され、それぞれの音符がどのようなコンテクストで生じるのかによって、聞き手に対して大きく異なる影響をおよぼす。そうしたいくつもの楽譜が、同時に並行して演奏されるところを想像してもらえれば、上記の現象が理解しやすくなるだろう。

この規則の証明となる顕著な反例が、科学的研究に頻繁に利用されるオーストラリアの鳥キンカチョウだ。キンカチョウの睡眠中、鳴き声を出す際の運動生成に関与するニューロン群は、この鳥が実際に鳴くときに観察されるニューロン活動を極めて忠実に繰り返す。それはほぼ完璧なコピーと言っていい。この非常に珍しい例の背後には、高度に専門化された神経処理があり、それを実行しているのは、歌唱を司る声帯筋を制御するために必要とされるニューロンだ。これらのニューロンはどれも、たった一つの記憶を順番にエンコードすることだけを専門的に行なっており、それは生涯を通じて固定された変わらない形、すなわちその鳥独自の歌として繰り返される。キンカチョウの場合、睡眠中の高度に忠実なリプレイは事実として存在する。

シナプスの強化と弱化

神経科学者がニューロンの活性化を重要視するのは、それが記憶の固定化とも、また、学習の神経生物学にとって非常に重要なある現象、すなわち「長期増強」ともかかわりがあるためだ。ヘッブは一九四九年の時点で、複数のニューロンを同時に活性化すると、さらに下流にある、活性化されたものから一シナプス以上離れたほかのニューロンとの結合が持続的に変化するはずであると考えていたが、その現象は二〇年近くにわたり、純粋に理論的なものにとどまっていた。電気的な刺激がニューロン群のシナプス接続を持続的に強化できることの初めての実証的証拠が示されたのは、一九六六年になってからのことであった。麻酔をかけたウサギの海馬における刺激と電気的反応を研究していた、当時博士課程の学生だったノルウェー人のテリエ・レモは、初めて人工的な記憶を電気的に誘発し、ニューロンに受け取った刺激を「覚えさせる」ことに成功した。オスロ大学のノルウェー人神経生理学者ペル・アンデシェンの研究室にいたレモは、最初は一人で、その後英国人の同僚ティモシー・ブリスとともに、長期増強の最初の証拠についての論文を発表した。[*7] 長期増強はいわば、細胞レベルでの加算に相当し、われわれが頭蓋骨の中に入れて持ち運んでいるバイオコンピュータが機能するうえで不可欠なものだ。

一九八二年、日本人神経生理学者の伊藤正男は、長期抑圧と呼ばれる長期増強の逆の現象について、初となる証拠を発表した。これは低周波の刺激によってシナプス強度が低下するという現象であり、いわば神経の働きにおける減法演算のようなものだ。それ以来、シナプスの増強と抑制の研究は、神経科学における最もダイナミックな研究分野の一つとなってきた。

当然ながら、批判的な意見もあった。実験で用いられた刺激は周波数が高すぎる、あるいは低すぎるせいで、やや人工的な状況が作り出されていた、と言うのだ。反対派は、自然に獲得された記憶は、もっと別のメカニズムに依存している可能性が高いと主張したが、やがて明らかになっていったのは、シナプスの増強と抑制は、脳内で観察されるものに近い周波数の刺激下においても発生する、ということであった。研究が進んだことにより、最終的には、これらの実験で引き起こされたメカニズムは、「自然な」学習に用いられるものとまったく同じであることが示された。[*8]

もし科学界のオリンポス山に住む神々が公平であるならば、レモ、ブリス、伊藤の三人には、シナプスの世界がどのように形成されるのかを発見した功績によって、ノーベル賞が授与されていて然るべきだ。いずれにせよ、学習の生物学的メカニズムの解明に情熱を燃やす学生たちは、国際的な学会や講座に顔を出せば、自身が成し遂げた重要な発見についていかにも楽しそうに、熱を込めて語ってくれる陽気なティモシー・ブリスと、おいしいビールを飲み交わせることは間違いない。

記憶の暗号化

一九八〇年代末になって、パブリデスとウィンソンはもう一つ驚くべき発見をしている。それは、同じ周波数の刺激を、シータリズム周期における異なる時点で与えた場合、正反対の効果が得られる、というものだ。[*9] シータリズムのピークにおいては、ニューロンが脱分極化しているために興奮しやすく、刺激によって接続の増強が引き起こされる。シータリズムの谷では、ニューロンが過分極しているために興奮しにくく、先ほどと同じ刺激によって抑制が引き起こされる。その後、これらの発見はほかの研究グループによっても再現され、[*10] 記憶獲得のプロセスにおける中心的要素とみなされるようになった（図13）。シータリズムのフェーズに対するこのような依存性があることによって、まったく同じ周波数の刺激が正反対の効果をもたらし、ニューロン間の接続を強めたり弱めたりする。

われわれは今日、あらゆる記憶の獲得には、シナプスの強化と弱化の両方が必要であることを知っている。これらの働きによって、合計で何百兆個ものシナプスを有する人間の脳のシナプスネットワーク全体に存在する小さな部分集合の間の結びつきの強度が、選択的に強められたり、弱められたりするのだ。われわれはまた、これらのシナプスの選択は、その刺激に対してどの程度の注意が払われるかに依存し、そしてその注意は海馬のシータ振動と一致していることを知っている。

この発見をきっかけとして、神経活動のメロディにおけるハーモニーの存在が知られるようになった。現在では、シータリズムは音符、すなわち高周波の振動や神経細胞の発火の発生に対応する、楽譜としての機能を果たしていると考えられている。シータリズムは、小節の初めに来る音符を弱める一方、終わりに来る音符を増幅する。そのため、シータリズムが時間的に持続すれば、音符を配置するための位相空間が生み出される。[*11] これは、新しい情報を取り入れるためのメカニズムであり、それによって古い記憶はほかの位相や、その小節のほかの領域に移動させられる。

これらの発見が、睡眠と記憶の処理との関係を理解するうえでいかに重要であるかが明らかになり始めたのは、神経科学界において、フロイトがこの分野の発展に多大な影響を与えたことを認める数少ない人物の一人である神経科学者のジーナ・ポーが、ニューロンの発火が起こるシータリズムの位相が、記憶の熟知性をエンコードすることを初めて示したときのことだ。

ポーの物語は、われわれの冒険譚に、意外な経歴を持つ登場人物をもう一人加えてくれる。彼女はロサンゼルスの非常に貧しい家庭に生まれた。そこに父親の姿はなかった。二年後、彼女の母親は仕事と手頃な住まいを求めて、ジーナとその兄弟を連れてサンディエゴに移り住んだ。一家は政府からの援助に頼って暮らしていた。母親がようやく見つけた仕事では、最低賃金しか支払われなかったからだ。彼らは車を持ったことがなく、テレビがあったのもごくわずかな間だけで、近隣では暴力事件が頻発していた。ときには空腹を我慢してまで子供たちにご飯を食べさせたジーナの母親は、子供が貧困を抜け出すための鍵は教育であると固く信じていた。

そして、彼女の信念の正しさは証明された。小学校五年生のとき、利発で好奇心旺盛なこの少女は、理科の先生が指導する活動の数々に夢中になった。牛の目の解剖や、無脊椎動物の色の好みを測る実験をし

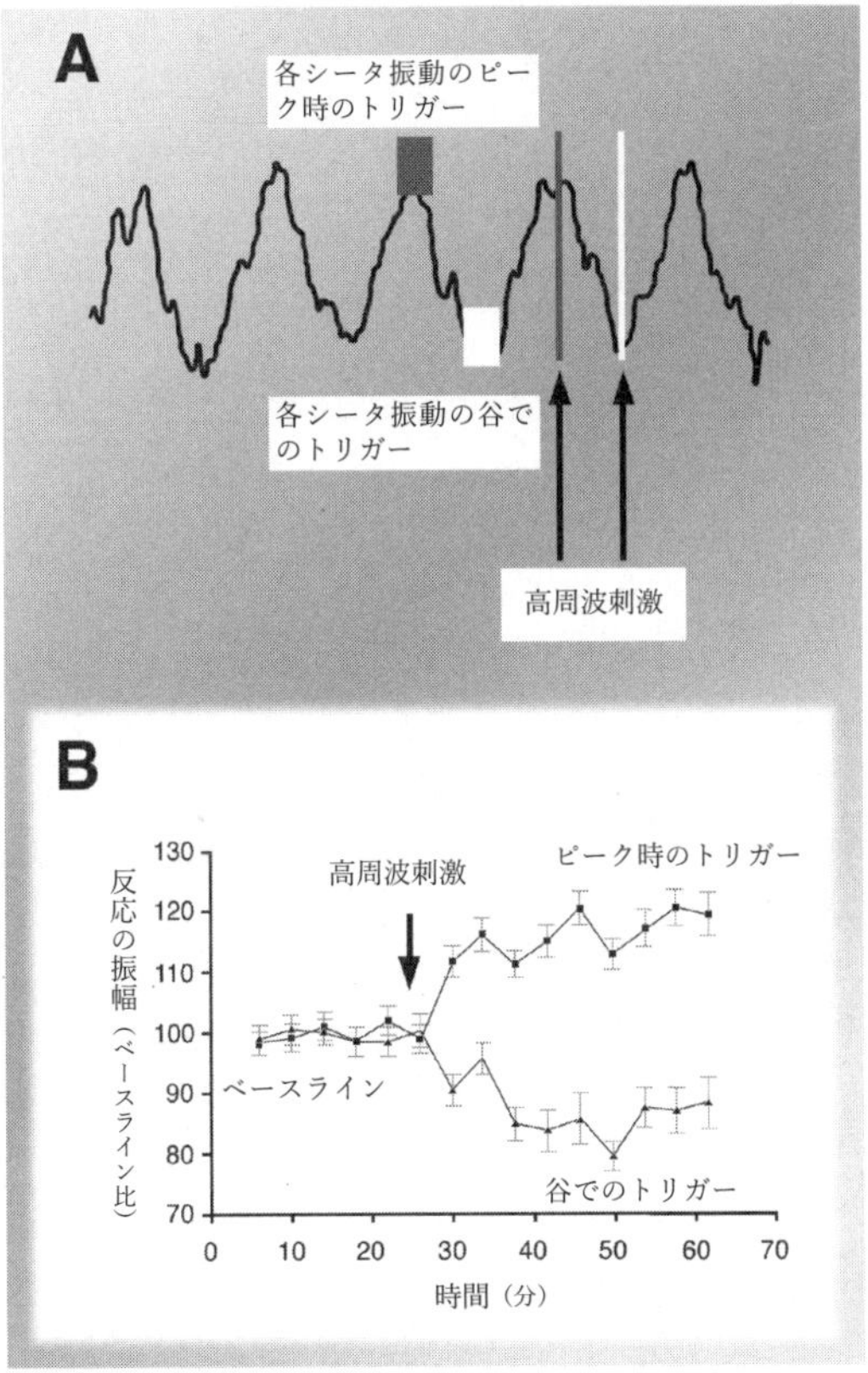

図 13　シータ波に対する刺激の位相によって、ニューロンの結合が増強されるか抑制されるかが決まる。Ⓐシータ振動におけるピークと谷がリアルタイムで検出され、次のサイクルでの高周波刺激を引き起こす。Ⓑシータ振動のピークで刺激を与えると、反応の振幅が増大し、長期増強が起こる。シータ振動の谷で刺激を与えると、反応の振幅が減少し、長期抑圧が起こる。

ながら、一一歳のジーナは初めて、科学者になりたいという思いを自覚した。それから一〇年もたってない一九八三年、彼女は見事、名門スタンフォード大学に入学した。ジーナがとった神経生理学の講座では、神経生物学者のクレイグ・ヘラーが、自身の発見である、哺乳動物はレム睡眠中に体温調整を行なわないという事実にたどり着くまでには、どのような過程があったのかについて語っていた。[*12] 哺乳類はそのせいで、レム睡眠中にはさらに脆弱な状態になると、ヘラーは言った。その仕組みは生物にとってのリスクでありながらも、多様な種において観察されていることから、極めて必要性の高いものと考えられた。そして何より重要なのは、その理由はまだだれにもわかっていないということだった！　ジーナの胸は踊った。すでに多くのことがわかっている、あるいはわかっているように見える時代に、何か基本的な現象を発見できたならどんなに楽しいだろうと、彼女は思った。しかし、このとき芽生えた意欲は、大学の学費を払うためにはもっとお金が必要だとわかったことでしぼんでしまった。その講座の単位は卒業するために必要というわけではなかったため、彼女はこれをあきらめ、レストランの調理係として働く時間を増やした。

物語はここで終わっていた可能性もあるが、幸いにもそうはならなかった。数年後、ジーナは退役軍人病院で研究助手の仕事を得、空軍パイロットが低高度で飛行し、地球表面で経験する重力加速度（9.8m/s2）の数倍に相当する強い加速度下にあるときの、彼らの脳活動を調べる作業に従事した。この研究の目的は、パイロットが意識を失いつつあるのかどうかを確実に判断し、人間の指示なしで自動操縦に移行できるようにすることであった。この研究の一環として、睡眠の専門家が集まる学会に出席したジーナは、ここは未解決の重要な問題が無数にある大海であることに気がついた——つまりそこは、大きな変化をもたらしたり、ほんとうに重要なことを発見したりすることができる場所、大望を抱くことが可能な分野だったのだ。ただし、カリフォルニア大学ロサンゼルス校の神経科学の博士課程に正式に入学したときには、彼女は皮肉を感じずにはいられなかった——米国の博士課程の奨学金は、ほかのどんな研究助手の仕事よりも支給額が大きかったのだ。ジーナは博士課程を大いに楽しみ、あとはもう振り返らずに研究に勤しんだ。

伝説的な存在であるペル・アンデシェン、ジョン・オキーフ、ドナルド・ヘッブの科学的系譜の後継者であるジーナは、アリゾナ大学のブルース・マクノートンとキャロル・バーンズの研究室にポスドクとして在籍していたときにある重要な発見をし、二〇〇〇年にこれを公表した。[*13] 彼女の画期的な発見を理解するうえでは、まずニューロンが活性化される可能性が最も高いのはシータ波のピークであることを思い出す必要がある。上記で見てきた通り、パブリデスとウィンソンは一九八八年、シータリズムのピーク時に海馬を刺激すると長期増強が起こり、同じ刺激をシータリズムの谷で与えると長期抑制が起こることを発見している。

これらのピースを組み合わせることで、ジーナ・ポーは、新しい記憶はシータリズムのピーク時に、一方、忘れ去られる運命にある古い記憶は、シータリズムの谷でコード化されているはずであるという仮説を立てた。ジーナはラットの海馬に電極を埋め込み、場所ニューロンの活動の記録に取りかかった。この場所ニューロンは、実験が行なわれている箱の特定の領域に対して選択的に活性化される。最初のデータブロックをしばらくの間収集したあと、箱の一方の壁が取り除かれ、新しい、それまでよりもかなり広い空間が作られた。これによって、場所ニューロンの多くが再度マッピングされ、新しい空間内の領域に選択的に反応し始めた。

新しい場所に再マッピングされたニューロンの発火位相と、まだ古い方にマッピングされたままのニューロンのそれとを比較することにより、ジーナは自身が予想していた位相の分離を確認することができた。ラットが新しい環境を訪れたとき、ニューロンの発火は、覚醒中もその後のレム睡眠中も、シータリズムのピークで起こっていた。これとは逆に、同じラットが馴染みのある環境を訪れたとき、覚醒中にピークで起こっていた発火は、レム睡眠中には谷で起こるようになった。

それはまるで、既知の過去がシータリズムの負の位相で表象され、それによって長期的なシナプスの抑制と忘却を促しているかのようだった。一方で新しい情報の表象は、シータリズムの正の位相に集中しており、結合の強化、ひいては記憶の強化を引き起こした。パブリデスとウィンソンが、電気的に誘導された人工的な記憶を使って実証した現象について、ジーナと彼女の指導者たちは、それが環境を自発的に探索する行動とその直後のレム睡眠という、はるかに現実的な状況で起こっていることを示してみせた。

睡眠が認知においてどのような役割を果たしているのかというメカニズムの解明が進んだのは、その大半がげっ歯類を用いた研究のおかげだったが、学習と、睡眠中の神経の共鳴との関連を初めて確立したのは、人間を対象とした――脳波検査法、陽電子放射断層撮影、機能的磁気共鳴画像法を用いた――研究であった。リエージュ大学のベルギー人神経科学者ピエール・マケとブリュッセル自由大学のフィリップ・ペニューは、約二〇年前、学習後のレム睡眠中の脳活動は、新しい記憶の獲得に比例することを示した。[*14] この反響は、血液の酸素化を局所的に上昇させるが、そこには記憶のコード化に関与するニューロンの代謝要求の上昇が反映されている。徐波睡眠中に行なわれたまた別の研究では、訓練の対象となった皮質領域において低速振動（一秒間に四回未満）の強度が増加し、それが学習量と有意な相関があることが確認された。[*15]

学習と睡眠の因果関係を立証する

生物学的現象と心理学的現象が比例していることを示すだけでは、一方がもう一方の原因になっていることを証明したことにはならない。相関関係の研究を超えて、因果関係を確かめるには、その生物学的現象を誘発したり、阻害したりすることによって、心理学的現象に何が起こるかを調べる必要がある。レム睡眠におけるシータリズムが有する学習における特定の重要性を証明したのは、ベルン大学とマギル大学に所属するギリシア人神経生理学者アントワーヌ・アダマンティディスのチームであった。シータリズムを時間的に非常に正確に阻害する方法を用いて、研究者らは、レム睡眠中のシータリズムの減少は、マウスの脳にまず海馬を通してインストールされる記憶の固定化に、深刻な悪影響をおよぼすことを示した。[*16]

人間を対象としたものとしては、ヤン・ボルンのチームが、ノンレム睡眠中に脳に電気刺激を与えることによって学習を増加させられることを示す、古典的な実験を行なっている。頭蓋骨に、一秒間に一回未満の非常に弱くて遅い電気パルスを当てれば、人工的な振動を誘発して、ノンレム睡眠の自然な徐波を拡大させることができる。このプロセスは、文字通り学習能力を増幅させる。[*17] 驚くべきことに、同様の効果は、徐波の位相に合わせて聴覚刺激を行なうことでも得られる。このプロセスは、最も速い脳波との同期を増加させ、[*18] おそらくはその結果として、皮質ニューロン内部にカルシウムが大量に蓄積され、長期増強とシナプス強化が促進される。[*19]

総合的に考えると、これらの発見は、繰り返される神経活動のパターンが、睡眠中の記憶の固定化の原因であることを示唆している。この仮説を、頑固な懐疑論者たちさえ説得できるやり方で検証するため、ヤン・ボルンとドイツの神経科学者ビョルン・ラッシュが思いついたのは、匂いを使って睡眠中に記憶を再活性化させるという方法だった。香りが記憶を呼び起こす能力、特定の香りが特定の回想と強く関連していることはよく知られている。きっと皆さんもこれまでに、過去に嗅いだことのある特徴的な匂いに驚き、すぐに遠い昔の出来事を思い出して、その当時の雰囲気に一気に引き戻されるという感覚を経験したことがあるだろう。加えて、匂いというのは、睡眠に対する干渉が最も少ない感覚刺激だ。これらの事実を利用して、研究者らは、参加者がバラの香りにさらされた状態で、絵の描かれたカードの空間的位置を学ぶ——定番の記憶ゲーム——という実験を行なうことにした。その後の睡眠中に、参加者たちは再びその香りにさらされた。その目的は、彼らに自分たちが学習した位置を潜在意識下で「思い出し」、複数の感覚をもとにした連想によってそれらを再活性化させることであった。

結果として、匂いへの曝露による記憶の再活性化は、睡眠中に行なわれた場合はかなり効果的であったものの、レム睡眠中は例外であることが示された。レム睡眠中の記憶の活性化は、匂いを使わない実験中に見られたのと同レベルであった。この古典的な実験により、ノンレム睡眠中の記憶の再活性化が、実際に学習を引き起こすことが示された。[*20] ロレンテ・デ・ノが手紙に書いたヘッブへの反論は、とんでもない間違いであった。なぜなら、神経細胞の反響の研究は、心理学にとってとてつもなく大きな益があるからだ。

ニューロンの網の目を通る特定の経路

しかし結局のところ、記憶とは何だろうか。この概念の定義を始めるために、いったんこれを、ニューロンの網の目を横切る電気的活動が伝播する際の特定の経路である、と考えてみよう。記憶の意識的な活性化は、神経細胞群を通じて空間的に広がるプロセスであり、時間的には数百ミリ秒間におよぶ。これは、単一のニューロンの活動の典型的なタイムスケールである一ミリ秒をはるかに超える長さだ。単一の記憶には多数のニューロンの活性化が必要とされるが、通常、それは脳全体を動員する規模とはほど遠い。脳は数千億個の細胞から構成される、極めて広大な三次元マトリックスであり、それぞれの細胞は、軸索や樹状突起によって、そのほかの大量のニューロンと相互につながり合っている。したがって、記憶を呼び起こすことは、非常に特定かつ限定されたニューロンや脳領域のサブセットを通る電気的活動の伝播ということになる。

呼び起こされる過去の経験の一つひとつには、脳を通る電気的伝播の特定の経路があり、それは活性化されていない休眠の状態において、その経験の記憶を表象している。手続き記憶――自転車のペダルをこぐ、カポエイラをする――の場合、その回路は主に小脳、運動野、大脳基底核を通る。陳述記憶（「アンゴラの首都はどこか？」）とエピソード記憶（「アンゴラでのカポエイラ調査の旅はどうだった？」）には、損傷のない海馬が必要とされる。一つひとつの経路によって、どの程度の確率で伝播が起こるかは異なり、それは長期増強や長期抑圧といったメカニズムを経由して記憶が新たに活性化されるたびに変化する。同じ記憶の心の中での反復は、いわば川のようなものであり、それは常に同じように見えていても、厳密には同じではない。川は同じ川床に沿って流れるが、その水は決して同じものではなく、流れ方も変わる――特に川岸付近ではそうだ。

最も使われやすい神経細胞の経路は、一生の間に何度も活性化される、最も多く強化された記憶と一致している。活性化されるたびに、通過する電気的活動は未来の神経活動にとって有利な経路を彫刻のように刻みつけ、記憶すべき出来事の印象を作り出す。電気的活動は、シータリズムを生み出す中隔‐海馬回路のような反響のネットワークや、脳の大部分が小さくコンパクトな青斑核と接続していることの影響を受けながら、こうした経路を巡る。神経系の奥深くに位置する青斑核は「すべてを見通す内なる目」であり、精神的努力や注意に応じて拡張する瞳孔を直接制御し、まるで魂の窓を世界に向かって開閉しているかのようにこれを動かす。青斑核は苦痛を与えるものや新しいものすべてをリアルタイムで検知し、アドレナリンの放出を通じてその情報を脳全体に広める。そして、夜になるとこの窓は閉じる。青斑核の発火頻度は最低レベルまで下げられる。ここまで低いレベルであれば、大きな刺激が存在しない限り、入眠が妨げられることはない。

光に闇が取って代わるとき、脳内で自然に発生する電気的活動――もともとは形もなく内容もない――

は、やがてある特定の経路の活性化の閾値に達し、そこでその夜最初の夢が表れる。夢が始まる。日中に形成された記憶は今、過去のあらゆる記憶と競合している。睡眠の最初の時点であっても、その日の記憶が再活性化されたそのほかの記憶の渦の中に消えてしまうというのは珍しいことではない。それでも、とりわけ印象的だったものは確実に戻ってくる。目覚めている間に深く刻まれた経路は、浅く彫られた経路よりも再活性化される可能性が高い。そしてこの最も重要な回想の電気的な反響こそが、われわれが無意識と呼ぶ記憶の貯蔵庫を形作っている。

山と谷を越えて

生まれたばかりの赤ん坊の脳を地形にたとえるなら、それは系統発生にかかわる過去の生得的記憶の轍だけが刻まれた、砂の平原と言えるだろう。最低限のソフトウェアがハードウェアの形状そのものに組み込まれており、初めてトライする時点で子供がそのやり方を知っている内容をコード化している。たとえばそれは、おっぱいを飲む、泣く、眠る、排泄する、学習するといったことだ。この行動レパートリーを装備して、赤ん坊は外の世界に対峙し、自分がすでに持っている神経経路に電気的活動を通し、そしてその経路は、本人が知覚や動きを学ぶ中で修正されていく。地形の比喩をもう少し続けてみよう。地形を侵食する雨は電気的活動に相当する。そして、膨大な数のシナプスから形成される地形に継続的な変化が加えられることによって、赤ん坊は内的世界の構築を始める。

子供が経験を積むにつれ、地形は侵食されていく。新しい記憶の形成は、生き残りに有用な特定のシナプスが集まる小さなグループを強化し、あまり役に立たない大量のシナプスを除去する。その結果、新たな学習が行なわれるたびに一つ轍が作られ、表面は変形し、ますます多くのくぼみ、谷、小川ができていく。現実との接触は、硬い石に当たる水圧のようにシナプスの地形を彫刻し、われわれが老齢に達するころには、そこは互いに積み重ねられた経験の大峡谷となる。広大で深い中央の谷の周りには、無数の小さな谷があり、その一つひとつは自伝的な出来事によって象《かたど》られ、溝が掘られている。こうして、脳は生きて経験した出来事と想像した出来事とが幾重にも重なるパリンプセスト〔すでに書かれている内容を消して上から別の文字が重ね書きされた羊皮紙〕のようなものとなる。それは、覚えている限り最も遠い過去から、想像し得る最も遠い未来までの経験が重ね合わされた、人生全体の心の地図だ。

この地図の上では、小さな轍一つひとつの活性化は、特定の記憶の喚起に相当する。トラウマ的な体験は、極度のストレスを受けているときにはアドレナリンとノルアドレナリンが激しく放出されることからも予想される通り、深い轍を残す。経験の情動的な負荷が大きくなると、そしてその情動がネガティブなものであるときにはなおさら、記憶の持続時間と強度は増加する。睡眠中、外部からの刺激がない場合、神経系の深部で発生した電気的活動は、大脳皮質、海馬、扁桃体、その他皮質下のさまざまな領域に強制的に到達し、鮮明な夢の経験をもたらす。トラウマ的な経験を経た人たちにとって、夢を見ることは不快な記憶の強化となることが少なくない。夢はその経験を再訪することに等しいからだ。

もしかすると、フランシス・クリックが示唆した通り、睡眠中に大脳皮質に到達する電気的活動は散漫で、さほど特異的ではなく、ランダムでさえあるというのはほんとうなのかもしれない。しかしそれだけでは、まるで雨が海辺の砂の城を消し去るように、その電気的活動によって大脳皮質の記憶が消し去られると結論づけることはできない。結局のところ、電気的活動の爆撃がひとたび大脳皮質に到達し、広大な神経細胞ネットワークを通って広がり始めれば、その活性化はすでに存在するニューロンのつながりによって許容されるシナプス経路に従って伝播されることになる。そうしたつながりは、いわばその心の歴史だ。たとえ雨のしずくはランダムに谷に滴り落ちるのだとしても、それが進む経路を決めるのは岩の形状なのだ。

もう一度年齢の比較に戻ろう。生まれたばかりの赤ん坊には、自伝的な過去はほとんどなく、系統発生にかかわる過去は非常に多く、そして望める限りのあらゆる未来がある。何であれその赤ん坊に起こることは、その後の人生全体に影響をおよぼす可能性がある。これとは対象的に、老齢の人の場合、その人に衝撃を与えるものはもはやほとんど存在しない。自伝的な過去は膨大な量になっているものの、未来の可能性はどんどん限られたものになっていく。高齢者は多くの場合、記憶のレパートリーが豊富である一方で、新しい記憶を獲得したり、世の中の刺激に興味を持ったりすることに困難を抱えている。驚くようなことはもう何もなく、新しいものもない。睡眠は少なくなり、神経の可塑性は低下し、新しいシナプスの形成に不可欠な脳内カンナビノイドの生成量も減少する。[*21] 高齢になると、残された岩は硬いまま形を変えることがない——そして心もまた、たいていは硬くなる。

同じ理由から、老いは安定をもたらす。蓄積された経験のレパートリーが豊富で健康であれば、年長者はコミュニティにとって最高の助言者やリーダーとなり、直近および遠い未来の両方に対するバランス感覚と広い視野、熱意を持って、集団の面倒をみることができる。カラパロ族をはじめ、ブラジル・アマゾンのシングー先住民族公園に暮らす先住民族の間では、少なくとも六〇年間にわたって部族間の平和が保たれてきた。彼らにとって「部族長のように話す」うえで必要とされるのは、穏やかな態度を保ち座って話すこと、謙虚に地面を見つめること、争いを鎮め、親族間の平和と尊敬を肯定するための言葉を正確に繰り返すことであるとされている。[*22]

第11章　遺伝子とミーム

言葉、アイデア、思考、概念とは何だろうか。互いに違う点は数あれど、これらの用語を結びつけているのは、そのどれもが記憶であるという事実だ。われわれが知覚するものすべて、われわれが行なうことすべては、われわれと世界との遭遇の仲介者として機能する神経回路に変化をもたらし、印象を与えたり受け取ったりのゲームを繰り返す中で、経験による関連づけを構築する。高齢者や、高齢者と親しく接している人であれば、彼らの記憶は、最近のことよりも若いころの出来事との結びつきが強いことをよく知っているだろう。中には、ひいおじいちゃんやひいおばあちゃんの子供時代の話を聞いたことがあるという人もいるかもしれない。彼らが見聞きしたことや、彼らに忘れがたい話を聞かせてくれた特別な人たちとの印象的な会話は、まるで家族の遺産のように、ひ孫たちに語り継がれていく。何十年もの年月がたったあとでも、自分の子供のころのことをそれほど正確に、それほど鮮明に、それほど詳細に覚えているということが、どうして可能なのだろうか。しかも、それよりもさらに信じがたいのは、子供がそうした出来事を、まるで自分自身が経験したかのように「記憶」し始めるという現象だ。

神経細胞活動の反響は、記憶の獲得と初期段階における保持については納得のいく説明となるが、記憶が数日、数年、数十年、さらには一生涯にわたって持続することを説明するうえでは、明らかに不十分だ。なぜ反響では説明できないのかを理解するのは、そう難しいことではない。想像してみてほしいのだが、もし長期にわたって記憶を保持するためには、それを絶えず活性化した状態に保ち、脳内でひっきりなしに反響させておかなければならないとしたらどうだろうか。すべての記憶が活性化していて、互いに関連し合い、われわれが人生という道を曲がったり、堂々巡りをしたり、ときには立ち止まったりしながら進んでいく中で、爆発的に数を増やし、矛盾点をひたすら増やしていくとしたなら。

そうした破滅的なシナリオの中では、われわれは作家ホルヘ・ルイス・ボルヘスの創作上の人物イレネオ・フネスが経験したような、深刻な精神的混乱に苦しめられることになるだろう。ボルヘスの物語の語り手によって描写されるのは、ある知的でエキセントリックな若者の姿だ。彼は乗馬の事故が原因で、自分が経験したすべての出来事の完全な記憶を持つようになる。ところが、このとてつもない能力のせいで、彼は重要な出来事と日常のささいな出来事との区別をつけることができなくなってしまう。完全な記憶を手に入れたことによって、フネスは完全なる愚者となったのだ。*1

幸いなことに、われわれの心はそのように機能するわけではない。通常、われわれは特定の記憶を呼び起こすのに長けており、ただしその瞬間には、それ以外の記憶が不活性化の状態を保っている、つまり、それらを心の外に置いておく必要がある。その理由は簡単に理解できるだろう。二つの体が、歪みや破壊を生じさせずに空間内の同じ場所を占めることができないように、二つの記憶も、それぞれの独自性を失うことなく、本人がそれに注意を向けることによって同時に活性化させることはできない。記憶は互いに干渉し合うものであり、どの瞬間にも、意識の中で一つの記憶が支配的になっていて初めて、その中を思考が自由に散策することができる。

加えて、われわれは自分の生存や快適さにとって重要でないことの大半を忘れるのが非常に得意であり、なぜならわれわれの選択的注意が保存するのは、適応的価値が認められた記憶だけだからだ。たとえば、パートナーと初めてロマンチックなディナーに出かけたときのことを細かく覚えておくことがあなたにとって極めて重要であるとするなら、その三日後に食べたランチのメニューは、まず間違いなく、あなたの心の中から削除されるファイルとなるだろう。脳はいったいどのようにして記憶を区別し、その一部を保存し、また一部を消去するのだろうか。どのようにすれば、それほどたくさんの記憶を不活発な状態で保持しておくことができるのだろうか。

活性化された記憶が潜在的な記憶を生む

この謎に対する解答は、ドナルド・ヘッブその人によってもたらされた。彼は、長期記憶の固定化は二つの連続した段階において行なわれると提唱している。最初の段階では、情報は電気的反響として即座に神経系に取り込まれ、迅速だがはかない、そのつい最近の過去についての印象を作り出す。数分間で減少するその反響はしかし、シナプスの化学組成、またその後の実際の形状の変化につながる分子メカニズムを呼び起こす。その二番目の段階では、イオンが膜組織を通過し、タンパク質が互いに結合し、遺伝子が活性化され、新たなタンパク質が構築される。こうした分子の「ドミノ効果」は、記憶を初めに獲得してから数秒、数分、数時間にわたって継続し、数多くのシナプスのリモデリングが行なわれる。

このようなシナプスの生成、除去、修飾のプロセスこそが、記憶の長期保存を可能にし、それによって、この時点においてはもはや神経細胞ネットワークの活発な機能に対応する表象ではなく、不活発なシナプス結合の潜在的パターンに対応している表象を、永続的なものにする。記憶を獲得してから数日、数ヵ月、数年後に、これらの結合の一部が活性化されると、電気的活動は最も強い結合を介して神経細胞ネットワークに広がり、記憶は再び呼び起こされる。古い記憶を不活性な形で保存する能力があるからこそ、脳は膨大な記憶のレパートリーを、混乱のリスクなしに保持することができる。われわれがフネスのように混乱しないのは、われわれはどんな瞬間にも、ほとんど何も思い出さずにいることができるからだ。

われわれが他者に伝える物語、人々の間に広がる思考、互いに影響し合い社会的に複製されるアイデアはどれも、それらがわれわれの心の中で持続することができる能力に厳格に依存している。イギリス人生物学者リチャード・ドーキンスは、他人の心を植民地化するそのような記憶を「ミーム」という言葉で表現した。ミームとしての記憶は、他者に何らかの印象を与えたり、同じアイデアの共有を促したりすることができる振る舞い――言葉や行動――として表現される。ミームという言葉からは、同じように複製を作り出す存在であり、ミームよりもかなり理解が進んでいる「遺伝子」が思い起こされる。ドーキンスが、ミームのことを「文化における遺伝子」と表現したことはよく知られている。完全に正確とは言えないものの、このアナロジーの魅力は、遺伝子がなければそもそもミームも存在しないという点にある。

記憶を永続させるシナプスの構築がどのように行なわれるかを理解するためには、まず体のすべての細胞は、その核の中に同じ遺伝子のセットを持っていることを理解することが重要だ。異なるタイプの細胞間の違いや、時間の経過にともなって各細胞に起こる変化は、ある瞬間に、特定の細胞一つひとつの内部でタンパク質を合成するために使われる遺伝子のサブセットの変化に依存している。ゲノムは図書館に似ていると考えると、この現象を理解しやすくなるかもしれない。地球上にある公共図書館の一つひとつが一つの細胞のゲノムであり、各細胞内の各遺伝子が一冊の本であるとしよう。このたとえを成り立たせるために、ここではすべての図書館の蔵書は同じであるとする。

あなたがそのうちの一軒を訪ねてみれば、貸し出されているのは蔵書のごく一部であることが見てとれるだろう。読まれている本は図書館によって異なり、時とともに変化する。非常に人気のある本は同じものが複数置かれており、さまざまな読者に並行して読んでもらうことができる。一冊は一人ひとりに順番に読まれなければならない。重要な本はすべての図書館で読まれるが、蔵書の大半は特定の図書館で特定の機会にしか読まれない。図書館によって、好まれるのは哲学書や美術書や生物学の本だったりし、各瞬間瞬間には決まった組み合わせが読まれる。

同じ体の内部において、脳、心臓、肝臓の細胞はすべて同じ遺伝子を持つが、それぞれが異なる遺伝子のサブセットを発現させて異なるタンパク質のレパートリーを作り出し、それによって各細胞のタイプが異なるものになる。細胞内では、DNAでできた各遺伝子は特定の一冊の本に相当し、RNAポリメラーゼと呼ばれる分子がその本の読者一人に相当する。読まれる本一冊一冊は、メッセンジャーRNAという、遺伝子の補完的コピーの作成を引き起こす。これによって、細胞機能に効果的に参加する能力を持つタンパク質の生成が導かれる。その過程はいわば改めて本を読むことであり、これにより、メッセンジャーRNAによってコード化された情報がタンパク質を構成するアミノ酸配列に翻訳される。一冊の本を完全に読むということは、特定の遺伝子の「発現」に相当する。遺伝子の発現とはすなわち、本の内容が、それが読まれたときにのみ表現される、ということを意味している。

最初期遺伝子と睡眠／覚醒サイクル

ニューロンが新しい記憶のコード化に取り組むときには、シナプスのリモデリングが可能なタンパク質をコード化する遺伝子が、速やかに活性化される。電気的反響が始まってからわずか数分後にこのプロセスに最初に関与する遺伝子は、最初期遺伝子と呼ばれる。これらの遺伝子の特定のセットの発現は、のちに電気的反響がシナプス修飾を引き起こすうえで不可欠だ。

最初期遺伝子が発見されたのは一九八〇年代末のことで、これが学習において非常に重要であることはすぐに明らかになった。長期記憶の固定における睡眠の役割を踏まえると、これらの遺伝子の発見は、明確にある仮説を示唆していた。その仮説とはすなわち、睡眠はこれらの遺伝子の活性化を誘発し、それによってのちのシナプス強化を引き起こしているに違いない、というものだ。

この仮説を最初に検証したのは、ピサ大学のイタリア人チームであり、彼らはネズミの脳内で最初期遺伝子によってコード化されたタンパク質のレベルを、長時間の睡眠後と長時間の覚醒後で比較した。驚くべきことに、当時博士課程の学生であったキアラ・チレッリとジュリオ・トノーニは、最初期遺伝子の発現は睡眠中に活性化されるどころか、むしろ抑制されることを確認した。[*2] この抑制は、神経細胞の反響と、記憶を助ける睡眠の効果とを結びつける論理的なつながりを崩壊させ、完全なパラドックスを生み出した。

ニューヨークのナルコレプシー

科学界がこうした状況にあった時代に、わたしは博士課程のためにニューヨークにやってきた。ある個人的な事情から、すなわちブラジルで修士課程を修了する必要があったことから、わたしは半年遅れで、一九九五年一月初旬という冬のさなかに、この街に到着した。ヨークアベニュー一二三〇番地の堂々たる門〔ロックフェラー大学の正門〕を前に、重たいスーツケースを二つ抱え、期待で胸をふくらませたわたしは、降り積もる雪に覆われた通りを眺め、これからは何もかもが以前と同じではないのだと感じていた。当時は知る由もなかったが、その予感はこれ以上ないほど正しかった。

自分の名前を告げ、いくつかの書類に記入し、鍵を受け取り、スーツケースを引きずっていった先にあったのは、ロックフェラー大学が学生に割引料金で提供しているアパートメントであり、つまりはそこがわたしの部屋だった。渡された紙ばさみを開き、クラスの時間割を見ると、同じコースの学生たちが科学論文について議論するセミナーがちょうど始まったところであることがわかった。大急ぎで外に飛び出し、少々道に迷ったあと、大きな部屋に足を踏み入れると、そこでは数人が集まってピザを食べていた。わたしの新しい同僚である彼らは、その日のために選ばれた論文について、詳細な議論に取り組んでいるところだった。

いよいよ博士課程を始めることができるとほっと胸をなでおろす時間は、わたしにはなかった。なぜならそのとき、非常に衝撃的なことが起こったからだ。同僚たちが何を言っているのか、何一つ理解できなかったのだ。まるでだれもが水の中で話をしているかのようで、そのモゴモゴとした音は、なんとなく聞き覚えはあっても、わたしが認識できる言葉の形を取ろうとはしなかった。突如として、わたしは英語を理解する能力を失っていた。英語は、以前のわたしであれば十分に理解し、読むことができる言語だった。

それは、単にわたしが最近発見された分子メカニズムの知識に触れたことがなく、無知だったために議論についていけなかったという話ではない。知識不足であったことは否めないが、事態はもっと深刻だった。わたしは突然、英語の単語を理解する能力を失い、ごく一般的な単語でさえ、テーブルを囲む同僚たちの口から発せられると、まるでその意味がわからないのだった。状況をさらに悪化させたのは、わたしが圧倒的な眠気に襲われたことだ。それは、目を閉じて完全にスイッチを切ってしまいたいという強烈な欲求だった。わたしは大変な努力を払ってなんとか最後まで持ちこたえた。そして体を引きずるようにしてアパートに戻り、泥のように眠った。

ようやく目を覚ましたとき、わたしは現状について改めて考え、動揺しつつも、すぐに順応できるはずだと自分に言い聞かせた。その精神的な挫折がほんの数日ではなく、冬の間中続くことになるなど、まるで想像していなかった。わたしはただ横になり、疲労に身を任せた。眠っては夢を見、起きたらまた眠って夢を見た。次から次へとひたすらに夢を見続けた。雪の降る凍てつくように寒い夜、近くの病院から聞こえる救急車のサイレンだけがときおり静寂を破る中、わたしはそれまで経験したことのない、暗闇と睡眠と夢から成る日々に沈んでいった。日は短く、雲が日光を遮り、外の世界は奇妙でよそよそしかった。

心地いい布団にくるまったまま、わたしは一日に一六時間眠った。この時期に見た強烈かつ鮮明な夢には、ニューヨーク、大学、そして自分が今まさに交流を持とうとしている新たな知人たちが描写されていた。

夢の中の生活ではさまざまな困難に直面したが、起きている間の生活はさらに厳しく、何もかもが失敗に向けて突き進んでいるかのようだった。わたしはいまだに人々が何を言っているのかがほとんど理解できず、友人を作ることもできなかった。さらに厄介なのは、自分が所属する、アルゼンチン人神経科学者フェルナンド・ノッテボームの研究室でミーティングに参加しても、最後はどうしても部屋のソファでみっともなくいびきをかいてしまうことだった。ノッテボームは鳥のさえずりの脳内メカニズムの研究における世界的権威であり、わたしはこのテーマについて学びたいと強く願っていたのだが、何もかもがわたしのあくびを誘い、何事もわたしの注意を引きつけることはなかった。まるで自分の体が、わたしの科学者としてのキャリアをわざと台無しにしようとしているかのようだった。

一月の間ずっと、わたしは抵抗を続け、眠気と闘ったが、やがて不安と疲労は甘い降伏に道を譲った。二月がやってくると、雪がもたらす深い静けさの中で、わたしは完全に屈服し、モルペウスの世界へと飲み込まれていった。わたしが望むのはもはや、時の終わりまで眠り続けることだけだった。わたしは研究室で時間を過ごすことさえやめてしまった。そうすれば、まだ形成途上にある自分の評判が、これ以上損なわれることもないからだ。家を出るのは、食料の買い出しと授業に出席するときだけだった。それ以外の時間は自分のアパートに閉じこもり、長い昼寝をしてはその合間に科学論文を読んだ。この時期、わたしは英語で夢を見るようになり、やがてその夢はさらに強烈さを増していき、不自然に人気《ひとけ》のないニューヨークの街角で、終わらない日曜日の晴れて凍るように寒い朝に、壮大な物語が繰り広げられた。ときには、自分に意識があることに気づき、自分の意のままに夢のナラティブを変えることができるという夢まで見た。あるとき、そうした夢の中で一人の剣士が姿を現し、わたしに戦いを挑んできた。自分は死ぬかもしれないと、わたしは感じた。

するとその時点で、眠気はそれが訪れたときと同じように突然消え去った。壮大な夢は終わり、目を覚ましていたいという気持ちが戻ってきた。わたしは自分の巣穴から外に出るようになった。四月の初め、日はすでに長くなり、キャンパスのあちこちにチューリップの花が咲き誇るようになったころ、わたしは自分がどれほどの認知的な変容を遂げたかを実感した。今では読むものの大半を理解できるようになり、気楽におしゃべりをして、今日に至るまで大切にしている特別な友人たちとの関係を築き始めた。その適応の春におけるとりわけ歓迎すべき出来事は、研究室での問題が解決したことだった。当時ノッテボームの研究室のアシスタント・プロフェッサーを務め、最初期遺伝子を専門に研究していたブラジル人神経科学者クラウディオ・メロの指導のもと、わたしはカナリアの歌の脳内表象に関する実験を行ない、着々と成果を挙げ始めた。

クラウディオは、自然な刺激が最初期遺伝子の発現を引き起こすことを示した最初の人物であった。この現象はそれまで、管理された実験室の条件下で維持された細胞培養物や、薬理学的に発作を誘導された動物の脳内でのみ観察されていた。自然環境で実際に行なわれる行動をとっている動物の神経系内において最初期遺伝子が活性化されるという発見は、この研究分野を、試験管内の世界から、複雑かつ生態学的に意味のある行動を自由に行なっている、すべての生物の世界へと推し進めた。クラウディオは優れた指導者であり、われわれは共同で、カナリアやその他の鳴禽類の脳内における神経細胞活動の指標としての最初期遺伝子の発現に関する研究を、いくつも発表した。ノッテボーム——寛大で、リバタリアンで、慈悲深くかつ気難しい人物——は、われわれが彼の研究室内において、完全なる自主性を持ってこの道を追求することを許してくれた。

わたしの物語は、この当時のルートをそのままたどっていくことも十分にあり得たが——その場合には、本書は夢ではなく、鳥の音声コミュニケーションについてのものとなっていたはずだ——、自分が冬の間に経験した奇妙な現象、博士課程の最初の数ヵ月間、わたしをとらえて離さなかった、夢をともなう極めて強烈な眠気に、わたしは深く引かれるようになっていた。ニューヨークに到着してからの一連の出来事、すなわち、ひと冬にわたって続いたあの過剰な眠気および活発さを増した夢の活動から成る認知的破綻と、春になって突然訪れた言語的・知的・社会的な領域での驚異的な適応は、科学者としてのわたしを魅了してやまなかった。

当然ながら、昼間の時間が徐々に長くなっていったことが、わたしの眠気の終息に何らかの影響をおよぼしていたことは間違いない。一方、一月初旬の吹雪のさなかにあの眠気が始まった原因の方は、より大きな謎であった。最初のうちわたしは、これは不運かつ厄介な自己破壊的行為であり、そのせいでよりにもよっていちばん大事な時期に、自分の持てる力をすべて奪い去られてしまったと感じていたが、最終的に判明したのは、あの眠りは新しい経験や出来事を処理するための強力なメカニズムであって、無害かつ間違いなく望ましい効果をもたらすものであった、ということだ。睡眠という内なる働きに身を任せ、オフラインの記憶処理に完全に頼り切ることによって、わたしは最初のあの大きな困難をどうにか乗り越えることができた。あれほどの苦境に陥ってしまったのは、新しい環境にストレスを感じていたことに加え、冬のせいで自然光が差す時間が減ったこともまた、大きな原因であった。

個人的に興味を引かれ、自分に何が起こったのかを理解したいと思ったわたしは、その適応プロセスのメカニズムを解き明かそうと決意した。権威ある神経科学の教科書を読み、科学は何が睡眠を引き起こすのかについては多くを知っている一方で、その意義については何も知らないという内容を目にしたとき、わたしはこれが真に重要な研究分野であることに気がついた。結局のところ、最も重要な事柄とは、われわれがそれについてほとんど何も知らない事柄であり、わたしはそのわかっていない「ほとんど」の部分を知ろうと考えた。一二丁目とブロードウェイの角にある、迷路のような古書店「ストランド」で、わたしは五ドルを支払ってフロイトの著作を何冊か手に入れた。『夢判断』を読みながら、わたしの頭には睡眠と学習の関係についての実験のアイデアが次々に浮かんできた。同じころ、わたしは古い大学図書館から、睡眠不足がげっ歯類の記憶障害を引き起こすことを示す、一九六〇年代末の論文をいくつも発見した。[*3]

それからまもなく、わたしはまた、ノッテボームの研究室と同じ建物、つまり古いスミスホールの静寂に包まれた大階段を一つ下ったところに、ラットの睡眠に関する研究の伝統を持つ研究室があることを知った。そこは、かつてロレンテ・デ・ノが使っていた、内側が銅で覆われたあの研究室にほかならなかった。その後はジョナサン・ウィンソンに受け継がれ、ウィンソンが退官した今では、コンスタンティン・パブリデス——親しい友人からはガスと呼ばれている——が責任者となっていた。

ニューヨークでの死別

ガス・パブリデスは、ギリシア北部の小さな村スカロホーリで生まれた。かつて使徒パウロがここで異邦人に説教したと伝えられる、オリンポス山からわずか一〇〇キロ足らずの場所に位置するマケドニア地方の村だ。彼がまだ幼かった一九六〇年代には、村には電気も舗装道路も水道も通っていなかった。当時は二〇〇人ほどの住民がいたが、今ではその数は、夏であれば一〇〇人弱、冬にはわずか二〇人ほどになる。唯一の小学校は最近閉校となり、代わりにカフェが作られた。

四歳のころ、パブリデスは姉と一緒に学校に通い始めた。彼は学校を大いに気に入った。それは数々の発見に満ちた魔法のような時期であり、彼の面倒を見ていた祖母は、孫のことを神からこの世界への贈りものであると心から信じており、そのことを毎日、耳を貸してくれる人にはだれにでも話して聞かせていた。子供時代を通じて、彼は村から半径二〇キロの範囲から出ることなく、自然と、愛と、ゼウス神のすぐそばで暮らしていた。

ところが一九七〇年代初頭、その牧歌的な生活は終わりを告げた。一二歳のとき、パブリデスは母親と姉妹たちとともにニューヨークへ移り、すでに数十年前からそこで暮らしている父親に合流することになった。父親は大金持ちになってギリシアへ帰ることを望んでいたが、その夢が叶うことはなかった。パブリデスの祖母はスカロホーリ村に残り、その後まもなく他界して、孫息子を大いに悲しませた。

ニューヨークにやってきたことは、ひどく臆病で、英語をひと言も話せないその子供に大きな衝撃を与えた。家族はフォートトライオン公園のそばにアパートを借りた。マンハッタン島北端付近の、活気あふれるギリシア人コミュニティがある地域だった。パブリデスは英語を学び始めたが、それはそう簡単なことではなく、数学以外、成績は振るわなかった。悲しくて慰めが欲しくなったときには、公園内に再建された壮麗な中世の回廊をよく訪れた。

ある日、学校長が彼の両親を呼び出した。スコットランド人の校長と、ギリシア語しか話せないパブリデスの母親、たどたどしい英語で話す父親とのやりとりは、ある意味コミカルと言えないこともなかったが、状況はひどく深刻だった。校長はパブリデスに向かって、わたしが言うことを両親に通訳しなさいと指示し、もう学校にできることは何もない、この少年にはもはや手のほどこしようがないと告げた。校長は言った。「彼はゴミ収集人の仕事にさえ就けないでしょう。ニューヨーク市衛生局では高校の卒業資格が要求されますが、この子にはとうてい無理な話です」。パブリデスはたいそうな衝撃を受けたが、同時にこれは、彼の成功への原動力ともなった。こうして彼は、校長が間違っていることをなんとしても証明しなければならなくなった。

高校入学をきっかけに、事態は好転し始めた。上級クラスに入るための試験に合格しただけでなく、パブリデスはテニス部でもその才能を発揮した。ニューヨーク地区のテニストーナメントで優勝し、そして、翌年にはシティカレッジの建築学科に入学した。熱意を持って授業に臨んだものの、教授たちとの最初の接触で、その期待は一気に冷水を浴びせかけられた。超高層ビルを建てるというのがパブリデスの望みだったが、教授たちによると、クラスで最も優秀な生徒でさえ、せいぜい製図工にしかなれないというのだ。興味を失ったパブリデスは、心理学のコースに移って何度か授業を受けたところで、頭蓋内刺激を研究している神経心理学のラボに入ることを決めた。彼は脳がいかに行動を大きく制御しているかに魅力を感じ、その後まもなく、ニール・ミラーのもとで技術者としての職を得た。ミラーは、学習と記憶に関する研究の創始者のうち、このときまだ存命していた学者の一人であった。

ミラーの研究室でパブリデスは、当時睡眠と記憶の研究に没頭していたジョナサン・ウィンソンと知り合った。この時期は、パブリデスの成長にとって極めて重大なものとなった。彼はこの偉大な科学者二人と定期的にランチをともにしつつ、その事実について、自分はなんという幸運に恵まれているのかと常に驚嘆していた。そうしたランチでいつも交わされるスリリングな議論の最中に生まれたのが、海馬の場所ニューロンの特性を利用して睡眠を調査するというアイデアであった。それはまさしく「コロンブスの卵」であり、その驚くべき成果については、すでに第10章で説明した通りだ。

公正な取引

それから六年後、ウィンソンの論文を読んで興奮したわたしは、睡眠と学習についての実験の手法を学ぶために、その老齢の師の居場所を探し当てた。彼はすでに引退していたが、わたしが連絡すると、自分の教え子で、今はアシスタント・プロフェッサーに昇進しているパブリデスを紹介してくれた。研究室のドアを叩いたわたしを、パブリデスはすぐに室内に迎え入れた。それからの一〇分間で、わたしはカナリアの歌の研究と同じ手法を使って、睡眠がラットの脳内で最初期遺伝子の発現を誘発するかどうかを調べたいのだと説明した。その最初の対話におけるパブリデスの態度は、それ以降、わたしと会うたびに彼が見せる態度とまったく同じだった。つまり、現実的で前向きだったのだ。「明日から始めよう」と彼は言った。

これほど速やかに研究室に受け入れられた背景に、パブリデスがしばらく前に見た夢のビジョンが関係していたことを、このときのわたしは知らなかった。パブリデスは当時、すでに数ヵ月間にわたって、一九八〇年代に開発された技術を用いて、異なる刺激によって活性化された海馬の領域を放射線でマーキングする作業を続けていた。ある夢の中で彼は、海馬の場所ニューロンが、空間内の同じ位置に反応するクラスタとして組織されているビジョンを見ていた。しかし、放射線を使う方法では、この仮説を説得力のある形で検証できるだけの十分な感度が得られなかった。必要なのは、脳そのものが作り出すマーカーであり、迅速かつはるかに感度の高いもの……そうだ、最初期遺伝子だ！　わたしは自分でも知らないうちに、パブリデスの研究室に、まさしく彼が必要としているものをもたらすことを提案していたわけだ。それは実に公正な取引だった。彼はわたしを熱心に教え、研究室への自由な出入りを許可してくれた。

わたしは研究に没頭し、パブリデスから、睡眠／覚醒サイクルのさまざまな段階を正確にモニターするための電極を作り、それをラットの海馬に埋め込む方法を学んだ。並行して、クラウディオ・メロはわたしに、遺伝子発現のレベルを判断するテクニックを教えてくれた。三ヵ月間にわたり、わたしはレム睡眠が最初期遺伝子の発現を増加させるという仮説を検証するために、粘り強く作業に取り組んだ。

その結果は、ひどくがっかりさせられるものであった——睡眠が最初期遺伝子の発現を「減少させた」ことが確かめられたのだ。わたしは実験をやり直した。何ヵ月もかけてやり直した末に、目にしたものを信じられずにいた。このときの実験結果は、すでにチレッリとトノーニが発表していたものとほぼ同じだったのだが、その時点では、わたしはまだ彼らの論文のことを知らなかった。当時はインターネットの黎明期であり、関連の科学論文を電子データベースで検索するという行為は、まだそれほど普及していなかった。文献追跡の機能に不備があるせいで、当時すでに存在していたその論文が「不可能」と判断していた結果をどうにか実現させようとして、わたしは一年以上を費やした。ようやくチレッリとトノーニの論文を発見したとき、わたしは奇妙な感覚にとらわれた。これは間違いなく真実であると感じたと同時に、そこにはまだ隠された何かがあるはずだという気がしたのだ。ジグソーパズルの重要なピースが欠けている。わたしの思考は複雑に絡み合っており、まずはそれを解きほぐす必要があった。

パラドックスを解決する

四月のある雨の午後、大学図書館の地下を物色していたわたしは、別のイタリア人グループが提唱した興味深いアナロジーに行き当たった。もしかすると、これがわたしの思考の結び目をほどいてくれるのではないかという気がした。フェデリコ二世ナポリ大学のアントニオ・ジュディッタとその同僚たちは、新しい記憶にとっての睡眠は、食べものにとっての消化のようなものであると主張していた。[*4] この観点から考える場合、睡眠中の神経系がどのように学習を促進するのかを理解するには、まずは徐波睡眠とレム睡眠で順次に起こる現象の比較が必要となる。記憶と睡眠のアナロジーにおいて、徐波睡眠とレム睡眠は胃と腸に相当する。しかしながら、食べものが存在しないときには、これら消化器系臓器の機能ははっきりと区別することが難しい――だからこそ、食べものが存在する場合としない場合、すなわち、新しい情報が存在する場合としない場合に何が起こるかについても、比較をしてみる必要がある。

胃と腸という連続性を踏まえたジュディッタの仮説に触発されたわたしは、改めて睡眠／覚醒サイクルにおける最初期遺伝子の活性化レベルを測定する実験を行なった。ただし今回は、眠る前に数時間新しい環境にさらされたラットと、新しい環境にさらされていない対照ラットとを比較することにした。さらに、チレッリとトノーニがそうしたように、すべての睡眠相が混在する数時間の睡眠を調査するのではなく、徐波睡眠とレム睡眠を慎重に区別しつつ、各睡眠相の特定のエピソードを分析するようにした。結果はすばらしいものだった。新しい環境にさらされていないラットでは、両方の睡眠相で最初期遺伝子の発現が低かったのに対し、前もって新しい環境による刺激を受けたラットは、大脳皮質と海馬とで同じプロファイルを示した。すなわち、徐波睡眠中には低下し、レム睡眠中には増加したのだ。

この結果は、最初期遺伝子の活性化が、前もって新しい刺激への曝露があった場合には、睡眠中に起こり得ることを示していた。これはジュディッタによる連続性の仮説を支持する直接的な証拠であり、また睡眠中の遺伝子発現に覚醒中の経験が影響をおよぼすことを明らかにした点において、フロイトの日中残渣についての、分子レベルでの初めての証拠でもあった。パラドックスはどうやら、ついに解決されたかに思われた。

シナプス恒常性理論

しかし、フロイトが提唱した日中残渣という概念と、細胞生物学における非常に基本的なメカニズムとの関連性が証明されるまでには、さまざまな議論があった。一九九〇年代半ば、トノーニとチレッリは米国に渡り、ウィスコンシン大学マディソン校で研究室を開いた。彼らは、睡眠中に最初期遺伝子の発現が低下することは重要な現象であると確信していた。その後の数年間で、彼らはさまざまな研究を行ない、分子レベル[*5]のみならず、電気生理学レベル[*6]、形態学レベル[*7]においても自分たちの当初の発見の正しさを確認し、さらに発展させていった。彼らはなぜか徐波睡眠やレム睡眠の特定のエピソードについて調べようとはせず、その代わりに、両方の相を含む長時間睡眠の結果を研究することを選んだ。彼らはまた、前もって新しい刺激にさらすという手法も用いなかった。こうした制限下において、彼らの研究結果はひたすら同じ方向を指し示し、やがて彼らは、のちに非常に大きな影響力を持つことになるある理論を提唱するに至った。

彼らの理論の基礎にあったのは、長期間不活性化されていたシナプスは強化される傾向にあるという、米国人生物学者ジーナ・トゥリジアーノによる発見であった。[*8] この発見を理解するには、まずはシナプスこそが——化学的シナプスであれ電気的シナプスであれ——、一つの細胞から別の細胞への電気的活動を可能にするものである、ということを頭に入れておくのが肝要だ。電気的シナプスは二つの細胞の膜を直接つなぎ、イオンの自由な通過を可能にすることで、情報をほぼ瞬時に伝達する。化学的シナプスは比較的速度が遅い。これは化学的シナプスが細胞膜にある小さな突起で構成されているためだ。その突起がほかの細胞の突起と非常に距離が近いことによって、両者の間での化学的接触が可能になる。化学的シナプスの情報伝達は、神経伝達物質分子であるグルタミン酸、GABA、ノルアドレナリン、セロトニン、アセチルコリン、ドーパミンなどを内包する、極めて小さな小胞の放出・拡散を通して起こる。化学的シナプスには、その大きさと分子構成に応じて、効率の高いものと低いものとがある。実際のところ、シナプスの強さが取り得る値は、伝達効率の最小値と最大値の間に、連続的に存在する。

ジーナ・トゥリジアーノが驚くべき発見をしたのは、電気的活動を薬理学的に四八時間抑制したのち、化学的シナプスの強度を調べていたときのことであった。ひどく意外なことに、神経活動の長時間の抑制は、シナプスの強度を大きく向上させていた。その後の実験を通して、前述のような処置をしたあとには、神経細胞は以前よりもはるかに多く発火し、はるかに興奮しやすくなることが示された。トゥリジアーノはこの現象をシナプス恒常性（synaptic homeostasis）と呼んだ。「homeostasis」というのは、ギリシア語に由来する「homoios（類似の）」と「stasis（静止状態）」からの造語であり、生物学では「均衡が保たれている」という意味で使われる。

トノーニとチレッリは、恒常性というアイデアを取り入れて、覚醒と睡眠が交互に繰り返されることによって、シナプスの強化と弱化が順々に繰り返されると主張した。[*9] この理論により、眠ることがもたらす認知上の利点は睡眠中にシナプスが全般的に弱まることから得られ、それによって最も弱い記憶は忘れられ、比較的強い記憶には優位性がもたらされる、という考え方が提唱された。

二〇年がたつうちに、シナプス恒常性の理論は広く普及し、その支持者たちは睡眠と記憶に関する研究において大きな影響力を得て、有力な科学雑誌に頻繁に論文が掲載され、さらには『ニューヨーク・タイムズ』紙にさえも大きく取り上げられるようになった。これは非常に魅力的な理論であり、同時にシンプルかつ普遍的なものであった。睡眠は本人にとって些細なことを忘れさせ、重要なことを相対的に際立たせる。日中、脳は「ウォームアップ」し、夜には「クールダウン」する。

この理論は、記憶の弱化と強化の両方を説明できる可能性を持っているが、その一方で、新しいアイデアを創出する際の記憶の再構築のメカニズムについては何も説明していない――この問題については次の章で詳しく考察する。同理論はまた、徐波睡眠とレム睡眠の区別をしないまま、長時間睡眠後に得られた神経測定値に依存している。全体の中では徐波睡眠が大半を占めているため、同理論がレム睡眠の役割を見過ごすことになってしまった。

不完全な理論は科学につきものではあるが、シナプス恒常性理論の場合、その不完全さは意図的に伝搬されたものであった。二〇年以上にわたり、トノーニとチレッリが発表する論文は、米国、フランス、ブラジルの複数の研究室から出された、彼らの理論に沿わない証拠を故意に無視していた。その証拠は、シナプス恒常性を否定するものではなく、それが単なる氷山の一角に過ぎないことを示すものであった。というのも、シナプス恒常性が観察されていたのは、極めて特殊な状況にある動物においてのみ、すなわち徐波睡眠が優勢で（そのせいでレム睡眠は損なわれており）、睡眠前の新しい刺激も新しい課題の学習もない場合のみであったのだ。

記憶のエンボス理論

わたし自身のものを含むいくつかの研究室においては、前もって新しい刺激や行動訓練を受けた動物におけるレム睡眠を調査した際には、睡眠中のシナプス強化メカニズムの活性化が常に観察された。最初期遺伝子の発現の活性化もその一つだ。シナプス強化は覚醒時のみ、シナプス弱化は睡眠中のみといった過度に単純なシナプス恒常性モデルに代わるものとして、われわれはより現実的な学習状況における、より複雑なプロセスを発見した。その特徴は、あるシナプス群は強められ、それ以外のシナプス群は弱められることであり、しかもこうしたことが、覚醒時も睡眠時に起こっていた。わたしはこのプロセスを、木材をエンボス加工すると高い浮き彫りと低い浮き彫りが作られるさまになぞらえて、「記憶のエンボス化」と名づけた。[*10]

この理論の出発点にあるのは、新しい記憶の獲得は、特定のシナプスが強化され、ほかのシナプスが弱化されることを要求する一方、大半のシナプスは何ら変化することなく、そのままの状態を保つという原則だ。学習後の睡眠中、最も強い接続はさらに強化され、最も弱い接続はさらに弱化される。この現象の直接的・間接的な証拠は、ラット、ネコ、ハエなどのさまざまな動物で、若い個体の発達過程および成体の学習過程の両方で見つかっている。[*11] にもかかわらず、シナプス恒常性の支持者たちは一五年間にわたり、自分たちの仮説の問題点、説明のつかない異常、代替的な理論を認めないまま、この分野を支配し続けた。

議論がクライマックスに近づいたのは、二〇一四年のことであった。一月、睡眠と学習に関する総説論文の中で、トノーニとチレッリは、初めていくつかの異論が存在することを認めた。[*12] 彼らは、自分たちがそれまで無視してきた証拠や、以前には言及したことのなかった論文を挙げて、現実は彼らの理論が予想していたよりも複雑であると述べた。ようやく潮目が変わるときが来た。それからわずか五ヵ月後、ニューヨーク大学の研究者たちが、中国人生物学者ウェンビャオ・ガンの指導のもと、ついに権威ある学術誌『サイエンス』に、学習が行なわれた脳の領域において睡眠中にシナプスが強化されるという明確な証拠を発表した。蛍光ニューロンを持つよう遺伝子改変されたマウスと高度な顕微鏡技術を用いて、ガンとその研究チームは、学習後の睡眠によるシナプス数の増加を可視化・測定してみせた。マウスは、回転する円筒の上で前進または後進するように訓練され、これは随意運動の遂行に必要な領域である運動皮質に強力なシナプスの変化を引き起こした。学習後の睡眠前後のシナプスの詳細な画像を作成することにより、研究者らは、睡眠に入ることが新しいシナプス結合の形成と関連していることを示した。ガンとそのチームは、シナプス結合数の増加は徐波睡眠に起因するものと考えた。なぜなら、レム睡眠を奪われた動物においても、この効果が見られたためだ。[*13]

ただし、たとえごく少量のレム睡眠でも、既存のシナプスを強化するのに十分なのではと思える理由はいくつかある。レム睡眠はたとえて言うならば食事のようなものであり、必ずしも毎日行なわれる必要がなく、断続的に続いていれば生命を維持することができる。また、ネズミを使った実験では、たった一回の、三〇秒未満という短いレム睡眠のエピソードには、数分間にわたる長いエピソードと同じくらい、最初期遺伝子の発現を調節する効果があることが示されている。全体的に見ると、さまざまな刺激に対する最初期遺伝子の発現は、最初は非常に強力である一方、時間の経過とともに急速に減少する。加えて、爬虫類や鳥類では、レム睡眠のエピソードは数秒以上継続しない。

これらの事実をすべてまとめると、レム睡眠の最も古い機能は、徐波睡眠の直後に最初期遺伝子の発現を引き起こすことであったという仮説が浮かび上がってくる。この短時間かつ素早い遺伝子発現の急増が進化を始めたのはあるいは、数億年前、すべての陸棲脊椎動物に共通する祖先においてだったのかもしれない。そしてこの現象は、神経細胞の間に形成された新しいシナプス結合を永続化させることで、その瞬間を「写真に撮影する」効果を持つ。レム睡眠によって誘発されるシナプスのリモデリングは、神経回路内で反響する電気的活動のパターン（アクティブな記憶）を、細胞間のシナプスの新しいパターン（潜在記憶）に変換する。レム睡眠中に起こる遺伝子制御の原初的な機能はどうやら、アクティブな短期記憶を、特定の脳内に長く残るだけでなく、人、場所、出来事、アイデアの表象であるミームとして、ほかの脳にも広がることのできる長期的な潜在記憶に変換することにあるように思われる。神経系に統合されると、これらのミームは互いに活発に作用し合い、単純化された外部世界の精神的複製を作り出す。そしてその持ち主の嗜好や制約に従って、編集やフィルタリングを施される。

テーゼ、アンチテーゼ、統合

科学界でよく見られるケースと同様、この論争は消え去るどころか、さらに発展していった。二〇一七年二月、トノーニとチレッリは、約七〇〇〇個のシナプスのサイズと形状に関する綿密な研究を発表した。それは、電子顕微鏡を使って、極めて薄い脳組織のスライスを観察しながら、〇・〇五平方マイクロミリメートルという大きさのシナプスを一つひとつ数えて測定するという、実に超人的な作業であった。彼らのグループによる過去のいくつかの研究と同様、徐波睡眠とレム睡眠の区別をつける試みはなされていなかった。この研究では、睡眠後にはシナプスの平均サイズが約一パーセント減少したことが報告されている。ごくわずかな差ではあるものの、彼らの理論の正しさを改めて主張するうえでは十分な効果があった。この研究結果がまるで大ニュースであるとでも言うかのように、『ニューヨーク・タイムズ』紙は、シナプス恒常性理論についての長い記事をもう一本掲載した。

しかし二〇一七年三月には、ウェンビャオ・ガンと彼のチームがまた別の、真の意味で新たな事実を明らかにする研究を発表した。[*14] 二光子顕微鏡で撮影した高解像度画像を用いて、ガンはレム睡眠中のシナプス可塑性に関する、今日までに発表された中で最も完全な一連の実験を提示した。この研究は、マウスを対象とした実験バリエーション――種類を含んでおり、重要な薬理学的対照実験と、異なる睡眠フェーズの剝奪を非常に選択的に行ないつつ、訓練前および訓練後のさまざまな瞬間に焦点を当てている。顕微鏡のレンズ下で生きているシナプスの時間的進化を観察し、同じシナプスを複数回、経時的に測定することにより、研究者らは、トノーニとチレッリが用いた、死んだシナプスを測定するという戦略では決して明らかにできなかった事実を確認してみせた。その事実とはすなわち、レム睡眠がシナプスにおよぼす影響には、それが成長中のマウスの子供であろうと、学習中の成体の個体であろうと、シナプスの除去と強化の両方が含まれる、というものだ。人生が脳のソフトウェアに変更を要求するときにはいつでも、睡眠こそが再プログラミングの役割を担うのだ。

この研究は、徐波睡眠によって新しいシナプスが大量に供給されたあとに、レム睡眠が新しいシナプスの除去を助けることを、説得力をもって示している。これら二種類の主要な睡眠状態が組み合わされることで、新しいシナプスへの大々的な置き換えが起こる。さらに驚くべきことに、レム睡眠には一部の選ばれたシナプス群を強化する働きもあり、それは当該シナプスの成長と、その結果として、それらシナプス結合の長期的な持続へとつながる。膨大な数のシナプスが生成されるが、その後大半は除去され、新しい状況により適応した少数のシナプスが積極的に選択される。ガンと彼の共同研究者たちはこう述べている。「レム睡眠は新しいシナプスを既存の回路に選択的に組み込むうえで重要だ。それはいわば、シナプスネットワークを構築・維持するための「選考委員会」のようなものである」。[*15] レム睡眠がなければ、記憶は速やかに、跡形もなく消え失せ、未来のために蓄積されることも、世代から世代へと伝達されることもない。レム睡眠がなければ、文化も存在しないだろう。

第12章　創造のための眠り

学習はミームを獲得・伝播させるための必要条件だが、ではミームはどのように変容するのだろうか。複製されたアイデアがよいアイデアであり続けられるのは、未来が過去と同じである場合のみだ。もし睡眠中は記憶の強化しか起こらないのであれば、われわれという存在は、両親の特徴が強化され、彼らと同じように行動し、同じような偏見を持つ、親の誇張バージョンになってしまうだろう。幸いなことに、現実に起こっていることはそれとは大きく異なる。われわれは常に変容を続ける生き物であり、生涯を通じて影響を受け続ける。では、記憶の改変はどのように行なわれるのだろうか。新しいミームはどのように生み出されるのだろうか。

あらゆる知的能力の中で、起業家、芸術家、科学者からその価値を最も高く評価されているのは創造性だ。文化の醸成はいつでも、古いものの組み合わせから新しいものを想像することに依存しており、また、まだ存在していないものを心の中で構築することは、基本的なインスピレーションの源として、常に夢の恩恵を受けてきた。近代の資本主義的合理主義により、夢は重要な現象とはみなされなくなったかもしれないが、それでも夢の創造性は、産業革命において決定的な影響力を発揮した。発明家エリアス・ハウの家族史には、彼の偉大な発明において夢が中心的な役割を果たしたことが記されている。

ミシンの針の穴をどの位置に開けるべきかの答えを見出せずにいるうち、彼は破産寸前にまで追い込まれた。……彼が最初に考えたアイデアは、普通の針にならって、穴をいちばん後ろの端に開けるというものだった。先端近くに開けようとは考えたことがなく、もし彼が奇妙な国の野蛮な王のためにミシンを作るという内容の夢を見ていなかったなら、大きな失敗を犯していたかもしれない。……夢の中の彼は、自分がその王から、二四時間以内に機械を完成させ、縫いものができるようにしろと命じられたと思っていた。もし時間内に終わらなければ、死をもって罰せられることになる。ホウは懸命に働き、頭を悩ませ、ついにはあきらめた。そして、自分が外に連れ出されたのは、処刑されるためなのだろうと考えた。ふと戦士たちに目をやると、彼らが持っている槍は、先端近くに穴が開いていた。その瞬間、難問への答えが浮かび上がり、どうかもう少し時間をくれないかとホウが懇願しているうちに目が覚めた。時刻は朝の四時であった。彼はベッドから飛び起き、工房へと駆けていって、午前九時には先端に穴を開けた針の大まかなモデルが出来上がっていた。そこから先は簡単だった。[*1]

ハウによるロックステッチミシンの発明をきっかけとして、英米では社会経済の徹底的な変革が起こり、織物の生産規模の急激な上昇、衣料品市場の大衆化、輸出の加速化、地政学的な拡大がもたらされた。その短期的な影響は、織物の生産方法において重大な意味を持っていたが、あの夢の長期的な影響は、それよりもさらに大きな変革を引き起こすものであった。異なる色の糸の組み合わせを作るためにバイナリコードが初めて使用されたのは織物においてであり、それはコンピュータの集積回路の先駆けとなるシステムであった。[*2]

朝のメロディ

芸術家のエピソードには、創造的な夢を見たという内容のものがたくさんある。たとえば音楽家は、完成したメロディが頭の中にある状態で目覚めることが少なくないという。それは眠っている間の彼らの心が「作曲した」ものだ。こうした類の逸話は、ベートーベンやヘンデルのほか、大勢のクラシックの作曲家に存在する。イタリア人バイオリニストのジュゼッペ・タルティーニは、彼の代表作であるト長調のソナタ「悪魔のトリル」を、夢から直接的な影響を受けて書いたと述べている。

一七一三年のある夜、わたしは自分の魂と引き換えに悪魔と契約を結ぶ夢を見た。すべてはわたしの望む通りに進んだ。わたしの新しい使用人は、こちらの思いを何もかも汲み取り、それを叶えてくれた。わたしは、彼に自分のバイオリンを渡して、美しい旋律を奏でてくれるかどうか見てみようと考えた。実にすばらしく、実に美しく、高い技巧と知性をもって演奏されるソナタを聴き、わたしはひどく驚かされた。それは、わたしが最大限に想像をたくましくしても思いついたことがないほどの見事さだった。わたしは恍惚とし、われを忘れ、魅了された。息が止まりそうだった。その強烈な感覚とともに、わたしは目を覚ました。すぐにバイオリンを手に取り、夢の中で受けた印象を、たとえその一部でもとどめようとした。しかし無駄だった！　そのとき作った曲は、確かにわたしが書いた中で最高のものであり、わたしはこれに「悪魔のソナタ」という名前まで付けた。しかし、この曲とわたしをあれほど感動させた曲との差はあまりに大きく、もし音楽が与えてくれる喜びなしに生きることが自分にできるのであれば、わたしはバイオリンを破壊し、永遠に音楽と決別していたことだろう。*3

こうした現象が起こるのは、当然ながら、特定の音楽スタイルに限られたことではない。英国人ソングライター、ポール・マッカートニーが作曲した「イエスタデイ」は、一つの夢から生まれた。

目を覚ましたとき、美しい曲が頭の中にあった。わたしは思った。「すごいぞ！　これはいったい何だろう」。すぐそばにアップライトピアノがあった。ベッドの右側、窓の横に。わたしはベッドを出て、ピアノの前に座り、Gを押さえ、次にF#m7を、そこからB、Emへと導かれ、最後はEに戻ってきた。すべてが必然的に進行した。わたしはそのメロディを大いに気に入ったが、それは夢で見たものだったので、自分で書いたとは信じられなかった。「いや、自分はかつてこんなものを書いたことはない」と思ったが、曲は手元にあり、その事実が何よりも魔法のように思われた。

マッカートニー自身、それが自分の作品であると主張するのにためらいを感じていた。

それから一ヵ月ほどの間、わたしは音楽関係者のところへ行っては、この曲を聞いたことがあるかと尋ねてみた。……だんだんと、警察に落としものを届けるような気持ちになっていった。何週間かたっても、だれもそれは自分のものだと言ってこなければ、これを自分のものにしようと、わたしは考えた。[*4]

素材と手法

視覚芸術の世界においても、夢の影響は存在する。ドイツ・ルネサンス期における版画と絵画の巨匠アルブレヒト・デューラーは、貴重な絵画的イメージを得るために夢を利用したことを記録している。絵画について論じた「若き画家のための滋養物」という文章の中でデューラーは、イメージの豊富さとそれを捉えることの難しさについて説明している。「これまでに何度、眠りの中ですばらしい芸術を見たにもかかわらず、目覚めるとそれを思い出せないということがあっただろうか。目を覚ましたとたん、わたしの記憶はそれを忘れてしまうのだ[*5]」

その一〇年後、彼は強大な象徴的パワーを持つ夢の景色を描いた。その水彩画の下部に、デューラーは自分の夢について記している。

一五二五年、聖霊降臨日のあとの水曜日から木曜日にかけての夜、わたしは眠っている間にこのビジョンを見、空からたいそうな勢いで水が降ってくるのを目にした。最初の水は、わたしから六キロほど離れた地面を激しく打ち、轟音が鳴り響き、巨大な水しぶきがあたりの地面をすっかり水浸しにした。わたしはこれにひどく驚き、土砂降りになる前に目を覚ました。その後の豪雨は凄まじいものだった。一部の水は少し離れたところに、また別の水はわたしのそばに落ちた。そして、その水はとても高いところから降っていたため、どれも同じくらいゆっくりとしたペースで落ちてきているように見えた。しかし、最初に地面を打った雨は突然、ものすごいスピードで落ちてきて、恐ろしい風と轟音をともなっていたため、目を覚ましたとき、わたしは体中が震えて、気持ちが落ち着くまでに長い時間がかかった。朝になって起き上がったわたしは、自分が見た通りに、上のような絵を描いた。主がすべてのことをよくしてくださいますように[*6]。

木がまばらに生えた開けた野原を描いたその絵には、空から降ってきて大地に洪水を起こす巨大な水柱が立っており、それ以外のいくつもの小さな水柱は、今にも地面に届こうとしている雨を表している。この夢は、プロテスタント改革の宗教的な不安定さの反響であると考えられている。宗教改革は、一六世紀初頭の世界に洪水の危機をもたらすほんものの豪雨であった。デューラーがこの水彩画を描いたとき、ルターはすでに教皇との戦いに勝利し、ドイツ語の新約聖書を出版し、新しい教会の組織を始めていた。四世紀後、フランス系ロシア人の画家マルク・シャガールは、聖書に登場するヤコブの夢に触発されて、数枚の絵を描いている。その夢の中で、イスラエルの民の族長たるヤコブは、天に届くはしごを見た。彼はまた、直接神の姿を見、その声を聞き、神と契約を結んだ。

デューラーやシャガールが、夢と神との間の関係に重要性を見出していた一方、スペイン、カタルーニャ出身の画家サルバドール・ダリにとって、夢による絵画制作の価値は、宗教ではなく技術にあった。二〇世紀美術界を象徴するアイコンの一人であるダリは、自身が考案した方法を実践することで、無意識との境目にできる限り長くとどまり、夢のイメージを収集しようとした。この夢の狩人は、重たい金属の鍵やスプーンを指で持ち、やがて自分がウトウトと眠り始めたときに、その物体が騒々しい音を立てて床に落ちることで眠りから引き戻されることによって、直前まで自身がその中に浸っていた大量の入眠時のイメージを、直接キャンバスへと持ち込んだ。この技法から生み出された数々の驚くべき作品には、科学論文の「素材と手法」の項にでも記されていそうな題名が付けられている。「目覚めの一瞬前に柘榴の周りを蜜蜂が飛びまわったことによって引き起こされた夢」はその一例だ。

夢という現象への注目が高まったことにより、二〇世紀最初の数十年間、精神分析はダダイズムやシュルレアリスムの先駆者たちに鮮烈な影響を与え、創造的なトランス状態や意識の流れ、無意識の自由な探求に深い関心を持つ芸術家たちにインスピレーションを提供した。スペイン系メキシコ人の映画監督ルイス・ブニュエルのデビュー作で、一九二八年にダリと共同で制作された革命的な映画『アンダルシアの犬』は、フロイトに触発された夢の連想、不連続性、断片化を特徴としている。

夢と文学

文学においても事情は同じだ。歴史的記録の最初期から、数え切れないほどの作家や詩人が、作品のプロットを書き始めたり、発展させたり、まとめたりするために夢のインスピレーションを利用してきた。また、夢は極めて多様かつ予測不能であるため、ナラティブのリソースとして非常に実用的であった。なぜなら、夢はどんなに奇妙な題材にでも取り組むことを可能にしてくれるからだ。

たとえば、古典作品『スキピオの夢』において、キケロはある有名な夢を、さまざまな視点からの見え方を示す仕掛けとして利用している。物語は、ローマ貴族スキピオ・アエミリアヌスがアフリカに到着したあと、夢の中で、自身の養祖父であり有名な将軍のスキピオ・アフリカヌスの霊による訪問を受けることから始まる。アエミリアヌスは、「空高くの、星で満たされた、光が清らかで明るい場所」からカルタゴの街を見渡している自分を見、また広大な宇宙の中にある小さな地球を見る。その後、祖父はアエミリアヌスが、選挙で選ばれるものとしてはローマ最高の役職である執政官になることを予言し、彼の軍人としての徳の高さを称賛して、死後には天界で名誉ある地位が待っていると約束する。宇宙の壮大なビジョンの中で、スキピオ・アエミリアヌスは、そこが九つの天球から成り立っているのを見る。中心には地球があり、次に月、水星、金星、太陽、火星、木星、土星、そして最後に天そのものが続き、そこには星々が固定されている。宇宙を眺めている間に、アエミリアヌスは天球が音を発していることを知り、また、地球の気候帯のビジョンに心奪われる。古代から伝わるこの架空のミームは、マクロビウスの作品[*7]〔『スキピオの夢注解』〕によって保存され、後世に伝えられ、中世の思想に決定的な影響を与えた。それは、惑星系の天動説モデルを支持し、魂、美徳、神性についての議論の哲学的枠組みとして機能した。[*8]

教会や修道院の関係者にとって、夢が天使と悪魔がせめぎ合う場であり、すなわち生死にかかわる問題であった一方、詩人や吟遊詩人の間では、夢のビジョンを利用して啓示を表現するという行為がますます一般的になっていった。[*9] ダンテ・アリギエーリ作『神曲』では、語り手が煉獄で過ごす三回の夜のそれぞれの終わりに予言的な夢が示され、また、地獄で記されたほかの二つの夢も登場する。ウィリアム・シェイクスピアの著作には、夢と夢見ることへの言及が、『真夏の夜の夢』をはじめとする三〇の作品において二一一回見られる。

ミゲル・デ・セルバンテスは、睡眠不足のあとには夢が鮮明になるという事実を物語のツールとして利用することで、彼が作り出した中で最も印象的なキャラクター、ドン・キホーテの冒険と災難を描いた。物語は、ある破産した老貴族が「寝る間も惜しんで読書に勤しんだ」[*10] あげく、ぼんやりとした頭で中世の遍歴騎士に関する荒唐無稽な妄想をふくらませるところから始まる。彼は自ら騎士としての身支度を整え、高潔かつ時代遅れな連帯意識を胸に、騎士的な行ないをするために馬に乗って旅に出る。そこからは、世間の目から見れば完全に常軌を逸した妄想的な行動のエピソードが続き、たとえば彼は、自らが巨人であるとみなした風車を相手に戦いを挑む。ドン・キホーテが英雄的かつサイコティックな精神的プロセスを経験している間、彼の忠実なる従者サンチョ・パンサは、たっぷりと睡眠（と食事）をとっている。自身が仕える主人の奇行にもかかわらず、彼が正気と理性を保っているのは偶然ではないのだ。物語の終わりで、ドン・キホーテは重い病にかかって寝たきりになる。「六時間以上も」眠り続けたあと、目を覚ました彼は正気を取り戻していた。そして最後の言葉を残し、その命を終える。

ロマン主義によって、夢は高く評価される存在となり、物語の筋書きにおいてのみならず、芸術的創造の源として活用されるようになった。バイロン卿のような詩人たちの影響のもと、英国人作家メアリー・シェリーは夢のビジョンを変容させ、一八一八年に出版されてSF小説の先駆けとなったかの有名な小説

『フランケンシュタイン』を生み出した。英国の詩人サミュエル・テイラー・コールリッジは、アヘンを摂取し、モンゴル皇帝の夏の離宮がある架空の都市ザナドゥについての本を読んでから眠りについたあと、自らの代表作となる『クーブラ・カーン』を書き上げた。コールリッジによると、彼は夢を見ている間に、このテーマについての詩を二〇〇行以上書いたという。目を覚ましたとき、彼は五四行の見事な詩を書きとめ、それは今日に至るまで世界中の読者を魅了している。リズムと色彩にあふれたこの詩は、未完成のまま残された。なぜなら、空想に浸っている最中、彼は一度、作業を中断して雑事をこなさなければならなかったからだ。ようやく解放されて執筆に戻ったときには、もうほとんど何も思い出せなかった。この詩に与えられた副題「夢の中のビジョン：断片」には、イメージにあふれた夢の恍惚感と同時に、中断されたあとに全体をありのまま記憶にとどめることの難しさが表現されている。

革命、災厄、適応

夢をリソースとして活用するという文学の手法は、今日も廃れてはいない。アイルランドの作家ジェイムズ・ジョイスによる一九二二年出版の傑作小説『ユリシーズ』には、夢への言及が五九回あり、それが状況の展開を促す推進力となって、ホメロス作の叙事詩『オデュッセイア』の主人公オデュッセウスの旅と対応するように構成された物語を先へと進めていく〔ユリシーズという名前は、オデュッセウスのラテン語形ウリュッセウスが英語化したもの〕。ポルトガルの優れた詩人で、二〇世紀初頭にいくつもの異名のもとに創作活動を行なったフェルナンド・ペソアは、何度も夢を訪れては、記憶、忘却、願望について思いを巡らせた。ベルナルド・ソアレスという異名を使って、彼はこう書いている。「わたしはたくさんの夢を見てきた。夢を見るせいで疲れてはいるが、夢を見ることに飽きてはいない。夢を見ることに飽きる者はいない。なぜなら、夢を見ることは忘れることであり、忘却は重荷にはならず、それはむしろ夢のない眠りであって、その間中、われわれは目を覚ましている。夢の中で、わたしはすべてを成し遂げた。わたしは確かに目覚めもしたが、それが何だというのだ。わたしはもう数え切れないほどの回数、ローマ皇帝になったのだから！」[*11] こうした思考は、ペソアが持つまた別の異名アルバロ・デ・カンポスの文にも見てとれる。「わたしは無だ。この先ずっと無だ。わたしがそうなりたいと望むことができるのは無のみだ。さもなければ、わたしは自分の中に世界の夢のすべてを持っている」[*12]

実際のところ、プロットや創作方法において、夢が何らかの役割を果たしていない文学作品はほとんど存在しない。たとえば、アンゴラの作家ジョゼ・エドゥアルド・アグアルーザは、自分の作品の創作においては夢が重要な役割を担っていると述べている。

わたしの大半の小説においては、章の締めくくり、プロットのまとめ方、登場人物の名前、ときにはセリフ全体に関して、わたしはそれを夢に見ている。『過去を売る男』の主人公である過去を売る男は、夢の中でわたしの前に現れた。若い読者向けの作品『Life in the Sky（空での生活）』の場合、わたしはタイトルを夢に見て、そこから物語全体が発展していった。[*13]

夢から多くのインスピレーションを得ていたアグアルーザは、二〇一七年、夢の活動がナラティブ全体を貫く主要なテーマとして登場する作品を出版している。小説『The Society of Reluctant Dreamers（嫌々ながら夢を見る人々の社会）』の各章では、異なる人々の夢が描写される。その中にはたとえば、自分の夢の写真を撮るモザンビークの写真家、それらを解読するブラジル人神経科学者、他人の夢に登場するという才能と不運を背負うアンゴラ戦争の帰還兵などがいる。自分は永遠に王座に座り続けると信じている独裁者を打倒することが、登場人物たちに共通する夢であり、それが結末に至るまでナラティブを支え続ける。

抑圧的な社会構造を変えるには、多大な勇気だけでなく、自身の考えを持って飛び立ち、異なる未来を想像し、失望を乗り越える能力が必要とされる。この事実が明確に示されているのが、インド生まれの英国人作家ジョージ・オーウェルが、ロシア革命の希望と挫折を見事に描き出した寓話『動物農場』だ。農場主に対する動物たちの反乱は、賞を取ったこともある年老いたブタの老メイジャーが、動物たちに向かって、自分は夢の中で、人類が絶滅したあとの世界を見たと語るところから始まる。老メイジャーは、革命家カール・マルクスとウラジーミル・イリイチ・レーニンを象徴している。老メイジャーはその後まもなく死んでしまうが、彼の夢をきっかけとして反乱が起こり、ついにはすべての人間が農場から追い出されて、動物のみによって構成される政府が誕生し、「すべての動物は平等である」というスローガンが掲げられる。しかし、動物の中で最も賢いとされるブタの中からは、ほどなく互いに敵愾心を燃やす二匹のリーダー、スノーボールとナポレオンが台頭する。彼らはそれぞれレフ・トロツキーとヨシフ・スターリンを表している。やがて、ほかの者たちよりもはるかに冷酷なナポレオンが実権を握り、ライバルを追い出して、最終的には動物に犠牲を強いる人間との協力関係に戻っていく。新しいスローガンはこうだ。「すべての動物は平等である。しかし、一部の動物はほかよりももっと平等である」

同じくオーウェルによる不穏な小説『一九八四』においては、主人公ウィンストン・スミスが夢をきっかけとして、独裁者ビッグブラザーと「テレスクリーン」が支配する社会に対する精神的な反乱を開始する。テレスクリーンとは、人々の行動のいっさいを管理する、決してスイッチを切ることができない画面のことだ。社会に対する個人的な違和感は、ウィンストンがまた別の登場人物ジュリアに対する禁断の情熱に取り憑かれたとき、権力への抵抗に変貌する。国家によって容赦なく追い詰められ、拷問され、愛に満ちた解放の夢が裏切りの悪夢に埋もれていく中、恋人たちは苦い別れを強いられる。

現実世界の場合、偉大な反逆者たちが見る緊迫した夢は、しばしば挫折や失敗という結末を迎えて、彼らはより一層心乱されるビジョンの中に放り込まれることになる。そのまやかしの現実の中で、彼らはどこが間違っていたのかについての真実を探ろうとする。一九三五年、亡命し、安全な隠れ家もなく、スターリンの諜報員にどこまでも追われる身となったトロツキーは、当時の彼が置かれていた恐ろしいほどに危うい立ち位置がよくわかる、ある夢を日記に記している。

昨夜、いやむしろ今朝早くと言うべきか、わたしはレーニンと話をする夢を見た。周囲の状況から見るに、そこは船の上のようだった。……彼は心配げな表情でわたしの病気について尋ねていた。「きみは神経がひどく疲れているようだ、休まなくちゃいけない……」。いつもは生来の活力《シュヴァンクラフト》のおかげで、疲労からはすぐに回復するんだが、今回はどうやら事態はもう少し深刻なようだと、わたしは答えた。……医師にはもうさんざん相談しているのだとわたしは言い、それから自分のベルリン行きについて話し始めた。しかしレーニンの姿を見ているうちに、彼はもう死んでいるのだと思い出した。わたしはすぐにこの考えを追い払おうとした。会話を最後まで続けたかったのだ。一九二六年にベルリンへ療養に行ったことについて話し終えたとき、わたしは危うくこう付け加えそうになった。「これはきみが死んだあとの話だけれど……」。しかし、そこでハッとしてこう言い直した。「これはきみが病気で倒れたあとの話だけれど……」[*14]

この陰鬱な夢は、伝説的な赤軍司令官であったトロツキーが、同志レーニンの死後に経験した深い孤独を明確に物語っている。トロツキーは一九四〇年、メキシコにて、スターリンの命を受けた暗殺者によって自宅で殺害された。

大きな敗北に直面したときには、日常生活だけでなく政治についても、まったく新しい視点を獲得する必要がある。一九三九年八月、第二次世界大戦が勃発する数日前、ジョージ・オーウェルは、革命的社会主義者としての信念と、ドイツの侵略から英国を守るという喫緊の課題との折り合いをつけようと苦悩していた。この葛藤への解決策は、夢の中でもたらされた。ナチスとソビエトとの不可侵条約が発表される前日のこと、オーウェルは戦争が始まった夢を見た。

フロイト的な観点からどういう内面的意味を持っているにせよ、その夢は、自分の感情がほんとうはどういう状態にあるのかを明らかにする類のものであった。夢はわたしに二つのことを教えてくれた。第一に、長い間恐れていた戦争が始まれば、わたしは単純にほっとしてしまうだろうということ。第二に、わたしは心の底では愛国者であり、味方の陣営に対して妨害したり、敵対行為を行なったりはせず、戦争を支持し、可能であれば自ら参加するということだった。[*15]

現実の生活とフィクションとの間には、夢の影響による三つの領域がダイナミックかつ力強く絡み合って存在している。その領域とはすなわち、ナラティブ上の鍵、芸術的インスピレーション、政治的な羅針盤だ。

夢見ることと科学的創造性

創造性には、視点を根本的に変えること、非凡なものを生み出すために平凡なアイデアを組み替えることが含まれる。夢の中での創造性は、科学の定量的な厳密さの支配下においても発揮され、その発展に対して重要な役割を果たしている。最もよく知られている例としては、一八六五年に発表された、有機化学者アウグスト・ケクレによるベンゼン環の発見がある。[*16]その数年前、ケクレは炭素が四価であること、つまり四つの化学結合を作るということを正しく言い当てていた。彼はまた、水素が一つの化学結合しか作らないこと、ベンゼン分子が六つの炭素原子と六つの水素原子からできていることも知っていた。ケクレはベンゼンの構造を発見することに執念を燃やしていた。炭素原子の数と水素原子の数が同じであるため、直線的な組み合わせになるとは考えられなかった。暖炉の前に座って（またはバスの中で——これについては諸説ある）、この問題についてじっくりと考えていたケクレは、やがて眠りに落ち、蛇が自分の尾を食べているところを夢に見た。それは錬金術のシンボルであるウロボロスのようであり、その起源は古代エジプトの葬儀書にまでさかのぼる。[*17] 目を覚ましたとき、ケクレの頭には、答えが非常にはっきりとした図として浮かんでいた。ベンゼンの構造は六角形だ。

　このよく知られた逸話は、捏造である可能性もある。なぜなら、ケクレに対しては後年、フランスの化学者オーギュスト・ローランからアイデアを盗んだことを正当化するために、夢の中で思いついたという話をでっちあげたという非難が浴びせられているからだ。[*18] この告発はさまざまな議論を呼び、化学史の中でいまだに論争が続いている。[*19]

　そうした疑いをかけられておらず、かつ科学的に大きな意義を持つ例としては、ドイツの生理学者オットー・レーヴィが行なった、神経系と心臓との間での化学的情報伝達の実験的実証がある。レーヴィがこのテーマに関心を持つようになった当時、こうした情報伝達の性質については、化学的なものなのか、それとも電気的なものなのかについて激しい論争が起こっていた。オットー・レーヴィは、自身の経験についてこう述べている。

> 一九二一年のイースターサタデー〔復活祭の翌週の土曜日〕の夜、わたしは目を覚まし、明かりをつけ、小さな紙にいくつかメモを取った。それからもう一度眠りについた。朝の六時になって、そういえば夜の間に何

か重要なことを書いておいたのだったと思い出したが、わたしには自分の走り書きを解読することができなかった。その日曜日は、わたしの科学者人生において最も深い絶望に満ちた日となった。しかし次の夜、わたしはまた三時に目を覚まし、あれが何だったのかを思い出した。今度はリスクを冒すようなことはしなかった。わたしはすぐに起き上がって実験室へ行き、カエルの心臓を使って実験を行なった。……そして五時には、神経インパルスの化学的伝達が決定的に証明された。[*20]

この有名な実験では、まず二匹のカエルの心臓が取り出された。一方は迷走神経がつながったままだが、もう一方はつながっていない。次にレーヴィは迷走神経に電気的刺激を与えて、その心臓に徐脈（心拍数の減少）を起こさせた。最後に、彼は拍動が遅くなった心臓の周りの液体を少し吸い取り、それをもう一方の心臓に注いだ。二番目の心臓の拍動も遅くなったのを見て、彼は顔を輝かせた——これは、伝達が化学的なものであることを意味していた。レーヴィはその原因となる分子を「Vagusstoff（迷走神経物質）」と名づけた。今日、これはアセチルコリンとして知られている。この発見により、彼は一九三六年にノーベル生理学・医学賞を受賞した。

歴史上、とりわけ大きな変革をもたらしたアイデアのリストに掲載されるにふさわしい候補の一つである、原子に基づいた元素の配列を周期表として表現するという発想もまた、夢の産物であった。一八六九年、ロシアの物理学者・化学者のドミトリー・メンデレーエフは、化学元素の自然な分類法、すなわち元素自体の属性によって本質的に定義される順序を見つけようと、何ヵ月にもわたって頭を悩ませていた。彼は元素の名称と性質をカードに書いて、さまざまな並べ方を試してみることにした。なんとなく原子番号が関係しているのではないかという気はしていたが、数時間後、そのパターンを解明できないまま、彼はカードの上で眠ってしまった。すると夢の中で、各元素が正しい場所に配置されている表が見えた。元素は原子番号に基づいて整然と、互いに似通った、周期的に繰り返される性質を持つグループとして配置されていた。物質は元素で構成されており、その元素同士の関係は明確に定義された数学的法則に従っているという理解によって、錬金術は完全に化学へと生まれ変わった。

われわれは今日、周期表が、非常に明確に定義された亜原子粒子間の物理的相互作用を表現していることを知っているが、メンデレーエフはそれを知らなかった。純粋な創造の瞬間に、現象の背後にある理論がすべて理解されているとは限らない。ビジョンにおいて、啓示において、直感的に訪れる「ユーリカ！」の瞬間において、洞察において、ひらめきにおいて、古代ギリシア人が「仮説形成法《アパゴーゲー》〔観察された現象を説明し得る仮説を導き出す推論法〕」と呼び、今日睡眠を研究する人々が記憶の再構築と呼ぶ精神的プロセスにおいて、最も重要なことは、自分が明らかにすることを望む現実をまとめ上げている一般的な原則、すなわち物事の要点を捉えることだ。新しいアイデアを想像するときには、それを成り立たせるために細部まで正確なものとする必要はない。だからこそ、仮説形成法は、帰納法の厳格な経験主義にも、演繹法の論理的一般化にも縛られることがない。仮説形成法はこれらのうち最も自由な精神的プロセスであり、明白でない、遠くに感じられる、通常は非常に意外と思われる解決法へと心を導いてくれる。

科学的なアイデアをうまく組み合わせるという夢の能力は、一九世紀英国の博物学者アルフレッド・ラッセル・ウォレスの物語に顕著に表れている。一九世紀半ば、彼はブラジルと東南アジアを二〇年かけて巡り、種がほかの種へと進化し、絶えず多様性を生み出していることを立証した。自身がこの革新的なアイデアに対して広範な観察的根拠を得たことを、ウォレスは確信していた。これについては、約一〇〇年前のフランスの博物学者ジャン゠バティスト・ド・ラマルクの時代から議論が続けられてきたにもかかわらず、いまだに学術界での反発が強く、また種の進化を説明できるメカニズムも存在しなかった。ウォレスはこう述べている。「すなわち問題は、種がどのように、なぜ変化するのかということだけではなく、種がどのように、なぜ新しくて明確にほかとは異なる特徴を持った種に変化するのか、ということであった[*21]」

一八五八年二月、インドネシアの離島で、ウォレスはおそらくはマラリアによるものと思われる断続的な発熱に襲われた。熱に浮かされながら、彼は夢の中で、種の進化の問題と、一八世紀末に英国の人口統計学者トマス・マルサスによって提唱された「過剰な資源の豊富さは人口の増加による制限を受ける」という理論とを結びつけるビジョンを見た。トランス状態から目覚めたとき、ウォレスはその逆もまた真であることに気がついた。つまり、資源が限られている場合には、種は激しい競争が存在する環境で進化し、結果として各世代の最も適応した個体が選択されやすくなるのだ。突如として、すべてがクリアになった。種の進化を引き起こすのは自然淘汰だ。体が回復するとすぐに、ウォレスは自分の発見の内容を、研究仲間として文通していたある英国人博物学者に詳細に伝えた。その学者こそがチャールズ・ダーウィンであり、彼はすでに五年近くにわたって南米を中心に旅をしながら研究を続け、ウォレスと同じような結論に独自に到達していた。

数字と直感

化学と生物学に革命をもたらした夢はまた、それよりもはるかに抽象的な数学の世界でも重要な役割を果たしてきた——とはいえ、必ずしも計算をする作業を担ったというわけではない。好奇心旺盛なルネ・デカルトは、二三歳のときにはすでにイエズス会の大学で学び、法律の課程を終え、オランダ軍に入隊し、音楽理論の本を書き、ヨーロッパ中を広く旅していた。ある日、ドナウ河畔の荒天を避け、体を温めるために炉端に腰をおろしたこの旅する学者は、われわれが世界を理解する方法に革命を起こす三つの夢を見た[*22]。

最初の夢は悪夢で、デカルトは幽霊に襲われ、つむじ風によって巻き上げられる。彼は学校に戻ろうとするが、体勢をまっすぐに保つことができず、歩いてもすぐにつまずいてしまう。そこへ一人の人物が現れ、彼に向かって礼儀正しく、N氏という方からあなたに贈りものがあると告げる。その贈りものとは遠い国の果物に違いないとデカルトは思うが、そのとき、自分の周囲に集まっている人々は皆まっすぐに立っており、まともに足を踏ん張っていられないのは自分だけであることに気がついた。

デカルトは恐れを感じて目を覚まし、悪夢の害が自分におよびませんようにと神に祈った。その後まもなく、彼は眠りに落ち、雷鳴の夢を見て再び恐怖から目を覚ましたが、今回は自分がほんとうに目覚めているかどうかを確かめるために理性を働かせ、目をすばやく開けたり閉じたりして心を落ち着かせた。彼はもう一度眠りに落ち、今度はほかの夢とは大きく異なる、変革をもたらす力を持つ夢を見た。穏やかで瞑想的な場所で、デカルトはテーブルの上に「辞書」という名の本があるのを見つけた——その本の向こうには、一冊の詩集があった。適当なページを開いてみると、詩人アウソニウス〔古代ローマの著述家〕によるラテン語の詩が書かれていた。「われ人生においていかなる道を歩むべきか」。そのとき、ふいに見知らぬ人物が現れ、彼に詩の断片を示した。そこには「然り、そして否」とあった。デカルトは彼に、その詩が本のどの部分にあると思われるかを示そうとするが、本はいったん消えたあと、なぜか再び現れた。何らかの知識の欠片が失われてしまったという感覚を覚えたデカルトは、その人物に、同じ句から始まるもっと優れた詩を見せようと告げる。その瞬間、男も、本も、そして夢全体も消えてしまう。デカルトはこの出来事に大きな衝撃を受け、聖母マリヤに向かって、イタリアからフランスまで徒歩で巡礼するにあたり、どうかわたしをお守りくださいと祈った。彼の解釈によると、夢に出てきた本は一つの言語と一つの方法を通じた、すべての科学の統一を示唆していた。

夢に与えられた手がかりを出発点として、デカルトは人生で歩むべき道を見出した。一八年後、彼は

『方法序説』を出版し、新たな科学的手法を提唱した。その手法とはすなわち、疑いの余地のない明白なものだけを受け入れること、一つひとつの問題をより小さな問題に分けること、思考を単純なものから複雑なものへと組み立てていくこと、そして可能な限り広範な知識に照らして結論を確認することだ。『方法序説』にはまた、光学、気象学、幾何学に関する独自の論文も掲載されており、数学によって記述される合理的な世界を想像するデカルト的手法の力を実証している。

デカルトは解析幾何学を創出し、代数を発展させた主要人物の一人となった。奇妙なことに、自分自身の重要な知的ミッションが夢によって明かされたという事実にもかかわらず、彼はのちに夢の幻覚が持つ有用性に対する強い疑いを表明している。一方、微分積分学の共同発明者である一七世紀の数学者ゴットフリート・ライプニッツは、そうした疑念とは無縁であった。夢のビジョンのことを彼は、「目覚めている間に深く考えることによって得られるどんなものよりも洗練された形成物」[*23]であるとみなしていた。

これらの例を除けば、ガウス、オイラー、ガロア、コーシー、ヤコビ、ゲーデルなど、歴史上の偉大な数学者たちの生涯とその業績において、夢の中での発見が語られることはほとんどないという事実は注目に値する。数学者たちは創造性を高く評価するが、定理の証明はどうやら、目を覚ましている間に行なわれる作業のようだ。

フランスの数学者アンリ・ポアンカレは、自らの仕事におけるリラックスと仮説形成法の重要性についてはっきりと証言している。

> 最初に最も衝撃を受けるのは、突然のひらめきの出現、すなわち、それまでに長い時間をかけて行なわれてきた無意識の作業のしるしが明確に表れてくることだ。数学的な創造において、この無意識的な作業が果たす役割については議論の余地がないと思われる。……難しい問題に取り組んでいるとき、

最初の試みで何の成果も得られないことは珍しくない。その後、休憩をとり……改めて仕事に取り掛かる。最初の三〇分は、前と同様に何も見つからず、そしてふいに、決定的なアイデアが心に浮かび上がる。これは意識的な作業が中断されて、休憩が心に力と新鮮さを取り戻したおかげで、より実りのある結果が得られたものと言えるだろう。

ただしポアンカレ自身は、夢から導き出された定理を報告してはいない。彼が仕事に活かした仮説形成的な弛緩は、目を覚ましているときに起こった現象であった。

ある晩、普段の習慣に反してブラックコーヒーを飲んだせいで眠れなくなってしまった。アイデアが群れを成して湧き上がってきた。わたしはそれらがぶつかり合い、やがて安定した組み合わせを作るかのように一対ずつ結びつくのを感じた。

ゲーム「テトリス」の夢の反響の研究より一〇〇年近く前に書かれたこの文章は、夢の空間における表象間の組み替えと空間的結合の大きな能力を如実に示している。ポアンカレが到達した結論を、フロイトとユングは大いに歓迎したことだろう。

潜在意識の自己は意識のある自己より劣っているわけではない。それは純粋に自動的なものではない。それには識別する能力がある。それには鋭敏な感覚と繊細さがある。それは選択や予知の方法を知っている。……それは意識のある自己よりも予知の能力に優れる。なぜならそれは、意識のある自己が失敗したことにも成功することができるからだ。[*24]

一九四五年、フランスの数学者ジャック・アダマールは、数学的創造性に関する独創的な本を出版した。この本は、一九二一年にノーベル物理学賞を受賞したドイツの物理学者アルベルト・アインシュタインや、サイバネティクスの創始者であるアメリカの数学者ノーバート・ウィーナーをはじめとする多くの著名な賢人たちに対して彼が投げかけた質問に基づいて書かれている。[*25] アダマールは、数学的創造には四つの段階があると結論づけている。すなわち、準備、抱卵、啓示、検証だ。このように明確に定められた創造的段階は、古代文明における夢にまつわる多くの伝統からの影響を思わせる。そうした伝統においては、特定の問題を解決したいときには夢の啓示を探求・獲得することが定められていた。しかし、新たな数学的解決策を提供する夢の存在を認めながらも、アダマールは、同分野の専門家の間ではそうした事例はまれであると指摘している。その少なさはあるいは、数学的表記法の使用に起因しているのかもしれない。なぜなら、夢の中では、何かをしっかりと読んだり書いたりするという行為はめったに起こらないからだ。なぜそれが難しいのかと言えば、おそらくはわれわれの種において、読むという行為が現れたのが比較的最近であるためだろう。文字を読むことは非常に高度な行動能力であり、顔認識のようなはるか昔からあるスキルを可能にするために進化した大脳皮質の特定の領域を「乗っ取る」必要があった。[*26] 夢の中で数学的計算を行なう能力に関する研究によると、そうした行為は目覚めているときにそれを行なうよりもはるかに難しく、その原因はおそらく短期記憶の減少にあると思われる。[*27]

数学的表記法が夢の中での創造性を阻む障害となっている可能性を示すものの一つとして、シュリーニヴァーサ・ラーマーヌジャンにまつわる興味深い物語が挙げられる。ヒンドゥー教徒の数学者である彼は正式な教育を受けておらず、彼が成し遂げた数論や無限級数における根本的な発見が世間の人々から理解されるまでには、数十年という歳月を要した。今日、ブラックホール、量子重力理論、超ひも理論に興味を持つ物理学者や数学者たちは、田舎町で生まれ、独学で数学を志したこの人物の卓越した定理を夢中になって学んでいる。一九一二年、チェンナイで会計事務員として働いていた二五歳のラーマーヌジャンは、ケンブリッジ大学のゴドフリー・ハーディに宛てて、数十にものぼる未証明の定理を書いた手紙を送った。ハーディの優秀な同僚たちの多くは、同じくラーマーヌジャンから同様の手紙を受け取りながら、これを無視していた。この高名な英国人数学者はしかし、最初こそ懐疑的であったものの、やがてこれらの手紙を送ってきた若者のむきだしの才能に対する驚きと称賛の念を覚えるに至った。これらの理論は「真実に違いない。もし真実でないのであれば、それを創り出すことができる想像力を持った人間などいないからだ」[*28]。

熱のこもった手紙を何度かやり取りしたあと、ハーディはイギリスに来て一緒に研究をしようとラーマーヌジャンを誘った。しかし、海を越える旅は、カースト制度の神聖なルールに反するものであった。ヴィシュヌ神の妻ラクシュミーのローカル版である女神ラクシュミー・ナーマギリを崇拝するラーマーヌジャンの家族は、イギリス行きに反対した。いったんはこの招聘を断ったものの、ハーディから強く求められたため――また、母親の夢に女神が出てきて、イギリス行きに反対するのをやめるよう命じたため――、ラーマーヌジャンは自分の妻、家族、文化をあとに残し、船に乗って寒い国イギリスを目指した。

師となったハーディとともに、彼は研究に没頭し、二一本という驚異的な数の原著論文を発表するに至った。大学の学位を持っていなかったにもかかわらず、ラーマーヌジャンはケンブリッジの教授となり、権威あるロンドン王立協会のフェローに選出された[*29]。しかし、どれほどの栄誉を受けようとも、彼は完全にはこの国に馴染むことができなかった。自分の家族と女神から遠く離れた地で、自分の習慣を野蛮なものとみなす社会の中で人種差別に直面したラーマーヌジャンは、うつ病を患い、結核の症状を示すようになった。彼は一九一九年にインドに戻り、その後まもなく、数学的創造性の絶頂期において三二歳で亡くなった。死の床で彼はハーディに宛てて手紙を書き、そこに夢で見た不思議な関数を記した。その関数の意味がようやく解明され始めたのは、ほぼ一世紀後の二一世紀初頭になってからのことであった。ラーマーヌジャンの死後に生まれたさまざまな数学者によって定式化された数多くの理論にとって、それらの関数は欠かすことのできないものであった。それはいったい、どこからやってきたものなのだろうか。

ラーマーヌジャンは、女神ラクシュミーを通じて、複雑な数学的ビジョンを夢の中で受け取ったと語っている。

眠っている間、わたしは奇妙な経験をした。流れる血で形作られている赤いスクリーンがあるように見えた。わたしはそれを観察していた。突然、一つの手がそのスクリーンに何かを書き始めた。わたしは熱心に見つめた。その手は楕円積分をいくつも書いた。それがわたしの心から離れなくなった。目覚めるとすぐに、わたしはそれを書きとめた。[*30]

ヒンドゥー教の熱心な信者であるラーマーヌジャンは、夢の解釈にも熱意を注いでいた。彼は数学と霊的なものとの間に違いがあるとは思っていなかった。彼と発見とが出会うとき、そこには論理性だけではなく、啓示が介在していた。その間をつなぐのは、記号による論理的証明だけではなく、その美しさであった。ラーマーヌジャンと夢の創造性との実り豊かな関係性は、西洋の数学者にはほとんど見られないものであり、そこには強力な口頭伝承、概念の形成における記号による制約の少なさ、神々との親密な関係を特徴とする、インド数学の特異な側面が反映されている。

二重の不確実性

ここまで紹介してきたものをはじめとする数々の事例は、人間の創造性において睡眠と夢が重要な役割を果たしていることを示しているが、その役割を科学的に明らかにするのは容易なことではない。夢には何でも、より正確に言うなら、ほぼ何でも登場する可能性がある。文字、数字、本が出てくることはまれではあるものの、それらがまったく出てこないというわけでもない。一九五〇年にノーベル文学賞を受賞した英国の数学者・哲学者バートランド・ラッセルは、この真実を非常にシンプルにこう表現している。「わたしは自分が今夢を見ているとは思わないが、夢を見ていないと証明することもできない」[*31]

だれかがある発見についてそれは夢のおかげだと言うとき、われわれは二重の不確実性に直面する。「その夢は何を意味しているのだろうか」という問いは、さらに次の問いを導く。「では、夢を見たその人はほんとうにその夢を見たのだろうか」。何が失われたのか。何が付け加えられたのか。直接の経験とそれを人に説明することの違いは何なのか。これらの問いが重要なのは、ある発見が夢から生まれたという説明には、それを自然なものとし、正当化し、何より社会的に受け入れられるものとする力があり、それ以外の創造的プロセスや、場合によっては剽窃まで覆い隠してしまう可能性があるからだ。だからこそ、夢と創造性についての数多くの逸話は、科学者がこの問題を観察によって実証するまでは、単なる推定による解釈に過ぎなかった。

ユーリカの瞬間を捉える

睡眠中に突然新しいアイデアが浮かぶというほんの一瞬の現象を、実験室内でどのように捉え、計測すればよいのだろうか。世界を変える可能性を持つ記憶の再構築である「ユーリカ！」の瞬間は、予測不能な出来事であり、各人の心の中で一度しか起こらない――その最初の一回のあとはもう、単なる繰り返しでしかなくなるからだ。その新しいアイデアは、ほかの無数の心へと伝搬する可能性を持って生まれるが、それを生み出した心にとってはすでに古いものであり、もう知らなかったことにはできない。ブラジルの詩人アルナルド・アントゥネスの言葉を借りれば、「過ぎ去った（かつて存在した）ものは、もうない（去ってしまった）のだ」[*32]ということになる。

二〇〇四年、ドイツの神経科学者ヤン・ボルン、ウルリッヒ・ヴァーグナー、シュテファン・ガイスは、人間の睡眠とひらめきとの関係を定量化することに初めて成功した。研究者らが利用したのは、古典的な心理テストで、そこには問題の解答が回文として、すなわち、前からでも後ろからでも同じように読める記号の並びとして、暗号化して示されていた。参加者はこの回文構造について知らされていなかったため、厳密に言えば必要ないにもかかわらず、まずは記号の配列を全体として分析しようと試みた。テスト実施後に睡眠をとった参加者のうち六〇パーセントが、翌日の再テストで隠された情報にある程度気づいていることが示されたが、睡眠をとらなかった参加者では、同じことが起こったのはわずか二〇パーセントにとどまった。[*33]

『ネイチャー』誌に掲載されたこの実験は、睡眠と創造性の密接な関係を初めて定量的に示したものだが、睡眠のどの段階が創造性と最も深い関係にあるのか、また、創造性の種類によって、特定の種類の睡眠からより多くの恩恵を受けるということがあるのかどうかについては、明らかにされなかった。過去二〇年の間に、これらの疑問に関しては、ロバート・スティックゴールド、マシュー・ウォーカー、サラ・メドニックがさまざまな実験を行なっている。その結果得られた証拠は、問題の創造的な解決は――アナグラムの生成であれ、[*34]単語連想の柔軟性であれ[*35]――、問題の提示とその解決との間に生じるレム睡眠によって恩恵を受けることを示している。

記憶の再構築

レム睡眠には、記憶の再構築を促すどのような性質があるのだろうか。徐波睡眠よりも活発な皮質活動を示すことに加えて、レム睡眠には、ニューロン間の同期レベルが低下し、活性化シーケンスに繰り返しが少ないという特徴がある。睡眠によって何らかの情報的ノイズがもたらされ、それが学習に役立つという考えから、キンカチョウを使った興味深い実験が生まれた。キンカチョウの雄は、生後二週間で鳴くことを学び始め、父親の歌を模倣しようとする。早い時期に成体の歌に触れることで、一生続く記憶を生成することができる。父親の歌、ほかの成体の歌、さらには木製の鳥が奏でる録音された歌に短く触れるだけでも十分に、声の模倣を練習するための内部モデルとして機能する強固な記憶が形成される。

その後二ヵ月の間に何度も繰り返すことで、幼い鳥は少しずつ、内的モデルの歌をしっかりと模倣できるようになっていく。幼い鳥が発する歌は、時間がたつうちに不規則に変更が加えられ、やがて父親の歌によく似たシーケンスに結晶化する。イスラエルの神経動物行動学者オフェル・チェルニコフスキと、ニューヨーク市立大学ハンター校の彼のチームは、この現象について詳しい研究を行ない、一羽一羽の幼鳥が、モデルとなる歌への曝露から自身の歌の結晶化までの間に生み出すすべての発声を記録した。[*36] 彼らがまず発見したのは、歌は一日のうちに少しずつ変化し、繰り返しが進むにつれてだんだんとモデルに似ていくということであった。彼らは次に、翌朝に生み出される歌は、前日の終わりに生み出された歌よりもモデルに似ていないことを発見した。言い換えるなら、毎晩寝るたびに、若鳥によって生み出される歌とそのモデルとの間の類似性は低下する、ということだ。日中の増加分は夜の損失分を上回るため、若鳥はゆっくりと、しかし着実に、モデルの歌との類似性という山を登っていく。毎日毎日、二歩登って一歩下がるというペースで進むうちに、やがて変化は安定化する。この効果は、自然睡眠とメラトニン誘発睡眠のどちらでも発生した。

三つ目の発見は、最も驚くべきものであった。夜の始まりと翌朝までの間に最も大きく類似性が低下した個体、すなわち、一晩のうちに最もモデルの歌から遠ざかった個体こそが、数ヵ月後、すべての過程が終わったときに、モデルの歌を最もうまく模倣していた個体だったのだ。つまり、途中で最もひどくつまずいた個体が、最終的な学習で最も大きな成功を収めたということになる。

この現象は、どのようなメカニズムによって説明できるだろうか。二〇一六年、ボストン大学の米国人神経科学者ティモシー・ガードナーと国際共同研究チームは、キンカチョウが歌を歌っている最中および眠っている最中における、彼らのHVC核のニューロン活動に関する研究を発表した。HVCは、鳴禽類の脳内にある領域であり、これを活性化することは、最終的に発声器官である鳴管に到達して、そこで歌に変換される電気的伝播を開始するうえで不可欠だ。研究者らは、鳥の脳にウイルスを注入して、特定のニューロンに、細胞が電気的に活性化すると蛍光を発するようになるタンパク質を作らせた。鳥の繊細な頭蓋骨に埋め込んだ厚さ一インチの小さな顕微鏡を使うことで、ガードナーは、歌をコード化するニューロン群の夜間の活性化を視覚化することに成功した。その結果は驚くべきものであった。歌そのものは日を追うごとに安定していく一方で、HVCのニューロン活動のパターンは、夜ごとに大きく変化していたのだ。[*37]

それはまるで脳が、モデルに似た歌を生成するための最適なシナプス構成を探求する中で、最良の模倣を探し続けるために、毎晩眠るたびに前日に生み出された歌の一部を消去しているかのようだ。睡眠はどうやら、毎晩記憶にノイズを加えることによって、システムが最善とは言えない解決策に落ち着いてしまうのを防いでいるように思われる。この現象は、合金鋼の焼入れと焼戻しをする際の加熱と冷却のサイクル、最初に金属を硬くしてから、そのあとに柔軟性をもたせるというプロセスに似ている。キンカチョウの歌の成長はいわば、『オデュッセイア』に登場するペーネロペーが、オデュッセウスの帰りを待つ時間を稼ぐために、昼間に織り進んでは毎晩ほどいていた埋葬布であり、ブラジルのバンド、シコ・サイエンス&ナサォン・ズンビの歌の歌詞を借りて言い換えるなら、組織化する前には、まずは非組織化する必要がある、ということになるだろう。

細胞レベル、分子レベルで起こるこの神経生理学的な現象は、具体的にはどのように夢の内容に反映されるのだろうか。この疑問への答えをキンカチョウに求めることはできないが、人間であればより協力的だ――ましてや相手が学部生で、面白いビデオゲームをプレイして報酬を受け取れるとなればなおさらだろう。ボブ・スティックゴールドが、活気を取り戻した夢の記憶処理にまつわる研究分野における世界的権威となり、潤沢な資金に支えられたプロジェクトを数多く主導し、いくつもの大企業の顧問委員を務めるようになったとき、彼が嬉々として資金をつぎ込んだのは、普通はだれも研究室内に設置しようとは思わないような装置、すなわち、アルプス山脈の斜面をスキーで滑り降りるスリルを、3Dでリアルにシミュレートできる巨大なインタラクティブ・ビデオゲームであった。

彼の研究に協力した四三人の参加者は、日中は研究室で熱心にゲームをプレイした。夜になると彼らは自宅に戻り、自分の体と目の動きを測定する機械を装着して眠りについた。眠り始めてから一五～三〇秒の間隔で、参加者は自動的に眠りを妨害され、夢の内容を記録した。このバーチャルスキーの多感覚的かつインタラクティブな体験はどうやら、参加者の夢に入り込むのに非常に適しているようだった。ゲーム「テトリス」が夢の記録の約七パーセントに登場したのに対し、バーチャルスキーに関するイメージは二四パーセントに表れた。面白いことに、同じ現象は、ゲームをプレイしていなくとも、ゲームをしている人のそばでそれを見ていた対照グループでもほぼ同じ強度で起こった。ゲームの記憶の反響は、時間の経過とともに明らかに減少し、イメージは次第に抽象的になり、現実味がなくなっていった。一方で、古い記憶が表れることが増えていき、最近の記憶と遠い記憶とが交互に挟み込まれるプロセスが明らかになり、そこには前者を後者の中に取り込む様子が反映されているように思われた。

ゲームに関する信頼性のある証言——たとえば「頭の中に、あのゲーム……仮想現実のスキーゲームがちらつく」など——は通常、睡眠が始まってから最初の数秒間に得られ、数分後には、まだゲームとのつながりを保ちつつも、自由度がかなり上昇する。たとえば、ある参加者はこう振り返っている。「今度は自分が薪を積み上げる様子を思い浮かべていた。……なんとなくその場所は……わたしが以前、五年くらい前に行ったことのあるスキーリゾートだという気がした」[*38]。睡眠が進むにつれて夢の抽象度が増すのはあるいは、海馬の活動が活発になるせいなのかもしれない。海馬には古い記憶を再活性化させる能力があり、その記憶は最近獲得した記憶と混ざり合って、人生の新しい事実がそれ以前のものすべてに統合される。

突然の再プログラミング

極端な不適応や認知的困難がある状況において、夢はときとして、まるで奇跡のように問題を解決に導いてくれることがある。それまでにはまったく見られなかった極めて適応的な行動が、文字通りたった一晩でインストールされ、大きな驚きをもたらすのだ。ある神経科学者から聞いた話によると、彼は修士課程に在学中、アルゼンチンへ行ってスペイン語の集中講座を受けたという。現地で思い知らされたのは、自分はだれともコミュニケーションがとれず、ほとんど何も理解できず、ましてやだれかに理解してもらえるような内容を話すことができない、ということであった。気まずい思いを募らせつつ数日を過ごしたある晩、彼は自分がスペイン語を流暢に読み書きしている夢を見た。翌日になると、彼は実際に夢で見た通りのことを行なうことができ、新しい言葉を使う能力は飛躍的に向上していた。

もう一つ、運動スキル獲得についての印象的な話がある。その男性は子供のころ、自転車でバランスを保つことができず、それを恥ずかしく思っていたという。一〇代になり、自転車というものは基本的に、いったん前に進み始めれば勝手に走るということを学んでいた彼は、もう一度トライしてみることにした。二日間練習してもほとんど進歩はなかったが、そのタイミングで彼は、自分が自転車に乗っている夢を見た。夢の中の彼は自転車を悠々と乗りこなし、なんて簡単なんだと考えていた。翌日、彼は一度目の挑戦で見事に成功した。彼は自転車の乗り方をすでに習得していたのだ。

夢に備わっている、人に突如として新しい技能や知識を習得させる能力は、いわば遠く離れた二つの地点の間を飛ぶようなものであり、現実世界における仮説形成法と言える。モザンビークの作家ミア・コウトによると、モザンビークで使われているいくつかの言語では、夢を見ること、想像すること、飛ぶことを表すために、同じ言葉が使われるのだという。パフグライダーに乗っているときの体験は、夢によって視野が大きく広がるさまのたとえとして非常に適している。

夢の中での飛行によって突然視野が拡大されるという体験における歴史上最も壮大な例としては、一六世紀イタリアの哲学者ジョルダーノ・ブルーノによる回想がある。彼は元ドミニコ修道会の修道士であり、その知性、学識、議論を引き起こしやすい思想、辛辣な物言い、そして驚異的な記憶力で、ヨーロッパ中にその名を知られるようになった——彼と同時代の人々の中には、その記憶力を魔法のせいだと考える者もいたが、ブルーノが活用していた洗練された記憶モデルについては、彼の自著『記憶術』の中で説明されている。[*39]

ブルーノの数ある著作の中に、もっぱら夢の解釈だけを扱った『The Interpretation of Dreams（夢判断）』という本がある——この題名は三世紀以上のちに、フロイトがその独創的な自著のために選んだのと同じものだ。三〇歳のとき、ブルーノは、のちに伝説となる夢のビジョンを体験した。当時、天文学者の大多数はまだ古代の天動説、すなわち、太陽系の中心にある地球と、透明な球体の上に恒星が固定されている天球という考えを信じていた。一六世紀ポーランドの天文学者ニコラウス・コペルニクスの太陽中心説はあまり賛同者を得られておらず、しかしそのコペルニクス体系においてさえ、太陽系はまだ宇宙の中心に据えられていた。ブルーノはしかし、複数の世界の存在を仮定した古代の宇宙論のテキストに馴染みがあった。さらには、一二世紀イランの哲学者ファフルッディーン・アッ＝ラーズィーや一六世紀英国の天文学者トマス・ディッグズによる、宇宙の無限性に言及している著作を読んでいた可能性もある。

こうした背景の中で、ブルーノは「大いなる夢」を見た。自身の記述によると、彼の魂は肉体を離れ、空に向かって上昇し、地球から遠く離れたところまで到達したという。米国の天体物理学者ニール・ドグラース・タイソンが司会を務めたドキュメンタリー番組『コスモス――時空と宇宙』の新シリーズにおいて、ジョルダーノ・ブルーノの体験はこう描写されている。

わたしは自信に満ちた翼を宇宙へ広げ、無限に向かって飛び立った。ほかの人々が遠くから懸命に見ようとしているものをはるか後ろに残して。ここには上も下も、端も中心もない。わたしには太陽が単なる一つの星に過ぎないことがわかった。そして星々は別の太陽であり、それぞれがわたしたちの地球のような、ほかの地球に付き添われていた。この広大さの啓示は、まるで恋に落ちる経験のように感じられた。*40

事実であれ神話であれ、ジョルダーノ・ブルーノの不思議な夢の記述は、一〇〇〇年前のキケロが想像したスキピオの夢を更新するものであり、地球から遠く離れたところへ旅をしつつ、さらにその向こうへ進み、いくつもの同心円の天から成る天球における概念上の最後の境界を越え、そしてついには視点を爆発させて、それをあらゆる方向に無限に広げてみせた。宇宙を巡り、そのすべてと比べるとわれわれがいかにちっぽけであるかを理解したブルーノは、夢の中の自身の体で、宇宙はとてつもなく広大であり、太陽は無数の星の一つに過ぎず、それぞれが独自の惑星に囲まれていることを悟った。太陽は宇宙の中心ではなく、またすべてがその周りを回っている中心というものも存在しないように思われた。[*41]

この深遠な天文学的真実は、ブルーノの生前にはドイツ人天文学者ヨハネス・ケプラーによって否定され、彼の死から四年後、イタリア人天文学者ガリレオ・ガリレイが人類として初めて望遠鏡で天の川の星を見たときに、ついにその正しさが認められ始めた。一方、複数の銀河の存在の実証は、それから三〇〇年後、分光学的手法を使ってようやく可能になった。

ブルーノの思想の一部、たとえば世界の複数性やほかの惑星の生命などは、ギリシアやイスラムの哲学という古代のルーツを持ちながら、時代をはるかに先取りしていた。[*42] 自身の闘争的なスタイルにより、ブルーノは特に教会内に手強い敵を作った。彼にとっての悪夢は一五九二年に始まった。彼はベネチアで逮捕され、異端審問官に引き渡され、ローマに移送され、異端、冒瀆、非道徳的行為の罪で裁かれた。裁判の中では、考えを撤回する機会もあったにもかかわらず、ブルーノは自身の信条の基本的な側面については一貫して妥協しないことを選んだ。

一六〇〇年、七年間の投獄と拷問の末、自身の思想を放棄することを断固として拒んだ聡明で頑なブルーノは、口枷をはめられ、ローマの通りで辱めを受け、広場で生きたまま火刑に処された。今日、この野蛮な犯罪が行なわれた広場カンポ・デ・フィオーリには、厳かな姿のブルーノの像が立ち、果物や花を売る日曜の朝市を見下ろしている。その台座には、こんな感動的な碑文が刻まれている。

ブルーノのために
彼が予見した時代より

炎が燃やされたこの場所で

アイデアの突然変異と選択

ブルーノと同じように創造的かつ独創的な思想家であったケプラーが、複数の太陽や惑星が、無限の宇宙にただ無秩序に散らばっているという思想についてガリレオに手紙を書き、自身が感じている恐怖を伝えたというのは興味深い話だ。[*43] ケプラーが夢に拒否感を抱いていたということはなく、むしろその逆であった。彼はSF小説の先駆者として『ソムニウム』(一六三四年)という小説を出版しており、その中では彼の分身《オルターエゴ》が月旅行の夢を見て、あちらの視点から地球がどのように見えるかについて詳細に描写している。このケースにおいては、夢の活動は単なるナラティブの道具であったが、月から見ることによってもたらされる重大な視点の獲得を正当化するために夢が使われていることには注目せざるを得ない。

睡眠中、脳は認知的柔軟性と認知的忠実性の衝突を経験し、そのメカニズムは記憶の再構築と強化にある。記憶の活性化の忠実性は、徐波睡眠――系統発生的に非常に古い生理状態であり、現実とのあらかじめ確立された接触を厳密に記憶することを好む――の性質の一つであり、一方、記憶の再編成はどうやら、新しい問題の解決を促進する、より最近の生理的状態であるレム睡眠の性質であるように思われる。記憶の再編成は、困難な環境、特に予測不可能なやり方で絶えず変化する環境において、非常に適応的な能力だ。しかし、夢の創造性が過剰になると、現実世界においては危険なアイデアにつながる可能性があり、まずは現実の忠実なシミュレーションによる精査を行なうのが安全だ。

夜の間に徐波睡眠とレム睡眠が交互に繰り返されることで、脳はアイデアの選択と変異のサイクルを何度も繰り返す機会を得る。夜の前半では、脳の大半を占める徐波のピークで記憶が反響し、最も重要な新しい記憶が強化され、残りは排除される。夜の後半では、徐々に長さを増し、また徐々にコルチゾール

（ストレスホルモン）のレベルが高くなるレム睡眠のエピソードが登場し、覚醒時と同じレベルの警戒心のもとでシミュレートが行なわれる。レム睡眠中に大脳皮質の前頭葉が不活性化し、ノルアドレナリンの全般的な放出が停止することで、意思決定の正確さや計画の順序立った遂行が低下し、夢のナラティブの論理的構成に不連続性が生じる。これにより、夢に出てくる要素の間のズレ、凝縮、断片化、関連づけが生じ、予期せぬ方法で記憶が組み合わされる。レム睡眠中に観察される、強化された、雑音の多い皮質活動は、ニューロンの同期を緩める「処理エラー」を発生させながら、実際に電気伝搬のための新しい経路を作り出す。

これまで見てきたように、レム睡眠は長期増強に必要な遺伝子の発現を促し、それによって入眠時に再構築される記憶のシナプス強化がもたらされる。キューバ人のウィルフレド・ブランコとブラジル人のセザル・ヘノー＝コスタという二人の才能ある計算神経科学者とともに、わたしは睡眠／覚醒サイクル全体にわたる神経回路のシミュレーションを用いて、レム睡眠による長期増強は、記憶を強化するのに加えて、記憶の再編成をもたらすことを示した。これはつまり、一部の接続が増強されるだけでシナプスの力の再分配が起こり、直接的あるいは間接的に神経ネットワークの大部分が変更されることを意味する。この現象は、風船にたとえると理解しやすいだろう。空気で満たされた風船は閉じたシステムであり、そのため、手でギュッと握ると反対側に歪みを生じさせる。

ジプシーのような記憶

それにしても、記憶を支える枠組みとして使われている細胞でさえ時間の経過とともに入れ替わっていくというのに〔記憶を担う最も主要な細胞とされるニューロンは、基本的に成人後は生涯入れ替わらないとされる。一方で、ニューロン同士の結合であるシナプスや、ニューロンを構成するタンパク質、ニューロンを支える細胞であるグリアは入れ替わる（須）〕、特定の記憶が何年にもわたって安定していられるのはなぜだろうか。古い記憶は、最近の記憶よりもはるかに忘れにくい傾向にある。ジプシーたちが定住地を持たずに絶えず移動し、もといた場所に戻ることがないように、どうやら記憶もまた、大脳皮質ネットワークの広範な外縁部への移動をやめることなく、人生が進むにつれてさらに深く、さらに広く根付き、妨害に対する耐性を持つようになっていくように思われる。非常に詳細な記憶は、年老いた人の心の中で一〇〇年以上保たれることもあるが、それらが幼少期からずっと同じであり続けたとは言えない。それどころか、実証的証拠は、記憶は一生の間に絶えず変化し、脳内を移動していることを示しており、睡眠はそうした変化を促進する特別な役割を担っている。

これに関連する物語の一節は、一九四二年、ドナルド・ヘッブが、海馬に損傷を持つ患者たちの広範な分析を終えたときに始まった。[*44] これらの患者が、新しい陳述記憶を形成することができない重度の健忘状態を示していたことから、海馬は新しい記憶の獲得に直接関与していることが明らかになり始めた。それからの一〇年間で、外科手術で損傷を受けたある患者の例が広く知られるようになり、この問題にいっそう明確な理解がもたらされた。ヘンリー・グスタフ・モレゾン、通称H・Mとして知られる患者は、左右の海馬で引き起こされる重度の両側性けいれん発作の症状を示していた。これらのてんかん焦点を完全に摘出すると、けいれん発作は収まったものの、患者は陳述記憶、つまり人、物、場所に関連する出来事について口頭で述べることができる記憶の健忘を示すようになった。[*45]

H・Mは、新しい人の名前を数分間は覚えることができたが、その後すぐに忘れてしまうのだった。彼の症状のうち前向性健忘は完全だった。つまり手術後の記憶はすべて抜け落ちていた。一方、手術以前の事実に関連する逆行性健忘は部分的であった。最近の事実は完全に忘れられていたが、古い記憶、特に子供のころの記憶はよく保持されていた。手術後、H・Mは生涯を通じて徹底的な研究の対象とされたが、彼の臨床状態に変化は見られなかった。この患者についての極めて詳細な研究により、新しい陳述記憶の形成には海馬が不可欠であることが明らかになった。海馬では、各記憶のさまざまな知覚的属性の関係がコード化される――表象された各対象物に特徴的な画像、音、感触、匂い、味などは、すべて大脳皮質で個別にコード化されるが、最初は海馬を通じて統合される。だからこそ海馬は、空間ナビゲーションを可能にする周辺環境のマッピングや、連続する場面における複数の物体や人物の動きと行動のような、複雑な出来事のコード化において重要な役割を果たす。

陳述記憶が持続するためには、獲得の瞬間とその後の数時間の両方において、海馬が完全に機能していることが不可欠だ。一方で、時間の経過とともに、記憶は海馬で表象されることが徐々に少なくなり、大脳皮質での表象が増加する。結果としてその記憶は、事故や手術によって、両側の海馬を完全に切除した神経学的患者においても、大きな混乱なしに存続することになる。このような、陳述記憶のコード化における大脳皮質の関与の漸次的な増加を「皮質化」と呼ぶ。一九五〇年代から知られていた現象だが、そのメカニズムは最近まで不明であった。

雪の中の脳

一九九九年、クラウディオ・メロ、コンスタンティン・パブリデス、そしてわたしは、記憶の皮質化を引き起こすのは睡眠であるという仮説を立てた。博士課程の最後の二月《ふたつき》、千年紀の変わり目にあたる一一月と一二月を使って、わたしは前もって海馬に電気的刺激を与えられたラットの睡眠中における最初期遺伝子の発現を測定する実験を行なった。その目的は、海馬に人工的な記憶、すなわちレモとブリスが発見した「長期増強」を植え付けること、そしてその後の睡眠と覚醒の時間を通じて、脳内を通るその軌跡を追跡することであった。予備実験は、海馬での最初の発現は急速に減少し、数時間後に大脳皮質で増加することを示唆していた。われわれは包括的な実験を設計し、予備的な知見を補強できるよう、適切な対照群と、各実験群に対して十分な数の動物を用意した。実験は、八週間連続で毎日行なうことになった。日は短く、雪が降り続き、世界貿易センタービルのツインタワーはまだあの場所に立っていた。わたしは忍耐強くタスクを遂行した。毎日、実験の終わりにはすべてのラットを殺し、その脳を後日利用するためにマイナス八〇℃で冷凍保存した。

実験を終えてすべての脳を回収しても、わたしにはまだ、それを非常に薄くスライスしたあと、化学的に処理して遺伝子発現のレベルを明らかにする仕事が残っていた。しかし、これに取りかかる前に、わたしには自分の論文を書き、卒業し、論文を発表し、ブラジルの家族や友人たちと時間を過ごす必要があった。そうこうするうちに丸一年が経過し、二〇〇一年一月一日、わたしはようやくノースカロライナ州ダーラム市に居を移し、デューク大学でポスドクを開始した。わたしは凍らせた脳をデューク大学に運んで、わたしの同僚であり、共同研究者である米国人神経生物学者エリック・ジャービスの研究室で処理を行なおうと考えた。ジャービスは当時、わたしと同じ科で教授を務めており、親切にも協力を申し出てくれたのだった。数十個の脳を、ドライアイスを詰めた大きなクーラーボックスに入れて粘着テープで封をすると、わたしは猛烈な吹雪の中、タクシーでラガーディア空港に向かった。空港は大混乱だった。多くのフライトがキャンセルされ、人々が床で眠っていた。わたしの便もキャンセルになったが、わたしはすべての脳を預け荷物としてノースカロライナへ送り出し、搭乗券を受け取って、何もかもうまくいくことを願った。

その願いは叶わなかった。わたしは手荷物ターンテーブルの脇でひたすら待ったが、やがて最後のバッグが回収されていった。大勢の搭乗客が、わたしと同じように、自分の荷物があの猛吹雪が巻き起こしたニューヨークの大混乱の中で迷子になったと不満を漏らしていた。航空会社のカウンターで尋ねてみたところ、欠便が何本も出たせいで、わたしのクーラーボックスは別の航空会社に移されたということが判明した。彼らは、荷物のありかは必ず特定されて、その航空会社の同ルートにおける二番目にして最後の便で、今から一二時間後に到着すると請け合った。わたしはダーラムへ行ってやや落ち着きを取り戻し、ある程度の時間が経過したところで空港へ戻ったが、クーラーボックスは現れなかった。彼らは翌日には着くと約束し、わたしはドライアイスがゆっくりと、しかし容赦なく昇華していくさまを思い浮かべながら眠れない夜を過ごした。翌日、わたしはだれよりも早く航空会社のカウンターに到着したが、クーラーボックスはどこにも見当たらなかった。

この悲劇的な光景は、三日にわたって繰り返された。一日がひどく長く感じられた。わたしは遠方の空港に一日二回足を運び、夜は三度ともほとんど眠れなかった。頭の中はドライアイスと、クーラーボックスに入った脳の状態についての悲観的な想像でいっぱいだった。このとき初めて、わたしは古代ギリシア・ローマ世界において、固定観念に関する夢は不眠症であると言われていた理由を理解した。大惨事は避けがたいこの状況においては、オリンポスの神々がすべて合わさったとしても、わたしを助けることはできないのだった。わたしは、自分が信仰するオリシャ——アフロ・ブラジリアンの宗教に存在するヨルバ人の神々——に祈り、脳の運命を偶然に委ねた。

四日目の朝、空港ホールに駆け込むと、はるか向こうにクーラーボックスが置かれているのが見えた。ここまで経由してきたいくつもの空港のタグに覆われたその様子に、最悪の想像が頭をよぎった。必死に粘着テープを剝がし、中身を見た瞬間、わたしは卒倒しそうになった——かなりの大きさがあるドライアイスの層の下に、完璧に保存された状態の脳が、無傷のまま入っていた。この脳の研究を続ける機会を与えてくれたことについて、わたしは生者にも死者にも熱烈な感謝を捧げた。

記憶は睡眠中に移動する

この研究の結果により、レム睡眠中に海馬から記憶が移動するプロセスの詳細が一部明らかになった。[*46]

われわれは海馬への刺激に続く、明瞭な遺伝子調節の三つの波のシーケンスを記録することができた。第一の波は刺激から三〇分後に海馬自体で始まり、三時間の覚醒後に刺激の場所に近い皮質領域に達し、徐波睡眠の最初のエピソード中に終了する。二番目の波はレム睡眠中に、刺激に近い皮質領域で始まり、その後の覚醒中に遠くの脳領域に伝播し、徐波睡眠の新しいフェーズ内で終わりを迎える。三番目にして最後の遺伝子調節の波は、次のレム睡眠のエピソード中に、さまざまな皮質領域で起こる――そして、それがどこで終わるのかはわかっていない。なぜなら、実験が行なわれたのはそこまでだったからだ。

海馬では、第一の波から第三の波にかけて、遺伝子発現が徐々に減少した。最初の電気刺激の場所からシナプス数個分離れた最も遠い皮質領域では、その逆のプロファイルが示され、波が進むにつれて遺伝子発現が徐々に増加した。これらの結果は、レム睡眠が、睡眠サイクルごとに深まっていく分子可塑性の波を介して、海馬から大脳皮質への記憶の移動に関与している可能性を示す最初の実験的証拠を提供してくれた。長期増強の代わりに新規のオブジェクトの探索を用いたその後の研究では、その効果が皮質では持続するが、海馬では持続しないことが確認された。[*47] シナプスの変化は、皮質では更新・伝播される一方で、海馬では変化が止まり、記憶はすぐに消え去る。

海馬はサイズ的に大脳皮質よりずっと小さく、記憶をコード化する能力もはるかに低いことを覚えておくことは重要だ。学習後の睡眠中、海馬は分子可塑性のメカニズムの一時的な活性化を経験し、大脳皮質では活性化が持続する。だからこそ、海馬は最近獲得した各記憶におけるその役割を少しずつ放棄し、記憶が成熟するにつれて、関連性をますます低下させていく。この「忘却」への代償として、海馬は毎晩、再び学習する能力を更新し、翌日やってくる新しい記憶のためのコード化のスペースを開放する。

記憶は実際のところ、信頼できるものではない。記憶は断片を失い、新しい関連づけを獲得し、互いに組み合わさり、細部が剝奪され、別の細部を獲得し、願望と検閲のフィルターを通過し、そして何より、それらを支える生物学的構造を変化させ、別の神経回路で表現されるようになり、新しいアイデアを生み出しながら、それでもまだ安定性の外観を維持している。それは絶え間ない変容の中にある永続性の傑作であり、アイデンティティを完全に保った柔軟性の驚異だ。

第13章　レム睡眠は夢を見ているのではない

　ここまでの章で見てきたメカニズムの働きを踏まえれば、睡眠が認知にとってなぜ非常に重要であるのか、その理由を理解することは可能だろう。しかし、それだけでは夢を見ることの本質的かつ潜在的に有益な意味を読み解く助けにはならない。イオン、遺伝子、タンパク質が夜の間に非常に活発に活動しているのは確かだが、こちらがその存在を知らなくとも、それらはわれわれに作用をおよぼすし、また、われわれがその活動について知っていたからといって、それで夢の内容の説明が可能になるわけでもない。夢の中の出来事は、分子レベルやシナプスレベル、あるいは孤立した細胞のレベルのみで起こるわけではなく、それはもっぱら、世界の物体を非常に特殊なルールに従って表現する広大なニューロンの網目を通じて伝播される、極めて複雑な電気的活動のパターンの中で起こる。

　二つのニューロンが同期して活性化し、その結果として第三の下流ニューロンで電気的発火が生じると、細胞レベルでの関連づけが起こる。言葉が意味的、統語的、あるいは音声的に一致することで関連づけられるとき、異なる種類の連想、すなわち心理的な関連づけが起こり、これは基礎的かつ膨大な数の細胞レベルの関連づけによって実現される。

心的表象の空間を、ニューロンの網の空間と混同してはならない。なぜなら、前者は後者から生じるものであり、それは大きな魚群の同期した動きが、すべての魚の相互作用の結果である一方、一匹一匹の魚の中で起こっていることによって説明できるものではないのと同じことだ。心は、独自の象徴的な法則——連想、置き換え、圧縮、抑圧、転移——に従って機能する。これらは、前章で紹介したシナプス可塑性のメカニズムに非常に微細なレベルで結びついているが、当然ながらそれだけで説明できるものでもない。

科学が夢見ることを否定した時代

今日では、睡眠が記憶の処理において重要な役割を果たしているというだけでなく、夢そのものも、夢を見る人たちにとって特別な意味を持っているということに、もはや疑いの余地はなくなっている。自分自身の夢に注意を払ったことのある人にとって非常に明白なこの事実はこれまで、レム睡眠こそが夢の無意味さを証明する決定的な証拠であるとする反フロイト派の哲学者や科学者によって、さまざまな形で否定されてきた。いったいなぜ時間を浪費して夜中の幻覚についての主観的な報告を研究したりするのか、最低限の設備を持っているまともな研究者ならだれでも測定可能な、生理学的状態が目の前にあるというのに。それが彼らの考え方だった。

二〇世紀後半を通じて、こうした詭弁は夢の研究に対する熱意を喪失させるために利用され、夢というテーマは次第に非科学的であるとみなされるようになっていった。夢を見ることの価値は貶められ、その代わりに、レム睡眠の性質に関する厳密な神経生理学的調査が優先されるようになった。まるで手品のように一瞬で、古来より存在した夢にまつわる謎のすべてが、研究対象とするだけの価値のある課題であるという認識を奪われた。夢は今や、詐欺師、占い師、僧侶、精神分析学者、そして形而上学の専門家らが扱う問題となった。あえて無知であることを選んだことによって副次的にもたらされた利点といえば、夢のナラティブにしばしば見られる、奇妙で、ときにばつの悪い思いをさせられる内容について、一般の人々が安心するような説明が可能になったことであった。つまり、夢は単なるレム睡眠の間に起こる無意味な付帯現象、厳密に生理学的な現実によって生み出される純粋にランダムな副産物であり、したがってそこには心理学的な意味はいっさいない、と言えるようになったのだ。

このときレム睡眠と夢との関係性に起こっていたことは、科学の世界においてよく見られるある現象の、ほんの一例に過ぎなかった。難しい問題に対処することを急ぐあまり、科学者たちはよく、その問題の存在を否定するという過ちを犯す。これは、今日でも意識の問題に関して起こっていることであり、多くの心理学者や哲学者は、意識の主観性を客観的な神経演算の集合に単純化することによって、これを容易に解決できると考えている。同じ現象は、遺伝学者のバーバラ・マクリントックにも起こった。マクリントックは、トウモロコシの多様な色彩パターンを研究することで、遺伝子の転移を発見した人物だ。彼女は、トウモロコシのゲノム内で染色体間での遺伝子の挿入、削除、転座を含む、神秘的な遺伝子の跳躍が起こっていることに関する詳細な文書を作成した。しかし、この話をまるで信じてもらえなかったせいで、彼女は一九五三年以降、研究結果を発表することをやめてしまった。時がたち、動物、植物、菌類、バクテリアにおける遺伝子転移の存在を裏づける研究が進むと、彼女の業績は遺伝学の教科書に欠かせないものとなった。一九八三年、マクリントックは女性として初めて、単独で生理学・医学のノーベル賞を受賞した。

話を夢とレム睡眠との差異に戻そう。夢とレム睡眠とは無関係であるという主張は、あまりに単純であるにもかかわらず生物医学の分野でもてはやされ、メディアを通じて一般の人々に広く浸透し、実のある議論がなされていないと訴える声には、まったく支持が集まらなかった。還元主義〔複雑で抽象的な事象も単純に言い換えが可能であるという考え方〕

の立場が支配的となり、その状態は二〇世紀の終わりまで続いた。しかしその後、夢とレム睡眠との関係が初めて実証的な検証にさらされるときがやってきた。

フロイトの『夢判断』から実に一世紀という歳月がたっていたものの、それだけの価値はあった。というのも、このとき示された新たな証拠は、極めて多くの示唆に富んでいたのだ。夢とは独立した心理現象、また個人個人がうまく適応していこうとする過程の表現であり、それを科学的関心に値するものとして改めて定義するという困難な作業は、南アフリカの神経学者・精神分析家であるマーク・ソームズに委ねられた。ナミビアで生まれ、ヨハネスブルクのウィットウォーターズランド大学大学院を修了したのち、ロンドンの精神分析研究所で研修を受け、ユニバーシティ・カレッジ・ロンドンと王立ロンドン病院で広範な研究を行なった実績を持つソームズは、その長い学究生活の間に、ある非常に重要な疑問を抱くようになった。その疑問とは、「レム睡眠中であっても夢を見ることができない人は存在するのだろうか」というものだ。

レム睡眠と夢にまつわる議論のイデオロギー的偏見に興味を持つと同時に困惑を覚えた彼は、これら二つは異なる現象であり、したがって脳の異なるメカニズムに対応しているはずである、という仮説を検証することにした。これを実行するために、ソームズは数々の神経学的な症例から、偶然の成り行きによってレム睡眠と夢とが切り離されてしまったと思われる脳の損傷例を探した。とはいえ、神経学的損傷は通常、制御された研究室環境のもとで行なわれる実験的な外科的損傷とは様相が大きく異なる。それらは事故が生存者の体に残す傷跡と同じように特異的で、複雑で、独特な損傷だ。レム睡眠に影響を与えずに夢を消し去る損傷のプロファイルを探すというのは、ソームズにとって、干し草の山から針を探すようなものに感じられたはずだ。各症例の特異性は多種多様で、最初はそこに規則性やパターンなど存在しないかのように思われたに違いない。ソームズがこれをやり抜くだけの忍耐力と視野の広さをどこで身につけ、自身の疑問に対する答えを少しずつ見つけていったのかを理解するには、まずは彼の性格をより深く知る必要がある。

学術的および臨床的な関心を追求するだけにとどまらず、ソームズは、社会工学の分野でも夢を叶えるために積極的に行動する人物だ。南アフリカの民主化後、彼は母国に戻り、一族が三〇〇年以上にわたって所有してきた農場をワイナリーに生まれ変わらせることを決意した。農場で暮らす貧しい労働者たちが奴隷の子孫であることを理解していた彼は、その土地の過去を明らかにするための発掘調査に尽力し、自身の所有する土地の五〇パーセントを農場のスタッフとの共有としたうえでワイナリーを設立した。地域にとって革新的なこのワイナリーは、のちに賞も受けている。これほどの目的意識と想像力をもってすれば、夢を見る能力に障害がある膨大な数の神経学的症例の収集・比較を彼が成し遂げたというのも、驚くには当たらないだろう――そうした症例の中には、よく知られている古典的なものもあれば、非常に珍しいものも含まれていた。

ソームズが見たところ、どうやらさまざまな種類の脳損傷が、睡眠や夢の特性を変化させる可能性を持っているようであった。[*1] 脳橋深部への損傷は、それによって患者が死んでしまわない限り、レム睡眠を減少あるいは消失させることがあるが、夢を見る能力を奪うことはほとんどない。[*2] 側頭葉辺縁系領域の損傷はてんかん放電を引き起こし、それによって患者はステレオタイプな悪夢を繰り返し見るようになる。前頭葉辺縁系領域の損傷が引き起こすのは、かなり特異な症状だ。患者は夢を見る能力を保持するだけでなく、夢を過剰に、ときとして一晩中見るようになる。彼らはしかし、現実と夢とを区別する能力を失ってしまう。この状態をよく表している臨床面接の例を以下に紹介しよう。

患者：わたしは夜中に実際に夢を見ていたわけではなく、絵で考えているような感じでした。わたしが考えていることが現実になるような――何かについて考えていると、それが自分の目の前でほんとうに起こっているのが見えて、それでわたしはとても混乱して、ときには実際に何が起こったのか、自分が何を考えていたのかがわからなくなります。
面接担当者：そうしたことを考えているとき、あなたは目覚めていましたか。
患者：何とも言えません。まったく眠っていなかったようにも感じます。すごくたくさんのことが自分の身に起こっていたので。でももちろん、それは実際には起こっていなくて、わたしはそれをただ夢に見ていただけです。けれど、それは普通の夢とも違っていて、まるでほんとうにそれらのことがわたしに起こっているように感じられたのです……。
例：わたしは〔亡くなった〕夫の幻を見ました。夫は部屋に入ってきて、わたしに薬を渡し、優しい言葉をかけてくれました。それで翌朝、わたしは娘に聞きました。「お願い教えて。お父さんはほんとうに死んだの？」 すると娘が「そうよ、ママ」と言いました。だから、あれはやはり夢だったのでしょう……。
また別の例：ベッドに横になって考えごとをしているとき、気がつくと夫がそこにいて、わたしに話しかけているのです。それからわたしは子供たちをお風呂に入れに行ったのですが、そのときふいに目を開けて思ったんです。「ここはどこ？」と。そこには自分一人しかいませんでした！
面接官：あなたは寝入っていたのですか。
患者：そうは思えません。まるで自分が考えていたことが現実になったかのように感じられました。[*3]

数年間調査を続けたのち、ソームズは生理学的見地からレム睡眠に異常がない一方、夢を報告できない患者一一〇人の症例をまとめた。▼ その中には、視覚的な場面や物体を認識することの困難（視覚失認）と、視覚的なイメージで想像したり、夢を見たりする能力の喪失を特徴とするシャルコー＝ヴィルブラント症候群の症例も含まれていた。この症候群は血栓症の患者において観察され、一八八三年にジャン＝マルタン・シャルコー、また一八八七年にヘルマン・ヴィルブラントによって先駆的な記述がなされたものであり、側頭葉‐後頭葉の損傷およびレム睡眠の維持と関連している。[*4] これらの患者は、レム睡眠のエピソー

▼一部の症例では、じきに夢を見る能力が復活した。これはおそらく神経可塑性のメカニズムによるものと思われる。

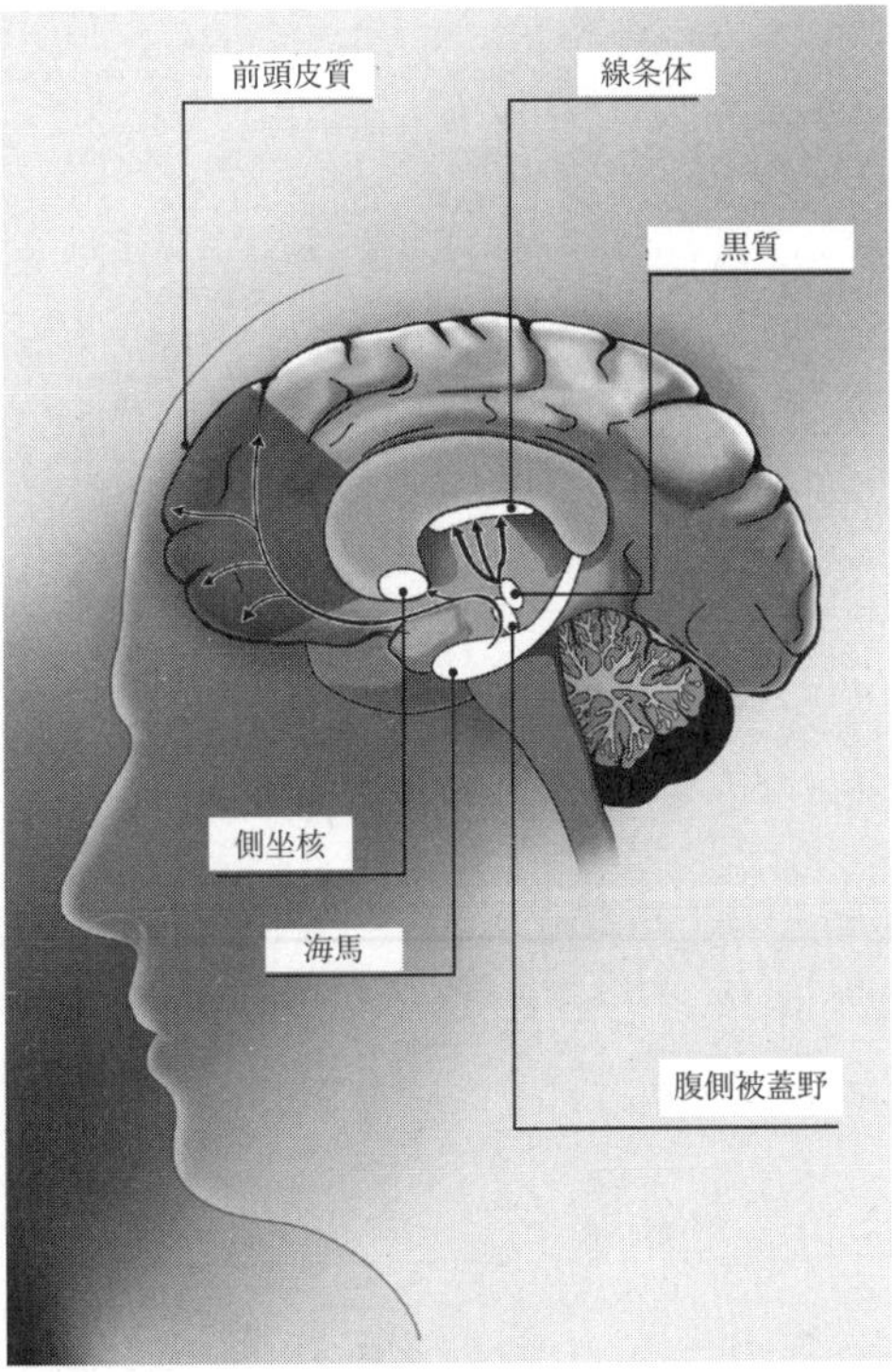

図 14　VTA は小さな細胞核群であり、前頭皮質や内側皮質の広範な部分、および側坐核のような皮質下構造に、ドーパミン作動性軸索を投射している。VTA またはその投射神経線維が損傷を受けると、レム睡眠を排除することなく夢が消失する。

ドの最中に起こされたとしても、思考やイメージを報告することができない。彼らにとって、夢は深い無意識の状態に取って代わられているのだ。[*5]

断層撮影や組織学を用いた神経病理学的検査からは、驚くべきことが明らかになった。患者の脳の病変は多様だったが、主として二つのタイプに分けられた。一方は、視覚、聴覚、触覚、意味処理に関与することで知られている、頭頂皮質、側頭皮質、後頭皮質の接合領域に位置するもの。[*6]そしてもう一方は、脳の深部にある腹側被蓋野（ＶＴＡ：図14参照）という小さな領域に位置する、ドーパミンを生成するニューロンの軸索や細胞体に関連するものだ。このＶＴＡという領域にあるドーパミン作動性ニューロンは、脳の広範囲に軸索を張り巡らせており、主に動物が苦痛を回避し、快楽を求めるための神経化学的シグナルの伝達を担っている。[*7]げっ歯類を用いた最近の研究では、動物の生存にとって重要な記憶の獲得、処理、再想起は、ＶＴＡと海馬および前頭前皮質との相互作用に依存していることが示唆されている。[*8]

ＶＴＡやその軸索投射への損傷は、レム睡眠に影響を与えることなく、夢を見ることを完全に消失させる。これらの病変はまた、覚醒中の意欲の喪失、快感の欠如、意図性の低下をもたらす。こうしたことが起こるのは、ＶＴＡが脳の報酬系の重要な一部であるため、すなわち、われわれが目標を追求し、嫌悪刺激を避け、リビドーを満たし、肯定的および否定的な経験から学ぶことを可能にする脳構造であるためだ。このシステムは、われわれが期待を抱いたり、それを満たしたり、あるいは満たさなかったりすることを効果的に可能にするものであり、たとえ絶望的な状況にあるときでも、生き延びるために全力を尽くす本能の発現にとって極めて重要な役割を担う。

記憶の形成とは、報酬連関――行動が正の強化につながるという規則――によって、どの記憶が保持され、どの記憶が忘れられるかが決定される選択的プロセスだ。睡眠は情報の長期的な維持において基礎的な役割を果たし、報酬に関連する記憶にとりわけ大きな恩恵をもたらす。睡眠中の記憶固定化の鍵は、最近コード化された表象の再活性化にあり、これにはドーパミン作動性ニューロンが関与しているものと思われる。[*9]

睡眠中のドーパミン受容体の活性化が認知機能におよぼす影響を調べるため、ヤン・ボルンのチームはまず、研究ボランティアを訓練し、さまざまな視覚イメージを大きな報酬または小さな報酬と関連づけさせた。ボランティアにはその後の睡眠中、ドーパミン受容体を活性化させる物質が投与された。二四時間後、ボランティアは新しい場面と以前に見た場面とを混在させた中から、以前に見たものを探すテストを受けた。このタスクを成功させるには、海馬が無傷である必要がある。プラセボを投与された被験者では、彼らの学習能力は、大きな報酬と関連づけられたイメージを対象としたときの方が、小さな報酬を対象としたときよりも格段に優れていた。一方、ドーパミン受容体を活性化させる薬を投与された被験者では、大きな報酬と小さな報酬に関連づけられたイメージの間に顕著な違いは見られず、このことが学習障害を引き起こしていた。この結果は、大きな報酬に関連した記憶の優先的な固定化には、海馬の選択的なドーパミン作動性の活性化が関与しているという考え方を支持するものだ。[*10]

かくして、マーク・ソームズが提示した難題にようやく答えが得られた。干し草の山のいちばん下で見つかった針は鋭く、夢とレム睡眠とを同一視していた反フロイト派理論の過剰に膨らんだ風船に穴を開けた。レム睡眠に対する夢の自律性――どちらの起源にもドーパミンがかかわっているにもかかわらず――の発見により、一九世紀末に直感に基づいて提示された仮説の正しさは、長い道のりの末、ようやく証明されるに至った。当時は、化学的および解剖学的メカニズムがまだまったくわかっていなかったために、これを解明することは叶わなかった。

願望が夢の原動力であるというフロイトの主張は、これを批判する者たちの認識よりもはるかに事実に基づいたものであった。この仮説のピンポイントな正確さは、おそらくはその詩的な外観によって覆い隠されていた側面もあったものと思われる。動機づけの神経メカニズムに関する知識の蓄積には長い時間を要し、一〇〇年たってようやく、この理論は生物学的に意味の通ったものとなった。フロイトがその鋭い臨床観察によって、患者が外部に示した行動や記憶の分析のみに基づいて明らかにしたのは、ソームズが一〇〇年ののちにようやく特定にこぎつけたメカニズムの存在の可能性であった。夢を見ることは「願望であり」、なぜなら、それらはどちらも「ドーパミンである」からだ。この結論は、これまで見てきた通り、ドーパミンがレム睡眠の発生そのものに不可欠であるという事実と密接に関係している。ドーパミン作動性報酬系の関与は、カール・ポパーがフロイトに対して行なった攻撃に対する重大な反論であり、精神分析理論は確実に検証可能であることを証明している。

ソームズの実証的な発見を突きつけられて、二〇世紀を通じて何度も繰り返されてきた数々の反フロイト的議論は、科学的なうわべを取り繕ったキャッチフレーズでしかないものとして勢いを失った。たとえば、夢が持つ豊かで興味深い意味を、レム睡眠の無用な副産物として矮小化することはもはやできなくなった。夢は単にランダムなイメージの連鎖であるという主張もまた、受け入れられるようなものではなくなった。証拠が示しているのは、夢とはドーパミン作動性報酬系によって組織されたイメージの連続である、ということだ。それは体に何のリスクも負わせない状態で適応行動を試み、評価し、選択するプロセスであり、なぜならすべては自分自身の心という安全な環境内でシミュレートされるからだ。

人生の疑似体験

この理論によってわれわれは、夢の主観的な性質がどこから来ているのかをより深く理解できるようになる。なぜなら、夢とかかわりがあるのは常に複雑なシナリオの中で相互に作用する人や物事であって、そうした表象を構成する個々の要素ではないからだ。形のない色、抽象的な角度、コントラストだけで、それ以外は何もないような夢を見る者はいない。われわれの夢はそれよりもずっと複雑だ。夢の主観的体験は、単に一次視覚野の活性化だけでは説明することができない。一次視覚野は、大脳皮質の中で視覚刺激を最初に受け取る部分であり、空間的位置、明るさのコントラスト、物体の向き、角度といった、イメージの非常に基本的な属性の処理を担っている。

大半の人にとって支配的なものである視覚的要素は、魅惑的な色や動きを含む、信じられないほど美しい主観的体験を生み出すことができる。しかし、視覚が支配的である一方、夢にはあらゆる感覚に関連する精神的な体験が含まれる場合があり、それらの感覚は、まだあまり理解が進んでいない規則に従ってさまざまに組み合わされる。聴覚、味覚、触覚、嗅覚の夢も存在し、かつ記憶に残る。そして夢を見るという体験がもたらす驚きは、夢が光を超越した感覚の領域に侵入するとき、さらに大きくなるかのように感じられる。さらには、運動の脳内表現および体のバランスを司る前庭系に関連する、強い運動感覚を特徴とする夢もある。覚醒時の経験のあらゆる次元を反映できる能力を持つことによって、夢はときとして、人を困惑させる現実の模倣となる。

また、典型的な夢では、体の一部分が自律性を持ってそれ自体が主役になるということはまず起こらない。額、鼻、唇、肘などを単独で夢に見る人はほとんどいない。われわれはほぼ常に、それが人であれ、動物であれ、物であれ、対象物全体を夢に見る。ただしときには、それが何か別の対象物の完全な表象から借りてきた断片と組み合わさってキメラのようになっていたり、あるいはナラティブ自体の中で起こる劇的な出来事によって分割されてしまったりということも起こり得る。レム睡眠中の強い電気的反響が夢の鮮明さの主な原因であるとするならば、視覚的対象物の複雑な表象に関与する複数の皮質領域でそうした反響が発生するために、夢のイメージもまた、それと同様に複雑であるのだと考えられる。夢には、あらゆるレベルの感覚表象がすべて反映されるわけではなく、その中でも特に詳細かつ複雑なものだけがそこに表れる。夢の司令塔は、脳の最も遠い領域、すなわち感覚や運動の末梢神経から最も遠いところに位置しており、したがって、感覚からもたらされる情報の断片を関連づけたり統合したりすることに長けている。これらの領域は、複数の感覚情報を処理する大脳皮質の広範な領域だけでなく、陳述記憶の獲得にかかわる海馬や、それらの記憶を報酬や罰として評価する扁桃体を含む[*11]、複雑な皮質下回路から構成されている。

デフォルト・モード・ネットワーク

レム睡眠中に活性化される領域は非常に多岐にわたるため、それらを個別の部分の集合として考えるよりも、大規模で複雑な脳回路として捉える方が有益であるだろう。興味深いことに、この回路は「デフォルト・モード・ネットワーク（DMN）[*12]」として知られるものと重なり合っている。DMNの非常に重要な領域である内側前頭前皮質に損傷を受けた人は、夢を見る能力に深刻なダメージを被る。[*13]このネットワークは、二〇〇一年にミズーリ州セントルイスにあるワシントン大学の神経学者マーカス・ライクルのチームによって発見されたもので、当初は、目標達成に向けたタスクを実行している間は活動が低下する一方で、脳が「休息」中で[*14]、ニュートラル状態の車のエンジンのようになっているときには活性化する領域の集合と説明されていた。覚醒中にDMNネットワークが活性化するタイミングは、その人の心が「何もしない」でぼんやりとしているときだ。睡眠中のDMNネットワークの活動は睡眠の段階によって異なり、徐波睡眠中には低下し、レム睡眠中には上昇する。[*15]レム睡眠中のDMNの活動は、解剖学的に感覚器官に最も近い皮質領域の活動と交互に行なわれる。[*16]さらに、覚醒時に空想を膨らませているときにも、やや弱く部分的ではあるものの、同様のDMN活動のパターンが観察される。[*17]過去一〇年間で解明されてきたこうした事実を踏まえたうえで読むと、紀元前五世紀から前二世紀にかけての枢軸時代の只中に書かれたヴェーダ文学の傑作『バガヴァッド・ギーター』の第二章第五八節は、奇妙なほど新鮮な印象を放っている。「この男が、亀が四肢を引っ込めるように、自分の感覚を感覚の対象から完全に退かせるとき、彼の精神は安定する」[18]。われわれが自分の感覚を引っ込めて夢を見るとき、脳の中で活性化する部分こそがDMNなのだ。

では、アヤワスカやLSDなどの夢に似た状態を誘発する薬物は、DMNの活性を高めると考えていいのだろうか。この疑問を解明しようと、当時ドラウリオ・デ・アラウージョの研究室の博士課程に在籍していた神経科学者のフェルナンダ・パリャーノは、休息しつつアヤワスカの影響下にある人々において記録された機能的磁気共鳴画像法（fMRI）のデータを調べることにした。二〇一五年に学術誌『PLOS One』に発表されたデータは、非常に明確な結果を示していた。被験者がアヤワスカの影響下で覚醒していて、かつ平静な状態にあるときには、DMNの活動は低下し、またそれを構成する領域間の機能的結合の強さも低下していた[19]。同研究に参加していた研究者の一人として、わたしはこの結果にかなり驚かされたが、その四ヵ月後には、ロビン・カーハート＝ハリス、デビッド・ナット、そしてサイケデリック神経科学の先駆者であるレディ・アマンダ・フィールディングの英国チームによって、シロシビンを用いた実験におけるほぼ同一の結果が、学術誌『米国科学アカデミー紀要』に発表された[20]。それから約一年後、同じ研究者らが、LSDを使用して同様の現象を証明してみせた[21]。興味深いことに、DMNの弱化には、心が行なう「時間の旅」、すなわち過去を思い描くことの減少と正の相関関係があった[22]。

アラウージョとパリャーノは、この明らかなパラドックスを理解する鍵は、同じようにDMNの活動が低下する瞑想状態との比較にあると考えた[23]。幻覚剤と瞑想とは、内観や今この瞬間における自己認識の増加など、多くの心理学的特徴を共有している[24]。仏教僧のヨンゲイ・ミンゲール・リンポチェによると、瞑想とは、「思考や感情の流れに干渉したり、執着したりすることなく、心を通り過ぎていくものに注意を向ける行ない」[*25]ということになる。瞑想中のDMN活動の低下は、白昼夢の減少と関連づけられている。[*26]幻覚剤はこれに当てはまらない。なぜなら、薬物の常用者においては、白昼夢は減るどころか増えるからだ。[*27]一方、白昼夢を自分で意識しているかどうかは、瞑想中と幻覚剤の使用中、どちらの状態においても変化する。DMNの活動は白昼夢を見ている間は増加するが、自分が白昼夢を見ていることを意識するとともに減少し、[*28]これは幻覚剤の場合も同様だ。夢の体験はどうやら、幻覚剤や瞑想の体験よりも、自分の過去の経験を思い出し、その時間をたどる旅と近い関係にあるように思われる。たとえて言うなら、幻覚剤や瞑想などの思索体験は、本人の視点を変化させて、自分自身を演じる「俳優」から、注意深く観察する「観客」の視点へと導いているかのようであり、これは夢の経験とは異なる要素だ。

夢の生成が報酬系に依存しているという事実は、夢は夢を見る人にとって重要な状況のシミュレーションであるという理論を補強する。願望の対象を征服することについて夢を見ることは、幼少期からの夢の生活の重要な側面であり、それは第5章で紹介した、三輪車をもらってぬか喜びをしたわたしの夢や、同じく第5章に登場したディーン少年が見た単純で幸せな浴槽の夢に明確に示されている。これらの夢はどちらもフロイトの「願望充足」という概念の典型例であり、夢のナラティブは何らかの報酬の獲得を表している。ただし、わたしたちが見る夢の大半は、願望の充足を虚しく求めることを特徴としており、そこではさまざまな目標を追求するシミュレーションが、不備で、不完全で、そして何より重要なことに、失敗する試みを通じて実施される。夢のナラティブにおける満たされない願望の出現は顕著に見られる現象だ。具体例としては、ダイエット中の人が冷蔵庫に襲いかかる夢や、禁断症状のある人が中毒性のある薬物を摂取する夢、または投獄されている人が自由を求める夢などがある。[*29]

夢見ることと想像することは類似した大脳のプロセス

自分自身を未来に起こり得る出来事の登場人物に見立てて想像することは、まだ起こっていないことに対して効果的に行動するよう計画を立てることを可能にする。ハーバード大学のダニエル・シャクターのチームをはじめ、さまざまな心理学研究者によって行なわれた実験からは、未来を想像する能力は、過去を思い出す能力と密接に関係していることがわかっている。この発見をもたらすきっかけとなったのは、一九八〇年代初頭、トロント大学のエストニア系カナダ人心理学者エンデル・タルヴィングの指導のもとで博士号を取得したシャクターが、脳に損傷を受けた健忘症患者におけるエピソード記憶に関する研究を行なったことであった。

ある日、K・Cというイニシャルのみで知られていた重度の健忘症患者が心理検査を受けにやってきた。この患者は側頭葉と前頭葉に大きな病変があるせいで、エピソード記憶が完全に欠如しており、特定の時間や場所で起こった出来事をまったく思い出すことができなかった。タルヴィングとシャクターが驚いたことに、K・Cにはどうやら未来を想像することもできないようだった。

タルヴィング：「では、もう一度未来について質問します。あなたは明日、何をしますか」

（一五秒の沈黙）

K・C：かすかに微笑んで「わかりません」と言う。

タルヴィング：「質問を覚えていますか」

K・C：「明日わたしが何をするかについてですか」

タルヴィング：「そうです。それについて考えようとするときの、あなたの心の状態をどう表現しますか」

（五秒間の沈黙）

K・C：「空っぽ、だと思います」[*30]

患者K・Cの神経症状は、過去と未来とは正反対のものであるという、広く受け入れられている認識と合致しないことで研究者たちを驚かせた一連の類似症状の中でも、いちばん初めに知られるようになった例だ。さらに大きな驚きがもたらされたのは、二〇〇七年、ダン・シャクターとドナ・アディスが、未来を想像するタスクと過去を回想するタスクを比較した、初めての脳画像研究の結果を発表したときのことであった。この研究からは、これら二つのプロセスに使われる脳領域が実質的に同じであるということが明らかになった。その領域とはすなわち、海馬、楔前部、脳梁膨大後部皮質、外側側頭皮質、外側頭頂皮質、内側前頭前皮質だ。だからこそ、これらの領域に病変のある患者は、エピソード記憶だけでなく、未来の状況を想像する能力においても障害を示すことになる。

無意識的な記憶の再プログラミング

原則として、このシミュレーションのプロセスは、行動に適応的な変化をもたらそうという意識を持って行なわれる必要はない。哺乳類の進化のある時点、おそらくは二億年前に、夢を見ることは、記憶の無意識的な再プログラミングを行なう過程として積極的に選択されるようになった。夢は記憶を再活性化し、強化し、編集する能力を持つ生物学的メカニズムであり、その目的は、再プログラミングされた内容を信頼性の高い現実のシミュレーションの中で試すことだ。それから長い年月がたったころ、今度は言葉を話すヒト科の祖先の系統において、夢を見る能力は、その内容を意識的に言語で回想することが覚醒時の行動におよぼす影響により、より進化的な意味で好まれるようになった。夢の回想は、夢を見た本人の行動だけでなく、毎日新たに生み出される朝のナラティブに触れる家族全員の行動に影響を与える。削った石を生産する代わり映えのしない作業と、移動しながら長期にわたって行なわれる狩猟という、比較的単調な旧石器時代の生活の中で、夢の話を聞くというのは、期待と同時に恐怖に満たされた、最も刺激的で待ち遠しい時間の一つであったに違いない。啓示的な夢や癒やしの夢を求め、その恩恵にあずかろうとする文化は無数に存在し、そうした環境では夢を見る人を取り巻く社会全体が、夢に対して期待をかけるようになる。夢の有用性を信じる社会の集団的要請は、夢を記憶し、解釈することを確実に促進する。ブラジルの先住民指導者で、作家でもあるアイルトン・クレナックはこう言っている。「夢は夢を見る人を受け入れる施設なのだ[*31]」

都市文明および技術文明において、夢が適応的なものであること、つまり個人の適応を促進するものであることを認識するのが大きく遅れたのは、われわれが夢を見る技術を忘れてしまったことの結果であり、また、科学がこのテーマを真剣に検討するのが遅れたためでもある。二〇一〇年になってようやく、スティックゴールドのチームが、新しいタスクについての夢を見ることが、そのタスクの成績向上と相関することを定量的に証明した。同実験の参加者は、仮想の迷路を探索し、完了までの所要時間が測定された。次に、参加者の半数が眠りにつき、残りの半数は覚醒状態を維持した。各グループはこの間、迷路に関連する心的イメージが出現したかしなかったかによってさらに分割された。五時間後、各参加者に迷路をもう一度探索してもらい、タスクを完了するのにかかった時間を前回の測定値と比較した。

覚醒状態を維持していた参加者では、白昼夢のイメージ内容とは無関係に、成績の向上はほとんど見られなかった――つまり、迷路のゲームに関連するイメージを無意識的に思い描いたかどうかは、結果には関係がなかった。一方、睡眠をとった参加者では、イメージの内容によって大きな差が生まれた。迷路の探索に関連する夢のイメージを報告した参加者は、睡眠をとる前よりもはるかに早くタスクを終了した。これとは対照的に、タスクに関連する夢を報告しなかった参加者は、パフォーマンスの向上を示さなかった。この実験により、レム睡眠に費やされた時間だけでなく、夢の実際の内容が環境への適応を促すことが初めて実証された。[*32] シャーマンや精神分析家たちは果たして、ずっと以前からこの事実を知っていたのだろうか。

現代の都市生活においては、目覚めたときに夢を思い出すためには、ただ覚えていたいと願うだけでは不十分だ。レム睡眠の最中には、脳内の神経伝達物質ノルアドレナリンのレベルはほぼゼロになっている。ノルアドレナリンは記憶の意識的な喚起を強化する効果を持つため、レム睡眠から目覚めたときに夢を思い出すのが非常に難しいのも当然と言える。夢に何も求めず、何も与えない社会に生きているわれわれは、ベッドを出るときにはすでに、トイレに行きたい、コーヒーを飲みたいといった欲求を満たす必要性を感じている。われわれは自分が見た夢の回想の糸を手放し、すぐに時間を先取りして考え始める。新しく始まったその一日に何をしなければならないかを精神的に検討することで、未来への投影を始めるわけだ。行動計画をシミュレートするために使用される記憶は、ノルアドレナリンの放出によって強化される。ノルアドレナリンは、われわれが目覚めている間に常にさらされている感覚刺激に注意を払うプロセスに、直接的に関与している。かくして、夢の内容を救い出す可能性は、ベッドからトイレへと移動する間に消えてしまう。数分後、歯磨き粉に手を伸ばすころには、その朝最後の夢を思い出すチャンスはもう完全に失われている。

夢を見る技術

夢というのは生理学的な構造物であり、願望の羅針盤によって厳密に方向づけられた記憶活動の特定の軌跡だが、常に活気に満ち、感動的で、美しいイメージの連鎖を生み出すことができるとは限らない。夢の一つひとつはそれ自体が試金石、表象の一つの可能性であって、最初のイメージで失敗することや、最初の場面でつまずいたりすることもあれば、力強い製作プロセスの末に、多様な意味から構成される大聖堂を作り上げることもある。そのバリエーションは多様かつ自由であり、不完全で退屈なイメージだったり、ぼんやりとした影のような存在とのやりとりが痛みをともなう連想へとつながり、衝撃、悲しみ、後悔が引き起こされたり、夢を見ている人にとって最も重要な感情と深く共鳴するプロットを織りなしたりする。夢の細部はさまざまに組み合わさって情動を呼び起こし、夢を見ている人の内面的な人生について、本人にしか表現することのできない真実味のある構図を作り上げる。

ときには夢を見ている本人が、赤ん坊の世話をしたり、トイレに行ったりするために夢を中断し、その後、読みかけの小説に戻るかのように、以前見ていた同じ夢のナラティブを再開することもある。そうした夢は、長く複雑で相互につながり合う一連のシーンから構成され、登場人物たちは各自の使命と目的を持って相互にかかわり合っている。このようなケースでは、夢の時間軸ではバラバラに登場するパートの間に一貫性と秩序があること、また、その経験の内部記憶が存在することが徐々に明らかになり、夢の終わりが、夢の最初に定義された意図に関連づけられるということが起こる。中断された夢のナラティブが再開されることは奇妙な現象ではまったくなく、その夢がランダムなものではなく、時間が経過しても変わることのない力強い情動を有していることを示している。構成のしっかりとした夢においては、途中で目的を忘れたり、意志のコントロールを失ったり、願いや恐怖が消え去ることなく最初に望んだ報酬の探索に成功したり、最初に恐れていた罰からの逃避に成功したりといった内容が丁寧にシミュレートされる。

クレイジーホース、自分の運命を夢に見る

ラコタ族の英雄的かつ悲劇的な物語は、構成のしっかりとした夢を経験することの重要性を示す感動的かつ優れた一例だ。ラコタの歴史の始まりは九世紀にさかのぼる。当時、彼らはミシシッピ川とオハイオ

川の渓谷に、葬儀や居住を目的とした土塁を築いていた。一六世紀から一七世紀にかけて、ラコタはミズーリ川とロッキー山脈に挟まれた大草原の方へ移動した。[*33] そこはカナダからメキシコにかけて延びる広大な回廊であり、多くのバッファローが生息していた。南部では、アパッチ族、ナバホ族、コマンチェ族が支配的な勢力となった。北部ではスー族、シャイアン族、アラパホ族、クロウ族、クリー族、カイオワ族、ポーニー族など、さまざまな集団が激しくぶつかり合いながら領土を分割していた。どの民族も同盟を結ぶ一方、先住民族同士で、また、とりわけ白人の侵略者たちを相手に戦った――フランス人、スペイン人、イギリス人、そして最終的にはアメリカ合衆国市民が、文化的摩擦による混沌極まるプロセスの中で、リオ・グランデ川以北のとりわけ強力なアメリカ先住民部族の大半を壊滅させていった。

長きにわたり、こうした状況における顕著な例外は、馬を使いこなすことを学び、フン族やモンゴル族に匹敵する騎馬戦士を擁するようになった先住民族、すなわちアパッチ族、コマンチェ族、スー族であった。スー族というのは「小さな蛇」あるいは「敵」を意味する蔑称であり、白人やほかのアメリカ先住民族によって、ラコタ族やその親戚筋にあたるダコタ族、ナコタ族を指すために使われていた。一九世紀前半、ラコタ族は中央平原回廊の大部分を征服した。戦闘と名誉を重んじる彼らの文化は、電撃的な攻撃を仕掛けて馬を盗み、敵の頭皮を剝ぎとることを特徴とし、そのリーダーたる戦士たちは多くの場合、何らかの秘密組織に所属しており、また痛みをともなう犠牲を払って夢のビジョンを得る宗教的信仰の実践者でもあった。

アメリカ政府とラコタ族との戦争は一八五四年、ララミー砦で開始された。八つの先住民族との土地割譲条約が調印されたのは、そのわずか三年前のことであった。条約締結の際、政府は、コンクエアリング・ベア（征服する熊）をはじめとする人望の厚い高齢の部族長数名を利用して、ラコタ族やシャイアン族側に不利な境界線の正当化を試みていた。ラコタもシャイアンも、同条約下でリトルビッグホーン川の渓谷を含む広大な土地がクロウ族に割譲されたことを、決して認めてはいなかった。抑えつけられていたラコタ族と白人との間の緊張は、先住民族の男が入植者の牛を一頭殺したことをきっかけに一気に爆発した。ジョン・グラッタンという名の中尉が、兵士二九人を率いてラコタ族数千人が滞在する野営地に侵入し、牛を殺した犯人を引き渡すよう強硬に要求した。コンクェアリング・ベアは激怒する兵士たちをなだめようとしたが、彼は最初に撃たれた先住民の一人となった。暴力は波及し、数分のうちに小隊の兵士たちは皆殺しにされた。

この「グラッタンの虐殺」は、ラコタ族が合衆国の軍隊と初めて公然と対立した事件として歴史に刻まれることとなった。屈強な戦士レッド・クラウドが白人を殺したのも、おそらくはこのときが初めてだったと思われる。この事件はまた、イン・ザ・ウィルダネスと呼ばれる内気な少年にとっては、恐ろしい血の洗礼となった。彼は戦いの一部始終を驚愕の思いで見つめ、この事件によって、白人との戦争で重要な役割を果たすよう運命づけられた。それから数週間のうちに、軍隊が野蛮な報復を行なったことでますます大きなトラウマを与えられたその色白で巻き毛の少年は、やがてある個人的な選択をするに至った――復讐の道を歩むことを決意したのだ。それを聞いた父親は、彼を聖なる川へ連れていき、イン・ザ・ウィルダネスはたった一人で四日間におよぶ精神の旅を決行した。彼は岩山の頂上で断食をしながら、自らの運命のビジョンを探し求めた。イン・ザ・ウィルダネスが見た夢は、馬に乗った戦士が、湖からまるで水に浮かび上がるかのように姿を現すというものであった。戦士は質素な服を着ており、顔には塗料を塗っておらず、装飾は髪につけた羽根が一本と、耳の後ろの茶色の小石一つだけだった。彼は雨のように降り注ぐ弾丸と矢の中を、一度もそれに当たることなく通り抜けたが、その後、嵐に飲み込まれ、人々は腕を伸ばして彼にしがみつこうとした。夢の終わりに戦士が難局を脱すると、雷が彼を打ち、その体には雹のしるしが、顔には稲妻のしるしが現れた。彼のいとこであるブラック・エルクはこう回想している。

〔イン・ザ・ウィルダネスは〕夢を見て、万物の精霊以外には何もない世界へと入っていった。それはこの世界の背後にある現実の世界であり、われわれがここで見ているすべては、その世界から伸びる影のようなものだ。イン・ザ・ウィルダネスはその世界で馬に乗っており、馬も、それに乗っている自分自身も、木も草も石も、すべてが精霊でできており、硬いものは何一つなく、すべてが浮いているように見えた。彼の馬はそこでじっとしていたが、同時に影だけでできた馬のように舞い踊っていた。彼の名前はこれに由来する。それは彼の馬が狂っていたとか、荒々しいとかいう意味ではなく、イン・ザ・ウィルダネスのビジョンの中で、馬がそうした奇妙なやり方で踊っていたという意味なのだ。

　彼に偉大な力を与えたのはこのビジョンだった。戦いに赴くとき、彼はその世界を思い浮かべるだけで、再びそこに入ることができ、だからこそ何にも傷つけられることなく何でも通り抜けることができたのだ。[*34]

　イン・ザ・ウィルダネスの父親は、少年が見た途方もないビジョンを、いつかこの子が偉大な戦士に成長する証しであると解釈した。装飾を避け、質素を求め、自らの民から何も取らず、軍事的栄光の報酬をむやみに望んだりしない限り、彼は決して矢や銃弾に傷つけられることはないだろうと、父親は考えた。仲間のところへ戻ったイン・ザ・ウィルダネスは、クレイジー・ホースと名乗るようになった。その後の年月で、彼はたくましく成長し、北部平原の先住民による抵抗を支える最も強固な柱の一人となった。その後の戦いに赴く際、彼は体を雹のような白い水玉模様で覆い、頬に稲妻のマークを描いた。謙虚さと献身のしるしとして、頭飾りは決して使わず、羽根を一本だけつけた。やがてクレイジー・ホースはレッド・クラウドの右腕となり、ラコタ族と、雪崩のように押し寄せてくる民間人や軍の侵略者たちとの主要な戦いで中心的な役割を担うようになった。暴力的な情動に突き動かされたクレイジー・ホースは、白人たちにとってこのうえない悪夢となった。

個人的な意味

ここまでわれわれが構築してきたナラティブは、夢の解釈に関するさまざまな視点を読み手に提供している。夢を単なる電気的反響のような生物学的なメカニズムであると解釈するのは、望ましいことではなく、また可能でもないが、夢に登場する象徴を解読する際に忘れてはならないのは、それらはレム睡眠中の電気活動のレベルが上昇することによって生成されている一方で、感覚表象や運動表象の再活性化は、夢を見る人の期待や願望に支配されている、ということだ。われわれはまた、夢のナラティブはレム睡眠によって引き起こされる遺伝子発現によって記憶バンクに記録されるということを覚えておく必要がある。これらの情報をすべて視野に入れ、それぞれの要素が独立したものでありながら、互いに因果的に関連していることを踏まえることによって、夢の動機を理解するために、なぜ夢を見ている人の現時点での主観的な状況を理解する必要があるのか、その理由がより明確になるだろう。この文脈においてのみ、夢の解釈は可能となる。象徴は通常、非常に個人的な意味を持っており、その個人的な意味は、概念的または音声的な類似性に基づいて意味を結びつける連想のネットワークによって、個々の多義的な記号を通じて提供される。そうした記号に、異なる人々あるいは文化の間で共有される一般的な解釈を当てはめるのは適切ではない。夢は非常にプライベートな心的対象であるからだ。

夢の解釈に潜む罠の好例として、ある歴史上の重要人物が見た、二つの解釈が可能な夢を挙げておきたい。不適切に解読された場合、夢はときとして誤った手がかりや破滅的な結果につながる。グナエウス・

ポンペイウスは、紀元前一世紀のローマの有力な将軍および執政官であり、民のために壮大な新しい劇場を建設して、ローマの伝記作家プルタルコスによってアレクサンダー大王にたとえられた人物だ。[*35] 紀元前五九年、ポンペイウスは前途有望な政治家で軍人のユリウス・カエサルと同盟を結び、彼の娘ユリアと結婚した。当初、義理の父と義理の息子は互いに助け合っていたが、年月がたつにつれてユリウス・カエサルの権力は増し、ポンペイウスのそれは衰え、二人の指導者はいつしか相手と距離を置くようになっていった。予期せぬユリアの死によって、二人の将軍の間にわずかに残っていた絆も断ち切られた。ポンペイウスはユリウス・カエサルのポピュリズムに対抗して保守派の元老院議員たちと同盟を結び、内戦が勃発した。カエサルがルビコン川を渡ってローマへと進軍すると、ポンペイウスは軍を率いてマケドニアに逃れた。しかし一年後、ユリウス・カエサルは逃亡者を追ってアドリア海を渡り、オリンポス山にほど近い中央ギリシアで彼に追いついた。

広い丘の頂上に陣取るポンペイウスの四万五〇〇〇人の兵士たちは、たっぷりと休息をとり、装備を整え、十分な食料の補給を受けていた一方、眼下の平原にいるユリウス・カエサルの二万二〇〇〇人の兵士たちは、ここまでの移動によって疲れ果て、腹をすかせていた。にもかかわらず、ポンペイウスは、戦闘をせずともただ敵を餓死させればいいだろうと考えていた。決戦前夜、夢で強力なビジョンを見たことによって、年老いた将軍の心は揺れ動いた。夢の中の彼は、自分がローマに建てた劇場の中におり、戦利品を勝利の女神ウェヌス・ウィクトリクスに捧げて、群衆から割れんばかりの拍手を浴びていた。それは明らかに圧倒的な勝利を予言している夢のように見えたが、ポンペイウスは安心して眠るどころではなかった。ユリウス・カエサルの一族はたしか、自分たちはウェヌスの子孫であると主張していたのではなかったか。あの戦利品は、自分が戦いによって手に入れるものではなく、これから永久に失おうとしているものを表しているのではないだろうか。

夜が明けたとき、その夢が神託であったのか、それとも望みのない願いを満たすものであったのかが判断できず、ポンペイウスは、運命を決する戦いを始めよとの命令を下すのをためらった。戦闘はもう起こらないまま、事態は収束するかに思われた。というのも、相手の数的優位を認識したユリウス・カエサルが、軍の撤退を開始したからだ。しかし、すでに賽は投げられていた。少なくとも、共和国の上級職を分配する仕事に早々と取り組んでいたポンペイウス陣営の者たちはそう思っていた。戦利品を欲し、数の力を盲信して舞い上がっていた彼らは、ポンペイウスを説き伏せて戦いを始めさせた。彼の兵は、突如として丘の上の戦略的位置を離れて攻撃を開始した。しかし、歩兵は二倍、騎兵は七倍の数がいたにもかかわらず、彼らはカエサルの屈強な古参兵たちに完璧な敗北を喫した。ポンペイウスはパニックに陥り、自軍の兵を戦場に置き去りにして、密かに船で逃げのびた。アレクサンドリアに上陸したポンペイウスは、ローマ軍の百卒長と、勝者に媚を売りたいエジプト王プトレマイオス一三世が送った刺客によって刺し殺された。カエサルがアレクサンドリアに到着すると、彼のもとには袋に詰められたかつての義理の息子の首が届けられた。エジプトの支配者の期待に反し、カエサルは袋を開けることを拒み、この犯罪に関与したものを処刑するよう命じた。そしてプトレマイオス一三世を退位させ、彼の姉であるクレオパトラとの間に息子をもうけた。傲慢を罰する女神ネメシスの神殿の下にポンペイウスの首を埋葬させると、カエサルはローマへ戻り、独裁者として絶対的な権力を握った。それは、ローマ共和国の終わりの始まりであった。

第14章　欲望、情動、悪夢

歴史的な夢に見られる豊かな象徴の裏には、生き残りをかけた戦いにまつわる単純かつ本能的なプロットが隠れていることが少なくない。特定の人物からの特定の夢の報告をより深く理解するためには、まずは人間以外の哺乳類がどのような種類の夢を見ているのかを想像することから始める必要がある。そうすることによって初めて、夢に登場するどの要素が、遠い祖先に関連する内容を反映したもの——その人にとって非常に重要であり、無慈悲な大自然に支配された生活の生態系と結びついているもの——であり、逆にどの要素が、豊かで、複雑で、そしてある意味無益とも言える、人間の文化に属する側面であるのかを見極めることができる。

しかしどのようにすれば、根拠のない空想に頼ることなく、ほかの動物の夢のレパートリーを推測することができるだろうか。哺乳類が見る典型的な夢にはおそらく、彼らにとって最も身近かつ重要な日常の問題が反映されていると思われる。それらは動物の一生を通じて日々新たに生じる問題であり、たとえば食料を得ること、捕食されないようにすること、そして繁殖可能な子孫を残すために性的パートナーを見つけることといった、だれもが避けて通ることのできないニーズに関連している。これらはすべての有性生物にとって根本的な問題であり、ダーウィン的な進化の命令から生じるものだ。快適な生活を送ることが可能となった現代においては、中流および上流層の人々であれば、食べものや捕食に関してはさほど不安を感じずにいられるとしても、真実の愛を求める永遠の苦悩に関してはその限りではない。飢餓や暗殺の夢というのは、ソファに寝転んだ患者の話を聞く精神分析医が日常的に耳にする類のものではないが、情熱的な愛を巡って人々が抱く期待、満足、物足りなさは、今日の夢にも非常に明確に表れる。一方で、世界各地にいる大勢のホームレスや難民など、悲惨な生活を送り、精神分析医のソファから遠く離れた場所にいる人々は、今もまだ、食べものがないことや、恐ろしい軍隊に殺されることといった絶望的な夢を見ている。[*1] そうした夢は、ただ生き残るための必死の戦いと密接に結びついており、自然の中を自由に歩き回っている人間以外の哺乳類が見る夢と、さほどかけ離れてはいないだろうと思われる。命をつなぐための戦いは彼らにとって、死との境界線と非常に近いところで起こっている日々の現実だからだ。

ブラジルのパンタナル湿地にいるカピバラに、きみたちは毎晩ジャガーの夢を見ているのかと質問することはできないが、紛争地帯にいる兵士など、差し迫った危険に繰り返しさらされている人々に、どのような夢を見るのかを尋ねることは可能だ。その結果わかったのは、彼らは攻撃される可能性や、攻撃自体とその結果についての夢を頻繁に見る、ということだ。そうした恐ろしい夢は、特に暴力的な出来事の記憶を呼び起こすと同時に、将来起こり得る惨事をシミュレートし、恐怖を糧にする記憶の螺旋の中で過去と未来とを混ぜ合わせて、独自の命を持つようになる。電気的な再活性化が起こるたびに遺伝子発現が促され、殺すか死ぬか、殺すか死ぬか、殺すか死ぬかという厳しい選択がひたすら繰り返されることによって、心の形を変化させる可塑性の波が生まれる。毎晩繰り返される睡眠の中で、これらの記憶は非常に強固になり、ときとして、危険が去ったあとも何年にもわたって継続する悪夢を引き起こす。こうした悪夢は、心的外傷後ストレス障害（ＰＴＳＤ）の最も特徴的な症状の一つだ。

約二億年前、現存するすべての哺乳類に共通する祖先が見たと思われる最初の夢は、いったいどのようなものだったのだろうか。ネズミほどの大きさのこの動物は、おそらく夜行性か薄明薄暮性であったと思われ、当時の地球の絶対的支配者であった恐竜によってもたらされる厳しい状況を生き延びるために、地下の巣穴に身を隠していた。[*2] 彼らがこうした極めて狭い生態学的ニッチに恐る恐る身を寄せていたという事実は、この世界でいちばん最初の夢が悪夢であったことを示唆している。

フィンランドの心理学者・哲学者で、シェブデ大学およびトゥルク大学教授のアンティ・レヴォンスオによる研究は、生存をかけた日中の戦いによる強いストレスと悪夢の再発との関連を裏づけている。レヴォンスオと同僚研究者のカティア・ヴァッリは、文化的には似ているが暴力の程度が大きく異なる場所（ガザ地区とガリラヤなど）で収集された子供の夢の比較に基づき、暴力的な社会においては悪夢の普及率が高いことを確認した。これを根拠として、彼らは夢の元型、すなわち典型的な哺乳類の意識の起源にあるすべての夢の父は、間違いなく悪夢であったと主張した。[*3] 現実の生活で起こり得る避けるべき危険をシミュレートすることができる悪夢は、行動の筋書きを練習したり、警戒心を高めたりすることによって、翌日の危険に立ち向かえるよう、その夢を見ている人を備えさせる。

脅威シミュレーション理論

脅威シミュレーション理論から導き出される最も重要な予測とは、生死の境で感じるようなこれ以上ないほどのストレス状況においては、夢のナラティブは実際の生活の脅威に直接関連したものになる、ということだ。睡眠障害の人に表れるあらゆる症状の中でも、心理的な観点からとりわけ悪影響が大きいと言えるのは、心的外傷後ストレス障害における悪夢の反復だろう。ＰＴＳＤという症状は、戦争に従事した兵士や大量殺戮の生存者において系統的に確認されるものだが、それに限らず、心に傷を残すほどの激しいストレスを経験した人であればだれにでも起こり得る。学術誌『JAMAサイキアトリー』に二〇一五年に掲載されたベトナム戦争帰還兵の縦断的研究は、戦争終結から四〇年たっても、心的外傷後ストレス障害は約二七万人の元戦闘員に影響を与え続けていると結論づけている。[*4]

生死をかけた戦い、重大な事故、性的虐待といった極めて暴力的な体験のあとには、パニック発作と似ているが決して同じではない行動障害が起こる場合がある。PTSDの患者に見られるフラッシュバックではトラウマが再現され、たとえば以下のような症状が表れる。頻脈、大量の発汗、恐怖を呼び起こす侵入思考、心的外傷の原因となった出来事に関連する場所・出来事・物・思考・感情に対する忌避感、怯えやすさ、永続的な緊張感、睡眠困難、感情の爆発、心的外傷の原因となった出来事の特徴を思い出すことの困難さ、自分自身や世界についてのネガティブな思考、罪悪感、楽しい活動への興味の欠如、そしてもちろん、レム睡眠の障害だ。[*5]

これらの症状のほか、トラウマの特徴の一つとして、その原因となった出来事やそれとかかわりのある状況に関連した悪夢を繰り返し見ることが挙げられる。[*6] 中世後期のある記録には、ピエール・ド・ベアルンという名のフランス人貴族が、ピレネー山脈に生息する巨大な熊を相手に一人で戦ってトラウマを負ったあと、深刻な睡眠障害に悩まされるようになったと記されている。その男性は睡眠中にひどく興奮し、威嚇するように剣を振り回しながら大声を上げるようになり、ついには家族からも見捨てられてしまったという。[*7] 今日の科学的研究では、戦争から帰還した兵士は何十年にもわたってトラウマ的な出来事の夢を見続け、その中では詳細な内容がいくつも、繰り返し登場することが示されている。[*8] 迫害、虐待、拷問を受けた人たちもまた、反復する悪夢に悩まされる。[*9]

ドゥムジの絶望

こうしたことを踏まえると、歴史上初めて記録された夢が、冷酷な殺人者に追われる神話上の人物が見た悪夢であったことは、おそらく偶然ではないのだろう。その人物とは、羊飼いのドゥムジだ。彼はシュメール初期王朝時代の五代目の王であり、大洪水以前の伝説の時代であるおよそ五〇〇〇年前に一帯を支配していたとされる。伝承によると、ドゥムジは女神イナンナの夫であり、彼女とともに官能的かつ牧歌的な生活を送っていたが、やがて悲劇的な展開に巻き込まれる。その顚末は、正体不明の書き手によって、粘土板に楔形文字で記されている。「ドゥムジの夢」[*10]という詩の冒頭で、ドゥムジは、賢明な姉のゲシュティンアンナに向かって涙ながらに必死に呼びかけ、たった今見た恐ろしいビジョンを解釈してほしいと訴える。

夢だ、姉よ！　夢なのだ！　夢の中で、い草がわたしのために高く伸び、い草がわたしのためにぐんぐんと大きくなり、一本の葦がわたしに向かって頭を振っていた。その葦は一対で、一本はわたしから離れていた。森の背の高い木々が、わたしの上にいっせいに覆いかぶさるように立ち上がった。水がわたしのためにわたしの清らかなる炭の上に注がれ、わたしの聖なる攪乳用の桶の蓋が外され、わたしの清らかなる杯が吊るされていた釘から引き裂かれ、わたしの羊飼いの杖がわたしの前から消え去った。ふくろうが羊小屋から子羊を連れ去り、はやぶさが葦柵の上ですずめを捕まえ、わたしの雄山羊たちはわたしのために黒いひげを埃の中で引きずっており、わたしの雄羊たちはわたしのために太い脚で地面を掻いていた。攪乳用の桶は横倒しになっており、乳は注がれず、杯は横倒しになっており、ドゥムジは死んでおり、羊小屋は霊に取り憑かれていた。

人類最古のテキスト類によく見られる反復的な文体で、ゲシュティンアンナはその夢は明確な死の予兆であると解釈する。

弟よ、お前の夢は好ましいものではない、それは確かだ！　ドゥムジよ、おまえの夢は好ましいものではない、それは確かだ！　い草がおまえのために高く伸び、ぐんぐんと大きくなるのは、おまえを待ち伏せし、お前の前に立ちはだかる盗賊だ。おまえに向かって頭を振る一本の葦は、おまえを産んだ母親がおまえのために頭を振っているのだ。　対の葦のうち、一本がおまえから離れているのは、おまえとわたしだ——そのうちの一人がおまえから離れるだろう。おまえの上にいっせいに覆いかぶさるように立ち上がる森の背の高い木々は、城壁の中でおまえを捕らえようとする悪人たちだ。おまえの清らかなる炭に注がれた水は、羊小屋が沈黙の家となることを意味する。

ゲシュティンアンナはさらに、夢の各要素が持つ恐ろしい意味を具体的に説明し、攻撃が間近に迫っていることを読みとる。そこから先は、追われる者が経験するパニックについての真に迫った描写が続く。「弟よ、おまえを捕まえに悪霊がやってくる！　草むらに頭を伏せよ！」。ドゥムジは懇願する。「姉よ、わたしは草むらに頭を伏せよう！　わたしの居場所をやつらに明かさないでくれ！　わたしは短い草むらに頭を伏せよう！　わたしの居場所をやつらに明かさないでくれ！」。ゲシュティンアンナが答える。「わたしがもしおまえの居場所をやつらに明かしたなら、おまえの犬がわたしを食らうだろう！　黒い犬、おまえの羊飼いの犬、高貴な犬、堂々たる犬、おまえの犬がわたしを食らうだろう！」

こうしたドゥムジの敵の描写は、交渉や共感の余地のまったくない見知らぬ者たちから追われるという、太古の恐怖を呼び起こす。「王に迫りくる者たちは……食物を知らず、飲みものを知らず、振りかけられた小麦粉を食べず、注がれた水を飲まず、楽しい贈りものを受け取らず、妻の抱擁を楽しまず、愛しい子供たちに口づけをしない……」。五つの異なる都市からやってきた一〇人の男たちが家を取り囲み、「人が人を追いかける」と叫ぶ。この男たちは実のところ、ドゥムジを死者の世界である冥界へと連れ去るためにやってきた悪霊であった。悪霊たちは彼の隠れ家を知るためにゲシュティンアンナに賄賂を贈ろうと企むが、彼女はこれを拒む。次に悪霊は、ドゥムジの友人の一人を堕落させようとする。その友人は、最終的にドゥムジを裏切り、彼の居場所を明かしてしまう。捕らえられ、縛られ、傷を負ったドゥムジは涙を流し、義兄にあたるイナンナの兄で太陽神のウトゥに慈悲を請い、自分の手脚をガゼルのそれに変えてください、そうすれば追手から逃げられますからと懇願する。ウトゥは彼の涙を供物として受け入れ、この願いを叶える。ドゥムジは別の街へ逃れるが、そこで再び悪霊たちに見つかってしまう。この不幸が三度繰り返されたあと、ドゥムジは姉ゲシュティンアンナの清らかな羊小屋に隠れるものの、そこで予言に出てきた言葉がそれぞれ現実となり、彼は悲惨な最期を遂げる。最後の悪霊が物語に登場したとき、「杯は横倒しになっており、ドゥムジは死んでおり、羊小屋は霊に取り憑かれていた」

人生の傷

トラウマを負った人の悪夢がどこからやってくるのかを理解するのは、そう難しいことではない。非常に強力に体系化された暴力的な出来事の記憶はあまりに強烈で、極めて強いシナプス結合を持っているため、睡眠中に生成される電気的活動を捕捉・独占してしまうのだ。しかし、すべての悪夢が特定のトラウマによって引き起こされるわけではない。非常に恐ろしい悪夢から欲求不満や不安にまつわるものまで、夢はしばしばネガティブなトーンを帯びる。都会で暮らす人の四〜一〇パーセントは、そうした夢を毎週経験している。

伝統的な文化においても事情は変わらない。メキシコ、ミチョアカン州の町ツィンツンツァンの農村部では、幼少期に栄養状態が悪いと悪夢を見やすくなると信じられている。この地域の住民によって報告された夢の約三分の一は、明らかに不快だったり、恐ろしかったり、不吉だったりするものであり、内容としては、隣人同士の深刻な言い争いから、寝床から押し流されるほど強烈な突然の洪水まで、さまざまなものが含まれていた。性的不能や孤独感もまた、報告の一〇パーセントを占めていた。

　これほど多くの人を苦しめている悪夢だが、経験豊富で訓練を積んだ者であれば、そのネガティブな成り行きを回避することもできる。ブラジルとベネズエラの国境地帯に住む誇り高きヤノマミ族の重要な指導者でシャーマンのダヴィ・コペナワは、こんな夢を報告している。

> わたしはまた、夢の中で巨大なジャガーに脅かされることがよくあった。ジャガーは森の中でわたしの足跡を追い、どんどん近づいてきた。わたしは全力で走ったが、追跡を振り切ることはできなかった。最後には、わたしは茂みにつまずいて転び、獰猛なジャガーの前に倒れ込んでしまう。そこでジャガーはわたしに飛びかかるが、今にも食い殺されそうになった瞬間、わたしはふいに目覚めて泣き叫んだ。また別のときには、木に登って逃げようとしたこともあった。それでもジャガーはわたしを追いかけ、鋭い爪で幹を登ってきた。恐怖に駆られたわたしは、大急ぎでいちばん高い枝を目指した。もうどこへ逃げたらいいのかわからなかった。唯一の逃げ道は避難した木のてっぺんから虚空に身を投げることだった。必死に両腕を翼のようにばたつかせると、わたしは突然、空を飛べるようになっていた。まるでハゲタカのように、わたしは森の上空を円を描いて滑空した。最後には、わたしはいつの間にか別の森の縁に立っていて、ジャガーはもはやわたしに追いつくことはできなかった。[*11]

夢は願望を満たしたり、恐怖と対峙したりすることをシミュレートするため、渇望、達成感、挫折といった情動は、夢の体験の最中に頻繁に再活性化される。この心理学的観察の正しさは、レム睡眠中の機能的イメージングの研究によって証明されている。これらの実験においては、世界との相互作用を、感情的な色彩をもって評価する直接の皮質下領域である扁桃体の強力な活性化が確認された。[*12] このことは、夢とは報酬や罰を引き起こす行動のシミュレーションであるという考えを補強する。それはバーチャルかつ想像上のチュートリアルのような世界であり、その中において哺乳類は、実際のリスクを負うことなく、生存に不可欠な戦略を試すことができる。未確定な未来の予測に利用される場合、夢は蓋然性に基づく神託であると言えるだろう。

夢がどのようなトーンで描き出されるかを決定するのは、願望の満足あるいは不満足によって引き起こされる情動であるという考えは、精神分析学だけでなく、神経学からも支持されている。一方で、健康な被験者によって報告される夢の内容は、恐ろしかったり、グロテスクだったり、奇妙だったりする要素に直面した場合でも、驚くほど感情的に中立である場合が多い。こうした効果はおそらく、レム睡眠中には、意思決定や計画の秩序立った遂行に関与する前頭前野大脳皮質の領域が不活性化することに起因するものと思われる。この不活性化は、作業記憶の欠損を引き起こす。作業記憶とは、一時的に取り出されて容易に廃棄される、行動に関連する情報のことだ。こうした作業記憶の欠損こそが、夢の論理的構成における連続性の欠如と、▼矛盾や異常に対する警告システムの麻痺の理由なのかもしれない——現実の生活においては、異常な状況は通常、「闘争か逃走か」反応を引き起こす。記憶の連鎖が緩むこと——これは夢でシ

▼ 夢の中の記憶の連鎖は、覚醒中に起こるものと比べて本質的に一貫性がないと考えられているが、夢の過程が論理的で一貫性があるにもかかわらず、レム睡眠の記憶欠損によって、それを報告することができなくなっているという可能性もある。第17章で触れる神経のデコーディングの方法は、この謎を解明する可能性を持っている。

ミュレートされている状況から切り離されたような感覚をもたらす――は、すなわち批評や検閲が緩むことでもある。夢の中ではあらゆることが可能であり、また、あらゆることが受け入れられる、というわけだ。

この推論は、カリフォルニア大学バークレー校のマシュー・ウォーカーとノートルダム大学のジェシカ・ペインによって証明された神経心理学的結果によって支持されている。どちらも米国人であるこの二人の研究者は、レム睡眠が情動的記憶の処理において重要な役割を果たし、一晩眠ったあとの嫌悪体験の影響を減衰させることをそれぞれ独自に示した。提示された証拠からは、レム睡眠が、前帯状皮質、扁桃体、海馬、自律神経系など、情動処理に関与する神経系の異なる領域間の接続を再調整していることがわかる。レム睡眠が不足すると、これらの領域が過剰に活性化し、記憶の減少やイライラした気分につながる可能性がある。一晩眠らずに過ごした場合、ほとんどの人は、情動を適切に調節することが非常に難しくなる。ネガティブな情動に関しては特にそうだ。

では、悪夢というのはいったい何のためにあるのだろうか。夢の中で想起される行動やイメージのシミュレーションはわれわれに、現実の生活では有害になり得るシチュエーションを――リスクなしに、継続的に、目覚めることなく――体験する機会を与えてくれる。夢とは、起こりそうな事柄を体験できる空間を探索することであり、情動に支配された衝動的な行動を抑制するための貴重なツールだ。たとえば以下の例を見てほしい。この話は、シンプルかつさまざまな示唆に富んでいる。

ある博士課程の学生が、早起きをして研究室に向かった。その日は、前もって予約しておいた共同利用の車を使って、大学から二時間の距離にある野外研究施設で実験を行なう予定だった。事務室に車のキーがないのを見て、彼はいら立ちを覚えた。ガレージへ行ってみると、嫌な予感は的中していた。車がどこにも見当たらないのだ。電話を一本かけると、年下の同僚が前日に車を持ち出してまだ返していないことがすぐに判明した。一日の作業が無駄になったと、博士課程の学生は怒り心頭だった。その夜見た夢の中で彼は、朝から一緒にいるその同僚に対して怒りを爆発させ、怒鳴ったり罵ったりしながら不満を訴えていた。すると、身長が一八〇センチを優に超える同僚は、パンチやキックを繰り出して彼を痛めつけ始めた。翌朝目覚めたとき、その博士課程の学生は、怒りと同時に恐怖を感じていた。相手と仲直りした方がいいと、彼はすぐに悟った。直接顔を合わせたとき、長身の同僚は彼の心からの謝罪を笑顔で受け入れてくれた。

悪夢は多くの場合、差し迫った危険に対する警告という、直接的かつ保護的な意味を持っている。たとえ予知がその一部しか認識されない場合であっても、事故防止の機能が働いていることは明白だ。親しい友人を車の事故で亡くしてからちょうど一年がたったころ、パーティから帰宅途中のある女性が、運転中に居眠りをした。夢の中では、車がスローモーションで縁石に乗り上げ、壁にぶつかっていくイメージが見えた。翌日になって初めて、彼女はあの夢の冒頭の部分が現実に起こっていたことに気がついた。彼女の車は実際に縁石に乗り上げたが、壁にだけは衝突せずに済んでいたのだ。

このほか、重大な事故が起こりそうになったことをきっかけとして、それがほんとうに起こるかもしれないという可能性への恐怖によって、持続的な反響が生じたケースもある。互いに友人同士の二組の夫婦が、それぞれ小さな子供を連れて熱帯地方のホテルに滞在し、海辺でのんびりと週末を過ごしていた。ある日の夕方、川岸で遊んでいた子供たちが、ふいに急流に飲み込まれて、河口から一気に海まで流されそうになった。親たちは必死に泳ぎ、なんとか子供たちを助け出すことができたため、だれもがほっと胸をなでおろした。この出来事の次の日の夜、親たちのうちの一人が立て続けに悪夢を見た。その夢の中では、事故の状況の忠実な再現が何度も繰り返されたという。

狩ったり狩られたり

自分の子供を失うことへの恐怖は、捕食の恐怖の中でもとりわけ恐ろしい要素だが、捕食者と獲物との間の境界はそれほど明確に分かれているわけではない。なぜなら、勝利は束の間のものでしかないからだ。われわれの種が積み重ねてきた数限りない戦争の記録を調べるだけでも、恐怖と悪夢がそうした状況において果たす具体的な役割が理解できることだろう。一八六五年、合衆国政府は、先住民の領土内に――許可も通告もないまま――三つの新しい砦の建設を開始した。[*13] この行ないは、ビッグホーン山脈と、パハサパまたはブラックヒルズと呼ばれる神聖な山々の間に位置する、伝統的な狩猟地を冒瀆するものであった。最も高い峰は標高二二〇七メートルに達し、また、のちにアメリカ大統領の巨大な顔が彫られることになるラシュモア山を含むこの険しい山岳地帯は、白人にとっては、西部の金鉱へとつながる道の前に立ちはだかる障害物でしかなかった。それとは対照的に、ラコタ七部族をはじめとする中央平原の先住民族にとって、パハサパは文化的宇宙全体の中心であり、神話的世界における「存在するものすべての核」であった。[*14]

政府高官が交渉のためにようやくラコタ族とシャイアン族の部族長と顔を合わせたときには、すでに一〇〇〇人を超える兵士たちが、ヘンリー・カーリントン大佐の指揮のもと、現地に向けて進軍していた。レッド・クラウドは激怒して会合の場を立ち去り、砦からの無条件撤退を要求しつつ、白人に対する攻撃の準備に取りかかった。若きクレイジー・ホースが二〇歳近く年上のラコタの指導者レッド・クラウドと親しくなったのは、このときであった。

フィル・カーニー砦は、建設の直後から、日々激しい攻撃にさらされた。[*15] 最寄りの軍事支援から一〇〇キロ近く離れたこの辺境の砦では、兵士も民間人も、これほどの苦境に立たされる備えはまるでできていなかった。閉所恐怖を煽る木造の建造物は、常に暑すぎるか寒すぎるかのどちらかで、耐えがたい悪臭から逃れることも叶わなかった。西部を目指す入植者は続々とやってきたが、兵士の数は、戦闘による死傷者、護衛任務、西の地平線の向こうにそびえる黄金に満ちた山々への脱走などによって、月を追うごとに減少していった。

カーリントンが要請した部隊の補充は、了解したと言われるだけで、その約束が果たされることはほとんどなかった。大隊には時代遅れの武器しかなく、弾薬はわずかで、良質の馬もほんの数頭であったため、カーリントンは先住民に攻撃を仕掛けることをためらっていた。しかし、砦の高い壁の後ろで息をひそめていても、兵士たちにはレッド・クラウドの激しい怒りがひしひしと感じられた。六月から一二月の間に五〇回の襲撃があり、七〇人が死亡した。十字架で埋め尽くされた墓地の光景に、第一八歩兵連隊第二大隊に所属する三六〇人の男たちの間には不安が漂い始めた。先住民の方にも多くの犠牲者が出たものの、彼らが秋の間に砦の間近まで迫ってきたことで、孤立した部隊には制御不能の恐怖が植え付けられた。

ただし、そんな中にも例外は存在した。一八六六年一一月、南北戦争で従軍したウィル・ジャッド・フェッターマン大尉がフィル・カーニー砦に到着した。カーリントン率いる司令部に対する不満の高まりを見てとった大尉は、これは自分の株を上げるチャンスだと考えた。わずか数日のうちに、フェッターマンは兵士仲間とウイスキーを飲み交わしながら公然と上官を批判するようになり、敵と戦おうとしない指揮官への軽蔑をあらわにした。自分がいかに戦闘に長けているかを見せつけたくて仕方がないフェッターマンは、のちに広く知られるようになるこんな言葉を口にした。「兵士が八〇人いれば、俺がスー族全員を相手にしてみせる」[*16]。フェッターマンの張った虚勢に、同じく南北戦争で戦った若き中尉ジョージ・グラモンドも便乗した。両者は今回のレッド・クラウドの反乱のことを、名声と永遠の栄光を簡単に手に入れられるまたとないチャンスと見ていた。一方、兵士および民間人の家族、勲章を望まないすべての人々、またカーリントン自身にとって、暴力の激化は極めて深刻な懸念材料であった。絶え間ない攻撃にさらされ、負傷者の山を前にした人々は、最悪の事態が起こった場合には、敵の手に落ちるよりはお互いの命を絶とうと話し合った。

フランシス・グラモンドを襲った試練については、詳しい記録が残されている。ジョージ・グラモンドの二一歳の妻であるフランシスは、お腹に赤ん坊がいる状態で砦に到着した。ひどく危険な道のりを何ヵ月もかけて旅してきた彼女は、一八六六年九月、ようやく砦の防御柵が視界に入ってきたことで胸をなでおろした。彼女の家族を乗せた幌馬車が門に近づいたとき、そこへ傷病者を運ぶための馬車が走ってきたので、彼らは道を譲った。その馬車に載せられていたのは男性の胴体と、皮を剝がされた彼の頭部だった。背中には手斧でえぐられた深い傷があり、しかもその遺体には残虐行為の跡がありありと認められた――腹部からはらわたが抜かれ、空になったその腹の中で火が燃やされていたのだ。その夜、フランシスはパニック発作を起こし、眠りにつくことができなかった。

夜が明けたときには、雪が厚く積もっていた。カーリントンは二つの隊に出撃を命じ、レッド・クラウドの戦士団から襲撃を受けているという、薪を積んだ荷馬車の救出に向かわせた。現場から逃げ去る先住民を兵士たちが追っていくと、驚いたことに、一人の巻き毛の若者が大胆にもムスタング馬から降りて、怪我をしたらしい蹄を調べていた。その男こそが、クレイジー・ホースであった。

彼は落ち着き払った態度で兵士たちが近づくのを待った。彼らが間近に迫ると、クレイジー・ホースは馬に飛び乗って全速力で駆け出した。アメリカ兵はその餌に飛びつき、クレイジー・ホースに追いつこうと、防御陣形を放棄して急斜面を駆け上がった。援軍が到着したときには、すでに惨劇は終わっていた。中尉は木の切り株に突き刺され、軍曹は頭蓋を割られ、ほかの五人の兵士は怪我を負っていた。

隊がこの情報を持って帰還すると、砦は恐怖に包まれた。フランシスはその晩に見た悪夢を記録している。

駐屯地に到着してからずっと意識していたように思われる不安が、そのときからさらに深まった。疲れ切った目に眠りは訪れず、途切れ途切れにまどろむだけの夜が何日も続き、ようやく寝入ったときでさえ、夢の中では〔夫が〕インディアンに追われて狂ったように馬を走らせながら、わたしから離れていくのが見えた。[*17]

現実のシミュレーション

その数日前、最初の雪がちらちらと舞い始めたころ、クロウ族の斥候たちはすでに、約一〇〇キロ先に大規模な野営地があるのを発見していた〔ラコタ族などと敵対関係にあったクロウ族は当時、白人側についていた〕。それはレッド・クラウド自身が率いる、ラコタ、アラパホ、ノーザン・シャイアンの戦士たち二〇〇〇人からなる強力な連合軍であった。危険が迫っていることを告げられても、カーリントンは、砦の旗を掲げるという、以前から決めていた計画を変更しようとはしなかった。三〇メートル以上の高さがあるポールにその旗を掲げることは、この砦を完成させるための最後のピースだった。防護柵の前の芝生には、兵士たちが隊列を組んで並び、部隊の楽団によるコルネットの演奏、演説、砦を包み込む氷のような静けさを打ち砕く大砲の一斉射撃に耳を傾けた。

カーリントンは気づいていなかったが、レッド・クラウドの野営地は、砦の前にそびえる山の反対側に場所を移し、あとわずか数キロというところまで迫っていた。それまでは控えめな態度を保っていたクレイジー・ホースも、今やだれよりも雄弁に、最後の一撃を加えよと主張していた。一八六六年一二月二〇日の午後、レッド・クラウドの前に、未来を予言する占い師が呼び出された。これから始まる戦いにおいて、こちらが何人の兵士を殺すのか、その答えを得るためだ。ビジョンを求めて、頭に毛布をかぶって跳ね回る儀式を何度も繰り返してから、占い師は自分の拳の中に一〇〇人以上の死んだ兵士が見えると宣言した。それこそまさに、レッド・クラウドが今必要としていた予言であった。

二一日の夜明け、陽光は明るく輝き、空気は乾いていた。兵士を満載した大型の荷馬車が朝いちばんに薪を集めるために砦を出発し、そしていつものように襲撃を受けた。フェッターマンとグラモンドからせっつかれたカーリントンは、八〇人の兵士からなる分遣隊を出して、先住民の戦士たちを懲らしめてやることにした。部隊の先頭を切って砦の門をくぐろうとしていたフェッターマンに向かって、カーリントンは、山の頂上より向こうへは行かず、常に砦が見えるようにしろときつく命じた。そして分遣隊は、戦いを求めて駆け出していった。

正午頃、兵士たちはまさにその山の頂上で、戦士の一団が銃の射程の端をうろついて、米軍部隊を挑発する様子を眺めていた。前進を中断した兵士たちは、カーリントンの命令に従うか、「野蛮人ども」による侮辱に罰を与えたい衝動に屈するかという難しい選択を迫られていた。そのとき、巻き毛にハヤブサの羽根をつけた若いオグララ族の戦士が、鼻先と足が白い栗毛の馬に乗って姿を現した。クレイジー・ホースは英語で侮辱的な言葉を叫んでいたが、ふいに馬を降りると、蹄の具合を調べ始めた。足元を弾丸がかすめても、気にとめるそぶりも見せない。兵士たちが近づけば、彼は馬に乗って遠ざかり、またすぐに止まった。そのうえ、彼はたき火を起こして、自分を生贄として兵士たちに差し出すかのような仕草までしてみせた。これだけの挑発を受けてもなお、兵士たちは山の反対側へ進もうとはしなかった。

するとついに、この大胆なラコタの戦士はとっておきの挑発を試みた。自分が履いているズボンを下ろして、唖然とする兵士たちに向かって尻を見せつけたのだ。この侮辱は見事なまでの効果を発揮した。フェッターマンはカーリントンの命令に背き、サーベルを掲げて騎兵隊に突撃を命じると、分遣隊全員を率いて山の頂上の向こうへと猛烈な勢いで駆け出した。敵を虐殺するつもりで渓谷へ入り込んだフェッターマンの部隊は、そこで自分たちが完全に包囲されていることに気がついた。彼らを狙うのは、パハサパの侵略に対する復讐を遂げるために身を潜めていた、数百人にものぼるラコタ族とシャイアン族の戦士であった。フェッターマンと八〇人の部下たち――それだけいれば「俺がスー族全員を相手にする」ことができるはずの人数――は、レッド・クラウドの固い拳となった勇敢な戦士たちによって全滅させられた。戦いのあと、カーリントンは夫を失ったフランシス・グラモンドに、ジョージの髪がひと房入った封筒を手渡した。彼女の最悪の悪夢は、こうして現実となった。

虐殺から六日後、『ニューヨーク・タイムズ』紙が大々的に報じたところによると、同事件による戦死者は、先住民との紛争でこの時点までにアメリカ軍が出した死者全体の八パーセントにあたるということであった。一人の生存者も残らなかったこの戦いは、アメリカ軍がそれまでに経験した中で最大の敗北となった。ラコタ族とシャイアン族の野営地では、最初の三日間こそ沈痛な思いで喪に服したが、四日目になると、彼らは「拳の中の一〇〇人」の戦いでの勝利に酔いしれた。戦いにおける卓越したリーダーシップに対する敬意のしるしとして、クレイジー・ホースは年配の部族長たちとともに火のそばに座ることを許された。

見くびっていた戦士たちの力に驚かされたワシントンの将軍たちの目にも、この戦争での敗北は明らかだった。八月、砦は明け渡され、レッド・クラウドは自ら戦士たちを率いて現地へ出向き、砦に火を放った。この偉大なラコタの部族長が白人との和平条約締結に同意するのは、それからさらに一年後のことであった。[*18] 一八六八年一一月六日、合衆国は初めて先住民側の条件を受け入れた協定に署名し、「グレイト・スー族保留地」からのすべての軍隊の撤退を約束した。グレイト・スー族保留地は、西はビッグホーン山脈から東はミズーリ川まで、北は北緯四六度線から南はネブラスカ州とダコタ準州の境界までを含む広大な領土であった。これらの土地について合衆国政府は、何の価値もなく、ただロッキー山脈の金鉱へ向かう途中の立ち寄り地に過ぎないとみなしていた。一方、北部大草原の部族にとって、神聖なパハサパの山地を囲むこの場所は世界で最も貴重な土地であり、その神聖さは今後も保たれることとなった。レッド・クラウドは戦争に勝利し、先住民の自己決定の夢は生き続けた。

ローマン・ノーズは信じない

クレイジー・ホースの物語が「信じることは生きること」を示唆しているとするならば、ローマン・ノーズがたどった道のりが示しているのは、「信じないこと」の呪いであると言える。ノーザン・シャイアン族の主力戦士であった彼は、人生の全盛期において戦闘中に命を落とした。彼は敵の銃弾から身を守るために神聖な頭飾りを使っていたが、それはシャーマンであるホワイト・ブルが儀式を通じて準備した、独特かつ唯一無二の品であった。[*19] その頭飾りは、ローマン・ノーズがビジョンを求めて、モンタナ州の湖に浮かぶ島で四日間断食を行なった際に見た夢に基づいて作られていた。彼によると、その夢には頭に一本の角を生やした蛇が出てきたという。そのため、彼の頭飾りには、ほかのシャイアン族のように側面に角を二本生やすのではなく、中央に堂々とした一本の角があり、また、ローマン・ノーズが馬に乗ると地面につきそうなほど長い尾が付いていた。

この頭飾りを作っている間、シャーマンは、白人の世界に由来するありとあらゆるものとの接触を避けていた。部族長であるローマン・ノーズに頭飾りを渡す際、シャーマンは、魔法を維持するうえで守らなければならない食事と社交に関する制約を彼に伝えた。だれとも握手をしてはならない、また、金属で「汚染された」食べものを摂取してはならないとシャーマンは言い、これを守らなければその次の戦いであなたは命を落とすことになると告げた。頭飾りが魔力を発揮するためにはまた、その利用と保管に関する厳格な儀式が必要とされ、四方に向けてこれを何度も捧げ持つことが求められた。頭飾りを使用する際には、同時に戦いのための神聖なペイントも施され、鼻には赤、頭頂には黄、顎には黒の塗料が塗られた。

人生最後の戦いを迎えるまで、ローマン・ノーズはただの一度も深刻な傷を負うことがなかった。ホワイト・ブルが告げた制約に明らかに違反する行為ではあったが、ローマン・ノーズは、自身が敵を軍事的に圧倒したことの象徴として、金の肩章のついた青い騎兵服を着用しており、それは彼に対峙した敵にこのうえない恐怖を感じさせた。顔にペイントを施し、見事な頭飾りをつけた堂々たる部族長の姿は、一八〇センチを超える長身と筋肉質の体、広い肩幅、鷲鼻と相まって、彼に従う戦士たちに強烈な印象を与えた。彼の横に立つとき、戦士たちもまた無敵の力を感じていた。

ローマン・ノーズは、生涯を通じて白人との和平条約締結に猛烈に反対し、隊商、軍事基地、鉄道駅、電信線に対する攻撃をやめなかった。このシャイアン族の戦士は、クレイジー・ホースに負けず劣らず勇敢であり、また彼と同じくらい白人の世界を嫌悪していた。この二人が夢見たのは、敵を完全に追放して、祖先たちが送っていた純粋な暮らしに戻ることであった。一八六五年九月、ローマン・ノーズが自ら指揮を買って出たシャイアン族とラコタ族による攻勢において、二人の戦士は、数百人の敵兵に立ち向かうという途方もない試練に挑んだ。クレイジー・ホースは兵士の隊列に沿って馬を走らせ、相手の弾薬と士気が尽きるまで、戦場を散々に引っ掻き回した。続いて、ローマン・ノーズもこれと同じ戦術を数度繰り返してみせた。彼は激しい銃撃をものともせず、馬にあたりを駆け回らせたり、後ろ足で立ちあがらせたりしながら雄叫びを上げ、味方の戦士たちの度肝を抜いた。警戒を強める兵士たちから放たれる銃弾の雨の中、ローマン・ノーズはさらに同じ動きを続けたが、やがて馬が撃たれると、自身は無傷のまま戦場をあとにした。この偉業は、彼の不死身の証明として、ひいては彼の夢の頭飾りの効果の証明として、広く知られることとなった。

ローマン・ノーズの夢はしかし、一八六八年九月一七日、コロラド州アリカリー川の干上がった河床で致命的な一撃を受けたことによって崩れ去った。その数日前、シャイアン族の主要な戦士たちに敬意を表するために宴を開いたローマン・ノーズは、自身に課せられている食事制限について周囲に伝えるのを忘れてしまった。過ちに気づいた彼が、料理人に金属製の調理器具を使ったかどうかを尋ねると、相手からは「使った」という答えが返された。この状況に対処するための清めの儀式をすべて終える前に、ラコタ族の見張りが合衆国軍の斥候を発見し、彼らを殲滅するための遠征隊が送り出された。幾人もの部族長から戦いに加わるよう求められてもなお、ローマン・ノーズは待ってほしいと頼んだ。清めの処置を終えない限り、自分は死ぬことになると信じていたからだ。その日の大半は、彼が不在のまま戦闘が続けられた。斥候たちは連発銃を装備していたが、先住民族はこうした新しい技術に不慣れだったため、敵陣を突破できずに多くの戦士を失った。

白馬にまたがり、堂々たる頭飾りを風にはためかせながらようやく戦場に姿を現してもなお、ローマン・ノーズは戦うことをためらっていた。なぜなら、まだ必要な儀式をすべて終えていなかったからだ。日没が近づいたころ、先住民の部族長たちから繰り返し促され、挑発まで受けたシャイアン族の巨人ローマン・ノーズは、運命に身を任せ、白人に対する最後の攻撃を命じた。彼は腰を撃たれて退却し、落馬こそしなかったものの、弾丸は背骨に命中していた。彼は日暮れとともに、自分が信仰を失ったことを確信しながら、約三〇歳で息を引き取った。夢に触発された神聖な頭飾りは、すでにその魔法の力を失っていた。

最悪の痛み

有史以前からの長い歴史を持ち、極めて明確に定義されている夢のカテゴリの一つに、「死を悼む夢」がある。死というものは、それが自分自身の死であれ愛する人の死であれ、だれもが遭遇し得るこれ以上ないほど絶対的な制約だ。愛する人を失うことは外的対象の消失を意味するが、内的対象、すなわちその人物の心的表象が消失するわけではない。人が亡くなったとき、その内的対象はただ死ぬのではなく、保存され、変容する場合がある。突然の死を受け入れることは、人間にとって最大の情動的課題であり、その死が暴力的なものであった場合にはより困難さを増す。愛する人が死んだり、事故に遭ったり、終末期の病に冒されたとの知らせを受けたりすると、その人の死を現実ではないものとしてシミュレートする必要性は、ときとして不条理なほど強いものとなる。そしてそれは、消失の代替となる仮説を無限に探求し、生への願望を満たそうとする明白な試みとして表れる。

こうした現象は、ブラジル軍事政権時代（一九六四〜一九八五年）に妊娠七ヵ月で野蛮な拷問を受けた共産主義活動家で元政治犯のクリメイア・アリス・シミッチ・デ・アルメイダの証言に極めて明確に表れている。「政治的死者・失踪者家族委員会」のメンバーであるクリメイアが夫のアンドレ・グラボイスと最後に会ったのは、一九七二年、彼女が妊娠にかかわる問題でサンパウロの医師の判断を仰ぐために、アマゾン熱帯雨林のアラグアイア川上流で活動していたゲリラ集団を離れたときのことだった。ほかの多くのケースと同様、アンドレ・グラボイスの遺体もまた、発見されることはなかった。遺体がないという事実は痛々しいほどに希望の炎を燃え続けさせ、そうした思いは夢の中の幻想にも表れる。クリメイアはこう語っている。「非合理的ではあるが、夢の中ではそれが起こる。もし彼がまだ死んでいないとしたら。まだ拷問を受けているのだとしたら。記憶を失っているのだとしたら。わたしを苦しめるのはそうした疑問だ[*20]」

関係性がそれほど近いものでない場合であっても、死は夢の中で奇妙さや不適切さの感覚を引き起こす。ある六〇歳の女性が、新聞で刺殺事件についての記事を読み、犠牲者の中に職場の同僚と彼女の夫が含まれていることに気がついた。彼女は三〇日後の追悼ミサに出席することができなかったが、それからほどなく、自分がそのミサへ行く夢を見た。現場に到着すると、そこではミサの代わりに、焼き菓子が並ぶ楽しい集まりが開かれていた。同僚の夫は亡くなっていたが、彼女自身はまだ生きており、笑顔を見せながら優雅に歩き回っていた。夢を見ている女性は次第に、ミサに出席している人たちの中で、生き返った被害者の姿が見えているのは自分だけであることに気づき始めた。女性は同僚に直接、何が起こっているのかと尋ねたが、相手は話題を変えて、自分はもう退職したのだと言った。

夢は、支配的な願望の文脈に存在する可能性をシミュレートする。死のような不可逆的な事実に直面すると、願望は記憶の電気的反響の原動力として夢に作用し、現実さえも逆転させて、実際には不可能な「ここ」と「今」の状況をシミュレートすることで満足を得ようとする。事実の方向性を完全に変えて死者を生き返らせたり、終わった関係をもとに戻したりする夢は、目覚めた瞬間に大きな落胆の反応を引き起こす。なぜなら死や別れは現実であり、夢の中での復活は、死を改めて受け入れる必要性を生むからだ。この反応はおそらく、「いい夢」を見ている間に活性化した神経ネットワークに対する罰として働き、将来的に同様の夢が再び起こる可能性を減少させる。失われた愛する人に対する願望を満たす夢が、悲しみの初期段階にのみ典型的に見られるのはこのためだ。

服喪の終わり

亡くなった人と最も親しかった人が、数日どころか数ヵ月、数年もの間、相手の夢をまったく見ることができないというのは珍しいことではない。愛する人の消失は、親しい家族や友人の精神世界に大きな混乱を引き起こし、亡くなった人にまつわる記憶を意識的に抑制したり、無意識的に抑圧したりしてしまうことが少なくない。しかし、抑圧されたものも最終的には戻ってくる。過ぎゆく時の中で、愛する人の喪失に関する夢は、それが現実的なものであれ象徴的なものであれ、死別や別れを経験した人たちに、さよならを告げたり心の整理をしたりする機会を与えてくれる。ブラジルの映画監督エドゥアルド・コウチーニョが二〇〇七年に発表したドキュメンタリー『ジョーゴ・デ・セーナ（舞台演技）』には、殺された息子のために五年間喪に服していたある母親が、夢に息子が現れて、「自分は今はもう天使になったから」幸せに過ごしてほしいと告げたことをきっかけに、悲しみを乗り越える決意をするというエピソードが出てくる。母親の服喪が終わったという事実は、彼女が目覚めたときに感じた喜びに表れている。その感情は、天使の象徴と息子とを結びつける神経回路にポジティブな影響を与えたに違いない。極めて肯定的な内容のその夢は、目覚めた瞬間に現実との齟齬を起こさずに済んだ。なぜなら夢は死を否定せず、それを反論の余地のない幻想へと昇華させたからだ。いい夢によって強化された新しい神経回路は、最強の表象としてインストールされ、意識の流れを支配するようになった。以前は息子の殺害に関連する恐ろしい思考が侵入的に繰り返されるだけだったものが、今では息子はまだ幸せで、不滅で、限りなく善良であるという、心休まる結論に至る機会が存在するようになったのだ。それは死者から神聖な存在への変容であり、古代を通じて何度も起こり、今もまだ狩猟採集社会で観察される人間の神格化とよく似ている。

しかし、贖罪的な解釈が常に夢のナラティブを支配するわけではない。ネガティブな記憶は電気的活動の誘引となり、トラウマを反復させ、夜ごとにそれをさらに深く掘り下げていく。悪夢を見ることへの恐れによって、悪夢は引き起こされる。このような場合には、心理療法によって悪循環を断たなければならない。治療にあたっては、穏やかで無害な文脈において何度もトラウマを再訪し、やがてほかの象徴との関連づけや、ネガティブな記憶の意識的処理、ポジティブな内容の同時喚起などによって、再度意味づけが行なわれるまでこれを継続する。

以下に描写する一連の夢には、まずはトラウマを再訪し、次にトラウマに意味づけ直しを行なう逐次的なダイナミクスがよく表れている。ある若い女性が誘拐され、武装した犯人たちに一二時間拘束されたのち、人里離れた場所で解放された。このトラウマから数ヵ月の間に、女性は誘拐されたときに経験した状況がほぼ完全に再現される悪夢を数え切れないほど何度も見た。時がたつにつれ、悪夢はより抽象的になり、バリエーションも増えていった。その後、ほかの夢が定着・発展する別の段階が始まったが、それはふいに中断されて、再び誘拐の悪夢に取って代わられた。夢を見ている女性はこのとき、文字通り自分の夢から誘拐されて、悪夢に引きずり込まれてしまったわけだ。しばらくすると女性は、悪夢を経験するたびに、それが現実ではないことを思い出すようになった。夢は次第に意味を失い、悪い未来の予測も信憑性を失っていった。なぜならその予測は、徐々に疑わしさを増す過去のネガティブな出来事の繰り返しに基づくものであったからだ。繰り返されるトラウマ的な悪夢の克服がようやく完全な形で起こったのは、死の神タナトスが愛の神エロスに道を譲ったときのことであった。空港の書店で女性向けの官能的なベストセラー小説を目にしたあと、女性は誘拐の日以来、初めて欲望に満ちた快楽の夢を見た。彼女はそのシリーズを全巻揃え、丸々一週間にわたって官能的な夢を堪能した。するとそこで、その楽しい夢は現れたときと同じくらい突然に消えてしまった。こうして彼女は、悪夢から解放されたのだった。

ダーウィンの命令と文化

脅威シミュレーション理論は、多くの生物学的・心理学的事実によって裏づけられているが、それでもなお、夢のナラティブ全体を説明できるとまでは言いがたい。夢は多様であるのだから、われわれは理論の範囲を拡大して、そこに食欲、報酬、快楽などから構成される、動機づけの肯定的な側面を含める必要がある。必然的な事実として、捕食者にとっての悪夢は獲物にとっての楽しい夢であり、その逆もまた真である。サバンナで暮らす雌ライオンとシマウマとは、どちらもほぼ同じような夢のナラティブを見るに違いない。それは、ジャンプと後ろ蹴りを織り交ぜながら必死に草原を駆け抜ける、猛スピードのレースの夢だ。血と汗が飛び散り、歯が折れ、喉が切り裂かれ、さらに多くの血と肉と脂肪と骨が飛び散る。まったく同じ内容の夢ではあっても、影響がおよぶ方向と対象は逆転している。大型捕食者の成功率は通常、二〇パーセントに満たない。[*21] シマウマが逃げおおせるというのはかなり頻繁に起こる事象だが、その場合、疲れ切った空腹の雌ライオンはおそらく、蹄、縞模様、飢えについての夢を見るだろう。大自然の中で獲物や捕食者と対峙する環境にある場合、人間が見る典型的な夢のナラティブも、同じ条件下にいるほかの動物たちと同様の関心事を反映したものとなる。その関心事とはすなわち、食べるために殺すこと、生き残ること、そして子孫を残すことだ。

一方、文明社会における人類の夢は、そうしたダーウィン的な命令以上のものを反映している。言語、道具、知識が向上したことで、われわれと死との日常的な距離が広がり、われわれの夢が多様化したというのは事実と言っていいだろう。農業の発展と家畜によって初めて豊富な食料を安定して得られるようになるまでは、われわれの祖先の夢はおそらく、暴力的なナラティブや強烈な食欲に支配されていたはずだ。過去一万年の間に、多くの人々が十分な食料を確実に手にできる技術が生み出された。おかげで飢餓に関する悪夢の頻度は減ったが、完全に消え去ったわけではない。なぜなら、最貧困層においては今も栄養失調が存在するからだ。しかも、文明の発展には戦争と迫害がつきものだ。

ドゥムジの夢には、文明社会における祖先たちの恐れが表れている。そこには野蛮で飢えた男たちが登場し、獲物を容赦なく追い詰め、野生動物のように身を隠す相手を冷酷に処刑する。それは、先住民ムンドゥルク族を、アマゾン奥地を流れるタパジョス川のダム建設に反対する抵抗運動へと駆り立てた恐怖や、ユルナ族――かつてはシングー川流域で最も人口が多かったにもかかわらず、一九世紀にゴムの樹液採取者たちによってほぼ壊滅させられた民族――が、ベロモンテ水力発電所の巨大ダムの拙速な建設がアマゾン熱帯雨林の広大な地域を荒廃させ、二万人以上が土地を追われたことに非難の声を上げたときに感じていた不安と、大きく異なるものではないだろう。彼らの信仰においては、夢は覚醒時に経験する世界と同じくらい具体的で、もしかするとそれ以上に危険な「夢の世界」に無意識的に入り込むことであると信じられているため、恐怖はさらに膨れあがる。アメリカ先住民における夢、変容、死の間の密接なつながりは、この信念に関係している。

小さな願望の多様性

たとえ世界中の多くの少数民族や、戦争難民をはじめとする社会の隅に追いやられた人々の日常生活が、恐ろしい捕食者を前に絶望する獲物が見る太古の夢と同じようなものであるのだとしても[*22]、その一方で、農業の発明に続く都市化が、われわれの祖先に夜を過ごせるシェルターがあるという安心感を与え、また、武装した番人によって守られた壁のある家屋のおかげで、人々が暴力にさらされる機会が減少したことは確かだろう[*23]。日常的な死への恐怖が薄れるにつれ、人々は夢を見たり、創造性を発揮したりするための精神的な空間や情動的な余裕を持てるようになった。文化がそうであったように、夢のナラティブもまた複雑さを増していった。

雌ライオンに追われる夢はもはや一般的ではなくなったが、現実生活で喫緊性と重要性の高い課題に直面した場合、それは夢の風景に非常に明確に表れる。以前にも言及した通り、ごく一般的な夢の一つとして、旧石器時代の狩りの夢の遠い子孫にあたる、近い将来に学力試験を受けることに関するものがある。このような夢は、何かがうまくいかずに試験を受けられなかったり、試験に失敗したりすることへの恐怖を反映している場合が多い。夢の中ではペンが爆発したり、試験会場への到着が遅れたり、試験に着ていく服がなかったり、試験が行なわれている最中にその科目に関することをすべて忘れてしまったりする。あるいは、実際に受ける試験に直接関連した夢もある。ピタゴラスの定理やメンデルの遺伝法則、メンデレーエフの周期表に関する夢を見る学生は世界中にいる。

大きな緊張を強いられる試験が予定されている場合、夢の興味深い側面が明らかになることもある。たとえばそれは、特定の課題に対する事前かつ無意識のプログラミングだ。ある博士課程の学生は、論文の口述審査をかなり先の日程に予定していたものの、その後、さらに数ヵ月先に変更した。最初に予定されていた口述審査の翌日、彼女は長く強烈な悪夢を見た。夢の中で彼女は、自身の研究について発表しながらも、まったくの準備不足だと感じていた。それはまるで、夢が少し前に作動させておいたプログラムを表現しているかのようであり、いずれ対峙することになる課題を驚くべき精度で——ただし誤った情報に基づいて——演出していたのだった。

夢を説明しようとする試みの中には、たとえばクリックとミチソンの夢のランダム性についての理論など、自分自身をかえりみる視点に欠けるものがあるのは事実だが、その一方で、不合理なまでに人間中心的あるいは民族中心主義的な視点に迷い込んでしまっているものも少なくない。たとえば、米国人哲学者オーウェン・フラナガンは、夢は適応的な機能を持ち得ないと書いたことで注目を集めた。自分は現実世界での問題解決に役立った夢を一度も見たことがないと、彼は主張した。デューク大学の正教授として特権を享受し、大きなストレス要因も存在しないフラナガンの生活はおそらく、夢の原始的な機能を明らかにするうえで最適な候補とは言えないだろう。自身の夢の単調さを根拠として、反フロイト派のフラナガンは、夢には意味も機能もないと結論づけ、こう主張した。「夢は睡眠のスパンドレルである[*24]〔無意味な副産物の意。スパンドレルは建築用語で、アーチの腹面とその長方形の外縁とに挟まれた三角形の部分を指す〕」

一方のフロイト派は長い間、夢は願望を実現する試みであると主張したこと、また、わいせつな思考を検閲することを夢の普遍的な機能とみなしたことによって、批判のみならず嘲笑の対象となってきた。今日では、こうした過剰な検閲は、フロイトが暮らし、仕事をしていた保守的なウィーン社会に特有の文化的特徴であったことがわかっている[*25]。いずれにせよ、一六世紀から一九世紀にかけての科学革命と産業革命が、特に中流階級と上流階級にとって、人間が直面する主要な問題の負担を大いに軽減したことは間違いない。二〇世紀になると、ラジオ、映画、テレビの登場により、夢のナラティブの組み合わせの範囲は大いに拡大された。たとえパンタナル湿地のジャガーがカピバラを殺す一〇〇〇通りの方法についての夢を見るのだとしても、それらがどれも代わりばえのしない狩りの夢であることに変わりはない。

しかし、われわれは違う。人間という種の多様なニーズは、夢をイメージの無秩序な集合体、願望のパッチワークキルトに変える環境を生み出した。現代の典型的な夢は、さまざまな意味が混ざり合ったものであり、われわれの時代の多様な願いによって断片化された願望の万華鏡なのだ。

第15章　確率的な神託

われわれの旅をここまで注意深くたどってきた読者であれば、多くの古代文明や現代文化において、夢がなぜ占い的なものとみなされてきたかを十分に理解することができるだろう。われわれの祖先が思考を文字の記録に残すようになった約四五〇〇年前以降、夢のナラティブを記した文献は豊富に生み出されてきた。そこには、まだ起こっていないことについてだけでなく、夢の中で示された行動を通じて未来に介入する方法が記されている。

夢が過去の記憶を反響させるとき、それは夢を見ている人の未来への期待を映し出しており、その中でもとりわけ顕著に表れるのは、願望によって引き起こされる大小の私的な事件における成功あるいは失敗の可能性だ。そうした期待に含まれているのは、夢を見ている人が意識的に考えていることだけではなく――そして実のところ、こちらのほうが中心なのだが――、夢を見ている本人を取り巻く文脈、すなわち、さまざまな逡巡、約束、深刻な断絶などを含む全体的な状況についての、無意識的な知覚だ。それらは意識の閾値の両側で収集された広範かつ曖昧な印象の総体であり、それが直感の基盤を形成し、夢に生命を与えている。

ジョナサン・ウィンソンの言葉で言えば、「夢は今まさにあなたに起こっていることを表現する」ということになるが、その「今」とは、すでに経験した状況によって決定され、かつ未来の可能性に満たされた「今」のことを意味する。任意の夢を解釈するための具体的な鍵は、その夢に含まれる過去と未来の要素にある。なぜなら、脳の「現在」は記憶とシミュレーションによって深い影響を受けているからだ。以下に紹介する歴史上重要な二つの夢には、この点が端的に表現されている。

「汝、このしるしにて勝利せよ」

夢は、後期ローマ時代を含む古代ローマのあらゆるフェーズにおいて重要な役割を果たした。三世紀、巨大なローマ帝国は深刻な軍事的無政府状態に陥り、完全に崩壊する寸前まで追い込まれた。この危機を沈静化させたのは、ディオクレティアヌス帝の台頭であった。彼は四帝分治制《テトラルキア》を導入し、ローマの広大な領土の管理を、自身の権威下にある正帝（称号はアウグストゥス）と三名の副帝（称号はカエサル）で共同で行なう体制を整えた。長年にわたり、ディオクレティアヌスが小アジアを、彼の右腕であるマクシミアヌスがイタリアを、コンスタンティウスがブリタニアを統治し、そしてガレリウスが東方で戦争を繰り広げるという状態が続いた。コンスタンティウスが他界すると、息子のコンスタンティヌスが西の軍隊によって正帝として宣言された。一方ローマでは、マクシミアヌスの息子マクセンティウスが皇帝に即位した。両者の対立は水面下でくすぶり続けたが、やがてコンスタンティヌスがイタリアに侵攻し、ローマを包囲した。

大軍隊で首都の防御を固めたマクセンティウスは、ローマの敵がこの日に死ぬという神託めいた予言に煽られ、夜明けとともにコンスタンティヌス軍の包囲網を突破するための準備を進めた。しかし、自軍を率いて行軍していたコンスタンティヌスは、太陽が昇るよりも前にこんな驚くべきビジョンを見ていた。

そのビジョンとは、十字架の形をした太陽の光輪と、そこにギリシア語で刻まれたこんな碑文であった。「汝、このしるしにて勝利せよ」。その夜、コンスタンティヌスの夢にはイエス・キリストが現れ、兵士たちの盾に自身の聖なる名前の最初の二文字、すなわちギリシア文字のX（キー）とP（ロー）を記すよう指示を与えた。三一二年一〇月二八日の夜明け、XとPが記された軍旗のもと、コンスタンティヌスの軍隊はミルウィウス橋で敵の軍隊を打ち破り、マクセンティウス自身もテヴェレ川で溺死した。戦争は終わり、コンスタンティヌスは公に新しい信仰を受け入れ、迫害されていたキリスト教徒の信仰はローマ国家の公式なイデオロギーとなった。皇帝の見た夢が、歴史を変えたのだった。

未曾有の夢

予知的な夢はまた、アメリカ合衆国における先住民と白人との戦争という壮絶なドラマの中で起こった決定的な対立においても、重要な役割を果たした。レッド・クラウドによる勝利のあとに実現された儚い平和は、わずか一年間しか続かなかった。北東部で暮らすラコタ族の分派フンクパパの族長シッティング・ブルは、白人とのいかなる協定にも署名しないことを明言し、クレイジー・ホースもこれに賛同していた。兵士たちは相変わらず先住民族に対し、東部には住んでもいいが、西部では狩りをするだけにとどめるよう圧力をかけていた——西部には黄金があるからだ。商業交流が停止され、食料配給に制限がかけられるようになると、レッド・クラウドは、偉大なる白人の父たるユリシーズ・S・グラント大統領に直接苦情を伝えにいくことを決意した。長い列車の旅の間にレッド・クラウドが目の当たりにしたのは、川のように途切れることなく流れ込んでくる大量の入植者たち、工業化された巨大都市、そして彼を案内する白人たちがあえて誇示してみせた強大な軍事力であった。産業規模の死という現実を痛いほど思い知らされたことで、レッド・クラウドの戦意は打ち砕かれた。彼は二度と白人相手に武器を取るまいと決め、保留地に引きこもった。

この偉大なるオグララの部族長に対し、クレイジー・ホースはこのうえなく苦々しい失望を覚えた。白人とのいかなる接触も有害であると確信した彼は、白人から押しつけられた保留地からますます遠く離れた土地へと移動していった。部族の伝統を強化し、先祖の土地を自由に占有するのだと、彼は心に決めていた。ところが一八七四年、神聖な狩猟地であるパハサパのブラックヒルズから大規模な金脈が発見された。合衆国政府がそれまで、無価値とみなしていた場所であった。土地への圧力が高まったが、買い入れを申し入れに来た使者たちは、シッティング・ブルとクレイジー・ホースによって追い払われた。「仲間が歩く大地を売るものではない」。クレイジー・ホースはそう言った。[*1] これに対し、アメリカ内務長官は最後通牒を突きつけた――すべてのラコタ族は一八七六年一月までに保留地に戻るべし。さもなくば敵とみなす。

冬が来てまた過ぎ去っても、ラコタ族は屈しなかった。白人文明という残忍な戦争装置が、容赦なく活動を開始した。何千人もの兵士が動員され、武装といえばほぼ弓と矢しか持たない先住民族を取り囲んだ。領土内のあちらこちらで紛争が勃発するという事態にさらされたラコタ族、ノーザン・シャイアン族、アラパホ族は、敵対関係にあるクロウ族が白人から譲り受けた土地に数千人を集結させ、モンタナ州を流れるリトル・ビッグホーン川の渓谷に野営地を設けた。夏が訪れるころには、ラコタ族にはもう逃げ場はなかった。連発銃、機関銃、迫撃砲、大砲に直面した彼らに必要なのは、白人が持つどんな武器よりも効果的かつ致命的な新しい戦闘方法を学ぶことであった。今すぐ必要なのは奇跡であった。必要なのは殺すこと、そして死なないことであった。

かの有名なリトルビッグホーンの戦いの一週間前、クレイジー・ホースは、南北戦争を経験したジョージ・クルック将軍指揮下の兵士一〇〇〇人に対し、相手を攪乱させる攻撃を何度も連続で仕掛けた。クレイジー・ホースによると、この日彼が用いたゲリラ戦術の数々は、彼が夢の中で初めて経験したものであったという。米国人作家ディー・ブラウンはこう記している。「一八七六年六月一七日のその日、クレイジー・ホースは夢を見てほんとうの世界へと入り、スー族に対し、彼らがまだやったことのない多くのことを行なう方法を示した」[*2]。戦いは日暮れまで続いた。太陽が昇ると、クルック将軍は撤退し、ラコタの主権を巡る決着は後日に持ち越された。

「この者たちには耳がない！」

戦いがクライマックスを迎えたのは、一八七六年六月二五日のことであった。その一週間前には、野営地の規模は二倍、ティピーの数は一〇〇〇戸に達し、そこで戦士約二〇〇〇人を含む七〇〇〇人近くが生活していた。さまざまな部族から人を集めるうえでとりわけ大きな貢献をした人たちの中には、シッティング・ブルも含まれていた。彼はバッファローおよびサンダーバードのソサエティに属していた。これら二つのソサエティは、自分が見たビジョンに現れたトーテムの精霊に基づいてメンバーが構成される秘密組織であった。ローマン・ノーズが悲劇的な死を遂げたあと、茫然自失となったノーザン・シャイアン族は、シッティング・ブルであれば、白人に対する軽蔑の度合いでも、また戦士を守るための宗教的な犠牲の厳格な遵守という面でも、ローマン・ノーズに匹敵し、彼が果たしていた役割を引き継ぐにふさわしいと考えた。同じ理由から、クレイジー・ホースとラコタ・オグララの戦士たちもまた、シッティング・ブルのことをリーダーとみなすようになっていた。

カスター中佐による攻撃の数日前、シッティング・ブルはサン・ダンスに参加した。これは最後のバッファロー狩りが終わったあと、夏至の日に行なわれる浄化の儀式であり、その目的はビジョンと神の守護を促すことであった。断食をし、踊り、両腕から切り取った肉片を捧げ、踊り、苦しみ、さらに踊り続けた末に、シッティング・ブルは夢を見た。大勢の兵士たちがまるでイナゴのように空から降ってきて、頭から草原に落下し、帽子を失った。そのときあたりには雷鳴のような声が響いていた。「この者たちには耳がない!」[*3] この夢が何を表しているかは明白であった。いったい自分たちはこれまでに何度、白人たちに対し、狩り場への侵入は許さないと警告してきただろうか。白人はまるで聞く耳を持とうとしなかった。彼らには「耳がなく」、そしてこれが、彼らの終わりとなるのだ。今や大精霊《グレート・スピリット》がそう語ったのだから。

シッティング・ブルのビジョンに触発された部族長たちは、戦士を巨大な野営地から撤退させ、密かに付近の丘の向こう側にある峡谷に配置した。クロウ族の斥候を通じて、リトルビッグホーン川の岸辺に多くの敵が集結しているとの情報を得ていたカスターは、七〇〇人の兵を率いて、ほとんど馴染みのない土地を進軍していった。頑固なスー族とその同盟者たちに忘れることのできない敗北を与えてやるのだと、彼は固く決意していた。敵陣付近まで来ると、斥候によって、野営地には戦士の姿がほとんど見えないことが確認された。季節は夏であり、成人男性は皆バイソン狩りに出ているのだろうと、彼らは考えた。ガランとした野営地を前にしたカスターは容赦ない攻撃を命じた。どうせ相手は老人や女性、子供だけだろう。彼はそう見込んだのだ。

そして、予言は現実のものとなった。剝き身の剣を振り上げた獰猛な兵士たちが、けたたましいラッパの音と雄たけびとともに、ずらりと並んだ円錐形のテントに襲いかかったとき、青服に身を包んだ彼らは、まるで予想もしていなかった光景に迎えられた。女性や子供たちが後方へ下がるのと入れ替わりに、丘の向こうから、戦士たちが怒れる蜂の大群のごとく姿を現したのだ。無抵抗での虐殺を見込んでいた連隊はまたたく間に包囲され、とめどなく押し寄せる勇敢な戦士たちによる激しい攻撃を浴びせられた。じきに持ちこたえることができなくなった兵士たちは、隊列を崩し、大慌てで開けた場所へと逃げ出した。そこからは、何もかもがあっという間の出来事だった。数分のうちに、混乱した第七騎兵連隊の大多数は包囲され、虐殺された。二六八人の兵士が命を落とし、その中にはカスター、彼の兄弟二人、甥、義理の弟も含まれていた。

この出来事は、それまで何ヵ月もの間、カスターが平原の部族に対して繰り出す血なまぐさい絶滅作戦を称賛していた同じ新聞によって、恐怖をもって伝えられた。報道と大衆の熱狂に酔っていた、野心的で虚栄心の強い長髪の司令官は、その名声の絶頂で、賢明な「野蛮人」が見た夢の犠牲となって命を落とした。もしカスターがクレイジー・ホースについての悪夢を見て、卑怯な攻撃を取りやめていたならば、これほど悲惨な目には遭わずに済んだのかもしれない。

無意識を探る

自然の中で自由に生きている哺乳類や、彼らに非常に近い場所で暮らす人間の集団にとって、夢を見ることは、今もなくてはならない生物学的機能であり続けている。その具体的な役割とは、危険に対する警告、夢を見る人の生活における主な問題に対する潜在的な結果のマッピング、適応戦略の選択、そして積み重ねられた学習内容を一貫した全体に統合することなどだ。夢は無意識を探索するための特権的な時間であり、環境に存在するリスクと機会についての情報を収集することができる。そうした情報の多くは潜在意識にとどまるが、それでも将来起こり得ることについての全体的な印象への統合は行なわれる。脳は昨日を基盤として、明日がどのような日になるかをシミュレートする。つまり、夢とは模擬的な環境下で理論を試すための手段であるとみなすことができ、これは電気的反響による徐波睡眠中の記憶の選択的強化、レム睡眠の開始時に起こるゲノムの保存、長いレム睡眠エピソード中の記憶の再構築というサイクルによって成り立っている。睡眠中の脳は、夜ごとに記憶の変異と選択のサイクルを複数回繰り返しながら、夢の中で考え得る最良の戦略を固めていく。

これまでに得られた証拠は、哺乳類の夢は過去の出来事と未来への期待を確率的にシミュレートするものである、という方向へ収束しつつある。そうしたシミュレーションの主な機能は、特定の革新的な行動を、現実世界ではなく、記憶でできた世界のレプリカを対象としてテストし、それがリスクのない行動であるかどうかを見極めることであると言えるだろう。この推論は、レヴォンスオとヴァッリが提唱した、夢は脅威のシミュレーションであるという理論を一般化したものだ。彼らの理論においては、夢には、望ましくない結果につながる、現実世界では避けるべき行動（たとえば捕食されること）をシミュレートする能力があるとされる。同理論における夢がシミュレートする範囲には、実際のところこれ以外にも、望ましい結果をもたらす行動、すなわち現実世界においても実行されるべき行動（たとえば食べものや妊娠可能な性的パートナーを見つけること）も含める必要がある。レム睡眠中の精神的内容に関するある調査からは、報告された内容の七〇パーセント以上に情動が含まれており、またポジティブな情動とネガティブな情動のバランスは同等に保たれていたことがわかっている。悪夢は危険な行動のシミュレーションを制御すべきものとして調整する方法として進化し、一方、快い夢は、非常に適応的な行動のシミュレーションを快楽と報酬的に結びつけることに相当する、という考えは、フロイトが提唱したタナトス（死の本能）とエロス（生の本能）の概念とよく似ている。

膨大な量の制御不能な変数に直面したとき、夢のシミュレーションはしばしば「予測」を間違える。それでもときおり、シミュレーションが偶然現実と一致することがあり、すると夢を見る人は、特定の条件下では、神託は確かに正確な予測を下せるのだと認識する。このようにして、夢は可能性に基づく確率的な神託として機能するのであり、古代の人々が信じていたことと比べた場合、夢を見る人にもたらされる結果や影響はさほど変わらない一方で、夢の本質は大きく異なる。かつてそこには、神であれ精霊であれ、夢を生成する仮想的外部メカニズムによって動機づけられた確実性が存在していたが、今そこにあるのは、生物学的性質に内在する不確実性だ。すなわち、夢のイメージが明らかにするのは、夢を見る人の明日の運命ではなく、単にその人物が今日歩んでいると思われる道筋なのだ。

最善の賭け

知覚的および運動的な反響としての夢は、夢を見る人の普段の世界で意味のある状況を、架空の短編動画のように幻影として作り出し、意図、行動、結果を提示する。連想的なナラティブとしての夢は、明示的あるいは暗示的な象徴を通じて、夢を見る人が望むものだけでなく、リスクに対する彼ら自身の評価を表現する。こうした心理生物学的なレンズを通して見た場合、われわれはコンスタンティヌスとシッティング・ブルに起こったことをどのように解釈することができるだろうか。

彼らの夢は未来を予言していたと言ったなら、それはトートロジーになるだろう。なぜなら、われわれが彼らのことを知っているのは、未来が彼らに微笑んだ結果に過ぎないからだ。確率的な神託は事後的に機能して、「正しい」ことがたまたま証明された場合に、より強く人々の記憶に残る傾向にある。コンスタンティヌスの夢は、神の介入による勝利を予期するものというよりも、むしろ強力な唯一神の聖なる御子の紋章を利用することによって、新しい宗教への信仰を証明せよという提案であったと言える。この改宗の軍事的な利益を理解するうえでは、コンスタンティヌスが改宗した時点で、キリスト教はすでにローマ軍の兵士や将校の間でかなりの影響力を持っていたという事実を考慮しなければならない。数にまさる敵との決戦を前にして、自軍の兵士たちが信仰する宗教を受け入れることは、高コストかつ長期にわたる内戦で厳しい試練にさらされている皇帝にとって、極めて適応的な反応であった。

夢を解釈するにあたっては常に、夢を見る人の支配的な願いを特定する必要がある。コンスタンティヌスは、戦争に明け暮れる帝国の統一を開始するにあたって、ローマを掌握することを切望していた。世界の首都への進軍を前に、霊感に刺激されて自軍の兵たちが熱狂することを、彼はこれまで以上に必要としていた。その結果、彼の夢に表現されたのは、リスクを承知で勝利の可能性が高い道を選ぶ、という賭けであった。これは成功の確実性ではなく、最善の賭けに基づく予言と言えるだろう。

同じ理屈はシッティング・ブルについても当てはまる。彼の夢は、通常であればあり得ないと判断される出来事が、高い確率で起こることを示していた。ほとんど馴染みのない敵地へ突撃し、ラコタ族とシャイアン族の大規模野営地に奇襲攻撃を仕掛けるというカスターの作戦は、自殺行為のように見えるかもしれない。しかし、この戦術は実のところ、先住民族との戦争において、幾人もの米軍司令官によって実行され、大きな成功を収めていたものであった。たとえば一八六四年のサンドクリークの虐殺におけるジョン・チヴィントン大佐しかり、一八七四年のパロデュロ・キャニオンの戦いにおけるラナルド・マッケンジー将軍しかり、そして一八六八年のウォシタ川の戦いにおけるカスター自身しかりだ。アリカラ族はカスターのことを「夜忍び寄るヒョウ」と呼んだ。クロウ族の間では、彼は「夜明けに攻撃する明けの明星の息子」として知られていた。

リトルビッグホーン川の渓谷は、争いの絶えない地域に位置していた。ラコタ族とシャイアン族にとってブラックヒルズ地域はパハサパであり、彼らの民族が代々所有してきた崇拝を集める山々であった。一方でクロウ族もまた、一八五一年のララミー砦条約に基づいてこの土地の所有権を主張していた。この条約は白人入植者からも、西部の山々の金に引かれてやってきた鉱夫たちからも、またそもそもこれを認めていなかったラコタ族やシャイアン族からも、まるで尊重されていなかった。ゴールドラッシュのさなかに領土紛争が頻発し、そのうえ一八七四年にはカスター自身によって、聖なる山々に新たな金の鉱脈が見つかったとの発表がなされたという状況の中、暴力的で、衝動的で、富に飢え、人の話に耳を貸さないアメリカ兵たちが、過剰に攻撃的な行動に出るだろうと考えるのは、さほど無理のある発想ではなかった。むしろこの時点で無謀な攻撃を予測するのは、合理的どころか、必然的でさえあった。シッティング・ブルはこのとき、リトルビッグホーンに集った多様でまとまりのない戦士たちの集団を団結させて、なんとしても野営地を守りたいと願っていた。完全な勝利の夢を見る条件は整っていた。シッティング・ブルの夢は、そのいかにも起こりそうな出来事を表現したものであった。

シッティング・ブルの予知的な夢がどの程度正確であったかについての判断は、いつを基準に考えるかによって変わってくる。一八七六年の夏には、その夢は大草原の人々の明らかな運命の表れ、好戦的な侵略者に対する大精霊の保護の明確な兆候と思われた。シッティング・ブルとクレイジー・ホースは、ほかの先住民族が成し得なかったこと、すなわち侵略の阻止を達成した喜びを味わった。騎乗での戦闘に長けていたことにより、ラコタ族は、彼らよりもずっと数が多かったインカ族やアステカ族にもできなかったやり方で、侵略者に対する勝利を夢に見ることができた。興奮しやすいムスタング種の馬、正確な弓矢の技術、少数の火器、そして霊的な力に支えられた勇気を武器として、ラコタ族は、キツネの抜け目のなさ、クマの大胆さ、アナグマの知恵をもって、白人を相手に戦った。しかし、リトルビッグホーンの戦いから数ヵ月後、厳しい冬がやってくると、ワシントンの偉大なる白人の父の強硬な姿勢が、先住民たちを苦しめ始めた。ラコタ族と白人との戦争において最初に勝利したのがレッド・クラウドであるとするなら、最後の勝利を手にしたのはシッティング・ブルであった——なぜなら、その勝利に続いて起こった出来事の数々は、彼の民族にとっておぞましい不幸以外のなにものでもなかったからだ。

カスターの屈辱的な敗北を受け、アメリカ議会は、インディアン歳出法にいわゆる「売るか飢えるか」条項を追加し、いっさいの敵対行為をやめてブラックヒルズが完全に降伏するまで、すべての食料配給を行なわないという方針を打ち出した。反乱を鎮圧するために大規模な軍隊が派遣され、パハサパは侵略された。凍え、打ちのめされ、お腹をすかせた多くの先住民が、その極めて過酷な冬の間に命を落とした。リトルビッグホーンの戦いから一年もたたない一八七七年の春には、ラコタ族とノーザン・シャイアン族の有力な部族長らはすでに降伏していた。五月にはクレイジー・ホースが自首し、シッティング・ブルは数百人の追随者とともにカナダへ逃れた。九月、身柄を拘束されていたクレイジー・ホースが、一人の兵士によって殺害された。[*4]

あの戦いの当日、シッティング・ブルの夢には絶対的な予測的妥当性があり、それからの数週間は、先住民族にとって明らかに幸福な成り行きをもたらした。しかし、そのあとにやってきたのは現実の悪夢であった。凍てつくように寒いうえ、長距離ライフルで見境なく狩りをするプロのハンターのせいでバイソンも姿を消したカナダの大草原で、何年も飢えに苦しんだあげく、シッティング・ブルとその一族は合衆国へ戻って降伏し、保留地で暮らすことに同意した。[*5]

敗北し、年齢を重ねたあとも、シッティング・ブルは当局にとって厄介な存在であり続けた。見世物興行「バッファロー・ビルズ・ワイルド・ウエスト」のスターとして全米を巡りながら、彼は嘆かわしい白人文明についての自身の見解を、いつでも公然と口にした。シッティング・ブルは、家がないせいで大都市の路上で暮らす人々の多さに衝撃を受け、また、飢えた物乞いに施しを与える様子が目撃されている。一八九〇年、五九歳のときに彼は逮捕され、勾留中に先住民の警官が発砲した銃弾によって死亡した。[*6] 振り返ってみれば、シッティング・ブルの夢の内容は、リトルビッグホーン川の渓谷でのあの運命的な日以外には、まったく当てはまらないものであった。コロンブスの到着から今日に至るまで、アメリカ先住民のナラティブを全体として見れば、ラコタ族が抱いた夢は、アステカ族、コマンチ族、マヤ族、インカ族、マプチェ族、ムンドゥルク族、グアラニー族、クレナック族、そのほか枚挙にいとまがないほど数多くの先住民族が抱いていた夢と、同様の運命をたどったことがわかる。

一方、コンスタンティヌスの予知的な夢は、実際に長きにわたってその効力を維持し続けた。ローマ帝国は、その後の存続期間の大半においてキリスト教国であり続け、キリスト教は世界中に広まり、今日では世界人口の三〇パーセントにあたる二二億人が自らをキリスト教徒であると考えている。もし現ローマ教皇フランシスコが教会の近代化を成し遂げ、女性の叙階や同性愛者の受け入れを実現したなら、教会の寿命はさらに一〇〇〇年は延びるかもしれない。言うまでもなく、コンスタンティヌスの計画にはそうしたことはまったく含まれていなかった。結局のところ、自分自身の歴史的背景をはるかに超えた遠い未来を予測することはだれにもできない。皇帝が望んでいたのは十中八九、単に自軍を鼓舞し、その日の敵を打ち負かすことだけであった。確率的な神託は、日々を生き延びるためという文脈の中で進化したのだ。

しかし、それによって生き延びるものとは、実際のところ何だろうか。コンスタンティヌスはほんとうにキリスト教の象徴についての夢を見たのか、それともあの夢は、軍事的、宗教的、政治的な目的のために、彼や彼の伝記作家たちによって作られたものだったのだろうか。この疑問は、歴史的記録の不完全さと、さまざまな形で二次的に利用される夢の証言の本質的な信頼性の低さの両方に関連している。歴史上、夢の報告が政治的な目的のために利用された例は山ほど存在する。

第二次ポエニ戦争でカルタゴに勝利した史上最高の将軍の一人であるプブリウス・コルネリウス・スキピオは、夢の話を政治的に操作することによって、若くして権力を握った人物だ。紀元前二一三年に行なわれた造営官の選挙ではもともと、プブリウスの兄が候補者として立候補していた。兄があまり大衆の支持を集められていないのを見てとったプブリウスは、母親に対し、自分は予知的な夢を二度見たが、その中では兄と自分の両方が選挙に当選していたという話をした。母親はこの「啓示」を大いに喜び、神々に犠牲を捧げ、プブリウスに白いトーガを用意して、彼の立候補を後押しした。プブリウスは兄とともに広場《フォルム》に歓呼で迎えられ、どちらも当選を果たした。プブリウスはその後も、夢の中で神々が自分に直接語りかけたという話を吹聴し、その信仰を、自身が描く筋書きの決定的な瞬間において利用した。

ギリシアの歴史家ポリュビオスは、プブリウスが宗教的信念を計算高く利用したことを記録に残している。

> スキピオが夢や予言に従って祖国に対するこのような絶対的支配権を手に入れたと考えるべきではない。しかし〔彼は〕、多くの人は馴染みのないものを容易には受け入れず、神々の助けを期待することなしに大きな危険は冒さないことを見てとり……部下たちをより勇敢に、またより進んで危険な企てに立ち向かうようにするために、自身の計画は神に霊感を受けたものであるという信念を彼らに植えつけた。[*7]

スキピオ・アフリカヌス〔プブリウス〕が、ローマの政界で地位を得るために夢への信念を操作していた一方、ユリウス・カエサルの場合はどうやら、実際に当時の状況にふさわしい夢を見ていたようにも思われる。ローマの歴史家プルタルコスは、ユリウスが見たある驚くべき夢について記録している。ユリウスがその夢を見たのは、彼が一個師団を率いてルビコン川を渡り、イタリアに侵入する直前のことであった。ユリウスは元老院から、ガリア戦役で勝利した部隊を率いてイタリアに近づいてはならないとの厳命を受けていた。この自国領土への侵攻が、圧倒的な権力奪取の幕開けとなった。ユリウスはその後、独裁官、そして最終的には執政官として、次々と権力を行使した。

プルタルコスによれば、ユリウス・カエサルはルビコン川を渡る、すなわち共和国の崩壊と帝国の誕生に至る長いプロセスの始まりとなる行動を起こす前夜に、自身の母親と性交する夢を見たという。[*8] ユリウス自身は当初、この夢に当惑を覚えたが、予言者たちはすぐに、それは大変によい兆しであるとの解釈を導き出した。すなわち、偉大なる人物であるカエサルは今このとき、文字通り「母なる」土地を手に入れんとしているところである、というわけだ。ところが、スエトニウスの記録では[*9]、それと同じ夢はその一八年前、ユリウスがスペインの財務官だった三三歳のときに見たものであるとされている。その夢は、ユリウスがヘラクレス神殿を訪れ、アレクサンドロス大王——三三歳で他界するまでに世界を征服した——の像の前で、自分はまだあれに匹敵するようなことを成し遂げていないと嘆いたあとに、彼が見たものであった。

　スエトニウスとプルタルコスの記述に見られる食い違いは、伝記を作り上げるために、夢のナラティブが臆面もなく政治的に操作されていたことを示している。二人の作家はどちらも、重要な歴史的出来事の原因として夢を利用していたが、ユリウス・カエサルが見た母親との性行為の夢の場合、操作をしたのはプルタルコスであった可能性が高い。彼はその夢が最大の影響力を発揮すると思われる歴史的瞬間に、これを当てはめたのだ。こうした操作を行なったのは、いったい何のためだったのだろうか。予言された運命の証拠を示して、ユリウス・カエサルを利するためだろうか。それともカエサルのことを、良心の呵責を感じない、何でもやりかねない人間のように見せるためだろうか。あるいはただ単に、すでに十分に魅力的な物語のプロットに、さらにもうひと捻り加えるためだったのだろうか。プルタルコスには、伝記を書く際、夢に複数の意味を持たせることによって、主役となる人物の特徴をより自由に描写できるようにするという傾向があった。もしかするとより重要なのは、個々の出来事の真相よりも、以下のような疑問について考察することなのかもしれない。あらゆる信念をそこに関連づけることが可能な夢というものの、それほど特別な性質とは何だろうか。夢という神託はどのようにして、盲目的である一方で、ときとして極めて直接的で正確なものとなるよう進化したのだろうか。

神託の文化的起源

簡単に復習してみよう。数億年前、神経系は、それが所属する個体全体に起こったことを記憶できるようになった。これにより神経系は、個人の基本的なニーズに関して最も起こりそうな未来を、覚醒時にリアルタイムでシミュレートできるよう進化した。直近の未来を予測する能力は、飛行中の蚊を、その動きを予測して捕まえるカエルにはっきりと見てとることができる。しかし、カエルはおそらくこれを意識しているわけではない。より具体的に言うなら、常に能動的な自己の表象を持ち、それをもってして自身の成功や失敗について継続的にコメントすることができ、それによって虚栄心、プライド、恐怖、皮肉、同情、冷静な客観性によって編集される自分自身の人生のナラティブを作り出す、という意味での意識を、彼らは持っていない。

爬虫類や鳥類にもレム睡眠が存在するにもかかわらず、すべての証拠は、夢を見ている精神状態が哺乳類においてのみ、本人が眠っている間に数分間、活動的な「作業スペース」として拡大する能力を持つようになったことを示唆している。その作業スペースにおいては、肉体を目覚めさせることなく、夢を見ている自己の行動をシミュレートすることができる。夢のシミュレーションは、その中で支配的な願望が実現されるか否かに応じて、それが環境に与えるであろう影響に基づいて、行動を強化あるいは抑制することを可能にする。願望と嫌悪の対象をシミュレートすることにより、夢はときとして、実際に起こることを表現するようになった。この「生物学的な神託」——未来に対しては盲目であり、過去に対しては洞察力を持つが、それでもなお起こり得る未来をシミュレートすることができる——は、関与する変数が少なく、予測と個体との関連性が大きいほど正確性を増す。つまり、神託が最も効果的に機能するのは、選択肢となる可能な未来の数が限られていて、かつ起こり得る結果の重要性が大きい場合であると言える。

レム睡眠を多く経験する哺乳類——霊長類、ネコ科およびイヌ科の動物——は通常、食物連鎖の上位を占めている。その理由としては、高い捕食能力（トラなど）、協力的な社会組織（チンパンジーなど）、あるいはその両方（オオカミなど）が挙げられる。食物連鎖の下位に位置する動物は、捕食者に比べて睡眠時間が短く、レム睡眠も少ない。狩られる立場にある動物が、多くの時間を睡眠に割くことは容易ではない。[*10]

長いレム睡眠に加えて、霊長類、ネコ科動物、イヌ科動物は、特に幼い時期に、物やほかの動物との遊戯に興じることを特徴とする。人間の遊び行動を容易に想起させるこうした遊戯は、高度な現実のシミュレーションであり、不在のものをあたかも存在するかのように、インタラクティブに表現するものだ。夢の中では、現実の模倣が体験のすべてである一方、人間の子供もトラの子供も大好きな覚醒時の遊びにおいては、現実の想像が占める割合は体験全体のごく一部にとどまる。遊ぶための優れた能力を持ち、出生時の神経系が未熟であることにより、哺乳類は、現実の生活であれば危険がともなう数多くのスキルを、安全な環境で身につけていく。トラの子供は、バッファローを実際に狩ることによってバッファローを狩る方法を学ぶわけではなく、同じ仔トラたちとのごっこ遊びを通じてこれを学ぶ。想像力というのは安全が確保された精神空間であり、これはリスクの高いスキルを学ぶうえでとりわけ有用だ。知能が高く創造的な哺乳類の子供たちは、成体としての生活のリスクに身をさらす前に、脳のプログラミングに長い時間を費やす。

想像する能力は、われわれに決定的な進化的優位性をもたらしたものであり、それはまた、人類の意識の起源に位置している。想像力に不可欠な皮質領域といえば、前頭葉にあるＢＡ10だ。ＢＡ10は人間の大脳皮質の中で、組織構造的に明確に定義された最大の領域であり、ヒトの歴史において加速度的な進化を遂げたことから、ほかの類人猿に比べて飛び抜けた大きさを持つ。[*11] ＢＡ10領域が必要とされるのは、のちに現実になる可能性がある想像上の行為を待機させつつ、複数のタスクを同時に遂行するような場合だ。[*12]

想像する能力のおかげで、われわれは数多くの個体の精神状態について、精度の高いシミュレーションを拡大し、深めることができるようになった。この能力は、霊長類全般でよく発達しているが、ヒト科の生物においては極限まで洗練されている。他者が何を考え、何を感じているかをうまく想像するという行為は、相手のメンタルモデルを持っていることに依存している。メンタルモデルとは、その人物の典型的な行動や態度の動的な表象であり、特定の行動の発生確率は、相手との過去の経験によって定義される。この能力によって、二足歩行の霊長類は、集団行動におけるかつてないほどの効率性を手に入れ、これは狩りをするときだけでなく、逃げるときにも非常に有利に働く。

この進化論的仮説を論理的な結論まで追求した場合、夜の神託の起源は、三つの異なる段階を経て発展したと考えられる。最初の段階では、それぞれ徐波睡眠とレム睡眠を通じて行なわれる、記憶の反響とその長期保存を促す分子的・神経生理学的メカニズムが進化した。記憶の再構築の促進は、これらのメカニズムの相互作用に依存していることから、これもまた同じ時期に起源を持つと考えられる。現存する動物についてわかっていることを踏まえると、これが起こったのは陸上脊椎動物の進化が始まった約三億四〇〇〇万年前である可能性が高い。こうしたメカニズムの働きの結果として、睡眠から目覚めたとき、動物はそれと意識せずに、しかし効果的な方法で、その環境によりよく適応することができるようになった。

第二の段階においては、おそらくは哺乳類の進化が始まった二億二〇〇〇万年前に、数分間以上継続する長いレム睡眠の進化がもたらされ、一部の種では、その長さは鳥類や爬虫類に見られるそれの三〇〇倍以上にも達した。これにより、長い記憶シーケンスが電気的に活性化されるための条件が整い、夢のナラティブの生物学的基盤が形成された。夢の神託が形を取り始めた。なぜなら、レム睡眠中の記憶の反響はすでに経験された出来事だけでなく、望まれている出来事も反映するからだ。すべての哺乳類に多かれ少なかれ共有されていたこの第二段階においては、神託はまだ意識されていなかったが、夢にとっての現実の記憶が覚醒時に持ち込まれるせいで、目覚めている間の生活に大きな影響を与える可能性が出てきた。

哺乳類の夢は、鳥類や爬虫類のそれとは異なり、ミームの融合・分裂・進化のための精神的空間、真に起こる可能性がある未来をシミュレートできる象徴的表象を生み出す大釜となった。神経科学者ジョナサン・ウィンソンの言葉を借りるなら、「夢は決して記憶されるよう設計されてはいないが、それはわれわれが何者であるかを知る鍵」なのだ。

精神機能におけるこの段階は、米国の生物学者ジェラルド・エーデルマンが定義した一次意識の概念に相当する。エーデルマンは一九七二年、抗体の化学構造に関する基本的発見でノーベル生理学・医学賞を受賞したのち、キャリアの後半で神経科学者に転身して大きな影響力を発揮した。一次意識とは、瞬間的な情動、感覚、知覚をともなう「今」の心的表象であり、完全に現在に注意が向いている一方、過去や未来はぼんやりとしか意識されない。これは哺乳類に広く共通する精神機能の手段であり、構造的にも行動的にも非常に多様である一方、必ず感覚知覚、運動行動、短期記憶の処理のための神経回路が備わっている。[*13] これらの回路にはDMNも含まれており、その活性化は夢を見る体験にとって欠かすことができない。

エーデルマンは、脳はニューロン群とそのシナプスの間の絶え間ない競争のダイナミックな産物であり、それらは環境との相互作用に応じて肯定的または否定的に選択されると提唱した。「神経ダーウィニズム」と名づけられたエーデルマンの理論が、種の進化を形作る免疫系や生態系の相互作用における類似のメカニズムに着想を得たものであることは明らかだ。[*14] エーデルマンは脳のことを、コンピュータよりむしろジャングルに近いものと捉えていた。神経系に関するこの概念の重要な側面の一つは、ニューロンは神経活動へのアクセスや代謝に必要な物質を巡って互いに競争している、ということだ。この考え方は、神経系の発達と成熟は異なる神経集団の間の競争の産物であるという観点を提供する。ここまで来ると、思考もまた互いに競争しているという発想に至るのも、さほど大きな飛躍ではないだろう。

エーデルマンの概念によれば、ほかの動物たちには、人間を特徴づける二次意識が欠けている。二次意識とは、自分自身と他者の表象との相互作用に基づく精神機能の手段であり、反事実的シミュレーション、すなわち、起こり得る、あるいは起こりそうな別の未来を生成する。[*15] このスキルのおかげでわれわれは、現在をはるかに超えた遠い時点まで思いを巡らせて、物事を経験するだけにとどまらず、それを計画したり、継続的に評価したりすることが可能になる。想像するという行為はいわば、意識的な意志によって導かれている一方で強度は低い夢、あるいは、絶え間ない知覚の砲撃によってぼんやりとしか感じられない覚醒時の夢であると言えるが、一方、ほんとうの夢は、意識的な願望によって導かれていないにもかかわらず、覚醒時の想像よりもはるかに強烈なものになり得る。しかし結局のところ、意識とはいったい何だろうか。

意識的体験を生み出すメカニズムを理解するために、フランス人神経科学者スタニスラス・ドゥアンヌ、リオネル・ナカーシュ、ジャン＝ピエール・シャンジューは、現在では古典となっている非常に多くの示唆に富む一連の実験を行なった。これによって示されたのは、人に、知覚できるかどうかギリギリのかすかな画像を刺激として与えたとき、それが意識的にイメージとして見られるかどうかは、網膜などの感覚器官からの入力を受ける領域からはかなり離れた大脳皮質領域へ神経活動が及ぶかどうかによって決まる、ということであった。[*16] 刺激後の最初の二〇〇ミリ秒間、神経処理は、刺激（視覚、聴覚など）の感覚モダリティに特化した、空間的に制限された特殊な処理ネットワーク内において行なわれる。刺激から約一秒後のインターバルでは、その活性化は弱くなって消えるか、逆に広がる場合もある。活性化が消失すると、その画像は意識的に知覚されず、刺激は閾下であったと呼ばれる。一方、大脳皮質のほぼ全体に活動が広がった場合には、その画像は意識的に知覚される。興味深いことに、統合失調症の患者では、閾下のプロセスは維持される一方、意識的なアクセスは減少する。[*17]

意識を説明しようとするさまざまな理論の中でも、数々の実験による発見の大半を説明できるものといえば、オランダの神経生物学者バーナード・バーズ[18]が提唱し、ドゥアンヌ、ナカーシュ、シャンジュー[19]が発展させたグローバル・ニューロナル・ワークスペース理論だろう。[20]この理論によると、意識的な体験は大脳皮質全体に分布する広大なニューロン回路の「点火」に相当し、そこでは多数の孤立した並列プロセスが単一の包括的《グローバル》なプロセスに統合される。この単一のプロセスの中では、脳のすべての部分が、全体から寄せられる情報にアクセスすることが可能となる。この概念は、一九九〇年代以降に開発されたグリッドコンピューティングを模倣したものだ。グリッドコンピューティングにおいては、接続されたマシンが情報を共有し、協力的に処理を行ない、その利用可能性に応じてほかのマシンを動員することができる。脳内では、この作業は大脳皮質の表層近くにあるニューロンによって行なわれる。これらのニューロンは非常に長い軸索を持ち、活性化を素早く広げる能力を有している。大脳皮質の活動が広がりの閾値を超え、意識が確立されると、関連する情報を選択的に増幅するニューロン活動のフィードバックによって、必要な限り、どんな心的対象も安定して保つことが可能になる。

意識的思考と無意識的思考の違いが、電気的活動の大脳皮質への広がりの大小にあるとするならば、レム睡眠中の大脳皮質での電気的活動の広がりが、つい最近まで信じられていたよりもはるかに膨大であるという事実を、[21]どう解釈すればよいのだろうか。この発見は、一次意識から二次意識への移行において、レム睡眠が重要な役割を果たしたという仮説を裏づけるものだ。この進化の過程には長い時間を要した。その証拠に、タコとヒョウといった互いに大きく異なる動物であっても、その生活様式には、われわれのそれと比べればたくさんの共通点がある。人間が、軟体動物よりもほかの哺乳類にずっと近いのは確かだが、二次意識の存在のおかげで、われわれの精神的ソフトウェアはどんな哺乳類とも一線を画している。

話すことと聞くこと

エーデルマンの一次意識および二次意識の定義はそれぞれ、一九〇〇年から一九一七年にかけてフロイトによって提唱された[*22]、イドおよび自我の概念と本質的には同じものだ。生物医学の分野におけるフロイト軽視の傾向にもかかわらず、このように精神分析からの影響が見られるのは、偶然でも、無意識的に起こったことでもなかった。エーデルマンが一九九三年に出版した意識に関する重要な書籍『脳から心へ——心の進化の生物学』への献辞に、それははっきりと示されている。「二人の知的先駆者、チャールズ・ダーウィンとジークムント・フロイトの思い出に捧ぐ。多くの知恵には、多くの悲しみがともなう」。ダーウィンは、われわれの情動を含めて[*23]、われわれとほかの動物との進化的連続性を明らかにした[*24]。フロイトは、一次意識から二次意識への移行が、主に話すことの習得を通じて起こると指摘しており、これは、物の表象が物の名称の表象へと移行すること、すなわち、イメージ的なものから意味的なものへの移行を意味している。

ヨハネによる福音書には、「初めに言《ことば》があった」〔日本聖書協会共同訳〕とある。では、その言葉はいったいどこから来たのだろうか。音声によるコミュニケーションが陸生脊椎動物の間で広く行なわれているのは確かだが、そうした相互作用において用いられるサインを学ぶことができるのは、非常に限られた動物だけだ。野生のチンパンジーは、音声とジェスチャーを織り交ぜた複雑なサインを生み出し、その意味については現在、科学によって徐々に解明されつつある[*25]。人間に最も近い親戚である彼らは、飼育下においては、何十種類もの異なる物や行動を指す任意のサインを使うことを学び[*26]、人間と意思疎通する能力を飛躍的に拡大させる。しかし、懐疑論者の中には、それは真の象徴的コミュニケーションではなく、実験的設定に特有のルールの学習に基づく機能的コミュニケーションだと主張する者もいる[*27]。

アフリカのサバンナに生息するわれわれの遠い親戚であるサバンナモンキー（*Cercopithecus aethiops*）の

自発的コミュニケーションに関する古典的な野外研究では、ヒト以外の種においても、象徴の存在を疑う理由がないことが初めて示された。サバンナモンキーは生来、三種類の警告音を発し、これらはそれぞれ陸上の捕食者、空中の捕食者、地を這う捕食者の存在に対応している。成獣個体が発する警告音を聞いたほかの成獣個体は、身を守るために素早く反応し、雌ライオンのような陸上の捕食者の場合は樹上に、ワシのような空中の捕食者の場合は木の下に身を隠し、また、ヘビの場合はその場から飛び退いてあたりの地面に目を配る。若い個体も同じ音を発することができるが、彼らは適切でない状況下でこれを行なうため、成獣個体が反応して急いで逃げ出すということは起こらない。野外実験では、サバンナモンキーの警報システムが、米国の哲学者・数学者のチャールズ・サンダース・パースが一世紀以上前に提唱した、厳密な記号論的意味での象徴の基準を満たしていることが示されている。

パースの記号論においては、ある記号の解釈者が対応する対象についての情報を得る際、それは必ず以下の三つの表現方法のいずれかを通じて行なわれる。その三つとは、アイコン、インデックス、シンボルだ。アイコンは対象との類似性によって、インデックスは対象との空間的・時間的連続性によって、シンボルは社会的慣習によって情報を伝える。[*28] アイコンだけを使って「ライオン」という対象を指す場合には、写真・動画・絵を見せたり、吠え声を流したり、匂いを拡散したりすることが必要となる。インデックスだけを使う場合は、ライオンを指差すことが必要だ。シンボルだけを使う場合は、ンゴニャマ、リバーハ、シンバ、レオン、レアオン、ライオンのように、コサ語、ソマリ語、スワヒリ語、スペイン語、ポルトガル語、英語を使って言うか、書くかすればよい。ライオンのアイコンとインデックスが一般的に理解され、かつ本質的にライオン的な要素を有しているのに対し、シンボルは完全に恣意的であり、それを解読するためのコードを共有する人々の間でのみ機能する。

サバンナモンキーの音声コミュニケーションのシステムは、人間以外の動物における象徴の使用をかなり明確に示している。若い個体の観察からは、音声の適切な使い方の文脈を徐々に学習していく様子が確認できる。そうした学習は、捕食者からの視覚的・嗅覚的刺激と、警戒心の強い成獣個体が発する警報音声とそれに続く自分たちの群れの避難との関連づけを、何度も繰り返すことを通じて行なわれる。特定の捕食者と関連づけられた警報は、最初は彼らの存在のインデックスとして機能するが、時間がたつにつれ、また何度も繰り返されることによって、若者たちは次第に年長者の社会的慣習を内面化して、そうした警報を解釈するようになる。

するとそこで、シンボルへの移行が起こる。ここまでくると、サルたちはもはや捕食者を目で見たり、匂いを嗅いだりせずとも、声による警告だけで避難することができる。この現象は、四〇年前、米国人動物行動学者ドロシー・チェイニーとロバート・セイファースが行なった古典的な野外研究において実証されている。アフリカのサバンナで拡声器を使って警告の鳴き声を再現することにより、チェイニーとセイファースは、その場に捕食者がいなくとも、提示された特定の種類の音声によって、成体のサバンナモンキーが正しく反応する様子を確認した。彼らの調査結果は、このコミュニケーションのシンボル的性質を示している。なぜなら、対象が不在であっても意味は伝わっているからだ。[*29]

サバンナモンキーで捕食者に対する警告のためのシンボルとしての鳴き声が初めて発見され、その論文が一九八〇年に発表されて以来、同様の警報システムは、ダイアナモンキー、キャンベルモンキー、チンパンジーといったアフリカに生息するほかの霊長類や、コビトマングース、プレーリードッグ、リス、ニワトリ、ミーアキャットなど、霊長類以外の多種多様な動物にも見つかっている。さらに、ハンドウイルカの仲間は、人間のジェスチャーを、自分の体の部位のシンボルとして学習・解釈することができる。[*30]

音声を発する被食者と三種類の捕食者——陸上を走るもの、地を這うもの、空中を飛ぶもの——の相互作用を人工生物で表現したコンピュータシミュレーションは、各種類の鳴き声に特定の意味を割り当てるコードは、複数の発声が可能な個体群において、刺激と発声の組み合わせのランダムな変動を通じて自然に発生したのち、やがて長期的に確立・維持されることを示している。[*31] しかしこれが起こるのは、捕食者に対する被食者の割合が十分に大きく、被食者の集団が長く生き残って対象指示のコードを広めることができる場合に限られる。

論証、ナラティブ、意識

シンボルの使用はしたがって、人間だけの特権ではない。人間以外のさまざまな種における対象指示《リファレンシャル》コミュニケーションは、パースの記号論の用語で言うところの命題的象徴記号の概念に相当する。命題的象徴記号は、「それが指し示す対象が、実在するものとして解釈される一般的概念」であるため、インデックスとして機能する。[*32] 捕食者の物理的な存在（「実在するもの」）があるときにこのインデックスが繰り返されることを通じて、やがて発声と捕食者の関連性の記憶が形成され、その結果、たとえ捕食者が不在であっても（「一般的概念」）、それを象徴的に喚起することが可能となる。記号論の分野において、人間の言語とほかの種のコミュニケーションシステムとを区別するのは、シンボルをほかのシンボルと連結させて、潜在的に無限な表象の連鎖を作り出すという人間の驚くべき能力だ。こうした表象の連鎖は、パースが「論証」と呼んだものから構成されるシンボルに相当する。

数え切れないほど多くの動物種がコミュニケーションに連続した発声を用いるが、発声の順序に意味が割り当てられていることを示す証拠はほとんどない。単純な発声の組み合わせによって複雑な論証を生み出す能力は事実、極めてまれであり、人間に特有のものであるように思われる。ただし例外として、アフリカの動物、たとえばガビチョウやチンパンジーを含む一部の霊長類には、接尾辞などの連続的な修飾が見られる。[*33]

アイコン的音声表現（オノマトペ）、インデックス的音声表現（指示代名詞）、シンボル的音声表現（名詞・動詞）のレパートリーは、何十万年もの時をかけてゆっくりと進化し、やがてわれわれを地球上でもとりわけ恐ろしい捕食者にした。われわれにこの地位を与えたのは、頑丈な爪や歯ではなく、効果的なコミュニケーション、社会組織、そして武器であった。槍や矢を持って群れで狩りをするためには、遠距離での優れた調整が必要であり、われわれの祖先は発声やジェスチャーを通してこれを行なっていた。

人類の進化において言語が大きな役割を果たしたことは間違いないが、まだわかっていないことも多く、ごく限られた意味しか持たないシンボル的な表現のレパートリーから、今日の言語に見られるような、豊かな対象指示表現が猛烈な勢いで、加速度的に増加したプロセスを解明するには、パズルのピースが足りないのは明らかだ。「ライオン」や「シマウマ」から「エンヘドゥアンナ」のような固有名詞まで、「歩く」のような単純な動詞から「なぜ」、「魂」、「ゼロ」、「インターネット」のような複雑な単語まで、膨大な数の精神的プロセスが、種の解剖学的進化と比べて、非常に短い期間に圧縮された形で進行した。アイコンとインデックスの世界から、任意のシンボルの使用とその洗練された論証への移行とともに、自分以外のだれかの意見に重きを置く割合はますます増加していった。人間にとっては、今ではライオンを自分の目で見る必要はなく、それを見ただれかが発する音声を聞くだけで事足りる。さまざまな記号《サイン》が持つ意味は社会的合意への依存度が増していき、その結果として人間は、他者の精神状態をシミュレートし、予測する能力の拡大に根ざした集団的信念を過大評価するようになった。こうした能力のことを、神経科学の用語では「心の理論」と呼ぶ[*34]。

シンボル的・論証的言語に向けた認知的飛躍は、われわれと世界とのかかわり方を永遠に変え、それによってわれわれと夢を見ることとの関係を根本的に変容させた。旧石器時代のある時点から、覚醒時および夢の中で経験したことの報告が表れ始めた。それ以前は、完全に個人的な経験にとどまり、それについてだれかに知られることも理解されることもないまま、夢を見る人の情動や行動のみに影響を与えていたものが、徐々に集団的な体験を構成するようになっていった。火を囲んで一族が集まり、覚醒時や夢の中での経験を共有することで、次第に語彙が拡大し、共感が高まり、また先祖がとった行動の物語を通じて、一族の歴史が記憶されるようになった。ミームはますます長く複雑になり、過去や未来の出来事、重要な事件や場所、新しい言葉、そしてすでに亡くなった人々についての、より洗練された表現を含む記憶の膨大なコレクションが形成されていった。これは、家系という概念が出現するための基本条件であり、また一族の起源を想起させる時間軸の感情的基盤であった。

これにより、われわれはついに、意識の出現にとっての三つ目の重要な瞬間にたどり着いた。その瞬間とはすなわち、現在だけでなく、過去や未来とも結びついた新たな精神世界の誕生だ。その世界には祖先のほか、危険であると同時に食欲をそそる動物たちの霊が住んでいた。望まれながらも恐れられ、殺される一方でこちらが殺すこともある生き物たちに対し、われわれの祖先は熱い視線を注ぎ、その姿を夢中になって洞窟の壁に描いた。

石を割る

どんな動物であれ、自身の未来の地平として見つめる先にあるのは、次の食事、次の捕食者からの攻撃、次の交尾といったものだ。これに対し、ヒト科の動物は、思考について思考するという作業を始めるようになった時点で大きな飛躍を遂げた。われわれは、心的対象を別の心的対象に作用させるツールとして使用し、それによって現実だけでなく、その現実に対する自身の行動もシミュレートするようになった。年間を通じて大型の移動性草食動物の動きを予測する旧石器時代の狩猟には、動物を追い詰めたり、崖から追い落として殺したりするという場面が少なくなかった。

未来を想像し、複数の心的対象を組み合わせる能力はまた、石を削って石器にする技術の発展を促し、それによって獲物と対峙し、屠殺し、洗浄し、解体するという作業が可能になった。石の武器を作るという多大な労力をともなう作業には、少なくとも四種類の想像をすることが必要となる。その四つとはすなわち、望ましい石の形、その形を得るために必要な体の動き、その武器で殺すために必要な体の動き、そして、集団に食べものを提供するという、全体に対する最終的な効果だ。植物、軟体動物、昆虫を集める活動にも、それらをどのように見つけ、隠れ場所や巣穴からどのように取り出すかを想像することが必要となる。オマキザルの仲間は、石を使ってココナツや貝殻を割る。小枝はすべての類人猿のほか、カラスによっても道具として使用される。イルカは海綿を使う。人類の系統には、多様な道具を次々と組み合わせるという斬新な行為が登場した。このプロセスは、最初のうちは非常にゆっくりと進行し、ある世代から次の世代への文化的蓄積は、ほとんど気づかれない程度にとどまっていた。

こうしたプロセスに必要とされる時間の途方もない長さは、人類の想像を絶している。なにしろわれわれの歴史全体ですら、先史時代と比べれば、その脚注に収まる程度の長さしかないのだ。約二六〇万年前に起源を持つオルドワン技術の初歩的な石器から、約一七〇万年前に始まったアシュール技術を特徴づける両面加工の握り斧に至るまでの膨大な時間においては、各世代が次の世代に伝える文化的蓄積はほぼ存在しなかった。そこから、およそ一六万年前に始まる、鋭い先端と複数の切削面を持つ精巧な石器を特徴とするムスティエ技術までの間には、またもや永遠に近い時間が費やされ、石を削って道具を手に入れるという苦行が継続された。しかし、この文化的慣性のとてつもないスケールの中でも、進歩は確実に起こっていた。より複雑な思考がゆっくりと進化し、人間の生活を永遠に変えていった。洞窟の壁画が、描かれる動物の種類によって音響的に異なる空間、すなわち捕食者の場合は音を減衰させ、蹄のある獲物の場合は音を増幅する空間で描かれていたという発見は[*35]、旧石器時代の祖先が、危険な狩りを行なうための動機づけとして、音の反響を操作することを通じて芸術・技術・魔法を精巧に組み合わせていたことを示唆している。

三〇〇万年前に初めて使われた粗削りの石から、約四万年前、金属加工が登場する直前に表れた鋭い先端を持つ石器に至るまで、長い時間をかけて、人は切ったり、刺したり、衝撃を与えたりするのに適した面を作り出すことができる特定の手の動きを獲得していった。数え切れないほどの回数にわたって、数々の集団の文化が、捕食者に対する敗北、食料不足、洪水、干ばつなどの闇に飲み込まれ、失われていった。旧石器時代の文化的伝搬の出現と消失の中で、技術の維持と改善が起こり、そこが人類の文化的ラチェットのスタート地点となった。

石器づくりの技術は、約三〇〇万年という年月の末、棒を取り入れることによって槍を誕生させた。石を棒の先に固定させ、オーロックス（五〇〇〇年足らず前に絶滅した、巨大なウシ科動物の祖先）の頑丈な皮を貫き通すのに十分な強度を持たせるというのは、とてつもなく難しい作業だったに違いない。槍の発明と、豊かで柔軟な言語コミュニケーションの発達のおかげで、人間は狩りという作業を現場でオーガナイズするのみならず、狩りの計画を立て、叫び声・体の動き・火などで構成される罠の一部として風景を利用することができるようになり、それがわれわれの祖先を食物連鎖の頂点に導いた。人間の殺傷能力があまりに強大になったせいで、更新世の大型動物は、その大半が現代まで生き延びることなく姿を消した。

槍が発明されたのち、われわれの祖先はさらに四〇万年をかけて、もう一つ別の革命的なツール――少なくとも三つの要素が同時に機能する必要のあるツールを手に入れた。その三つの要素とは、木製の弓、きつく張られた弦、まっすぐな矢だ。このアイデアを最初に思いついたのは、いったいだれだったのだろうか。最古の証拠は、少なくとも一万年前にさかのぼる。発想のきっかけが悪夢だったのか、それとも目覚めている間の白昼夢だったのかはわからないが、事実としてこのアイデアは、またたく間にほぼすべての大陸に広まった。

要するに、人類の発達の軌跡は、道具およびそれを考案した人々の内的な精神状態の複雑化によって特徴づけられると言える。この長い旅でわれわれは、要素を組み合わせたり並置させたりできる新たな記号を作り出した。そして、これを使った豊かな音声言語を発達させた。人間の自己は、ほかの哺乳動物の自己と比べて、その周囲にある現実を変容させることがはるかに多い。夢を見る能力が、さまざまな種においてある程度の自己認識の基盤を作ったのは確かだが、基礎的な神話・模範的な物語のレパートリー・日々の噂話といった集団の結束についてのナラティブを生み出したのは、覚醒時と夢の両方における自身の経験を、自分自身やほかの人たちに向かって語る能力であった。

夢が確率的な神託として本格的に利用されるようになったのは、数万年、あるいは数十万年前に訪れたこの第三の瞬間以降のことであり、そのときわれわれヒト科の祖先は、自分たちには世代から世代へと伝えられてきた膨大な記憶のコレクション――ミームが備わっていることを認識した。経験は、口伝、歌、墓石、絵画、彫像、その他のアイコンを通じて、人々とそれに関連する知識の表象という形で、文化的に継承されるようになった。こうした表象が睡眠中、また覚醒中に反響することで、予言的な夢が生まれ、その現実への影響は、侵入的かつ自然発生的な反響と、意図的かつ努力を要する想起の両方から生じた。

人生をシミュレートできる精神状態

夢を見る能力は、覚醒した状態と並行して、さまざまな時間スケールで起こるイメージ的シミュレーションを可能にしたが、ここで何より重要なのは、それが筋骨格系から切り離されているということだ。これにより、目標の達成・さまざまな状況・起こりそうな結果を、現実の行動に干渉することなく安全にシミュレートすることができる精神作業の内的空間が誕生した。そこは自然的・社会的関係を果てしなく複雑にすることも、また、考慮の対象とする未来の可能性の範囲をどこまでも広げることもできる、限界がいっさい存在しない世界だ。われわれが意図的あるいは自発的な行動と呼んでいるものとはすなわち、予想される結果に基づく意思決定を可能にする先行的シミュレーションによって、瞬間瞬間に導かれる行動のことを指す。大脳皮質の背側および腹側領域には、そうしたシミュレーションを構成・維持する絶え間ない活動の流れがある。このプロセスがうまく機能していれば、よりよく適応した、またそれゆえに先々の世代へと受け継がれていく可能性が高い行動が生み出される。

種を蒔くという行為を人が意図的に始めるにあたって何より重要だったのは、種が芽を出す様子を想像することであった。人が植えつけや収穫の時期を選ぶうえで何より重要だったのは、季節の巡りや月の満ち欠けを想像することであった。アイデアと物質的な豊かさが増したことにより、殺す・生き残る・繁殖するといったダーウィン的な生物学的命令をはるかに超える、数多くの小さな必要性が権威を持つ時代が始まった。夢が象徴という面で豊かになった一方、組み合わせの可能性が爆発的に増大したことにより、夢の神託にとっては、直近の未来を推測することの難易度は以前よりも上昇した。これと逆行するように、既存の文化的蓄積に照らして共有・解釈された夢の話に基づく意識的な神託は、盛んに行なわれるようになった。夢の内容に対する意識が高まったことで、われわれの祖先は、未来を予測する際の誤りを少なくすることを目的として、可視的な世界および不可視的な世界のモデルを構築するようになった。

ここで忘れてはならないのは、電気的な反響は本質的にノイズをともない、また神経回路は象徴的なものを含むさまざまな種類の連想に基づいて動作するということだ。結果として、夢に明確に表れる内容が、その潜在的な内容と同じであることはほとんどない。直接的で解釈が明快な夢はまれである一方、間接的であいまいな夢は頻繁に発生する。文化が発展し、語彙が増え、ミームがますます豊富で多様になるにつれ、生活の範囲は拡大し、夢の神託はますます多くの変数を考慮に入れなければならなくなっていった。

さらには、夢の時点では無意識だった内容も、すぐに意識下に持ち込まれ、集団のメンバーで共有され、詳細に検討されるようになった。なぜなら、夢の内容について話したり、それを要約したり、見直したり、絵に描いたり――そして四五〇〇年前からは文字で記録したり――することができるようになったからだ。

夢を見る人々が、夢によって告げられる神託に意識を向け始めたのは、この第三の段階においてであった。人々は今や、それに名前をつけ、それを通して啓示を求めることができるようになった。この段階において初めて、夢は人間にとって重要な注目の対象というだけでなく、人間のコミュニケーションの対象となった。過去と未来についてのナラティブを通じて、われわれは人類の文化を蓄積し、広めていった。その文化は、途方もない進化を続ける驚異の源であり、また、わずか数千年のうちに人間を洞窟から連れ出して、まだ自分の惑星で平和に暮らす方法すら学んでいないわれわれを火星へ連れて行こうとする、巨大な知の力だ。そしてこれらすべてのナラティブの中で、最も価値があり、最も強く望まれ、最も尊敬を集めたのは、部族長、シャーマン、司祭による、祖先、トーテム動物、神々に関する占いの夢であった。

心が作り出したものが海馬に宿る

これらの超自然的な存在は、脳のどの部分に表象されているのだろうか。海馬は複数の感覚から情報を受け取り、複雑な表象の体系化において決定的な役割を果たす。げっ歯類の海馬には、空間と時間の表象が存在することがすでに証明されており、また物体や同種の別個体に対する特定の反応も確認されているが、人間の場合、この問いの答えを探すことははるかに難しい。その主な理由は、ヒトの神経の記録を得るという作業に、現実的かつ官僚的な障害が存在するためだ。長らく謎のままだったこの問いに新たな展開がもたらされたのは、二〇〇五年、レスター大学のアルゼンチン人神経科学者ロドリゴ・キアン・キローガが、てんかん患者に関するある基本的な発見をしたときのことであった。てんかん患者にとっては、数日間入院して脳の活動をモニターするというのはごく一般的に行なわれる処置であり、その目的は、てんかん病巣を詳細にマッピングし、神経損傷を最小限に抑えて外科的に除去することにある。キローガの研究チームはその機会を利用して、人物、動物、物体、建物の写真で刺激を受けた患者の側頭葉——海馬を含む——の神経細胞の活動を調べた。その結果わかったのは、記録された神経細胞の中には、患者が物体の写真や、ビル・クリントン、ハル・ベリー、ルーク・スカイウォーカー、バート・シンプソンといった特定の人物やキャラクターの写真によって刺激されたときに、とりわけ活発に活動するものが存在する、ということであった。*36

この現象は、被写体となっている人物の姿勢や服装、その他の補助的な要素が、写真によって異なっていても、同じように発生した。さらには、キャラクターの名前が文字や口頭で表現された場合でも、望ましい反応を引き起こすことが可能であった。キローガが発見した細胞が示していたのは、それ自体が学習できるということ、そして新しい刺激に対して、別の好ましい刺激との関連づけを通じて敏感に反応するようになる、ということであった。これは、一つの画像が特異的な経路を通じて次々とほかの画像につながるという、思考の流れの連想性を説明するための妥当なメカニズムであるように思われる。

キローガの研究は、人間の側頭葉の神経細胞が、実在であれ架空であれ、特定の人々と関連する活動を示すことができるという初めての証拠であった。この結果が示唆しているのは、個人や対象を広範かつ柔軟な方法で表象する洗練されたメカニズムの存在だ。こうした表象が、多くの文脈的な違いがあっても変化しないという事実は、それらが高度な自律性と内的一貫性を有する、ほんとうの「創造物《クリーチャー》」を表していることを示唆している。脳の「内部」にもまた、内的に表象された独自の「外部」世界があるのだ。*37

想像をしているときに活性化されるさまざまな皮質領域は、想像される対象それぞれの特性や、それらを想起させる意図の体系化に関与している。これらの海馬‐皮質回路が組み合わされると、柔軟に記憶を組み替えて、代替的な過去および未来の可能性の両方を思い描くことが可能になる。こうした領域の一部、たとえば海馬や内側前頭前皮質などは、レム睡眠中にも活性化される。夢は昨日と明日の中間面に住まっており、目覚めのたびに夢を見る人に強い影響を与える可能性がある。だからこそ、過去を語り、未来を想像する膨大な能力を持つ人間の意識の源が、夢による覚醒時の生活への侵入にあると考えるのは、妥当であると言える。アイデアをシミュレートするための最初の精神的な空間は、われわれの祖先が覚醒時にこれを行なうことを学ぶずっと前から、夢であったに違いない。

物語を語る能力と時間の中を精神的に旅する能力は徐々に拡大し、それが過去数千年にわたる人間の文化的爆発の原動力となった。時間的次元の感覚が限られているほかの類人猿とは異なり、われわれの祖先は、狩りに出かけるのに最適な時期、果物を集めるのに最適な日、植えつけや収穫に最適な月を、より正確に予測する能力を向上させていった。そして実際に、歴史上のそう遠くないある時点から、われわれは過去に基づいて未来の短いナラティブを作り出すことができるようになった。より長い思考の鎖を記憶してそれを語る能力と、象徴化を得意とする活発な想像力とが組み合わさることにより、さらに複雑な計画を、より多くの変数をシミュレートしながら、より遠い未来にまで展開することが可能となった。人間の存在の物語は人々の記憶能力を拡大させ、それにともない、ますます豊かで多様なミームのレパートリーが構築されていき、そして文化は人々の生と死の物語を通して形成され、拡大していった。

ネクロフィリアと文明

今にして思えば、サルから人間への進化の旅は、死体への執着《ネクロフィリア》の増大によって特徴づけられていた。人間が喪に服する際の社会的規範は時と場所によって大きく異なるものの、死に直面したときの嘆きと驚きは、われわれ人間に広く浸透している行動だ。[*38] その起源がどこにあるのかは明確ではなく、ホモ・サピエンスやその他の霊長類の共通の祖先であるとも、あるいは、ゾウやイルカにさえもこの現象が見られるという記録があることを踏まえて、さらに古い時代であるとも考えられる。[*39] いずれにせよ、家族の遺体から自分自身を引き離すという行為にともなう抵抗感や悲しみを最も明確に示す動物といえば、チンパンジーとゴリラだろう。自然にミイラ化したチンパンジーの赤ん坊や子供の遺体は、場合によっては死後数日間から、長ければ数週間にわたって、母親が世話を続け、まるでまだ生きているかのように運んだり、面倒を見たりする。母親は自分の巣の中で死んだ子供と空間を共有し、死体から離れるときには明らかな苦悩を示す。成獣の暴力的な死がしばしば狂乱を引き起こす一方で、高齢個体の自然な衰弱に際しては、死亡前の世話、体の定期的な点検、生きている兆候を探すそぶり、攻撃的な振る舞い、または遺体をきれいにする、遺体の近くに子供や孫を長くとどまらせる、逆に死亡した場所を避けるといった行動が見られることがある。[*40] われわれから比較的遠い霊長類、たとえば屈強な体を持つエチオピアのゲラダヒヒにも、[*41] より単純ながら似たような行動が見られる。その行動は、愛する人の死に直面したときの人間の反応に非常によく似ており、霊長類の服喪に系統学的な連続性があることを示している。

一方、人間の場合はほかの動物と異なり、死者を生きている人々の近くに数年から数十年にわたってとどめるのが一般的であり、家やその周辺、祭壇や祠、村の中や郊外、あるいは地理的特徴がある場所、たとえば想像上の存在が宿るとされる神聖な木や岩、洞窟、滝、山などに埋葬したり、保管したりする。他者が何を感じ、何を考えているかを想像する能力は、動物や植物、生命のないものにまで投影され、生物であれ無生物であれ、どんな物体にも意図を帰する自由を持った心の理論を生み出した。危険な捕食者や生存のために必要な獲物に囲まれていたわれわれの祖先は、人間と動物とを混合させた宇宙論的なナラティブを通してさまざまな出来事を説明し、そうすることによって人間的な意識を目覚めさせていった。

世界の起源に関する神話は、われわれの種の進化の流れの中ではごく最近登場したものであり、これは実在および架空の存在、すなわちわれわれの祖先と融合した人間や野生動物を精神的に表現する能力が、かつてないほど拡大したことに起因する。夢の中でミームを組み替える神経生理学的機能が、その当時から今に至るまでわれわれの文化に存在するこの動物形態観――人間と獣とを混ぜ合わせること――の発展に寄与したことは間違いない。実際のところ、人間とほかの生物や植物、地理的特徴との混合は、ほぼ必然であったと言える。なぜなら夢の中では、表象が混ざり合うことを制限するものは何もないからだ。当然の成り行きとして、数え切れないほど繰り返された朝には、想像上の幻想的な動物たちが、驚きに打たれた祖先たちの意識に浮かんできたに違いない。その結果、人間の文化には動物形態観が広く浸透し、旧石器時代の「獣の王」、エジプトの強大な神アヌビス、ギザの大スフィンクス、クレタのミノタウロス、ヒンドゥー教の神ガネーシャ、黄道帯（「獣帯」）の射手座など、人間と動物とが混ぜ合わされた存在が数多く出現した。とはいえ、こうした現象は原始的な文化に限ったものではなく、サッカーチームのマスコットやウォルト・ディズニーのキャラクターなど、これに相当するものは現代にも存在する。われわれは、人間であったのと同じくらい長い間、野生の動物でもあったわけだ。

主観性はノスタルジアから生まれる

リオデジャネイロ連邦大学国立博物館のブラジル人人類学者エドゥアルド・ヴィヴェイロス・デ・カストロによれば、「アマゾン的な考えでは、「霊」とは、存在の種類やタイプを示しているのではなく、人間と非人間との非連続的な統合を示すもの」であるという。[*42] 最初の神々はおそらく、祖先と動物とが組み合わさったものであり、そこからは伝統文化に見られるアニミズム、トーテミズム、系譜的神話が数多く生まれた。[*43] 人間の精神進化におけるこの段階に関する客観的なデータが乏しいことに鑑みると、われわれにとれる最善の策は、現在の狩猟採集民を参考とすることだろう。こうした人々はほぼ常に、自己呼称として「ほんものの人々」を意味する言葉を用いている。狩猟採集という生活様式は、最古の二足歩行のヒト科動物が出現した七〇〇万年前から、野生の穀物の採集が農業へと発展した約一万一〇〇〇年前~七〇〇〇年前というごく最近まで、人間の暮らしの主流を占めていた。その多くが季節によって、またはときおり農業を行ないつつ、遊牧あるいは半遊牧の生活を送っている今日の狩猟採集民は、人間の意識の出現を理解するための重要な鍵を握っている。彼らの生活様式は時間という概念よりも古く、われわれが野生動物から人間になるまでの変遷を超えて続いてきた。

アメリカ先住民やシベリアの文化では、シャーマンは姿を変える能力を持っており、ヒョウや鳥、オオカミの体になることができると信じられている。たとえばエクアドル・アマゾンのフアオラニ族のシャーマンは、ジャガーの霊を自分の中に受け入れ、危険を覚悟で夢の中でこれと対峙し——睡眠中あるいはアヤワスカを摂取した状態で行なわれる——、狩りについての導きを受ける。[*44] こうした遭遇は、観点主義《パースペクティビズム》と呼ばれる人類学の概念に基づいている。観点主義では、世界には非常に多様で相互に異なる視点を持つ、さまざまな人間と人間以外の主体が住んでいるとされる。[*45] それは、アニミズムの基本的な概念のように、すべての動物に単純かつ平等に魂が与えられているというのとも、[*46] また、最も急進的な民族中心主義においてそうであるように、自分の集団以外の存在には人間性を認めないという考え方とも異なる。観点主義においては、それぞれの種は独自の視点を持つ意識の中心であって、たとえばそれは、ある先住民族のメンバーが別の民族集団と自分たちとを区別するために用いるのと同じ基準が、動物たちによって、人間やほかの動物に適用されるようなものと言える。[*47] つまり、ある先住民が野生のブタを狩る際、自身を人間あるいはジャガーであるとみなすように、ジャガーが先住民を狩る際には、自身をジャガーあるいは人間とみなす、[*48] ということだ——この場合、狩られる先住民は、ジャガーにとって野生のブタとなる。

ヴィヴェイロス・デ・カストロはこう言っている。複数のアメリカ先住民の文化では、「魂を持つものは何であれ主体であり、魂を持つものはだれであれ視点を持つことができる」[*49]。彼はさらにこう続ける。

……動物は人である。あるいは、自身を人格とみなしている。こうした考え方はほぼ常に、それぞれの種の顕在的な形態は単なる包み（「衣服」）であり、内なる人間的な形態を隠しているという考え方と関連している。内なる人間の形態は通常、同じ種の、あるいはシャーマンのような特定の種横断的な存在の目にしか映らない。この内なる形態は、その動物の「魂」あるいは「霊」である。それは人間の意識と形式上同一の意図性や主体性であり……動物の仮面の裏に隠された人間的な体のスキーマの中に具現化され得るものだ……。この「衣服」という概念は、メタモルフォーゼ――動物の姿をとる霊や死者やシャーマン、ほかの獣に変身する獣、無意識のうちに動物に変わってしまう人間など――を特権的に表現するものであり……このような観点主義と宇宙論的変移主義は……北米の北極圏やアジア、および世界の他地域の狩猟民族にも見られる[*50]。

こうした農耕前または半農耕文化においては、捕食は、個人の利益のための物理的または象徴的な獲得を通じて、自己とその社会的関係を構築する主要な鍵となる。しかしながら、世界は捕食関係に支配されているからこそ、そこには視点の逆転の可能性がある。つまり、狩る側は常に狩られる側になり得る、ということだ。人生とは、霊および自己の視点を持つ存在に対して、自らの視点を押しつけようとする絶え間ない闘争であるとみなされているため、捕食者と被食者との関係は、暴力的な出来事が終わったあとも継続し、両者に影響を与えると信じられている。狩猟者が、殺された獲物の霊を鎮め、その復讐を避けるために儀式を行なうというのは珍しいことではない。そこには、罪悪感とはやや異なる、報復への恐れ、具体的に言えば、想像の中ではまだ生きている死んだ生物の行動を通じて、自分が捕食者から獲物になるのではないかという強い恐怖がある。シャーマンのダヴィ・コペナワはこう言っている。

動物もまた人間である。だからこそ、われわれが彼らを虐待すれば、彼らはわれわれに背を向ける。夢を見ているとき、わたしはときどき、彼らの不機嫌で怒りに満ちた声を耳にする。そうしたとき彼らは、狩猟者を拒みたいと感じている。あなたがもし心から肉を欲しているのなら、獲物を慎重に矢で射抜き、その場で死に至らしめなければならない。そのようにすれば、動物は正しく殺されたと満足する。そうでない場合は、彼らは傷つき、人間に強い怒りを覚えて遠くへ逃げていく。[*51]

狩猟や戦争の場合と同じように、夢の中でも、他者の視点を押しつけられるリスクはある。ブラジル先住民のユルナ族にとって、屠殺された豚の夢は、彼らの魂が狩りに成功したこと、そして目を覚ました狩人が、その夢と同じ成功を収めることを意味する。一方、森の中を自由に走り回る豚の夢は、敵が自分たちの魂を追いかけており、狩人の行く手に現れることを意味する。そうしたときには、ユルナ族はその夢についてだれにも話さず、数日間、安全な場所にとどまるようにする。[*52] シングー先住民族公園で暮らすユルナ族の間では、だれかの近くにハゲワシがいる夢は、たとえ夢の中では生きていたとしても、その人物が死ぬことを意味する。なぜなら「ハゲワシは死肉しか食べない」からだ。夢の中というのはとりわけ、異なる視点――この場合はハゲワシの視点――の押しつけが起こることが多い。[*53]

神々や霊に対する信仰もまた、同様の文脈において生まれた可能性が高い。最初は、亡くなった親族、屠られた獲物、倒された捕食者の記憶に、生命やさまざまな力が宿っているとされていたに過ぎなかった。われわれの祖先は夢の中で、そうした記憶と熱心に対話を行なった。文明の発展とともに、夢の活動はやがて、アフリカ系ブラジル宗教のウンバンダにおいて今日「アルアンダの王国」と呼ばれているものへのアクセスを可能にする、魔法の入り口とみなされるようになった。祖先が住んでいる霊的な次元であるアルアンダは、何世代にもわたる人々の記憶の中で不滅化された神々の世界の胎芽だ。人類学者フランツ・ボアズが先住民クワキウトル族から収集した六八件の夢のうち、亡くなった親族や葬儀が登場するものは二五パーセントにのぼった。[*54] 先住民ピダハン族のある男性はこう言っている。「夢を見るとき、われわれは死者に近づき、死者とともにいる[*55]」

第16章　死者を悼むことと文化の内的世界

文化の発展において死者の記憶が基礎的な役割を担ったのは、ある程度偶然の成り行きであった。なぜなら、祖先の習慣、考え、行動を伝播する強力なメカニズムは「感情」であったからだ。愛するものを失って悲しみに暮れるチンパンジーに明らかに見てとれるように、亡くなった人の記憶は、われわれの種にとって決して消えることのない特徴となった。当然ながら、そこには愛だけでなく、これに相反する要素もかかわっていた。死者への愛とともに生じたのは、死者への恐れであった。エジプトからパプアニューギニアに至るまで、さまざまな時代や場所において、肉体を持たない霊を無害化したり、なだめたり、満足させたりするための儀式は、盛んに行なわれていた。中世イングランドでは、死者はひどく恐れられ、死体が墓から出てこないよう、手足を切断したり焼いたりするほどであった。ヤノマミ族の間では、葬儀の場で遺品を燃やすことが必須となっている。カトリック教会では今日においても、聖人の遺体は貴重な宗教的遺物とみなされる。

霊的存在のミームの伝搬はこうして、死者に対する肯定的および否定的な感情によって推し進められた。このプロセスが適応的なもの、すなわち美徳的で象徴的な循環へと変化したのは、亡くなった祖父母や両親が持っていた技術や知識の記憶のおかげであった。われわれの文化的爆発の根本的な原動力は、死者をどれだけ懐かしんだかにあったと言っても過言ではない。人間の意思決定を導く神の権威に対する信仰は、戒律、神話、教義、儀式、慣習的行為といった形で、世界に関する経験的知識の急速な蓄積をもたらした。数々の偶然や迷信に支えられたものであったのは確かだが、こうした信仰こそが、われわれの合理性の胎芽となった。宗教的シンボルの効果の確認や反証を通じて、原因と結果というものが学習されていった。

死者への崇拝は、旧石器時代から発展し、新石器時代を経て、青銅器時代に全盛期を迎え、壮大な墓と、これらすべての文化的蓄積を象徴する、文字による記録の始まりという遺産を残した。すなわち、数え切れないほど多様な宗教は、生殖能力と集団の結束を最適化するために選択された心理的・生理的自己調整の技術から派生したものであったと言える。[*1] 宗教は、非常に適応性の高い精神機能の手段であり、それがどれほどの成功を収めたかは、地球上のあらゆる場所で有神論の文明が覇権を握っていることが証明している。[*2]

四五〇〇年ほど前に歴史的記録が開始されたことで、われわれの種の進化のスピードは根本的に変化した。文学の誕生は、青銅器時代初頭のアフロ・ユーラシアで起こり、インド・ヨーロッパ語族とセム語族を巻き込んだ最初の大規模な文明融合の文脈の中で進行した。人口の増加、移住、軍事的征服によって、互いに類似する文化的な核を中心として、ますます大きな集団同士が結合していった。世代から世代へと知識を受け継ぐことが促進される中、知識への愛と親子間の愛情との結びつきは、神格化を通じて記憶・伝承され、われわれを文字通り成層圏のかなたへと押し出すほどの強力な力へと変貌した。しかし、ロケットの本体部分が、分離された部品をすべて捨て去りながら先へ進むように、今からほんの少し前の時代、アポロ11号に到達しようとする過程でわれわれは、人類の意識革命を始めるために活用した精神的なソフトウェアの大半を、そこへ置き去りにしなければならなかった。神々がどのようにしてわれわれを洞窟から連れ出したかを理解するためには、神々がどのようにわれわれを見捨て、またわれわれがどのように神々を見捨てたのか、その顛末を理解する必要がある。

アキレウスからオデュッセウスへ

九〇〇〇年前から六〇〇〇年前の中央アジアに起源を持つ原始インド・ヨーロッパ語族は、[*3] 枢軸時代にはアイルランドからインドに至る広範な地域に広がっていた。そしてこれらすべての場所、すべての言語、すべての民族において は、夢見ることと死との結びつきを示すうえで、類似のルーツを持つ語句が使われていた。神々が死んだ祖先のミームであり、あらゆる知識の所有者であり、またあらゆる運命の支配者であるとするならば、夢が降霊術《ネクロマンシー》や占いに用いられるようになった理由は容易に理解できる。青銅器時代には確実に、しかしおそらくはそれよりもずっと前から、人は夢の中で霊的な存在に助言を求めるようになっていた。だからこそ、古代の人々は、夢が必ずしも信頼できるものでないことをよく知っていた。一部の夢はよくまとまっていて、スリリングで、実用的でさえあるが、中には不出来でぎこちなく、不満を感じさせるようなものもあった。

紀元前八世紀から前七世紀に書かれた『イーリアス』では、アキレウスの夢に、トロイアの王子ヘクトールによって戦闘中に討たれた親友パトロクロスの霊が現れる。アキレウスは友を抱きしめようとするが、パトロクロスは奇妙な音を立てて地面に消えていく。この何とも物足りない結末の夢は、単なる思考上の中途半端な構築物であって、失望感を表現したものに過ぎなかった。一方、『オデュッセイア』では、夢は欺くものとして、また神の支援の源として登場する。第四歌では、ペーネロペーの求婚者たちが彼女の息子テーレマコスを暗殺する計画を立てているとき、女神パラス・アテナが王妃の夢に現れて、息子のことは心配いらないと告げる。第六歌では、アテナは王女ナウシカアーの夢に姿を現し、今は眠っているが、彼女の助けを必要としているオデュッセウスに、彼女を会わせる算段をする。第一一歌では、テイレシアースの予言を聞くためにハデスの冥界に入ったオデュッセウスが、亡くなった母親に会い、彼女から助言を受ける。オデュッセウスは母を三度抱きしめようとするが、抱きしめたのは三度ともただの幻であった――こうして神託のように思えた夢は、失望に終わる。さらに、第一九歌では、オデュッセウスはすでに死んだと思い込んでいる求婚者たちに悩まされるペーネロペーのもとに、物乞いの扮装をしたオデュッセウスが現れる。ペーネロペーは彼に、昨晩見た夢では、オデュッセウスと同一の存在たるワシが、求婚者たちを象徴する二〇羽のガチョウを殺したと告げる。偽の物乞いは、オデュッセウスは必ず戻ると彼女に告げ、翌日、予言通りに矢と槍でライバルたちを皆殺しにする。

第3章で見たように、アキレウスの精神性からオデュッセウスのそれへの移行は、今日のわれわれに近い意識への移行を表している。アキレウスは過去に対するノスタルジアも、未来に対する計画も持ちあわせていない。彼が望むのは現在の戦いの栄光だけであり、それを達成するために、自身がアテナの命令に完全に従うことを許容する。アキレウスが他者の声に導かれるのに対し、オデュッセウスは頻繁に自分自身に語りかけ、行動の因果関係を逆転させる。アキレウスのようにただ刺激に反応するだけでなく、オデュッセウスは状況を予測し、未来を自分の思い通りに変える。トロイア人の感じ方や考え方を理解し、また彼らの信念と物語を理解することによって、オデュッセウスは、もし彼らが巨大な木馬を見たなら、これはギリシア人が故郷への無事な帰還を願って神々に捧げたものであるに違いないと解釈するだろうと予測する。オデュッセウスはまた、トロイア人が木馬を難攻不落の街の中へ引き入れ、自慢の戦利品とするだろうとも考えた。この想像上の未来を念頭に置き、オデュッセウスはギリシアの戦士たちを木馬の中に隠し、トロイアの門を開けさせる計画を立てた。

ときには超自然的な力に助けられることもあったにせよ、オデュッセウスが戦争に勝利したのは、神からの霊感によるものではなく、自身の内面へと旅する明晰さによって、他者の立場に立って自分自身を想像することができたためであった。トロイア人にも自分と同じような心があり、彼らが捧げものに対して予想可能な反応をするだろうと、オデュッセウスは考えた。他人が何を考え、感じているかを想像することができる「心の理論」を用いるからこそ、オデュッセウスは嘘をつき、欺くことができる。なぜなら、そうした行動をとるには他者――トロイア人――と自分とが、たとえ相手がこちらの知っていることを知らなくとも、心理的に似ていると仮定する必要があるからだ。

ホメロスによるトロイア戦争の物語は、おそらくは紀元前一二世紀にアナトリアで起こった特定の包囲戦にヒントを得たもの、あるいはミケーネ人による小アジアへの複数回にわたる侵攻を一つの話にまとめ上げたものであると思われ、青銅器時代の終わりと鉄器時代の始まりを特徴づける、大規模な文明崩壊にまつわる重要な記述となっている。わずか三世紀の間に、アフロ・ユーラシアでは、トロイア、クノッソス、ミケーネ、ウガリット、メギド、バビロニア、エジプト、アッシリアといった強力な都市国家や帝国全体が、一時的あるいは永久に消滅した。人口過密、殺傷能力の高い武器、頻発する戦争、海上の侵略、陸地での移住、識字率の低下、致命的な疫病、食料不足、飢饉、社会的混乱によって、神の計画は揺さぶられた。旧石器時代にルーツを持ち、迷信的な因果関係によって何千年もの間支えられてきた神々への古式ゆかしい信仰体系は、崩壊を始めた。

この深刻な社会危機においては、夢の神託はもはや、大量かつますます予測不可能になる現実の問題への適応的な解答を提供することができなかった。これらの問題はすなわち、社会が抱えるそうした多面的で複雑な問題と、この新たな時代に再び登場した「殺す、生き残る、子孫を残す」の三つから成る古ぼけたロジックとが混ぜ合わされたものであった。王や将軍は、自分たちが行動の指針を失ったことに気がついた。彼らにはもう、神格化された祖先たちの思慮深い声を聞くことはできなかった。神々のミームの神経的反響は、文字の普及によってさらに損なわれた。文字は時間と空間を超えて移動し、読み手に語りかけることが可能であり、しかも、読み手の側が幻覚によって超自然的な声を受け取る必要もない。青銅器時代末期の文学には、神々の沈黙を嘆く人々の声が大量に記録されている。かつてはあれほど積極的に命令を下していた神々の声が、今やすっかり静まり返り、人類は自分の心の中には自分以外にだれもいないことを知った。この崩壊（紀元前一二〇〇〜前八〇〇年頃）ののちにようやく枢軸時代が始まり、今日のわれわれが持つものに似た人間の意識が覚醒した。紀元前三二六年、アレクサンドロスがインド北部に侵攻した時点で、インド・ヨーロッパ語族とアフロ・アジア語族はすでに、宗教、政府、商業、貨幣、文学についての共通の思想のもとに進化を始めていた。これ以降、われわれは世界をより合理的に支配するようになり、夢を見る人々は、夢の中の現実との密接なつながりを失い始めた。かつては魔法と神秘に満たされていた夢という世界は、徐々に奇妙で居心地の悪い場所になっていった。

神託は続く

とはいえ、夢がその地位を急速かつ完全に失ったわけではなかった。古代を通じて、夜の神託が私生活および公共の行政において重要な地位を保ち続けたことは、ギリシア＝ローマ文化に十分に示されている。ユリウス・カエサルとカルプルニアがカエサルの暗殺前夜に見た例示的な夢は、ローマの政治的組織にとって極めて重大な内容であり、またどちらも予知的な性質を持っていた。カエサルの夢は天に昇ってユピテルに会うという比喩的なものであり、恍惚とあらゆる世俗的な悩みの昇華を表していた。一方、カルプルニアの夢は、完璧な予測と残酷な予言によって示される具体的な恐怖であり、アルテミドロスが用いた用語で表現するならば、「法則的」な夢であったと言える。

夢が持つ占い的な力への信仰は、絶滅した社会や、いわゆる原始的な社会に限定されるものではない。

今日に至るまで、都市部であれ農村部であれ、夢を結婚、旅行、不動産売買、契約、金銭的な賭けごとに影響を与える警告あるいは予兆として解釈する人は至るところに存在する。ブラジルでは、「ジョゴ・ド・ビショ（jogo do bicho）」というギャンブルにおいて、夢に出てきた特定の動物に賭けるという習慣が広く行なわれている。試しにグーグルで「sonho（ソーニョ）」――ポルトガル語で「夢」の意――という言葉と「jogo do bicho」とを併せて検索してみたところ、三五万件の関連ページがヒットした。アマゾン地域で広く読まれているパラー州の主要新聞に掲載されたあるニュースからは、この賭けに夢中になる人々の熱狂が伝わってくる。

個人事業主のパウロ・ロベルト・ダ・シルバ（四六歳）は、毎日ジョゴ・ド・ビショに勤しんでいる。……このギャンブラーの想像力をもってすれば、あらゆるものが動物に変わる。「わたしは何でも夢に見ます。その夢を解釈して、ここへ来て賭けるわけです。何であれ賭けのインスピレーションになりますよ。雲の形だっていいんです。……一度一二〇〇レアル勝ったこともありますしね、またあれをやりたいもんです[*4]」

この現象は労働者階級に限ったものではない。一九一三年末、チューリッヒ近郊の親戚を訪ねるために汽車で移動している最中、ユングはある不穏な夢を見た。夢の中では、ヨーロッパ全土が血の海に浸かり、死体がそこここに浮かぶおぞましい洪水の現場と化していた。翌年、第一次世界大戦が勃発すると、そこでようやくユングは、あの夢が正確に未来を予見していたことを悟った[*5]。それから数十年後、ユングはドイツの患者たちが見る夢の分析を通じて、ヒトラーの台頭と悲惨な成り行きをもたらすナチズムによる支配を、強烈な既視感とともに予見することになった[*6]。これらの話は、文化的な歴史が予測可能であることを示唆している。なぜならそれは、何世紀にもわたる元型的なミームの更新を通じて発展するからだ。ユングは言っている。

ドイツに何かが迫っていること、とても大きく、非常に破滅的な何かが起こりつつあることを、わたしは確信していましたし、わたしはただ無意識の観察のみを通して、そのことを知りました。……自分の内界を観察するとき、人は動くイメージ、一般に空想として知られているイメージの世界を見ますが、それらの空想は事実なのです。人間がさまざまな空想を抱いている、というのは事実であり、たとえば、ある人が特定の空想を持っていることで、別の人が命を落とすこともあり得るほど、非常に具体的な事実なのです。……そもそもの始めはすべてが空想だったのであり、空想にはきちんとした現実性があることを忘れるべきではありません。空想は無ではなく、もちろん具体的な物質でもありませんが、それでもやはり事実なのです。……精神的な出来事は事実であり、現実であり、内なるイメージの流れを観察するとき、人は世界、すなわち内なる世界の一側面を観察しているのです。[*7]

もし内的世界が外的世界と同じように現実であるならば、予知夢を自然界の事実であるとみなす必要がある――ただしこれは、夢を解釈した内容もまた、自然の事実であるという意味ではない。確率的な神託の効力を否定することと、その予知を盲目的に信じ込むことは、どちらも同じくらい危険な行為だ。BBCの報道によると、イングランド在住のルーマニア人、フローリン・コドレアヌは、繰り返される悪夢に悩まされていたが、あるとき、妻に浮気されている夢を見、怒りに駆られて目覚めると、そのまま妻を絞殺してしまったという。犯行の動機は夢であったと主張したものの、この男は二〇一〇年、無期懲役の判決を受けている。[*8]

カーネギーメロン大学とハーバード大学が実施したある研究では、調査対象となった人の大多数が、夢は日常生活に現実的な影響を与え、意思決定や社会関係に影響を与えると答えている。[*9] 六八パーセントのケースでは、そうした影響は、夢は未来を予測できるという信念によって正当化されていた。インタビューを受けた人々は、自分が飛行機のチケットを持っていると想像したうえで、以下の四つの代替的シナリオに直面したとき、旅行の計画を変更するかどうかを問われた。その四つとはすなわち、テロ攻撃の可能性があるという警告、目を覚ましている間に起こる飛行機墜落の可能性にまつわる侵入思考、それと同じ主題についての夢、そして、同様の内容が書かれた新聞記事だ。驚くべきことに、ほかのすべてのシナリオと比較して、旅行をキャンセルする可能性が最も高いと答えた人の割合が最も多かったのは、「夢を見たあと」であった。

無限のパズル

ここまでのわれわれの旅を要約すると、まず重要なのは、自然界においては動物は常に同じ問題に直面すると認識することであり、その問題とはすなわち、死なないこと、食べるために何かを殺すこと、繁殖することだ。毎日が戦いであり、重大な問題はそのすべてが同じテーマのバリエーションというこの非情な世界において、夢は睡眠の付加的な機能として、現実世界で試す前に行動をシミュレートすることができるよう進化した。真に危険で極限的な状況にある場合、夢は死を逃れさせてくれる命の創造者となる。一方で、社会の中で暮らし、生活のための物質的条件を備えた人間にとって、これらの三大問題は、無数のささやかな悩みや制限、叶わぬ願望に取って代わられる。そうした状況においては、夢ははるかに曖昧で複雑な織物、いくつものジグソーパズルが互いに重なり合いながら一斉に組み立てられているかのような、物語のパリンプセストとなる。これにより、夢の体験に織り込まれた多様なナラティブの糸を解きほぐして解釈する必要性が増大する。

だからこそ、夢がもたらす意識の拡大や深化による肯定的な可能性を認識することは非常に重要だ。それは、自分自身の無意識を探求するまたとない機会となる。夢を語り、解読することは、今も昔も伝統的なセラピーの基本であり、その形式としては、マチュピチュの夢解釈者のように、そうした役割を専門とする個人を媒介する場合もあれば、ブラジル先住民シャバンテ族のように、夢を体験し、説明する能力が広く社会化されている場合もある。夢のナラティブ、筋書き、登場人物は、個人としてというよりも、集団として経験されるものだ。まるで合成されたポートレートのように、一つひとつの物語は、未来を理解しようとする試みのために、過去の断片を組み替えることによって成り立っている。一般に心理療法にかかわる人々——特に精神分析医——は、夢の分析において、シャーマンと同じ役割を持つ者として行動し、起こったことを紡いだり、解きほぐしたりする作業においては多かれ少なかれ同じリソースを使用する一方、経験された現象についての説明においては、それぞれで大きく異なる。

心理療法を行なう人々にとって夢が内的な象徴の主たる源であるとするならば、多くの伝統文化においては、夢の体験とは、もう一つの精神的現実であると同時に、物質的で、具体的で、知覚可能な現実のことでもある。そうした文化に深く根ざした人々にとって、覚醒と睡眠との対比は、物質的と非物質的、あるいは有機的と精神的という区別にはまるで当てはまらない。カンピーナス州立大学のブラジル人人類学者アントニオ・ゲレイロは、シングー川上流地域のカラパロ族においては、夢の中を旅する魂は、「ほかの存在（敵、精霊など）の視点から知覚される、またそうした存在自身の論理に従って彼らと関係を持つ、各存在の可能性」に相当すると述べている。[*10] この説明に従って考えると、夢とは自分自身の中に深く潜ることではなく、報酬や脅威をもたらす可能性のある旅に——自発的であろうとなかろうと——出ることである、ということになる。コロンビアとベネズエラの間の国境北部に位置するグアヒラ砂漠のワユー族の間では、寝る前にこう挨拶を交わすという。「いい夢を見たなら、また明日会いましょう」[*11]。この言葉は、ワユー族にとって、夢を見ることが危険をはらんだものであるということを示している。なぜなら彼らは、夢の中では死者の霊が世界をさまよい、出来事を予言し、注意を怠った者たちに病を引き起こすと信じているからだ。

外科的な言葉

世界中の心理療法のカウンセリングルームにおいては、夢に表れる危険を安全な場所で再訪するという試みが行なわれている。オーストリア人の精神科医で精神分析家のエルネスト・ハルトマンは、夢はそれ自体が心理療法のような働きをし、夢を見ている人が通常の覚醒時においては互いにかかわることのない思考同士を組み合わせて、安全な場所でつながりを作ることを可能にする、という考えを最初に擁護した人物の一人だ[*12]。一方で、数え切れないほど多くの文化において、夢を見ている時間は安全とはほど遠いものと認識されている。安全が確保されるのは睡眠が終わったあとのことであり、皆と朝の会話を交わしたり、ハンモックの上で伸びをしたり、大あくびをしたりしているときだ——そうした空間では、人々は話をし、人の話に耳を傾け、何度も繰り返し夢の内容を語ることで、新しい意味づけを確立させることができる。いわばティピーの中が、カウンセリングルームのソファのような役割を果たすわけだ。

数十年にわたって執拗な批判にさらされたあと、精神分析は今、その最も重要な前提のいくつかが再評価されつつある。トラウマ記憶を軽減するための、科学によって支持されているそのほかの方法と同じく、安全でリラックスした環境での「自由連想」という精神分析の手法は、トラウマの穏やかな想起を促すことによって、ストレスを減少させ、その成り行きに対処するという、大きな治療的価値を持っている。心的外傷後ストレス障害の治療には、各種リラクゼーション法、瞑想、トラウマ的ナラティブへの馴化《じゅんか》、脅威のない文脈での認知的再解釈、反復的な感覚刺激、薬物の投与など、さまざまなタイプの心理療法が含まれており、これらはすべて、トラウマ記憶を自発的に再活性化したあと、それを弱めることを目的としている。[*13] 対象が精神病患者である場合にも、薬だけに頼るよりも、薬物治療と心理療法とを組み合わせた方が良好な結果を得ることができる。[*14] これは、患者が自身の病気についてある程度の知識を得ることによって、自分に取り憑いている幻覚や妄想に対して、批判や疑念を抱くことが可能になるためだ。練習を重ねることにより、患者は声が聞こえるなどの最も侵入的な症状を軽減したり、完全に遮断することさえできるようになる。患者とセラピストとの間で交わされる対話は、主流医療の観点から見れば、技術的には単なるプラセボに過ぎないものの、慢性の腰痛治療のための軽度の電気刺激のような、本来は象徴的な領域からかけ離れている治療においても、その効果を高める力を持っている。[*15] 共感を持つ医師と持たない医師との違いは、どんな患者にも感じ取ることができる。多くの臨床医から否定され、またさほど広く知られてはいないものの、思考の自由連想、発話の解釈、患者とセラピストとの間の感情の転移という精神分析の三要素は、理解と慰めを求める人間の必要性を通じて治療に影響を与える。

ユングは心理療法を外科手術になぞらえたが、それはおそらく、抑圧された内容への気づきを得ることが成功した場合、それによって心理的な傷がふさがり、焼灼《しょうしゃく》されるように感じられるためだろう。しかし、メスやガーゼを用いる外科医と同じように、心理療法を行なう者の場合も、その作業がうまくいくときもあれば、いかないときもある。うまくいかなかった場合には、治療そのものに起因する傷跡が表れることも少なくない。また、非常に情動的な記憶は極めて消えにくい。ほかの医学分野になぞらえた比喩をもう一つ付け加えるなら、精神分析とは一種の情動の理学療法のようなものであると言える。それは記憶のマッサージであり、また、自分の思考、体、限界と願望についての認識を高めるものであり、それによって記憶を再構成し、心の炎症を抑えることを可能にする。さらに穏やかな比喩を用いるならば、話をすることによる治療は、髪のもつれを直して固い結び目を解くようなものと言えるだろう。

再固定と心理療法

感覚に基づくこうした治療効果の分子的基盤は、厳密に言えばまだ不明であるものの、おそらくは今後、記憶の再固定化、すなわち、すでに獲得・固定化された記憶が、あとから思い出されたときに変更されるプロセスの発見を通じて、明らかになっていくと考えられる。これに関する古典的な研究としては、エジプト系カナダ人の神経生物学者カリム・ネーダーが、ニューヨーク大学の神経生物学者ジョセフ・ルドゥーの研究室の博士研究員だった時代に実施したものがある。一九九九年の冬、ネーダーは、一九六〇年代に行なわれた研究の中に、記憶を再活性化したあとに何らかの操作を行なうことによって、これを修正できる可能性を示唆しているものがあることに気がついた。ネーダーはしかし、疑いを抱いていた。「時間の無駄だ。こんなものうまくいくわけがない」。それでも、この異端的なアイデアを再検討することにしたネーダーは、聴覚信号のあとに弱い電気ショックを与えてラットを訓練した。この一連の出来事により、ラットは音は衝撃の前に来るということを記憶して、音が鳴ったときには身動きをとることができなくなった。次にネーダーは、二四時間待ったあとに再び聴覚信号を発し、今回はショックを与えずに、新たなタンパク質の生成を阻害する物質を脳に注射した。この注射の対象は、特定の刺激に対する恐怖のコード化にかかわる扁桃体の脳領域であった。翌日および二ヵ月後にテストしたところ、ラットはもはやあの音を聞いても体が固まるようなことはなく、すでに音とショックとの関係を「忘れて」いた。[*16]

当初は同分野の専門家からかなりの抵抗があったものの、記憶の再固定化という現象は、いくつかの動物モデルにおいて、さまざまな方法で再現が行なわれた。このときの研究によってネーダーは、その功績に値する名声と、マギル大学心理学教授としての地位を手にした。今日では、われわれは記憶は獲得の直後に一度だけ固定化されるわけではないことを知っている。それどころか、記憶は想起され、引き出され、再活性化されるたびに再び可塑性を取り戻す。こうした記憶の可塑性の更新は、学習環境で覚醒時に活性化されるものと同じ、遺伝子調節とタンパク質生成のメカニズムに依存している。再度思い出されるたびに、記憶は部分的に再構築される。*17 時の試練に耐え、安定していると考えられている強固かつ古い記憶でさえも、その内容や関連する情動に変更が加えられることがある。マーク・ソームズは、古い記憶を再訪することは、われわれの人生に肯定的な影響をもたらす場合があると指摘している。

学習の目的は記録を維持することではなく、予測を生み出すことにある。成功した予測は潜在的なままとなり、予測の誤り（「驚き」）のみが意識を引きつける。これはフロイトが「意識は記憶の痕跡の代わりに発生する」と述べたときに念頭に置いていたことだ。再固定化の目的、そして心理療法の目的は、世界において願望を満たす方法についての予測を改善することである。*18

既存の過去の経験を再訪・修正する限りにおいて、夢は記憶を再固定化するためのとりわけ強力な機会とみなすことができる。

しかし、これだけではまだ、夢が夢を見る人の心におよぼす驚くべき影響を説明するうえで十分とは言いがたい。睡眠によって引き起こされる分子的・細胞的現象が、自身の個性化の過程に大きく関連する心理的変容体験としての夢にどのように関係しているのかが解明されるまでには、まだ長い道のりが残っている。この旅は、自分自身の本能や衝動（特に社会規範と対立するもの）への意識の向上を通して、また、常に経験しているにもかかわらずほぼ気づくことのない心の明暗をよりよく認識することを通して、われわれを無意識からの積極的な記憶の回収へと導いてくれる。夢の象徴の解釈は、「これかあれか」ではなく、「これもあれも」という形で行なわれるべきだ。なぜなら、象徴が持ち得る意味には膨大な多様性があり、それらの中には複数のイメージの間の絵画的な関連だけでなく、むしろ言語内および言語間の多義性を含む、多くの意味論的、統語論的、音声学的な関連から生じるものが少なくないからだ。この広い言語的空間でコード化されたアイデアと感情の共有関係により、自伝的経験は構築され、そこでは正規および非正規の教育が組み合わされて、独自の見解、リアルな主体、真の視点を持った唯一無二の個人が創造される。精神的空間は無限とまでは言わずとも、ひたすらに広大なのだ。

第17章　夢を見ることに未来はあるか

ヴィシュヌ神が宇宙を夢に見ることでそれを現実のものにしていると信じることにより、ヴェーダ文化の人々は、夢を見る、想像する、計画を立てる、そして何かを実現する際に人が発揮する力についての力強いメタファーをわれわれに遺した。意図せずに夢を見ることは、人間にとって普遍的な状況であり、また必然である一方、意図を持って夢を見ることは根本的な生き方の選択となる。これを体験するにあたっては、人それぞれの目指すところに応じてさまざまな方法があり、崇高な目的の探求のために、神秘主義に傾倒したり、科学的な研究を行なったり、果てしない思想や知識に没頭したりする人もいれば、まるでエクストリームスポーツのように精神を酷使して、強烈な情動を引き起こす人もいる。強烈なレム睡眠の最中であれ、スーフィーの儀式で絶え間ない回転を続けている最中であれ、あるいは幻覚をもたらすコロラドリバーヒキガエルの分泌物の影響を受けているときであれ、知識を求めて言葉に尽くしがたい光に向かって突き進むというのは、心の内側に向かう道をたどることであり、これによって人は、何かを明らかにしたり、触発したり、感動させたり、変革したり、治癒したりすることが可能な状態に到達しようとする。

夢によく似たそのようなトランス状態に入る方法としては、断食、睡眠剝奪、感覚遮断、肉体的な試練、または単に入眠することなどが挙げられる。当然ながらこれは、ヤノマミ族のシャーマンやヒマラヤのヨガ行者、カリフォルニアのヒッピーだけが手にできる特権ではない。身近な例を一つ挙げよう。ブラジルをはじめとする各国に信者を増やしている新ペンテコステ派は、神秘的なトランス体験を重要視している。「神の王国ユニバーサルキリスト教会」が放送しているFMラジオ番組では、恍惚状態で聖霊と遭遇することを目的として、寝ずの祈禱、目的声明、寄付、償いなどが提唱されている。こうした類の教会が世界中で大きく成長していることは、ある意味当然と言える。なぜなら彼らは、厳しい日常の現実の中で働き、苦しんでいる人々に、パワフルで心地よいトランス状態を約束するからだ。

世界各地の聖職者によって喧伝されている意識の変容への約束は、多種多様な方法で達成される。そうした方法としては、神々、天使、悪魔、精霊、儀式、舞踏、生贄によるものから、幻覚をもたらすことが知られている植物・動物・菌類を使うものまで、ありとあらゆる種類が存在する。非常に多種多様であるにもかかわらず、こうしたチャネルを通して到達されるすべての精神状態には、共通する一つの真理が存在する。それは、それらが「存在しないもの」を呼び起こし、「存在するもの」からの逃避を可能にする、ということだ。夢を見るという状態は、あり得る何かを想像するために現実から遠ざかることを通して起こる。告解室の中の非干渉的な観察者の前で、あるいはベッドの脇にひざまずいて神と語り合う親密さの中で、信者は抑圧的な現実から逃れようと試み、人生に意味を与えてくれる可能性がある神秘的な接触を切望する。

カナダの亜寒帯で暮らすビーバー族の人々は、飢餓に瀕した際、狩りの獲物がどこで見つかるかを知るために、夢のトランス状態に入る。アマゾンの密林に住むヒバロ族の猟師たちは、アヤワスカを飲むことによって狩りの成功を祈願する。目を覚ましているときの生活が現在だとするならば、未来と過去の可能性はトランス状態に属しており、そこにはまた、なかったもの、これからあるかもしれないものなど、代替的な未来の地平、すなわち事実に反する世界も含まれている。

夢の解読

夢の科学は大きな進歩を遂げているにもかかわらず、夢を見ることの性質と人間の行動におけるその役割については、学ぶべきことがまだ多く残されている。この現象に関する極めて基本的な疑問でさえ、最近ようやく解明されたものや、いまだに説明されていない謎が存在する。ほんの数年前まで、睡眠と記憶の分野で最も重要な研究者たちの中には、夢の内容の記述には、睡眠中の実際の経験が反映されているわけではなく、睡眠が終わった直後に、すでに目覚めている脳によって素早く行なわれた創作に過ぎないと考える者もいた。こうした意見は、もとは一九世紀に、フランスの医師ルイ・アルフレッド・モーリーが、同時代の人物であるエルヴェ・ド・サン・ドニ侯爵が支持する考えに反対する形で提唱されたものだ。*1 一九五六年、米国の哲学者ノーマン・マルコムはこの課題に立ち返り、意識の無意識状態に言及することの論理的矛盾に基づいて考察している。*2 マルコムにとって、夢は言語的な欺瞞であり、現存しない精神現象であった。われわれが夢について何かを知るのは、目覚めているときに語られる説明からでしかない。夢の説明を夢が過去に存在していたことの証拠であると考えるよりも、目覚めているときの生活そのものの現象として捉えた方が賢明であるだろうと、彼は考えていた。

それから二〇年後、別の米国人哲学者で、現在タフツ大学に所属しているダニエル・デネットが、この議論を復活させた。もし夢が事後的にしか知り得ない現象であるならば、それが実際には睡眠中の、ある程度の意識をともなう「主観的体験」を表しているのではなく、むしろ目が覚めたときに初めて主観的な経験となる、シナプス修正の無意識的な蓄積であるという可能性を排除することはできないのではないか、というのが彼の問いかけであった。[*3]

夢の形成はもっぱら目を覚ましたあとに起こるという考えに異を唱えることは不可能であると、デネットは考えていた。明晰夢を見ているときに表れる夢と眠りの同時性さえ、証拠とは認められなかった。なぜなら、明晰夢の存在の客観的検証もまた、すでに経験された夢の主観的報告に依存していたからだ。夢は夢を見る人自身の言葉による報告を通じてしか知り得ないという、一〇〇年前のフロイトの考えに同調するデネットは、極めて強硬な夢懐疑論の擁護者となり、夢が存在することさえ認めなかった。

ところが、心的イメージを解読する画期的な手法の登場により、こうした意見には疑義が呈されることとなった。過去一〇年間で、カリフォルニア大学バークレー校のジャック・ギャラントとカーネギーメロン大学のトム・ミッチェルが率いる米国の研究チームは、機能的磁気共鳴を用いた脳活動の画像化を通じて、人が密かに見たり考えたりしていることを明らかにできるアルゴリズムと実験プロセスを開発した。[*4] SF作家のアイザック・アシモフが見たなら大喜びしたであろうこのメソッドでは、そのベースとして、さまざまな刺激に繰り返しさらされたときの人々から収集された膨大なデータが用いられる。次に、機械学習技術を用いて関連する情報が検出される。そして、大脳活動のパターンとそれに対応する刺激の膨大なデータライブラリを用いて、付随する神経活動に基づいた新しい刺激の予測が行なわれる。

このメソッドによってもたらされた驚くべき発見の一つは、視覚的に提示された多様なカテゴリの対象(人、動物、車、建物、道具)の意味表象が、大脳皮質全体にマッピングされているという証拠であった。脳内にマッピングされた概念は、まるでグローバル化された世界に散らばる国籍のようだ。どんな場所にも、あらゆる国出身の人々が住む状態になっている。異なるカテゴリの物体の表象はどうやら、重なり合うことなく、互いに隣接しているように見える。ただし、実験対象者に対して、視覚刺激として使用されている映像から特定のカテゴリを探すよう指示が出されたときには、多くのボクセル(機能的磁気共鳴画像法における空間的測定単位である三次元のピクセル）が、本人が注意を向けたカテゴリに向かって反応を調整する。これにより、特定のカテゴリ（たとえば「男性」）だけでなく、意味的に関連するカテゴリ（たとえば「女性」、「人」、「哺乳類」、「動物」）が拡大する。一方で、対象のカテゴリと大きく異なるカテゴリの表象は圧縮された（たとえば「テキスト」、「飲みもの」）。特定のカテゴリに対して注意が向けられると、表象される対象間の意味的関係に従って、表象のマップ全体に歪みが生じる。[*5] この現象には意図、イメージ、言葉がかかわっている。

知覚と記憶の神経機構に関するまったく新しい側面を明らかにしたというだけでなく、脳のデコーディングという新たな分野から得られたこうした結果は、思考の不可侵性を破るものであり、重大な実存的意味を持っている。テクノロジーによって他人の心を「読む」ことが今や、まだ初期段階とはいえ、可能になったわけだ。そして、このアプローチはさらに先へ進んでいる。夢に対するデコーディングメソッドの最初の応用は、二〇一三年、学術誌『サイエンス』に発表された。日本の神経科学者、神谷之康が率いるチームが、電気生理学的にはレム睡眠によく似ているN1睡眠（入眠時睡眠）の初期段階において、心的内容のカテゴリをデコードすることに成功したのだ。ただし、N1のエピソードは通常、レム睡眠のエピソードよりもはるかに短いため、N1の夢も一般的に短く、映画というよりも単発的なシーンという方が近い。感覚器官から遠く離れた脳領域の信号を利用して、神谷と同僚らは、特定の夢の特徴（たとえば「車」、「男性」）を、七〇パーセントの確率でデコードしてみせた。[*6] まだ初期段階にあるとはいえ、この研究の内容は、夢は目覚めた直後に形成されるという仮説を検証するうえでは十分なものであった。その結果、神経信号と心的内容の相関が最も高まるのは目覚めの約一〇秒前であり、その後は低下することが示された（図15）。言い換えるなら、夢は睡眠のあとではなく、その最中に形成される、ということだ。

より最近では、ジュリオ・トノーニと彼のチームが、電気的脳波を調査した際に同様の結果を得ている。

彼らは夢のデコードに成功し、顔、場所、動き、話すことといった特定の心的カテゴリの表象に関与する脳領域の活性化に基づいて、夢を分類してみせた。[*7] 神経デコーディングの出現により、ついに他人の夢の一般的な側面を発見することが可能になり、いずれは二次的な編集――夢そのものではなく、夢について語ること――を完全に排除して、夢の内容に「直接」アクセスできるようになるとの期待が高まっている。理論的には、これによって抑圧や検閲、付随的な連想から完全に解放されて、夢の原材料にアクセスすることが可能になる。

夢の中で体験する特定のイメージのシークェンスを解読することは、科学にとって真に新しい科学的対象を明らかにすることであり、ある意味では、かつて純粋な物質を単離した最初の化学者たちによって、あるいは望遠鏡や顕微鏡のレンズの研磨法の発明によって達成された進歩と、肩を並べるものと言えるだろう。神経科学におけるこうした進歩は、夢の物語に常につきまとっていた不確実性の終わりの始まりのように思われる。夢に信頼性がなかったからこそ、ユリウス・カエサル、コンスタンティヌス、フリードリヒ三世、アウグスト・ケクレ、その他大勢が見た、自分にとって都合のいい夢に対する懐疑論は正当化されてきた。将来的には、クーデター、宗教的な転換、政治的な立場を明確にしないこと、根拠のあやふやなオリジナリティなどを、ただそれらしい夢を引き合いに出すことによって正当化することは、ますます難しくなっていくだろう。夢の透明性の時代が近づきつつあるのかもしれない。

とはいえ、こうした進歩はごく最近のものであり、今は忍耐強く待つ必要がある。先駆的な夢のデコーディングが、ほんとうにこの現象を客観的に理解する道を開くかどうかについては、まだ議論が残っている。くれぐれも忘れずにおくべきなのは、この方法自体、夢を見た人に自身の夢を語らせることを必要としており、それによって加えられる二次的な変換が、その後の脳の画像診断結果を評価するためのサンプルとして使われる、ということだ。加えて、デコーディングには、膨大な視覚イメージとそれに対応する脳の反応を集めたデータベースの構築が必要であり、各刺激に対する言語的なタグ付けは、機械ではなく研究者によって行なわれる。そうしたイメージと反応のペアを大量にコンピュータネットワークに提示することによって、さまざまな概念に対して特に関連があるパターンを認識・分類できるようにするわけだ。この実験全体がやや循環論法的に見えるとしたら、それは実際にそうであるからだ――この事実は、今後数十年にわたって哲学者たちが探求すべき問題となるだろう。

フロイトやユングが今生きていて、こうした発見や新しいアイデアを目の当たりにしたなら、にやりと笑ったに違いない。青銅器時代のアッカドの女祭司やシベリアのシャーマンが、自分たちの目で機能的磁気共鳴画像法によって明らかにされた夢を見ることができたとしたら、いったいどんな顔をするだろうか。きっと彼らは目をキラリと輝かせ、それからおそらくはまぶたを閉じて、このうえなくクレイジーな夢の中へと旅立っていくことだろう。

新しい精神医学の誕生

この新たな心の科学によって、新たな精神医学の基礎は築かれる。それは未来に向かいつつも過去とつながり、薬理学的に優れた理論に支えられ、伝統にも、治療環境の準備にも、これまで以上に注意を払う学問となるだろう。ますます明らかになりつつあるのは、精神疾患の専門的ケアには、伝統的なシャーマニズムの実践から得られる知識を取り入れ、これを尊重する必要がある、ということだ。睡眠と夢は体の健康を改善し、神経の可塑性を高める。[*8] この観察は、古典的なセロトニン作動性精神薬は夢の状態を最もよく模倣する物質の一つであり、一次意識のプロセスを強化するという、最近得られた証拠と一致している。[*9]

われわれは、精神医学の過剰な医療化の危機を認識する必要がある。数ヵ月、数年、数十年にわたって毎日服用することが一般に推奨されているにもかかわらず、薬局で売られている抗うつ薬は、プラセボよりもわずかにマシ程度の効果しか示さず、またその効果も、治療開始後最初の二ヵ月間しか確認されていない。[*10] 抗うつ薬の深刻な副作用の中には、治療に反応しない慢性のうつ病になるリスクも含まれているが、[*11] 主流の精神医学は製薬業界の利益を優先し、これらの問題について見て見ぬふりをしてきた。[*12]

こうした残念な状況と対照的なのが、シロシビンのような化合物の効果だ。シロシビンはミナミシビレタケに含まれる主要な精神活性化合物であり、精神療法のセッション中に二回に分けて投与すると、うつ状態と不安を数ヵ月にわたって軽減させる。[*13] ほかの治療に反応しないうつ病患者においては、「自然との関連性」の感覚の増加、「権威主義的な政治観」の表現の減少、[*14] そして他者の情動を認識する能力の著しい改善が見られた。[*15] 幻覚剤体験の質（楽しいものから恐ろしいものまで）とその強度（かすかなものから圧倒的なものまで）が、長期的な結果を大きく左右することは、特筆に値するだろう。[*16] どのような旅程をたどるかが、どのような場所に到着するかを決定するということだ。

たとえば、精神的苦痛が過去のトラウマに関連していて、心的外傷後ストレス障害を引き起こしているような場合、臨床的に最良の解決策は、MDMAを補助的に用いた精神療法だろうと思われる。[*17] MDMAはエクスタシーに含まれる有効成分であり、ほかの物質で汚染されていない場合、脳自体が作り出すセロトニン、ノルアドレナリン、ドーパミンの強烈な放出を引き起こす。適切な人々とともに、温かみのある良質な照明と音楽のある適切な場所で摂取した場合、適切な量のMDMAは極めて快い感覚をもたらす。その効果は不安感の消失、人々に対する強い愛、そして人間であることの強烈な幸福感として現れ、これらは主に触覚を通して感知される。効果は数時間持続し、摂取後数日にわたってかすかに残ることもある。

MDMAは、一九七〇年代にはカップルセラピーに使用されていたが、主要な向精神薬の多くより安全であるにもかかわらず、一九八五年にロナルド・レーガン米大統領によって禁止された。[*18] ほかの幻覚剤と

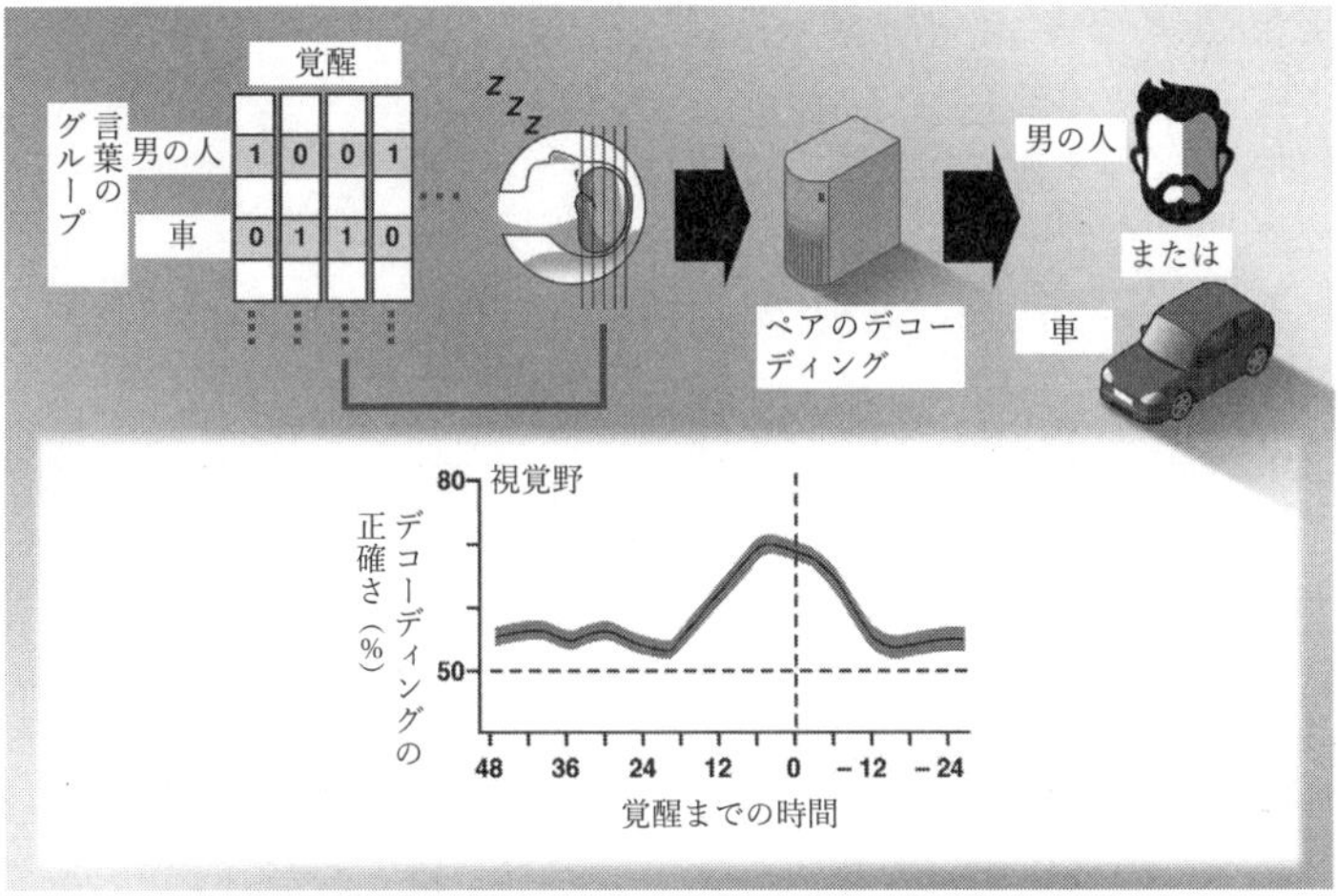

図 15　睡眠中の視覚イメージのデコーディング。覚醒前の 10 秒間に、視覚野のデコーディングのピークがあるのがわかる。デコーディングの精度が最も高いのは覚醒前であることに注目。

は異なり、ＭＤＭＡは大半の人において知覚の大幅な変化や幻覚を引き起こすことがない。トラウマを抱えた患者、たとえばアフガニスタン、イラク、ベトナムでの戦争に参加した何千人もの米退役軍人に投与された際には、ＭＤＭＡは驚くほど肯定的な結果を示した。二〇一八年五月、権威ある学術誌『ザ・ランセット・サイキアトリー』は、ベトナム帰還兵や一次救急対応者《ファーストレスポンダー》を含む、少なくとも六ヵ月間心的外傷後ストレスに苦しめられている患者二六人への、ＭＤＭＡの効果に関する厳格な臨床試験の結果を発表した。二重盲検かつ用量反応評価を含むこの無作為化試験は、米国の精神科医マイケル・ミトホーファー、アン・ミトホーファーが率いるチームと、幻覚剤の医療利用の合法化と規制を推進する主要組織の一つである幻覚剤学際研究学会（ＭＡＰＳ）の創設者およびエグゼクティブディレクターである公共政策学博士リック・ドブリンによって実施された。試験の結果が示していたのは、ＭＤＭＡを用いた治療と精神療法を二回行なうだけで、治療から一年後の測定でも、心的外傷後ストレスの症状が有意に軽減されていたということであった[*19]。この治療法が有望であることは間違いない。

シロシビン、MDMA、その他の精製された化合物は現在、伝統的な精神医学によって受け入れられるまであと一歩というところまで来ているが、将来的に、うつ病に最も効果的な幻覚剤と言われることになるのはおそらく、アマゾンの煎じ薬に含まれる複雑な分子の混合物だろう。予備的な研究は、伝統的に用いられてきたこの煎じ薬が、うつ病の症状を迅速かつ長期的に軽減させることを示している。その効果は摂取後四〇分で表れ、一度の服用で二週間持続する[*20]。

三五人の患者を対象に最近行なわれた、無作為化されたプラセボ対照試験では、厳しい基準のもと、アヤワスカの顕著な抗うつ効果が確認されている。同実験では、参加者を数日間にわたって、脳波検査、機能的磁気共鳴画像法、各種心理テストによって観察するという手法がとられた。ブラジルの公立病院で、低所得層の患者を対象に、精神薬を用いた臨床試験を実施するというのは、決して容易なことではない。まず一つには、この試験においては、実生活の苦しみに近いネガティブな象徴を被験者にぶつける必要がある。そんなことをすると、幻覚体験の質もまたネガティブな情動の方へ寄ってしまうことがあり得る。そしてもう一つ、強烈なプラセボ効果によって、実験の効果が覆い隠されてしまうということもある。自宅よりも健全な環境におかれた患者が、自分は十分にケアされていると感じるという単純な事実から、うつ病の症状が大幅に改善されることがあるのだ。

この実験をまとめあげるために、リオグランデ・ド・ノルテ連邦大学脳研究所の神経科学者ドラウリオ・デ・アラウージョは、特定の才能とスキルを備えたタスクフォースを立ち上げる必要があった。同研究を遂行した学際的なチームには、神経科学者でこの研究の主執筆者であるフェルナンダ・パリャーノから、睡眠ポリグラフ検査と精神科スクリーニングを担当した医師のセルジオ・モタ・ホリム、ジョアン・

パウロ・マイアまで、多様な人材が揃っていた。こうした苦労はすべて、実験の結果によって報われた。一回のアヤワスカ投与による抗うつ効果は、摂取後わずか数分で検出でき、少なくとも七日間持続した一方、プラセボにおいては同様の現象は起こらなかった。[*21] 使用の文脈とアヤワスカ体験の心理療法的取り扱いの重要性を裏づける事実として、研究者らは、幻覚体験が強烈であるほど、抗うつ効果も強くなることを確認した。[*22]

　これほど迅速かつ長期にわたる効果は、短期的なシナプス変化を長期的な形態的変化に転換することができる分子的・細胞的メカニズムを動員することなしには存在し得ない。幻覚剤が持つ巨大な可塑性ポテンシャルが最初に実証されたのは、二〇一六年のことだ。セルビア人生物学者ヴァーニャ・ダキッチが主導し、リオデジャネイロ連邦大学とディオール教育研究所に所属するブラジル人神経生物学者スティーブンス・レーエンが監督を務めた研究チームには、アラウージョとわたしも参加していた。この実験でわれわれは、アヤワスカに含まれる物質が、ヒト神経細胞の培養において、シナプス形成と神経発生に関連するタンパク質のレベルを増加させることを示した。[*23] また、ブラジル人神経生物学者リシャルジソン・レオンと博士課程学生ラファエル・リマは、5-MeO-DMTの単回投与が、マウスの海馬における細胞増殖を刺激し、生存性を改善することを証明した。[*24] そして三つ目の研究グループは、カリフォルニア大学デービス校の米国人化学者デビッド・オルソンがコーディネーターを務めたもので、彼らはLSDまたはN,N-DMTでの治療後、培養皿を使った試験および生体内試験で同様の現象を実証してみせた。[*25] これはつまり、幻覚剤の摂取が神経可塑性の扉を一気に開くことにより、数時間で終了する主観的体験が、数ヵ月から数年続く精神的治療へと変化していることを意味する。アルコール、タバコ、クラック、コカインなど、より危険な物質の乱用の治療に、古典的な幻覚剤や大麻が使われていることを考えれば、これらのデータからは、さらに興味深い可能性が見えてくる。[*26]

幻覚剤の有益な利用を支持する新たな科学的発見について考えるにあたっては、こうした薬を安全に使用できるのは、特定の重要な注意事項が守られている場合に限ることを念頭に置かなければならない。エクストリームスポーツと同じように、心の航海術《サイコノーティクス》——幻覚剤を用いて自身の心を探索すること——は、しっかりと事前準備を整えた人々によって適切に実践される場合には、深い変容とスリルに満ちた体験を提供し、ときとして人生に新たな意味をもたらしてくれる。幻覚剤によるトリップには、パラグライダーで雲の中を飛んだり、ダイビングで深い海に潜ったりするのと同じくらい、テクニックとノウハウと注意力が必要とされる。エクストリームスポーツの場合と同様、資格を持ったガイドの監督なしで初心者がこれに挑戦することは厳に避けなければならない。また、エクストリームスポーツの場合と同様、特定の高リスクグループに属する人たちは、幻覚剤の使用を控える必要がある。そしてさらに、そうしたスポーツの場合と同様、幻覚剤を使用する背景によって、トリップの経過は大きく左右される。

自然に起こるものも薬物によって誘発されるものも含めて、夢を見ることが、過剰なストレスやさまざまな物質の乱用に苦しんでいる脳にとって、セラピーのように作用するという例は増えつつある。夢はまた、病気を抱える人にとっても健康な人にとっても、大きな学びの機会になる。二〇一七年四月、MAPSとベックリー財団が推進する学会「サイケデリック・サイエンス」に参加するために、さまざまな国から約三〇〇〇人が、カリフォルニア州オークランドに集まった。過去に行なわれた同様のイベントでは、J・R・R・トールキンのキャラクターに扮したヒッピーたちが、少数の研究者やその学生たちと席を取りあっていたものだが、このときの会場で印象的だったのは、著名な人々も含む大勢の科学者が参加していたことであった。さらには、ジャーナリスト、ドキュメンタリー制作者、幻覚剤の医療利用に関する研究への資金提供に関心を寄せる財団や企業までが顔を揃えていた。

何より重要なのは、この会合が、二〇世紀の悲惨な対立を振り返る機会となったことであった。当時は、神聖な菌類や植物の使用は犯罪とされ、同僚たる科学者たちは汚名を着せられ、ついには治療効果や、心理学・精神医学の異なる部門間のイデオロギー的寛容までもが損なわれるという事態を招いた。幻覚剤精神医学の未来をテーマとしたセッションにおいて、米国国立精神衛生研究所（ＮＩＭＨ）の所長を一四年間務めた米国人精神科医トーマス・インセルは、精神的苦痛に対する解決策を見出せなかった主流の精神医学の失敗を公に認め、適切な環境で用いた場合、幻覚剤には大きな可能性があると述べた。

幻覚を売ることに特化した製薬会社の偽善について率直に語った彼の言葉は、今もわたしの心に響いている。

われわれ（精神科医）の多くが経験しているのは、同様の問題を抱える患者に対して、二〇年、三〇年前よりも、自分たちがずっと役に立っているという実感です。しかしながら、データはそれを支持していません。自殺率は上がり続け、一〇年前、二〇年前、三〇年前、四〇年前よりも高くなっています。……罹病率は、死亡率とは対照的に、実際には低くなるどころか上昇しています。つまり、公衆衛生の観点から見れば、われわれはあまり成功していないのです。

……われわれは、この問題の複雑さが今後、ネットワーク化されたアプローチ、包括的なアプローチを要求するだろうことを認識する必要があります。……わたしはこのアプローチに非常に感銘を受けています。これを実践する人たちは、「幻覚剤を使う」という雑な言い方はせずに、これは「幻覚剤を補助的に使用した精神療法」であると言います。皆さんご存知の通り、「抗うつ剤を補助的に使用した精神療法」などという言い方は、これまでだれひとりしたことがありませんでした。……これはほんとうに斬新な、だれかの人生に真の変化をもたらすアプローチだと思います。……〔しかし〕どのようにすれば、この治療法を規制のプロセスに則って進められるでしょうか。ＦＤＡやＥＭＡ▼はどう反応するでしょう。精神療法のみですら、彼らはかかわろうともしないのですから。[*27]

果たしてこれは、ほんとうに今までと違うまったく新しいアプローチなのだろうか。実際には、これはむしろ数千年前の古代における革新であって、幻覚剤がその効果を真に発揮するうえではそれが使われる背景が極めて重要であるという、祖先たちが持っていた知識を取り戻し、それを現代にあわせて作り直すことである、と言えるだろう。国際的な医療制度が、幻覚剤の有用な特性について詳しい調査を行なうことに関心を示そうとしないのは、もしかすると、人間とのやりとりを減らして薬を増やすといううまみの多いモデルと比較すると、人間とのやりとりが大半で薬はごくわずかという治療の収益性が低いことと、何か関係があるのではないだろうか。

深層心理学の再生

新しい心理学の誕生と時を同じくして、その歴史的起源の再評価も行なわれている。フロイトとユングは、彼らの時代からかなりの時を経た今、人間行動学における真の先駆者として、また、かつてコンラート・ローレンツによって成された予言の名誉ある成就者として、その地位を確固たるものとしつつある。第二次大戦終結直後、ローレンツはこう述べている。彼らの理論を受け入れることがどれだけ難しくとも、彼らの発見を無視することは不可能である。

参考までに、彼らの業績のうち、これまでに科学的に確認された内容を列挙してみよう。イド、自我、超自我は、それぞれが異なる脳のプロセスに対応しているのみならず、[*28] これら精神の三部構造の概念は、人工知能の最初の概念にもインスピレーションを与えた。[*29] 言葉を通じて行なわれる精神療法は、内観的かつ内省的なプロセスであり、ほとんどの症例において欠かすことのできない、臨床的に有効な手段だ。[*30] 夢はレム睡眠だけに限定して説明することはできず、また、覚醒中に獲得した記憶の痕跡を反映している。[31]記憶は抑制されることがある。[32]願望に関与するドーパミン作動性回路の活動がなければ、夢は存在し得ない。[33]夢の内容についての話は、患者の精神状態について特に多くを物語っている。[34]性的関心は幼児期に始まり、生涯を通じて続く。[35]トラウマは、子供がこれを受ける場合も含めて、将来の行動に消えない痕跡を残すことがある。[36]

われわれは生と死の本能の混合体であり、矛盾した情動と願望に満ちている。だからこそ、最も重要なのはわれわれが何を考えるかではなく、何を行なうかだ。夢は無意識から表れて、現在の状況や起こり得る代替的な未来を描き出し、また、集団的な思考パターンを表現する能力を持つ。人生の過程で、われわれは自分の体、身近な人々、そして世界にある物体との関係において、それぞれが独特の性質を持つ複数の段階を経験する。それらを特徴づけているのは、精神的表象の発見、発達、成熟、衰退という連続的なステージだ。抑制をいっさい受けずに語ることは、われわれが失望を乗り越え、痛みをやわらげる旅路を進むうえでの助けとなる――それは、自己認識を目的としたさまざまな精神療法に限らず、フェイスブック、インスタグラム、ツイッター、ブログ、ブイログなど、今も爆発的に増え続ける、物語を伝えるための新しい手段を熱心に利用することを通じて実現されている。たき火を囲みながらわれわれが始めた文化的ラチェット、抑えがたく荒々しいナラティブの生成は、燃え上がり、ますます激しく回転を続けている。

フロイトとユングは、これらすべてについての理解の基礎を築いた。その驚くほど整合性のある主張において、彼らは帰納、演繹、仮説形成の見事な実践を通じて、われわれ自身の行動の隠された部分に光を当てた。彼らを人類の偉大な科学者たちの殿堂に加えるためには、彼らの業績を理解・評価するだけでな

▼ アメリカ食品医薬品局、欧州医薬品庁。

く、多かれ少なかれいくらかの正当化とともに彼らに向けられた、その多くが道徳的な観点からの非難に対して、彼らを擁護することも必要となるだろう。フロイトとユングに、彼ら以外の天才たちに適用されているものと同じ物差しを当てはめるなら、彼らを擁護するのはそう難しいことではない。なぜなら、二人が排除される基準でそのほかの人々を排除しようとすれば、それこそ大惨事になってしまうからだ。欲望や下品な行動を理由とするなら、モーツァルトとカラヴァッジオが殿堂入りの資格を失うだろう。敵を害し、金銭を好むことが悪であるなら、アイザック・ニュートンに別れを告げなければならない。神秘主義であれば、ヨハネス・ケプラーとハンス・ベルガーに去ってもらうことになる。意見を変えたり、理論的な調整を行なったことが罪であるなら、アルバート・アインシュタインやスティーブン・ホーキングは失格だ。薬物使用を擁護した点で言えば、オルダス・ハクスリーもカール・セーガンも排除されるだろう。科学的発見と、その発見を成した人々の完璧でない行動とは、分けて考える必要がある。不完全さは人間にとっての本質だ。フロイトとユングが心の科学の巨人でなかったというのなら、いったいだれがそうであったと言えるだろうか。

心の社会

夢のデコーディング方法の発展により、そう遠くない未来に、夢は夢を見る人の特定の視点を拡張する、という仮説を検証することが可能になるだろう。われわれは一度に一つの夢を見ているのではなく、どの瞬間にも並行していくつもの夢を見ているという可能性は十分にある。そこにはわれわれの内部に存在する多様かつ自律的な表象、われわれが夢を見るときに独自の生命を宿すかのように見える「心の創造物」が住んでいる。マーヴィン・ミンスキーは、人間の人格は単一のものではなく、脳が作り出す仮想空間に生息するミームの社会を構成しているという考えを提唱した。英国の小説家・哲学者のオルダス・ハクスリーもこれに同意している。

キリンやカモノハシのように、ああした心の遠い領域に生息する創造物は、信じがたいほど奇妙だ。それでもなお、彼らは存在し、観察される事実であって、したがって彼らは、自分が住む世界を誠実に理解しようと努める者にとって無視することができないものである。[*37]

あるときは神々しく強烈な印象をわれわれに与え、またあるときは不正確な似顔絵としてわれわれを失望させるそうした心の創造物たちのことを、ユングは「イマーゴ」と呼んだ。イマーゴとは、多様な複雑さを持つ精神的イメージであり、それぞれが異なる程度の真実性と独立性を有する個々の表象のことを指す。ユングは、フィレモンと呼ばれる夢の中の人物と自身との関係について、詳細な記録を残している。フィレモンはエジプト・ヘレニズム時代の異教徒であり、一九一三年に初めて彼の夢に現れ、この若き精神科医にとってグノーシス主義の指導者的存在となった。ユングは書いている。

フィレモンをはじめとするわたしの空想の中の像は、精神の中には、わたしが作り出すのではなく、自らを作り出し、独自の生命を持つものが存在するという重要な洞察をもたらした。フィレモンは、わたし自身ではない一つの力を表していた。空想の中で、わたしは彼と会話を交わし、彼はわたしが意識的に考えたことがなかったことを口にした。話しているのは彼であってわたしではないことは、はっきりとわかった。わたしは思考をまるで自分で生み出したかのように扱っているが、彼の観点からすれば、思考は森の動物や部屋にいる人間、空を飛ぶ鳥のようなものであると彼は言い、こう付け加えた。「あなたが部屋の中にいる人を見たとき、自分がその人たちを作ったとも、自分には彼らに対する責任があるとも考えないだろう」。精神の客観性、精神の現実性をわたしに教えてくれたのは彼だった。[*38]

精神の動物相は、われわれの心の中に描かれる無数の物や社会関係は、いわば「精神の動物相」であり、そこには他人の行動の模倣や、登場人物の驚くほどの自律性も含まれている。そうした登場人物は、祖先の言葉が絶対であり、家父長制のもとでいかなる異論も許されなかったそう遠くない昔の、今よりもはるかに序列的だった動物相の反響だ。生きているか死んでいるかを問わず、さまざまな人々、存在、神々の間で生きるわれわれは、自分の頭の中に、爆発的に大量のイメージ・情動・連想を抱えており、そこには、後期旧石器時代の獣の王からゴジラまで、アキレウスからモハメド・アリまで、エンヘドゥアンナからバーバラ・マクリントックまで、イナンナからエイミー・ワインハウスまで、祖父母からわれわれの子供たちまで、過去に存在したありとあらゆる代表的・象徴的な存在が含まれている。

イマーゴとともに――すべてのイマーゴとともに、またイマーゴのみとともに――、われわれは夢の中に現れる。ただし、一つひとつのイマーゴは単に、外界に存在するその人物やキャラクターの総体にフィルター処理や編集を施した欠片に過ぎない。覚醒時の生活においては、側頭頭頂皮質に存在するのは自我だけでなく、われわれの内面の動物相もそこにある。覚醒時の生活においては、前頭前皮質の回路が抑制的な制御を行なうことで、心の中の民主主義における不調和な声をすべてフィルターで排除して、たった一つの行動が生み出される。しかし、睡眠中にはそのブレーキははずれ、檻が開け放たれ、すべての野生動物が外に出て歩き回る。

この理論に従えば、一つの夢を見ているという感覚は、夢を見ている人の自己表象が一度に一つの夢にだけ存在することから生じているということになる。たとえば、ある俳優が特定のセットの中にいるからといって、そのスタジオが複数の映画を同時に撮影できないということにはならない。記憶についてのラコタ族のことわざを借りるなら、以下のように言えるだろう。夢とは夜に松明を持って道を歩くようなものだ。松明が照らすのは一定の距離までであり……その向こうは暗闇である。[*39]

わたしが覚えている夢に、登場人物が単に場面を出たり入ったりするだけでなく、すべてのキャストと設定が突然、大きな混乱とともに変わってしまうというものがある。そのときはまるで、記憶の純粋な電気的反響という同じ素材をもとに作られたナラティブが短絡《ショート》を起こして、夢を見ているわたし自身が自分の夢を離れて別の夢に入り込んでしまったかのような印象を受けたが、二つ目の夢は明らかに、夢を見ている自分が不在の間に開始・発展して、こちらが隣の夢に侵入する瞬間よりも前から、すでに存在していたかのように感じられた。

よくも悪くも、今ほどミームを複製する機会が増えたことはなく、そうしたミームはわずか数秒のうちに、世界中の何百万人もの人々のもとに届けられる。現代では、だれかが亡くなったとしても、その人の無数の印象が、写真、テキスト、音声、言葉、ナラティブの中で生き続けるというのはごく普通のことであり、そうした部分的な表象はときとして、デジタルクラウドとそのユーザーたちの広大な集合的無意識の中に、長期にわたって維持される。そうすることによってわれわれは、肉と骨からできた人体のみならず、人格にも宿る永遠の命を創造している。デジタルと脳の表象のバザールにおいては、古代シュメールの女神イナンナはほぼ完全に消え去ってしまった。一部の人々の心の中では、イナンナはいまだに呪文の効果を喧伝し、バビロンの神殿の扉の前で、こちらを見てほしいと懇願している。おそらく、ごくひと握りの学識ある人々の間では、イナンナは今もイシュタル、アフロディーテ、ビーナスといったより広く知られた姿をまといながら、行く先々で輝きを放っているのだろう。一方、大半の人々の心には、彼女はもはや存在さえしておらず、そこで繁栄を謳歌しているのは、マリリン・モンローやマドンナ、ビヨンセといった彼女の後継者たちだ。そして、そうした表象は明らかに、ミッキーマウスからペレまで、ジョン・

レノンからダライ・ラマまでの、ありとあらゆるミームと互いに作用・競合しあっている。そうした異文化間で参照し合う要素の蓄積はあまりに膨大であり、もはや理解の範囲を超えている。

われわれの前にはまだ、ロボットに夢を構築するという課題が立ちはだかっている。睡眠中に解き放たれるメカニズムの一部をコンピュータでシミュレートする方法はすでにわかっているが、電気羊の夢を見ることができるアンドロイドを作るまでの道のりはまだ遠い――映画『ブレードランナー』のモチーフとなった小説『アンドロイドは電気羊の夢を見るか?』は、人間と機械との区別が曖昧になったディストピア的な世界のナラティブだ。コンピュータ内で帰納法(膨大なデータベース)、演繹法(驚異的な高速計算)、仮説形成(確率的シミュレーション)を組み合わせ、最大限に活用することは、非常に大きな可能性を持っている。新たな千年紀の最初の世紀に、地球を統治する組織的人格を持った人工知能を開発しようとする競争の中で、もしかするとわれわれは、すでに新しい神々を合成しているのかもしれない――たとえ、われわれがまだそれに気づいていないにせよだ。ウンブンドゥ族の信仰にあるように、「魂は物の中に宿る」のだから。

第18章　夢見ることと運命

真夜中の時計が豊かな時間を惜しげもなく与えてくれるとき、
わたしはオデュッセウスの船乗りたちよりもはるか遠くへ、
夢の領域へ、
人間の記憶のおよばないところへ赴くだろう。
その水中の世界からわたしは、わたしの理解のとうていおよばない
断片を拾い上げる。

素朴な植生の草、
少し変わった動物たち、
死者との対話、
実は仮面である顔、
非常に古い言語に属する言葉、

そしてときには、
白昼がわれわれに与えるものとはまるで似ていない恐怖。
わたしは万人であるか、だれでもない。
わたしは自らが知らずにいるもう一人の自分となるだろう。
それはもう一つの夢、すなわち覚醒したわたしを見た者だ。
わたしはそれを品定めする。
あきらめ、微笑みながら。

——ホルヘ・ルイス・ボルヘス*1

予後の予測に関しては……夢はしばしば、意識よりもはるかに有利な立場にある。

——カール・ユング*2

神はどこにいるのか。たとえ存在しないにせよ。

——フェルナンド・ペソア*3

これからの数十年間で、夢を見ることが何をわれわれの存在に取り戻してくれるのか、あるいは何になるのかについての、包括的な理解がもたらされるだろう。夢とはすなわち、必要に応じて展開され、継続的な行動適応を促進する、洗練された心理生物学的ギアボックスだ。適切に調整された場合、それは可能性の強力なコンピュータ、事故や事故に近い状況が起こり得る広大な風景を要約し、運命の羅針盤がどちらを向いているかを評価する神託となる——ここでの運命とは、逃れることのできない、あらかじめ定められた未来ではなく、すべてが収束する場所や状態を意味する。運命とは、風が吹き、川が流れ、願望と状況が導く先にある場所のことだ。われわれの優秀かつ多面的な、確率を抽出するための脳内マシンは、種の進化の過程で遺伝子とミームによって構築され、意識的な情動や関心事のみならず、ほぼ尽きることのない興味を世界に対して抱き続けるわれわれの能力をも糧としている。

夢は目的地を表現するが、到着を保証するものではない。たとえばそれは、正しいコースを進んでいる人でも、途中で止まったり、スピードを上げたり、別のルートを選んだりすることがあるのと同じことだ。われわれの目的地である運命は、われわれが向かっている場所ではあるが、必ずしもわれわれが行く場所ではない。うまく見ることができた夢は、現実となり得る旅路とその結果のシミュレーションを通じて、運命を垣間見せてくれる。夢を見ることはまるで、壁が未来そのものである暗い部屋の中を、一筋の光を頼りに手探りで進むようなものだ。

われわれは太古の昔から夢を見てきた人々の末裔だ。都市文明において、夢が社会機能にとって不可欠なものではなくなったのが事実だとしても、多くの先住民文化では、そうした変化は一度も起こっていない。今日に至るまで、夢は狩猟採集民の心の中に生き、これを照らし続けている。彼らは、われわれの祖先がほぼ例外なく採用していた生活様式の、現代における後継者だ。狩猟採集民の夢の視点を理解することは、われわれをここまで導いてきた道筋と、われわれが直面している課題とを説明するうえで欠かすことができない。

アメリカ先住民の夢

大まかに言って、アメリカ先住民はいつの時代も、どこにいようとも、未来を予測する夢の能力を認識してきた。予知の方法はさまざまであり、一般の人が夢の中でたびたび予知にアクセスすることができるケースもあれば、人生における非常に重要な瞬間に訪れる啓示的な夢がこれをもたらす場合もあれば、通過儀礼・治療・霊的な導きによって促されるシャーマンの夢が媒介となる例もある。先住民は、人々を鼓舞し、成熟させ、導き、彼らに助言を与え、教えることのできる大きな力と永続的な意味を持つ夢を見ることを切望し、これを大切にする。自己形成に影響を与えるこのような夢を通して、若者たちは、シャーマンや狩猟戦士など、成人としてどのような道を歩むかを決定する。

新世界の人々についてヨーロッパ人が残した最初の記録には、アメリカ先住民の夢の社会的重要性が見てとれる。一六世紀のドイツ人兵士ハンス・シュターデンは、ブラジル沿岸で難破してトゥピナンバ族に捕らえられた際の体験として、この人食い人種のアメリカ先住民が、戦いに赴く前、呪医から自分たちの夢を注意深く検討するよう促されていたことを記録している。自分の肉が火であぶられるビジョンを見た場合、彼らは戦いをやめて村に残った。一方、敵が火であぶられるビジョンを見たときには、彼らは武器を手にとってお祝いをし、戦争を仕掛けたという。[*4] 一七世紀と一八世紀のイエズス会宣教師たちは、米国北東部とカナダ南東部のイロコイ族が、夢のことを魂の願望を満たすための謎めいた旅とみなしていたと報告している。[*5] 夢の啓示に適切に従うために、イロコイ族は、その内容を公に語り、自身がとるべき最善の行動を導いてくれる比喩的解釈を探る。この信仰は、精神分析理論と並んで、ユングの「大きな夢」の概念に影響を与えた。

それから約三〇〇〇年がたった現在、エクアドルのアチュアル・ヒバロ族の間には、未来に関するメタファとしての夢への信仰の記録が存在する。未来とは、捕食関係によって大きく左右されるものであると認識している彼らは、夢を大きく三つに分類している。狩猟にとってよい前触れとされる夢は、音はなく視覚的なイメージに基づいており、獲物を怖がらせないよう秘密裏に解釈されなければならない。解釈においては、等価性と反転を認識することが重視され、たとえば釣りの夢を、鳥を狩るのに最適な機会を示していると解釈する場合もある。こうした吉兆の夢は、狩りにとって必要ではあるが不十分な条件とされる。

つまり、それは狩りの成功を保証はしないものの、成功を得るうえでどう行動すべきかを、夢を見る者に示唆してくれる。二つ目のタイプの夢は、夢を見ている本人とその親族に不吉な前触れを示すものだ。これも一つ目のタイプと同じく、無音で視覚的イメージを基本とするが、動物の姿をした敵が現れることによって恐怖をもたらす。三つ目のタイプは、祖先や霊の「真実の夢」であり、言葉によるメッセージが発生することを特徴とする。そうした夢では、特定の霊を呼び出して、その霊の特性に適したタスクを遂行させることができる。心の創造物による活動を誘発するうえでは、さまざまな節制や、タバコや幻覚を引き起こす植物の摂取によって、夢を見ることが促される。[*6]

ペルーのアグアルナ・ヒバロ族では、夢を表すのと同じ言葉が、アヤワスカによって誘発されるトランス状態にも使われている。アヤワスカの影響下では、まだ実現していないが今後起こり得る、しかし起こる確率は定まっていない出来事を夢想することができると信じられている。したがって、アグアルナ族にとって夢とは、避けられない未来の予知ではなく、意思と、そして何より夢の行動を通して、魔法のように未来を形作る機会となっている。[*7]

アマゾン地域の先住民族であるピダハン族は、歌を集め、戦争を行ない、霊と同盟を結ぶために夢を見る。[*8] リオデジャネイロ連邦大学国立博物館のブラジル人人類学者マルコ・アントニオ・ゴンサルヴェスはこう述べている。「もし夢が出来事を生み出すのなら、出来事も夢を生み出すことができる。言い換えるなら、夢の中で起こったことは、反復として世界でも起こり、覚醒状態で起こったことは、表象として夢の中でも起こる」[*9]

シングー川上流地域のワウラ族では、夢はトランス状態、病気、儀式、神話に似た現象と考えられている。そうした状態にあるとき、魂は旅に出て、超人的で、不可解で、怪物的な存在、動物と非常に近い存在と接触する。それらの存在との困難な交渉を経て、ワウラ族は、夢の中で伝えられる見事な幾何学模様の図案などの、有益な知識を得ることができる。[*10]

アマゾン南東部、マデイラ川流域で暮らすパリンティンティン族では、夢のナラティブは朝に語られ、未来の予測に重点が置かれる。神話の場合と同じように、夢の経験を語るときには、特定の文法形式が使用される。[*11] 一方、カラパロ族の間では、夢を表す特定の言葉はおそらく存在せず、また、夢は夢を見ている人の願望、目標、未来の可能性の表現として解釈される。カラパロ族は夢を言葉で詳細に語ることに不信感を抱いている一方で、夢が描き出す情景やイメージの真実性は信じている。そのため、夢の中の行動を語るための最適な言葉を探すことに多大な努力が払われる。[*12]

シングー川上流地域のメヒナク族では、夢はナラティブの対象であり、目覚めた直後には毎日のようにその解釈が行なわれる。夢を見た人はハンモックに寝転んだまま、いちばん近くに住む人を相手に、目の魂がその夜行なった旅について語る。夢は未来と直接的な関連を持つことがあるが、未来を決定することはできない。ただし、望ましい効果を得るために、どのように行動するのが最善かについての手がかりを提供してくれる。[*13] メヒナク族はまた、夢の比喩的な解釈を重視している。たとえば空を飛ぶアリの夢は、アリの寿命が短いことから、親族の死を示唆していると解釈される。

シャバンテは未来を夢見る

シングー川から南東に数百キロ離れたところに住むシャバンテ族——メヒナク族と地理的な隔たりは小さいが、言語的には大きく異なる——では、夢が社会生活においてさらに中心的な役割を果たしている。シャバンテ族が夢をどのように利用して白人との衝突を生き延び、現在、南米先住民族の中でも最大級のグループとして、一万八〇〇〇人以上の人口を抱えるようになったかについての歴史は、[*14] 詳述に値するだろう。

シャバンテの文化においては、夢は呪医やシャーマンの特権とはされておらず、だれでも予言的な夢のビジョンを見ることができる。ビジョンには主に三つの機能がある。一つ目は狩猟、戦争、病気に関連するもの、二つ目はほかの民族の習慣を探求するための旅としての夢、そして三つ目は、啓示によって歌、哀歌、舞踏、儀式を知ることであり、これらは必ずコミュニティ全体に共有される。[*15]
夢の啓示は、シャバンテ族にとって受動的な出来事ではなく、むしろ啓示を覚醒時の生活に持ち込むうえでは、多大な集中力が必要とされる。人々は魔法のような夢を待ち望み、大いなる興奮とともに儀式によってこれを促進する。

儀式では、自分が夢に見たいものに絶えず注意を向け、音楽や祭礼に集中しなければならない。準備をせずに眠ってはいけない。……ただ待っているのではなく、懸命に努力することによって希望を持たなければならない。……霊や、その昔、〔西欧文明との〕接触前に一緒に暮らしていた人々、村は――あなたの献身を見て、のちにあなたは美しい音楽の夢を見たり、宴のための音楽を受け取ったりするだろう……。[*16]

夢の実践は、シャバンテ族の社会がうまく機能するうえで不可欠なものだ。「眠りの中でわたしは夢を見る。わたしは眠り夢を見る。ほかの人たちは歌う。わたしの夢を歌う人たちを幸せにするためにわたしは夢を見る」[*17]
カヤポ族の作家カカ・ウェラ・ジェクペは書いている。
古い歴史を持つタプイア族の中で、夢を見る伝統を最も厳格に守っているのはシャバンテだろう。夢は、霊が自由であり、また数々のタスクを遂行できる神聖な瞬間だ。肉体とその家を浄化すること、先祖の家へ旅すること、村の上をしばしば飛ぶこと、そしてときには「時の霊」を通じて未来の果てへ行くこと。……シャバンテの村は半円形をしている。……中央には活動のための空き地があり、そこでは儀式、宴、助言の集会や夢の集会が行なわれる。ある夢から、白人を手懐ける物語の始まりが語られたのも、この空き地であった。[*18]

シャバンテ族は南米に住む最古の民族の一つだ。シャバンテをはじめ、南米大陸の中心部を占拠するようになった民族は、夢を重要視することから、一般に「夢の伝統」と呼ばれている。これと対照をなすのが、アマゾン盆地の幻覚剤を使う人々（「月の伝統」）や、大西洋岸に沿って移動する先住民族（「太陽の伝統」）だ。太古の昔から、シャバンテ族は、ジャガー、アルマジロ、バク、アリクイ、オオハシ、オウム、コンゴウインコなどが生息する土地の誇り高き主として、現在のゴイアス州があるブラジルの中央高原で暮らしてきた。ところが、一七世紀中頃から、バンデイランテ（「旗を持つ者」）と呼ばれる遠征隊が、奴隷、黄金、エメラルドを目当てに、川の右岸に位置する彼らの領土に侵入を開始した。その川は、こうした邂逅の性質を象徴するかのように「死者の川」という名前で呼ばれていた。それから一〇〇年間にわたり、この土地では、シャバンテ族を服従させて「手懐ける」ことを目指す採掘者や軍隊を相手に、血みどろの戦いが繰り広げられた。

しかしその後、驚くべきことが起こった。不屈のシャバンテ族が姿を消したのだ。果たして彼らは、夢の集会での話し合いによって、この劇的な戦略の転換を決めたのだろうか。彼らの決断についての歴史的な記録は残っていない。しかし事実として、シャバンテ族は一八四四年から一八六二年にかけて西へ向けて出発し、アラグアイア川の西岸に渡り、現在のマトログロッソ州にあるホンカドール山脈へと移動した。[*19]

捜索隊が結成され、シャバンテ族の行方を探したが、何の成果も得られなかった。シャバンテ族は中央高原の広大な低木地帯の中へ消え去り、山道にも台地にも、その姿は見られなくなった。文化的な消耗と、より辺境の地への移住を続ける長い流浪の中で、シャバンテ族は、自身を孤立させることに長けていった。遠い地にいたためなのか、彼らの攻撃性が功を奏したのか、それとも、自分たちが見つからないのはそのおかげだと彼らが語る、夢の中で得た魔法によってなのか、シャバンテ族は一九世紀を、白人からの干渉を受けることなく過ごすことに成功した。

しかし、時がたつうちに、二つの世界の境界線は再びシフトした。一九三〇年代には暴力的な紛争が再開され、そして今回は、逃げ込む場所ははるかに少なくなっていた。一九三八年、独裁者ジェトゥリオ・ヴァルガスが「西への行進」を開始した。ブラジル中央部の占拠を目指す政府が進める公式の運動であった。社会的純粋性の愛国的な表象を求めて、ヴァルガスは特定の先住民族を選んで、彼らを国家の魂の象徴と呼んだ。先住民の土地の侵略とその民族の大量虐殺にたびたび加担してきたインディオ保護局（SPI）は、ヴァルガス独裁政権の後期には、自らの創設者であるカンディド・ロンドン元帥がいたころの融和的な時代に、一時的に回帰した。ロンドンは、一九世紀末にブラジルの奥地を横断する電線を敷設する際、先住民を暴力的に排除することなくこれをやり遂げた人物であった。プロパガンダ映像の撮影のために、ヴァルガスはバナナル島のカラジャ族のもとを訪れた。そしてシャバンテ族の領土の上空を飛行したのち、彼らと接触するための遠征隊を派遣するよう命じた。

シャバンテ族との接触はしかし、一筋縄ではいかなかった。一九四一年末、エンジニアのジェネジオ・ピメンテル・バルボサは、SPI職員とシェレンテ族の通訳から成るチームを率いて、死の川の右岸に、交流のための拠点を設置した。[*20] 最初の贈りものの申し出は受け入れられたものの、一一月六日、シャバンテ族はピメンテル・バルボサと彼のチームのメンバー数名を棍棒で撲殺した。

幸いなことに、ＳＰＩはこのとき、暴力を行使しないことを選んだ。襲撃現場に今もある墓地の入り口に刻まれた言葉には、かつてのＳＰＩとは異なる態度が表れている。「必要なら死ね、決して殺すな」。一九四三年、ブラジル政府は、シャバンテ族やその他の先住民族が居住する地域の地図を作成する公式ミッション、かの有名な「ホンカドール・シングー遠征」を立ち上げた。一九四六年には、セルタニスタ――ブラジル奥地の専門家――であるフランシスコ・メイレレス率いる遠征隊が馬に乗って草原や沼地を横断し、ミリチーヤシが生い茂る低木地帯を抜け、堂々たるホンカドール山脈のすぐ近くまで到達した。深い森にはさまざまな音が響いていたが、人間の声は聞こえなかった。一昼夜様子を見て、火や照明弾で合図を送り、さらに待ったが、だれ一人姿を現さなかった。彼らは贈りものを置き、死者の川まで戻った。

数日後、贈りものとして差し出された物が受け入れられた。シャバンテ族の戦略は再び変更され、白人との平和的な交流を求めるようになったのだ。緊張がみなぎる中、死者の川をはさんだ両岸で、矢が放たれたり、慎重な接触が試みられたりしたあと、シャバンテ族は棍棒を下ろし、ナタ、斧、釣り針、鋼鉄製の家庭用具、銃火器、弾薬、衣類、鏡、医薬品を受け取った。この相互理解と調和を正式なものとするうえで、鍵を握っていた先住民側の人物は、部族長のアポエナ（「遠くを見通す者」）であった。シャバンテの伝統に従い、アポエナは、彼の祖父が夢で予見した、霊的世界における新たなサイクルの開始と関連する戦略を実行することになっていた。戦うことも逃げることももはや現実味のある解決策ではなくなった今、何らかの新たな展開が必要とされていた。一九四九年、メイレレスはついにアポエナによって村に迎え入れられた。この交流はシャバンテ族の内部闘争における部族長の立場を強固なものとし、白人経済との抑制の利いた統合に焦点をあてた新しい接触の形が定義された。これにより、政府から提供される物資の消費と、独自の半遊牧的な生活様式の維持とを組み合わせることが可能となった。

しかし、アポエナの外交努力をもってしても、シャバンテの土地の境界線を定める作業には長い時間がかかった。セルタニスタのオルランド・ヴィラス＝ボアス、クラウディオ・ヴィラス＝ボアス兄弟の尽力により、シャバンテ族の領土の北側にシングー先住民族公園が設立されたが、ブラジルの大都市の軍人やビジネスマンは、それだけで自分たちは十分すぎるほどの譲歩をしたと考えていた。入植者や政治家からの高まる土地収奪の圧力にさらされたシャバンテ族が、自分たちの土地の所有権を正式に認められるようになったのは、一九六〇年代末になってからのことであり、しかもその規模は縮小されていた。人口爆発の只中にあった白人たち（原因はブラジル南部からの白人移民）との接触が増えたことで、シャバンテ族からも、村を出て、都市や宗教的ミッションに足を運ぶ者が多くなった。土地への侵入や飛行機の低空飛行が頻発するようになり、病気や飢餓が広がり、シャバンテ族の人口は減少し始めた。集団が崩壊する危機が現実味を帯びていた。

そんな折、アポエナが再び長期的なビジョンを示した。夢に触発され、コミュニティの合意を得た宥和戦略として、アポエナは自身の孫のうち八人を、アグリビジネスの街として繁栄するリベイラン・プレトへ送り出し、同地域にごく少数存在した友好的な農場主の一人とつながりのある、複数の白人家族と一緒に生活させることにしたのだ。その目的は、白人文化の慣習を受け入れつつ、一方で、白人文化にシャバンテの文化を浸透させることであった。見習い大使たちを謎に満ちた外の世界へ送り込むのと同時に、この戦略を補完するものとして、シャバンテ族は領土の境界線を閉鎖することで、文化の変容プロセスを減速させた。それは一九七三年という、軍事独裁政権が猛威を振るう時代ではあったが、閉鎖の効果は確実に発揮された。境界が閉ざされたおかげで、アポエナの孫たちは、彼らを養子に迎えた家にとって大切なほんとうの家族として成長する時間を持つことができた。このとき生まれた感謝と連帯の絆はそれ以降、ずっと変わることなく、シャバンテ族を守る力となってきた。アポエナは一九七八年、平和な理想郷を造るという夢を、その誇り高い胸に抱いたままこの世を去った。

アポエナは果たして、ほんとうにこうしたことをすべて夢に見たのだろうか。この問いに答えられる人類学的な文献は存在せず、また実際のところそれは、大した問題ではないのかもしれない。自身の政治的行動についての夢をアポエナが見たのかどうかを知ることよりも、むしろ重要なのは、彼らを支えた物語は、夢として語り継がれることによって、シャバンテのコミュニティ全体のみならず、はるか遠くまで広まったのだと理解することだ。ちょうど今、あなたがこれを読んでいるように。ナラティブが繰り返されることを通して、個人の願望は、文化的存続を求める集団の願望へと変容していった。

今日、アポエナの孫たちは、シャバンテ族と外の世界とを結びつける重要な役割を担い、情報のフィルタリングや先住民の権利の擁護、文化的アイデンティティの維持に大いに尽力している。そうした新たな指導者たちは、大学教育を受け、先祖たちの伝統を動画や音声で記録し、シャバンテ族以外の老若男女を夢中にさせるドキュメンタリーを制作し、白人のテクノロジーを通じて、自分たちの文化の複製を進めている。ポータブルのデジタルカメラで撮影された彼らの村は現在、シャバンテの文化を世界中に広めるための中心地となっている。

一五年に一度行なわれ、最近まで非公開とされてきた重要な儀式ワイア・リニも、シャバンテ族の映画制作者ディヴィーノ・セレワフによって詳細な記録が残された。この儀式では、少年たちが自ら気を失うために、舞踏、儀式、諍いの芝居のほか、徒競争、水を飲まないこと、太陽を凝視することなどの肉体を酷使する試練に挑む。やがてほんとうに気を失ってトランス状態に入ったとき、彼らはビジョンを受け、先祖の導きによって成人としての生活に迎え入れられる。映像には、彼らがどのようにして癒やしたり、歌ったり、夢を解釈したりする力を身に付けていくのか、その様子が描き出される。

夢を見ることは、シャバンテの男たちの人生において極めて重要だ。儀式の最中に苦しみ、気を失うことを通じて、少年は未来に何が起こるのかを見ることができる。自分が何を夢に見たかを話すと、それは実際に起こる。少年はまた、夢を通じて死者と出会うことができる。だからこそ、ワイア・リニの祝祭の間に存分に苦しみ、何度も気を失うことは重要なのだ。最も苦しんだ者が、最も多くの夢を見、最も多くの力を得る。[*21]

シャバンテの外交関係政策にとって、夢が欠かせないものであることは、今後も変わらないだろう。領土境界の問題を話し合うために首都ブラジリアへ来るよう求められれば、長老たちはそれについて話し合うために集まり、夢を見ることを通して先祖や創造の神々に助言を求める。ときには、夢の中でブラジリアに移動して、提案された会議を体験することもある。その結果がよくなかったり、白人の交渉相手に信頼が置けなかったりする場合、彼らがあえて現実の世界において現地に足を運ぶことはない。

現実よりもリアル

強大な敵に直面したときに政治的指針として夢を用いたケースは、チリおよびアルゼンチンのパタゴニア地方で暮らすマプチェ族の歴史にも見られる。一六世紀のスペインによる侵略以降、南米各国の独立を経て現在に至るまで、マプチェ族は戦争、反乱、霊的指導者のもとでの抵抗運動によって、領土の収奪に抗い続けてきた。[*22]この過程においては常に、冷酷な実用主義を貫くヨーロッパ人入植者の個人主義と、平等主義・共同体の社会化・互恵主義・礼節などを重んじるマプチェ族の集団主義との間で、激しい衝突が繰り返された。先住民の土地の収奪という問題は、当時も今も、この対立の中心にある。二〇世紀初頭まで、そびえ立つアンデス山脈の東側でも西側でも、先住民の首には高い賞金がかけられていた。これほどの規模の悪夢に直面したマプチェ族の抵抗が、夢を通じたプロセスから直接もたらされたものであるというのは、驚くべきことではない。彼らにとって、夢（ペウマ）とは眠っている間に魂が旅に出ることであり、これは米大陸の民族学研究の大半に確認することができる、アメリカ先住民全体に共通する概念だ。マプチェ族の間では伝統的に、霊からのメッセージを受け取る役割を担う「夢を見る者」と、「夢を解釈する者」（ペウマフェ）とが区別されていた。ペウマフェは通常、女性であり、幅広い準備を整えて、さまざまな夢の話を解読していた。[*23] 一九一〇年から一九三〇年にかけて、マプチェ族の指導者であり、予言的な夢を見る偉大な人物の一人だったマヌエル・アブルト・パンギレフは、夢からの重要な導きに基づいて独立運動を率いた。パンギレフ――「すばやいプーマ」の意――は、マプチェ族が歌い、踊り、祈り、夢の話をし、自分たちの言葉で政治について議論することができる会議を、数度にわたって開催した。[*24] 一九二一年にはアラウカナ連邦が設立され、一九四〇年代にこれが解体されるまでパンギレフが議長を務めた。先住民の信仰はキリスト教と混合していたが、同連邦は白人の慣習と距離を置き、マプチェの伝統に忠実であること、また、スペイン語ではなく彼ら独自の言語であるマプドゥングン語を使うことを提唱した。一九三一年、パンギレフはマプチェ自治共和国の樹立を提唱したものの、彼の救世主としての指導力は徐々に衰え、数多く存在したそのほかの抵抗運動に道を譲った。そして、そうした運動のほとんどは暴力的に弾圧されるに至った。

チリのサルバドール・アジェンデ大統領を打倒した残虐な軍事クーデターの前夜にあたる一九七三年一二月一一日、マプチェの指導者マルティン・パイネマルは予知的な夢を見た。

わたしは夢を見た。その瞬間、わたしは何百万羽もの鳥が戦争をしているのを見た。鳥たちは互いを引き裂き合っていた。ひどい喧騒の中、何万羽もの鳥たちがまるで戦争のように互いを破壊し合っていた。鳥たちはアジェンデを倒すためにバラバラに壊された。わたしはそれが起こる前に夢を見て、それについて考え続け、それが何であるかを理解した。それは警告であったのだ。[25]

危機が迫っていることを察知したパイネマルは、クーデター派による迫害を逃れるためにさまざまな予防策を講じた。彼は身を隠すことによって生き延びた。

旅と地図

さまざまなバリエーションはあるものの、アメリカ先住民の文化では一般に、夢とは、過去、現在、未来がすべて一緒に広大かつ継続的な連続体の中に存在する、時間が凝縮された場所であると考えられている。起こり得る未来の地平を魂がさまよっている間、夢を見る人、特にシャーマンは、進行中の状況を診断し、事象の因果関係を逆転させるために夢をコントロールしようと努める。何が起こったのか、何が起こるのかをただ見るだけでなく、彼らは自らの行動によって新しい現実を創造しようとする。[26] たとえば、ある典型的なナラティブでは、一人のシャーマンが夢を通じて治療法や解決策を探し求める。

ジュルナ族に伝わる神話では、ウアイサと呼ばれる若者が狩りに出かけ、たくさんの動物の死骸に囲まれて立つ一本の木を見つける。彼は眠りにつき、森の動物たちや人々が歌う様子、またジュルナ族の先祖であるジャガー神シナアと長い時間対話をする夢を見る。ウアイサは日が沈むころに目覚め、家に帰った。翌日、彼は断食しようと決意する。しばらくの間、彼は毎日その木のところへ戻り、夢は毎日繰り返された。やがてウアイサは、シナア自身から、もうここへは来るなと告げられる。目を覚ましたウアイサは、木の樹皮からお茶を作り、それを飲んで酩酊し、これをきっかけにシャーマンとしての力を得るプロセスが開始される。彼は手で魚を捕まえ、人々から病気を引き抜き、頭の後ろに目を持つようになった。彼は眠りに落ちるたびにシナアのもとへ旅をし、夢の世界からジュルナ族が望むすべてを持ち帰った。彼は重要な呪医となった。[*27]

カカ・ウェラ・ジェクペは、アメリカ先住民の夢の社会的重要性について貴重な証言を提供している。

夢は、われわれが理性的な思考の構造から解き放たれる瞬間だ。われわれは純粋な魂の状態、すなわち「アワ」と呼ばれる、完全な存在になっている。それはわれわれが最も深い現実とつながる瞬間である。夢の中で、人の魂は文字通り旅をし、どこであろうと自分が選んだ場所や時間に向かうことができる。これには、話すことを学ぶのに似た訓練が必要とされる。……一部の民族の間には、朝に行なわれる、夢のサークルというものが存在する。彼らは五〇人ほどで集まって輪を作り、自分たちが見た夢を語り始める。そして、それらの夢が、村の日常生活の方向を決めていく。……そうした民族は夢のことを、魂が解放される瞬間であり、そのとき魂はあらゆる方向からすべてを見通すと考えている。[*28]

大きな夢《ビッグドリーム》は、南の果てから北の果てまで、すべてのアメリカ先住民によって切望され、獲得され、尊ばれている。一九八一年、英国の人類学者ヒュー・ブロディは、カナダの亜寒帯に暮らす先住民ダネザー族（ビーバー族）が行なう印象的な夢の狩猟について記録している。それは当時すでに失われつつあった、長老たちだけが覚えている古い伝統であった。その特別な夢の中では、狩人は自分が探している動物がどこにいるのかを探す旅に出る――そしてこれにより、具体的にどの動物を犠牲にすべきかを選ぶ機会を得る。目覚めたとき、彼はその場所を記す地図を作る。ブロディの記録の中で描写されている地図は、折りたたんだまま長年保管されていたものであった。彼らの使うテーブルの上面と同じくらいの大きさがあるその地図には、何千もの小さな印がびっしりと、一つひとつ丁寧に、色付きで記されていた。ダネザー族の人々に促され、白人の訪問者たちは、テーブルに近づいて地図を眺めた。

〔先住民の〕エイブ・フェローとアッガン・ウルフが説明した。ここが天国です。これがわれわれがたどるべき道です。こっちは行ってはいけない方角です。ここは最も行かない方がいい場所です。そしてあそこに動物たちがいます。二人は、これらすべては夢の中で見つかったものだと説明した。

アッガンはまた、特別な理由がない限り、夢の地図を広げるのはよくないことだとも付け加えた。[*29]

アランダ族の時間の中の時間

夢は別の世界とやりとりするためのポータルであるという考えを最も発展させたのはおそらく、オーストラリア中央部に暮らすアランダ族だろう。彼らは、少なくとも六万五〇〇〇年前にこの乾燥した土地を探索した最初の移民たちの子孫だ。彼らはアルチェリンガを信じている。アルチェリンガとは、夢を見る人が生まれる前から存在し、死後も存在し続ける原始の霊的次元であり、過去・現在・未来が重なり合い、始まりの時からすべての祖先が住んでいる場所だ。ユングであれば、きっとこれを集合的無意識、すなわち、一つの文化全体のミームの集合体と呼んだに違いない。アルチェリンガの体験は非常に鮮明なレベルに達すると言われ、そのためアランダ族は、自分たちが実際にその世界に生きていると信じている。彼らにとっては、夢の生活は覚醒時の生活よりもリアルなのだ。遺伝子的には類似している一方、文化的に多様なアランダ族の複数のサブグループにおいては、「夢」を意味するさまざまな言葉――アルチェラ、ブガリ、ジャグル、メリ、ラルン、ウングッドなど――は、「世界が創造された原初の時代」の同義語であり、西洋ではこの概念は一般に「ドリームタイム」という呼び名で知られるようになった。[*30]

ドリームタイムは存在の根源的な次元であり、そこでは時間は「一つのあとに次がやってくる」のではなく、「すべてが同時に今である」ものとして、あるいは「時間の外の時間」として経験される。一部の部族では、これは「現在よりも前の時間」、また別の部族では「現在の時間の中の時間」、また別の部族では「現在と並行した時間」であるとされる。[*31] アルチェリンガには、すべてのイニシエーションの秘密、アボリジニの宇宙観と存在論、そして、資源が少なく、危険な捕食者がいる過酷な環境で暮らすための、多種多様で膨大な実践的知識が保存されている。アルチェリンガは狩猟、料理、絵画の技術の源であるだけでなく、そこで得られる聖なる道の地図には、特定の地理的特徴を目印として利用することによって、この世界最大の島を安全に移動するためのルートや脇道が示されている。アルチェリンガではまた、年長者から若い人たちへの教えが、歌、舞踏、物語などの形で授けられ、水、狩猟場、避難所、木や石の道具を作るための材料が見つかる場所が伝えられる。トーテムの秘密が明かされるのもアルチェリンガにおいてであり、特定の人たちがカンガルーの夢、ミツアリの夢、サメの夢、アナグマの夢を見るようになるのはそのためだ。さまざまな神秘の中には、夢を見る人が十分に成熟し、老年になって初めて伝えられるものもある。

アルチェリンガは、祖先の過去との神話的同一化が行なわれる場所であり、更新を経て現在をもたらす源であり、また状況や態度の規範となる参照点だ。それらの状況や態度は、神秘的なパターンの繰り返しであり、正確に言えば決して新しいものではない。このようにして夢は、祖先やほかの霊と話をし、知識や導きを求めることを可能にする。その邂逅はきっと、枢軸時代のギリシア人がホメロスの作品に登場する青銅器時代の英雄たちの夢を見るのと同じくらい、スリリングかつ刺激的なものであるに違いない。

アランダの文化においては、自然はとてつもなく広大な神殿であり、意図を授けられた霊が植物、動物、鉱物の世界に住んでいるため、生活は絶え間ない神秘的な体験となる。彼らのアニミズムは熱狂的かつ古風で、おそらくは地球上で最も古くから途絶えることなく実践されてきた宗教だと思われる。その信仰に浸って暮らす彼らは、夢の中でも覚醒した生活の中でも、どんな自然のオブジェクトとも自由に同一化する。アルチェリンガのおかげで、彼らは眠りの中で、動植物や何世代にもわたる祖先など、あらゆる種類の霊とともに、完全に別の生活を送ることが可能になる。その体験は非常に充実したものであり、気持ちを高ぶらせるため、覚醒時の生活に戻ることがまるで夢の中に戻るように、また眠りに落ちることがまるで覚醒することのように感じられるという。

肉体を離れること

一方、チベットの僧侶たちは、夢のことを単なる構造物、夢見る者の意思・技術の限界・意図によって操作される幻想であると理解している。彼らは、眠りにつくことは常に死への準備であると考え、「ミラム」と呼ばれる夢のヨガを実践する。この修行を通して、明晰度を高めた状態に到達した彼らは、これは完全に内的な現実であると意識しつつ、困難や恐怖を感じることなく夢をコントロールすることを学んでいく。

ミラムの学習は、伝統の系譜によって多少の違いはあるものの、どれも段階的に進められる。夢を見る者はまず、自分が夢を見ていると認識すること、つまり夢の中で明晰になる方法を学ぶ必要がある。最初のうちは、自分が夢を見ているという意識を確立するのは非常に難しく、いったん明晰さを得てもすぐにそれを失い、これはすべて現実ではないのかもしれないという疑いの気持ちを忘れてしまうということがよく起こる。現実に対する疑いを持ち続ける能力は、夢の話の因果関係を逆転させるうえで不可欠であり、それがあるからこそ、夢の中での出来事は、夢を見る人の眼前でただ起こるのではなく、彼らの意志によって促されるようになる。

第二の段階では、夢を見る者は、夢の内容によって引き起こされる恐怖から解放される必要がある。そして、この場所での出来事は、いくら恐ろしげに見えようとも実害をもたらすことはない、という認識を持たなければならない。この学びが不可欠な理由は、夢が明晰さを持つか否かの境目には、驚愕を呼び起こすものがたくさん潜んでおり、油断をしていると、それらがふいに出現することがあるからだ。それはいわば、夢を見ている人の一生の間に培養され、栄養を与えられ、練り上げられ、積み上げられてたさまざまな恐怖の大群のようなものだ。この段階における典型的な練習としてはたとえば、夢の中で自分の体に火をつけ、それが痛みや傷をいっさいもたらさないことを確かめる、というものがある。

第三段階においては、夢の中であれ覚醒中であれ、すべての物事は永久に変化を続けるただの幻影であり、はかなく実体のない印象であるという事実について、深く考えなければならない。夢の中で愛する人が現れたり消えたりするとき、その人は単なる殻、不完全な幻影、完璧でない表象の集合体に過ぎないのだと知ることは、非常に重要だ。喜びをもたらすものであれ、不愉快なものであれ、夢のイメージは単なるキメラなのだ。

この事実を深く受け入れることにより、ミラムの実践者は次なる段階に進み、夢の中の物体の大きさ、重さ、形を意のままに変化させることを学ぶ。夢の精神空間では、自然の法則は単に覚醒時の経験から得た慣習となり、活発な想像力によって完全に打ち破ることができる。夢の中では、大半の物体や人は強く押されると床に倒れるが、それらは実際に重力の法則に縛られているわけではないため、夢を見ている者が望めば——より正確に言うなら、その人が望む方法を知っていれば——宙に浮くことができる。この驚くべきスキルを拡張していくことにより、夢の設定や登場人物を、夢を見る本人が決定することもできるようになる。この段階においてさらに上達するには、夢を見る者の意志の力を高めることが必要となる。なぜなら、強い意図的な願望と自発的な意志の力があってこそ、夢を見る者は、夢の登場人物の役割から解き放たれてその創造者になることができるからだ。

夢の物体や風景を形作る技術をマスターしたミラムの実践者は次に、自分自身の体を変容させ、サイズを大きくしたり小さくしたり、形を変えたり、さらには夢を終わらせることなく、そのシーンから自分を完全に抜け出させたりすることを学ぶ。この段階では、「夢の体」――夢の活動内での特定の視点を持つ自己の単なる表象――と、自己を内包していると同時に、それ以上のものである心の構造物たる「夢全体」との違いが、明確になってくる。

最後にして最も高度な段階では、ミラムの実践者は、自分の夢を「空《くう》なる光明」と一体化させ、夢の明晰状態の中で、ブッダや、そのほかの聖なる存在を視覚化することを学ばなければならない。当然ながら、この段階が有する超越論的な意義は、そこに到達していない者には理解することができない。しかし、その意義を知らなくとも、ミラムが夢の精神的能力を拡大する自己認識の道であると理解することは可能だ。[*32]いくつか重要な違いはあるものの、ヒンドゥー教の「ヨガ・ニドラ」もまた、睡眠と覚醒との間の移行において体を開放する修行を通じて、これと同じような自己発見の旅を促す。

内なる覚醒

ヒマラヤ周辺や南米の伝統がビジョンを得るうえで瞑想を用いるのに対し、世界中の多くの文化では、同様の目的のために苦行、断食、懺悔などが推奨される。米国の大草原で行なわれるサン・ダンスから、シャバンテ族の気絶、中世カトリックの苦行、ヒンドゥー教の修行者《サードゥ》が熱い炭の上を歩くことに至るまで、肉体を離れてビジョンを求めるという行為は、痛みを受け入れ、克服することによっても達成される。黙したまま異端審問の炎に立ち向かったとき、ジョルダーノ・ブルーノにはどのような啓示がもたらされたのだろうか。彼はほかの人々が感じるのと同じような痛みを感じただろうか。それとも、明晰で神秘的なトランス状態に入り、内なる現実が外の世界と完全に切り離された結果、その神聖な心は、炎に焼かれる体から遠く離れた場所にあったのだろうか。

苦痛がトランス状態につながることがあるように、快楽を通じて夢の状態が達成されることもある。たとえば、イスラム教のスーフィズム信者は、連続した回転と催眠的な音楽によって、恍惚とした意識の変容を達成する。瞑想、心象形成、姿勢の維持、マントラ、読誦、詠唱を含む多くの技術の中心にあるのは、自分自身を心の内側に向ける態度だ。今日ではすでに、視覚体験に変化をもたらすことを目的とした音響刺激のプログラムが存在する。また、マッサージやタントラ・セックスによってビジョンを得ることも可能だ。さらには、呼吸のコントロールによって、信じられないほど魅惑的なビジョンを生じさせることもでき、その手法としては、プラーナヤーマなどの伝統的な東洋のメソッドのほか、チェコの精神科医スタニスラフ・グロフが提唱するホロトロピック呼吸法など、ここ数十年で開発された西洋のテクニックもある。

カンフーの達人ブルース・リーは、悟りの境地の重要性について語っている。「悟り——夢からの覚醒の中にあるもの。覚醒、自己を知ること、そして自分の存在の内側を見ること——これらは同義である[*33]」。東洋においては、仏教、禅、道教、タントラを通じて深く根付いている一方で、西洋ではいまだに、内観という概念に対して抵抗感や疑いを覚える人が存在する。われわれは、自分自身の中にある臓器やそこで起こるプロセスについては盲目も同然の状態だ。もしあなたが左の指を動かしてみてほしいと言われたなら、すぐにやってみせることができるだろう。では、今度は右の海馬を活性化してほしいと言われたらどうだろうか。それはとうてい無理な話だ。われわれは自分の体内で当たり前に起こっているほぼすべてのことについて鈍感であり、それは人類にとって標準的な心理状態であるのかもしれないが、中国の気功やヒンドゥー教のアーサナのようなテクニックは、その経験を大きく変容させる。そうした修練を積むことにより、自分の心臓の鼓動を聞いたり、体温をコントロールしたり、内臓を感じたりすることが可能になる。それは科学と形而上学の境界線上にある問題であり、科学者たちはまだ、自分たちの理解の外にあるこうした現象を偏見なく評価するのに十分な時間を費やしていない。このテーマに関する少数の科学的研究は、これらのスキルが実在であることを示唆している。*34

内なる覚醒のプロセスが、本能的かつ生理学的なものであるならば、それが同時に深く象徴的なものであったとしても、何の不思議もない。ミラムとヨガ・ニドラの両方において、実践者のすべての行動と非行動は、内的自由が確立された精神状態——科学的には明晰夢として知られている状態において起こる。これは通常、朝が近づくころのレム睡眠後期と関連づけられる状態であり、体はすでに十分に睡眠をとっていることから、睡眠へのプレッシャーが少なく、また放出可能な神経伝達物質の在庫が豊富で、急速眼球運動（REM）が活発という、非常に特別な様相を呈する。脳が精力的に夢を見ている一方、覚醒の準備が整っているこの瞬間に、ほとんど奇跡的に、脳はときとして自分自身の中で覚醒する。

明晰な夢を見ること

アメリカ先住民、オーストラリアのアボリジニ、チベットのヨガ行者、キリスト教の修道士は皆、夢のナビゲーションに長けている。夢を見ていると自覚することは、変容の旅を始めるうえで必要不可欠な条件だ。マプチェ族の間では、自分が夢を見ているという夢を見ることは、魂の大きな活力を示唆しているとされる。そうした夢は、深く情動的な影響力を持ち、自律の感覚を強め、夢を見る者に大きな力を与える。

通常のレム睡眠の流れは、以下のような、二つの相反する状況のいずれかに至る。短い目覚めのあとでまた夢の状態に戻るか、あるいは目覚めてそのまま覚醒状態を維持するかだ。しかし、継続的な練習により、人はレム睡眠と覚醒の間の微妙な位置でバランスをとることができるようになり、意識を拡大して、夢見ることに特徴的な精神的シミュレーションのプロセスを身につけることが可能になる。この種の夢には非常に大きな影響力があり、精神生活に新鮮な次元を付け加える。これは、以前から存在した精神的な体験が量的に増えたり減ったりするということではなく、新しく完全に異なる軸上に次元が一つ加えられるということだ。それは明晰さが高まった夢であり、夢を見る者は、自分が夢を見ていると自覚しており、夢のナラティブに含まれるすべてに対して、全面的または部分的にコントロールを行使することができる。

夢が、夢の中での自発的な行動につながる入り口へと変容するとき、そこは学び、練習し、愛し、旅をし、内省するための特権的な空間となる。そこはまた、親族、友人、祖先、霊的存在、神々、さらには神自身といった、心の中の創造物を見つけ、彼らと交流するのに適した空間でもある。ニューエイジのキリスト教の一部流派では、キリスト教グノーシス派が唱える主要な現象は、明晰夢の空間で実現できると信じられており、実践者たちはこれを通じて、「光を見る」と表現される高次の神秘的状態に到達する具体的な道を得る。[*35] 明晰夢は通常、非明晰夢の状態から発展することが多いが、古い時代および現代の報告は、覚醒状態から明晰夢に到達することも可能であるという点で一致している。

アリストテレス、ガレノス、聖アウグスティヌスが認めていた自己認識のある夢を、レオン・エルヴェ・ド・サン＝ドニ侯爵は、その長大な哲学論文『夢の操縦法』の中でテーマとして取りあげている。[*36] サン＝ドニ侯爵の思想や「レーヴ・ルシード」（フランス語で「明晰夢」の意）という言葉、そして自身の体験に促されて、オランダの精神科医フレデリック・ファン・エーデンは、一九一三年にこの現象についての科学的報告を提供した。

わたしに言えることはただ、通常の深く健康的な睡眠中に観察を行なったところ、三五二件のケースにおいて、わたしは自身の日中の生活を完全に思い出すことができ、自分がぐっすりと眠っていて体の感覚が自分の知覚にいっさい届かないほどだったにもかかわらず、自発的に行動することができた、ということだ。こうした心の状態を夢と呼ぶべきではないと言う人がいるのであれば、ほかの名前を提案してくれても構わない。わたし自身は、これはそういった形の夢であると考えており、「明晰夢」と呼んでいる。[*37]

ファン・エーデンの報告は力強いものであったが、さほど多くの人を納得させることはできなかった。一般的な夢の研究でさえ、第三者による報告に依存しているという理由から力を持ち得ない状況にあって、いったいどのようにすれば、夢を見る本人が完全な自己認識を持っていると主張する特別な夢が、まっとうな研究対象として認められるようになるのだろうか。何十年もの間、明晰夢に対する懐疑論者たちは、それは実際のところ、休息していても目覚めている状態であり、体が動かせないだけで覚醒しているのだという、独自の解釈を広めてきた。一九七〇年代になってようやく、この反論に対する実証的な解答が登場し、それをきっかけとして、明晰夢によって提供される内部空間の科学的研究のための説得力のある生理学的基盤が確立された。一九七八年、英国の心理学者キース・ハーンは自身の博士論文において、レム睡眠中に活動している目を通して、明晰夢に入ったことを知らせることが可能であること、したがって、目は「(夢を見ている)魂への窓」であることを示した。[*38] 同じ内容は、一九八〇年、スタンフォード大学において、ウィリアム・デメントの指導の下で行なわれた、米国の神経科学者スティーブン・ラバージの博士研究でも示されている。[*39] いずれのケースにおいても、研究者らは、体のほかの部分が完全な筋弛緩状態にある中、レム睡眠中に起こる目の動きを利用することによって、懐疑論者による、即時の覚醒を促すことなく明晰夢の発生を知らせることは不可能であるという独断的な仮定を退けた。容易に明晰夢に入ることができるよう訓練された研究ボランティアに対し、彼らは、事前に合意した目の動きを行なうことによって、明晰夢の各エピソードの開始と終了を知らせるよう求めた。このとき、体の筋肉が緊張せず、高周波の脳波が観測されたことから、これはレム睡眠であって、覚醒ではないことが確認された。つまり、ボランティアたちには、夢を見ている最中でも、自発的に目を動かすことができたということだ。これは、ヨガ行者たちの経験の正しさを示す証拠の一つだ。

一九八〇年代を通じて、ラバージは、明晰夢の理解の基礎となるさまざまな研究を実施した。彼は、明晰夢を見るのは自発的なスキルであって、口頭で促すこと、練習を行なうこと、感覚信号によって刺激することが可能であることを示した。ラバージはさらに、明晰夢の状態においては、自分の呼吸を自発的にコントロールすることが可能であり、また明晰夢は通常、交感神経系によって制御されるレム睡眠中に起こり、心拍・呼吸数の増加と豊富な眼球運動をともなう、いわば「超レム睡眠」を作り出すことを証明してみせた。[*40]

ラバージとハーンの発見は、当初は軽視されていたものの、ここ二〇年間でその正確さが認められ、大いに研究が進んだ。今日では、明晰夢は覚醒とレム睡眠の中間的な状態であり、睡眠中と同じように注意が「内側」に向けられる一方、覚醒時の特徴である意図的な意識をともなうハイブリッドな状態であることがわかっている。珍しい現象ではあっても、明晰夢は大半の人、特に女性においては、生涯に一度は自然に発生するものであり、思春期以降はその頻度が減少する。[*41] 多くの人は同じような夢をもう一度見たいと願うものの、その経験を繰り返す方法を知っている人はほとんどいない。米国の心理学者ベンジャミン・ベアードは最近、スティーブン・ラバージとともに、ガランタミンで明晰夢の誘発が可能であることを示した。この物質は、レム睡眠中に放出量が増えるアセチルコリンに対する神経反応を増加させる。ガランタミンが引き起こすのは極めて鮮明な夢であり、集中力やフォーカスの強さ、意図的な意思決定を特徴とする。[*42]

明晰夢の神経相関

明晰夢を見ることに熟達した人が夢のナラティブをコントロールする際に鍵となるのは、意志を働かせることによる想像力の支配、すなわち、意図を持った願いによって、夢の中の行動や場面を司ることだ。恐怖を感じることなく、また夢のナラティブを創造する自らの能力に浮足立つことなく、この制御された狂気を実践する者は、自身の無意識にアクセスし、そこを自在にナビゲートするという混沌とした感覚を支配下に収めることができる。明晰夢の最中に実行機能が働くということは、一般にレム睡眠中には不活発な前頭前皮質が、明晰夢の最中には活性化されていることを示唆している。

この仮説に基づき、J・アラン・ホブソンとドイツ人神経学者ウルスラ・フォスは、二〇〇九年、明晰夢は、明晰夢を見ないレム睡眠よりも、前頭前皮質における高周波脳波の増強をともなうことを示した。[*43]ミュンヘンにあるマックス・プランク精神医学研究所のドイツ人神経科学者マルティン・ドレスラーは、脳波の記録と機能的磁気共鳴画像法での測定とを組み合わせて、明晰なレム睡眠では、非明晰なレム睡眠とは異なり、意思決定や意図性（前頭前皮質）、視覚（後頭皮質と楔部）、反省的意識（楔前部）、記憶（側頭皮質）、空間（頭頂皮質）に関連する脳領域が、より多く活性化することを明らかにした。[*44]同じ研究者らはまた、明晰夢を見ている間に行なわれた運動課題――拳を開いたり閉じたりする動作――が、覚醒時に同じ行動を行なったときに通常活性化される感覚運動皮質の活動を引き起こすことも証明している。[*45]これは、夢の内容の一部分の神経表象が初めて視覚化された例となった。

レム睡眠中に前頭前皮質の活動を人為的に増加させることが明晰夢への移行を促すという仮説を検証することを目的として、二つの異なる科学者チームが、それぞれレム睡眠中に前頭前皮質を刺激する実験を行なっている。二〇一三年、リトアニア人のタダス・ストゥンプスとドイツ人のミヒャエル・シュレードル、ダニエル・エルラッヒャーが、刺激を与えたあとには明晰夢の報告が増加した一方、この傾向を示したのは明晰夢を見ることに熟達した人たちに限られていたことを示した。[*46] そして二〇一四年には、フォスのチームが、高周波での軽頭蓋刺激の最中に明晰夢が増加し、これは明晰夢の経験がない人においても見られたと発表した。[*47] 夢の明晰度が、練習や生まれつきの傾向にどの程度依存するかという問題については今も議論が続いているが、明晰夢の存在を否定できる科学者は、もはやどこにもいない。

修行空間としての明晰夢

明晰夢を見ることは今や確立された事実であるとして、それが実生活に関連するスキルの練習に役立つという考えについては、どんなことがわかっているだろうか。クレイジー・ホースが「夢を見てほんとうの世界へと入り、スー族に対し、彼らがまだやったことのない多くのことを行なう方法を示した」ときのような啓示的な夢のエッセンスを、実験室で再現することは可能だろうか。[*48] 映画『マトリックス』で、怪我への恐怖を感じることなくカンフーを学ぶ主人公ネオのように、明晰夢を特定のスキルを構築するためのバーチャル空間として利用することは可能だろうか。コンピュータプログラマは夢の中でコードを書くことができるだろうか。睡眠中に練習をすることはできるだろうか。

これらの疑問に対する答えが出るのはまだ当分先になるが、研究はその方向を目指して進められている。ドイツ人アスリート八四〇人を対象に行なわれた、自身と明晰夢との関係の調査によると、五七パーセントが人生で少なくとも一回は明晰夢を経験していること、二四パーセントが頻繁に明晰夢を見ており、少なくとも月に一回以上のエピソードを経験していることがわかった。特に興味深いデータは、明晰夢を見ることができるアスリートの九パーセントが、この状態をスポーツ技術の練習に利用していると答えていることだ。彼らは、これが実生活でのパフォーマンス向上に役立つと認識していた。研究者らは、アスリートたちから提供されたこの方向性に基づいて、より平凡ではあるが十分に興味深い方法で、単純な運動技能の練習を夢の中で行なうことについての調査を実施した。その運動技能とはたとえば、だんだんと遠くなるカップにコインを投げ入れる、ダーツを的に当てるといったものだ。結果は、睡眠中の練習が実生活での精度を著しく向上させることを示していた。[*49]

また、明晰夢における時間の知覚と、覚醒時の時間の知覚とを比較した研究も行なわれている。動作や肉体的努力をともなわない精神的なタスクでは、夢でかかる時間と現実でかかる時間は同等だが、歩いたり体操をしたりといった運動タスクの場合、夢の中でこれを遂行するのにかかる時間は、覚醒時にかかる時間より最大四〇パーセント長くなる。明晰夢の中で行なわれる運動タスクに時間がかかるという現象が、レム睡眠中の運動処理の潜在的な遅延を反映しているのか、それとも夢で見た動きを脳にフィードバックする筋肉信号が欠如しているためなのかは、まだわかっていない。これまでの調査で用いられたタスクは比較的軽いものではあるものの、ここが果てしなく広い精神的トレーニングの場であるという可能性は、今も十分にある。ラバージ、ベアード、そしてスタンフォード大学の神経科学者フィリップ・ジンバルドーによって行なわれた最近の研究では、明晰夢の最中に起こる眼球運動は、目を閉じた状態で視覚的想像を行なうときのものよりも、目を開けた状態で知覚するときのものに近いことが示されている。明晰夢が、事実として内面的に目覚めた状態であるという科学的証拠は増えつつある。[*50]

魅惑的な誘い

人生における重要な経験は、身をもってそれを味わった人間にしか評価することができない。子供を持つ経験を、子供を持ったことのない人間に説明することは不可能だ。それと同じように、夢の明晰さのスリルと冒険をだれかに伝えることはほぼ不可能と言える。明晰夢は一般に、極めて広大な心的表象の内部空間を明らかにしてくれる非常に快いものであり、心全体から集まる膨大な記憶の宝庫の意識的な表現だ。そこでは、ほぼどんな願いも満たすことができる。そうした類の夢を見たことがないという人には、その技術を今こそ学ぶことをお勧めする。

明晰夢を実践するための唯一無二の方法論は存在しないが、役立つ練習法はいくつかある。最初のステップは、第1章で推奨した夢日記を始めることだ。自分の夢を思い出し、関連づけるうえで、これはとてもいい練習になる。加えて、夢の状態を知覚する感度を高めるための技術を用いることも重要であり、たとえば、一日のうちに何度も「わたしは今夢を見ているのだろうか」と自問することを習慣づけるのも有益だ。この問いかけは、自分の手など、特定の対象物を見たときに行なってもいいだろう。眠る前にしばし自己暗示の時間をとることも、特に深く考察したい経験を心に描くことを通じて、明晰夢を促進する助けとなる。さらに有効なのは、未明に目を覚まして、その夜最後のレム睡眠エピソードに入る直前に、そうした自己暗示を行なうことだ。明晰夢を見ているときに脳内で何が起こっているのかについての理解が深まるにつれ、このパワフルな自己コントロール法を実践できる人たちは、世界中でますます増えていくことだろう。もう一つ、明晰夢を見るうえで役立ちそうな方法としては、インターネットで販売されている電子マスクを活用することが挙げられる。そうした製品は、レム睡眠の開始を音と光で知らせ、続いて低強度の外部刺激を生み出すことで、明晰夢への移行を促す。将来的に、ひどく頑固な懐疑論者でも明晰夢を見られるよう促す経頭蓋刺激装置が発売される可能性は十分にあるだろう。

明晰夢に入るプロセスをマスターした人には、実際のところ、どんなことができるのだろうか。その答えは「ほぼ何でも」だ。愛する人たちと再会したり、すばらしい恋愛を体験したり、危険な冒険に出かけたり、想像上の宇宙の果てへ旅したり、現実ではリスクのある動作を練習したり、罪悪感や障害を感じることなく自由に願望を叶えたりといったことまでが、明晰夢では可能になる。明晰夢という現象をどのように解釈するかは、その人の視点によって異なる。神秘主義者にとって、この類の夢は、霊の世界を探索するための入り口であり、ほかの惑星やほかの次元を旅するためにアストラル体を展開・投影することを可能にする状態だ。唯物論者にとっては、夢は無意識の大海をナビゲートするための鍵であり、一生分の記憶とその組み合わせからなる、完全に個人的なコレクションだ。

明晰夢を見る人の能力とその限界に焦点を当てた魅力的な実験に加えて、明晰夢の最中に現れる登場人物たちの認知に関する実験でも、先駆的な発見がなされている。そうした神秘的な登場人物は、チベットの僧侶、ユング派の精神分析家、シャバンテ族の呪医からも重要視されている。フィールドおよび実験室での研究は、これらの登場人物は文字を書いたり、絵を描いたり、詩を詠んだり、夢を見ている本人が知らない言葉を提示したり、さらには比喩的な表現を含むパズルに対する創造的な解決策を提案することができることが示されているが、一方で、彼らは一つだけ不思議な弱点を持っている。それは、論理や算術の問題を解くことが非常に苦手であることだ。[*51]それはまるで、明晰夢の最中に呼び起こされる創造物が、文字や数字についての夢を見ることを人間が苦手としているという事実によって、精神的な制限を受けているかのように見える。

夢見ることはどこへ向かって進化しているのか

明晰夢に対する唯物論者的観点は、一六世紀の道徳的ジレンマの現代版であると言える。聖アウグスティヌスは、夢の中で人々が犯す罪について、当人に責任はないと考えた。なぜなら、罪を犯すかどうかは夢を見る者のコントロール下になく、むしろ夢を見る者の身に勝手に起こることであると考えたからだ。しかし、意図を持って行動し、夢のナラティブの展開に影響を与える可能性を踏まえると、そうした理屈には疑問が生じる。明晰夢を見ることにより、われわれにはほかの登場人物を殺したり、あらゆる種類の忌まわしい行為を行なったりすることが可能になる。多くの先祖伝来の伝統において異端とされている行為も、罪の意識も責任感もない若い快楽主義者たちの心の中では、ビデオゲームをプレイするのとさほど変わらない、道徳基準の存在しない遊園地で遊ぶようなものになってしまうだろう。

明晰夢を矮小化し、その価値を貶める方法はいくらでもある。明晰夢のことを、自己を刺激する状況を個人的に生み出す場と考えた場合、極端な例としては、ただ好きなだけセックスをするために特定の登場人物を模倣することや、拷問や殺人といったおぞましい行為も行なわれるだろう。自分自身の無意識を、まるでコンピュータのシミュレーションのようにナビゲートするという行為は、オーストラリアのアボリジニからも、精神分析の専門家からも賛同を得られるものではない。彼らはそれぞれ、霊の完全性、そして心の表象の完全性を保持することの重要性を信じている。

精神分析家は、明晰夢の快楽的な利用のことを、夢の機能の無謀な誤用とみなす傾向にある。なぜなら、現実世界での行動の代わりに内的制御という幻想を満足させることは、人格の有害な特徴を刺激する可能性があるからだ。この考えによると、明晰夢は麻薬のように作用して、現実世界での達成ではなく、純粋に想像上の成功に対して、夢の主に報酬を与えるものということになる。現実の結果をともなわずに願望を満たすことはとりわけ悪影響が大きく、願望を責任から切り離し、無意識によって提供されるはずの、日常的な緊張を逃すためのバルブさえも塞いでしまう。

ヨガ行者や神経科学者の場合、夢のコントロールがいい影響をもたらす可能性についてはより楽観的な傾向にあるが、その可能性は、夢を見るという行為の中で夢を見ている本人が行なう選択に依存する。[*52] もし明晰夢が、脳を意図的にプログラムし直す洗練された方法であるとするならば、その効果は、経験を形成するために選択されたイメージや行動に依存するだろう。言い換えるなら、もし明晰夢が記憶を反響させ、非明晰なレム睡眠においてそうであるように、遺伝子の発現を調整するのであれば、その効果は、現実世界でそうした行動をとった場合の効果に似たものになるはずだ。

この考察は、明晰夢のナビゲーションの倫理——または精神衛生と呼ぶべきかもしれないが——がどのようなものであるべきかを示している。これはまた、アスクレピウス崇拝やマプチェ族のペウマフェによる夢の解釈において、診断と治療のために活用されてきた夢に称賛と栄光を与えるものだ。予備的な証拠では、明晰夢が悪夢や慢性的な痛みを抑制することが示唆されている。一方、明晰夢が精神病を治療できるという数年前になされた提案は、支持できるようなものではない。明晰夢は、精神病でない人の心にとっては安全だが、精神病患者にとっては妄想や幻覚を強化し、内的現実を、より外的現実に似たものとする可能性がある。[*53] マリアーノ・シグマンは言っている。

明晰夢は魅惑的な精神状態であり、その理由は、夢の視覚的で創造に富んだ刺激と覚醒時のコントロールという、両方の世界の長所を兼ね備えているからだ。明晰夢はまた、科学にとっての金脈でもある。……明晰夢はおそらく、こうした一次意識の状態と二次意識の状態との間の移行を研究するための、理想的なモデルとなるだろう。われわれは今、科学の歴史につい最近登場したこの魅惑的な世界のあらましを描き出す、最初の段階にいる。[*54]

未来への意識の扉

われわれはどんな方向へ進化していくのだろうか。われわれの意識はどこへたどり着くのだろうか。明晰夢は新たな人間の精神の萌芽となり得るだろうか。多くの文明にとってこのうえない重要性を持つ祖先との邂逅は、明晰夢において可能になる多くの不可能体験のうちの一つに過ぎない。心の内側への旅は、今日では数学的にしか表現することができないものについての知覚的直感を通じて、科学的発見のための空間を生み出す。その一例としては、既知の四つの次元以外にも、数多くの現実の次元が存在する可能性が挙げられる。ジョルダーノ・ブルーノが見た太陽系外への夢の飛行や宇宙の旅は、果たして明晰夢だったのだろうか。

夢が覚醒中の生活に侵入することが、われわれの思考法の進化にとって欠かせないものであったとするなら、ここから先のわれわれの心の進化はあるいは、夢の中で覚醒する能力と、それによって既知の意識状態を拡張する能力と関係しているのかもしれない。夢の中での覚醒の神経機構については、まだ解明が始まったばかりだが、この状態が、われわれのめまぐるしい認知的進化における、大いなる謎を湛えたフロンティアであることは否定できない。人々が記憶を蓄積し、アイデアをシミュレートするにあたって、デジタル仮想現実への依存度をますます高めつつある時代に、ほぼ無限とも言える再組み合わせが行なわれる表象の中で、シンボルの世界を意のままに操りつつバーチャルに旅することができれば、この肉と骨に縛られた存在であるわれわれの未来は、新たなものとして生まれ変わるだろう。夢の明晰性の探求は、人間の創造性、発明、発見のための新たな道を開き、そこはまだ探索されていない、極めて豊かな可能性に満ちている。

われわれはもはや、かつてのわれわれと同じであるとは言えない。わたし自身と同じく、インターネットの登場前に生まれた者は、自分たちのことをサイボーグ1・0であるとみなすことができるし、またそうすべきであるだろう。サイボーグ1・0とは、過去数十年の間に、努力の度合いに差こそあれ、ほぼすべての記憶や基本的な日常の活動を機械に委ねることを学んだ人間たちのことだ。われわれの子供や孫にあたるサイボーグ2・0の人々は、コンピュータやインターネットがリンゴの木と同じくらい日常の存在である、すばらしき新世界に生まれてきた（事実、世界の大半の子供たちにとって、それらはリンゴの木よりもずっと日常的なものだ)。今の世代とその先の世代は、仮想通信技術を自分の体に埋め込むという革新技術を何の抵抗もなく受け入れるだろう。電子コンタクトレンズや多種多様なナノインプラントにより、彼らはまるでテレパシーを使ってでもいるかのようにファイルにアクセスし、ネットをナビゲートすることができるようになる。しかしわれわれは、一つの疑問を投げかけなければならない。そうしたテクノロジーを装備したわれわれは、果たして自分で生き延びる術を知っているだろうか。

北米の先住民の間に存在する「七世代」の原則とは、個々および集団で何かを決めるときには常に、現在に対する影響だけでなく、これから先の七世代に象徴される未来への影響も考慮しなければならず、むしろそちらを中心として考えるべきである、というものだ。こうして改めて説明してみると、むしろこれが普遍的な原則でないことに驚かされる。われわれの行動の長期的な影響について、想像力のおよぶ限り深く考えることによって、そもそもの意図とは真逆になることも少なくない反応の連鎖をシミュレートすることが可能になる。イロコイ連邦の「大いなる平和の法」(六つの民族の口頭憲法)の根底にあるのはこうした考え方であり、これは現在、米国、カナダ、メキシコの先住民族によるすべての闘争において、指針として用いられている。もし未来を想像しないのであれば、われわれはそれを取り返しのつかないほど損なってしまうだろう。

国連の気候変動に関する政府間パネル(IPCC)は、二〇一八年一〇月、地球の表面温度は二一世紀末までに三~四℃上昇する方向へ向かっていると報告した。これから先われわれは、大規模な気候変動、極端な暑さや寒さ、巨大な嵐、干ばつ、洪水を経験するだろう。海面上昇の加速は、シュメールのジウスドラやヘブライのノアを襲った洪水を思い起こさせる。同パネルによると、世界的な気候の混乱を避けるためには、経済に「前例のない規模」での抜本的な変化が必要だという。われわれを待ち受けているのは地政学的な激変であり、北極圏のツンドラが肥沃になる一方で、赤道付近に集中している南半球の大陸塊は、容赦ない砂漠化に見舞われる可能性が高い。*55

災害を回避するための時間は尽きつつあるという国連の警告は、アマゾンの狩猟採集民の間にも深い動揺を呼び起こしている。強靭な多様性を持つ狩猟採集民は、われわれの種の中で最も成功した生活様式の一つを体現する存在だ。われわれが発明した象徴の罠、すなわち、高まる技術力と失われる本能の危険な混合物から逃れるためには、意識を大いに拡張することが必要となるだろう。軍と強いつながりを持つジャイール・ボルソナーロ大統領の政権下において、ブラジルでは森林伐採と先住民指導者の殺害が急増した。シャーマンのダヴィ・コペナワは先駆的な著書『The Falling Sky（落下する空）』の中でこう警告している。

> われわれの霊はすでにそのことについて話をしている。たとえ白い人々がその言葉をすべて嘘であると確信しているとしてもだ。シャピリとオママの姿が彼らに警告しようとしている。「もし森を破壊すれば、空が壊れて再び地に落ちてくるだろう！」彼らはそれに注意を払わない。なぜなら、彼らはヤコアナを飲まないからだ。▼しかし、機械についての彼らの技術では、落ちてくる空を支え、傷んだ森を修復することはできないだろう。彼らは消え去ることについても心配していないように見える。おそらく、彼らは数がとても多いからだろう。しかし、もしわれら森の民がいなくなれば、白い人々には、われわれに取って代わって、われわれの家の古い痕跡や見捨てられた庭で暮らすことは決してできないだろう。彼らは自分たちの番が来たときに滅び、落ちてくる空に押しつぶされる。何も残らない。そういうことだ。*56

頭上に空が落ちてくるという背筋が寒くなるような警告は、集団絶滅に対する原始的な恐怖を思い起こさせる。ダヴィ・コペナワの言葉には、シュメールのドゥムジが見た悪夢の反響が見える。そしてドゥムジの悪夢は、ブラジルの奥地に逃げ込んだシャバンテ族や、青い上着の暴徒たちがやってくるのを待ちながら氷の大平原をさまよったラコタ族、首に賞金をかけられ、パタゴニアの寒風の中をさすらうマプチェ族が経験したであろうこととよく似ている。

夢の中で、わたしはよく「金鉱探鉱者《ガリンペイロ》」がわたしを襲っている姿を見た。……彼らは言っていた。「われわれが森で仕事をするのをやめさせると主張するこのデヴィというやつを追い払わなければならない！ やつはわれわれの言葉を知っており、われわれの敵だ。やつにはもううんざりだ。うるさくて仕方がない！ あのヤノマミ族は汚い怠け者だ。われわれが邪魔されずに金を探せるよう、やつらには消えてもらわなければならない。流行り病の煙で、やつらを追い出さなければならない！」……当時は軍も敵対的だった。彼らはわれわれの土地を切り刻んで、「ガリンペイロ」を入れようとしていた。それからわたしは、鋼鉄のヘルメットをかぶり、戦闘機を操縦する兵士の霊のイメージを見る。兵士はわたしを捕まえて監禁し、虐待しようとする。しかし、わたしの「プルシアナリ」の霊たちが……夢の中に降りてきて、白人兵士たちの霊と戦った。霊は兵士たちの道を引き裂き、彼らを空《そら》のふところに連れ去った。そして、霊は突然兵士たちに切りつけ、彼らは皆虚空に投げ込まれた。*57

人類の夢の未来が——おそらくはその始まりがそうであったように——、残酷な悪夢にならないという

▼ 5-MeO-DMTを豊富に含む植物ビオラ・セイオドラから作られる粉末状の幻覚剤。コペナワは「飲む（コアイ）」という動詞を使うが、実際にはヤコアナは粉末であり、吸入して用いられる。

保証はどこにもない。二〇二〇年のブレグジットによる混沌の中では、パンクバンド、セックス・ピストルズの歌詞はまるで予知のような響きを帯びる。「未来はない／イングランドが見る夢には」。ウイルス・経済・環境のディストピアが広がる中、トランプの大統領就任は、すでにひどく汚染され、戦争に明け暮れる地球を揺るがした。そして今われわれは、新型コロナウイルス感染症のパンデミックからも、また人間というもののひどく神経質で邪悪な欠点が暴き出されたことからも、大きなダメージを受けている。こうした状況の中、毎日夜が明けることに、人々は安堵のため息をもらす。それは前千年紀、日が暮れるたびに、次の日にはもう、太陽が再び夜をさえぎって昇ってくることはないのではないかと恐怖していたマヤの人々が、日々経験していたような希望の更新だ。もし現在進行中のホロコーストを生き延びたとしても、おそらくわれわれは、いずれ睡眠を失うだろう。なぜなら、地球温暖化によって、夜間の睡眠時間は大幅に減少する可能性が高いからだ。[*58] われわれが夢を通して解決策を見出す道を塞ぐかのように、未来は確実に不眠へと向かっている。

バーチャルなコミュニケーション能力の恐ろしく急激な向上は同時に、大きな懸念材料でもある。なぜなら、それはリアルな交流のために費やす時間を奪い、われわれを意見の絶対的相対主義に巻き込むからだ。二〇〇六年から二〇一七年にかけてのツイッター上での噂の影響力に関する調査からは、特に広くシェアされる投稿には、内容がほぼ虚偽に近いものが多いことがわかっている。アルゴリズム、ソフトウェアロボット、「肉体を持たない魂」は、今や完全に稼働しており、すでに米国、英国、ブラジルにおいて、過激主義者たちのプラットフォーム上で選挙の勝利に大きな貢献を果たしている。こうしたことが起こるのは、偽のミームが大量かつ自動的に広まり、人々がそれに感染して、ついにはその捏造されたナラティブを創り上げたのは自分たちなのだと信じ込んでしまうからだ。情報の過多と判断力の欠如は、蓄積された知識への信頼が失われ、さらには新たなバベルの塔、すなわち調和を図ることなどとうていできない耳障りな喧騒にさらされるリスクを、われわれが冒していることを意味する。自分で発明した新しいおもちゃで遊び始めたサルが、自分を傷つけてしまうのは自然なことだ。思春期のサルは、何度も間違った警報を発しては仲間から無視される。何千人もの人々に同時に話しかけるというのは、計り知れない力を持つ行為であり、われわれはまだその適切な使い方を学べていない。トランプ大統領、ボルソナーロ大統領、ボリス・ジョンソン首相は、新型コロナウイルス感染症への対応を誤り、悲惨な結果を招いたが、瞬時に世界中に嘘を広める能力が存在しなければ、こんなことは起こらなかっただろう。フェイクニュースのパンデミックを鎮めるには、意地悪で嘘つきのサルの声が、人々に届かないようにしなければならない。

人類の文化的ラチェットが、制御不能のまま世界の崩壊に向かって進んでいくのを避けるために、われわれは視野を広げる必要がある。人類に深く根付いた習慣の最悪の結果を想像する能力を、早急に回復させなければならない。生物学者、化学者、物理学者の科学は、シャーマンやヨギの知恵に対抗するのではなく、その知恵と手を取り合って進んでいく必要がある。明晰夢は、その広大な広がりによって、最も困難な課題——水源の破壊から心と脳の二元論まで、マイクロプラスチックの蓄積から新型コロナウイルス感染症によるアメリカ先住民や黒人コミュニティの荒廃まで、いまだなくならない警察の残虐行為からいまだなくならない男性至上主義まで、自殺の流行から手つかずの土地の加速する森林伐採まで、極端な不平等から蔓延する汚職まで、お金という最も破壊的な中毒から繁殖や残酷な屠殺による動物の死まで、略奪的資本主義から、じきに万能のロボットが登場すればほぼすべての仕事が終わりを迎えることまで——に対する解決策を想像できる精神的空間となる可能性を秘めている。

そして、もし大惨事を避けることができた場合、われわれは活発な想像力の領域、すなわち明晰夢そのものの中に、何より重大な疑問を投げかけるのにふさわしい精神的空間を見つけるだろう。その疑問とは、なぜ現実は存在するのか、われわれが生きているのは夢の中、シミュレーションの中なのだろうか、というものだ。ビッグバンの前に何が起こったのかについては、ローマ教皇も最高の天体物理学者も、同じ程度の知識しか持っていない。つまり何も知らないのだ。大半の物理学者はおそらく、ビッグバンの前には時間が存在しなかったのだから、その質問自体が意味をなさないと主張することだろう。ではどのようにして、すべては無から生まれたのだろうか。非二元性は解読不能のまま、われわれの目をじっと見つめている。われわれは完全に形而上学的な困惑の中で生まれ、生き、死んでいくが、その理由は単純に、われわれが答えを持っていないからだ。おそらく、ほぼ確実に、われわれが答えを見つけることはないだろう。しかしひょっとして、ひょっとすると……。

宇宙の時空や対象物の存在という謎に満ちた恣意的な現象を理解するうえでは――銀河を越えて旅することに加えて――、心のより深い領域への旅が必要になるという可能性はある。恐れを知らずに内面を見つめ、目もくらむような意識の深淵に向かうことからは、顕微鏡や望遠鏡のレンズを通して外を見ることに劣らず、何か新たなものが見えてくるかもしれない。未来において、夢を見ることはますます魅力的な啓示に似たものになっていくことだろう。

エピローグ

強制収容所の魔女たちについての繰り返される夢は消え去り、人生は続いた。わたしはときおり、父親についての夢を見るようになった。数十年の間に、そうした夢は父の帰還の可能性をさまざまに探求してきた――それは歩く死体であったり、生まれ変わった健康な男性であったり、あるいは単にどこか別の場所で暮らしていた逃亡者であったりした。エルネストが生まれてからは、一度も父の夢を見ていない。わたしたちの次男は父の名をもらった。父はわたしの中でずっと生きていた、心の中の創造物《クリーチャー》であった。そして今は、わたしの母もそこに住んでいる。母についての夢は見ていない――今はまだ。いずれある夜、あるいは昼に、父と母についての、内容がたっぷり詰まった夢を見たいと、わたしは願っている、そして、アルアンダの王国で、われわれのあとの七番目の世代の名においてわたしが守ってきた最良のもの、今後も受け継がれていくものを、再び見つけるのだ。

そこで、その場所で、父はクストーのように巨大なサメとともに潜り、ベンガルトラに乗るクレイジー・ホースのようにアルチェリンガの大草原を駆け抜ける。母はわたしの頭の中にあるバベルの図書館の本をすべて読み、その図書館は、女王ンジンガの、地平線を背景にシルエットを描く槍騎兵によって遠方より警護され、その地平線は祖先たちのミリチーヤシの丸太を無限の未来へと運ぶアポエナの戦士たちによって守られており、母はそこにある海、野原、山々を自由に探検しており、それらはわたしが子供時代のすべてを通じて、地面の上で、木の上で、海で、想像力の中で、本で、レコードで、コミックで、テレビや映画で、インターネットで遊びながら、広大な外の世界の探検に出かける準備ができるずっと前に、内なる道を懸命に旅しながら削り出したものだ。

輝く経験から作られたすばらしい住まい。そのおかげで未来を追い求めることができる、家族全員のための避難所。ヤノマミ族やラコタ族、宇宙人や霊、ロボットや人工知能など、じきにやってくるものたちのための場所が用意された、わたし自身の家。あなたの頭の中に生きるすべての人たちを想像してみてほしい。登場人物と筋書きの動物相。心の中の動物園。それは確実にやってくる。

謝辞

本書の起源は一九九二年、チロエ島でVarelaとMaturanaから大いに刺激を受けたときにさかのぼる。その後、夢について研究しようと決めたのは一九九五年のニューヨークにおいて、ロックフェラー大学での博士課程が始まったときのことだ。原稿自体は二〇〇一年、ノースカロライナ州ダーラムのデューク大学でのポスドク中から計画を始めた。二〇〇七年、わたしは出版社グローボに夢についての本を書くと約束したが、結局は書かないまま、最終的にその約束からは解放してもらった。本のアイデアは温め続けており、二〇一五年、コンパニア・ダス・レトラス出版からの抗しがたい誘いにより、プロジェクトが始動した。

それ以来、このテキストは何度も改稿され、ブラジル（ナタール、ブラジリア、ピレノポリス、リオデジャネイロ、サンパウロ、コトヴェロ、カムルタバ、タマンダレ、タイバ）、オーストリア（ザルツブルク）、チリ（サンペドロ・デ・アタカマ、サンティアゴ、アントファガスタ、プンタ・アレーナス）、アルゼンチン（ブエノスアイレス、エル・カラファテ、ルハン）、コロンビア（カルタヘナ・デ・インディアス）、シチリア（エリチェ）、フランス（パリ）、アメリカ（ニューヨーク、オークランド、サンタバーバラ）、日本（京都、筑波）といった多くの場所のほか、たくさんの飛行機や列車の上でも執筆された。その間長年にわたり、わたしが教鞭をとり、また研究をしているリオグランデ・ド・ノルテ連邦大学脳研究所からは、望む限りのあらゆるサポートを受けることができた。わたしにインスピレーションと安らげる避難所——静かな環境も、そうでなかったところも——を与えてくれたすべての場所と施設に、深い感謝を捧げる。

多くの人々の貢献のおかげで、本書は現実のものとなった。最も決定的な影響をもたらしたのは、コンパニア・ダス・レトラス出版の一流のチームであった。わたしはまず Otávio Marques da Costa と Rita Mattar の助けを借りて、アイデアを整理することができた。Ricardo Teperman の丁寧な編集も頼りになった。彼の判断と助言によって、章の構成が大幅に改善され、矛盾も解消された。続いて本書は、Luiz Schwarcz に精読してもらうという特権を得た。彼は、より流暢な文章にするために、生物学的な秘密主義を克服するよう、辛抱強くわたしを導いてくれた。わたしはまた、Lilia Schwarcz の励ましと、Luiz と Lilia 両人の美学からも栄養をもらった。最後のすばらしい仕上げとして、Paula Souza と Erica Fujito による丁寧な画像調査、そして Joaquim Toledo Júnior と Lucila Lombardi による精緻なテキスト整理の恩恵を受けた。そして最後に、本が英語に翻訳される際には、学術的でありながら軽妙な Daniel Hahn に担当してもらうという幸運に恵まれた。最初から最後まで、これほど優秀なチームと一緒に仕事ができたことは喜びであり、光栄であった。

入念な編集サポートに加えて、同僚、友人、家族による丁寧かつ批評的なリーディングにも助けられた。順位をつけることはとうていできないため、アルファベット順に名前を列挙して、彼らの時間、知識、感性に感謝を示す。Alexandre Pontual、Cecília Hedin-Pereira、Dráulio Barros de Araújo、Fernando Arthur Tollendal Pacheco、Joaci Pereira Furtado、Joshua Martin、Leonardo Costa Braga、Luciana de Barros Jaccoud、Luís Fernando Tófoli、Pedro Roitman、Sergio Arthuro Mota-Rolim、Stevens Rehen、and Vera

Lúcia Tollendal Gomes Ribeiro。

以下の人々は、夢と覚醒、会話、情報源、疑問、ヒントについての貴重な話を提供してくれた。Ana Lúcia Mello、Carolina Damasio dos Santos、Caterina Strambio de Castillia、Celina Roitman、Claudio Maya、Claudio Mello、Constantine Pavlides、Criméia Almeida Schmidt、Edson Sarques Prudente、Eduardo Barreira Gomes Ribeiro、Ernesto Mota Ribeiro、Fernando Antonio Bezerra Tollendal、Flavio Lobo、Gina Poe、Guilherme Brockington、Guillermo Cecchi Isaac Roitman、Jan Born、Janaina Pantoja、Jeremy Luban、Julio Tollendal Gomes Ribeiro、Luisa Tollendal Prudente、Luiz Fernando Gouvêa Labouriau、Marco Marcondes de Moura、Mariano Sigman、Mário Lisbôa Theodoro、Mauro Copelli、Mireya Suárez、Natália Bezerra Mota、Paulo Câmara、Pedro Barreira Gomes Ribeiro、Robert Stickgold、Roy Crist、Ronaldo Santos、Samuel Telles dos Santos、Sérgio Barreira Gomes Ribeiro、and Sergio Mota Ribeiro。

より漠然とした、しかし十分に影響力のある形で、本書はわたしが以下に名前を挙げる人々と交わした言葉、行動、事例、反例からの恩恵も受けている。Adalgisa de Rosário、Adrián Ocampo、Adriana de Barros Jaccoud、Adriana Ragoni、Adriano Tort、Albert Libchaber、Aldo Paviani、Alejandra Carboni、Alejandro Maiche、Alex Filadelfo、Alexander Henny、Alexandra Dimitri、Alexei Suárez Soares、Alice Mallet、Alírio Barreira、Allan Kardec de Barros、Alvamar Medeiros、Álvaro Cabaña、Álvaro Monteiro、Alyane Almeida de Araújo、Amanda Feilding、Amy Loesch、Ana Beatriz Presgrave、Ana Claudia Ferrari、Ana Cláudia Silva、Ana Elvira Oliveira、Ana Lucia Amaral、Ana Maria Bonetti、Ana Maria Olivera Fuentes、Ana Palmeira、Ana Palmira、Ana Paola Amaral、Ana Paola Ottoni、Ana Paula Wasilewska-Sampaio、Ana Raquel Torres、Ana Sofia Mello、André Luis Lacé Lopes、André Maya、André Pantoja、

André Sant'anna´ Andréa Araújo´ Andréa Deslandes´ Andrea Galassi´ Andrea Goldin´ Andrea Moro´
Andrei Suárez Soares´ Andrei Queiroz´ Andrew Meltzoff´ Ângela Maria Paiva Cruz´ Angela Naschold´
Angelita Araújo´ Anibal Vivacqua´ Aniruddha Das´ Ann Kristina Hedin´ Annie da Costa Souza´ Anto-
nio Battro´ Antônio Celso Rodrigues´ Antonio Fortes´ Antonio Galves´ Antonio Lopes de Alencar Ju-
nior´ Antonio Pereira´ Antônio Prata´ Antonio Roberto Guerreiro Júnior´ Antonio Roque da Silva´ An-
tonio Sebben´ Antonio Teixeira´ Aparecida Vilaça´ Ariadne Paixão´ Armando Santos´ Armenio Aguiar´
Arthur Johnson´ Arthur Omar´ Artur França´ Artur Jaccoud Theodoro´ Artur Tollendal´ Arturo Alva-
rez-Buylla´ Arturo Zychlinsky´ Ary Pararraios´ Asif Ghazanfar´ Augusto Buchweitz´ Augusto Schrank´
Áureo Miranda´ Ava LaVonne Vinesett´ Bárbara Mendes´ Beatrice Crist´ Beatriz Labate´ Beatriz Lon-
go´ Beatriz Stransky´ Beatriz Vargas´ Benilton Bezerra´ Benjamín Alvarez-Borda´ Belinha´ Beto
Almeida´ Bira Almeida´ Bonfim Abrahão Tobias´ Bori´ Bradley Simmons´ Brian Anderson´ Bruna
Koike´ Bruno Caramelli´ Bruno Gomes´ Bruno Lobão´ Bruno Torturra´ Bryan Souza´ Caio Mota
Marinho´ Cajal@babel´ Carl Ebers´ Carlos Alberto Guedes Corá´ Carlos Fausto´ Carlos Medeiros´
Carlos Morel´ Carlos Roberto Jamil Cury´ Carlos Schwartz´ Caroline Ang´ Caroline Barreto´ Cássio
Yumatã Braz´ Catia Pereira´ Cecilia Inés Calero´ Ceiça Almeida´ Célia Maria Costa Braga´ Celio
Chaves´ Cesar Ades´ Cesar Rennó-Costa´ Charbel El-Hani´ Charles Gilbert´ Christiane Barros´
Christiane Brasileiro do Valle´ Cícero Alves do Nascimento´ Cilene Vieira´ Cilene Rodrigues´ Cíntia
Barros´ Claire Landmann´ Clancy Cavnar´ Clara Suassuna´ Clarissa Maya´ Claudia Domingues Vargas´
Claudia Kober´ Claudia Masini d'Avila-Levy´ Claudia Tollendal´ Claudine Veronezi Ferrão´ Cláudio
Almeida´ Claudio Angelo´ Cláudio Bellini´ Claudio Cabezas´ Claudio Daniel-Ribeiro´ Claudio Maya´

Cláudio Queiroz、Cláudio Serfaty、Claudio Tollendal、Clausius Lima、Clecio Dias、Constance Scharff、Christian Dunker、Cristiana Schettini、Cristiano Maronna、Cristiano Porffírio、Cristiano Simões、Cristine Barreto、Cristoph Glock、D'Alembert de Barros Jaccoud、Daiane Ferreira Golbert、Dalva Alencar、Dalva Gomes Ribeiro、Damien Gervasoni、Daniel Brandão、Daniel Gomes de Almeida Filho、Daniel Herrera、Daniel Martins-de-Souza、Daniel Shulz、Daniel Takahashi、Daniela Uziel、Danilo Silva、Dante Chialvo、Dario Zamboni、Dartiu Xavier、David Bryson、David Klahr、David Vicario、Débora Costa Araújo、Denis Russo Burgierman、Derek Lomas、Desider Kremling Gomez、Desmond Dorsett、Diana Bezerra、Diego Fernández-Slezak、Diego Golombek、Diego Laplagne、Diego Mauricio Canencio、Dilene Almeida、Dimitri Daldegan、Donald Katz、Dora Ventura、Dr. Maurício、Dráulio Barros de Araujo、Edgar Morya、Edgard Altszyler、Edileuza Rufino de Melo、Edilson Silva、Edsart Besier、Edu Martins、Eduarda Alves Ribeiro、Eduardo Bouth Sequerra、Eduardo Faveret、Eduardo Martins Venticinque、Eduardo Schenberg、Edward de Robertis、Edward MacRae、Ehud Kaplan、Elena Pasquinelli、Eli Guimarães、Eliane Volchan、Elida Ojopi、Elisa Dias、Elisa Elsie、Elisabeth Ferroni、Elisaldo Carlini、Elisangela Xavier Sousa、Eliza Nobre、Elizabeth Spelke、Ellen Werther、Elta Dourado、Emilio Figueiredo、Ennio Candotti、Enzo Tagliazucchi、Erich Jarvis、Erico dos Santos Júnior、Erivan Melo、Ernesto Soares、Ernesto van Peborgh、Estrela Santos、Éverton Dantas、Fabian Borghetti、Fabiana Alvarenga、Fabio Presgrave、Fabricio Pamplona、Facundo Carrillo、Felipe Cini、Felipe Farias、Felipe Pegado、Fernanda Camargo、Fernanda Diamant、Fernando Gonzalez、Fernando Louzada、Fernando Moraes、Fernando Nottebohm、Fernando Tollendal Pacheco、Fidélis Guimarães、Fiona Doetsch、Flávia Ribeiro、Flávia Soares、Flavia Vivacqua、Flávio Torres、Francis Clifton、Francisco Alves、Francisco Inácio Bastos、

Frank Wall´ Frederico Horie´ Frederico Prudente´ Gabriel Crist´ Gabriel Elias´ Gabriel Lacombe´ Gabriel Marini´ Gabriel Mindlin´ Gabriel Silva´ Gabriel Vidiella Salaberry´ Gabriela Costa Braga´ Gabriela Simabucuru´ Gabriela Tunes´ Gaetano Luban´ Gandhi Viswanathan´ Gary Lehew´ George Nascimento´ Ghislaine Dehaene-Lambertz´ Gildo Lemos Couto´ Giles Harrison-Conwill´ Gilson Dantas´ Glacia Marillac´ Glaucia Leal´ Gláucio Ary Dillon Soares´ Glaucione Gomes de Barros´ Glauco Barros´ Glenis Clarke´ Glória Accioly´ Grace Moraes´ Grace Santana´ Gregorio Duvivier´ Guadalupe Marcondes´ Guilherme Brockington´ Guillermo Cecchi´ Gustavo Stolovitzky´ Hallison Kauan´ Harumi Visconti´ Heather Jennings´ Helena Bonciani Nader´ Helena Borges´ Hélio Barreira´ Henrique Carneiro´ Henrique Pacheco´ Hernando Santamaría García´ Herton Escobar´ Hindiael Belchior´ Hiroshi Asanuma´ Hynek Wichterle´ Ichiro Takahashi´ Ignacio Sánchez Gendriz´ Ildeu de Castro Moreira´ Irani Martins Dantas´ Íris Roitman´ Isabel Prudente´ Isabelle Cabral´ Ismael Pereira´ Ivan de Araújo´ Ivan Izquierdo´ Ivana Bentes´ Izabel Hazin´ Jacobo Sitt´ Jacques Mehler´ Jáder MarinhoFilho´ Jaime Cirne´ James Hudspeth´ James Shaffery´ Jan Nora Hokoç´ Janaina Weissheimer´ Jaques Andrade´ Jeffrey Hirsch-Pasek´ Jeni Vaitsman´ Jessica Payne´ Joana Prudente´ João Alchieri´ João Bosco Alves da Silva´ João Emanuel Evangelista´ João Felipe Souza Pegado´ João Fontes´ João Franca´ João Maria Figueiredo da Silva´ João Oliveira dos Santos´ João Paulo Costa Braga´ João Queiroz´ João Ricardo Lacerda de Menezes´ John Bruer´ John Fontenele Araújo´ Jonathan Winson´ Jordi Riba´ Jorge Macarrão´ Jorge Martinez Cotrina´ Jorge Medina´ Jorge Muñoz´ Jorge Quillfeldt´ José Accioly´ José Ballestrini´ José Carmena´ José Daniel Diniz Melo´ José de Paiva Rebouças´ José Eduardo Agualusa´ José França´ José Geraldo de Sousa Júnior´ José Henrique Targino´ José Ivonildo do Rego´ José Luis Reyes´ José Luiz

Ramos、José Morais、Joselo Zambelli、Joshua White Carlstrom、Josione Batista、Josy Pontes、Joyse Medeiros、Juan Manuel Rico、Juan Valle Lisboa、Julia Todorov、Juliana Barreto、Juliana Guerra、Juliana Pimenta、Juliana Rossi、Julien Calais、Julija Filipovska、Julio Delmanto、Julio Gomes Ribeiro、Julita Lemgruber、Jurandir Accioly、Justin Halberda、Kafui Dzirasa、Karin Moreira、Karla Rocha、Katarina Leão、Katherine Hirsch-Pasek、Katie Almondes、Kerstin Schmidt、Koichi Sameshima、Larissa Queiroz、Laura Greenhalgh、Laura Oliveira、Laurent Dardenne、Lauro Morhy、Leilane Assunção、Lena Palaniyappan、Leni Almeida、Leonardo Mota、Leopoldo Petreanu、Letícia Tollendal Barros、Lia Luz、Lili Bruer、Linda Wilbrecht、Loreny Gimenes Giugliano、Lourenço Bustani、Luana Malheiros、Lucas Centeno Cecchi、Lúcia Barreira Accioly、Lúcia Santaella、Luciana Boiteux、Luciana Zaffalon、Luciano Roitman、Luciano Ribeiro Pinto Júnior、Lucile Maria Floeter Winter、Ludmila Queiroz、Luís Carlos Lisbôa Theodoro、Luís Otávio Teles Assumpção、Luís Roberto Ribeiro、Luiz Alberto Simas、Luiz Carlos Silveira、Luiz Eduardo Soares、Luiz Fernando Veríssimo、Luiz Grande、Luiz Paulo Ferreira Nogueról、Luziania Medeiros、Mailce Mota、Maite Greguol、Manuel Carreiras、Manuel Muñoz、Manuel Schabus、Marcela Peña、Marcello Dantas、Marcelo Almeida、Marcelo Tollendal Alvarenga、Marcelo Barcinsky、Marcelo Bizerril、Marcelo Gonçalves Lima、Marcelo Lasneaux、Marcelo Leite、Marcelo Magnasco、Marcelo Roitman、Marcelo Spock、Márcio Flávio Moraes Dutra、Marco Antonio Raupp、Marco Freire、Marco Marcondes de Moura、Marcos Antonio Gomes de Carvalho、Marcos Didonet、Marcos Romualdo Costa、Marcos Frank、Marcos Trevisan、Marcus Vinicius Goulart Gonzaga、Maria Augusta Mota、Maria Bernardete Cordeiro de Sousa、Maria Brígida de Miranda、Maria Ceiça da Silva、Maria Cerise do Amaral、Maria Cristina Dal Pian、Maria Digessila Dantas Beserra、Maria do Carmo Miranda、

Maria Elizabeth Mori´ Maria Emilia Yamamoto´ Maria Helena Bezerra´ Maria Helena da Silva Oliveira´ Maria Isa´ Maria José da Silva´ Maria Josefina Porto Goulart´ Maria Léa Salgado Labouriau´ Maria Luban´ Maria Rita Kehl´ Maria Sílvia Rossi´ Maria Sonia de Oliveira Morais´ Maria Stein´ Mariana Medeiros´ Mariana Muniz´ Mariana Alves Ribeiro´ Marilene Vainstein´ Marília Zaluar Guimarães´ Marilia Marini´ Mariluce Moura´ Marina Antongiovanni da Fonseca´ Marina Farias´ Marina Jaccoud Theodoro´ Marina Nespor´ Marina Ribeiro´ Mário Fiorani´ Mario Nelson & Cilene & Fefeu & Denis´ Marisa Mamede´ Marisa von Bullow´ Marise Tollendal Alvarenga´ Mark A. McDaniel´ Marlene Queiroz´ Martín Cammarota´ Martin Hilbert´ Martin Hopenhayn´ Martín Correa´ Matias López´ Matteo Luban´ Matthew Walker´ Mauricio Dantas´ Maurício Fiore´ Maurício Guimarães´ Mauro Copelli´ Mauro Pires Salgado Moraes´ Mauro Refosco´ Mércia Greguol´ Mércio Gomes´ Mia Couto´ Michael Lavine´ Michael Posner´ Michael Wiest´ Michel Laub´ Michel Rabinovitch´ Miguel Angelo Laporta Nicolelis´ Milon Barros´ Mirinha & Larissa´ Mitchel Nathan´ Mizziara de Paiva´ Mohammad Torabi-Nami´ Monique Floer´ Mrs. Taylor´ Nair Bicalho´ Naomar Almeida´ Natal Tollendal Pacheco´ Nathalia Lemos´ Nathália Oliveira´ Nelson Lemos´ Nelson Vaz´ Nelson Pretto´ Nestor Capoeira´ Neuza Barreira´ Ney Dentes Perdigueiro´ Nivaldo Antonio Portela de Vasconcelos´ Nivanio Bezerra´ Norma Santinoni Veras´ Nuno Sousa´ Ofer Tchernichovski´ Onildo Marini Filho´ Orlando Bueno´ Orlando Jimenez´ Osamu Kinouchi´ Otávio Velho´ Otom Anselmo de Oliveira´ Pablo Fuentealba´ Pablo Meyer Rojas´ Pablo Torterolo´ Patricia Kuhl´ Patricia Schaeffer´ Patrícia Tollendal Pacheco´ Patrick Cocquerel´ Paula Marcela Herrera Gomez´ Paula Tiba´ Paulo Abrantes´ Paulo Amarante´ Paulo Cesar Silva Souza´ Paulo Fontes´ Paulo Lima´ Paulo Mello´ Paulo Roberto Petersen Hoffman´ Paulo Saraiva´ Pearl Hutchins´

Pedro Bekinschtein、Pedro Bial、Pedro Celestino、Pedro Maldonado、Pedro Melo、Pedro Petrovitch Maia、Pedro Roitman、Pelicano Vilas Bôas、Perla Gonzalez、Pertteson Silva、Philippe Peigneux、Phillippe Rousselot、Pierre Hervé-Luppi、Pierre Pica、Pietra Rossi、Porangui、Priscila Matos、Professor Queijo Formággio、Rafael Linden、Rafael Scott、Raimundo Alvarenga、Raimundo Furtado、Raíssa Ebert、Raquel Nunes、Raphael Bender、Rebeka Nogueira da Silva、Regina Helena Silva、Reginaldo Freitas、Régine Kolinsky、Reinaldo Lopes、Reinaldo Moraes、Renata Santinoni Veras、Renata Veras、Renato de Mendonca Lopes、Renato Filev、Renato Lopes、Renato Malcher Lopes、Renato Rozental、Renzo Torrecuso、Ricardina Almeida、Ricardo Cambeta、Ricardo Chaves、Ricardo Ferreira、Ricardo Gattass、Ricardo Lagreca、Ricardo Paixão、Ricardo Reis、Ricardo Sampaio、Richard Mooney、Richard Vinesett、Richardson Leão、Rick Doblin、Rita Mattar、Rivane Neuen-schwander、Robert Desimone、Robert Stickgold、Roberto Cavalcanti、Roberto Etchenique、Roberto Lent、Roberto Viana Batista Júnior、Robson Nunes、Rodolfo Llinás、Rodrigo Cavalcanti、Rodrigo McNiven、Rodrigo Pereira、Rodrigo Portugal、Rodrigo Quiroga、Rogério Lopes de Souza、Rogerio Mesquita、Rogério Mesquita、Rogério Panizzutti、Rogério Rondon、Ronaldo Cérebro、Ronaldo Bressane、Roque Tadeu Gui、Roseli de Deus Lopes、Rossella Fabbri、Rowan Abbensetts、Rubens Naves、Rui Costa、Rute Barreira、Rute Oliveira、S. Rasika、Samuel Goldenberg、Sandro de Souza、Sara Mednick、Sebastián Lipina、Selma Jeronimo、Sergei Suárez Soares、Sergio Alves Gomes Ribeiro、Sergio Cezar、Sérgio Guerra、Sérgio Mascarenhas、Sergio Neuenschwander、Sérgio Rezende、Sergio Ricardo、Sérgio Ruschi、Shih-Chieh Lin、Sidney Simon、Sidney Strauss、Silene Lima、Silvana Benítez、Silvia Bunge、Silvia Centeno、Silvia Thomé、Silvio de Albuquerque Mota、Simone Leal、Simone Lima、Sofia Roitman Ribeiro、Solange Sato Simões、

Sonia Barreira Nunes、Sonoko Ogawa、Stanislas Dehaene、Susan Fitzpatrick、Susan Sara、Sylvia Lima de Sousa Medeiros、Sylvia Pinheiro、Tainá Rossi、Takeshi Miura、Tales Tollendal Alvarenga、Tarciso Velho、Tatiana Ferreira、Tatiana Leite、Tatiana Lima Ferreira、Tersio Greguol、Thiago Cabral、Thiago Centeno Cecchi、Thiago Maya、Thiago Ribeiro、Tia Jô、Timothy Gardner、Tomas Ossandon、Torsten Wiesel、Tristán Bekinshtein、Ulisses Riedel、Valdir Pessoa、Valeska Amaral、Valfrânio Queiroz、Valquíria Michalczechen、Valter Fernandes、Vanderlan da Silva Bolzani、Vanja Dakic、Vera Graúna、Vera Santana、Veronica Nunes、Veronica Palma、Victor Albuquerque、Victor Nussenzweig、Victor Leonardi、Victor Tollendal Pacheco、Victoria Andino-Pavlovsky、Vikas Goyal、Vilma Alves Ribeiro、Vincent Brown、Vinícius Rosa Cota、Virginia Alonso、Vítor Lopes dos Santos、Vylneide Lima、Waldenor Cruz、Waldo Vieira、Wandenkolk Manoel de Oliveira、Wanderley de Souza、Wilfredo Blanco、Wilfredo Garcia、William Fishbein、Wilson Savino、Yara Barreira、Yasha Emerenciano Barros、Yogi Pacheco Filho、Yuri Suárez Soares、Yves Fregnac、Zachary Mainen、Zeca Marcondes、and Zuleica Porto。

この夢全体を通して、わたしの息子たちの愛する母、Natália に。かけがえのない存在《シネ・クア・ノン》。
現在の永遠の光の中で、Luiza Mugnol Ugarte。

訳者あとがき

本書『夢は人類をどう変えてきたのか――夢の歴史と科学』は、Sidarta Ribeiro による著書 *The Oracle of Night: The History and Science of Dreams*（Pantheon Books, 2021）の全訳である。なお、原書はポルトガル語で出版された *O oráculo da noite: A história e a ciência do sonho*（Companhia das Letras, 2019）であり、本書は英語版からの重訳となる。他書からの引用箇所の翻訳は基本的に本書訳者が行なっており、既訳を使用した場合は本文中の訳者による割註の該当箇所に訳者名を記した。巻末の原註に挙げられている書籍のうち既訳のあるものは書誌情報を記してある。また、翻訳において正確を期するためには、碩学の専門家からの助力が欠かせなかった。数多くの専門的かつクリエイティブな指摘と惜しみないサポートをいただいた須貝秀平氏に心から感謝したい。本文中の訳者による割註には、訳者によるものと監訳者によるものが存在し、監訳者による専門的な補足については、割註末尾に（須）と記載した。

ポルトガル語で夢を意味する「sonho（ソーニョ）」――語源はラテン語の「sonmium（ソムニウム）」――という言葉は、英語の「dream」と同じく、夢以外にもさまざまな概念を表現するために使われており、その対象はどれも眠っている間ではなく、覚醒している間に体験する出来事だ。英語でも、「一生の夢」や「アメリカンドリーム」といった表現は、人が何かを達成したいと願う、またはそれを達成したような場面において、日常的に使われている。

（本書二〇ページ）

本書の第1章に、作者はそう記している。これについては、日本語の「夢」においても、事情はまったく同じであると言えるだろう。「将来の夢」と言えば、いずれ現実となることが望まれる目標や希望のことであるし、「夢を買う」と言えば、賭けごとや宝くじなど、成功するかどうかはわからなくとも、そこに大きな期待をかける行為のことを指す。異なる地域で暮らしてきた、異なる言語を話す人々の間で、夢という言葉が、眠っているときに体験する現象と同時に、現実における「理想」のような意味を持っているという事実には、この現象が、人間という存在にとっていかに共通した感慨を引き起こすかがよく表れている。何と言っても、夢はわれわれが物心ついたときから一生を通じて何度となく繰り返し経験する、だれにとっても大いに馴染み深いものなのだから。その一方で、夢とは何であるのか、夢と人間とが互いにどのような影響を及ぼし合っているのかを、明確に説明することは非常に難しい。常にわれわれのそばにあり、われわれの生活や文化にとって欠かせない概念でありながら、夢という現象の正体は依然として、幻のように曖昧模糊としている。

夢、睡眠、記憶などを中心に研究を続けるブラジル出身の神経科学者シダルタ・リベイロは、本書において「夢とは何か、夢を見ることを人類はどのように利用し、それは人類をどのように変えてきたのか」を解き明かすべく、人類史の始まりから最新の研究成果に至るまで、夢にまつわる歴史、文学、宗教、科学の世界を余すところなく探求していく。さまざまな分野を足がかりに夢の本質に迫り、今の時点で可能な限りその輪郭を正確に描き出そうと試みている点が、本書の大きな魅力と言えるだろう。

多種多様な夢——神話に描かれた夢や、歴史に多大な影響を及ぼしたギリシアやローマの偉人たちの夢、アメリカ先住民の夢、そして精神分析医や研究者に向かって語られた愛、別離、恐怖の夢など——を例に挙げつつ、リベイロは、夢や睡眠、記憶に関して、今わかっている限りの情報を惜しむことなく、熱のこもった筆致で披露している。

摑みどころのない夢の正体を摑むことは、それこそ夢のまた夢なのかもしれないが、われわれが夢を見る限り、その実現を夢見る人はこの先も後を絶たないだろう。夢を見る動物は人間のほかにもたくさんいるにせよ、夢について語ることができるのは、今のところ人間だけなのだから。

北村京子

O oráculo da noite: A história e a ciência do sonho
(The Oracle of Night: The History and Science of Dreams)
by Sidarta Ribeiro

夢は人類をどう変えてきたのか
夢の歴史と科学

2024年11月25日　初版第1刷印刷
2024年11月30日　初版第1刷発行

著者 シダルタ・リベイロ
監訳者 須貝秀平
訳者 北村京子

発行者 福田隆雄
発行所 株式会社作品社
〒102-0072 東京都千代田区飯田橋 2-7-4
電話 03-3262-9753
ファクス 03-3262-9757
振替口座 00160-3-27183
ウェブサイト https://www.sakuhinsha.com

装幀 加藤愛子（オフィスキントン）
カヴァー写真 © MASAAKI TANAKA/SEBUN PHOTO/amanaimages
本文組版 大友哲郎
編集 倉畑雄太
印刷・製本 シナノ印刷株式会社

Printed in Japan
ISBN978-4-86793-054-0　C0040

著者＊**シダルタ・リベイロ**（Sidarta Ribeiro）
ブラジルのリオグランデ・ド・ノルテ連邦大学脳研究所の創設者で初代所長、神経科学科教授。ロックフェラー大学で動物行動学の博士号を取得。研究テーマは、記憶、睡眠と夢、ニューロンの可塑性、人間以外の動物の記号能力、計算精神医学、幻覚剤、薬物政策など多岐にわたる。2016年、ラテンアメリカ科学アカデミー（ACAL）会員にノミネート。近年は年間5–6本の論文を発表（共著含）。神経科学、夢、薬物、政治、教育などについての記事をブラジルの日刊紙や学術誌に寄稿。記事や評論をまとめた『Limiar: Ciência e vida contemporânea（閾値――科学と現代生活）』を出版（2015年に出版したものの改訂版）したほか、眠りやニューロテクノロジーについての著作が数冊ある。

監訳者＊**須貝秀平**（すがい・しゅうへい）
1990年滋賀県生まれ。東京大学医学部卒業後、東京都立松沢病院、東京大学大学院医学系研究科機能生物学専攻システムズ薬理学教室を経て、現在は株式会社ヒューマノーム研究所に所属。訳書に、H・S・サリヴァン『精神病理学私記』（阿部大樹との共訳、日本評論社）がある。

訳者＊**北村京子**（きたむら・きょうこ）
ロンドン留学後、会社員を経て翻訳者に。訳書に、T・E・ホスキンズ『フット・ワーク――靴が教えるグローバリゼーションの真実』、J・コックス『女たちのレボリューション――ロシア革命1905～1917』、J・E・ユージンスキ『陰謀論入門――誰が、なぜ信じるのか？』、M・ブルサード『AIには何ができないか――データジャーナリストが現場で考える』、D・ストラティガコス『ヒトラーの家――独裁者の私生活はいかに演出されたか』、A・ナゴルスキ『ヒトラーランド――ナチの台頭を目撃した人々』、P・ファージング『犬たちを救え！――アフガニスタン救出物語』、P・ストーカー『なぜ、1%が金持ちで、99%が貧乏になるのか？――《グローバル金融》批判入門』（以上、作品社）、『ビジュアル科学大事典 新装版』（日経ナショナル ジオグラフィック社、共訳）など。

索引

あ行

か行

さ行

た行

な行

は行

ま行

や行

ら行

わ行

英数字

原註

第１章　人はなぜ夢を見るのか

1. J. K. Boehnlein, J. D. Kinzie, R. Ben, and J. Fleck, "One-Year Follow-Up Study of Posttraumatic Stress Disorder among Survivors of Cambodian Concentration Camps," *American Journal of Psychiatry* 142 (1985): 956–59; A. Aron, "The Collective Nightmare of Central American Refugees," in *Trauma and Dreams,* ed. Deirdre Barrett (Cambridge: Harvard University Press, 1996), 140–47; E. M. Menke and J. D. Wagner, "The Experience of Homeless Female-Headed Families," *Issues in Mental Health Nursing* 18 (1997): 315–30; T. C. Neylan et al., "Sleep Disturbances in the Vietnam Generation: Findings from a Nationally Representative Sample of Male Vietnam Veterans," *American Journal of Psychiatry* 155 (1998): 929–33; K. Esposito, A. Benitez, L. Barza, T. Mellman, "Evaluation of Dream Content in Combat-Related PTSD," *Journal of Traumatic Stress* 12 (1999): 681–87; L. Wittmann, M. Schredl, and M. Kramer, "Dreaming in Posttraumatic Stress Disorder: A Critical Review of Phenomenology, Psychophysiology and Treatment," *Psychotherapy and Psychosomatics* 76 (2007): 25–39; J. Davis-Berman, "Older Women in the Homeless Shelter: Personal Perspectives and Practice Ideas," *Journal of Women and Aging* 23 (2011): 360–74; J. Davis-Berman, "Older Men in the Homeless Shelter: In-Depth Conversations Lead to Practice Implications," *Journal of Gerontological Social Work* 54 (2011): 456–74; K. E. Miller, J. A. Brownlow, S. Woodward, and P. R. Gehrman, "Sleep and Dreaming in Posttraumatic Stress Disorder," *Current Psychiatry Reports* 19 (2017): 71.
2. P. Levi, *The Truce,* trans. S. Woolf (London: The Orion Press, 1969), chap. 17.〔プリーモ・レーヴィ『休戦』竹山博英訳、岩波文庫、2010〕
3. D. Goldman, "Investing in the Growing Sleep-Health Economy," McKinsey & Company, 2017.
4. W. Shakespeare, *The Tempest* (London: Penguin, 2015), Act Four, scene 1.〔シェイクスピア「テンペスト」『シェイクスピアⅧ』木下順二訳、講談社、1989〕
5. P. Calderón de la Barca, *Life Is a Dream,* bilingual edition, trans. S. Appelbaum (New York: Dover, 2002).〔カルデロン『人の世は夢　サラメアの村長』高橋正武訳、岩波文庫、1978〕
6. B. R. Foster, "Kings of Assyria and Their Times," in *Before the Muses: An Anthology of Akkadian Literature* (Bethesda, MD: CDL Press, 2005), 308.

7. P. Clayton, *Chronicle of the Pharaohs* (London: Thames & Hudson, 1994).
8. A. F. Herold and P. C. Blum, *The Life of Buddha According to the Legends of Ancient India* (New York: A. & C. Boni, 1927), 9.
9. P. R. Goldin, *A Concise Companion to Confucius* (Hoboken: Wiley, 2017); M. Choi, *Death Rituals and Politics in Northern Song China* (Oxford: Oxford University Press, 2017).
10. Artemidorus, *The Interpretation of Dreams,* trans. M. Hammond (Oxford: Oxford University Press, 2020).〔アルテミドロス『叢書アレクサンドリア図書館　第2巻　夢判断の書』城江良和訳国文社、1994〕
11. A. A. T. Macrobius, *Commentary on the Dream of Scipio,* trans. W. H. Stahl. (New York: Columbia University Press, 1990).
12. Artemidorus, *The Interpretation of Dreams.*
13. Ibid., 4–6.
14. Ibid., 228.
15. Macrobius, *Commentary on the Dream of Scipio.*
16. J. S. Lincoln, *The Dream in Native American and Other Primitive Cultures* (Hoboken: Dover, 2003); M. C. Jedrej et al., *Dreaming, Religion and Society in Africa* (Brill, 1997); R. K. Ong, *The Interpretation of Dreams in Ancient China* (master's thesis, University of British Columbia, 1981).
17. S. C. Gwynne, *Empire of the Summer Moon: Quanah Parker and the Rise and Fall of the Comanches, the Most Powerful Indian Tribe in American History* (New York: Scribner, 2011).〔S・C・グウィン『史上最強のインディアンコマンチ族の興亡——最後の英雄クアナ・パーカーの生涯』(全2冊) 森夏樹訳、青土社、2012〕
18. J. L. D. Schilz and T. F. Schilz, *Buffalo Hump and the Penateka Comanches* (El Paso: Texas Western Press, 1989).
19. F. A. Azevedo et al., "Equal Numbers of Neuronal and Nonneuronal Cells Make the Human Brain an Isometrically Scaled-Up Primate Brain," *Journal of Comparative Neurology* 513 (2009): 532–41.
20. S. Freud, *Project for a Scientific Psychology,* in *The Standard Edition of the Complete Psychological Works of Sigmund Freud,* eds. J. Strachey et al., vol. 1 (London: Hogarth Press, 1953).〔ジークムント・フロイト『新装版　フロイト著作集第7巻——ヒステリー研究／科学的心理学草稿』小此木啓吾＋懸田克躬訳、人文書院、2024〕
21. T. V. Bliss and T. Lomo, "Long-Lasting Potentiation of Synaptic Transmission in the Dentate Area of the Anaesthetized Rabbit Following Stimulation of the Perforant Path," *Journal of Physiology* 232 (1973): 331–56.
22. M. Minsky, "Why Freud Was the First Good AI Theorist," in *The Transhumanist Reader: Classical and Contemporary Essays on the Science, Technology, and Philosophy*

of the Human Future, eds. M. More and N. Vita-More (Hoboken: John Wiley and Sons, 2013).

23. S. Freud, *Beyond the Pleasure Principle*; *Group Psychology and the Analysis of the Ego*; *The Ego and the Id,* in *The Standard Edition of the Complete Psychological Works of Sigmund Freud,* eds. J. Strachey et al., vols. 18, 19 (London: Hogarth Press, 1953).〔ジークムント・フロイト「快感原則の彼岸」『自我論集』竹田青嗣＋中山元訳、ちくま学芸文庫、1996〕
24. M. L. Andermann and B. B. Lowell, "Toward a Wiring Diagram Understanding of Appetite Control," *Neuron* 95 (2017): 757–78; W. Han et al., "A Neural Circuit for Gut-Induced Reward," *Cell* 175 (2018): 887–88; J. Panksepp, *Affective Neuroscience: The Foundations of Human and Animal Emotions* (Oxford: Oxford University Press, 1998).
25. B. Levine et al. "The Functional Neuroanatomy of Episodic and Semantic Autobiographical Remembering: A Prospective Functional MRI Study," *Journal of Cognitive Neuroscience* 16 (2004): 1633–46; R. Q. Quiroga, "Concept Cells: The Building Blocks of Declarative Memory Functions," *Nature Reviews Neuroscience* 13 (2012): 587–97; P. Martinelli, M. Sperduti, and P. Piolino, "Neural Substrates of the Self-Memory System: New Insights from a Meta-Analysis," *Human Brain Mapping* 34 (2013): 1515–29.
26. P. S. Goldman-Rakic, "The Prefrontal Landscape: Implications of Functional Architecture for Understanding Human Mentation and the Central Executive," *Philosophical Transactions of the Royal Society of London B: Biological Sciences* 351 (1996): 1445–53; F. Barcelo, S. Suwazono, and R. T. Knight, "Prefrontal Modulation of Visual Processing in Humans," *Nature Neuroscience* 3 (2000): 399–403.
27. A. Hoche et al. *Gegen Psycho-Analyse* (Munique: Verlag der Süddeutsche Monatshefte, 1931).
28. K. R. Popper, *Conjectures and Refutations: The Growth of Scientific Knowledge* (New York: Basic Books, 1962), 37.〔カール・R・ポパー『叢書・ウニベルシタス 95　推測と反駁　〈新装版〉──科学的知識の発展』藤本隆志＋石垣壽郎＋森博訳、法政大学出版局、2009〕
29. F. C. Crews, ed., *Unauthorized Freud: Doubters Confront a Legend* (New York: Viking, 1998); C. Meyer and Borch-Jacobsen, *Le Livre noir de la psychanalyse: vivre, penser et aller mieux sans Freud* (Paris: Les Arènes, 2005); T. Dufresne, ed., *Against Freud: Critics Talk Back* (Stanford: Stanford University Press, 2007).
30. C. K. Morewedge and M. I. Norton, "When Dreaming is Believing: The (Motivated) Interpretation of Dreams," *Journal of Personality and Social Psychology* 96 (2009): 249–64.
31. M. C. Anderson et al., "Neural Systems Underlying the Suppression of Unwanted

Memories," *Science* 303 (2004): 232–35; B. E. Depue, T. Curran, and M. T. Banich, "Prefrontal Regions Orchestrate Suppression of Emotional Memories via a Two-Phase Process," *Science* 317 (2007): 215–19.

32. K. Lorenz, *The Natural Science of the Human Species: An Introduction to Comparative Behavioral Research (The "Russian Manuscript" 1944–1948)* (Cambridge: MIT Press, 1997): 47–48.
33. F. Crick and G. Mitchison, "The Function of Dream Sleep," *Nature* 304 (1983): 111–14; F. Crick and G. Mitchison, "REM Sleep and Neural Nets," *Behavioural Brain Research* 69 (1995): 147–55.
34. Wittmann, Schredl, and Kramer, "Dreaming in Posttraumatic Stress Disorder"; Miller, Brownlow, Woodward, and Gehrman, "Sleep and Dreaming in Posttraumatic Stress Disorder"; B. A. Vanderkolk and R. Fisler, "Dissociation and the Fragmentary Nature of Traumatic Memories: Overview and Exploratory Study," *Journal of Trauma Stress* 8 (1995); H. A. Wilmer, "The Healing Nightmare: War Dreams of Vietnam Veterans," in *Trauma and Dreams,* ed. D. Barrett (Cambridge: Harvard University Press, 1996), 85–99; B. J. N. Schreuder, V. Igreja, J. van Dijk, and W. Kleijn, "Intrusive Re-Experiencing of Chronic Strife or War," *Advances in Psychiatric Treatment* 7 (2001): 102–8.
35. C. G. Jung, "General Aspects of Dream Psychology," in *Collected Works of C. G. Jung: The Structure and Dynamics of the Psyche* (Princeton: Princeton University Press, 1916), 493. 〔C・G・ユング「夢心理学概論」『ユング　夢分析論』横山博監訳、大塚紳一郎訳、みすず書房、2016〕
36. C. G. Jung, "The Unconscious," in *The Collected Works of C. G. Jung,* vol. 5 (London: Routledge and K. Paul, 1966).

第2章　祖先たちの夢

1. J. J. Hublin et al., "New Fossils from Jebel Irhoud, Morocco and the Pan-African Origin of *Homo sapiens,*" *Nature* 546 (2017): 289–92; D. Richter et al., "The Age of the Hominin Fossils from Jebel Irhoud, Morocco, and the Origins of the Middle Stone Age," *Nature* 546 (2017): 293–96.
2. A. W. Pike et al., "U-Series Dating of Paleolithic Art in 11 Caves in Spain," *Science* 336 (2012): 1409–13; M. Aubert et al., "Pleistocene Cave Art from Sulawesi, Indonesia," *Nature* 514 (2014): 223–27; D. L. Hoffmann et al., "U-Th Dating of Carbonate Crusts Reveals Neanderthal Origin of Iberian Cave Art," *Science* 359 (2018): 912–15.
3. K. Lohse and L. A. Frantz, "Neandertal Admixture in Eurasia Confirmed by Maximum-Likelihood Analysis of Three Genomes," *Genetics* 196 (2014): 1241–51; S. Sankararaman et al., "The Genomic Landscape of Neanderthal Ancestry in Present-Day Humans," *Nature* 507 (2014): 354–57; S. R. Browning et al., "Analysis of Human Se-

quence Data Reveals Two Pulses of Archaic Denisovan Admixture," *Cell* 173 (2018): 53–61; V. Slon et al., "The Genome of the Offspring of a Neanderthal Mother and a Denisovan Father," *Nature* 561 (2018).
4. A. Sieveking, *The Cave Artists: Ancient Peoples and Places* (London: Thames and Hudson, 1979), 93.
5. A. Leroi-Gourhan, *L'Art des cavernes: atlas des grottes ornées paléolithiques françaises,* Atlas Archéologiques de la France (Paris: Ministère de la culture, Direction du patrimoine, Impr. Nationale, 1984).
6. H. Bégouën, "Un Dessin relevé dans la caverne des Trois-frères, à Montesquieu-Avantès (Ariège)," *Comptes rendus des séances de l'Académie des Inscriptions et Belles-Lettres* 64 (1920): 303–10.
7. O. Grøn, "A Siberian Perspective on the North European Hamburgian Culture: A Study in Applied Hunter-Gatherer Ethnoarchaeology," *Before Farming* 1 (2005).
8. O. Soffer, *Upper Paleolithic of the Central Russian Plain* (Cambridge: Academic Press, 1985).
9. M. Germonpré and R. Hämäläinen, "Fossil Bear Bones in the Belgian Upper Paleolithic: The Possibility of a Proto Bear-Ceremonialism," *Arctic Anthropology* 44 (2007): 1–30.
10. E. Hill, "Animals as Agents: Hunting Ritual and Relational Ontologies in Prehistoric Alaska and Chukotka," *Cambridge Archaeological Journal* 21 (2011): 407–26.
11. W. Roebroeks and P. Villa, "On the Earliest Evidence for Habitual Use of Fire in Europe," *Proceedings of the National Academy of Sciences of the USA* 108 (2011): 5209–14; R. Shimelmitz et al., "'Fire at Will': The Emergence of Habitual Fire Use 350,000 Years Ago," *Journal of Human Evolution* 77 (2014): 196–203.
12. C. Lévi-Strauss, *The Raw and the Cooked* (New York: Harper & Row, 1969).〔クロード・レヴィ＝ストロース『神話論理Ｉ　生のものと火を通したもの』早水洋太郎訳、みすず書房、2006〕
13. F. W. Nietzsche, *Human, All Too Human,* trans. M. Faber and S. Lehmann (London: Penguin Classics, 2004), 16.〔フリードリッヒ・ニーチェ『ニーチェ全集５・６　人間的、あまりに人間的』(全２冊) 池尾健一訳、ちくま学芸文庫、1994〕
14. E. Durkheim, *The Elementary Forms of Religious Life,* trans. C. Cosman (Oxford: Oxford University Press, 2001), 49.〔エミール・デュルケーム『宗教生活の基本形態——オーストラリアにおけるトーテム体系』(全２冊) 山崎亮訳、ちくま学芸文庫、2014〕
15. B. Vandermeersch, *Les Hommes fossiles de Qafzeh, Israël,* Cahiers de paléontologie Paléoanthropologie (Paris: Éditions du Centre National de la Recherche Scientifique, 1981); I. Wunn, "Beginning of Religion," *Numen* 47 (2000): 417–52.

16. M. P. Cabral and J. D. d. M. Saldanha, "Paisagens megalíticas na costa norte do Amapá," *Revista de Arqueologia da Sociedade de Arqueologia Brasileira* 21 (2008).
17. Ibid.
18. J. S. Lincoln, *The Dream in Native American and Other Primitive Cultures* (Hoboken: Dover, 2003).
19. Ibid.; J. O. Santos, *Vagares da alma: elaborações ameríndias acerca do sonhar* (master's thesis, Departamento de Antropologia, Universidade de Brasilia, 2010); K. G. Shiratori, *O acontecimento onírico ameríndio: o tempo desarticulado e as veredas dos possíveis* (master's thesis, Museu Nacional, Universidade Federal do Rio de Janeiro, 2013).
20. D. Q. Fuller et al., "Convergent Evolution and Parallelism in Plant Domestication Revealed by an Expanding Archaeological Record," *Proceedings of the National Academy of Sciences of the USA* 111 (2014): 6147–52.
21. G. Larson et al., "Rethinking Dog Domestication by Integrating Genetics, Archeology, and Biogeography," *Proceedings of the National Academy of Sciences of the USA* 109 (2012): 8878–83; A. Perri, "A Wolf in Dog's Clothing: Initial Dog Domestication and Pleistocene Wolf Variation," *Journal of Archaeological Science* 68 (2016): 1–4.
22. D. R. Piperno, "The Origins of Plant Cultivation and Domestication in the New World Tropics: Patterns, Process, and New Developments," *Current Anthropology* 52 (2011): S453–70.
23. K. Schmidt, "Göbekli Tepe: A Neolithic Site in Southwestern Anatolia," in *The Oxford Handbook of Ancient Anatolia,* eds. S. R. Steadman and G. McMahon (Oxford: Oxford University Press, 2011), 917.
24. M. Gaspar, *Sambaqui: Arquelogia do litoral brasileiro* (Rio de Janeiro: Zahar, 2000); S. K. Fish, P. De Blasis, M. D. Gaspar, and P. R. Fish, "Eventos Incrementais na Construção de Sambaquis, Litoral Sul do Estado de Santa Catarina," *Revista do Museu de Arqueologia e Etnologia* 10 (2000): 69–87; D. M. Klokler, *Food for Body and Soul: Mortuary Ritual in Shell Mounds (Laguna—Brazil)* (master's thesis in anthropology, University of Arizona, 2008).
25. M. M. Okumura and S. Eggers, "The People of Jabuticabeira II: Reconstruction of the Way of Life in a Brazilian Shellmound," *Homo* 55 (2005): 263–81.
26. D. Tedlock, trans., *Popol Vuh* (New York: Touchstone, 1996).〔A・レシーノス原訳『マヤ神話　ポポル・ヴフ』林屋永吉訳、中公文庫、2016〕
27. V. Brown, *The Reaper's Garden: Death and Power in the World of Atlantic Slavery* (Cambridge: Harvard University Press, 2010).
28. F. D. Goodman, J. H. Henney, and E. Pressel, *Trance, Healing, and Hallucination; Three Field Studies in Religious Experience* (Hoboken: J. Wiley, 1974); L. F. S. Leite, *Relacionando Territórios: O "sonho" como objeto antropológico* (master's thesis in social

anthropology, Museu Nacional, Universidade Federal do Rio de Janeiro, 2003); W. Zangari, "Experiências anômalas em médiuns de Umbanda: Uma avaliação fenomenológica e ontológica," *Boletim da Academia Paulista de Psicologia* 27 (2007): 67–86; L. F. Q. A. Leite, "Algumas categorias para análise dos sonhos no candomblé," *Prelúdios* 1 (2013): 73–99.
29. J. K. Thornton, "Religion and Ceremonial Life in the Kongo and Mbundu Areas, 1500–1700," in *Central Africans and Cultural Transformations in the American Diaspora,* ed. L. Heywood (Cambridge: Cambridge University Press, 2001).
30. A. Battell, *The Strange Adventures of Andrew Battell of Leigh, in Angola and the Adjoining Regions* (London: The Hakluyt Society, 1901).
31. M. H. Kingsley, *West African Studies* (New York: Macmillan, 1899).
32. J. Binet, "Drugs and Mysticism: The Bwiti Cult of the Fang," *Diogenes* 86 (1974): 31–54; J. W. Fernandez, *Bwiti: An Ethnography of the Religious Imagination in Africa* (Princeton: Princeton University Press, 1982).
33. P. Ariès, *Western Attitudes Toward Death from the Middle Ages to the Present* (Baltimore: Johns Hopkins University Press, 1974)〔フィリップ・アリエス『死と歴史【新装版】――西欧中世から現代へ』成瀬駒男、みすず書房、2022〕; P. Metcalf and R. Huntington, *Celebrations of Death: The Anthropology of Mortuary Ritual* (Cambridge: Cambridge University Press, 1991)〔ピーター・メトカーフ＋リチャード・ハンティントン『死の儀礼――葬送習俗の人類学的研究』池上良正＋池上冨美子訳、未來社、1996〕; M. Parker Pearson, *The Archaeology of Death and Burial,* Texas A&M University anthropology series (College Station: Texas A&M University Press, 1999); A. C. G. M. Robben, *Death, Mourning, and Burial: A Cross-Cultural Reader* (Malden: Wiley Blackwell, 2018).
34. J. R. Anderson, A. Gillies, and L. C. Lock, "Pan Thanatology," *Current Biology* 20 (2010): R349–51.
35. D. Biro et al., "Chimpanzee Mothers at Bossou, Guinea, Carry the Mummified Remains of Their Dead Infants," *Current Biology* 20 (2010): R351–52.
36. F. G. P. De Ayala, *El primer nueva corónica y buen gobierno 1615/1616,* v. GkS 2232 4to Quires, Sheets, and Watermarks, Royal Library, 1615; S. MacCormack, *Religion in the Andes: Vision and Imagination in Early Colonial Peru* (Princeton: Princeton University Press, 1993).
37. D. Tedlock, trans., *Popol Vuh* (New York: Touchstone, 1996).
38. J. Jaynes, *The Origin of Consciousness in the Breakdown of the Bicameral Mind* (New York: Mariner Books, 2000), chap. 2.〔ジュリアン・ジェインズ『神々の沈黙――意識の誕生と文明の興亡』柴田裕之訳、紀伊國屋書店、2005〕
39. S. Freud, *Group Psychology and the Analysis of the Ego,* in *The Standard Edition of the*

Complete Psychological Works of Sigmund Freud, eds. J. Strachey et al., vol. 18 (London: Hogarth Press, 1953), 124.〔ジークムント・フロイト「集団心理学と自我分析」『フロイト、無意識について語る』中山元訳、光文社古典新訳文庫、2021〕
40. G. Turville-Petre, *Nine Norse Studies,* text series: Viking Society for Northern Research, vol. 5 (London: Viking Society for Northern Research, University College London, 1972).
41. G. D. Kelchner, *Dreams in Old Norse Literature and Their Affinities in Folklore: With an Appendix Containing the Icelandic Texts and Translations* (Norwood, UK: Norwood Editions, 1978).
42. S. Sturluson, *Halfdan the Black Saga,* in *Heimskringla or The Chronicle of the Kings of Norway* (London: Longman, Brown, Green and Longmans, 1844).
43. G. Jones, *A History of the Vikings* (Oxford: Oxford University Press, 2001).〔グウィン・ジョーンズ『ヴァイキングの歴史』笹田公明訳、恒文社、1987〕
44. R. K. Ong, *The Interpretation of Dreams in Ancient China* (master's thesis, Vancouver, University of British Columbia, 1981).
45. I. Edgar, *The Dream in Islam: From Qur'anic Tradition to Jihadist Inspiration* (New York: Berghahn, 2011), 178; I. R. Edgar and D. Henig, "Istikhara: The Guidance and Practice of Islamic Dream Incubation Through Ethnographic Comparison," *History and Anthropology* 21 (2010): 251–62.
46. S. N. Kramer, *The Sumerians: Their History, Culture, and Character* (Chicago: The University of Chicago Press, 1963).
47. B. Eranimos and A. Funkhouser, "The Concept of Dreams and Dreaming: A Hindu Perspective," *The International Journal of Indian Psychology* 4 (2017): 108–16.
48. B. R. Foster, *The Epic of Gilgamesh* (New York: W. W. Norton & Company, 2018).
49. Homer, *The Iliad,* trans. Robert Fagles (London: Penguin, 1990).〔ホメロス『イリアス』(全2冊) 松平千秋訳、岩波文庫、1992ほか〕
50. P. Kriwaczek, *Babylon: Mesopotamia and the Birth of Civilization* (New York: Thomas Dunne/St. Martin's, 2012).
51. Enheduanna and B. D. S. Meador, *Inanna, Lady of Largest Heart: Poems of the Sumerian High Priestess Enheduanna* (Austin: University of Texas Press, 2000); The Electronic Text Corpus of Sumerian Literature, http://etcsl.orinst.ox.ac.uk/section4/tr4073.htm.
52. Anon., *Gudea and his Dynasty,* vol. 3: 1, The Royal Inscriptions of Mesopotamia, Early Periods (Toronto: University of Toronto Press, 1997), 71–72.
53. S. N. Kramer, *The Sumerians.*
54. S. Bar, *A Letter That Has Not Been Read: Dreams in the Hebrew Bible,* New Century Edition of the Works of Emanuel Swedenborg (Cincinnati: Hebrew Union College

Press, 2001).
55. Herodotus, *Histories,* eds. P. Mensch and J. S. Romm (Indianapolis: Hackett Publishing, 2014).〔ヘロドトス『歴史』(全3冊) 松平千秋訳、岩波文庫、1971–1972 ほか〕
56. Artemidorus, *The Interpretation of Dreams,* trans. M. Hammond (Oxford: Oxford University Press, 2020).
57. C. Roebuck, *Corinth: The Asklepieion and Lerna,* vol. 14 (Princeton: American School of Classical Studies at Athens, 1951); S. B. Aleshire, *The Athenian Asclepeion: Their People, Their Dedications, and Their Inventories* (Amsterdam: J. C. Gieben, 1989).
58. S. M. Oberhelman, ed., *Dreams, Healing, and Medicine in Greece: From Antiquity to the Present* (Farnham: Ashgate, 2013).
59. W. Rouse, *Greek Votive Offerings: An Essay in the History of Greek Religion* (Cambridge: Cambridge University Press, 1902); S. M. Oberhelman, "Anatomical Votive Reliefs as Evidence for Specialization at Healing Sanctuaries in the Ancient Mediterranean World," *Athens Journal of Health* 1 (2014): 47–62.
60. Suetonius, *Life of Augustus (Vita divi Augusti),* ed. D. Wardle (Oxford: Oxford University Press, 2014).
61. Suetonius, *The Twelve Caesars,* eds. R. Graves and M. Grant (London: Penguin, 2003).〔スエトニウス『ローマ皇帝伝』(全2冊) 国原吉之助訳、岩波文庫、1986〕

第3章　生ける神々から精神分析へ

1. R. Drews, *The End of The Bronze Age: Changes in Warfare and the Catastrophe ca. 1200 B.C.* (Princeton: Princeton University Press, 1993); P. B. DeMenocal, "Cultural Responses to Climate Change during the Late Holocene," *Science* 292 (2001): 667–73; J. M. Diamond, *Collapse: How Societies Choose to Fail or Succeed* (London: Penguin Books, 2011).〔ジャレド・ダイアモンド『文明崩壊——滅亡と存続の命運を分けるもの』(全2冊) 楡井浩一訳、草思社文庫、2012〕
2. C. G. Diuk et al., "A Quantitative Philology of Introspection,"*Frontiers in Integrative Neuroscience* 6 (2012): 80.
3. A. F. Herold and P. C. Blum, *The Life of Buddha According to the Legends of Ancient India* (New York: A. & C. Boni, 1927).
4. Ibid., 21.
5. Ibid., 31.
6. R. K. Ong, *The Interpretation of Dreams in Ancient China* (master's thesis, University of British Columbia, 1981).
7. W. E. Soothill, *The Three Religions of China; Lectures Delivered at Oxford* (New York: Hyperion, 1973), 75.
8. Plato, *Theaetetus* 158, *Laws* 461, in *Complete Works,* ed. J. Cooper (London: Hackett

Publishing, 1997).〔プラトン『テアイテトス』渡辺邦夫訳、光文社古典新訳文庫、2019〕

9. Aristotle, *On Sleep and Dreams,* ed. and trans. D. Gallop (Liverpool: Liverpool University Press, 1996).〔アリストテレス『新版　アリストテレス全集7　魂について　自然学小論集』内山勝利ほか編、岩波書店、2014〕
10. Matthew 1: 20–2: 22 (King James Version).
11. Matthew 27: 19 (King James Version).
12. Acts 16: 9–10 (King James Version).
13. I. Edgar, *The Dream in Islam: From Qur'anic Tradition to Jihadist Inspiration* (New York: Berghahn Books, 2011), 178; C. M. Naim, "'Prophecies' in South Asian Muslim Political Discourse: The Poems of Shah Ni'matullah Wali," *Economic and Political Weekly* 46 (2011): 49–58.
14. Augustine, *Confessions,* trans. H. Chadwick (Oxford: Oxford University Press, 1998), 203.〔アウグスティヌス『告白』(全3冊) 山田晶訳、中公文庫、2014〕
15. J. Verdon, *Night in the Middle Ages* (Notre Dame: University of Notre Dame Press, 2002); A. R. Ekirch, *At Day's Close: Night in Times Past* (New York: W. W. Norton, 2005).
16. C. Vogel, *Le Pécheur et la pénitence dans l'Église ancienne, textes choisis* (Paris: Éditions du Cerf, 1966).
17. T. Aquinas, trans. Fathers of the English Dominican Province, *The Summa Theologica* (New York: Catholic Way Publishing, 2014), 2–2, 94, 6.〔トマス・アクィナス『精選神学大全』(全4冊) 稲垣良典＋山本芳久編訳、岩波文庫、2023–2024〕
18. J. Passavanti and G. Auzzas, *Lo Specchio della Vera Penitenzia,* Scrittori Italiani e Testi Antichi (Florença: Accademia della Crusca, 2014).
19. C. Speroni, "Dante's Prophetic Morning-Dreams," *Studies in Philology* 45 (1948): 50–59.
20. O. Kraut, *Ninety-Five Theses* (New York: Pioneer, 1975), 150.
21. J. A. Wylie, *The History of Protestantism* (Neerlandia, AB: Inheritance, 2018), chap. 9.
22. R. Descartes, *Discourse on Method; And, Meditations on First Philosophy,* trans. D. A. R. Cress (Indianapolis: Hackett, 1998).
23. S. Freud, *The Interpretation of Dreams,* in *The Standard Edition of the Complete Psychological Works of Sigmund Freud,* eds. J. Strachey et al., vols. 4, 5 (London: Hogarth Press, 1953).〔フロイト『夢判断』(全2冊) 高橋義孝訳、新潮文庫、1977〕
24. S. Bar, *A Letter That Has Not Been Read: Dreams in the Hebrew Bible,* vol. 25, New Century Edition of the Works of Emanuel Swedenborg (Cincinnati: Hebrew Union College Press, 2001), 6; see also Babylonian Talmud, Berakhot, 55b.

第４章　独特な夢と典型的な夢

1. W. B. Webb and H. W. Agnew, "Are We Chronically Sleep Deprived?" *Bulletin of the Psychonomic Society* 6 (1975): 47–48.
2. G. W. Domhoff and A. Schneider, "Studying Dream Content Using the Archive and Search Engine on DreamBank.net," *Consciousness and Cognition* 17 (2008): 1238–47.
3. D. Foulkes, *Dreaming: A Cognitive-Psychological Analysis* (New Jersey: Lawrence Erlbaum Associates, 1985); G. Domhoff, *Finding Meaning in Dreams: A Quantitative Approach* (New York: Plenum Press, 1996).
4. P. McNamara, "Counterfactual Thought in Dreams," *Dreaming* 10 (2000): 232–45; P. McNamara et al. "Counterfactual Cognitive Operations in Dreams," *Dreaming* 12 (2002): 121–33.
5. D. Kahneman, "Varieties of Counterfactual Thinking" and C. G. Davis and D. R. Lehman, "Counterfactual Thinking and Coping with Traumatic Life Events," in *What Might Have Been: The Social Psychology of Counterfactual Thinking,* eds. J. M. Olson and N. J. Roese (New Jersey: Lawrence Erlbaum Associates, 1995), 375–96.
6. A. Nwoye, "The Psychology and Content of Dreaming in Africa," *Journal of Black Psychology* 43 (2015): 3–26.
7. D. F. Perry, J. DiPietro, and K. Costigan, "Are Women Carrying 'Basketballs' Really Having Boys? Testing Pregnancy Folklore," *Birth Defects Research B: Developmental and Reproductive Toxicology* 26 (1999): 172–77.
8. W. Shakespeare, *Hamlet* (London: Penguin, 2015), Act 2, scene 2.〔ウィリアム・シェイクスピア『ハムレット』福田恆存訳、新潮文庫、1967 ほか〕
9. J. L. Borges, "The Library of Babel," in *Labyrinths: Selected Stories and Other Writings* (London: Penguin Books, 1970).〔J・L・ボルヘス「バベルの図書館」『伝奇集』鼓直訳、岩波文庫、1993〕
10. W. C. Dement, with C. Vaughan, *The Promise of Sleep: A Pioneer in Sleep Medicine Explores the Vital Connection Between Health, Happiness, and a Good Night's Sleep* (New York: Dell, 1999).
11. F. Boas, *Contributions to the Ethnology of the Kwakiutl,* vol. 3 (New York: Columbia University Contributions to Anthropology, 1925).

第５章　最初のイメージ

1. W. O'Grady and S. W. Cho, "First Language Acquisition," in *Contemporary Linguistics: An Introduction* (Boston: Bedford St. Martin's, 2001), 326–62.
2. A. Machado, "Parábolas," in *Poesías Completas* (Barcelona: Austral, 2015).
3. S. Freud, *Three Essays on the Theory of Sexuality* and *Introductory Lectures on Psycho-*

analysis, in *The Standard Edition of the Complete Psychological Works of Sigmund Freud,* eds. J. Strachey et al., vols. 7, 15, 16 (London: Hogarth Press, 1953)〔ジークムント・フロイト「性理論三篇」『エロス論集』中山元訳、ちくま学芸文庫、1997；フロイト『精神分析入門』(全2冊) 高橋義孝＋下坂幸三訳、新潮文庫、1977〕; M. Klein, *The Psychoanalysis of Children; Authorized Translation by Alix Strachey* (New York: Grove Press, 1960); P. King, R. Steiner, and British Psycho-Analytical Society, *The Freud-Klein Controversies, 1941–45* (London: Tavistock/Routledge, 1991).

4. D. Foulkes, *Children's Dreams: Longitudinal Studies* (New York: Wiley, 1982).
5. Ibid., 66.
6. Ibid., 68.
7. C. Hall and B. Domhoff, "A Ubiquitous Sex Difference in Dreams," *Journal of Abnormal and Social Psychology* 66 (1963): 278–80; C. S. Hall et al., "The Dreams of College Men and Women in 1959 and 1980: A Comparison of Dream Contents and Sex Differences," *Sleep* 5 (1982): 188–94.
8. M. Lortie-Lussier, C. Schwab, and J. De Koninck, "Working Mothers Versus Homemakers: Do Dreams Reflect the Changing Roles of Women?" *Sex Roles* 12 (1985): 1009–21; J. Mathes, and M. Schredl, "Gender Differences in Dream Content: Are They Related to Personality?" *International Journal of Dream Research* 6 (2013): 104–9.
9. D. Foulkes, *Children's Dreams,* 137.
10. P. Sandor, S. Szakadat, and R. Bodizs, "Ontogeny of Dreaming: A Review of Empirical Studies," *Sleep Medicine Reviews* 18 (2014): 435–49; P. Sandor, S. Szakadat, K. Kertesz, and R. Bodizs, "Content Analysis of 4 to 8 Year-Old Children's Dream Reports," *Frontiers in Psychology* 6 (2015): 534.
11. K. Valli and A. Revonsuo, "The Threat Simulation Theory in Light of Recent Empirical Evidence: A Review," *American Journal of Psychology* 122 (2009): 17–38.
12. M. G. Umlauf et al., "The Effects of Age, Gender, Hopelessness, and Exposure to Violence on Sleep Disorder Symptoms and Daytime Sleepiness among Adolescents in Impoverished Neighborhoods," *Journal of Youth Adolescence* 44 (2015): 518–42.
13. L. Hale, L. M. Berger, M. K. LeBourgeois, and J. Brooks-Gunn, "Social and Demographic Predictors of Preschoolers' Bedtime Routines," *Journal of Developmental and Behavior Pediatrics* 30 (2009): 394–402.
14. M. T. Hyyppa, E. Kronholm, E. Alanen, "Quality of Sleep during Economic Recession in Finland: A Longitudinal Cohort Study," *Social Science and Medicine* 45 (1997): 731–38.
15. D. L. Bliwise, "Historical Change in the Report of Daytime Fatigue," *Sleep* 19 (1996): 462–64; J. E. Broman, L. G. Lundh, and J. Hetta, "Insufficient Sleep in the General

Population," *Neurophysiology Clinic* 26 (1996): 30–39; M. M. Mitler et al., "The Sleep of Long-Haul Truck Drivers," *The New England Journal of Medicine* 337 (1997): 755–61.
16. S. Stranges et al., "Sleep Problems: An Emerging Global Epidemic? Findings from the INDEPTH WHO-SAGE Study Among More Than 40,000 Older Adults from 8 Countries Across Africa and Asia," *Sleep* 35 (2012): 1173–81.
17. L. R. Teixeira et al., "Sleep Patterns of Day-Working, Evening High-Schooled Adolescents of São Paulo, Brazil," *Chronobiology International* 21 (2004): 239–52.
18. A. L. D. Medeiros, D. B. F. Mendes, P. F. Lima, and J. R. Araujo, "The Relationships Between Sleep-Wake Cycle and Academic Performance in Medical Students," *Biological Rhythm Research* 32 (2001): 263–70.
19. M. E. Hartmann and J. R. Prichard, "Calculating the Contribution of Sleep Problems to Undergraduates' Academic Success," *Sleep Health* 4 (2018): 463–71.
20. A. K. Leung and W. L. Robson, "Nightmares," *Journal of the National Medical Association* 85 (1993): 233–35; A. Gauchat, J. R. Seguin, and A. Zadra, "Prevalence and Correlates of Disturbed Dreaming in Children," *Pathologie Biologie (Paris)* 62 (2014): 311–18.
21. J. Borjigin, et al., "Surge of Neurophysiological Coherence and Connectivity in the Dying Brain," *Proceedings of the National Academy of Sciences of the USA* 110 (2013): 14432–37.

第6章　夢見ることの進化

1. M. S. Dodd et al., "Evidence for Early Life in Earth's Oldest Hydrothermal Vent Precipitates," *Nature* 543 (2017): 60–64.
2. D. R. Mitchell, "Evolution of Cilia," *Cold Spring Harbor Perspectives in Biology* 9 (2017).
3. H. Wijnen and M. W. Young, "Interplay of Circadian Clocks and Metabolic Rhythms," *Annual Review of Genetics* 40 (2006): 409–48.
4. R. D. Nath et al., "The Jellyfish Cassiopea Exhibits a Sleep-like State," *Current Biology* 27 (2017): 2983–90.
5. M. A. Tosches, D. Bucher, P. Vopalensky, and D. Arendt, "Melatonin Signaling Controls Circadian Swimming Behavior in Marine Zooplankton," *Cell* 159 (2014): 46–57.
6. C. A. Czeisler et al., "Stability, Precision, and Near-24-Hour Period of the Human Circadian Pacemaker," *Science* 284 (1999): 2177–81.
7. J. J. Hublin et al., "New Fossils from Jebel Irhoud, Morocco and the Pan-African Origin of *Homo sapiens*," *Nature* 546 (2017): 289–92; D. Richter et al., "The Age of the Hominin Fossils from Jebel Irhoud, Morocco, and the Origins of the Middle Stone

Age," *Nature* 546 (2017): 293 –96.

8. W. Kaiser and J. Steiner-Kaiser, "Neuronal Correlates of Sleep, Wakefulness and Arousal in a Diurnal Insect," *Nature* 301 (1983): 707–79; K. M. Hartse, *Sleep in Insects and Nonmammalian Vertebrates,* Principles and Practice of Sleep Medicine (Philadelphia: W. B. Saunder, 1989); I. I. Tobler and M. Neuner-Jehle, "24-H Variation of Vigilance in the Cockroach Blaberus Giganteus," *Journal of Sleep Research* 1 (1992): 231–39; S. Sauer, E. Herrmann, and W. Kaiser, "Sleep Deprivation in Honey Bees," *Journal of Sleep Research* 13 (2004): 145–52.
9. J. C. Hendricks et al., "Rest in Drosophila Is a Sleep-Like State," *Neuron* 25 (2000): 129–38; P. J. Shaw, C. Cirelli, R. J. Greenspan, and G. Tononi, "Correlates of Sleep and Waking in *Drosophila Melanogaster,*" *Science* 287 (2000): 1834–37.
10. J. M. Siegel, "Do All Animals Sleep?" *Trends in Neuroscience* 31 (2008): 208–13.
11. I. Tobler and A. A. Borbely, "Effect of Rest Deprivation on Motor Activity of Fish," *Journal of Comparative Physiology A* 157 (1985): 817–22; I. V. Zhdanova, S. Y. Wang, O. U. Leclair, and N. P. Danilova, "Melatonin Promotes Sleep-Like State in Zebrafish," *Brain Research* 903 (2001): 263–68; T. Yokogawa et al., "Characterization of Sleep in Zebrafish and Insomnia in Hypocretin Receptor Mutants," *PLOS Biology* 5 (2007): e277; B. B. Arnason, H. Thornorsteinsson, and K. A. E. Karlsson, "Absence of Rapid Eye Movements during Sleep in Adult Zebrafish," *Behavioural Brain Research* 291 (2015): 189–94.
12. J. A. Hobson, "Electrographic Correlates of Behavior in the Frog with Special Reference to Sleep," *Electroencephalography Clinical Neurophysiology* 22 (1967): 113–21; J. A. Hobson, O. B. Goin, and C. J. Goin, "Electrographic Correlates of Behaviour in Tree Frogs," *Nature* 220 (1968): 386–87.
13. A. W. Crompton, C. R. Taylor, and J. A. Jagger, "Evolution of Homeothermy in Mammals," *Nature* 272 (1978): 333–36.
14. M. Shein-Idelson et al., "Slow Waves, Sharp Waves, Ripples, and REM in Sleeping Dragons," *Science* 352 (2016): 590–95.
15. S. C. Nicol, N. A. Andersen, N. H. Phillips, and R. J. Berger, "The Echidna Manifests Typical Characteristics of Rapid Eye Movement Sleep," *Neuroscience Letters* 283 (2000): 49–52.
16. J. M. Siegel et al., "Sleep in the Platypus," *Neuroscience* 91 (1999): 391–400.
17. J. A. Lesku et al., "Ostriches Sleep like Platypuses," *PLOS One* 6 (2011): e23203.
18. R. N. Martinez et al., "A Basal Dinosaur from the Dawn of the Dinosaur Era in Southwestern Pangaea," *Science* 331 (2011): 206–10; S. J. Nesbitt et al., "The Oldest Dinosaur? A Middle Triassic Dinosauriform from Tanzania," *Biology Letters* 9 (2013).
19. X. Xu and M. A. Norell, "A New Troodontid Dinosaur from China with Avian-Like

Sleeping Posture," *Nature* 431 (2004): 838–41; C. Gao et al., "A Second Soundly Sleeping Dragon: New Anatomical Details of the Chinese Troodontid Mei long with Implications for Phylogeny and Taphonomy," *PLOS One* 7 (2012).

20. A. Tiriac, G. Sokoloff, and M. S. Blumberg, "Myoclonic Twitching and Sleep-Dependent Plasticity in the Developing Sensorimotor System," *Current Sleep Medicine Reports* 1 (2015): 74–79; M. S. Blumberg et al., "Development of Twitching in Sleeping Infant Mice Depends on Sensory Experience," *Current Biology* 25 (2015): 656–62.
21. P. R. Renne et al., "Time Scales of Critical Events around the Cretaceous-Paleogene Boundary," *Science* 339 (2013): 684–87.
22. K. O. Pope, K. H. Baines, A. C. Ocampo, and B. A. Ivanov, "Impact Winter and the Cretaceous/Tertiary Extinctions: Results of a Chicxulub Asteroid Impact Model," *Earth and Planetary Science Letters* 128 (1994): 719–25; J. Vellekoop et al., "Rapid Short-Term Cooling Following the Chicxulub Impact at the Cretaceous-Paleogene Boundary," *Proceedings of the National Academy of Sciences of the USA* 111 (2014): 7537–41.
23. R. Maor, T. Dayan, H. Ferguson-Gow, and K. E. Jones, "Temporal Niche Expansion in Mammals from a Nocturnal Ancestor after Dinosaur Extinction," *Nature Ecology and Evolution* 1 (2017): 1889–95.
24. Nicol et al., "The Echidna Manifests Typical Characteristics."
25. S. T. Piantadosi and C. Kidd, "Extraordinary Intelligence and the Care of Infants," *Proceedings of the National Academy of Sciences of the USA* 113 (2016): 6874–79.
26. Y. Mitani et al., "Three-Dimensional Resting Behaviour of Northern Elephant Seals: Drifting like a Falling Leaf," *Biology Letters* 6 (2010): 163–66.
27. J. D. R. Houghton et al., "Measuring the State of Consciousness in a Free-Living Diving Sea Turtle," *Journal of Experimental Marine Biology and Ecology* 356 (2008): 115–20.
28. A. I. Oleksenko et al., "Unihemispheric Sleep Deprivation in Bottlenose Dolphins," *Journal of Sleep Research* 1 (1992): 40–44; O. I. Lyaminet et al., "Unihemispheric Slow Wave Sleep and the State of the Eyes in a White Whale," *Behavioural Brain Research* 129 (2002): 125–29; O. Lyamin, J. Pryaslova, V. Lance, and J. Siegel, "Animal Behaviour: Continuous Activity in Cetaceans after Birth," *Nature* 435 (2005): 1177; L. M. Mukhametov, "Sleep in Marine Mammals," *Experimental Brain Research* 8 (2007): 227–38.
29. G. G. Mascetti, "Unihemispheric Sleep and Asymmetrical Sleep: Behavioral, Neurophysiological, and Functional Perspectives," *Nature and Science of Sleep* 8 (2016): 221–38.
30. N. C. Rattenborg et al., "Migratory Sleeplessness in the White-Crowned Sparrow *(Zo-*

notrichia leucophrys gambelii)," *PLOS Biology* 2 (2004): e212.
31. N. C. Rattenborg et al., "Evidence that Birds Sleep in Mid-Flight," *Nature Communications* 7 (2016): 12468.
32. N. C. Rattenborg, S. L. Lima, and C. J. Amlaner, "Half-Awake to the Risk of Predation," *Nature* 397 (1999): 397–98; N. C. Rattenborg, S. L. Lima, and C. J. Amlaner, "Facultative Control of Avian Unihemispheric Sleep under the Risk of Predation," *Behavioural Brain Research* 105 (1999): 163–72.
33. N. Gravett et al., "Inactivity/Sleep in Two Wild Free-Roaming African Elephant Matriarchs: Does Large Body Size Make Elephants the Shortest Mammalian Sleepers?" *PLOS One* 12 (2017): e0171903.
34. R. Noser, L. Gygax, and I. Tobler, "Sleep and Social Status in Captive Gelada Baboons (*Theropithecus Gelada*)," *Behavioural Brain Research* 147 (2003): 9–15.
35. D. R. Samson et al., "Segmented Sleep in a Nonelectric, Small-Scale Agricultural Society in Madagascar," *American Journal of Human Biology* 29 (2017).
36. G. Yetish et al., "Natural Sleep and Its Seasonal Variations in Three Pre-Industrial Societies," *Current Biology* 25 (2015): 2862–68.
37. D. R. Samson et al., "Chronotype Variation Drives Night-Time Sentinel-Like Behaviour in Hunter-Gatherers," *Proceedings of the Royal Society: Biological Sciences* 284 (2017).
38. L. A. Zhivotovsky, N. A. Rosenberg, and M. W. Feldman, "Features of Evolution and Expansion of Modern Humans, Inferred from Genomewide Microsatellite Markers," *The American Journal of Human Genetics* 72 (2003): 1171–86.
39. H. O. De la Iglesia et al., "Ancestral Sleep," *Current Biology* 26 (2016): R271–72.

第７章　夢の生化学

1. E. Aserinsky and N. Kleitman, "Regularly Occurring Periods of Eye Motility, and Concomitant Phenomena, during Sleep," *Science* 118 (1953): 273–74.
2. M. Roth, J. Shaw, and J. Green, "The Form Voltage Distribution and Physiological Significance of the K-Complex," *Electroencephalography and Clinical Neurophysiology* 8 (1956): 385–402; M. Steriade and F. Amzica, "Slow Sleep Oscillation, Rhythmic K-Complexes, and Their Paroxysmal Developments," *Journal of Sleep Research* 7 (1998): 30–35; A. G. Siapas and M. A. Wilson, "Coordinated Interactions between Hippocampal Ripples and Cortical Spindles during Slow-Wave Sleep," *Neuron* 21 (1998): 1123–28; N. K. Logothetis et al., "Hippocampal-Cortical Interaction during Periods of Subcortical Silence," *Nature* 491 (2012): 547–53.
3. W. Dement and N. Kleitman, "Cyclic Variations in EEG during Sleep and Their Relation to Eye Movements, Body Motility, and Dreaming," *Electroencephalography and*

Clinical Neurophysiology 9 (1957): 673–90; W. Dement and N. Kleitman, "The Relation of Eye Movements during Sleep to Dream Activity: An Objective Method for the Study of Dreaming," *Journal of Experimental Psychology* 53 (1957): 339–46.

4. W. Dement and N. Kleitman, "The Relation of Eye Movements during Sleep to Dream Activity: An Objective Method for the Study of Dreaming," *Journal of Experimental Psychology* 53 (1957): 339–46; M. Jouvet and D. Jouvet, "A Study of the Neurophysiological Mechanisms of Dreaming," *Electroencephalography and Clinical Neurophysiology*, Suppl. 24 (1963): 133–157.
5. F. D. Foulkes, "Dream Reports from Different Stages of Sleep," *Journal of Abnormal Psychology* 65 (1962): 14–25.
6. G. G. Abel, W. D. Murphy, J. V. Becker, and A. Bitar, "Women's Vaginal Responses during REM Sleep," *Journal of Sex and Marital Therapy* 5 (1979): 5–14; G. S. Rogers, R. L. Van de Castle, W. S. Evans, and J. W. Critelli, "Vaginal Pulse Amplitude Response Patterns during Erotic Conditions and Sleep," *Archives of Sexual Behaviour* 14 (1985): 327–42.
7. C. Fisher, J. Gorss, and J. Zuch, "Cycle of Penile Erection Synchronous with Dreaming (REM) Sleep," Preliminary Report, *Archives of General Psychiatry* 12 (1965): 29–45.
8. T. A. Wehr, "A Brain-Warming Function for REM Sleep," *Neuroscience and Biobehavioral Reviews* 16 (1992): 379–97.
9. L. Xie et al., "Sleep Drives Metabolite Clearance from the Adult Brain," *Science* 342 (2013): 373–77.
10. H. Lee et al., "The Effect of Body Posture on Brain Glymphatic Transport," *Journal of Neuroscience* 35 (2015): 11034–44.
11. A. S. Urrila et al., "Sleep Habits, Academic Performance, and the Adolescent Brain Structure," *Scientific Reports* 7 (2017): 41678.
12. R. L. Weinmann, "Levodopa and Hallucination," *Journal of the American Medical Association* 221 (1972): 1054; K. Kamakura et al., "Therapeutic Factors Causing Hallucination in Parkinson's Disease Patients, Especially Those Given Selegiline," *Parkinsonism and Related Disorders* 10 (2004): 235–42.
13. M. Taheri and E. Arabameri, "The Effect of Sleep Deprivation on Choice Reaction Time and Anaerobic Power of College Student Athletes," *Asian Journal of Sports Medicine* 3 (2012): 15–20; K. Tokizawa et al., "Effects of Partial Sleep Restriction and Subsequent Daytime Napping on Prolonged Exertional Heat Strain," *Occupational and Environmental Medicine* 72 (2015): 521–28; A. Sufrinko, E. W. Johnson, and L. C. Henry, "The Influence of Sleep Duration and Sleep-Related Symptoms on Baseline Neurocognitive Performance among Male and Female High School Athletes," *Neuropsychology* 30 (2016): 484–91; R. Ben Cheikh, I. Latiri, M. Dogui, and H. Ben Saad,

"Effects of One-Night Sleep Deprivation on Selective Attention and Isometric Force in Adolescent Karate Athletes," *The Journal of Sports Medicine and Physical Fitness* 57 (2017): 752–59.

14. R. Leproult and E. Van Cauter, "Effect of 1 Week of Sleep Restriction on Testosterone Levels in Young Healthy Men," *Journal of the American Medical Association* 305 (2011): 2173–74.
15. C. Cajochen et al., "EEG and Ocular Correlates of Circadian Melatonin Phase and Human Performance Decrements during Sleep Loss," *American Journal of Physiology* 277 (1999): R640–49.
16. S. F. Sorrells et al., "Human Hippocampal Neurogenesis Drops Sharply in Children to Undetectable Levels in Adults," *Nature* 555 (2018): 377–81.
17. C. Liston et al., "Circadian Glucocorticoid Oscillations Promote Learning-Dependent Synapse Formation and Maintenance," *Nature Neuroscience* 16 (2013): 698–705.
18. C. Pavlides, L. G. Nivon, and B. S. McEwen, "Effects of Chronic Stress on Hippocampal Long-Term Potentiation," *Hippocampus* 12 (2002): 245–57.
19. R. Legendre and H. Piéron, "De la Propriété hypnotoxique des humeurs développée au cours d'une veille prolongée," *Comptes Rendus de la Société de Biologie de Paris* 70 (1912): 210–12.
20. J. M. Krueger, J. R. Pappenheimer, and M. L. Karnovsky, "Sleep-Promoting Effects of Muramyl Peptides," *Proceedings of the National Academy of Sciences of the USA* 79 (1982): 6102–6; S. Shoham and J. M. Krueger, "Muramyl Dipeptide-Induced Sleep and Fever: Effects of Ambient Temperature and Time of Injections," *American Journal of Physiology* 255 (1988): R157–65; J. M. Krueger and M. R. Opp, "Sleep and Microbes," *International Review of Neurobiology* 131 (2016): 207–25.
21. J. A. MacCulloch, "Fasting (Introductory and Non-Christian)" and G. Foucart, "Dreams and Sleep: Egyptian" in *Encyclopedia of Religion and Ethics,* ed. J. Hastings, vol. 5 (New York: Charles Scribner's Sons, 1912); J. S. Lincoln, *The Dream in Native American and Other Primitive Cultures* (Hoboken: Dover, 2003).
22. T. Nielsen and R. A. Powell, "Dreams of the Rarebit Fiend: Food and Diet as Instigators of Bizarre and Disturbing Dreams," *Frontiers in Psychology* 6 (2015): 47.
23. R. G. Pertwee, *Handbook of Cannabis* (Oxford: Oxford University Press, 2014).
24. D. E. Nichols, "Psychedelics," *Pharmacological Reviews* 68 (2016): 264–355.
25. J. G. Soares Maia and W. A. Rodrigues, "*Virola theiodora* como alucinógena e tóxica," *Acta Amazonica* 4 (1974): 21–23.
26. A. Berardi, G. Schelling, and P. Campolongo, "The Endocannabinoid System and Post Traumatic Stress Disorder (PTSD): From Preclinical Findings to Innovative Therapeutic Approaches in Clinical Settings," *Pharmacological Research* 111 (2016): 668–

78.
27. E. Tagliazucchi et al., "Increased Global Functional Connectivity Correlates with LSD-Induced Ego Dissolution," *Current Biology* 26 (2016): 1043–50; R. Kraehenmann, "Dreams and Psychedelics: Neurophenomenological Comparison and Therapeutic Implications," *Current Neuropharmacology* 15 (2017): 1032–42; R. Kraehenmann et al., "Dreamlike Effects of LSD on Waking Imagery in Humans Depend on Serotonin 2A Receptor Activation," *Psychopharmacology (Berlin)* 234 (2017): 2031–46; C. Sanz et al., "The Experience Elicited by Hallucinogens Presents the Highest Similarity to Dreaming within a Large Database of Psychoactive Substance Reports," *Frontiers in Neuroscience* 12 (2018): 7.
28. Nichols, "Psychedelics."
29. J. Riba et al., "Topographic Pharmaco-EEG Mapping of the Effects of the South American Psychoactive Beverage Ayahuasca in Healthy Volunteers," *British Journal of Clinical Pharmacology* 53 (2002): 613–28.
30. S. M. Kosslyn et al., "The Role of Area 17 in Visual Imagery: Convergent Evidence from PET and rTMS," *Science* 284 (1999): 167–70.
31. D. B. de Araújo et al., "Seeing with the Eyes Shut: Neural Basis of Enhanced Imagery Following Ayahuasca Ingestion," *Human Brain Mapping* 33 (2012): 2550–60.
32. R. L. Carhart-Harris et al., "Neural Correlates of the LSD Experience Revealed by Multimodal Neuroimaging," *Proceedings of the National Academy of Sciences of the USA* 113 (2016): 4853–58.
33. A. Viol et al., "Shannon Entropy of Brain Functional Complex Networks under the Influence of the Psychedelic Ayahuasca," *Scientific Reports* 7 (2017): 7388.
34. E. Tagliazucchi et al., "Enhanced Repertoire of Brain Dynamical States during the Psychedelic Experience," *Human Brain Mapping* 35 (2014): 5442–56; A. V. Lebedev et al., "LSD-Induced Entropic Brain Activity Predicts Subsequent Personality Change," *Human Brain Mapping* 37 (2016): 3203–13; M. M. Schartner et al., "Increased Spontaneous MEG Signal Diversity for Psychoactive Doses of Ketamine, LSD and Psilocybin," *Scientific Reports* 7 (2017): 46421.
35. P. Luz, "O uso ameríndio do caapi," and B. Keifenheim, "Nixi pae como participação sensível no princípio de transformação da criação primordial entre os índios kaxinawa no leste do Peru," in *O uso ritual da ayahuasca,* eds. B. C. Labate and W. S. Araujo (Campinas: Mercado de Letras, 2002), 37–68, 97–127.

第８章　狂気は一人で見る夢

1. C. Okorome Mume, "Nightmare in Schizophrenic and Depressed Patients," *The European Journal of Psychiatry* 23 (2009); 177–83; F. Michels et al., "Nightmare Frequency

in Schizophrenic Patients, Healthy Relatives of Schizophrenic Patients, Patients at High Risk States for Psychosis, and Healthy Controls," *International Journal of Dream Research* 7 (2014): 9–13.

2. J. C. Skancke, I. Holsen, and M. Schredl, "Continuity between Waking Life and Dreams of Psychiatric Patients: A Review and Discussion of the Implications for Dream Research," *International Journal of Dream Research* 7 (2014): 39–53.
3. K. Dzirasa et al., "Dopaminergic Control of Sleep-Wake States," *Journal of Neuroscience* 26 (2006): 10577–89.
4. J. Lacan, *Anxiety,* in *The Seminar of Jacques Lacan,* trans. A. R. Price, vol. 10 (Cambridge: Polity, 2016).〔ジャック＝アラン・ミレール編『ジャック・ラカン　不安』（全２冊）小出浩之ほか訳、岩波書店、2017〕
5. S. Beckett, *Waiting for Godot* (London: Faber & Faber, 2006), 54.〔サミュエル・ベケット『ゴドーを待ちながら』安堂信也＋高橋康也訳、白水Ｕブックス、2013〕
6. C. G. Jung, *Symbols of Transformation,* in *The Collected Works of C. G. Jung,* vol. 5. (London: Routledge and K. Paul, 1966).〔C・G・ユング『変容の象徴――精神分裂病の前駆症状』（全２冊）野村美紀子訳、ちくま学芸文庫、1992〕
7. S. Freud, *Totem and Taboo,* in *The Standard Edition of the Complete Psychological Works of Sigmund Freud,* eds. J. Strachey et al., vol. 13 (London: Hogarth Press, 1953).〔須藤訓任責任編集『フロイト全集 12　1912–13 年　トーテムとタブー』、岩波書店、2009 年〕
8. Ibid., 89.
9. S. Freud, *Introductory Lectures on Psychoanalysis,* in *The Standard Edition of the Complete Psychological Works of Sigmund Freud,* eds. J. Strachey et al., vols. 15, 16 (London: Hogarth Press, 1953).〔フロイト『精神分析入門』（全２冊）高橋義孝＋下坂幸三訳、新潮文庫、1977〕
10. S. Freud, *The Future of an Illusion,* in *The Standard Edition of the Complete Psychological Works of Sigmund Freud,* eds. J. Strachey et al., vol. 21 (London: Hogarth Press, 1953), 53.〔フロイト『フロイト文明論集１　幻想の未来／文化への不満』中山元訳、光文社古典新訳文庫、2007〕
11. M. Klein, "Criminal Tendencies in Normal Children," *British Journal of Medical Psychology* 74 (1927); M. Klein, *Narrative of a Child Analysis; The Conduct of the Psychoanalysis of Children as Seen in the Treatment of a Ten Year Old Boy* (New York: Basic Books, 1961).〔M・クライン『メラニー・クライン著作集６・７　児童分析の記録１・２』（全２冊）山上千鶴子訳、誠信書房、1987–1988〕
12. M. Klein, *The Psychoanalysis of Children; Authorized Translation by Alix Strachey* (New York: Grove Press, 1960).〔M・クライン『メラニー・クライン著作集２　児童の精神分析』衣笠隆幸訳、誠信書房、1997〕

13. M. Kramer, "Dream Differences in Psychiatric Patients," in *Sleep and Mental Illness*, eds. S. R. Pandi-Perumal and M. Kramer (Cambridge: Cambridge University Press, 2010): 375–382.
14. N. B. Mota et al., "Speech Graphs Provide a Quantitative Measure of Thought Disorder in Psychosis," *PLOS One* 7 (2012): e34928; N. B. Mota et al., "Graph Analysis of Dream Reports Is Especially Informative about Psychosis," *Scientific Reports* 4 (2014): 3691; N. B. Mota, M. Copelli, and S. Ribeiro, "Thought Disorder Measured as Random Speech Structure Classifies Negative Symptoms and Schizophrenia Diagnosis 6 Months in Advance," *npj Schizophrenia* 3 (2017): 1–10.

第9章　眠ることと記憶すること

1. J. B. Jenkins and K. M. Dallenbach, "Oblivescence during Sleep and Waking," *The American Journal of Psychology* 35 (1924): 605–12.
2. C. A. Pearlman, "Effect of Rapid Eye Movement (Dreaming) Sleep Deprivation on Retention of Avoidance Learning in Rats," *Reports of the US Navy Submarine Medical Center* 563 (1969): 1–4; P. Leconte and V. Bloch, "Effect of Paradoxical Sleep Deprivation on the Acquisition and Retention of Conditioning in Rats," *Journal de Physiologie (Paris)* 62 (1970): 290; W. C. Stern, "Acquisition Impairments Following Rapid Eye Movement Sleep Deprivation in Rats," *Physiology and Behavior* 7 (1971): 345–52.
3. C. Smith and S. Butler, "Paradoxical Sleep at Selective Times Following Training is Necessary for Learning," *Physiology and Behavior* 29 (1982): 469–73; C. Smith and G. Kelly, "Paradoxical Sleep Deprivation Applied Two Days after End of Training Retards Learning," *Physiology and Behavior* 43 (1988): 213–16; C. Smith and G. M. Rose, "Evidence for a Paradoxical Sleep Window for Place Learning in the Morris Water Maze," *Physiology & Behavior* 59 (1996): 93–97; C. Smith and G. M. Rose, "Posttraining Paradoxical Sleep in Rats Is Increased after Spatial Learning in the Morris Water Maze," *Behavioral Neuroscience* 111 (1997): 1197–204.
4. R. Stickgold et al., "Replaying the Game: Hypnagogic Images in Normals and Amnesics," *Science* 290 (2000): 350–53.
5. R. Stickgold, L. James, and J. A. Hobson, "Visual Discrimination Learning Requires Sleep after Training," *Nature Neuroscience* 3 (2000): 1237–38.
6. S. C. Mednick et al., "The Restorative Effect of Naps on Perceptual Deterioration," *Nature Neuroscience* 5 (2002): 677–81.
7. S. Mednick, K. Nakayama, and R. Stickgold, "Sleep-Dependent Learning: A Nap Is as Good as a Night," *Nature Neuroscience* 6 (2003): 697–98.
8. S. S. Yoo et al., "A Deficit in the Ability to Form New Human Memories without Sleep," *Nature Neuroscience* 10 (2007): 385–92.

9. W. Plihal and J. Born, "Effects of Early and Late Nocturnal Sleep on Declarative and Procedural Memory," *Journal of Cognitive Neuroscience* 9 (1997): 534–47; W. Plihal and J. Born, "Effects of Early and Late Nocturnal Sleep on Priming and Spatial Memory," *Psychophysiology* 36 (1999): 571–82.
10. L. J. Batterink, C. E. Westerberg, and K. A. Paller, "Vocabulary Learning Benefits from REM after Slow-Wave Sleep," *Neurobiology of Learning and Memory* 144 (2017).
11. N. Lemos, J. Weissheimer, and S. Ribeiro, "Naps in School Can Enhance the Duration of Declarative Memories Learned by Adolescents," *Frontiers in Systems Neuroscience* 8 (2014): 103.
12. T. Cabral et al., "Post-Class Naps Boost Declarative Learning in a Naturalistic School Setting," *npj Science of Learning* 3 (2018): 14.
13. C. Beck, "Students Allowed to Nap at School With Sleep Pods," NBC News, Mar. 6, 2017, https://www.nbcnews.com/health/kids-health/students-allowed-nap-school-sleep-pods-n729881; S. Danzy, "High Schools Are Allowing Sleep-deprived Students to Take Midday Naps," *People*, Feb. 22, 2017, https://people.howstuffworks.com/high-schools-are-allowing-sleepdeprived-students-take-midday-naps.htm; D. Willis, "N. M. Schools Roll Out High-Tech Sleep Pods for Students," *USA Today*, Mar. 1, 2017, https://www.usatoday.com/story/tech/nation-now/2017/03/01/nm-schools-roll-out-high-tech-sleep-pods-students/98619548/; N. Borges, "Tempo integral: a experiência das escolas de Santa Cruz," GAZ, Jun. 15, 2018, http://www.gaz.com.br/conteudos/educacao/2018/06/15/122501-tempo_integral_a_experiencia_das_escolas_de_santa_cruz.html.php; G. Pin, "Quitar la Siesta al Niño cuando Llega al Colegio, ¡Un Grave Error!" Serpadres, 2018, https://www.serpadres.es/3-6-anos/educacion-desarrollo/articulo/quitar-la-siesta-al-nino-cuando-llega-al-colegio-un-grave-error.
14. D. L . Hummer and T. M. Lee, "Daily Timing of the Adolescent Sleep Phase: Insights from a Cross-Species Comparison," *Neuroscience & Biobehavioral Reviews* 70 (2016): 171–81.
15. G. P. Dunster et al., "Sleepmore in Seattle: Later School Start Times Are Associated with More Sleep and Better Performance in High School Students," *Science Advances* 4 (2018).

第10章　記憶の反響

1. W. Penfield, "Some Mechanisms of Consciousness Discovered during Electrical Stimulation of the Brain," *Proceedings of the National Academy of Sciences USA* 44 (1958): 51–66.
2. D. Hebb, *The Organization of Behavior* (Hoboken: Wiley, 1949).〔D・O・ヘッブ『行動の機構——脳メカニズムから心理学へ』（全2冊）鹿取廣人ほか訳、岩波文庫、

2011〕
3. Ibid., F9.
4. C. Pavlides and J. Winson, "Influences of Hippocampal Place Cell Firing in the Awake State on the Activity of These Cells during Subsequent Sleep Episodes," *Journal of Neuroscience* 9 (1989): 2907–18.
5. S. Ribeiro et al., "Long-Lasting Novelty-Induced Neuronal Reverberation during Slow-Wave Sleep in Multiple Forebrain Areas," *PLOS Biology* 2 (2004): E24; J. O'Neill, T. Senior, and J. Csicsvari, "Place-Selective Firing of CA1 Pyramidal Cells during Sharp Wave/Ripple Network Patterns in Exploratory Behavior," *Neuron* 49 (2006): 143–55.
6. F. Niemtschek, *Leben des K.K. Kapellmeisters Wolfgang Gottlieb Mozart, nach Originalquellen beschrieben* (Praga: Herrlischen Buchhandlung, 1798).
7. T. Lomo, "Potentiation of Monosynaptic EPSPs in Cortical Cells by Single and Repetitive Afferent Volleys," *Journal of Physiology* 194 (1968): 84–85P; T. V. Bliss and T. Lomo, "Long-Lasting Potentiation of Synaptic Transmission in the Dentate Area of the Anaesthetized Rabbit Following Stimulation of the Perforant Path," *Journal of Physiology* 232 (1973): 331–56.
8. J. R. Whitlock, A. J. Heynen, M. G. Shuler, and M. F. Bear, "Learning Induces Long-Term Potentiation in the Hippocampus," *Science* 313 (2006): 1093–97.
9. C. Pavlides, Y. J. Greenstein, M. Grudman, and J. Winson, "Long-Term Potentiation in the Dentate Gyrus Is Induced Preferentially on the Positive Phase of Theta-Rhythm," *Brain Research* 439 (1988): 383–87.
10. C. Holscher, R. Anwyl, and M. J. Rowan, "Stimulation on the Positive Phase of Hippocampal Theta Rhythm Induces Long-Term Potentiation That Can Be Depotentiated by Stimulation on the Negative Phase in Area CA1 in Vivo," *Journal of Neuroscience* 17 (1997): 6470–77; J. Hyman et al., "Stimulation in Hippocampal Region CA1 in Behaving Rats Yields Long-Term Potentiation when Delivered to the Peak of Theta and Long-Term Depression when Delivered to the Trough," *Journal of Neuroscience* 23 (2003): 11725–31; P. T. Huerta and J. E. Lisman, "Bidirectional Synaptic Plasticity Induced by a Single Burst During Cholinergic Theta Oscillation in CA1 in Vitro," *Neuron* 15 (1995): 1053–63.
11. J. E. Lisman and O. Jensen, "The Theta-Gamma Neural Code," *Neuron* 77 (2013): 1002–16; V. Lopes-Dos-Santos et al., "Parsing Hippocampal Theta Oscillations by Nested Spectral Components during Spatial Exploration and Memory-Guided Behavior," *Neuron* 100 (2018): 950–52.
12. H. C. Heller and S. F. Glotzbach, "Thermoregulation during Sleep and Hibernation," *International Review of Physiology* 15 (1977): 147–88.
13. G. R. Poe, D. A. Nitz, B. L. McNaughton, and C. A. Barnes, "Experience-Dependent

Phase-Reversal of Hippocampal Neuron Firing during REM Sleep," *Brain Research* 855 (2000): 176–80.

14. P. Maquet et al., "Experience-Dependent Changes in Cerebral Activation during Human REM Sleep," *Nature Neuroscience* 3 (2000): 831–36; P. Peigneux et al., "Learned Material Content and Acquisition Level Modulate Cerebral Reactivation during Post-training Rapid-Eye-Movements Sleep," *Neuroimage* 20 (2003): 125–34.
15. R. Huber, M. F. Ghilardi, M. Massimini, and G. Tononi, "Local Sleep and Learning," *Nature* 430 (2004): 78–81.
16. R. Boyce, S. D. Glasgow, S. Williams, and A. Adamantidis, "Causal Evidence for the Role of REM Sleep Theta Rhythm in Contextual Memory Consolidation," *Science* 352 (2016): 812–16.
17. L. Marshall, H. Helgadottir, M. Molle, and J. Born, "Boosting Slow Oscillations during Sleep Potentiates Memory," *Nature* 444 (2006): 610–13.
18. H. V. Ngo, T. Martinetz, J. Born, and M. Molle, "Auditory Closed-Loop Stimulation of the Sleep Slow Oscillation Enhances Memory," *Neuron* 78 (2013): 545–53.
19. J. Seibt et al., "Cortical Dendritic Activity Correlates with Spindle-Rich Oscillations during Sleep in Rodents," *Nature Communications* 8 (2017): 684.
20. B. Rasch, C. Buchel, S. Gais, and J. Born, "Odor Cues During Slow-Wave Sleep Prompt Declarative Memory Consolidation," *Science* 315 (2007): 1426–29.
21. A. Bilkei-Gorzo et al., "A Chronic Low Dose of Delta9-tetrahydrocannabinol (THC) Restores Cognitive Function in Old Mice," *Nature Medicine* 23 (2017): 782–87.
22. A. Guerreiro, *Ancestrais e suas sombras: uma etnografia da chefia kalapao e seu ritual mortuário* (Campinas: Unicamp, 2015).

第11章　遺伝子とミーム

1. J. L. Borges, "Funes the Memorious," in *Labyrinths: Selected Stories and Other Writings* (London: Penguin Books, 1970).〔J・L・ボルヘス「記憶の人フネス」『伝奇集』鼓直訳、岩波文庫、1993〕
2. M. Pompeiano, C. Cirelli, and G. Tononi, "Effects of Sleep Deprivation on Fos-Like Immunoreactivity in the Rat Brain," *Archives Italiennes de Biologie* 130 (1992): 325–35; C. Cirelli, M. Pompeiano, and G. Tononi, "Fos-Like Immunoreactivity in the Rat Brain in Spontaneous Wakefulness and Sleep," *Archives Italiennes de Biologie* 131 (1993): 327–30; M. Pompeiano, C. Cirelli, and G. Tononi, "Immediate-Early Genes in Spontaneous Wakefulness and Sleep: Expression of C-Fos and NGFI-A mRNA and Protein," *Journal of Sleep Research* 3 (1994): 80–96.
3. C. A. Pearlman, "Effect of Rapid Eye Movement (Dreaming) Sleep Deprivation on Retention of Avoidance Learning in Rats," *Reports of the US Navy Submarine Medical*

Center 563 (1969): 1–4; P. Leconte and V. Bloch, "Effect of Paradoxical Sleep Deprivation on the Acquisition and Retention of Conditioning in Rats," *Journal de Physiologie (Paris)* 62 (1970): 290; W. C. Stern, "Acquisition Impairments Following Rapid Eye Movement Sleep Deprivation in Rats," *Physiology & Behavior* 7 (1971): 345–52.

4. A. Giuditta et al., "The Sequential Hypothesis of the Function of Sleep," *Behavioural Brain Research* 69 (1995): 157–66.
5. G. Tononi and C. Cirelli, "Modulation of Brain Gene Expression during Sleep and Wakefulness: A Review of Recent Findings," *Neuropsychopharmacology* 25 (2001): S28–35.
6. V. V. Vyazovskiy et al., "Cortical Firing and Sleep Homeostasis," *Neuron* 63 (2009): 865–78; Z. W. Liu et al., "Direct Evidence for Wake-Related Increases and Sleep-Related Decreases in Synaptic Strength in Rodent Cortex," *Journal of Neuroscience* 30 (2010): 8671–75.
7. D. Bushey, G. Tononi, and C. Cirelli, "Sleep and Synaptic Homeostasis: Structural Evidence in *Drosophila,*" *Science* 332 (2011): 1576–81.
8. G. G. Turrigiano et al., "Activity-Dependent Scaling of Quantal Amplitude in Neocortical Neurons," *Nature* 391 (1998): 892–96.
9. G. Tononi and C. Cirelli, "Sleep and Synaptic Homeostasis: A Hypothesis," *Brain Research Bulletin* 62 (2003): 143–150.
10. S. Ribeiro and M. A. Nicolelis, "Reverberation, Storage, and Postsynaptic Propagation of Memories during Sleep," *Learning and Memory* 11 (2004): 686–96; S. Ribeiro et al., "Downscale or Emboss Synapses during Sleep?" *Frontiers in Neuroscience* 3 (2009); S. Ribeiro, "Sleep and Plasticity," *Pflugers Archiv* 463 (2012): 111–20.
11. M. G. Frank, N. P. Issa, and M. P. Stryker, "Sleep Enhances Plasticity in the Developing Visual Cortex," *Neuron* 30 (2001): 275–87; J. Ulloor and S. Datta, "Spatio-temporal Activation of Cyclic AMP Response Element-Binding Protein, Activity-Regulated Cytoskeletal-Associated Protein and Brain-Derived Nerve Growth Factor: A Mechanism for Pontine-Wave Generator Activation-Dependent Two-Way Active-Avoidance Memory Processing in the Rat," *Journal of Neurochemistry* 95 (2005): 418–28; I. Ganguly-Fitzgerald, J. Donlea, and P. J. Shaw, "Waking Experience Affects Sleep Need in *Drosophila,*" *Science* 313 (2006): 1775–81; J. M. Donlea et al., "Inducing Sleep by Remote Control Facilitates Memory Consolidation in *Drosophila,*" *Science* 332 (2011): 1571–76; J. B. Calais et al., "Experience-Dependent Upregulation of Multiple Plasticity Factors in the Hippocampus during early REM Sleep," *Neurobiology of Learning and Memory* 122 (2015); C. G. Vecsey et al., "Sleep Deprivation Impairs cAMP Signalling in the Hippocampus," *Nature* 461 (2009): 1122–25; P. Ravassard et al., "REM Sleep-Dependent Bidirectional Regulation of Hippocampal-Based Emotional Memory

and LTP," *Cerebral Cortex* 26 (2016): 1488–500.
12. G. Tononi and C. Cirelli, "Sleep and the Price of Plasticity: From Synaptic and Cellular Homeostasis to Memory Consolidation and Integration," *Neuron* 81 (2014): 12–34.
13. G. Yang et al., "Sleep Promotes Branch-Specific Formation of Dendritic Spines after Learning," *Science* 344 (2014): 1173–78.
14. W. Li, L. Ma, G. Yang, and W. B. Gan, "REM Sleep Selectively Prunes and Maintains New Synapses in Development and Learning," *Nature Neuroscience* 20 (2017): 427–37.
15. Ibid.

第12章　創造のための眠り

1. T. W.-M. Draper, *The Bemis History and Genealogy: Being an Account, in Greater Part of the Descendants of Joseph Bemis, of Watertown, Mass.* (San Francisco: Stanley-Taylor Co. Print., 1900), 160.
2. J. Essinger, *Jacquard's Web: How a Hand-Loom Led to the Birth of the Information Age* (Oxford: Oxford University Press, 2007); M. Tedre, *The Science of Computing: Shaping a Discipline* (Boca Raton: CRC Press, 2014).
3. J. J. L. F. Lalande, *Voyage en Italie, contenant l'histoire & les anecdotes les plus singulieres de l'Italie, & sa description; les usages, le gouvernement, le commerce, la littérature, les arts, l'histoire naturelle, & les antiquités* (Paris: Veuve Desaint, 1786), 293–94.
4. S. Turner, *A Hard Day's Write: The Stories behind Every Beatles Song* (New York: HarperPerennial, 1999), 83.〔スティーヴ・ターナー『A hard day's write――ザ・ビートルズ大画報』奥田祐士訳、ソニー・マガジンズ、1995〕
5. Albrecht Dürer, *Speis der maier knaben (Nourishment for Young Painters),* "Dürer's Dream of 1525."
6. Ibid.
7. A. A. T. Macrobius, *Commentary on the Dream of Scipio,* trans. W. H. Stahl (New York: Columbia University Press, 1990).
8. A. M. Peden, "Macrobius and Mediaeval Dream Literature," *Medium Ævum* 54 (1985): 59–73.
9. A. J. Kabir, *Paradise, Death and Doomsday in Anglo-Saxon Literature* (Cambridge: Cambridge University Press, 2001).
10. M. de Cervantes, *Don Quixote,* trans. E. Grossman (London: Vintage, 2005), 21.〔セルバンテス『ドン・キホーテ』(全6冊) 牛島信明訳、岩波文庫、2001〕
11. F. Pessoa, *The Book of Disquiet: The Complete Edition,* trans. M. J. Costa (London: Serpent's Tail, 2018), 230.〔フェルナンド・ペソア『不安の書【増補版】』高橋都彦訳、彩流社、2019〕

12. F. Pessoa, *Poesia completa de Álvaro de Campos* (São Paulo: Companhia das Letras, 2007), 287.
13. J. E. Agualusa in interview with S. Ribeiro, *Limiar: Uma década entre o cérebro e a mente* (São Paulo: Vieira Lent, 2015), 29–31.
14. L. Trotsky, *Trotsky's Diary in Exile, 1935* (Cambridge: Harvard University Press, 1976), 145–46.〔トロツキー『亡命日記――査証なき旅』栗田勇＋浜田泰三訳、現代思潮新社、2008〕
15. G. Orwell, "My Country Right or Left," in *The Collected Essays, Journalism and Letters,* Vol. 1 (London: Penguin Books, 1970), 590–91.〔ジョージ・オーウェル『右であれ左であれ、わが祖国』鶴見俊輔編、平凡社、1971〕
16. A. Kekulé, "Sur la constitution des substances aromatiques," *Bulletin de la Société Chimique de Paris* 3 (1865): 98–110.
17. E. Hornung, *The Ancient Egyptian Books of the Afterlife* (Ithaca, NY: Cornell University Press, 1999).
18. S. F. Rudofsky and J. H. Wotiz, "Psychologists and the Dream Accounts of August Kekulé," *Ambix* 35 (1988): 31–38.
19. O. B. Ramsay and A. J. Rocke, "Kekulé's Dreams: Separating the Fiction from the Fact," *Chemistry in Britain* 20 (1984): 1093–94.
20. O. Loewi, "From the Workshop of Discoveries," *Perspectives in Biology and Medicine* 4 (1960): 1–25.
21. A. R. Wallace, *My Life: A Record of Events and Opinions,* vol. 1 (London: Chapman and Hall, 1905), 361.
22. J. Benton, "Descartes' *Olympica,*" *Philosophy and Literature* 2 (1980): 163–66.
23. G. Leibniz, *Philosophical Papers and Letters,* ed. and trans. L. E. Loemker (Dordrecht: Kluwer Academic Publishers, 1989), 114.
24. H. Poincaré, "Mathematical Creation," in *The Foundations of Science: Science and Hypothesis, the Value of Science, Science and Method* (Amazon Digital Services, 2018), 389.
25. J. Hadamard, *The Psychology of Invention in the Mathematical Field* (Mineola: Dover, 1954).〔ジャック・アダマール『数学における発明の心理【新装版】』伏見康治訳、みすず書房、2002〕
26. S. Dehaene and L. Cohen, "The Unique Role of the Visual Word Form Area in Reading," *Trends in Cognitive Science* 15 (2011): 254–62.
27. P. Tholey, "Consciousness and Abilities of Dream Characters Observed during Lucid Dreaming," *Perceptual and Motor Skills* 68 (1989): 567–78; T. Stumbrys and M. Daniels, "An Exploratory Study of Creative Problem Solving in Lucid Dreams: Preliminary Findings and Methodological Considerations," *International Journal of Dream Re-*

search 3 (2010): 121–29; T. Stumbrys, D. Erlacher, and S. Schmidt, “Lucid Dream Mathematics: An Explorative Online Study of Arithmetic Abilities of Dream Characters,” *International Journal of Dream Research* 4 (2011): 35–40.

28. G. H. Hardy, *Ramanujan: Twelve Lectures on Subjects Suggested by His Life and Work* (Cambridge: AMS: Chelsea Publishing Co., 1940), 9.
29. G. H. Hardy, “Obituary, S. Ramanujan,” *Nature* 105 (1920): 494–95.〔G・H・ハーディ『ラマヌジャン――その生涯と業績に想起された主題による十二の講義』髙瀬幸一訳、丸善出版、2016〕
30. S. Ramanujan, *Ramanujan: Letters and Reminiscences,* vol. 1, Memorial Number (Muthialpet High School, 1968); B. Krishnayya, *Ramanujan: The Man and the Mathematician* (New York: Thomas Nelson and Sons Ltd, 1967), 87.
31. B. Russell, *Human Knowledge: Its Scope and Limits* (New York: Simon & Schuster, 1948), 172.〔バートランド・ラッセル『バートランド・ラッセル著作集　第9・10 人間の知識』鎮目恭夫訳、みすず書房、1960〕
32. A. Antunes, *Como é que chama o nome disso: Antologia* (São Paulo: Publifolha, 2006).
33. U. Wagner et al., “Sleep Inspires Insight,” *Nature* 427 (2204): 352–55.
34. M. P. Walker, C. Liston, J. A. Hobson, and R. Stickgold, “Cognitive Flexibility Across the Sleep-Wake Cycle: REM-sleep Enhancement of Anagram Problem Solving,” *Cognitive Brain Research* 14 (2002): 317–24.
35. D. J. Cai et al., “REM, not Incubation, Improves Creativity by Priming Associative Networks,” *Proceedings of the National Academy of Sciences of the USA* 106 (2009): 10130–34.
36. S. Deregnaucourt et al., “How Sleep Affects the Developmental Learning of Bird Song,” *Nature* 433 (2005): 710–16.
37. W. A. Liberti III et al., “Unstable Neurons Underlie a Stable Learned Behavior,” *Nature Neuroscience* 19 (2016): 1665–71.
38. E. J. Wamsley et al., “Cognitive Replay of Visuomotor Learning at Sleep Onset: Temporal Dynamics and Relationship to Task Performance,” *Sleep* 33 (2010): 59–68.
39. D. W. Singer, *Giordano Bruno: His Life and Thought. With Annotated Translation of His Work On the Infinite Universe and Worlds* (New York: Schuman, 1950).
40. A. Druyan and S. Soter, in *Cosmos: A Spacetime Odyssey,* ed. B. Braga (Santa Fe: Netflix, 2014). 残念ながら、この引用の元の出典を見つけることができなかったため、ここでは同様に明確な根拠なくジョルダーノのものとされている名言を使わせていただく。「たとえ真実でなくとも、非常によくできた話だ」
41. Singer, *Giordano Bruno*; G. Bruno, *On the Infinite, the Universe and the Worlds: Five Cosmological Dialogues,* vol. 2 (Scotts Valley, CA: CreateSpace Independent Publishing Platform, 2014).〔ブルーノ『無限、宇宙および諸世界について』清水純一訳、岩

波文庫、1982〕
42. I. A. Ahmad, "The Impact of the Qur'anic Conception of Astronomical Phenomena on Islamic Civilization," *Vistas in Astronomy* 39 (1995): 395–403.
43. J. Kepler, "Letter from Johannes Kepler to Galileo Galilei, 1610," *Johannes Kepler Gesammelte Werke,* vol. 4 (Bonn: Deutsche Forschungsgemeinschaft, 2009), 287–310.
44. D. O. Hebb, "The Effects of Early and Late Brain Injury upon Test Scores, and the Nature of Normal Adult Intelligence," *Proceedings of the American Philosophical Society* 85 (1942): 275 –92.
45. W. B. Scoville and B. Milner, "Loss of Recent Memory after Bilateral Hippocampal Lesions," *Journal of Neurology, Neurosurgery and Psychiatry* 20 (1957): 11–21.
46. S. Ribeiro et al., "Induction of Hippocampal Long-Term Potentiation during Waking Leads to Increased Extrahippocampal Zif-268 Expression during Ensuing Rapid-Eye-Movement Sleep," *Journal of Neuroscience* 22 (2002): 10914–23.
47. S. Ribeiro et al., "Novel Experience Induces Persistent Sleep-Dependent Plasticity in the Cortex but Not in the Hippocampus," *Frontiers in Neuroscience* 1 (2007): 43–55.

第13章　レム睡眠は夢を見ているのではない

1. M. Solms, *The Neuropsychology of Dreams: A Clinico-Anatomical Study* (New Jersey, Lawrence Erlbaum Associates, 1997); M. Solms, "Dreaming and REM Sleep Are Controlled by Different Brain Mechanisms,"*Behavioral and Brain Sciences* 23 (2000): 843–50.
2. W. R. Adey, E. Bors, and R. W. Porter, "EEG Sleep Patterns after High Cervical Lesions in Man," *Archives of Neurology* 19 (1968): 377–83; T. N. Chase, L. Moretti, and A. L. Prensky, "Clinical and Electroencephalographic Manifestations of Vascular Lesions of the Pons," *Neurology* 18 (1968): 357–68; J. L. Cummings, and R. Greenberg, "Sleep Patterns in the 'Locked-In' Syndrome," *Electroencephalography and Clinical Neurophysiology* 43 (1977): 270–71; P. Lavie et al., "Localized Pontine Lesion: Nearly Total Absence of REM Sleep," *Neurology* 34 (1984): 118–20.
3. M. Solms, *The Neuropsychology of Dreams: A Clinico-Anatomical Study* (New Jersey: Lawrence Erlbaum Associates, 1997), 186.
4. J.-M. Charcot, "Un Cas de suppression brusque et isolée de la vision mentale des signes et des objets (formes et couleurs)," *Le Progrès Médical* 11 (1883).
5. M. Bischof and C. L. Bassetti, "Total Dream Loss: A Distinct Neuropsychological Dysfunction after Bilateral PCA Stroke," *Annals of Neurology* 56 (2004): 583–86.
6. H. W. Lee et al., "Mapping of Functional Organization in Human Visual Cortex: Electrical Cortical Stimulation," *Neurology* 54 (2000): 849–54; H. Kimmig et al., "fMRI Evidence for Sensorimotor Transformations in Human Cortex during Smooth Pursuit

Eye Movements," *Neuropsychologia* 46 (2008): 2203–13; P. Fattori, S. Pitzalis, and C. Galletti, "The Cortical Visual Area V6 in Macaque and Human Brains," *Journal of Physiology Paris* 103 (2009): 88– 97; G. Handjaras et al., "How Concepts Are Encoded in the Human Brain: A Modality Independent, Category-Based Cortical Organization of Semantic Knowledge," *Neuroimage* 135 (2016): 232–42.

7. H. C. Tsai et al., "Phasic Firing in Dopaminergic Neurons Is Sufficient for Behavioral Conditioning," *Science* 324 (2009): 1080–84; A. H. Luo et al., "Linking Context with Reward: A Functional Circuit from Hippocampal CA3 to Ventral Tegmental Area," *Science* 333 (2011): 353–57; J. Y. Cohen et al., "Neuron-Type-Specific Signals for Reward and Punishment in the Ventral Tegmental Area," *Nature* 482 (2012): 85–88.
8. S. Fujisawa and G. Buzsaki, "A 4 Hz Oscillation Adaptively Synchronizes Prefrontal, VTA, and Hippocampal Activities," *Neuron* 72 (2011): 153–65; S. N. Gomperts, F. Kloosterman, and M. A. Wilson, "VTA Neurons Coordinate with the Hippocampal Reactivation of Spatial Experience," *eLife* 4 (2015): e05360.
9. J. L. Valdés, B. L. McNaughton, and J. M. Fellous, "Offline Reactivation of Experience-Dependent Neuronal Firing Patterns in the Rat Ventral Tegmental Area," *Journal of Neurophysiology* 114 (2015): 1183–95.
10. G. B. Feld et al., "Dopamine D2-Like Receptor Activation Wipes Out Preferential Consolidation of High Over Low Reward Memories during Human Sleep," *Journal of Cognitive Neuroscience* 26 (2014): 2310–20.
11. C. C. Hong et al., "fMRI Evidence for Multisensory Recruitment Associated with Rapid Eye Movements during Sleep," *Human Brain Mapping* 30 (2009): 1705–22.
12. C. W. Wu et al., "Variations in Connectivity in the Sensorimotor and Default-Mode Networks during the First Nocturnal Sleep Cycle," *Brain Connect* 2 (2012): 177–90; H. M. Chow et al., "Rhythmic Alternating Patterns of Brain Activity Distinguish Rapid Eye Movement Sleep from Other States of Consciousness," *Proceedings of the National Academy of Sciences of the USA* 110 (2012): 10300–5; K. C. Fox et al., "Dreaming as Mind Wandering: Evidence from Functional Neuroimaging and First-Person Content Reports," *Frontiers in Human Neuroscience* 30 (2013).
13. M. Solms, *The Neuropsychology of Dreams: A Clinico-Anatomical Study* (New Jersey: Lawrence Erlbaum Associates, 1997).
14. M. E. Raichle et al., "A Default Mode of Brain Function," *Proceedings of the National Academy of Sciences of the USA* 98 (2001): 676–82.
15. Wu et al., "Variations in Connectivity in the Sensorimotor and Default-Mode Networks"; J. B. Eichenlaub et al., "Resting Brain Activity Varies with Dream Recall Frequency between Subjects," *Neuropsychopharmacology* 39 (2014): 1594–602.
16. T. Koike, S. Kan, M. Misaki, and S. Miyauchi, "Connectivity Pattern Changes in De-

fault-Mode Network with Deep Non-REM and REM Sleep," *Neuroscience Research* 69 (2011): 322–30.
17. K. C. Fox et al., "Dreaming as Mind Wandering: Evidence from Functional Neuroimaging and First-Person Content Reports," *Frontiers in Human Neuroscience* 7 (2013).
18. *The Bhagavad Gita,* trans. W. J. Johnson (Oxford: Oxford University Press, 2004), 12. 〔『バガヴァッド・ギーター』上村勝彦訳、岩波文庫、1992〕
19. F. Palhano-Fontes et al., "The Psychedelic State Induced by Ayahuasca Modulates the Activity and Connectivity of the Default Mode Network," *PLOS One* 10 (2015): e0118143.
20. R. L. Carhart-Harris et al., "Neural Correlates of the Psychedelic State as Determined by fMRI Studies with Psilocybin," *Proceedings of the National Academy of Sciences of the USA* 109 (2012): 2138–43.
21. R. L. Carhart-Harris et al., "Neural Correlates of the LSD Experience Revealed by Multimodal Neuroimaging," *Proceedings of the National Academy of Sciences of the USA* 113 (2016): 4853–58.
22. J. Speth et al., "Decreased Mental Time Travel to the Past Correlates with Default-Mode Network Disintegration under Lysergic Acid Diethylamide," *Journal of Psychopharmacology* 30 (2016): 344–53.
23. J. A. Brefczynski-Lewis et al., "Neural Correlates of Attentional Expertise in Long-Term Meditation Practitioners," *Proceedings of the National Academy of Sciences of the USA* 104 (2007): 11483–88; J. A. Brewer et al., "Meditation Experience Is Associated with Differences in Default Mode Network Activity and Connectivity," *Proceedings of the National Academy of Sciences of the USA* 108 (2011): 20254–59; A. Sood and D. T. Jones, "On Mind Wandering, Attention, Brain Networks, and Meditation," *Explore (ny)* 9 (2013): 136–41.
24. W. James, *The Varieties of Religious Experience: A Study in Human Nature* (Scotts Valley, CA: CreateSpace Independent Publishing Platform, 2009); A. Watts, "Psychedelics and Religious Experience," *California Law Review* 56 (1968): 74–85; J. Riba et al., "Increased Frontal and Paralimbic Activation Following Ayahuasca, the Pan-Amazonian Inebriant," *Psychopharmacology (Berlin)* 186 (2006): 93–98.
25. Henry M. Vyner, *The Healthy Mind Interviews: The Dalai Lama, Lopon Tenzin Namdak, Lopon Thekchoke,* vol. 4 (Kathmandu, Nepal: Vajra Publications), 66.
26. Brewer et al., "Meditation Experience Is Associated with Differences."
27. Carhart-Harris, "Neural Correlates of the Psychedelic State."
28. W. Hasenkamp, C. D. Wilson-Mendenhall, E. Duncan, and L. W. Barsalou, "Mind Wandering and Attention during Focused Meditation: A Fine-Grained Temporal Analysis of Fluctuating Cognitive States," *Neuroimage* 59 (2012): 750–60.

29. C. Colace, "Drug Dreams in Cocaine Addiction," *Drug and Alcohol Review* 25 (2006): 177; C. Colace, "Are the Wish-Fulfillment Dreams of Children the Royal Road for Looking at the Functions of Dreams?" *Neuropsychoanalysis* 15 (2013): 161–75.
30. E. Tulving, "Memory and Consciousness," *Canadian Psychology/Psychologie canadienne* 26 (1985): 1–12.
31. "Na Janela" online festival, May 24, 2020, https://www.youtube.com/watch?v=95tOtpk4Bnw.
32. E. J. Wamsley et al., "Dreaming of a Learning Task Is Associated with Enhanced Sleep-Dependent Memory Consolidation," *Current Biology* 20 (2010): 850–55.
33. B. M. A. Pritzker, *Native American Encyclopedia: History, Culture, and Peoples* (Oxford: Oxford University Press, 2000).
34. J. G. Neihardt, *Black Elk Speaks* (Lincoln: University of Nebraska Press, 2014), 53〔J・G・ナイハルト『ブラック・エルクは語る——スー族聖者の生涯』弥永健一訳、社会思想社、1977〕; J. G. Neihardt, *The Sixth Grandfather: Black Elk's Teachings Given to John G. Neihardt* (Lincoln: University of Nebraska Press, 1985), 53.
35. Plutarch, *Lives from Plutarch,* trans. J. W. McFarland (New York: Random House, 1967).〔プルタルコス『西洋古典叢書　英雄伝』（全6冊）城江良和訳、京都大学学術出版会、2007–2021〕

第14章　欲望、情動、悪夢

1. J. K. Boehnlein, J. D. Kinzie, R. Ben, and J. Fleck, "One-Year Follow-Up Study of Posttraumatic Stress Disorder among Survivors of Cambodian Concentration Camps," *American Journal of Psychiatry* 142 (1985): 956–59; A. Aron, "The Collective Nightmare of Central American Refugees," in *Trauma and Dreams,* ed. D. Barrett (Cambridge: Harvard University Press, 1996): 140–47; E. M. Menke and J. D. Wagner, "The Experience of Homeless Female-Headed Families," *Issues in Mental Health Nursing* 18 (1997): 315–30; T. C. Neylan et al., "Sleep Disturbances in the Vietnam Generation: Findings from a Nationally Representative Sample of Male Vietnam Veterans," *American Journal of Psychiatry* 155 (1998): 929–33; K. Esposito, A. Benitez, L. Barza, and T. Mellman, "Evaluation of Dream Content in Combat-Related PTSD," *Journal of Traumatic Stress* 12 (1999): 681–87; L. Wittmann, M. Schredl, and M. Kramer, "Dreaming in Posttraumatic Stress Disorder: A Critical Review of Phenomenology, Psychophysiology and Treatment," *Psychotherapy and Psychosomatics* 76 (2007): 25–39; J. Davis-Berman, "Older Women in the Homeless Shelter: Personal Perspectives and Practice Ideas," *Journal of Women & Aging* 23 (2011): 360–74; K. E. Miller, J. A. Brownlow, S. Woodward, and P. R. Gehrman, "Sleep and Dreaming in Posttraumatic Stress Disorder," *Current Psychiatry Reports* 19 (2017): 71.

2. R. Maor, T. Dayan, H. Ferguson-Gow, and K. E. Jones, "Temporal Niche Expansion in Mammals from a Nocturnal Ancestor after Dinosaur Extinction," *Nature Ecology and Evolution* 1 (2017): 1889–95.
3. A. Revonsuo, "The Reinterpretation of Dreams: An Evolutionary Hypothesis of the Function of Dreaming," *Behavioral and Brain Sciences* 23 (2000): 877–901; K. Valli et al., "The Threat Simulation Theory of the Evolutionary Function of Dreaming: Evidence from Dreams of Traumatized Children," *Consciousness and Cognition* 14 (2005): 188–218.
4. C. R. Marmar et al., "Course of Posttraumatic Stress Disorder 40 Years After the Vietnam War: Findings from the National Vietnam Veterans Longitudinal Study," *JAMA Psychiatry* 72 (2015): 875–81.
5. R. J. Ross et al., "Rapid Eye Movement Sleep Disturbance in Posttraumatic Stress Disorder," *Biological Psychiatry* 35 (1994): 195–202; R. J. Ross et al., "Rapid Eye Movement Sleep Changes during the Adaptation Night in Combat Veterans with Posttraumatic Stress Disorder," *Biological Psychiatry* 45 (1999): 938–41.
6. R. E. Brown et al., "Control of Sleep and Wakefulness," *Physiological Reviews* 92 (2012): 1087–187.
7. J. Froissart, *Chronicles,* trans. Geoffrey Brereton (London: Penguin Classics, 1978), 275.
8. Neylan et al., "Sleep Disturbances in the Vietnam Generation"; Esposito et al., "Evaluation of Dream Content"; B. J. Schreuder, M. van Egmond, W. C. Kleijn, and A. T. Visser, "Daily Reports of Posttraumatic Nightmares and Anxiety Dreams in Dutch War Victims," *Journal of Anxiety Disorders* 12 (1998): 511–24.
9. J. A. Meerloo, "Persecution Trauma and the Reconditioning of Emotional Life: A Brief Survey," *American Journal of Psychiatry* 125 (1969): 1187–91; R. F. Mollica, G. Wyshak, and J. Lavelle, "The Psychosocial Impact of War Trauma and Torture on Southeast Asian Refugees," *American Journal of Psychiatry* 144 (1987): 1567–72; U. H. Peters, "Psychological Sequelae of Persecution: The Survivor Syndrome," *Fortschritte der Neurologie-Psychiatrie* 57 (1989): 169–91; U. H. Peters, "The Stasi Persecution Syndrome," *Fortschritte der Neurologie-Psychiatrie* 59 (1991): 251–65; T. A. Roesler, D. Savin, and C. Grosz, "Family Therapy of Extrafamilial Sexual Abuse," *Journal of the American Academy of Child and Adolescent Psychiatry* 32 (1993): 967–70; I. M. Steine et al., "Cumulative Childhood Maltreatment and Its Dose-Response Relation with Adult Symptomatology: Findings in a Sample of Adult Survivors of Sexual Abuse," *Child Abuse & Neglect* 65 (2017): 99–111.
10. Anon., "The Dream of Dumuzid," in *The Electronic Text Corpus of Sumerian Literature,* vol. 1.4.3 (Oxford: Oxford University Press).

11. D. Kopenawa and B. Albert, *The Falling Sky: Words of a Yanomami Shaman,* trans. N. Elliott and A. Dundy (Cambridge: Belknap, Harvard University Press, 2013), 37.
12. M. Desseilles, T. T. Dang-Vu, V. Sterpenich, and S. Schwartz, "Cognitive and Emotional Processes during Dreaming: A Neuroimaging View," *Consciousness and Cognition* 20 (2011): 998–1008.
13. D. Brown, *Bury My Heart at Wounded Knee: An Indian History of the American West* (New York: Fall River Press, 2014). 〔ディー・ブラウン『わが魂を聖地に埋めよ――アメリカ・インディアン闘争史』(全2冊) 鈴木主税訳、草思社文庫、2013〕
14. B. Drury and T. Clavin, *The Heart of Everything That Is: The Untold Story of Red Cloud, An American Legend* (New York: Simon & Schuster, 2013).
15. D. Brown, *The Fetterman Massacre: Formerly Fort Phil Kearny, an American Saga* (Lincoln: University of Nebraska Press, 1984).
16. S. D. Smith, *Give Me Eighty Men: Women and the Myth of the Fetterman Fight* (Lincoln: University of Nebraska Press, 2010), xix.
17. F. C. Carrington, *My Army Life and the Fort Phil. Kearney Massacre: With an Account of the Celebration of "Wyoming Opened"* (Books for Libraries, 1971), 86.
18. Drury and Clavin, *The Heart of Everything That Is.*
19. G. E. Hyde, *Life of George Bent: Written from His Letters* (Norman: University of Oklahoma Press, 1968); M. Kenny, "Roman Nose, Cheyenne: A Brief Biography," *Wíčazo Ša Review* 5 (1989): 9–30.
20. *Folha de São Paulo,* June, 22, 2009, https://www1.folha.uol.com.br/fsp/brasil/fc2206200911.htm.
21. G. J. Vermeij, "Unsuccessful Predation and Evolution," *The American Naturalist* 120 (1982): 701–20; G. B. Schaller, *The Deer and the Tiger: A Study of Wildlife in India* (Chicago: The University of Chicago Press, 1984); W. Hayward et al., "Prey Preferences of the Leopard (*Panthera pardus*)," *Journal of Zoology* 270 (2006): 298–313.
22. Aron, "The Collective Nightmare of Central American Refugees."
23. S. Pinker, *The Better Angels of Our Nature: A History of Violence and Inhumanity* (London: Allen Lane, Penguin Books, 2011). 〔スティーブン・ピンカー『暴力の人類史』(全2冊) 幾島幸子＋塩原通緒訳、青土社、2015〕
24. O. Flanagan, "Deconstructing Dreams: The Spandrels of Sleep," *Journal of Philosophy* 92 (1995): 5–27.
25. P. Gay, *Freud: A Life for Our Time* (London: J. M. Dent & Sons, 1988). 〔ピーター・ゲイ『フロイト』(全2冊) 鈴木晶訳、みすず書房、1997〕

第15章　確率的な神託

1. D. Brown, *Bury My Heart at Wounded Knee: An Indian History of the American West*

(New York: Fall River, 2014), 289.

2. Ibid.
3. R. J. DeMallie, "'These Have No Ears': Narrative and the Ethnohistorical Method," *Ethnohistory* 40, no. 4 (1993), 515–38.
4. Brown, *Bury My Heart at Wounded Knee*, 289.
5. R. M. Utley, *The Last Days of the Sioux Nation*, The Lamar Series in Western History (New Haven: Yale University Press, 2004).
6. W. K. Morehead, "The Death of Sitting Bull, and a Tragedy at Wounded Knee," *The American Indian in the United States Period: 1850–1914* (New York: Andover, 1914), 123–32.
7. Polybius, *The Histories*, trans. W. R. Paton., Loeb Classical Library 4 (Cambridge: Harvard University Press), 105〔ポリュビオス『西洋古典叢書　歴史』(全4冊) 城江良和訳、京都大学学術出版会、2004–2013〕; http://penelope.uchicago.edu/Thayer/E/Roman/Texts/Polybius/10*.html.
8. Plutarch, *Lives from Plutarch*, trans. J. W. McFarland (New York: Random House, 1967).
9. Suetonius, *The Twelve Caesars*, eds. R. Graves and M. Grant (London: Penguin, 2003).〔スエトニウス『ローマ皇帝伝』(全2冊) 国原吉之助訳、岩波文庫、1986〕
10. N. C. Rattenborg, S. L. Lima, and C. J. Amlaner, "Facultative Control of Avian Unihemispheric Sleep under the Risk of Predation," *Behavioral and Brain Research* 105 (1999): 163–72; N. C. Rattenborg, S. L. Lima, and C. J. Amlaner, "Half-Awake to the Risk of Predation," *Nature* 397 (1999): 397–98.
11. K. Semendeferi et al., "Prefrontal Cortex in Humans and Apes: A Comparative Study of Area 10," *American Journal of Physical Anthropology* 114 (2001): 224–41.
12. E. Koechlin and A. Hyafil, "Anterior Prefrontal Function and the Limits of Human Decision-Making," *Science* 318 (2007): 594–98.
13. L. W. Swanson, J. D. Hahn, and O. Sporns, "Organizing Principles for the Cerebral Cortex Network of Commissural and Association Connections," *Proceedings of the National Academy of Sciences of the USA* 114 (2017): E9692–701.
14. G. Edelman, *Neural Darwinism: The Theory of Neuronal Group Selection* (New York: Basic Books, 1987).
15. G. Edelman, *Bright Air, Brilliant Fire: On the Matter of the Mind* (New York: Basic Books, 1992).〔G・M・エーデルマン『脳から心へ――心の進化の生物学』金子隆芳訳、新曜社、1995〕
16. S. Dehaene et al., "Cerebral Mechanisms of Word Masking and Unconscious Repetition Priming," *Nature Neuroscience* 4 (2001): 752–58; C. Sergent, S. Baillet, and S. Dehaene, "Timing of the Brain Events Underlying Access to Consciousness during the

Attentional Blink," *Nature Neuroscience* 8 (2005): 1391–400.
17. A. Del Cul, S. Dehaene, and M. Leboyer, "Preserved Subliminal Processing and Impaired Conscious Access in Schizophrenia," *Archives of General Psychiatry* 63 (2006): 1313–23.
18. B. J. Baars, "How Does a Serial, Integrated and Very Limited Stream of Consciousness Emerge from a Nervous System That Is Mostly Unconscious, Distributed, Parallel and of Enormous Capacity?" *Ciba Foundation Symposium* 174 (1993): 282–90.
19. S. Dehaene, C. Sergent, and J. P. Changeux, "A Neuronal Network Model Linking Subjective Reports and Objective Physiological Data during Conscious Perception," *Proceedings of the National Academy of Sciences of the USA* 100 (2003): 8520–25.
20. S. Dehaene et al., "A Neuronal Network Model"; S. Dehaene, M. Kerszberg, and J. P. Changeux, "A Neuronal Model of a Global Workspace in Effortful Cognitive Tasks," *Proceedings of the National Academy of Sciences of the USA* 95 (1998): 14529–34; S. Dehaene and J. P. Changeux, "Ongoing Spontaneous Activity Controls Access to Consciousness: A Neuronal Model for Inattentional Blindness," *PLOS Biology* 3 (2005): e141; S. Dehaene et al., "Conscious, Preconscious, and Subliminal Processing: A Testable Taxonomy," *Trends in Cognitive Sciences* 10 (2006): 204–11.
21. C. C. Hong et al., "fMRI Evidence for Multisensory Recruitment Associated with Rapid Eye Movements during Sleep," *Human Brain Mapping* 30 (2009): 1705–22.
22. S. Freud, *The Interpretation of Dreams*; "Formulations on Two Principles of Mental Functioning," "On the History of the Psychoanalytic Movement," and "Mourning and Melancholia," *The Ego and the Id,* in *The Standard Edition of the Complete Psychological Works of Sigmund Freud,* ed. J. Strachey et al., vols. 4, 5, 12, 14, 19 (London: Hogarth Press, 1953).〔ジークムント・フロイト「自我とエス」『自我論集』竹田青嗣＋中山元訳、ちくま学芸文庫、1996〕
23. C. Darwin, *The Origin of Species* (Oxford: Oxford University Press, 1996).〔ダーウィン『種の起源』（全２冊）渡辺政隆訳、光文社古典新訳文庫、2009〕
24. C. Darwin, *The Expression of the Emotions in Man and Animals* (London: Penguin Classics, 2009).〔ダーウキン『人及び動物の表情について』（全２冊）浜中浜太郎訳、岩波文庫、1931〕
25. C. Hobaiter, R. W. Byrne, and K. Zuberbühler, "Wild Chimpanzees' Use of Single and Combined Vocal and Gestural Signals," *Behavioral Ecology and Sociobiology* 71 (2017).
26. S. Savage-Rumbaugh et al., "Spontaneous Symbol Acquisition and Communicative Use by Pygmy Chimpanzees (*Pan paniscus*)," *Journal of Experimental Psychology: General* 115 (1986): 211–35; K. Gillespie-Lynch, P. M. Greenfield, H. Lyn, and S. Savage-Rumbaugh, "Gestural and Symbolic Development among Apes and Humans: Sup-

port for a Multimodal Theory of Language Evolution," *Frontiers in Psychology* 5 (2014).

27. M. S. Seidenberg and L. A. Petitto, "Communication, Symbolic Communication, and Language in Child and Chimpanzee: Comment on Savage-Rumbaugh, McDonald, Sevcik, Hopkins, and Rupert (1986)," *Journal of Experimental Psychology: General* 116 (1987): 279–87.
28. C. S. Peirce, *The Essential Peirce: Selected Philosophical Writings,* two vols. (Bloomington: Indiana University Press, 1992 & 1998).
29. R. M. Seyfarth, D. L. Cheney, and P. Marler, "Monkey Responses to Three Different Alarm Calls: Evidence of Predator Classification and Semantic Communication," *Science* 210 (1980): 801–3.
30. K. Zuberbühler, "Local Variation in Semantic Knowledge in Wild Diana Monkey Groups," *Animal Behavior* 59 (2000): 917–27; K. Zuberbühler, "Predator-Specific Alarm Calls in Campbell's Monkeys, *Cercopithecus campbelli,*" *Behavioral Ecology and Sociobiology* 50 (2001): 414–22; A. M. Schel et al., "Chimpanzee Alarm Call Production Meets Key Criteria for Intentionality," *PLOS One* 8 (2013): e76674; P. Beynon and O. A. E. Rasa, "Do Dwarf Mongooses Have a Language? Warning Vocalisations Transmit Complex Information," *Suid-Afrikaanse Tydskr vir Wet* 85 (1989): 447–50; C. N. Slobodchikoff, J. Kiriazis, C. Fischer, and E. Creef, "Semantic Information Distinguishing Individual Predators in the Alarm Calls of Gunnison's Prairie Dogs," *Animal Behavior* 42 (1991): 713–19; E. Greene and T. Meagher, "Red Squirrels, *Tamiasciurus hudsonicus,* Produce Predator-Class Specific Alarm Calls," *Animal Behavior* 55 (1998): 511–18; C. Evans and L. Evans, "Chicken Food Calls Are Functionally Referential," *Animal Behavior* 58 (1999): 307–19; M. B. Manser, "The Acoustic Structure of Suricates' Alarm Calls Varies with Predator Type and the Level of Response Urgency," *Proceedings of the Royal Society B: Biological Sciences* 268 (2001): 2315–24; L. M. Herman et al., "The Bottlenosed Dolphin's (*Tursiops truncatus*) Understanding of Gestures as Symbolic Representations of Body Parts," *Animal Learning & Behavior* 29 (2001): 250–64.
31. J. Queiroz and S. Ribeiro, *The Biological Substrate of Icons, Indexes and Symbols in Animal Communication,* The Peirce Seminar Papers (New York: Berghahn Books, 2002), 69–78; S. Ribeiro et al., "Symbols Are Not Uniquely Human," *Biosystems* 90 (2007): 263–72.
32. Peirce, *The Essential Peirce.*
33. S. Engesser, A. R. Ridley, and S. W. Townsend, "Meaningful Call Combinations and Compositional Processing in the Southern Pied Babbler," *Proceedings of the National Academy of Sciences of the USA* 113 (2016): 5976–81; K. Arnold and K. Zuberbühler,

"Language Evolution: Semantic Combinations in Primate Calls," *Nature* 441 (2006): 303; C. Coye, K. Ouattara, K. Zuberbühler, and A. Lemasson, "Suffixation Influences Receivers' Behaviour in Non-Human Primates," *Proceedings of the Royal Society B: Biological Sciences* 282 (2015): 20150265; K. Ouattara, A. Lemasson, and K. Zuberbühler, "Campbell's Monkeys Concatenate Vocalizations into Context-Specific Call Sequences," *Proceedings of the National Academy of Sciences of the USA* 106 (2009): 22026–31; K. Ouattara, A. Lemasson, and K. Zuberbühler, "Campbell's Monkeys Use Affixation to Alter Call Meaning," *PLOS One* 4 (2009): e7808; P. Fedurek, K. Zuberbühler, and C. D. Dahl, "Sequential Information in a Great Ape Utterance," *Scientific Reports* 6 (2016): 38226.

34. D. J. Povinelli and T. M. Preuss, "Theory of Mind: Evolutionary History of a Cognitive Specialization," *Trends in Neuroscience* 18 (1995): 418–24; J. Koster-Hale and R. Saxe, "Theory of Mind: A Neural Prediction Problem," *Neuron* 79 (2013): 836–48; H. Meunier, "Do Monkeys Have a Theory of Mind? How to Answer the Question?" *Neuroscience & Biobehavioral Review* 82 (2017): 110–23.
35. S. J. Waller, "Sound and Rock Art," *Nature* 363 (1993): 501; S. J. Waller, "The Divine Echo Twin Depicted at Echoing Rock Art Sites: Acoustic Testing to Substantiate Interpretations," in *American Indian Rock Art*, eds. A. Quinlan and A. McConnell, vol. 32 (2006): 63–74.
36. R. Q. Quiroga et al., "Invariant Visual Representation by Single Neurons in the Human Brain," *Nature* 435 (2005): 1102–7.
37. Ibid.; R. Q. Quiroga, "Concept Cells: The Building Blocks of Declarative Memory Functions," *Nature Reviews Neuroscience* 13 (2012): 587–97.
38. P. Ariès, *Western Attitudes Toward Death from the Middle Ages to the Present* (Baltimore: Johns Hopkins University Press, 1974); P. Metcalf and R. Huntington, *Celebrations of Death: The Anthropology of Mortuary Ritual* (Cambridge: Cambridge University Press, 1991); M. P. Pearson, *The Archaeology of Death and Burial* (College Station: Texas A&M University Press, 2000); B. A. Conklin, *Consuming Grief: Compassionate Cannibalism in an Amazonian Society* (Austin: University of Texas Press, 2001); A. C. G. M. Robben, *Death, Mourning, and Burial: A Cross-Cultural Reader* (London: Wiley-Blackwell, 2005); V. Brown, *The Reaper's Garden: Death and Power in the World of Atlantic Slavery* (Cambridge: Harvard University Press, 2010).
39. B. J. King, *How Animals Grieve* (Chicago: The University of Chicago Press, 2013).〔バーバラ・J・キング『死を悼む動物たち』秋山勝訳、草思社文庫、2018〕
40. J. R. Anderson, A. Gillies, and L. C. Lock, "Pan Thanatology," *Current Biology* 20 (2010): R349–51.
41. P. J. Fashing et al., "Death among Geladas (*Theropithecus gelada*): A Broader Perspec-

tive on Mummified Infants and Primate Thanatology," *American Journal of Primatology* 73 (2011): 405–9.

42. E. Viveiros de Castro, "A floresta de cristal: notas sobre a ontologia dos espíritos amazônicos," *Cadernos de Campo* 14/15 (2006): 319–38.
43. E. Durkheim, *The Elementary Forms of Religious Life,* trans. C. Cosman (Oxford: Oxford University Press, 2001); L. Costa and C. Fausto, in *The International Encyclopedia of Anthropology,* ed. H. Callan (New York: John Wiley & Sons, 2018).
44. L. M. Rival, *Trekking Through History: The Huaorani of Amazonian Ecuador* (New York: Columbia University Press, 2002).
45. P. Descola and J. Lloyd, *Beyond Nature and Culture* (Chicago: The University of Chicago Press, 2013)〔フィリップ・デスコラ『自然と文化を越えて』小林徹訳、水声社、2020〕; L. Costa and C. Fausto, "The Return of the Animists: Recent Studies of Amazonian Ontologies," *Religion and Society: Advances in Research* 1 (2010): 89–109.
46. E. B. Tylor, *Primitive Culture* (London: John Murray, 1871).〔エドワード・バーネット・タイラー『原始文化』(全2冊) 松村一男監修、奥山倫明ほか訳、国書刊行会、2019〕
47. E. Viveiros de Castro, "Cosmological Deixis and Amerindian Perspectivism," *Journal of the Royal Anthropological Institute* 4 (1998): 469–88.
48. C. Lévi-Strauss, *The Savage Mind* (Oxford: Oxford University Press, 1994).〔クロード・レヴィ＝ストロース『野生の思考』大橋保夫訳、みすず書房、1976〕
49. E. B. Viveiros de Castro, "Perspectivism and Multinaturalism in Indigenous America," in *The Land Within: Indigenous Territory and the Perception of Environment,* eds. A. Surrallés and P. García Hierro (Copenhagen: IWGIA, 2005).
50. Viveiros de Castro, "Cosmological Deixis and Amerindian Perspectivism," 469–88.
51. D. Kopenawa and B. Albert, *The Falling Sky: Words of a Yanomami Shaman,* trans. N. Elliott and A. Dundy (Cambridge: Belknap, Harvard University Press, 2013), 140–41.
52. T. S. Lima, "Two and Its Many: Reflections on Perspectivism in a Tupi Cosmology," *Ethnos* 64 (1999): 107–31.
53. T. S. Lima, *Um peixe olhou para mim. O povo Yudjá e a perspectiva* (São Paulo: Unesp, 2005).
54. F. Boas, *Contributions to the Ethnology of the Kwakiutl,* vol. 3 (New York: Columbia University Contributions to Anthropology, 1925); C. F. Feest, "Dream of One of Twins: On Kwakiutl Dream Culture," *Studien zur Kulturkunde* 119 (2001): 138–53.
55. M. A. Gonçalves, *O mundo inacabado: Ação e criação em uma cosmologia amazônica* (Rio de Janeiro: UFRJ, 2001), 277.

第 16 章　死者を悼むことと文化の内的世界

1. P. McNamara, *The Neuroscience of Religious Experience* (Cambridge: Cambridge University Press, 2009).
2. A. K. Petersen et al., *Evolution, Cognition, and the History of Religion: A New Synthesis,* Supplements to Method & Theory in the Study of Religion, vol. 13 (Leiden: Brill, 2018).
3. R. Bouckaert et al., "Mapping the Origins and Expansion of the Indo-European Language Family," *Science* 337 (2012): 957–60.
4. I. Mota, "Jogo do bicho é ilegal, mas mobiliza a paixão do povo," *O Liberal,* Belém, August 6, 2017.
5. C. G. Jung, *The Red Book,* trans. S. Shamdasani (New York: W. W. Norton & Co., 2009).〔C・G・ユング、ソヌ・シャムダサーニ編『赤の書』河合俊雄監訳、田中康裕ほか訳、創元社、2010〕
6. C. G. Jung, in *Psychology Audiobooks* (Kino, 1990).
7. *The World Within: C. G. Jung in His Own Words,* directed by Suzanne Wagner (Bosustow Video Productions, 1990).
8. C. Riches, "Man Strangled His Wife After Nightmare," *Express,* London, July 30, 2010.
9. C. K. Morewedge and M. I. Norton, "When Dreaming Is Believing: The (Motivated) Interpretation of Dreams," *Journal of Personality and Social Psychology* 96 (2009): 249–64.
10. Antonio Guerreiro, in personal interview with author, September 27, 2018.
11. M. Perrin, ed., *Antropologia y experiencias del sueño* (Quito: MLAL/Abya-Yala, 1990).
12. E. Hartmann, "Making Connections in a Safe Place: Is Dreaming Psychotherapy?" *Dreaming* 5 (1995): 213–28.
13. B. O. Rothbaum, E. A. Meadows, P. Resick, and D. W. Foy, "Cognitive-behavioral Therapy," in *Effective Treatments for PTSD: Practice Guidelines from the International Society for Traumatic Stress Studies,* eds. T. M. Keane, E. B. Foa., and M. J. Friedman (New York: Guilford, 2000), 320–25.
14. J. M. Kane et al., "Comprehensive Versus Usual Community Care for First-Episode Psychosis: 2-Year Outcomes from the NIHM RAISE Early Treatment Program," *American Journal of Psychiatry* 173 (2016): 362–72.
15. J. Fuentes et al., "Enhanced Therapeutic Alliance Modulates Pain Intensity and Muscle Pain Sensitivity in Patients with Chronic Low Back Pain: An Experimental Controlled Study," *Physical Therapy* 94 (2014): 477–89.
16. K. Nader, G. E. Schafe, and J. E. Le Doux, "Fear Memories Require Protein Synthesis in the Amygdala for Reconsolidation after Retrieval," *Nature* 406 (2000): 722–26.

17. S. J. Sara, "Retrieval and Reconsolidation: Toward a Neurobiology of Remembering," *Learning & Memory* 7 (2000): 73–84; J. Graff et al., "Epigenetic Priming of Memory Updating during Reconsolidation to Attenuate Remote Fear Memories," *Cell* 156 (2014): 261–76.
18. M. Solms, "Reconsolidation: Turning Consciousness into Memory," *Behavioral and Brain Sciences* 38 (2015): e24.

第17章　夢を見ることに未来はあるか

1. A. Maury, *Le Sommeil et les rêves* (Paris: Didier, 1865).
2. N. Malcolm, "Dreaming and Skepticism," *The Philosophical Review* 65 (1956): 14–37.
3. D. C. Dennett, "Are Dreams Experiences?" *The Philosophical Review* 85 (1976): 151–71.
4. T. M. Mitchell et al., "Predicting Human Brain Activity Associated with the Meanings of Nouns," *Science* 320 (2008): 1191–95; K. N. Kay, T. Naselaris, R. J. Prenger, and J. L. Gallant, "Identifying Natural Images from Human Brain Activity," *Nature* 452 (2008): 352–55; T. Naselaris et al., "Bayesian Reconstruction of Natural Images from Human Brain Activity," *Neuron* 63 (2009): 902–15; A. G. Huth et al., "Natural Speech Reveals the Semantic Maps that Tile Human Cerebral Cortex," *Nature* 532 (2016): 453–58.
5. T. Çukur, S. Nishimoto, A. G. Huth, and J. L. Gallant, "Attention during Natural Vision Warps Semantic Representation across the Human Brain," *Nature Neuroscience* 16 (2016): 763–70.
6. T. Horikawa, M. Tamaki, Y. Miyawaki, and Y. Kamitani, "Neural Decoding of Visual Imagery during Sleep," *Science* 340 (2013).
7. F. Siclari et al., "The Neural Correlates of Dreaming," *Nature Neuroscience* 20 (2017): 872–78.
8. E. Tagliazucchi et al., "Increased Global Functional Connectivity Correlates with LSD-Induced Ego Dissolution," *Current Biology* 26 (2016): 1043–50; R. Kraehenmann, "Dreams and Psychedelics: Neurophenomenological Comparison and Therapeutic Implications," *Current Neuropharmacology* 15 (2017): 1032–42; R. Kraehenmann et al., "Dreamlike Effects of LSD on Waking Imagery in Humans Depend on Serotonin 2A Receptor Activation," *Psychopharmacology (Berlin)* 234 (2017): 2031–46; C. Sanz et al., "The Experience Elicited by Hallucinogens Presents the Highest Similarity to Dreaming within a Large Database of Psychoactive Substance Reports," *Frontiers in Neuroscience* 12 (2018): 7.
9. R. Kraehenmann et al., "LSD Increases Primary Process Thinking via Serotonin 2A Receptor Activation," *Frontiers in Pharmacology* 8 (2017): 814; K. H. Preller et al.,

"Changes in Global and Thalamic Brain Connectivity in LSD-Induced Altered States of Consciousness Are Attributable to the 5-HT2A Receptor," *Elife* 7 (2018).

10. A. Cipriani et al., "Comparative Efficacy and Acceptability of 21 Antidepressant Drugs for the Acute Treatment of Adults with Major Depressive Disorder: A Systematic Review and Network Meta-Analysis," *The Lancet* 391 (2018): 1357–66.
11. R. S. El-Mallakh, Y. Gao, and R. Jeannie Roberts, "Tardive Dysphoria: The Role of Long Term Antidepressant Use in Inducing Chronic Depression," *Medical Hypotheses* 76 (2011): 769–73; R. S. El-Mallakh, Y. Gao, B. T. Briscoe, and R. J. Roberts, "Antidepressant-Induced Tardive Dysphoria," *Psychotherapy and Psychosomatics* 80 (2011): 57–59.
12. I. Kirsch, *The Emperor's New Drugs: Exploding the Antidepressant Myth* (New York: Basic Books, 2010).〔アービング・カーシュ『抗うつ薬は本当に効くのか』石黒千秋訳、エクスナレッジ、2010〕
13. R. R. Griffiths et al., "Psilocybin Produces Substantial and Sustained Decreases in Depression and Anxiety in Patients with Life-Threatening Cancer: A Randomized Double-Blind Trial," *Journal of Psychopharmacology* 30 (2016): 1181–97; R. L. Carhart-Harris et al., "Psilocybin with Psychological Support for Treatment-Resistant Depression: An Open-Label Feasibility Study," *The Lancet Psychiatry* 3 (2016): 619–27; S. Ross et al., "Rapid and Sustained Symptom Reduction Following Psilocybin Treatment for Anxiety and Depression in Patients with Life-Threatening Cancer: A Randomized Controlled Trial," *Journal of Psychopharmacology* 30 (2016): 1165–80; R. L. Carhart-Harris et al., "Psilocybin with Psychological Support for Treatment-Resistant Depression: Six-Month Follow-Up," *Psychopharmacology (Berlin)* 235 (2018): 399–408.
14. T. Lyons and R. L. Carhart-Harris, "Increased Nature Relatedness and Decreased Authoritarian Political Views after Psilocybin for Treatment-Resistant Depression," *Journal of Psychopharmacology* 32 (2018): 811–19.
15. L. Roseman et al., "Increased Amygdala Responses to Emotional Faces after Psilocybin for Treatment-Resistant Depression," *Neuropharmacology* 142 (2017): 263–69; J. B. Stroud et al., "Psilocybin with Psychological Support Improves Emotional Face Recognition in Treatment-Resistant Depression," *Psychopharmacology (Berlin)* 235 (2018): 459–66.
16. L. Roseman, D. J. Nutt, and R. L. Carhart-Harris, "Quality of Acute Psychedelic Experience Predicts Therapeutic Efficacy of Psilocybin for Treatment-Resistant Depression," *Frontiers in Pharmacology* 8 (2017): 974.
17. J. C. Bouso et al., "MDMA-Assisted Psychotherapy Using Low Doses in a Small Sample of Women with Chronic Posttraumatic Stress Disorder," *Journal of Psychoactive*

Drugs 40 (2008): 225–36; M. C. Mithoefer, C. S. Grob, and T. D. Brewerton, "Novel Psychopharmacological Therapies for Psychiatric Disorders: Psilocybin and MDMA," *The Lancet Psychiatry* 3 (2016): 481–88; M. T. Wagner et al., "Therapeutic Effect of Increased Openness: Investigating Mechanism of Action in MDMA-Assisted Psychotherapy," *Journal of Psychopharmacology* 31 (2017): 967–74; M. C. Mithoefer et al., "3,4-Methylenedioxymethamphetamine (MDMA)-Assisted Psychotherapy for Post-Traumatic Stress Disorder in Military Veterans, Firefighters, and Police Officers: A Randomised, Double-Blind, Dose-Response, Phase 2 Clinical Trial," *The Lancet Psychiatry* 5 (2018): 486–97.

18. D. J. Nutt, L. A. King, L. D. Phillips, on behalf of the Independent Scientific Committee on Drugs, "Drug Harms in the UK: A Multicriteria Decision Analysis," *The Lancet* 376 (2010): 1558–65.
19. Mithoefer et al., "3,4-Methylenedioxymethamphetamine (MDMA)-Assisted Psychotherapy."
20. L. Osório et al., "Antidepressant Effects of a Single Dose of Ayahuasca in Patients with Recurrent Depression: A Preliminary Report," *Revista Brasileira de Psiquiatria* 37 (2015): 13–20; R. F. Sanches et al., "Antidepressant Effects of a Single Dose of Ayahuasca in Patients With Recurrent Depression: A SPECT Study," *Journal of Clinical Psychopharmacology* 36 (2016): 77–81.
21. F. Palhano-Fontes et al., "Rapid Antidepressant Effects of the Psychedelic Ayahuasca in Treatment-Resistant Depression: A Randomized Placebo-Controlled Trial," *Psychological Medicine* (2018): 1–9.
22. F. Palhano-Fontes, *Os efeitos antidepressivos da ayahuasca, suas bases neurais e relação com a experiência psicodélica* (doctoral thesis, Universidade Federal do Rio Grande do Norte, 2017).
23. V. Dakic et al., "Harmine Stimulates Proliferation of Human Neural Progenitors," *PeerJ* 4 (2016): e2727; V. Dakic et al., "Short Term Changes in the Proteome of Human Cerebral Organoids Induced by 5-Methoxy-N,N-Dimethyltryptamine," *BioRxiv*, 2017.
24. R. V. Lima da Cruz, T. C. Moulin, L. L. Petiz, and R. N. Leao, "A Single Dose of 5-MeO-DMT Stimulates Cell Proliferation, Neuronal Survivability, Morphological and Functional Changes in Adult Mice Ventral Dentate Gyrus," *Frontiers in Molecular Neuroscience* 11 (2018): 312.
25. C. Ly et al., "Psychedelics Promote Structural and Functional Neural Plasticity," *Cell Reports* 23 (2018): 3170–82.
26. E. Labigalini Jr., L. R. Rodrigues, and D. X. Da Silveira, "Therapeutic Use of Cannabis by Crack Addicts in Brazil," *Journal of Psychoactive Drugs* 31 (1999): 451–55; G.

Thomas et al., "Ayahuasca-Assisted Therapy for Addiction: Results from a Preliminary Observational Study in Canada," *Current Drug Abuse Reviews* 6 (2013): 30–42; B. C. Labate and C. Cavnar, eds., *The Therapeutic Use of Ayahuasca* (New York: Springer, 2014).

27. T. R. Insel and P. Summergrad, "Plenary Panel: Future of Psychedelic Psychiatry," https://www.youtube.com/embed/_oZ_v3QFQDE?list=PL4F0vNNTozFSw5gRe_zVTAvNIwjYD_AIU?ecver=2.

28. P. S. Goldman-Rakic, "The Prefrontal Landscape: Implications of Functional Architecture for Understanding Human Mentation and the Central Executive," *Philosophical Transactions of the Royal Society of London: Series B, Biological Sciences* 351 (1995): 1445–53; J. Panksepp, *Affective Neuroscience: The Foundations of Human and Animal Emotions* (Oxford: Oxford University Press, 1998); F. Barcelo, S. Suwazono, and R. T. Knight, "Prefrontal Modulation of Visual Processing in Humans," *Nature Neuroscience* 3 (2000): 399–403; B. Levine et al., "The Functional Neuroanatomy of Episodic and Semantic Autobiographical Remembering: A Prospective Functional MRI Study," *Journal of Cognitive Neuroscience* 16 (2004): 1633–46; R. Q. Quiroga, "Concept Cells: The Building Blocks of Declarative Memory Functions," *Nature Review of Neuroscience* 13 (2012): 587–97; P. Martinelli, M. Sperduti, and P. Piolino, "Neural Substrates of the Self-Memory System: New Insights from a Meta-Analysis," *Human Brain Mapping* 34 (2013): 1515–29; M. L. Andermann and B. B. Lowell, "Toward a Wiring Diagram Understanding of Appetite Control," *Neuron* 95 (2017): 757–78; W. Han et al., "A Neural Circuit for Gut-Induced Reward," *Cell* 175 (2018): 887–88.

29. M. Minsky, "Why Freud Was the First Good AI Theorist," in *The Transhumanist Reader: Classical and Contemporary Essays on the Science, Technology, and Philosophy of the Human Future,* eds. M. More and N. Vita-More (Chichester: John Wiley-Blackwell, 2013), 167–76.

30. A. A. Abbass, J. T. Hancock, J. Henderson, and S. Kisely, "Short-Term Psychodynamic Psychotherapies for Common Mental Disorders," *Cochrane Database of Systematic Reviews* 4 (2006): CD0046; J. Panksepp et al., "Affective Neuroscience Strategies for Understanding and Treating Depression: From Preclinical Models to Three Novel Therapeutics," *Clinical Psychological Science* 2 (2014): 472–94.

31. R. Stickgold et al., "Replaying the Game: Hypnagogic Images in Normals and Amnesics," *Science* 290 (2000): 350–53; E. J. Wamsley et al., "Cognitive Replay of Visuomotor Learning at Sleep Onset: Temporal Dynamics and Relationship to Task Performance," *Sleep* 33 (2010): 59–68; E. J. Wamsley et al., "Dreaming of a Learning Task Is Associated with Enhanced Sleep-Dependent Memory Consolidation," *Current Biology* 20 (2010): 850–55.

32. M. C. Anderson et al., "Neural Systems Underlying the Suppression of Unwanted Memories," *Science* 303 (2004): 232–35; B. E. Depue, T. Curran, and M. T. Banich, "Prefrontal Regions Orchestrate Suppression of Emotional Memories Via a Two-Phase Process," *Science* 317 (2007): 215–19.
33. M. Solms, "Dreaming and REM Sleep Are Controlled by Different Brain Mechanisms," *Behavioral and Brain Science* 23 (2000): 843–50, discussion, 904–1121; L. Perogamvros and S. Schwartz, "The Roles of the Reward System in Sleep and Dreaming," *Neuroscience Biobehavioral Review* 36 (2012): 1934–51.
34. N. B. Mota et al., "Speech Graphs Provide a Quantitative Measure of Thought Disorder in Psychosis," *PLOS One* 7 (2012): e34928; N. B. Mota et al., "Graph Analysis of Dream Reports Is Especially Informative about Psychosis," *Science Reports* 4 (2014): 3691; N. B. Mota, M. Copelli, and S. Ribeiro, "Thought Disorder Measured as Random Speech Structure Classifies Negative Symptoms and Schizophrenia Diagnosis 6 Months in Advance," *npj Schizophrenia* 3 (2017): 1–10.
35. J. Reinisch, *The Kinsey Institute New Report on Sex: What You Must Know to Be Sexually Literate* (New York: St. Martin's, 1991)〔J・M・ライニッシュ＋R・ビーズリー『最新キンゼイ・リポート』小曽戸明子＋宮原忍訳、小学館、1991〕; G. Ryan, "Childhood Sexuality: A Decade of Study. Part I: Research and Curriculum Development," *Child Abuse & Neglect* 24 (2000): 33–48; W. N. Friedrich et al., "Child Sexual Behavior Inventory: Normative, Psychiatric, and Sexual Abuse Comparisons," *Child Maltreatment* 6 (2001): 37–49.
36. P. O. McGowan et al., "Epigenetic Regulation of the Glucocorticoid Receptor in Human Brain Associates with Childhood Abuse," *Nature Neuroscience* 12 (2009): 342–48; T. Zhang et al., "Epigenetic Mechanisms for the Early Environmental Regulation of Hippocampal Glucocorticoid Receptor Gene Expression in Rodents and Humans," *Neuropsychopharmacology* 38 (2013): 111–23; C. J. Pena et al., "Early Life Stress Confers Lifelong Stress Susceptibility in Mice Via Ventral Tegmental Area OTX2," *Science* 356 (2017): 1185–88.
37. A. Huxley, *The Doors of Perception and Heaven and Hell* (London: Vintage Classics, 2004), 53–54.〔A・ハクスリー『知覚の扉』河村錠一郎訳、平凡社ライブラリー、1995〕
38. C. G. Jung with A. Jaffé, *Memories, Dreams, Reflections* (London: William Collins, 1967), 183.〔C・G・ユング、アニエラ・ヤッフェ編『ユング自伝――思い出・夢・思想』（全2冊）河合隼雄ほか訳、みすず書房、1972–1973〕
39. B. Drury and T. Clavin, *The Heart of Everything That Is: The Untold Story of Red Cloud, An American Legend* (New York: Simon & Schuster, 2013).

第18章　夢見ることと運命

1. J. L. Borges, "The Dream," in *Poems of the Night,* trans. A. Reid (New York: Penguin Books, 2010), 109.
2. C. G. Jung, "General Aspects of Dream Psychology," in *Collected Works of C. G. Jung: The Structure and Dynamics of the Psyche* (Princeton: Princeton University Press, 1916), 493.
3. F. Pessoa, *The Book of Disquiet: The Complete Edition,* trans. M. J. Costa (London: Serpent's Tail, 2018), 78.
4. H. Staden, *Primeiros registros escritos e ilustrados sobre o Brasil e seus habitantes* (São Paulo: Terceiro Nome, 1999).
5. A. F. C. Wallace and A. D'Agostino, "Dreams and the Wishes of the Soul: A Type of Psychoanalytic Theory among the Seventeenth Century Iroquois," *American Anthropologist* 60 (1958): 234–48.
6. P. Descola, *In the Society of Nature: A Native Ecology in Amazonia* (Cambridge: Cambridge University Press, 1994); P. Descola, *As lanças do crepúsculo: Relações jívaro na Alta Amazônia* (São Paulo: Cosac Naify, 2006).
7. M. Brown, "Ropes of Sand: Order and Imagery in Aguaruna Dreams," in *Dreaming: Anthropological and Psychological Interpretations,* ed. B. Tedlock (Santa Fé: School of American Research Press, 1992), 154–70.
8. M. A. Gonçalves, *O mundo inacabado: Ação e criação em uma cosmologia amazônica* (Rio de Janeiro: UFRJ, 2001).
9. Ibid, 289.
10. A. Barcelos Neto, *A arte dos sonhos: Uma iconografia ameríndia* (Lisboa: Assírio & Alvim, 2002); A. Barcelos Neto, *Apapaatai: Rituais de máscaras do Alto Xingu* (São Paulo: Edusp/Fapesp, 2008).
11. W. Kracke, "He Who Dreams. The Nocturnal Source of Transforming Power in Kagwahiv Shamanism," in *Portals of Power: Shamanism in South America,* eds. E. Jean Mattison Langdon and Gerhard Baer (Albuquerque: University of New Mexico Press, 1992), 127–48.
12. E. B. Basso, *The Kalapalo Indians of Central Brazil* (New York: Holt, 1973); E. B. Basso, *A Musical View of the Universe: Kalapalo Myth and Ritual Performances* (Philadelphia: University of Pennsylvania Press, 1985); E. Basso, "The Implications of a Progressive Theory of Dreaming," in *Dreaming: Anthropological and Psychological Interpretation,* ed. Barbara Tedlock (Cambridge: Cambridge University Press, 1987), 86–104.
13. T. Gregor, "'Far, Far Away My Shadow Wandered…': The Dream Symbolism and Dream Theories of the Mehinaku Indians of Brazil," *American Ethnologist* 8 (1981):

709–20; T. Gregor, *O Branco dos meus Sonhos,* Anuário Antropológico, vol. 82 (Rio de Janeiro: Tempo Brasileiro, 1984).

14. Siasi/Sesai, *Quadro geral dos povos indígenas no Brasil,* 2014; https://pib.socioambiental.org/pt/Quadro_Geral_dos_Povos.
15. J. N. Xavante, B. Giaccaria, and A. Heide, *Jerônimo Xavante sonha: Contos e sonhos* (Campo Grande: Casa da Cultura, 1975); *Etenhiririapá: Cantos da tradição Xavante.* CD. (Warner Music Brasil: Quilombo Music, Rio de Janeiro, 1994); A. S. F. Eid, *A'uwê anda pelo sonho: A espiritualidade indígena e os perigos da modernidade* (São Paulo: Instituto de Estudos Superiores do Dharma, 1998); L. R. Graham, *Performing Dreams: Discourses of Immortality among the Xavante of Central Brazil* (Tucson: Fenestra Books, 2003).
16. Eid, *A'uwê anda pelo sonho,* 13.
17. B. Giaccaria and A. Heide, *Xavante: Auwê Uptabi: Povo autêntico* (São Paulo: Dom Bosco, 1972), 271.
18. K. W. Jecupé, *A terra dos mil povos: História indígena brasileira contada por um índio* (São Paulo: Peirópolis, 1998), 68.
19. J. V. Neel et al., "Studies on the Xavante Indians of the Brazilian Mato Grosso," *American Journal of Human Genetics* 16 (1964): 52–140; A. L. Silva, "Dois séculos e meio de história Xavante," in *História dos Índios no Brasil,* ed. M. Carneiro da Cunha (São Paulo: Companhia das Letras, 1992), 357–78; J. M. Monteiro, *Tupis, tapuias e historiadores: Estudos de história indígena e do indigenismo,* Tese de livre docência (Campinas: Unicamp, 2001).
20. J. R. Welch, R. V. Santos, N. M. Flowers, and C. E. A. Coimbra Jr., *Na primeira margem do rio: território e ecologia do povo xavante de Wedezé* (Brasilia: FUNAI, 2013).
21. D. Tserewahoú, *Wai'á rini: O poder do sonho,* in Indigenous Video Makers (Video nas Aldeias, 2001), 48 mins; https://www.youtube.com/watch?v=t44ZPq0YyCU.
22. C. Aldunate, "Mapuche: Gente de la Tierra," in *Culturas de Chile etnografía: Sociedades indígenas contemporáneas y su ideología,* eds. V. Schiappacasse et al. (Santiago: Andrés Bello, 1996), 111–34.
23. S. Montecino, *Palabra dicha: estudios sobre género, identidades, mestizaje* (Santiago: Universidad de Chile, Facultad de Ciencias Sociales, 1997).
24. J. Bengoa, *Historia del pueblo mapuche (siglos XIX y XX)* (Neuquén: Sur, 1987); R. Foerster and S. Montecino, *Organizaciones, líderes y contiendas mapuches: 1900–1970* (Santiago: Centro de Estudios de la Mujer, 1988).
25. R. Foerster, *Martín Painemal Huenchual: Vida de un dirigente mapuche* (Santiago: Academia de Humanismo Cristiano, 1983).
26. K. G. Shiratori, *O acontecimento onírico ameríndio: O tempo desarticulado e as veredas*

dos possíveis (master's dissertation, Museu Nacional, Universidade Federal do Rio de Janeiro, 2013).

27. O. Villas Bôas and C. Villas-Bôas, *Xingu: Indians and Their Myths* (New York: Farrar, Straus and Giroux, 1973).
28. A. Assunção, "500 anos de desencontros," *IstoÉ*, São Paulo, n. 1555, July 21, 1999: 7–11.
29. H. Brody, *Maps and Dreams* (Madeira Park: Douglas & McIntyre, 1981), 267.
30. C. Dean, *The Australian Aboriginal 'Dreamtime': Its History, Cosmogenesis, Cosmology and Ontology* (Victoria: Gamahucher, 1996).
31. A. P. Elkin, "Elements of Australian Aboriginal Philosophy," *Oceania* 9 (1969): 85–98; W. E. H. Stanner, "Religion, Totemism and Symbolism," in *Religion in Aboriginal Australia,* ed. M. Charlesworth (Queensland: University of Queensland Press, 1989).
32. T. T. Rinpoche, "Ancient Tibetan Dream Wisdom," Tarab Institute International, 2013, http://www.tarab-institute.org/articles/ancient-tibetan-dream-wisdom.
33. B. Lee, *Bruce Lee Striking Thoughts: Bruce Lee's Wisdom for Daily Living* (Clarendon: Tuttle, 2015), 177.〔ブルース・リー『ブルース・リーが語るストライキング・ソーツ』ジョン・リトル編、福昌堂、2004〕
34. H. Benson et al., "Body Temperature Changes during the Practice of G Tum-Mo Yoga," *Nature* 295 (1982): 234–36; J. Daubenmier et al., "Follow Your Breath: Respiratory Interoceptive Accuracy in Experienced Meditators," *Psychophysiology* 50 (2013): 777–89; B. Bornemann and T. Singer, "Taking Time to Feel Our Body: Steady Increases in Heartbeat Perception Accuracy and Decreases in Alexithymia over 9 Months of Contemplative Mental Training," *Psychophysiology* 54 (2017): 469–82.
35. G. S. Sparrow, *Lucid Dreaming: Dawning of the Clear Light* (Virginia Beach: A.R.E. Press, 1982); P. Garfield, *Pathway to Ecstasy: The Way of the Dream Mandala* (New Jersey: Prentice Hall, 1990).
36. L. D'Hervey de Saint-Denys, *Dreams and How to Guide Them* (London: Duckworth, 1982).〔エルヴェ・ド・サン＝ドニ『夢の操縦法』立木鷹志訳、国書刊行会、2012〕
37. F. Van Eeden, "A Study of Dreams," *Proceedings of the Society for Psychical Research* 26 (1913): 431–61.
38. K. M. T. Hearne, *Lucid Dreams: An Electro-Physiological and Psychological Study* (doctoral thesis, University of Liverpool, 1978).
39. S. LaBerge, *Lucid Dreaming: An Exploratory Study of Consciousness during Sleep* (doctoral thesis, Stanford University, 1980).
40. S. P. LaBerge, L. E. Nagel, W. C. Dement, and V. P. J. Zarcone, "Lucid Dreaming Verified by Volitional Communication during REM Sleep," *Perceptual and Motor Skills* 52 (1981): 727–32; S. LaBerge, J. Owens, L. Nagel, and W. C. Dement, "This Is Dream:

Induction of Lucid Dreams by Verbal Suggestion during REM Sleep," *Journal of Sleep Research* 10 (1981); S. LaBerge, "Lucid Dreaming as a Learnable Skill: A Case Study," *Perceptual and Motor Skills* 51 (1980): 1039–42; S. LaBerge, L. Levitan, R. Rich, and W. C. Dement, "Induction of Lucid Dreaming by Light Stimulation during REM Sleep," *Journal of Sleep Research* 17 (1988): 104; S. LaBerge and W. C. Dement, "Voluntary Control of Respiration during REM Sleep," *Journal of Sleep Research* (1982): 11; S. LaBerge, L. Levitan, and W. C. Dement, "Lucid Dreaming: Physiological Correlates of Consciousness during REM Sleep," *Journal of Mind and Behavior* 7 (1986): 251–58; A. Brylowski, L. Levitan, and S. LaBerge, "H-Reflex Suppression and Autonomic Activation during Lucid REM Sleep: A Case Study," *Sleep* 12 (1898): 374–78.

41. R. Stepansky et al., "Austrian Dream Behavior: Results of a Representative Population Survey," *Dreaming* 8 (1998): 23–30; M. Schredl and D. Erlacher, "Lucid Dreaming Frequency and Personality," *Personality and Individual Differences* 37 (2004); C. K. C. Yu, "Dream Intensity Inventory and Chinese People's Dream Experience Frequencies," *Dreaming* 18 (2008): 94–111; M. Schredl and D. Erlacher, "Frequency of Lucid Dreaming in a Representative German Sample," *Perceptual and Motor Skills* 112 (2011): 104–8; S. A. Mota-Rolim et al., "Dream Characteristics in a Brazilian Sample: An Online Survey Focusing on Lucid Dreaming," *Frontiers in Human Neuroscience* 7 (2013): 836.
42. S. LaBerge, K. LaMarca, B. Baird, "Pre-Sleep Treatment with Galantamine Stimulates Lucid Dreaming: A Double-Blind, Placebo-Controlled, Crossover Study," *PLOS One* 13 (2018): e0201246; M. Dresler et al., "Volitional Components of Consciousness Vary across Wakefulness, Dreaming and Lucid Dreaming," *Frontiers in Psychology* 4 (2014): 987.
43. U. Voss, R. Holzmann, I. Tuin, and J. A. Hobson, "Lucid Dreaming: A State of Consciousness with Features of Both Waking and Non-Lucid Dreaming," *Sleep* 32 (2009): 1191 -200.
44. M. Dresler et al., "Neural Correlates of Dream Lucidity Obtained from Contrasting Lucid *versus* Non-Lucid REM Sleep: A Combined EEG/fMRI Case Study," *Sleep* 35 (2012): 1017–20.
45. M. Dresler et al., "Dreamed Movement Elicits Activation in the Sensorimotor Cortex," *Current Biology* 21 (2011): 1833–37.
46. T. Stumbrys, D. Erlacher, and M. Schredl, "Testing the Involvement of the Prefrontal Cortex in Lucid Dreaming: A TDCS Study," *Consciousness and Cognition* 22 (2013): 1214–22.
47. U. Voss et al., "Induction of Self Awareness in Dreams through Frontal Low Current Stimulation of Gamma Activity," *Nature Neuroscience* 17 (2014): 810–12.

48. D. Brown, *Bury My Heart at Wounded Knee: An Indian History of the American West* (New York: Fall River Press, 2014).
49. E. Erlacher, T. Stumbrys, and M. Schredl, "Frequency of Lucid Dreams and Lucid Dream Practice in German Athletes," *Imagination, Cognition and Personality* 31 (2012): 237–46; D. Erlacher and M. Schredl, "Practicing a Motor Task in a Lucid Dream Enhances Subsequent Performance: A Pilot Study," *The Sport Psychologist* 24 (2010): 157–67; M. Schädlich, D. Erlacher, and M. Schredl, "Improvement of Darts Performance Following Lucid Dream Practice Depends on the Number of Distractions while Rehearsing within the Dream: A Sleep Laboratory Pilot Study," *Journal of Sports Sciences* 35 (2017): 2365–72.
50. D. Erlacher, M. Schädlich, T. Stumbrys, and M. Schredl, "Time for Actions in Lucid Dreams: Effects of Task Modality, Length, and Complexity," *Frontiers in Psychology* 4 (2013): 1013; S. LaBerge, B. Baird, and P. G. Zimbardo, "Smooth Tracking of Visual Targets Distinguishes Lucid REM Sleep Dreaming and Waking Perception from Imagination," *Nature Communications* 9 (2018): 3298.
51. P. Tholey, "Consciousness and Abilities of Dream Characters Observed during Lucid Dreaming," *Perceptual and Motor Skills* 68 (2018): 567–78; T. Stumbrys and M. Daniels, "An Exploratory Study of Creative Problem Solving in Lucid Dreams: Preliminary Findings and Methodological Considerations," *International Journal of Dream Research* 3 (2010): 121–29; T. Stumbrys, D. Erlacher, and S. Schmidt, "Lucid Dream Mathematics: An Explorative Online Study of Arithmetic Abilities of Dream Characters," *International Journal of Dream Research* 4 (2011): 35–40.
52. S. LaBerge, "Lucid Dreaming and the Yoga of the Dream State: A Psychophysiological Perspective," in *Buddhism and Science: Breaking New Ground,* ed. B. A. Wallace (New York: Columbia University Press, 2003), 233–58.
53. A. L. Zadra and R. O. Pihl, "Lucid Dreaming as a Treatment for Recurrent Nightmares," *Psychotherapy and Psychosomatics* 66 (1997): 50–55; M. Zappaterra, L. Jim, and S. Pangarkar, "Chronic Pain Resolution after a Lucid Dream: A Case for Neural Plasticity?" *Medical Hypotheses* 82 (2014): 286–90; N. B. Mota et al., "Psychosis and the Control of Lucid Dreaming," *Frontiers in Psychology* 7 (2016): 294.
54. M. Sigman, *The Secret Life of the Mind: How Your Brain Thinks, Feels, and Decides* (Boston: Little, Brown and Company, 2017), 288.
55. IPCC, "Global Warming of 1.5℃," IPCC Report, 2018, https://www.ipcc.ch/sr15/; R. S. Nerem et al., "Climate-Change-Driven Accelerated Sea-Level Rise Detected in the Altimeter Era," *Proceedings of the National Academy of Sciences of the USA* 115 (2018): 2022–25.
56. D. Kopenawa and B. Albert, *The Falling Sky: Words of a Yanomami Shaman,* trans. N.

Elliott and A. Dundy (Cambridge: Belknap, Harvard University Press, 2013), 406–407.

57. Ibid., 275.

58. N. Obradovich, R. Migliorini, S. C. Mednick, and J. H. Fowler, "Nighttime Temperature and Human Sleep Loss in a Changing Climate," *Science Advances* 3 (2017): e1601555.

図版クレジット

本文

Pictures, graphs, and infographics were adapted by Luiz Iria.

47 頁　(A) Published in *The Cave Artists*, by Ann Sieveking. London: Thames & Hudson, 1979; (B) Granger, NYC/Alamy/Fotoarena.

69 頁　*Queen Ragnhild's Dream* (1899), illustration by Erik Werenskiold.

89 頁　Adapted from Diuk, C. G., et al. "A Quantitative Philology of Introspection" in *Frontiers in Integrative Neuroscience* 6, p. 80, 2012.

139, 157, 174 頁　Adapted from Bear, M. F., et al. *Neuroscience: Exploring the Brain*. Philadelphia: Lippincott Williams & Wilkins, 2007.

208 頁　Adapted from Hartmann, E. *The Biology of Dreaming*. Boston State Hospital monograph series. Boston: C. C. Thomas, 1967.

241 頁　Adapted from Mota, N. B., et al. "Graph Analysis of Dream Reports Is Especially Informative About Psychosis" in *Scientific Reports* 4, p. 3,691, 2014. Woodcut by Vera Tollendal Ribeiro.

243 頁　Adapted from Winson, J. "The Meaning of Dreams" in *Scientific American* 263, pp. 86–96, 1990. By permission of Patricia J. Wynne.

244 頁　Adapted from Pavlides, C., and Winson, J. "Influences of Hippocampal Place Cell Firing in the Awake State on the Activity of These Cells During Subsequent Sleep Episodes" in *Journal of Neuroscience* 9, pp. 2,907–18, 1989.

251 頁　Adapted from Wilson, M. A., and McNaughton, B. L. "Reactivation of Hippocampal Ensemble Memories During Sleep" in *Science* 265, pp. 676–69, 1994.

329 頁　Adapted from Hyman, J. M., et al. "Stimulation in Hippocampal Region CA1 in Behaving Rats Yields Long-Term Potentiation When Delivered to the Peak of Theta and Long-Term Depression When Delivered to the Trough" in *Journal of Neuroscience* 23, pp. 11,725–31, 2003.

441 頁　Reproduced from Horikawa, T., et al. "Neural Decoding of Visual Imagery during Sleep" in *Science* 340, 2013.

口絵

i 頁　Travel Pix/Alamy/Fotoarena.

ii 頁　(上) Alamy/Fotoarena; (下) mdsharma/Shutterstock.

iii 頁　TheBiblePeople/Alamy/Fotoarena.

iv 頁　Adapted from Ribeiro, S., Goyal, V., Mello, C.V., and Pavlides, C. "Brain Gene Expression During REM Sleep Depends on Prior Waking Experience" in *Learning & Memory* 6, pp. 500–508, 1999.

v 頁　(上) Albrecht Dürer, *Dream Vision*, June 1525, watercolor, 300 x 425 mm. Vienna, Graphische Sammlung Albertina. Album/akg-images/Fotoarena; (下) Marc Chagall, *Le Songe de Jacob*, 1960–6, oil on canvas, 195 x 278 cm. Nice, Musée National Marc Chagall. © Chagall, Marc/AUTVIS, Brazil, 2019. Album/akg-images/Fotoarena.

vi 頁　Salvador Dalí, *Sueño causado por el vuelo de una abeja alrededor de una granada un segundo antes del despertar*, 1944, oil on canvas, 51 x 41 cm. Madrid, Museo Nacional Thyssen-Bornemisza. © Salvador Dalí, Fundación Gala-Salvador Dalí/AUTVIS, Brazil, 2019. Album/Joseph Martin/Fotoarena.

vii 頁　Granger/Fotoarena.

viii 頁　Reproduced from Quiroga, R.Q. "Concept Cells: The Building Blocks of Declarative Memory Functions" in *Nature Reviews Neuroscience* 13, pp. 587–97, 2012.